高 等 学 校 教 材

新 编 生 物 工 艺 学

上册

俞俊棠　唐孝宣　邬行彦　李友荣　金青萍

化 学 工 业 出 版 社
教 材 出 版 中 心
·北　京·

生物技术是当前优先发展的高新技术之一，它的快速发展和有效应用已给当前的工农业生产、人民健康、社会进步带来了明显的影响，并对人类和社会的加速发展带了积极的效益。由于生物技术发展势头很快，因此作为生物工程专业的主要专业课的生物工艺学的教材亟须不断加以更新。本书由 27 位老、中、青年教师或专职科研骨干人员，历时两年编写完成。

本书以产品生产中共性工艺技术的理论和实践为纲，同时选取若干典型生产过程具体介绍，内容包括成熟的和较新的生物过程的基本原理。全书分上下两册，上册包括绪论和生物反应过程篇（共 12 章），下册包括生物物质分离和纯化原理篇（共 11 章）以及典型生物过程篇（共 6 章）。

本书可做工科生物工程专业的教材，理科生物科学和生物技术专业教学参考书；也可供从事生物技术生产、科研、管理人员的参考阅读。

图书在版编目（CIP）数据

新编生物工艺学．上册/俞俊棠等编著．—北京：化学工业出版社，2003.6 （2022.11重印）

高等学校教材

ISBN 978-7-5025-4217-7

Ⅰ.①新…　Ⅱ.①俞…　Ⅲ.①生物工程-高等学校-教材　Ⅳ.①Q81

中国版本图书馆 CIP 数据核字（2022）第 044515 号

责任编辑：赵玉清　骆文敏
责任校对：陶燕华　　　　　　　　　　装帧设计：蒋艳君

出版发行：化学工业出版社（北京市东城区青年湖南街 13 号　邮政编码 100011）
印　　装：三河市延风印装有限公司
787mm×1092mm　1/16　印张 21¾　字数 540 千字　2022 年 11 月北京第 1 版第 20 次印刷

购书咨询：010-64518888　　　　　　售后服务：010-64518899
网　　址：http://www.cip.com.cn

凡购买本书，如有缺损质量问题，本社销售中心负责调换。

定　价：35.00 元　　　　　　　　　　　　　　　版权所有　违者必究

前　言

　　利用生物的机体、组织、细胞或其所产生的酶来生产各种传统的、近代的以至现代的生物技术产品的过程可统称为生物生产过程。当然，现代的生物技术产品与传统的或近代生物技术产品在类别和技术先进性上有了很大的差异和进步，但还是有其共同性，即利用生物催化剂和在常温常压下进行生产等特点，且其应用面广、品种繁多，被列为新世纪优先发展的技术之一。

　　目前，在我国的高等教育专业分类中设立了三个与生命科学相关的专业，即：生物科学、生物技术和生物工程。前两者归属于理科，后者则归属于工科。这三个专业对我国的生物技术的研究、开发、生产方面各有所侧重，大致是：生物科学和生物技术专业偏重于生物技术上游的理论研究和新产品的研究；生物工程专业偏重于生物产品的过程开发，包括生物技术新产品的研制和老产品生产过程的改进。三者之间相辅相成，各有所重。

　　为了编写一本适用于生物工程专业的工艺学教科书，我们在 1991 年及 1992 年分别编写和出版了《生物工艺学》的上、下册，由当时的华东化工学院出版社出版。该书出版后，师生都感到教和学兼便、教学质量有所保证，非但在本校采用，还被兄弟院校同一专业师生在较广范围内所采用。由于生物技术发展十分迅速，原出版的《生物工艺学》内容已跟不上当前的发展和需要，为此，决定重编此教材，定名为《新编生物工艺学》。1997 年，此重编教材被教育部化学工业教学指导委员会生物化工指导小组列入了"规划教材编写计划"；为此，此新编教材就移至化学工业出版社予以出版。

　　新编的生物工艺学仍是不以具体产品为纲，而以产品生产中共性工艺技术的理论和实践为纲，但也选取若干典型生产过程为例在第三篇作专章介绍。因此，本书分上、下两册，除绪论外，分为三篇：生物反应过程原理篇（上册）；生物物质分离和纯化过程篇（下册）；典型生物过程篇（下册）。

　　参加本书编写的有（基本上以章排列先后为序）：俞俊棠（第 1 章）、叶蕊芳（第 2 章）、李友荣（第 3 章及第 7 章）、宫衡（第 4 章、第 25 章及第 27 章）、陆兵（第 5 章）、谢幸珠（第 6 章）、叶勤（第 8 章）、张元兴（第 10 章）、钟建江（第 11 章）、邬行彦（第 13 章、第 16 章、第 17 章、第 19 章及第 23 章）、刘叶青（第 14 章及第 15 章）、严希康（第 18 章及第 21 章）、储炬（第 24 章）、唐孝宣（第 26 章）、章学钦（第 28 章）及金青萍（第 29 章）；两人或两人以上合编写的有：庄英萍、陈长华（第 9 章）、李元广、王永红、李志勇（第 12 章）、刘坐镇、宁方红、邬行彦（第 20 章）、曹学君、楼一心（第 22 章）。他（她）们都是从事（或曾从事）生物化工教学或科研第一线的骨干教师（部分已离休或退休）。负责对全书确定编写计划和约稿、审稿的是俞俊棠、邬行彦、李友荣、唐孝宣和金青萍。其中唐孝宣同志审了较多的初稿，金青萍同志为全书的统一规格、整理和打印定稿做了很多具体工作。此外，乌锡康同志为本书稿体例的统一、规范花费了不少精力和时间，在此特表示衷心的感谢。

由于生物技术发展得很快，有许多生物技术的新发展、成果还来不及消化吸收将其编入教材，加上编写者的水平及时间的原因，错误和不足之处在所难免，诚恳地希望读者给予批评指正，以便在重印时更正。

谨将本书作为祝贺华东理工大学建校五十周年（1952.10.25～2002.10.25）的一份献礼。

俞俊棠

2002.5

目　录

1 绪 论

1.1 生物技术的定义和性质

生物技术（biotechnology）一词最早是在 1919 年由匈牙利农业经济学家艾里基（K. Ereky）提出的，并定义为"凡是以生物机体（living organisms）为原料，无论其用何种生产方法进行产品生产的技术"都属于生物技术。此一定义显然是太宽了，可以把常规的农业生产以及面粉、白糖、油脂、肥皂、纸张等生产技术以致食品的烹调技术都归纳在内了，因此未为人们所重视。20 世纪 70 年代末、80 年代初由于分子生物学、DNA 重组技术的出现以及某些基因工程产品如重组胰岛素、重组人体生长激素等的问世，人们又提出了"生物技术"这一名词。由于当时再次提出生物技术这一名称，似有另一种倾向，即必须是采用基因工程等一类具有现代生物技术内涵或以分子生物学为基础的技术才称得上为生物技术，而把原先已相当成熟的发酵技术、酶催化技术、生物转化技术、原生质体融合技术等排斥在外，因此也不为多数人所赞同，并发生了对生物技术定义和范围的争议。因此同时有不少学者和相关组织纷纷对生物技术的定义提出了各自的见解。

在众多的见解和建议中，由国际经济合作与发展组织（IECDO）在 1982 年提出的对生物技术的定义似为多数人所赞同。此定义为：生物技术是"应用自然科学和工程学的原理，依靠生物作用剂（biological agents）的作用将物料进行加工以提供产品或用以为社会服务"的技术。

IECDO 提出的定义与艾里基提出的定义相比，最突出的差异是前者提出了"生物作用剂"的概念，而不是后者笼统地认为生物技术产品均来自"生物机体"的模糊概念。

在 IECDO 提出的定义中："生物作用剂"看来是指从活的或死的微生物、动物或植物的机体、组织、细胞、体液以致分泌物以及从上述组分中提取出来的生物催化剂（biocatalysts）——酶或其他生物活性物质；提供的"产品"可以是工业、农业、医药、食品等产品；被作用的"物料"可以是有关的生物机体或其中有关的器官、细胞、体液或其经加工的组分以及少量必要的无机物质；"为社会服务"可以是指医学诊断和治疗、卫生和环保等内容；应用的自然科学则可有生物学、化学、物理学等以及它们的分支学科、交叉学科，如微生物学、动物学、植物学、生物化学、分子生物学等，以及医学、药学、农学等；应用的工程学可有化学工程、机械工程、电气工程、电子工程、自动化工程等，并派生出许多交叉分支学科如生物化学工程、生物医学工程、生物药学工程、生物信息学（bioinformatics）等。目前还出现了一个 Bio-X 的新名词，其中 X 是指任何可与生物发出关联的自然科学或工程技术，可见生物技术涉及面之广和生命力之强。

在国内也有人把"生物技术"称为"生物工程"的，两者间究竟有何异同？不妨先把"技术"和"工程"的异同作一些考查。根据新编《辞海》（2000 年版）的释义："技术是泛指生产实践知识和经验以及自然科学原则而发展起来的各种工艺操作方法和技能"；"工程是将自然科学的原理应用于工农业生产部门而形成的各种学科的总称"。另新版《辞海》中有"生物工程学"的释义为："一门跨学科的应用技术学科。是 20 世纪 70 年代初在分子生物学、遗传学、细胞学、微生物学以及生物化学工程和计算机等学科的基础上发展起来的。运用基因工程、细胞融合、固定化酶以及细胞或组织培养和生物传感器技术等工程技术原理，加工生物材料或定向地组建具有特定性状的新物种或新品系为人类提供所需的各种产品和服务，……其中基因工程是核心，因为只有运用重组脱氧核糖核酸技术，才能真正按照人的意志来改造和组建新生物，才能赋予细胞工程、酶工程和微生物工程等以新的内容"。可惜《辞海》中无"生物技术"的词条。不过，从上述释义中也可以看出"技术"与"工程"都是自然科学因生产实践而派生出来的两个分支，看来"技术"的面更广泛些，如电子技术、信息技术、激光技术、航天技术、生物技术、纳米技术等，而"工程"的面似较小些，如生物工程又可分解为基因工程、细胞工程、蛋白质工程、发酵工程、酶工程、生物化学工程、生物医学工程等。此外，技术带有较强的自然科学的探索性和首创性，在学科归属中属理科范畴，而工程则重视过程的可实施性和经济上的合理性，在学科归属中属工科的范畴。美国有一本期刊，刊名虽称"Biotechnology and Bioengineering"，但实际上编者和读者也不认真去考虑每篇文章的归属。在我国，除了在高校中生物技术专业属理科，生物工程专业属工科外，其他场合下，两者就当作同义词看待了。当生物技术或生物工程译为英文时，一般都译为 biotechnology，而当 biotechnology 译为中文时，则译为生物技术和生物工程都存在，但人们经常更喜欢把它称为生物工程，因为他们感到工程要比技术更亮堂些，正像工程师要比技术员更高明些。

《新编生物工艺学》主要可供高校工科生物工程专业作为工艺学教科书之用，内容以反映生物技术产品在生产过程中的共性原理和应用为主。

1.2　生物技术的发展及应用概况

虽然生物技术这一名词是在 20 世纪 80 年代前后才被人们所接受，但根据生物技术的定义，人类对生物技术的实践却可追溯到远古原始人类生活期间。为此，可考虑把生物技术的发展分成四个时期：经验生物技术时期；近代生物技术的形成和发展时期；近代生物技术的全盛时期以及现代生物技术的建立和发展时期。

1.2.1　经验生物技术时期（从人类出现到 19 世纪中期）

远古时的原始人类过的是茹毛饮血的生活，靠捕杀兽类为生。在他们发现了吃剩并经过贮存后的兽肉比鲜肉的口味更好，以及发现了过熟的或开始有些腐烂的果子发出醉人的香味后，就逐渐掌握了制作"风肉"以及"果酒"、"酸奶"等食物和饮料的技术。古埃及人民在公元前 40 世纪已用经发酵的面团制作面包，这可从其后被打开的金字塔中的遗物得到证明；古埃及人在公元前 20 世纪时亦已掌握了用裸麦制作"啤酒"的技巧。在西亚美索不达米尔留下的一块古碑（此碑现存于法国罗浮宫）上记载着公元前 20 世纪古亚述人已会用葡萄酿酒（葡萄实际上沾有酵母）。公元前 25 世纪古巴尔干人开始制作酸奶；公元前 17 世纪古西班牙人曾用类似目前细菌浸取铜矿的方法获取铜。中国古代人类用黏高粱（秫）造酒始于第一个奴隶制朝代——夏代的初期（迄今约 4000 年）；用大豆制造酱也约有 4000 年的历史；约在 3000 多年前的商代后期，人们发现发了霉的豆腐可以治外伤；在 2500 年前（东周中期）就知晓疯狗的危害性而将其攻而杀之；在约 1000 年前我国已开始用轻症天花病人的痘（人痘）对健康人进行接种以防传染，此人痘接种法曾传至国外，这比 1798 英国的秦纳（E.Jenner）发明的牛痘接种约早了 800 年，在约 3500 年前的商代，就开始了用人畜的粪便和以桔梗、杂草沤制堆肥；约在 2000 前的西汉后期就提倡采用豆粮隔年轮种的方法来提高粮食的产量（当时并不知晓根瘤菌的存在及其固氮作用）；古代人民在医药上也取得了不少成就，如公元 2 世纪时东汉医学家华佗就用多种植物配制了一种全身麻醉药——麻沸散；明朝的药学家李时珍在 1578 年所著的《草本纲目》中就记载了药用植物、动物和矿物共 1892 种（主要是植物）。

对照前述生物技术的定义，上面述及的一些生活或生产实践都应归属于生物技术的范畴。当然这些实践基本上是属于只知其然而不知其所以然的实践，有关实践还没有上升到理论，更不能以理论来指导、提高实践，因此在其后相当长的时期中没有获得大的突破。尽管是这样，上述实践还是十分可贵的，因为它为其后相关理论的建立创造了条件。

1.2.2 近代生物技术建立时期（19 世纪 50 年代至 20 世纪 40 年代）

这一时期的诞生是与显微镜的诞生和微生物的发现以及微生物学的问世密切相关的。虽然最早的显微镜是荷兰人詹生（Z. Janssen）于 1590 年制作的，其后在 1665 年英国的胡克（R. Hooke）也制作了显微镜，但都因放大倍数有限而无法观察到细菌和酵母，但胡克却观察到了霉菌，还观察到了植物切片中存在胞粒状物质，因而把它称为细胞（cell），此一名称一直沿用至今。1683 年荷兰人列文虎克（A. Van Leeuwenhoek，1632～1723）用自磨的镜片制作显微镜，其放大倍数可近 300 倍，从而观察并描绘了杆菌、球菌、螺旋菌等的图像，为人类进一步了解和研究微生物创造了条件，并为近代生物技术时期的降临做出了重大贡献。

这一时期的真正到来实际上要从 19 世纪 50 年代微生物学的诞生算起，即自胡克从显微镜中观察到微生物到微生物学的诞生约经历了近 200 年。这里，既有人们思想观念、习惯势力转变的原因，也受到经济实力、生产方式等因素的制约。产业革命的浪潮当时还没卷入到食品、化工领域来（化学工业要到 19 世纪末才进入第三次产业革命），人们在这一时期的早期对发酵还习惯于作坊式生产。

现将一些在此过渡阶段中有关生物技术发展的大事以及学术争议介绍如下。

1748 年以尼达姆（J. Needhan）为首的一些人虽然承认微生物的存在，但他们认为微生物是自行发生的，理由是在新鲜的肉中没有微生物，但放久了就会出现微生物，因而提出了"微生物自行发生论"；1769 年意大利的斯帕兰扎尼（L. Spallanzani，1729～1799）开始对上述自行发生论进行了批驳；1833 年帕耶（Payer）用乙醇提取了麦芽，用于淀粉的水解和织物的脱浆；1838 年德国的施莱登（M. J. Schlwiden，1804～1881）和施旺（T. Schwan，1810～1882）共同阐明了细胞是动、植物的基本单位，因而成为细胞学的奠基人；1855 年微耳和（R. Virchow，1821～1902）发现了新细胞是从原有细胞分离而形成的，即新细胞来自老细胞的事实；1858 年托劳贝（Traube）提出了发酵是靠酶的作用进行的概念；1859 年英国的达尔文（C. R. Delvan，1809～1882）撰写了《物种起源》一书，提出了以自然选择为基础的进化学说，并指出生命的基础是物质；1866 年微生物学的奠基人，被称为微生物学之父的法国人巴斯德（L. Pasteur，1822～1895）以实验结果有力地彻底摧毁了微生物的"自行发生论"；他还提出了一种防止葡萄酒变酸的消毒法（被称为巴斯德消毒法——pasteurization，一般在 60 ℃时维持一段时间以杀死食品、牛奶和饮料中的病原菌）；1857 年他明确地指出酒精是酵母细胞生命活动的产物，并在 1863 年进一步指出所有的发酵都是微生物作用的结果，不同的微生物引起不同的发酵；1880 年起他曾对蚕病、鸡霍乱、牛羊炭疽病的病原菌进行了研究，并用减毒的病原菌制成了疫苗；1874 年丹麦人汉森（Hansan）在牛胃中提取了凝乳酶，1879 年发现了醋酸杆菌；1876 年德国的库尼（W. Kuhne）首创了"enzyme"一字，意即"在酵母中"；1881 年采用了微生物生产乳酸；1885 年开始用人工方法生产蘑菇；1897 年德国的毕希纳（E. Büchner）发现被磨碎后的酵母细胞仍可进行酒精的发酵，并认为这是酶的作用；1907 年因此发现而获得诺贝尔化学奖；19 世纪末德国和法国一些城市开始用微生物处理污水；1913 年德国的米卡埃利斯（L. Michaelis）和门坦姆（M. L. Menten）利用物理化学原理和前人的工作提出了关于酶反应动力学的表达式；1914 年开始建立作为食品和饲料的酵母生产线；1915 年德国开发了面包酵母的生产线；1915 年德国为了第一次世界大战（1914～1918）的需要建立大型的丙酮丁醇发酵以及甘油发酵生产线；细菌学的奠基人，德国的科赫（R. Koch，1843～1910）首先用染色法观察了细菌的形态；1881 年他与他的助手们发明了加入琼脂的固体培养基并利用它在平皿（也称双碟或 Petri 皿——Petri 为其一助手的姓）中以接种针粘上混合菌液在固体培养基表面上划线培养后以获得单孢子菌落的方法，此方法一直被沿用至今；他的另一个杰出贡献是发现了结核菌，并因此获 1905 年的诺贝尔生理学及医学奖。

在经过了近 200 年的孕育，近代生物技术终于在 19 世纪 50 年代建立起来了，下面列举一些这时期有关工业微生物学和工业酶学中的大事。1926 年美国的生化学家萨姆纳（J. B. Summer，1887～1955）证实了从刀豆中获得的结晶脲酶是一种蛋白质，其后又分别与人合作在 1930 年和 1937 年获得了胃蛋白酶和过氧化氢酶等晶体，说明酶是一类蛋白质，因而在 1946 年和他的同事共获诺贝尔化学奖；1928 年英国的弗莱明（A. Fleming，1881～1955）发现了青霉素；此一发现在 1945 年获诺贝尔生理医学奖；1937 年马摩里（Mamoli）和维赛龙（Vercellone）提出了微生物转化（microbial transformation）的方法。

这一时期所生产的发酵产物都属微生物形成的初级代谢产物（primary metabolites），这是指微生物处于对数生长期（log phase 或 tropophase，也称指数生长期）所形成的产物，主要是与细胞生长有关的产物，如氨基酸、核酸、蛋白质、碳水化合物以及与能量代谢有关的副产物，诸如乙醇、丙酮、丁醇等。

此一时期生产的发酵产品以厌氧发酵的居多，诸如乙醇、丙酮、丁醇、乳酸和污水的厌氧处理生产甲烷等过程。此外，有的发酵过程开始时采用固体发酵方式进行生产。

这一时期主要出现的发酵产品为某些有机溶剂、有机酸、多元醇、酶试剂及疫苗，下面将分别进行简要的介绍，括号中的数字表示出现年代。

（1）有机溶剂　乙醇（工业化生产约始于 19 世纪初）、丙酮-丁醇-乙醇（三者比例约为 6∶3∶1，1905），丙酮-丁醇-异丙醇（1905）。

（2）有机酸　葡萄糖酸（1880）、乳酸（2-羟基丙酸，1881）、柠檬酸（Citric acid，2-羟基三羧酸，1893）、乙酸（1897）、丙酸（1906）、曲酸（Kojic acid，双缩水果糖，1907）、富马酸（Fumaric acid，反丁烯二酸，也称延胡索酸，1911）、丙酮酸（Pyruvic acid，1923）、衣康酸（Itaconic acid，亚甲基丁二酸，1929）、草酸（Oxalic acid，乙二酸，1931）、琥珀酸（Succinic acid，丁二酸，1938）（以上早期产品开始时用固体发酵生产）。

（3）多元醇　甘油（丙三醇，1915）。

（4）酶制品　淀粉酶（Amylase，其 α 型称为液化酶，能使淀粉液化为低分子的糊精，β 型的能使淀粉分解为麦芽糖）、转化酶（Invertase，可将蔗糖水解为葡萄糖和果糖）、糖化酶（Amylo-1,4-Glucosidase，可将淀粉全部水解为葡萄糖）、蛋白酶（Proteinase，能将蛋白质分解为肽或氨基酸）、果胶酶（Pretinase，可将植物茎秆或果实中的果胶分解）、凝乳酶（Rennin，可将牛奶中的酪蛋白凝固）、纤维素酶（Cellulase，可将纤维素降解为低聚纤维素和葡萄糖）等。初期的酶制品均用固体发酵法生产。此外，还有一些作为药物的酶，如日本高峰让吉用米曲霉生产的高峰淀粉酶作为助消化药品。

(5) 疫苗 (Vaccines) 我国习惯上把由细菌、螺旋体经减毒或灭活而制成的制品称菌苗，而把由减毒的立克次体、病毒、类毒素等制品称疫苗。在本时期内生产的约有防治天花、狂犬、炭疽、伤寒、霍乱、鼠疫、流感、百日咳、肺炎、脊髓灰质炎、破伤风、猩红热、白喉、脑膜炎以及预防结核病的卡介苗（由法国医生卡尔美——A. L. C. Calmette 及介林——C. Guerin 共同研制成功）。

在农业微生物方面这一时期也有很大的开拓和成就，如：1887 年俄国的维诺格拉斯基 (C. H. Виноградский) 发现了硝化细菌；1888 年德国的赫尔利格 (H. Hellriegel) 和赫韦尔法斯 (H. Wilfarth) 发现了固氮细菌等。主要产品有细菌肥料和苏云金杆菌 (*B. thuringiensis*) 制剂 (1901 年发现，能产生伴胞晶体以杀死农业害虫)、赤霉素 (Gibberillin, 1914 发现，能促植物生长) 等。

本时期是微生物学通过对微生物形态和生理的观察与研究后建立的时期，并为工业、农业、医学开始做出比以往更多、更快的贡献，出现了不少新产品和新成就，此外，还出现了一些与微生物学相关的分支学科如细菌学、工业微生物、农业微生物、医学微生物等，并丰富了细胞学、生理学、生物化学、医学、药学等内容，并为下一个生物技术发展阶段打下了牢固的基础。

1.2.3 近代生物技术的全盛时期 (20 世纪 40 年代初到 20 世纪 70 年代末)

这一时期的起始标志是青霉素的工业开发获得成功，因为它带动了一批微生物次级代谢和新的初级代谢物产品的开发，并激发了原有生物技术产业的技术改造。此外，一批以酶为催化剂的生物转化 (bioconversion) 过程生产的产品问世，加上酶和细胞固定化技术的应用使近代生物技术产业达到了一个全盛时期。

(1) 青霉素的发现及其开发概况 1928 年 9 月英国伦敦圣马利医院的细菌学家弗莱明 (A. Fleming) 发现有一个能引起化脓性炎症的金黄色葡萄球菌的培养皿被空气中夹带的青霉菌所污染了。奇怪的是在那个青霉菌菌落周围的金黄色葡萄球菌都长不出来了，而形成了一个透明的抑菌圈。当时他就敏感地感到可能是那掉下的青霉菌会产生一种抗细菌物质，因而把这株从空气中落下的青霉菌的菌落保藏了起来，准备进一步研究。其后他发现他所保存的青霉为点青霉 (*Penicillium notatum*)，同时为它所分泌的抗菌物质称为青霉素 (Penicillin)。第二年他继续把所获得菌种进行培养，并初步对培养液里的青霉素进行提取以及初步的动物实验后，发现青霉素确实有强烈的杀灭多种病原菌的能力，且毒性不大。但由于青霉素是微生物所产生的次级代谢产物，其产量远比初级代谢产物低，结构也较复杂，性能又不够稳定，因此要投入生产还存在很多困难。

这里应对微生物的次级代谢产物作一介绍。微生物的次级代谢产物是指与产生这种产物的微生物本身的生长和生命活动并不是密切相关的，它们一般产生于微生物生长的稳定期，也即静止期；它们的结构往往相当复杂，很难弄清微生物为什么要形成这些产物。当然有人认为这是一种微生物为了保护自己而产生的拮抗性物质，因为大多数抗生素属于微生物的次级代谢产物。

青霉素的投产还遇到另外一种阻力，即人们在开始时希望用化学合成的方法来将其进行开发，因此对它的在生物技术方面的开发被延迟了近 10 年。其后在 1941 年因第二次世界大战 (1939~1945) 的爆发，前线和后方的不少伤员都希望能有一种比当时磺胺类药物更为有效和安全的治疗外伤炎症及其继发性传染病的药物。这时英国当局才把病理学家弗洛里

（H. W. Florey）和生化学家钱恩（E. B. Chain，1906～1955）参加到弗莱明的研究队伍中以加速对青霉素的研制开发。在他们积累了一定量的青霉素后，先对动物进行了实验，再对一患血液感染的病人进行临床实验，都证明了青霉素具有卓越的效能且毒性很小。然而，因战事急剧发展使英国难以进一步开发，其后青霉素的开发是在美国完成的。当时由英国弗洛里为首的一批研究人员在美国一些研究单位和药厂的支持下兵分两路，主力仍是进行化学合成的开发，只有少数人在进行生物合成的开发。后者的开发是在药厂中进行的，开始时是以大量的扁瓶为发酵容器，湿麦麸为主要培养基，用表面培养法生产青霉素。这方法虽落后及耗费大量劳动力，但终究能获得一定量的青霉素，而化学合成路线却进展不大（青霉素的化学合成到 1950 年以后才完成，但因步骤多、成本高、无法进行生产）。发酵法生产青霉素当时虽获成功，但当时是由被称为"瓶子工厂"中生产出来的，不能满足需求，于是决定请工程技术人员来共同改造原有生产线。不久新的生产线开始运转了，以大型的带机械搅拌和无菌通气装置的发酵罐取代了瓶子，引用了当时新型的逆流离心萃取机——波特皮尔耐克（Podbielniak）萃取机作为发酵滤液主要提取手段以减少青霉素在 pH 剧变时的破坏；上游研究人员则寻找到一株从发霉的甜瓜中选出，适用于液体培养的产黄青霉菌株（*Penicillium chrysogenum*），使青霉素发酵的效价提高了几百倍，此外还发现以玉米浆（生产玉米淀粉时的副产品）和乳糖（生产干酪时的副产品）为主的培养基可使青霉素的发酵效价约提高 10 倍。不久，辉瑞（Phizer）药厂就建立起一座具 14 个约 26 m^3（7000 gal）发酵罐的车间生产青霉素。1945 年，弗莱明、弗洛里和钱恩因发明和开发了青霉素被授予诺贝尔医学奖。我国在解放前所用的青霉素全部依赖进口；解放后上海陈毅市长即下决心建立自己的青霉素工厂，并于 1954 建成开始生产。

青霉素的投产，虽然折腾了十来年时间，但它开辟了一个新的以生产上百种新的抗生素和其他次级代谢产品的工业微生物产品道路，同时也对原有的和新的初级代谢产品的生产方式起了很大启示作用，原来用固体发酵为主的有机酸和酶制剂生产大多都改为液体发酵生产。与此同时，一个新的交叉学科——生物化学工程（Biochemical Engineering）也就诞生了。

（2）重要工业微生物产品的开发概况

a. 抗生素　除了青霉素以外，其后发现和使用于医药的有：灰黄霉素（Griseofulvin，1939——此数字系发现年份，下同，抗皮肤真菌）、链霉素（Streptomycin，1943，抗细菌和结核菌，其发明人为美国的韦克斯曼，S. A. Waksman 获得 1952 年诺贝尔生理医学奖）、杆菌肽（Bacitracin，1945，抗 G^+ 细菌）、制霉菌素（Nystatin，1947，抗真菌）、多黏菌素（Polymyxin，1947，抗 G^+ 细菌）、氯霉素（Chlorophenicol，1947，抗 G^+，抗 G^- 细菌）、金霉素（Aureomycin，1948，抗 G^+，抗 G^+ 细菌）、新霉素（Novobiocin，1949，抗 G^+，抗 G^- 细菌）、土霉素（Terramycin，1950，抗 G^+，抗 G^- 细菌）、夫马霉素（Fumagillin，1951，抗原虫）、紫霉素（Viomycin，1951，抗结核菌）、红霉素（Erythromycin 1952，抗 G^+ 细菌为主）、曲古霉素（Trichomycin，1952，抗真菌，抗滴虫）、螺旋霉素（Spiramycin，1952，抗 G^+ 细菌）、环丝氨酸（Cycloserine，1952，抗细菌，抗肿瘤）、四环素（Tetracycline，1953，抗 G^+，抗 G^- 细菌，抗螺旋体，抗支原体）、柱晶白霉素（Leucomycin，1953，抗 G^+ 细菌为主）、光神霉素（Mithramycin，1953，抗肿瘤）、克念珠霉素（Candicidin，1953，抗真菌）、竹桃霉素（Oleandomycin，1955，抗 G^+ 细菌）、两性霉素（Amphoterin，1955，抗 G^+ 细菌）、新生霉素（Novobiocin，1955，抗 G^+ 细菌）、色霉素（Chromomycin，1955，抗肿瘤）、丝裂霉素（Mitomycin，

1955，抗肿瘤）、头孢霉素（Cephalosporin，1956，抗细菌）、万古霉素（Vancomycin，1956，抗 G^+ 细菌）、卡那霉素（Kanamycin，1957，抗 G^+，抗 G^- 细菌）、巴龙霉素（Paromomycin，1957，抗结核菌，抗细菌）、利福霉素（Rifamycin，也称安莎霉素 Ansamycin，1957，抗结核菌）、博览霉素（Bleomycin，1960，抗肿瘤）、林可霉素（Lincomycin，1962，抗 G^+ 细菌）、庆大霉素（Gentamycin，1963，抗 G^+，抗 G^- 细菌）、柔红霉素（Daunorubin，1963，抗肿瘤）、净司霉素（Zinostatin，1965，治白血病）、妥布霉素（Tobramycin，1967，抗 G^+，抗 G^- 细菌，抗铜绿假单胞菌）、阿霉素（Adriamycin，1969，抗肿瘤）、阿克拉霉素（Aclacinomycin，1969，抗肿瘤）、胃酶抑素（Pepstatin，1971，抗胃蛋白酶，降血压）、麦迪霉素（Midecamycin，1971，抗 G^+ 细菌）、美登霉素（Maytansin，1972，抗肿瘤，抗白血病）、拉珀霉素（Rapamycin，1975，抗器官移植排异，免疫调节）、环孢霉素（Cyclosporin，1976，抗排异）、硫霉素（Thienamycin，1976，抗 G^+，抗 G^- 细菌）、乌苯美司（Uberimex，1976，蛋白酶抑制剂）、倍司他汀（Bestatin，1976，免疫增强剂，抗肿瘤）、康派克丁（Compactin，1976，降胆固醇）、达他霉素（Deltamycin，1977，抗细菌）、诺卡霉素（Nocardicin，1977，抗肿瘤，抗原虫）、洛伐霉素（Lovastatin，1979，降血酯）、利福布丁（Rufibutin，1977，抗病毒）、阿佛菌素（Arermectin，1979，抗人、畜寄生虫）、阿糖腺苷（Ara-adensine，1980，抗病毒，抗肿瘤）、柄形菌素（Ansamitocin，也称安莎美登，1981，抗真菌，抗病毒，包括艾滋病）、奥赛特菌素（Oxetanoxin，1986，抗细菌，抗病毒，包括艾滋病）、波派克丁（Purpactin，1991，降胆固醇）、别佛立星（Beaverricin，1992，降胆固醇）、异色非隆（Isochromophilone，1995，降胆固醇）等，有人估计各种由微生物产生的医药用抗生素超过了 1000 个。

b. 用于农业和畜牧的生物活性物质　乳链菌肽（Nisin，1944，牛奶和食品保鲜）、放线菌酮（Actidione，1953，抗植物霉菌，灭鼠）、杀稻瘟菌素（Blasticidin，1958，抗真菌，植物保护）、潮霉素（Hygromycin，1958，牲畜杀蠕虫）、泰乐菌素（Tyrosine，1960，抗真菌，食品保鲜）、越霉素（Destomycin，1965，兽用驱虫剂）、有效霉素（Validamysin，1970，抗植物真菌）、井岗霉素（Jinganmycin，1971，抗水稻纹枯病）、利维霉素（Lividomycin，1971，抗真菌，除草剂）、盐霉素（Salinomycin，1973，畜用药）。

c. 氨基酸　氨基酸虽然是一类初级代谢产物，但它充分利用了青霉素等开发的经验和成果，使它获得很快地发展。第一个被开发的氨基酸是由日本微生物学者木下祝郎在 1955 年用谷氨酸棒状杆菌（*Corynebacterium glutamicum*）成功地用发酵方法获得了谷氨酸（其后又改用了黄色短杆菌——*Brevibacterium flarum* 为生产菌种），以后鸟氨酸（1957），赖氨酸（1958），异亮氨酸（1959），缬氨酸（1960），高丝氨酸（1960）等也相继投产，目前几乎所有的氨基酸还包括 L-多巴（L-Dopa，二羟基苯丙氨酸等）均可用发酵法生产。在氨基酸发酵的迅速发展过程中，是与巧妙地采用了对“营养缺陷型”突变株的筛选方法分不开的。所谓营养缺陷型菌株（auxotrophic mutant）是指这些菌株自己不能产生某些生长所必需的物质，必须要外加这些物质后才能生长的菌株，它可以通过诱变使正常的菌株突变为营养缺陷型菌株。由于一个正常的微生物往往能同时产生多种氨基酸，若能通过诱变的手段使此菌株产生其他氨基酸途径中有关酶的缺失，仅保留产生甚至强化目标氨基酸途径的酶，那么这一菌株就会能单一地形成所需的目标氨基酸了。但应注意的是在培养营养缺陷型菌株生产目标氨基酸时必须要加入适量的为这一营养缺陷型菌株自己不能合成的氨基酸，否则它就不可能生长。当然也可巧妙地使用合适的天然培养基，以提供其必需氨基酸。

d. 核苷酸　核苷酸（nucleotides）是核酸（nucleic acid）的单体，由含氮碱基（嘌呤或嘧啶），戊糖（核糖或脱氧核糖）与磷酸三部分组成（若仅由前二部分组成的称为核苷 nucleosides）的微生物初级代谢产物。为了要通过发酵获得单一的核苷酸或核苷时，也可通过营养缺陷型菌株的筛选以获得有关生产菌株。核苷酸发酵始于 20 世纪 60 年代，最早的产品是助鲜剂（加入到味精——谷氨酸钠中而成为"特鲜味精"）的肌苷酸——（一磷酸肌苷，IMP）和鸟苷酸（一磷酸鸟苷，GMP）。此后又可以生产出三磷酸腺苷（ATP）、烟酰胺腺嘌呤二核苷酸（NAD）、黄素腺嘌呤二核苷酸（FAD）、单磷酸尿嘧啶（UMP）等品种。

e. 维生素　指一类在生物生长和代谢过程中必需的微量物质，属微生物的初级代谢产物。最早用发酵法生产的是维生素 B_2（核黄素，Riboflavin），是在 20 世纪 20 年代生产丙酮-丁醇时就作为一种副产品获得。但单独发酵约在 20 世纪 40 年代才实现。维生素 B_{12}（氰钴素，Cyanocobalmin）则是在 20 世纪 50 年代从厌氧污水处理的残渣或抗生素（如链霉素）发酵的废液中提取的，但也可通过丙酸菌发酵获得。维生素 C（抗坏血酸，Ascorbic acid）也是在 20 世纪 50 年代通过发酵制取山梨糖（用山梨醇为原料），后再用化学法或微生物将山梨糖转化为酮基-古龙酸后制得。维生素 A 原-β-胡萝卜素（β-Carotene）以及维生素 D_2 原-麦角固醇（Ergosterol）也都可以从发酵获得。

f. 多糖　这方面的产品主要用作食品或其他用途的增黏剂。可以用微生物生产的多糖有葡聚糖（Dextran）、糊精（Glucan）、黄原胶（Xanthan）、普鲁兰多糖（Pullulan）、微生物海藻酸（Microbial alginate）、微生物几丁质（Microbial chitin）等。

g. 新的多元醇　除了在上一时期已开发的甘油外，这一时期内又出现了木糖醇（Xylitol，戊五醇，1969）、D-阿拉伯糖醇（D-Arabitol，D-戊二醇，1970）、甘露糖醇（Mannitol，己六醇，1992）、赤藓醇（Erythritol，丁四醇，1978）等。

h. 新的有机酸　除了在上一时期中已开发的外，又出现了己酸（1942）、水杨酸（Salicylic acid，邻羟基苯甲酸，1943）、2-氧代-L-古龙酸（2-Oxo-gulonic acid，1945）、α-酮戊二酸（1946）、苹果酸（Malic acid，羟基丁酸，1959）、赤藓酸（D-Erythorbic acid，也称异抗坏血酸，可作氧化剂、食品稳定剂用）。

i. 新的酶制剂　脂肪酶（可将脂肪降解为甘油和有机酸）、过氧化氢酶（Catalase，将 H_2O_2 分解为氧和水）、葡萄糖异构酶（可将 D-葡萄糖异构为 D-果糖生产果葡糖浆）、葡萄糖氧化酶（可将 D-葡萄糖与空气中的氧转化为葡萄糖酸和过氧化氢，也可用来测定氧的消耗）、碱性或中性蛋白酶（用于加入洗涤剂）、天冬氨酸酶（可将富马酸与氨合成天冬氨酸）、L-氨基酸酰化酶（L-Aminoacylase，1979。用于从经酰化的混旋的化学合成氨基酸将其中 L-酰化氨基酸转化为 L-氨基酸，剩下的 D-酰化氨基酸经消旋酶后仍可用 L-氨基酰化酶多次将其转化为 L-氨基酸，因为人只能利用 L-氨基酸）、己内酰脲酶（可用于将化学合成的 L-苄基乙内酰胺生产 L-苯丙氨酸）；乙内酰脲酶（可用于将混旋的吲哚甲基乙内酰脲，D, L-IMH 中的 L-IMH 水解而获得 L-色氨酸，而余下的 D-IMH 则可通过 IMH 消旋酶恢复为 D, L-IMH 后继续反应）；L-氨基乙内酰胺酶［可将 D, L-氨基乙内酰胺（D, L-ACL）水解开环生成 L-赖氨酸，其余 D-ACL 消旋酶混旋化后可继续获得 L-赖氨酸］；富马酸酶［此酶具有水合作用可使富马酸（$C_4H_4O_4$）转化为苹果酸（$C_4H_6O_5$）］；环氧琥珀酸水解酶（此酶可将环氧琥珀酸转化为酒石酸-2,3 二羟基丁二酸）；青霉素酰化酶［用于将青霉素裂解为 6-氨基青霉烷酸（6APA）和青霉素侧链形成有机酸，而前者可作为合成很多非天然的青霉素（半合成青霉素）］；头孢霉素酰化酶［用于将头孢霉素裂解为 7-氨基头孢烷酸（7ACA）和头孢霉素侧链所形成的有机酸，可作为合成多种头孢霉素的原料〕。

　　除了上述用于食品和医药工业的酶外，还出现了不少用于医疗和诊断的酶，如作为助消化的胃蛋白酶、胰酶、α-淀粉酶、胰脂肪酶、凝乳酶、乳糖酶等；作为抗炎和清创用的溶菌酶、超氧歧化酶、菠萝蛋白酶、木瓜蛋白酶、链激酶、胰蛋白酶、尿酸酶、尿素酶、α-糜蛋白酶等；作为溶纤用的人血溶栓酶、尿激酶、链激酶、蚯蚓溶纤酶等；用于心血管疾病的激肽释放酶、弹性酶、促凝血酶原激酶、细胞色素 C、辅酶 Q_{10}、辅酶 A 等；用于先天性缺酶症的氨基己糖酶、α-半乳糖苷酶、β-葡萄糖脑苷酯酶、酸性麦芽糖酶、苯丙氨酸氨基裂解酶等；用于肿瘤治疗的 L-天冬酰胺酶、羧基肽酶、L-亮氨酸脱水酶、L-精氨酸酶等；作为诊断用酶的有如测定血清葡萄糖的葡萄糖氧化酶、测定血清胆固醇的胆固醇氧化酶或胆固醇酯酶、测定甘油三酯的脂肪酶或甘油激酶、测定尿酸的尿酸酶、测定脂肪酸的乙酰辅酶 A 合成酶、测定肌苷的肌氨酸氧化酶、测定 ATP 的甘油激酶、测定体内乙醇含量的乙醇氧化酶等。

　　在这一时期的后期（20 世纪 70 年代初）还出现一类核酸酶（nuclease）。所谓核酸酶是指能催化核酸大分子中的磷酸二酯键水解而生成低聚核苷酸或单核苷酸的酶，它分 RNA 核酸酶和 DNA 核酸酶两种。核酸酶又可分内切酶（endonuclease）和外切酶（exonulease），前者为作用于核酸分子内磷酸二酯键，后者的作用是从核酸链的一端向另一端逐个进行水解，而能专一识别 DNA 链内特定碱基的内切酶则称为限制性内切酶。如 1972 年博耶（Bayer）发现的 EcoRI——一种核酸限制性内切酶，它在遇到 GAATTC（注：A-adenine 腺嘌呤，T-thymine 胸腺嘧啶，G-guanine 鸟嘌呤，C-cytosine 胞嘧啶，而 U-uracil 尿嘧啶仅存在于脱氧核酸中）的碱基序列时就会将双链核酸分子切开，并形成具黏性末端的片段；1966～1972 年间又发现了多种 DNA 连接酶，这些连接酶能参与 DNA 裂口的修复，并在一定条件下连接 DNA 分子的自由末端或能催化完全分离的两段 DNA 分子末端的连接如 1966 年魏斯（B. Weiss）等分离到 DNA 连接酶。其后，阿尔伯（W. Arber）等人又发现了 DNA 限制性内切酶（此发现和其应用获 1978 年诺贝尔生理或医学奖）。这些发现为下一时期基因重组技术的发展奠定了基础。

　　（3）酶反应过程和生物转化过程的开发概况　在本时期内还有两件与酶工程的发展和应用相关的技术，即固定化酶或固定化细胞技术以及生物转化（bioconversion）或称微生物转化（microbial transformation）技术的建立和发展。这两种技术的发展大大地推动了酶的应用，因为酶是一类性质脆弱、结构复杂的蛋白质，要从微生物或动植物体内将其分离纯化相当复杂，因此若能将其固定化后多次使用或不需将其从细胞中分离出来而直接采用细胞作催化剂，当然会在经济上和操作上带来不可比拟的合理性和方便性而得到相当广泛的应用。

　　虽然细胞固定化的实践可推溯至古时用刨花卷置于无底木筒内淋酒为醋以及百余年前用内置石块的滴淋塔可用来处理污水，但科学的固定化酶以至固定化细胞方法是在 1953 年由格罗勃霍佛（N. Grubhofer）和希莱思（L. Schleith）所提出的。其后日本的千　一郎在 1969 年开始用固定化 L-氨基酸酰化酶拆分 D,L-氨基酸并获得成功。目前用固定化酶，甚至固定化细菌作为催化剂的生产已相当普遍，规模最大的是以玉米为原料利用固定化糖化酶生产葡萄糖以及进一步用固定化异构酶生产果葡糖浆；其次是以青霉素 G 或 V 为原料用相应的固定化青霉素酰化酶以制取 6-氨基青霉烷酸（6APA）为生产氨苄或羟苄等半合成青霉素提供母核。此外，也能通过固定化头孢菌素酰化酶制取 7-氨基头孢烷酸（7ACA）以制取半合成头孢霉素。固定化酶或固定化细胞的另一优点是可以把它们装入反应柱（罐）中实现连续化生产。固定化酶技术还可用来制备有关酶传感器，如用固定化葡萄糖氧化酶的酶传感器可用来测定溶液中的葡萄糖浓度，因为在有氧的情况下葡萄糖会转化为葡萄糖酸，同时释出 H_2O_2，而所产生的 H_2O_2 会被分解而释出电子，因而产生电流并被传感器测出。

在 20 世纪的 30 年代中期，一种新的被称为生物转化（bioconversion）或微生物转化（microbial transformation）的生产过程方式出现了。这种生产过程中所进行的酶反应可不采用从微生物中提取出来的酶来作为催化剂，而是直接用产生相关酶的微生物细胞来作为催化剂，即把底物直接投入细胞培养液中或将底物溶液通过装有固定化细胞的柱中进行酶促反应。它的好处是可以省去复杂的从微生物细胞（指胞内酶）或培养物的滤液（指胞外酶）中提取酶的过程，并十分适合于多酶反应或需要辅酶、辅因子参与的催化过程。当然要从生物转化液中获得产物还是要通过一系列的分离纯化过程，但至少可省去一次对酶的分离纯化过程。微生物转化法最简单的例子是将乙醇加入到醋酸杆菌的培养液中使其转化为乙酸，而不必先把乙醇氧化酶从醋酸杆菌中提取出来后再与乙醇去反应了。维生素 C 的生产现在也基本上是采用微生物二步转化的方法进行生产，其中第一步微生物转化是将山梨醇（sorbitol，葡萄糖在镍催化剂中加压催化取得）在醋酸杆菌培养液中被转化为山梨糖（sorbose，这一步也称为莱氏法，是 1934 年由莱歇斯坦，Reichstein 和葛里斯纳，Grüssner 建立的），而第二步微生物转化是在葡糖杆菌和一种假单胞菌的共同作用下将山梨糖转化为 2-酮基-L-古龙酸（2-keto-L-gulonic acid）的，这一步微生物转化是由我国微生物学家尹光琳等在 20 世纪 70 年代完成的，此技术在我国已普遍使用，并已转让至国外。

还有一项应用很广的微生物转化技术是应用于甾体激素的生产中的。激素是由内分泌腺体所产生的微量生物活性物质，在神经系统的控制和相互作用下，能促进体质和智力的发育，维持体内各种生理机能和代谢过程的协调，一般可分成两类，即含氮激素，如胰岛素、甲状腺素等；甾体激素，如性激素、肾上腺皮质激素等。目前微生物转化在甾体激素的生产中已取得了很重大的成就。最初用化学合成法以去氧胆酸为原料研制的可的松（Cortisone，17-羟-11-脱氧皮质酮，一种糖皮质激素）化学合成路线，但因共需 31 步反应而无法投产。1952 年美国的彼得逊（Peterson）和莫莱（Murry）以黑根霉（Rhizopus nigricans）或其他根霉微生物转化法把化学合成法中原需 9 步的反应，即在孕甾酮（黄体酮）上的 11 位上进行羟基化的反应用 1 步生物转化反应就解决了，因而使可的松的生产得以开始。其后发现了用豆甾醇（stigmasterol）、薯蓣皂苷元（diosgenin）或番麻皂苷元（hecogenin）等作可的松生产的原料更为经济，合成步骤也更简短，就不再用去氧胆酸为原料生产可的松了。此外，强的松（也称泼尼松，Prednisone，脱氢可的松）可用棒杆菌（Corynebacterium）从可的松转化而得；氢化可的松可用新月弯孢霉（Curvularia lunata）或梨头霉（Absidia orchidis）从莱氏化合物 S（Reichstein's substance S，17α，21-二羟基-4-烯-3，20-二酮孕甾烷）转化而得；强的松龙（Prednisolone，氢化泼尼松）可用简单节杆菌（Arthrobacter simplex）从氢化可的松转化而得；睾甾酮可用点青霉（Penicillium notatum）从孕甾酮转化制得；雌酮和雄二酮均可用睾甾酮假单胞菌（Pseuaomonas testosteroni）从 19-原睾甾酮转化而得等。

在这时期中，还值得提出的一类产品是单细胞蛋白（single-cell protein，SCP），它是用某些无毒的但富有蛋白质的菌体用工业化手段生产的饲料。已用作生产单细胞蛋白的藻类或微生物有螺旋藻（Spirulina maxima），可在露天的池塘中培养；嗜甲醇细菌（Methylophilus methylotrophus），为英国帝国化学（卜内门）公司开发，其商品名为 Pruteen，其在别林汉（Billingham）建立的生产的压力循环式发酵罐直径为 7 m，高为 60 m，体积达 2300 m^3，堪称全球最大的发酵罐；产朊假丝酵母（*Candida utillis*），以乙醇生产 SCP；荷兰利用造纸厂的亚硫酸废液生产 SCP，其菌种为霉菌（*Pscilomyces varioti*）商品名为 Pekilo，同时还达到处理废水的目的。

总之，这一时期是近代生物技术高度发展的时期。次级代谢产物的生产以及酶反应过程的微生物转化过程的出现，使生物技术的产品除了食品、轻工的以外，又增添了不少的医药产品。核酸酶的出现以及分子生物学的开始形成，为基因工程的建立和新的生物技术时期的来临创造了条件。

1.2.4　现代生物技术建立和发展时期（从 20 世纪 70 年代末开始）

现代生物技术时期是以分子生物学的理论为先导，基因工程的技术开始能作为生物技术新产品的一种开发手段或关键技术后算起的。

所谓分子生物学是在分子水平上研究生命现象物质基础的一门跨学科的交叉学科，它研究的范围较广，因涉及生命现象物质的面较广，而基因工程（遗传工程、DNA 重组技术）则着重于对不同生物体的脱氧核糖核酸（DNA）在体外经酶切，连接构成重组 DNA 分子后将其通过携带载体（也称克隆运载体，Vector）转入受体细胞后，使外源基因得以在受体细胞中进行表达的一种手段。常用的载体可为质粒（plasmid，染色体外的一种遗传物质，通常为环状 DNA，可编码为若干基因）、嗜菌体（bacteriophage）、病毒（virus）和黏粒（也称柯斯质粒，cosmid，由质粒与嗜菌体的 cos 位点构建而成）。

美国在 1978 年发布的《基因操作条例》（Genetic Manipulation Regulations）则把基因工程定义为：基因工程是"在细胞外将以任何方法分离获得的核酸分子通过病毒、细菌质粒或其他载体系统导入原来在其染色体中不存在上述核酸分子的宿主体内，以使此宿主能形成一种新组合的可遗传物质（heritable material）而不影响宿主的继续增殖"的技术。

（1）基因工程发展简史　由于基因工程与生命物质的本质、遗传学（Genetics）和分子生物学的发展是密切有关的，因此下面将有关大事作一些简述。

现代科学认为原始的生物是从无生命的无机物质通过物质的运动逐步演变而来的，即从二氧化碳、碳酸盐、氮化物、硝酸盐、磷酸盐以及水等逐步通过物质的运动转变为有生物意义的有机物质，如碳水化合物、氨基酸、核苷酸及其聚合物等，并在一定条件下出现，具有新陈代谢特性的能生长、繁殖的原始生物才逐步演变为目前地球上存在的多种多样生物体的。英国的博物学家达尔文（C. R. Darvin，1809～1880）在其《物种起源》（1859 年出版）中就提出了上述观点。

德国的施旺（T. Schwann，1810～1882）在 1839 年就提出了一切动植物都由细胞组成的论断（虽然"细胞"一词在 16 世纪 60 年代就由胡克提出了，见前文），其后德国的微耳和（R. Virchow，1821～1902）更明确地提出了"细胞是基本的生命（结构）物质"、"细胞来自细胞"等观点；1879 年德国的弗来明（W. F. Fleming）发现了细胞核中存在着丝状的染色体，并能进行分裂和平均分配至子代细胞中去的现象（其后才知道细胞中的染色体由核酸和蛋白质组成，是遗传的重要物质基础，且不同生物的染色体数量、化学成分和性状都不同）。

遗传学的奠基人，奥地利的孟德尔（G. J. Mendel，1822～1884）在 1865 年提出了"遗传单位"的概念，但此词后被丹麦人约翰逊（W. L. Johanssen，1857～1929）在 1909 年所提出的"基因"（"gene"）所取代，并认为它是携带和传递遗传信息的基本单位。

1933 年美国的遗传学家摩尔根（T. H. Morgan，1866～1945）因创立了基因学说，被授予 1933 年诺贝尔生理、医学奖。1944 年美国的微生物学家阿凡莱（O. T. Avery）用实验证明了基因的化学本质是脱氧核糖核酸，DNA（在此之前人们还认为基因的化学本质是蛋白质）。1953 年美国的华生（J. D. Watson）和克里克（F. H. C. Crick）用实验确定了 DNA 的双螺旋结构，即 DNA 分子是由两条互补的多核苷酸链以 A（腺嘌呤）-T（胸腺嘧啶）和 G（鸟嘌呤）-C（胞嘧啶）碱基配对的方式缠绕而构成的，此一发现在 1962 年获得诺贝尔生理或医学奖。1958 年克里克又发现了一个被称为"中心法则（central dogma）"的规律，认为 DNA 是 RNA 转录以及其自身复制的模板，RNA 又是蛋白质合成的模板，即 DNA↔RNA→蛋白质，其中从 DNA→DNA 称为复制（replication），从 DNA→RNA 称为转录（transcription），从 RNA→蛋白质称为翻译（translation），从 RNA→DNA 称为反转录（reverse transcription），仅在少数肿瘤病毒中具有反转录所需要的反转录酶；1956 年雅可布（F. Jacob）和莫诺（J. Monod）提出了乳糖操纵子模型，使人们对基因表达和调控上获得了很大启示，此一发现在 1965 年获诺贝尔生理或医学奖；1957 年孔伯格（A. Kornberg）发现了 DNA 聚合酶；1958 年迈赛逊（M. Meselson）和斯丹（F. W. Stahl）证实了 DNA 的复制是双螺旋分子两互补链的分离，得出了 DNA 半保留复制模型；1961 年上面已述及的克里克认为 DNA 转录后的 mRNA 中的碱基序列（由 A、G、C、U 四种核糖核苷组成）翻译为氨基酸时应是三联体密码；其后，尼伦伯格（M. W. Nirenberg）在 1961 年，霍利（R. W. Holley）在 1965 年以及科勒那（H. G. Khorana）在 1967 年分别对 20 种常见氨基酸以及开始和终止符号全部完成了破译；1968 年霍利、科勒那和尼伦伯格共获诺贝尔生理或医学奖；1967 年发现了可将 DNA 链连接起来的 DNA 连接酶，1970 年史密斯（H. O. Smith）等分离到第一个限制性内切酶；史密斯等在 1978 年还因此获得诺贝尔生理或医学奖；坦明（H. M. Temin）等则在 RNA 肿瘤病毒中发现了反转录酶；1973 年柯亨（S. N. Cohen）博耶（H. W. Boyer）等将分别编码卡那霉素和四环素抗性基因的两种质粒进行酶切，连接后将其重组的 DNA 分子转化大肠杆菌，结果发现某些转化菌落兼有上述两种抗生素的抗性，从而第一次成功地获得基因的克隆；1982 年美国的 Eli-Lilly 药厂将第一个商品基因工程产品——胰岛素投入市场。

（2）基因工程的基本操作步骤　基因工程或称重组体 DNA 技术（recombinant DNA technology）的基本操作步骤约可分成以下五步。

a. 目的基因的获得　可通过超声波对基因组 DNA 进行非特异性的断裂，对染色体 DNA 进行限制性酶的酶解，以相关的 mRNA（信使 RNA）为模板经反转录成为 cDNA（互补 DNA）文库，人工体外合成和 PCR（聚合酶链反应）扩增基因片断等方法获得。

b. 将目的基因导入载体以获得重组体 DNA（recombinant DNA，也称重组子）　若以经常采用的载体 pBR 332 质粒为例时，其步骤大致为先将含有目的基因的 pBR332 质粒的细胞培养物进行酶解，再从其酶解液中提取出共价闭合环状质粒（cccDNA，内含目的基因 DNA）来。

c. 将重组体 DNA 导入受体细胞　对原核细胞作为受体时，可用转化法（transformation，即通过 $CaCl_2$ 等低渗溶液的处理使细胞膨胀，让外源 DNA 易于进入）、转导法（transduction，即通过嗜菌体的携带将外源 DNA 进入宿主）、高压电脉冲法等；对酵母作为受体时，主要用 $CaCl_2$ 和聚乙二醇转化法；对植物细胞作为受体时可将土壤农杆菌与 Ti 或 Ri 质粒结合后再转化给植物细胞；对哺乳动物细胞作受体时，则可采用转染法，即用磷酸钙、DEAE 葡聚糖或聚阳离子-DMSO 进行转染，或用直接导入法，如用显微注射，电穿孔，脂质体包裹等法进行。

d. 对上述细胞进一步筛选和鉴定　即从已导入重组子的菌落中，筛选出满意的阳性菌落，并测定其性能。

e. 克隆基因表达条件的确定　即研究如何将贮存在克隆基因中的遗传信息具体转录为 mDNA 以及进一步形成为多肽或蛋白质的方法和条件。

（3）基因工程产品发展概况　基因工程的应用首先集中在许多多肽或蛋白质的生化药物中，如：胰岛素（Insulin）；干扰素（Interferons，IFN），包括白细胞干扰素（IFN-α）、成纤维干扰素（IFN-β）和免疫干扰素（IFN-γ），干扰素是一类由人或哺乳动物因病毒，细菌等在多聚核苷酸诱导下产生的抗病毒的蛋白质物质；疫苗（Vaccines），如腺病毒（Adeno-virus）、霍乱（Cholera）、巨细胞病毒（Cytomegalovirus，CMV）、脑炎（Encephalitis）、乙肝（Hepatilis B）、疱疹（Herpes）、流感（Influenze）、疟疾（Malaria）、狂犬（Rabies）、脊髓灰质炎（Poliomyclitis）、动物腹泻（Anamal scours）、口蹄疫（Foot and mouth）疫苗等；激素（Hormones）以及相关释放因子（Hormone releasing factors），除胰岛素外，还有人生长激素（hGH）、生长激素抑制激素（Growth hormone release inhibiting hormone，HIH，Somastatin）、促红细胞生长素（Erthropoietin，EPO）、胸腺素（Thymosin，T）、降钙素（Calcitonin）、绒毛促性腺激素（Chonionic gonadortropin）、绝经期促性腺激素（Menopausal gonadogropin）、成纤维细胞生长因子（Fibroblast growth）、表皮生长因子（Epidermal growth factor，EGF）等；淋巴细胞活素（Lymphokines），如白细胞介素（Interleukines，IL）、巨噬细胞激活因子（Macrophage activating factor，MAF）、β-细胞生长因子（β-Cell growth factor of allergy）等；血纤维蛋白溶解剂（Fibrinolytics），如链激酶（Streptokinase，SK）、尿激酶（urokinase，UK）、组织血纤维溶酶原激活素（Tissue plas-minogen acitivor，TPA）等；集落刺激因子（Colony stimulating factor，CSF）、颗粒集落刺激因子（Granular CSF，GCSF）、颗粒巨噬细胞刺激因子（Granular macrophage CSF，GMCSF）等；此外，还有凝血因子（Blood coagulation factors）或简称血因子，如血因子 Ⅷ、血因子 Ⅸ；血清白蛋白（Serum albumin，SA）等。

（4）单克隆抗体的发现和应用　在这新时期中还出现了一项属于细胞工程内容的巨大成果，这就是杂交瘤（Hybridoma）技术，它是在 1975 年由英国的耶那（N. K. Jerne）、德国的科勒（G. Kohler）和阿根廷的米尔斯坦（C. Milstein）所发明的。他们利用了每一个 B 淋巴细胞（骨髓依赖淋巴细胞）的表面抗原受体仅能特异地识别一种抗原决定簇而形成其独异性抗体的特性以及利用了骨髓瘤细胞能在体外大量繁殖和产生分泌性抗体的特性，把含有目的抗体的淋巴细胞（一般采用脾淋巴细胞）与经变异的已丧失形成自身原含抗体抗能力的骨髓瘤变种细胞（即缺失次黄嘌呤磷酸核糖转移酶——HPRT 或次黄嘌呤鸟嘌呤磷酸核糖转移酶——HGPRT 的细胞进行细胞融合，也称原生质体融合）后所获得的既能产生目的抗体又能在体外连续培养的单克隆抗体（Monoclonal antibodies，Mab，简称单抗），上述过程也称原生质融合过程。他们三人在 1994 年获得了诺贝尔奖金。

有关获得单克隆抗体的步骤大致如下：①将免疫抗原与免疫助剂（必要时加入脂多糖——LPS）多次注入被免疫动物（一般用 BALB/C 系小白鼠）的腹膜使其免疫，处死后取得其脾脏并制成细胞液；②选用与免疫动物种系一致的动物的骨髓瘤细胞，按骨髓瘤细胞：脾脏细胞＝1：5～1：10 比例进行混合；③以 50% 的聚乙二醇溶液为融合剂，逐滴加入上述混合细胞中，经离心分离出使用过的聚乙二醇溶液后，将留下的细胞物质置于 CO_2 培养箱中用含有次黄嘌呤、氨基蝶呤和胸苷的培养基（HAT 培养基）中进行培养，因未融合的淋巴细胞和骨髓瘤细胞均不能在 HAT 培养基中生长而导致死亡，仅融合细胞能在此培养基中生长和增殖；④对成活的杂交瘤细胞进行检测，选出其中含目的抗体的杂交瘤细胞株。

由于杂交瘤细胞保留着骨髓瘤细胞快速繁殖的特性以及脾脏淋巴细胞中产生目的抗体的基因，因而可用来生产所需要的抗体。目前已出现了不少单克隆抗体的商品，用来诊断有关癌抗原和性传播疾病抗原等病原体抗原以及作为治疗药物，特别是用来治疗某些癌症（如结肠癌、肺癌、卵巢癌等）；同时单克隆抗体还可以携带抗肿瘤等药物至病灶部位而称为"生物导弹的运载体"。单抗还广泛用于肾脏、肝脏、骨髓等移植后加强机体的抗感染能力。此外，单抗还可作为一类提取纯化蛋白质的亲和层析介质。

（5）动、植物细胞培养技术的应用　虽然早在 1907 年美国的哈里逊（R. G. Harrison）就用淋巴液培养了蛙的中枢神经片段，开始了组织培养的实践，1951 年欧利（Earle）等开发了可在体外培养动物细胞的培养基为一些细胞生物制品的生产提供了必要的条件，但对动物细胞的进一步研究和应用是在基因工程技术开发后才受到人们重视的，其原因是有些结构较复杂的蛋白质不能在具有原核细胞的细菌或简单的真核细胞的酵母中进行表达而必须用哺乳动物细胞来进行表达，再加上前已述及的杂交瘤细胞培养的需要使动物细胞的培养技术达到了一个新的阶段，其中也包括一些采用新的工程技术方面的发明创造，如 1967 年凡韦泽（Van Wazel）发明了一种适用于贴壁细胞 [anchorage dependent cells，指除了杂交瘤细胞、造血细胞（homatopoietic cells）等少数动物细胞外，大多的动物细胞均不能直接悬浮在培养液膜中生长增殖] 而发明的一类用多孔玻璃、高分子聚合物、胶原等材料制成的多孔微载体（microcarriers）使它们能悬浮在培养液中让贴壁性细胞在其表面生长进行单层增殖；另有关科技人员还开发了若干种适于实验室培养用玻璃转瓶（spinning bottle）和滚瓶（roller bottle）以及多种用于生产的生物反应器，如装有帆式搅拌桨、下吸式涡轮搅拌桨、具有圆锥形由织物制成的网笼通气装置等形式的搅拌反应器、无搅拌装置的气升式反应器、中空纤维反应器、适用于微囊化细胞（microcapsulized cells，即将无贴壁要求的细胞包埋或均匀分布于惰性载体中）的反应器装置等，并运用灌注（perfusion）培养操作把细胞截留在反应器内而将部分的原培养液抽出并补充等体积的新鲜培养液以延长操作周期和提高最终培养液的细胞浓度等设备和措施都促使动物细胞的培养技术提高到一个崭新的阶段。

目前应用动物细胞生产的产品除了一部分属单克隆抗体外，主要是基因工程中必须用动物细胞进行表达的复杂蛋白质，其中一部分为糖蛋白。如：①病毒疫苗，如口蹄疫（FMD）、狂犬（Rabies）、小儿麻痹症（Polio）、乙肝表面抗原（HBsAg）疫苗等；②非抗体免疫调节剂，如干扰素（IFN）、白介素（IL）、集落生长因子（CGF）、B-细胞生长因子（BCGF）、T-细胞替代因子（TCRF）、迁移抑制因子（MIF）、巨噬细胞激活因子（MAF）等；③多肽生长因子，如神经生长因子（MAF）、成纤维生长因子（FGF）、血清扩展因子（SEF）、表皮生长因子（EGF）、纤维黏结素（Fibronectin）等；④酶或酶激活剂，如组织血纤维溶酶原激活剂（TPA）、血因子Ⅶ及Ⅷ等；⑤激素，红细胞生成素（EPO）、促黄体生成素（LH）、促滤泡素（FSH）等；⑥其他尚有病毒杀虫剂，如杆状病毒、癌胚抗原（CEA）等。

关于组织培养（Tissue culture），开始时是指将小块的活组织（外植体，explant）从生物机体中取出后在无菌情况下用确定组分（defined）或不完全确定组分（semidefined）的培养基进行培养以期使外植株能增殖并能具有一定生理作用的超前意识培养方法。目前组织培养的内容已逐步扩展为两个方面：①器官培养，指将一块组织或胚胎的外植体经体外培养后以获得能保持组织结构、细胞作用以及进行组织学和生物化学分化的增殖组织；②细胞培养，指将一块外植体经酶或机械作用将其分散后以获得细胞悬浮液或相互连接的单层细胞。

目前组织培养以人造皮肤的研究进展最快，有望首先突破；其他如人造耳朵（人造软骨）等也取得了较大进展。

近年来细胞工程中另一个热点是干细胞（stem cells）的培养。干细胞是人和哺乳类动物在胚胎发育初期出现的全能性的尚未发育分化的原始细胞，随着胚胎的发育成长，胚胎干细胞就分化成各种组织干细胞，如血液干细胞、肌肉干细胞、骨骼干细胞、器官干细胞、神经干细胞、皮肤干细胞等。过去认为干细胞分化为成熟细胞后就不再分裂了，但后来发现各种器官中还存在一些未分化的原始干细胞，而这些未分化的细胞仍具有全能性。当然，如能把这些未分化的细胞通过诱导分化成各种组织干细胞，那就可以解决许多因组织病变引起的疾病（如脑细胞功能病变引起的帕金森氏病、造血系统病变引起的白血病症等），可惜目前还无法圆满地做到这一点，其中困难之一是机体的排异问题。为了解决排异问题，目前出现了一种"再生治疗"法，即用自身的未分化原始干细胞经过诱导分化为患者病变部位的组织干细胞在体外培养后再回输给患者。此外，脐带血和外周血都是造血干细胞来源之一，因此将其中的造血干细胞分离后扩大培养也是有现实意义的，因其具有治疗白血病和某些实体肿瘤有效。尽管目前对干细胞的应用还存在一定问题，但关于干细胞的培养却引起了人们很大的兴趣。

至于植物组织以致整个植株的无性繁殖可以推溯至古代，如利用插枝（扦插）法繁殖杨、柳等以及利用嫁接法（用优良品种的果树花卉的枝或芽扎绕在矮化的与外接植株间有亲和性的砧木上）繁殖果树或花卉。从上述例子中可以看到植物细胞具有潜在的全能性，人们可以利用这一特性进行植株的培养和繁殖。早在 1898 年德国植物学家哈柏兰特（Haber-landt）就对多种植物组织进行了离体培养确证了植物的体具有再生为完整植株的能力。1939 年怀特（White）对番茄根进行了培养试验获得了成功，并在此基础上建立了无性繁殖系。同年高斯莱特（Gautheret）对某些树木的形成层组织进行了培养均能发现有细胞的增殖。上述学者的工作为植物组织培养技术的建立做出了贡献。其后人们又发现将植物机体中任何部分所取得的碎片经消毒后置于含固体培养基的平皿中会形成一种半透明的由细胞团组成的形状不规则的疏松团块，并把它称为愈伤组织（callus）。愈伤组织可通过机械切割或液体震荡等方法进行植物细胞的液体培养。适用于植物细胞培养的生物反应器可用以微生物发酵和动物细胞培养的相类似，但应注意避免强烈的机械剪切，除了有供应无菌空气的系统外，还需有供 CO_2 和光照的系统以便需要时使用。

应用植物组织培养并加以诱发后可形成许多小植株以供大田使用或制成试管苗分发各地。通过植物细胞培养可获得的产物约有：①药品，如阿玛碱（Ajmalicine）、阿托品（At-ropine）、小檗碱（Berberine）、可待因（Codiene）、薯芋皂苷配基（Diosgenin）、L-多巴（L-DOPA，即 L-二羟苯丙氨酸）、吗啡（Morphine）、莨菪胺（Scopolamine）、紫杉醇（Taxol）、泛醌-10（Ubiquinone，也称辅酶 Q）、长春新碱（Vincristine，VCR）、长春花碱（Vinblastine，VBR）等；②食品色素或染料，如花色素（Anthocyanins）、藏红花（Saffron）、紫草宁（Shikonin）等；③香料，如茉莉（Jasmine）、柠檬（Lemon）、薄荷（Mint）、玫瑰（Rose）、檀香（Sandelwood）等；④调味剂，如香草（Vanilla）、草莓（Strawbery）、葡萄（Grape）、洋葱（Onion）、大蒜（Garlic）等；⑤甜味剂，如非洲山榄果（Minoculin）、金叶素（Monallim）、卡哈苊苷（Stevioside）等；⑥农业化学制剂，如除虫菊酯（Pyrethrine）、鱼藤酮（Rotenone）、噻吩（Thiophene）等。此外，日本曾进行过悬浮水稻育秧的中试，即待谷种发芽后，置于发酵罐中进行秧苗的悬浮培养，待秧苗长至一定大小后，再持其移至有光照设施的培养箱中进行无土固体培养至足够大小后再移至大田播种。另利用植物组织（一般用茎、叶等器官形成的愈伤组织）进行培养至形成为绿色无定形的胚状体或称体细胞胚后，可持其置于海藻酸钠和某些营养剂、生长主调节剂的溶液中浸渍后，再用氯化钙溶液使其凝固而成人工胚乳小球，最后再在上述小球外裹上可水解的高分子的外皮后成为"人工种子"。

（6）杂交技术在动植物生产中的应用　利用杂交优势进行动植物性能改良的实践自古就有，如驴、马杂交生为骡；近年来，玉米与高粱杂交获得的杂交高粱以及用陆地棉与海岛棉杂交获得的海陆杂交棉的性能也有很大的提高。下面着重介绍由我国农学家袁隆平在1973年发明的杂交水稻的生产。由于水稻是自花授粉的作物，雌雄蕊都长在同一朵花中使杂交发生了困难。袁隆平通过长期的理论和实践的探索终于研究出一种"三系"配套的杂交水稻生产法。所谓"三系"就是指：不育系——自然界罕有的雄性不育水稻，它的雄蕊发育不全，因此不能自花授粉，但雌蕊正常；保持系（保持雄性不育系）——指一种外形与不育系十分相似，但雌、雄蕊都正常的品系，当它与不育系共植时，其花粉可靠风力授至不育系而使不育系结籽，但此籽再次种植后其雄蕊仍不正常，仍保持雄性不育的特点（正因为这样，可获得更多的雄性不育的种子，为制种创造了条件）；恢复系——指外形与上两系截然不同，一般长的较高大，但雌、雄蕊都正常的品系，当其与保持系共植时，其花粉授至恢复系的雌蕊而使其结籽，此籽即为杂交水稻。虽然照上述步骤获得的杂交水稻谷粒具有可育性，但仅能用来种植一次杂交水稻，这是因为杂交优势不能遗传，若继续使用就会逐代分化，为此杂交水稻的种植还需每年都制种。近年来我国和日本以及美国正在研究"两系杂交水稻"的种植，即利用一种光敏不育的水稻品种在夏季长日条件下不育，而在秋季短日条件下可育的特点进行杂交水稻的生产。这样就可省去了"保持系"的种植，故称为"两系法杂交稻"。

（7）转基因植物和动物的研究和开发　转基因植物（transgenic plants）是将某些具有编码性状的外源基因，通过生物、物理或化学的手段导入受体植物细胞，然后进行组织培养而获得的再生植株，使它们具有高产、稳定、优质、抗逆等性能。20世纪80年代中，人们从抗生素产生菌中获得的抗菌基因转入植物获得成功后，目前已有上百种转基因植物问世，其中有抗真菌、抗病毒、抗虫害、抗逆、抗除草剂的；也有以增加果实、籽粒营养成分或为生产药用成分为目的的转基因植物，如"金稻米"中含有较高的 β-胡萝卜素含量，以期食用后使其转变为维生素A；再如将含血红蛋白的基因转入玉米、大豆中去，将含异黄酮的基因转至大豆中去以减少心脏病的发病率；将有关疫苗基因转至香蕉、马铃薯中去成为保健食品等；还可通过药用蛋白基因转至植物机体中后将其作为药物生产原料等。另外有一种设想也是很微妙的，就是用转基因手段使某些作物成为雄性不育株，然后将其作为杂交作物的母本而与性状不同植物株的花药与之杂交而获得具有杂交优势的作物来。目前用转基因手段获得的作物已有烟草、番茄、马铃薯、胡萝卜、向日葵、油菜、亚麻、甜菜、棉花、芹菜、黄瓜、大白菜、大豆、水稻、玉米、稞麦等。将外源基因导入植株一般采用由农杆菌（Agrobacterium）介导的根瘤质粒（Ti质粒）或发根质粒（Ri质粒）或采用基因枪或电击法将沾有外源基因的子弹射入受体植物体中。目前转基因植物已获得了很大的发展。

转基因动物（transgenic animals）是指被导入外源基因并能在其染色体的基因组稳定组合和表达，且能将特性遗传给后代的一类动物。从1982年美国率先用大鼠的生长激素基因导入小鼠受精卵的雄性原核中而获得一只个体比一般小鼠大一倍的"超级鼠"后发展很快，各种不同的外源基因可在昆虫、鱼、兔、猪、牛、羊等体内表达，如将含药用蛋白的基因以

及 β-乳球蛋白启动子同时组建在一个受体中，并将其转入哺乳动物体内使有关药物在其乳汁中表达，以期从中提取药用蛋白，这就是所谓"乳腺生物反应器"。我国在美学者钱卓将与记忆有关的 NR2B 基因注入小鼠体内生出了一批"聪明鼠"。动物转基因的方式方法有：通过微注射法将有关 DNA 进入合子（zygote，两性配子融合后产生的受精卵）或尚未受精的卵细胞，用具有逆转录酶的病毒感染进行外源基因的导入以及用微注射法将已在体外培养并被转染外源 DNA 的胚胎干细胞注入到胚泡（blastocyst）中去等方法。

这里，稍具体地把由我国的曾溢滔院士和黄淑祯教授等研究成功的并在 1999 年 2 月出生的一头带有编码为人血清白蛋白基因的转基因小公牛——"滔滔"的过程作一介绍。在 1998 年 5 月他们先从一头母牛的卵巢中取出了一卵母细胞并在体外培养，在此卵母细胞成熟时在显微镜下加入牛精液，当游得最快的精子即将进入卵母细胞前，将人白蛋白基因通过很细的注射针将其注入那一精子的雄核中；在证实此含有外源基因的受精卵一切正常符合预定的要求后，再将其植入母牛子宫继续发育直至分娩。

（8）克隆动物的成就　在述及克隆动物之前，先了解一下在 1978 年建立的"试管婴儿"或"试管动物"的情况。试管婴儿或试管动物是指从人或动物的输卵管中取出成熟的卵子，在试管中与精子相遇而受精，随后待受精卵在体外分裂成 4～8 个细胞的早期胚胎后，再移植到具有同步成熟程度的其他妇女或雌性动物的子宫内膜继续发育成长而分娩的后代。

与试管动物不同的是：克隆动物（也称无性繁殖动物或体细胞移植动物）用的是已高度分化了的体细胞中的细胞核植入尚未受精但已去核的卵细胞中去后，再植入代孕动物的子宫内膜的，而试管动物用的是体外受精的受精卵直接植入代孕动物的子宫内膜的。

第一个成功获得克隆动物的实例是 1996 年 7 月在苏格兰出生（但有关报道是在 1998 年 2 月才公布的）的取名为多莉（Dolly）的一头雌性小绵羊。多莉没有爸爸，却有三个妈妈。第一个妈妈是一头白脸绵羊，为它提供乳腺体细胞；第二个妈妈是一头黑脸绵羊，它为多莉的出生提供了卵子，此卵子在体外去核后被植入了处于静止状态的乳腺体细胞；第三个妈妈则是代孕妈妈，也是一头黑脸绵羊，它的任务是将已植入乳腺体细胞的卵细胞植入它的子宫，最后生出白脸的多莉来。因此说，多莉应是第一个妈妈的复制品，第二个妈妈仅提供了一个空的卵壳，第三个妈妈则是提供了"胚胎"后期妊娠的场所。用体细胞复制哺乳动物确实是一件了不起的大事，因而轰动了全球。当然这也不是一件容易做到的事，苏格兰的罗斯林（Roslin）研究所的维尔穆特（I. Wilmut）及其助手是经历了 247 次的失败后才取得此一成果。此成果还引起了一场是否可以克隆人的争议。但没有一个国家认为复制人合乎伦理的，而应严加禁止。最近美国有人宣布用人的皮肤细胞克隆出一个含有 6 个细胞的早期人类胚胎，受到美国和其他国家政府的谴责和反对，因为这种早期胚胎离开克隆人只有一步之遥了，但也有科学家认为若用早期胚胎（一般认为在两周内的早期胚胎）进行胚胎干细胞的研究还是应加以支持的。

1.3　生物技术的发展趋势

（1）深入开展后人类基因组学的研究，逐步掌握人类生、老、病、死的自然规律　基因组（genome）是指一种生物物种中一套完整的单倍体染色体中的基因，也可以说是一套完整的单拷贝遗传物质。

人类基因组计划（Human Genome Project，HGP）是 1990 年 10 月在国际人类基因组组织（HGPO）统一协调下正式启动的。开始时由美、英、德、法、日五国共同对人类的

22 条常染色体及 X 和 Y 性染色体中的全部 DNA 分子中的共约 30 亿个（精确数为 31.647亿个）碱基进行全序列的测定。我国则是在 1999 年 6 月参加了该计划，分工负责对 3 号染色体短臂部位的约 3000 万个碱基对进行测序。2000 年 6 月人类基因组的工作草图宣告完成，但草图中尚有不少细节还不够清楚，且还存在着空白点。接着科学家们又投入了绘制人类基因组的完成图（严格讲主要是染色体碱基对序列的完成图）的工作，并要求其正确率达到 99.99% 以上。

完成图约要绘制下列四种图谱。

a. 遗传图（genetic map）或称连锁图（linkage map） 一般用多态性现象（polymorphism）作为标志，即用限制性片断长度多态性现象（restriction fragment length polymorphism，RFLP）或用单核苷酸多态性现象（single nucleotide polymorphism，SNP）以标明群体与个体间遗传信息的差异。

b. 物理图（physical map） 用两遗传标志间的碱基序列作图，一般是采用 DNA 序列标签位点（sequence-tagged site，STS）或酵母人工染色体（yeast artificial chromosome，YAC）作遗传标志进行作图，以确定基因或遗传标志在染色体上的相对位置。

c. 序列图（sequence map） 在上两图基础上进行排序以做出由约 30 亿个碱基对组成的人类基因组序列图。

d. 转录图（transcriptional map 即 cDNA map） 将基因组中可进行转录和表达的序列（约占 3%）进行排序，以获得有用的信息和表达序列标记（expressed sequence tag，EST 图）。

目前我国负责绘制的完成图部分已于 2001 年 8 月完成，整个人类基因组的完成图也将于 2003 年完成。不久将完成的人类基因组完成图，无疑是人类长期以来渴望彻底了解自身生命奥秘过程中的一个重要里程碑，但它还是一本虽经过初步破译但还不能够把它读懂的"天书"，人们包括顶尖的科学家也还不能完全从中讲清这些序列和图谱与人类生、老、病、死的直接和确切的关系；目前科学家们仅对约 41% 的基因有所了解。为此，人们还必须继续努力在即将绘制完毕的完成图基础上，开展后基因组学（post genomics）的研究。据人类基因组组织的一些权威科学家的估计，人们约还要经过 50～100 年的不懈努力才能完全破译和解读这本"天书"，从而搞清人类生、老、病、死的奥秘和规律，即达到解码生命而造福人类的目的，由此可见后基因组学研究的重要性和长期性。

有关后基因组学的研究概括地讲是：首先要将完成图的碱基对序列中把所有的基因识别出来；其次是要鉴别每一个基因的生物化学结构和性质；最后是要搞清所有基因与人类生、老、病、死的关系。到那时，人类的基因组研究才能划上一个圆满的句号。

后人类基因组学可因其研究领域不同而形成若干分支。

a. 结构基因组学 首先是把完成图中组成各种基因的碱基对序列从全序列中区别出来（目前科学家认为人类约有 3 万～3.5 万个基因）；再根据基因的性质把它们区分为结构基因、调节基因以及操纵基因三大类，其中结构基因是编码组成人类机体所必需的蛋白质（有的结构基因能编码几种蛋白），后两类是负责控制结构基因的动向和操纵各种蛋白质合成的质和量的。初步认为编码蛋白质的碱基对序列仅占人类基因组碱基对序列约 5% 还不到，其余的碱基对序列除了部分作基因间或基因内的插入序列外，大多是重复序列。此外，还应对人类基因组中的碱基对或基因中的存在的多态性（polymorphism）现象加以检测，其中特别是单核苷酸多态性（single nucleotide polymorphism，SNP）出现的机会较多（目前估计约有 230 万种，即为全部 3×10^9 碱基对的 1/1300 左右）。SNP 是指碱基对中某一个碱基在复制过程中出现了误差而引起的，因而造成了基因表型和遗传性能上的差异以致可能与人种、民族的差异以及对某些疾病的产生和对某些药的敏感性有关。

b. 功能基因组学　着重研究各种结构基因的功能以及其所编码蛋白质的功能（目前人们已对约 49％ 的人类基因功能有一定的了解）和其在人体多种分布情况。研究过程中应注意能编码为蛋白质基因的表达条件以及掌握与肿瘤、疾病有关基因的表达和控制条件下以及 SNP 其他多态性现象与人类健康的影响等。

c. 蛋白质组学（Proteomics）　这是在结构基因组学和功能基因组学基础上所派生出来的专门研究细胞内蛋白质的组织与功能的一门分支科学。这是因为人体内蛋白质的种类繁多（约在 10 万种左右），且与人类生命活动、疾病产生、新药寻找等关系密切，为此有必要专门进行蛋白质组的研究。

此外，还有疾病（病原）基因组学、肿瘤基因组学、免疫基因组学、药物基因组学、环保基因组学等分支后基因组学。

（2）逐步深入地开展基因诊断和基因治疗研究　基因诊断是通过基因工程的手段对生物体的基因组 DNA 片段及其转录产物进行定性和定量分析，进而对疾病做出诊断。目前较为成熟的是对贫血症、白血病、尿毒症、糖尿病、乙脑病毒（HBV）、丙肝病毒（HCV）、人巨细胞病毒（HMCV）、人类免疫缺陷症病毒（human immumodefiency virus，HIV，艾滋病毒，acquired immune defiency syndrome，AIDS）、结核杆菌、疟原虫等疾病进行基因诊断。

基因治疗是以正常基因通过病毒载体原位转入病人体内以取代原来缺陷或病变的基因，也可以是使原来丧失表达能力或使机体产生免疫的基因以达到抗肿瘤、抗病毒的目的。具体的基因治疗策略归纳起来有三种：①以正常的基因取代已病变的基因；②使致病基因丧失表达能力；③使机体产生免疫基因。具体治疗方法主要是通过骨髓细胞导入新细胞或通过输血输入所需要的基因。

（3）加强各种生物技术新药物的研究开发

a. 重组激素　激素（hormone）是一类由内分泌腺或特异细胞所产生的经血液循环至靶组织而引发产生的具有专一生理效应的生物大分子物质。已生产使用的有：重组人生长激素（r-human growth hormone，rh-GH 或 r-HGH）、重组胰岛素（rh-insulin，或 Humalin）、人促卵泡激素（r-human Follical stimulating factor，rh-FSF）等。正在研究的重点是希望能开发出一些重组的激素以治疗或改善幼儿低血糖、身材矮小、特纳（Turner）氏综合症（性染色体不正常引起）、伤口不愈合、骨生长不良、出血性溃疡、心肌衰竭、类风湿关节炎、高胆固醇症、免疫答应能力低下、老年性营养不良、过早衰老等的症状。

b. 重组细胞因子　这是一类与细胞增殖、分化、凋亡和功能行使相关的小分子多肽因子。已生产的有干扰素（Interferons，IFNs），如 α-IFN——白细胞干扰素等、红细胞生成素（Erythropoitin，EPO）、集落刺激因子（colony stimulating factor，CSF）、粒细胞集落刺激因子（granular colony stimulating factor，GCSF）、粒巨噬细胞集落生长因子（granular macrophage colony stimulating factor，GMCSF）、白细胞介素（Interleukines，IL 包括 IL-1、IL-2、IL-3……）、肿瘤坏死因子（tumer necrosis factor，TNF）、细胞生长因子，如表皮生长因子（epidermal growth factor，EGF）、碱性成纤维生长因子（basic fibroblast growth factor，BFGF）等。正在研究开发的细胞因子有胰岛素样生长因子（insulin-like growth factors，IGF1、IGF2 等）、神经生长因子（nerve growth factor，NGF）、血管内皮细胞生长因子（VEGF）、转化生长因子（transforming growth factor，TGF）、某些能吸收

免疫细胞趋至免疫答应部位的趋向因子（Chemokines，CK）、血小板生成素（Thrombopoitin，TPO）、血小板衍生因子（platelet derived growth factor，PDGF）等。

c. 重组溶血栓物质　这是一类用于治疗心肌梗塞的重组药物，已开发的有重组组织型纤溶酶激活剂（r-tissue type plasminogen activator，rt-PA）、重组链激酶（r-streptokinase，r-SK）。正在研究开发的有重组单链尿激酶型纤溶酶原激活剂（r-single chain urokinse type plasminogen activator，scu-PA）、重组葡激酶（r-staphylokinase，r-SK）等。

d. 治疗性抗体　抗体（antibodies）原是指 B 淋巴细胞在抗原刺激下所产生的具有特异性的球蛋白，而与致病性抗原进行特异性结合，并促使白细胞的吞噬作用以消除抗原或使微生物失去致病性的物质，称为治疗性抗体。可以用生物技术中原生质体融合的方法获得杂交癌细胞，并通过杂交癌细胞的体外培养获得单克隆抗体，简称单抗（monoclonal antibody，MAb）以治疗相关疾病。但因单抗是人-鼠细胞融合的产物，使用后人体又会产生某些抗体来破坏它，加上杂交瘤细胞本身欠稳定。因此研究开发新一代的治疗性抗体统称基因工程抗体是很必要的。基因工程抗体大致有：①人源性单抗；②小分子抗体或单域抗体；③双特异性抗体；④免疫黏连素（由细胞产生的可使细胞间或细胞与基质间相互结合的物质）；⑤催化性抗体（具有催化能力的抗体）；⑥人源性抗体〔将人抗体基因转至噬菌体表面进行表达和分泌，也可通过一种事先去除其抗体基因的小鼠（xenomouse）进行表达〕。目前治疗性抗体的重点研究开发内容是期望获得若干能治疗艾滋病（HIV 感染）、癌症、白血病等治疗性抗体；⑦最近发现脱乙酰壳多糖（Chitosan，也称脱乙酰几丁聚糖）是一种十分有效的治疗辐射病的药物。

除了上述四类较成熟的生物技术药物外，科学家们还正在研究开发如下方面的新生物技术药物。

a. 反义寡核苷酸药物（antisense oligonucleotide drugs，AsONDs）　传统的药物一般是靠药物的作用对致病的蛋白质起作用，这是因为大多数疾病都是因蛋白质异常引起的，如宿主肿瘤疾病等或肝炎等感染疾病。反义药物则是作用于致病蛋白质的基因，以期获得更直接的效果。反义寡核苷酸是反义核酸的不完全水解产物，而反义核酸是指能与具有生物功能的核酸链互补的单链核酸分子。天然的反义核糖核酸（AsRNA）可与信使 RNA（mRNA）及其前体或其他 RNA 结合而调控其他基因的复制、转录和翻译。人工合成反义核酸大多为反义寡聚脱氧核苷酸（寡聚 DNA），可与双链的 DNA 结合而形成三联体 DNA 或与信使 RNA 及其他前体结合，从而阻断了基因的复制和表达。为此反义核酸有可能成为抗病毒或抑制有毒基因表达的工具。目前约有 20 种左右的以治疗艾滋病和多种癌症为主的反义寡核苷酸药物进入临床试验，个别的已被批准使用。

b. 基因药物（gene medicines），亦称 DNA 药物　这是一类把具有治疗意义的基因转移至真核表达载体中并将其直接转入到人体细胞内以表达具有治疗作用的多肽或蛋白质"药物"。从上述定义可以看出，基因药物的生产毋须常规生产车间、生产装备、产物也不需进行分离纯化，只需将重组的基因植入生物机体的某种细胞内即可使目标产物在体内进行表达和释放，且可长期奏效。目前可作为重组基因载体的有反转录病毒、腺病毒、腺相关病毒、脂质体及受体介导物。由病毒作为载体时，则可携带 5～8 kb DNA 的能力；由脂质体或受体介导物作载体时，则可携带 30 kb 以上的 DNA。此类药物作药靶部位的面很广，可以是骨骼肌、呼吸道、肺、皮肤、血管等。可作为基因药物的基因则与基因工程药物生产时引入重组微生物或其他生物细胞中的致病基因相同，如治疗梗塞性血管病的血管内表皮生长因子

（VEGF）、碱性纤维生长因子（bFGF）基因、治疗高血压病的心钠素（ANF）质粒、降压素（ADM）的多肽基因、治疗高血压症的激肽酶基因、治疗高胆固醇症的一氧化氮酶（NOS）基因、治疗肿瘤的血管生成抑制因子（Angiostatin）和血管内皮生长抑制因子（Eudostatin）的基因、治疗贫血症的红细胞生成素（EPO）和血小板生成素（TPO）的基因以及治疗糖尿病的胰岛素基因等。

c. 基因工程病毒疫苗、菌苗、寄生虫疫苗和治疗性疫苗　指一类用分子生物学、分子免疫学、蛋白质化学等原理和手段制成的一类高纯度、高效率、高专一性的小分子菌苗、疫苗或具有特殊作用免疫产品，如肿瘤疫苗、避孕疫苗等一些对付非传染性疾病的疫苗或菌苗。

（4）人类干细胞（human stem cells）培养或胚胎工程（embryo technology）的前景看好，正处于方兴未艾的发展阶段　人类干细胞可分为两类，即全能性干细胞（或称胚胎干细胞，embryo stem cells）和多能性干细胞（或称组织干细胞，tissue stem cell）。前者能发育成完整的人体，后者只能发育成人体中某一脏器或组织，如肝脏、肾脏、心脏或骨骼、皮肤、肌肉等。人类胚胎干细胞来自早期胚胎（受精数天后的受精卵），也即被称为囊胚的中间部位的细胞。这些全能性胚胎干细胞随即被转化为各种脏器和组织的多能性干细胞。但目前人们尚无法控制胚胎干细胞的发育方向，为此人们只能在胚胎干细胞的分化细胞中寻找所需要的组织干细胞（现已发现的有肠细胞、神经细胞、骨髓细胞、软骨细胞、肌肉细胞、肾细胞等）。目前获得人类胚胎干细胞的方法有下列三种：①是得自废弃的胚胎（人工堕胎或流产）；②是在试管中通过体外受精和培养所获得的"胚胎"；③是利用克隆（无性繁殖）的手段将人的体细胞（一般是采用拟植入胚胎干细胞的病人自身的皮肤细胞）的细胞核植入去核的人卵细胞内并经体外培养所获得的"胚胎"，但上述的第二种和第三种方法不允许用来克隆人。此外，人类的脐带血中具有可治疗白血病等血液疾病的血液干细胞，为此建立脐血库有其积极意义。

（5）通过转基因动物有望建立"动物药厂"，而通过克隆动物有望建立"优种牲畜品系"和拯救濒危动物　转基因动物是指通过基因工程的手段获得在基因中整合了外源基因的动物。通常是用微注射方法将特定外源基因导入母畜受精卵的雄原核内，也可将母畜成熟的卵子在体外与公畜的精子结合前的瞬间往精子中用微注射方法注入所需要的外源基因，当受精卵在体外培养并分裂至一定细胞数后，可再检测外源基因是否已被表达并确定早期胚胎性别后，再将其返回母畜的子宫中；还可用逆转录酶（retroviral vector），将一种含有其他品种动物的基因而形成胚胎瘤细胞（embryonic carcinoma cell，EC细胞），也即一种嵌合体（chimera）细胞引入母畜受精卵等手段获得转基因动物。若被转入的基因所表达的产物是一种药用蛋白质，如 α-胰蛋白酶、促红细胞生成素（EPO）、组织纤溶酶原激活剂（tPA）、人血清白蛋白（hSA）、凝血因子Ⅷ及Ⅸ等，则在转基因动物体内不断产生上述有关蛋白质，这就是所谓"动物药厂"或"乳腺反应器"了。为什么人们选择乳腺来表达外源基因呢？这是因为乳腺分泌的乳汁可直接排除体外易于采集和进行药物的提取，且不至于影响动物正常细胞本身的生理代谢。为了使外源蛋白基因能在乳腺中充分表达，可在外源药物基因转入动物体内时同时转入一定量的 β-乳球蛋白基因启动子以提高外源药物基因的表达。当然对"动物药厂"的厂房（畜舍）及环境的要求是十分严格的，因此在经济上是否合理还值得研讨。转基因动物可与同种非转基因动物进行交配，但其后代中仅有一部分是转基因的。克隆动物是指通过无性繁殖的手段复制而诞生的动物，其外形和生理性状均与其供体细胞相同的动物。这里要说明的是：若供体细胞为经有性繁殖所获得的胚胎细胞，则其后代就不能称为克隆动物只能称为是胚胎转移或胚胎分割技术所获得的动物后代。上一节中所介绍的多莉羊就是克隆动物的范例。这一技术将为建立某些优良动物品系和拯救濒危动物中做出贡献，如目前已有人在研究将熊猫的体细胞克隆到兔的去核卵细胞中的试验。

（6）加速对人类功能基因的研究开发　由于功能基因对人类的健康以及药物研究开发关系密切，因此各国科学家等不及待人类基因组计划对人类所有的基因的测序全部完成后才开始进行功能基因的研究开发，而是相互争先地把已知的功能基因进行了相当深入的研究以抢先获得发明专利权。目前常用的研究方法是把人类基因组中可以发生表达的全部外显子（exon，真核细胞基因中编码蛋白质的一段 DNA 序列，存在于信使 RNA——mRNA 中）的序列测出来。由于人所有外显子序列约仅占整个人类基因组序列的 5%，而其他 95% 左右的基因组序列是内含子（intron，真核细胞的基因中不编码蛋白质的 DNA 序列，一般存在于两个外显子之间，基因转录时，内含子虽也被转录为 RNA，但在 RNA 剪接时被切除，因而不出现在 mRNA 序列中，也不能编码蛋白质产物）以及基因间的间隔序列。因此说，上述仅测基因组中外显子序列的方法比起测定整个基因组全部序列的方法来当然要简便得多和迅速得多。上述根据表达序列获得的 DNA，实际上也就是互补 DNA（cDNA），而新的全长 cDNA 可申请专利，因为有些 cDNA 本身就可作为药物或可用来开发新药。由于功能基因组的研究的重要性，目前已出现了一个新的分支学科——功能基因组学（functional genomics），其重点就是瞄准新的生物药物的研究开发，特别是瞄准那些多基因引起的疾病或严重危害人类健康的疾病，如哮喘、高血压、糖尿病、心血管疾病、癌症、早衰综合症、白血病、艾滋病（获得性免疫缺陷综合症）、阿尔茨海姆病（早老性痴呆症）、克-雅两氏病（由疯牛病病原基因引起，也称普利昂病——Prion）等。在有关疾病基因弄清后，基因诊断和基因治疗，甚至是应采用什么药都更有的放矢了。

（7）基因农作物将为农作物的优质丰产带来巨大生机　转基因植物主要是指转基因农作物，系将外源基因通过下列三种方法转入受体作物的：①通过农杆菌（Agrobacterium）的某些质粒（染色体外的遗传物质），如根瘤介导质粒（Ti）或发根介导质粒（Ri）的介导和整合（适用于双子叶植物）；②通过植物病毒（也称植物噬菌体）的转染（transfection，可适用于单子叶和双子叶植物）；③通过物理转化法，如枪击法即将待转入植物细胞的 DNA 沉积在金属微粒表面后用高速压缩空气为动力的枪击入受体植物的胚芽、种子或叶片的细胞内，另也可用电场法或原生质体融合法进行转化。看来，转基因农作物的重点发展方向为：①抗虫害的转基因农作物——重点在弄清苏云金杆菌晶体毒素蛋白在不同作物中所呈现杀虫蛋白及其基因的结构以及提高其表达的关键问题，此外还应寻找新的由其他微生物所产生的杀虫蛋白；②寻找新的抗病毒基因并将其转入一些重要农作物中，目前已将一种包衣蛋白（CP）的基因转入烟草、马铃薯、番茄、苜蓿并已呈现较好的抗病毒效应；③抗干旱、抗盐碱、抗重金属、抗水涝、抗寒冻以及抗加入农田中的某些化学物质（如抗虫、抗菌、抗病毒及抗莠草等化学药剂）的转基因作物；④提高农作物品质的转基因作物，如控制粮类作物中的淀粉合成酶与分支酶的活力可获得黏性不同的籽实，当分支酶为主时，其糯性就较强而合成酶为主时其产量较高；将水仙的某些基因转入水稻，可使其籽粒增加含铁量；油类作物中可用反义 RNA（具有生物功能的 RNA）技术使作物中的硬脂酰-ACP 脱饱和酶基因失活而提高油类中饱和脂肪酸的含量，且可减少其流动性；再如可以将一种甜味蛋白基因转入某些作物中以增加其甜味。此外，还有将产色素基因转入棉花使其棉纤维呈现某种颜色；美国杜邦公司用转基因植物中提取了制造聚酯纤维的原料。目前，美国在玉米、大豆、棉花的种植中，转基因品种约占 40%～50%。

（8）加强与环境保护学科的合作研究　随着全球工农业生产的持续发展以及人类总数的不断增加，各国政府都把环境保护置于重要地位并注意用生物工程手段治理环境或达到变废为宝的目的。现简述一些正在发展中的报道：①利用一种产碱杆菌能利用对苯二甲酸的特性以治理染料工厂的废水；②利用二氧化碳的一种棒状杆菌来治理发电厂烟囱中排除的二氧化碳，据估计一个 1000 m^3 的反应器每年可处理或利用 10 万吨二氧化碳；③利用发电厂排除的二氧化碳进行裸藻培养，而裸藻的固氮能力是谷物的 50 倍，因此可利用火力发电厂锅炉中排出的大量二氧化碳在培养池中生产出为数可观的裸藻。此外，对环境污染的生物治理（bioremediation）也是十分重要的。所谓生物治理是指用有关微生物手段对环境中污染程度较大、污染范围较集中的对象，如下水道系统、废堆场、废水塘、污染严重的农田、大建筑物的通风管道等中存在的有机污染物、重金属离子、含氮化合物等物质进行系统的治理。如在治理地下水时厌氧的还原性脱卤化反应有利于去除被卤化的污染物，而好氧的氧化反应有利于去除被卤化的溶媒和烃类污染物。

（9）积极开展海洋生物技术（marine biotechnology）的研究　这是一类有远见有潜在生命力的研究。海洋在地球表面约占 70% 的面积，并生活着数量巨大、种类繁多的海洋动物（包括原生动物、海绵动物等低等动物）、海洋植物（包括藻类等低等植物）和微生物，其中大至地球上最大的动物——鲸鱼，小至各种各样的海洋微生物。目前人们在生物技术领域的研究中主要是取材于陆地生物资源，因为它们取材方便、且长期以来人们对陆地生物已有较深刻的了解，对其开发也较多，且有的已逐步枯竭，而对海洋生物的研究相对要少得多，为此加强对海洋生物技术的研究开发应是值得鼓励的。目前在海洋生物技术的研究中也取得了一定的成果，如几丁聚糖（chitin polysaccharide，也称甲壳质聚糖）是一种从海洋甲壳类动物的甲壳中提取的多聚乙酰氨基葡萄糖的衍生物，具有增强人体免疫能力的功能；由石房蛤、麝香蛸、海兔、海葵等产生的毒素具有强心、降压作用；藻酸脂、螺旋藻则具有降血压、抗血栓作用；海豚毒素具有强烈的镇痛作用，比常用的可待因效能高出几千倍；由一种软体海洋动物——蠕虫分泌的阿拉伯糖核嘧啶具有抗癌作用；海蚕产生的一种毒素是一种强力杀虫剂，但对人类无害。此外某些海洋藻类，如蓝藻、衣藻、鱼腥藻等的人工培养已较为成熟，因此可将它们作为宿主而在实验室中表达外源基因以获得有关药用蛋白。

（10）大力发展与生物技术相关的工程技术学科的研究，以加速生物技术实验室新成果的开发进程，并形成相应的工业生产规模基地以扩大生产规模和降低生产成本　已有不少工程技术曾在生物技术的产业化过程中发挥了积极的作用，并衍生出一批与生物技术相关的分支学科。下面将重点地介绍几个与生物技术产业化有关的分支学科。

a. 生物化学工程（Biochemical Engineering）　这是在 20 世纪 40 年代初出现的把化学工程中有关单元操作（Unit Operations）的概念和方法用诸于发酵工业，成功地解决了发酵罐中微生物与基质溶液（发酵液）间的混合、气体交换和热量交换问题，提出了发酵罐的合理设计和操作问题，使生产青霉素的发酵罐在 40 年代前期即达到近 30 m^3 的容积。与此同时，有关在好气发酵过程中适用的新的单元操作——"通气及搅拌"（aeration and agitation）就此产生了。此外，为了向发酵罐中提供无菌空气，有关用纤维性介质过滤空气中的杂菌的研究也开始了，并提出了有关空气过滤器的设计方法；发酵过程中细胞生长动力学、基质消耗动力学、产物形成动力学以及酶反应动力学等概念及其具体应用范例，因而为设计各种类型和不同规模的生物反应器奠定了基础。生物化学工程还为酶的固定化、动植物细胞培养、重组细胞培养中的特殊要求进行了考虑以保证不断更新的生物技术成就能很快地转化为生产力。生物化学工程还为发酵过程的串联生产和连续生产、酶反应过程的固定化酶研究及不同类型，酶反应器的研究以及生产过程中的参数的检测与控制、传感器的研制、计算机控制系统的应用等进行研究。早期的生物化学工程也包括了微生物细胞和酶的固定化技术以及发酵产品及酶反应产物的分离、提取和纯化内容。

目前随着生物技术的发展，生物化学工程的研究也愈来愈多、愈丰富了，因此就逐步形成了若干分支的工程学科，如发酵工程、酶工程、细胞培养工程、组织培养工程、生物过程工程、生物反应工程、生物反应器工程、代谢工程、生物分离工程、生物过程检测与控制技术等一群更为专一的分支学科了。原来的生物化学工程仅作为一个笼统的名称或作为导论的性质的大分支学科了。

b. 生物医学工程（Biomedical Engineering） 这是应用相应的工程技术从事研究开发在医学和生命科学领域中进行特殊的检测、诊断、治疗和进行科学研究所需的仪器和手段的集生物、医学、物理、机械、电子、电机等学科的交叉分支科学。应该说今天医学和生物技术的发展是与采用了上述仪器和手段的原因分不开的，设想若没有自动 pH 计、电子天平、电子显微镜、X 光诊断仪、计算机体层摄影（CT）技术、磁共振成像（MRI）技术、聚合酶链反应（PCR）技术、Northern 及 Southern 凝胶印渍（gel blotting）技术等这一类新型仪器设备的话，今天的医学和生物技术就不会有那么多的成就了。

c. 生物信息学（Bioinformatics） 这是将生物学特别是分子生物学的信息加以收集和便以利用的一门由计算机科学和分子生物学信息组合的边缘学科，即将不同来源的信息加以收集以便于读者加以利用。此外，有人把近年来发展起来的生物芯片（biochips）也归属于生物信息学的范围内。所谓生物芯片是指基因芯片和蛋白质芯片，其中基因芯片是将大量的基因（严格地是 cDNA）片断有序地、高密度地排列并固定在玻璃片或纤维膜等载体上，其密度可达每平方厘米几千到几万个点在操作过程中将基因芯片和荧光标记的待测基因一起放入自动杂交的系统中，让两者根据 DNA 分子碱基配对的规律进行固相杂交，然后通过激光共聚仪对芯片上的荧光信号进行扫描，接着用计算机系统对每一个探针上的荧光信号作比较并进行检测，最后显示出有关信息。若所显示信息与正常人基因结构存在差异，即可认为此人某部位基因出现了异常。蛋白质芯片的原理与基因芯片类似，但以不同的已知蛋白质取代了基因而粘贴在基板上，并采用激光等检测手段检测能与基板上所贴蛋白质相互起作用的蛋白质类别和数量。为此可以说基因芯片和蛋白质芯片对某些疾病的诊断、药物的对诊选药、新药的结构设计、新药的筛选以及生物科学的研究具有重要作用。看来对蛋白质芯片的研制比基因芯片更为重要。此外，作为"生物化学工程"范围内的一个分支学科——"生物过程检测与控制技术"中的所使用的各种传递生物、化学以及物理信息的传感器以及控制器的硬件及软件也需要有电子、电工、计算机、精密仪器、过程控制等工程技术人员的参与才能获得可靠的结果。

从以上的介绍可知当前的生物技术的发展是十分迅猛的，对人类的未来发展也是很令人欣慰的。作为为生物技术的产业化服务的工程技术工作者一定也会感到落在我们肩上的责任是十分沉重和艰巨的。让我们与从事生物技术上游研究的工作者在一起，为不断获得新的胜利而共同奋斗。

参　考　书　目❶

一、生物技术综合性参考书

1　Rehm H. J. and Reed G (Eds). Biotechnology——A Comprehensive Treatise in 8 Volumes. VCH，Weinheim：1st Ed，Beginning from 1981. (Vol. 1：Microbial Fundamentals；Vol. 2：Fundamentals of Biochemical Engineering；Vol. 3：Microbial Products，I；Vol. 4：Microbial Products，II；Vol. 5：Food and Feed Production；Vol. 6a：Biotransformations；Vol. 6b：Special Microbial Products；Vol. 7：Gene Products；Vol. 8：Microbial Degradation.)

＊2　Higgins I. J., Best D. J. and Jones J. Biotechnology——Principles and Applications. Black Well Sci. Pub., Oxford：1985

3　Jacobson S., Jamison A. and Rothman H. The Biotechnology Challenge. Cambridge Univ. Press, Cambridge：1986

＊4　Prave P., Faust U., Sitting W. and Sukatsch D. A. Fundamentals of Biotechnology. VCH，Weinheim：1987

＊5　Bulock J. and Kristiansen B. (Eds)：Basic Biotechnology. Acad. Press, London：1987

＊6　Wiseman A. Principles of Biotechnology. 2nd Ed. Surrey Press, NY：1988

7　Rehm H. J., Reed G., Pühler A., and Stadler P. (Eds)：Biotechnology——A Multi-Volumme Comprehensive Treatise. VCH，Weinheim：2nd Ed. 1993. (Vol. 1：Biological Fundamentals；Vol. 2：Genetic Fundamentals and Genetic Engineering；Vol. 3：Bioprocessing；Vol. 4：Measuring, Modelling and Control；Vol. 5：Genetically Engineered Proteins and Monoclonal Antibodies；Vol. 6：Products of Primary Metabolism；Vol. 7：Products of Secondary Metabolism；Vol. 8：Biotransformations；Vol. 9：Enzymes, Biomass, Food and Feed；Vol. 10：Special Processes；Vol. 11：Environmental Processes；Vol. 12：Modern Biotechnology：Legal, Economic and Social Dimensions.)

8　Purohitt S. S. and Nethur S. K. Fundamentals and Applications. Agro Botanical Pub. Bikaner, India：1996

＊9　俞俊棠，王国政. 生物技术.（译自 Smith J. E. Biotechnology. Edword Arnold, London：1981）北京：科学出版社，1985

＊10　顾方舟，卢圣栋. 生物技术的现况与未来. 北京：北京医科大学与协和医科大学出版社，1990

＊11　焦瑞身等. 生物工程概况. 北京：化学工业出版社，1991

＊12　顾孝诚，陈章良，俞俊棠等. 生物技术. 上海：上海科技出版社，1995

＊13　李继衍，孙志浩，欧阳平凯等. 生物工程. 北京：中国医药科技出版社，1995

＊14　朱圣康，陈章良，林稚兰等. 生物技术. 上海：上海科技出版社，1998

15　周永春等. 迈向二十一世纪的生物技术产业. 北京：学苑出版社，1999

二、生物技术中有关生物学基础和工艺类性质的参考书

1　Schlegal H. C. General Microbiology. Cambridge Univ. Press, 1986

2　White A. et al. Principle of Biochemistry (6th Ed). McGraw-Hill, 1978

3　Perlman D. Applied Microbiology. Acad. Press, N. Y.：1978

＊4　Wang D. I. C., Cooney C. L., Dunnill P., Humphrey A. E. and Lilly M. P. Fermentation and Enzyme Technology. John Wiley, NY：1979

＊5　Sheehan J. C. The Enchanted Ring——The Untold Story of Penicillin. MIT Press, Cambridge：1982

6　Stanburg P. F. and Withtaker A. The Principles of Fermentation Technology. Pergamon，Oxford：1984

＊7　Demain A. L. and Soloman N. A. (Eds)：Industrial Microbiology and Biotechnology. Am. Soc. for Microbiology, Washington, D. C.：1986

8　Webb C. and Mavitua F. Plant and Animal Cells——Process Possibilities. Ellis Horwood，1987

9　俞大绂，李季伦，徐孝华. 微生物学. 第二版. 北京：科学出版社，1986

10　武汉大学，复旦大学. 微生物学. 第二版. 北京：科学出版社，1986

11　无锡轻工学院. 微生物学. 北京：中国轻工出版社，1990

12　陆卫平，周德庆，郭杰炎. 普通微生物学.（译自 Schlegel H. G. General Microbiology. Cambridge Univ. Press,

---

❶　以下参考书目的面较广，目的是让读者在需要时查阅；若仅为加强了解本章内容，查阅书目前加"＊"号的即可。

1986）上海：复旦大学出版社，1992

13　张卫康. 微生物学. 北京：中国轻工业出版社，1991

14　郑善良，胡宝龙，盛斗宗等. 微生物学基础. 北京：化学工业出版社，1992

15　张卫康. 微生物学. 北京：中国轻工业出版社，1991

16　周德庆. 微生物学教程. 北京：高等教育出版社，1993

17　余贺，尤振洲. 医用微生物学. 第二版. 北京：人民卫生出版社，1984

18　郑集. 生物化学. 第二版. 北京：高等教育出版社，1985

19　沈同，王镜岩. 生物化学. 第二版. 北京：高等教育出版社，1990

20　沈仁权，顾其敏等. 生物化学教程. 北京：高等教育出版社，1993

21　魏述众. 生物化学. 北京：中国轻工业出版社，1996

22　张洪渊，万海清. 生物化学. 北京：化学工业出版社，2001

23　于自然，黄熙泰. 现代生物化学. 北京：化学工业出版社，2001

24　焦瑞身，洪孟民. 微生物生理学. （译自 Dawes I. W. and Sutherland I. N. Microbial Physiology. Halstad Press，1976）北京：科学出版社，1986

25　李友荣，马辉文. 发酵生理学. 长沙：湖南科技出版社，1989

26　陶文沂等. 工业微生物生理与遗传育种学. 北京：中国轻工业出版社，1997

27　沈大棱. 遗传学基础. 北京：化学工业出版社，1987

28　盛祖嘉. 微生物遗传学. 第二版. 北京：科学出版社，1976

29　高东. 微生物遗传学. 济南：山东大学出版社，1996

＊30　盛祖嘉. 分子遗传学浅说. 北京：科学出版社，1976

＊31　盛祖嘉，沈仁权. 分子遗传学. 上海：复旦大学出版社，1988

32　孙乃恩，孙东旭，朱德煦. 分子遗传学. 南京：南京大学出版社，1990

33　罗进贤. 分子生物学引论. 广州：中山大学出版社，1987

34　刘进元. 分子生物学. （译自 Turner P. C. Instant Notes in Molecular Biology. BIOS，Sci. Pub. 2000）北京：科学出版社，2001

35　高天祥，田竞生等. 医学分子生物学. 北京：科学出版社，1999

36　伍欣星，聂广，胡继鹰等. 医学分子生物学原理与方法. 北京：科学出版社，2000

37　孙开来等. 医学遗传学原理. （译自 Collins F. S.，Gelehrter T. and Ginsberg D. Principles of Medical Genetics. 2nd Ed. Williams & Wikins，1998）北京：科学出版社，2001

38　贺林. 解码生命. 北京：科学出版社，2001

39　顾健人，曹涛. 基因治疗. 北京：科学出版社，2001

＊40　陈陶声. 中国微生物工业发展史. 北京：中国轻工业出版社，1979

41　无锡轻工学院. 工业微生物. 北京：中国轻工业出版社，1980

42　陈陶声. 现代工业微生物学. 北京：中国轻工业出版社，1982

43　杨浩等. 工业微生物基础及应用. 北京：科学出版社，1991

44　岑沛霖，蔡谨. 工业微生物学. 北京：化学工业出版社，2000

45　陈陶声，王大琛，赵大健，胡复眉. 微生物工程. 北京：化学工业出版社，1987

46　高培基，曲音波，钱新民等. 微生物生长与发酵工程. 济南：山东大学出版社，1990

47　姚汝华等. 微生物工程工艺原理. 广州：华南理工大学出版社，1996

48　章名春. 工业微生物诱变育种. 北京：科学出版社，1984

＊49　徐亲民，檀耀辉. 发酵工业. （译自：木下祝郎. 醱酵工业. 大日本图书，1975）北京：中国轻工业出版社，1986

50　张克昶. 微生物发酵的代谢和控制. 北京：中国轻工业出版社，1992

51　熊宗贵. 发酵工艺原理. 北京：中国医药科技出版社，1995

52　储炬，李友荣. 现代工业发酵调控学. 北京：化学工业出版社，2002

＊53　俞俊棠，唐孝宣等. 生物工艺学. 上海：华东化工学院出版社，（上册）1991，（下册）1992

＊54　梅乐和，姚善泾，林东强. 生化生产工艺学. 北京：化学工业出版社，1999

55　童海宝. 生物化工（其内容以生物化工产品为主）. 北京：化学工业出版社，2001

*56　任凌波，章思规，任晓蕾. 生物化工产品生产工艺技术及应用. 北京：化学工业出版社，2001

57　马誉澂. 抗生素. 第三版. 北京：人民卫生出版社，1965

58　邬行彦，熊宗贵，胡章助等. 抗生素生产工艺学. 北京：化学工业出版社，1982

59　俞文和，杨纪根等. 抗生素工艺学. 吉林：辽宁科技出版社，1988

60　顾觉奋，王鲁燕，仇孟祥等. 抗生素. 上海：上海科技出版社，2001

61　陈代杰. 微生物药物学. 上海：华东理工大学出版社，1999

62　陈代杰. 抗菌药物与细菌耐药性. 上海：华东理工大学出版社，2001

63　童村，鲍竞雄，沈义. 抗生素发酵染菌的防止. 修订本. 北京：化学工业出版社，1987

64　刘颐屏等. 抗生素菌种选育的理论及技术. 北京：中国医药科技出版社，1992

65　陈代杰，朱宝泉. 工业微生物菌种选育与发酵控制技术. 上海：上海科技出版社，1995

66　储志义等. 生物合成药物学. 北京：化学工业出版社，2000

*67　马大龙. 生物技术药物. 北京：科学出版社，2001

68　向近敏，朱宝莲. 细胞与组织培养. 上海：上海科技出版社，1965

69　陈因良，陈志宏. 细胞培养工程. 上海：华东理工大学出版社，1992

70　陈石根，周润琦. 酶学. 长沙：湖南科技出版社，1987

71　邹国林，朱汝藩. 酶学. 武汉：武汉大学出版社，1997

72　郭炎杰，蔡武城. 微生物酶. 北京：科学出版社，1986

73　邬显章等. 酶的生产技术. 北京：中国轻工业出版社，1988

*74　熊振平等. 酶工程. 北京：化学工业出版社，1989

75　张树政等. 酶制剂工业. 北京：科学出版社，1989

76　袁勤生，赵健，王维育等. 应用酶学. 上海：华东理工大学出版社，1994

77　袁勤生等. 现代酶学. 上海：华东理工大学出版社，2001

*78　胡宝华，姚维江. 固定化酶.（译自：千畑一郎. 固定化酵素. 讲谈社，1975）石家庄：河北科技出版社，1989

79　储炬，李友荣. 现代发酵工业调控学. 北京：化学工业出版社，2002

80　华家栓，奚国良，杨庆成. 实用蛋白质化学技术. 上海：上海科技出版社，1987

81　冯万祥，赵伯龙. 生化技术. 长沙：湖南科技出版社，1989

82　王凤山，凌沛学等. 生化药物研究. 北京：人民卫生出版社，1987

*83　林元藻，王凤山，王转花等. 生化药物学. 北京：人民卫生出版社，1998

*84　梅乐和，姚善泾，林东强. 生化生产工艺学. 北京：化学工业出版社，2000

85　庚镇成. 谈谈基因工程. 上海：上海科技出版社，1979

86　方宗熙. 遗传工程. 北京：科学出版社，1984

87　黄翠芬等. 遗传工程理论与方法. 北京：科学出版社，1987

88　张惠展. 基因工程原理. 上海：华东理工大学出版社，1999

*89　吴乃虎. 基因工程原理. 第二版. 北京：科学出版社，（上册）1998，（下册）2001

90　刘国诠. 生物工程下游技术——细胞培养、分离技术、分析检测. 北京：化学工业出版社，1993

91　贾士荣等. 农业生物技术进展与展望. 北京：中国科技大学出版社，1993

92　陈章良. 植物基因工程研究. 北京：北京大学出版社，1993

93　北京市政设计院. 污水生物处理. 北京：建筑出版社，1975

94　翁稣颖，戚蓓静. 环境微生物. 北京：科学出版社，1985

95　王家玲等. 环境微生物学. 北京：高等教育出版社，1989

96　乌锡康，金青萍. 有机水污染治理技术. 上海：华东化工学院出版社，1989

97　马文漪，杨柳燕. 环境生物工程. 南京：南京大学出版社，1998

98　王凯军，钱人伟. 发酵污水处理. 北京：化学工业出版社，2001

99　徐亚同，史家樑. 污染控制微生物工程. 北京：化学工业出版社，2001

100　张积辉. 高等环境化学的微生物原理及应用. 北京：化学工业出版社，2001

101　朱守一等. 生物安全与染菌防止. 北京：化学工业出版社，1999

102　顾觉奋. 分离纯化工艺原理. 北京：医药工业出版社，1994

103 严希康. 生化分离技术. 上海：华东理工大学出版社，1996

104 孙彦. 生物分离工程. 北京：化学工业出版社，1998

105 欧阳平凯. 生物分离原理及技术. 北京：化学工业出版社，2001

＊106 严希康. 生物分离工程. 北京：化学工业出版社，2001

＊107 王湛等. 膜分离技术基础. 北京：化学工业出版社，2001

108 华裕达主编. 迈向知识经济时代. 上海：上海科技出版社，1998

109 华裕达主编. 创新——迎接新世纪的挑战. 上海：上海科技出版社，1999

三、与生物技术相关的工程技术方面的参考书

＊1 Stell R. Biochemical Engineering. Heywood. 1958

2 Webb F. C. Biochemical Engineering. D. Van Nostrand. London. 1964

＊3 Aiba S. ，Humphrey A. E. and Millis N. F. Biochemical Engineering. 1st Ed，Acad. Press，NY，1964，2nd Ed.，Tokyo Univ. Press，1973

4 Atkinson A. Biochemical Reactors. Pion，London，1974

＊5 Bailey J. E. and Ollis D. E. Biochemical Engineering. 1st Ed，1997；2nd Ed.，McGraw-Hill，NY，1986

6 Shuler M. L. and Kargi F. Bioprocess Engineering. English Ed.，Vol. 1，1987；Vol. 2，1991

7 Stephanopoulos G. Bioprocessing. （Vol 3 of "Biotechnology"，2nd Ed.，Edited by Rehm，H. J.，Reed，G.，Puhler，A. and Stadler，P.）VCH，Weinheim，1987

8 Schugert，K. Bioreaction Engineering——English Ed. John Wiley，Vol. 1，1987；Vol. 2，1989

9 Chirsti M. Y. Air-lift Bioreactors. Elevier Sci. Pub. London，1989

＊10 Lee J．M. Biochemical Engineering. Prentice Hall，NJ，1992

11 Asenjo J. A. and Merchuk J. C. Bioreactor System Design，Marcel Dekker，NY，1995

12 Galindo E. and Ramirez F. Advances in Bioprocess Engineering. Kluwer Acad.，1994

＊13 Blanch H. W. and Clark D. S. Biochemical Engineering. Marcel Dekker，NY，1996

＊14 Coulson J．M. and Richardson J. F. Chemical Engineering. （Eds of Vol. 3：Richardson J．F. and Peacock D. G.），Pergamon Press，Oxford，1971

15 陈敏恒，丛德滋，方图南，齐鸣斋. 化工原理. （第二版）. 北京：化学工业出版社，（上册）1999，（下册）2000

＊16 俞俊棠，顾其丰，叶勤. 生物化学工程. 北京：化学工业出版社，1991

＊17 伦世仪等. 生化工程. 北京：轻工出版社，1993

18 李再资. 生物化学工程基础. 北京：化学工业出版社，1999

19 胡章助，方常福，吴维江等. 生物化学工程——反应动力学. 北京：化学工业出版社，1984

20 苏尔馥，胡章助. 生物反应工程. 上海：上海科技出版社，1989

21 周斌. 生物反应工程. 西安：西北大学出版社，1992

22 曲音波等. 生物工艺技术学. 长沙：湖南科技出版社，1994

23 戚以政，汪叔雄. 生化反应动力学与反应器. 北京：化学工业出版社，1996

24 范代娣. 细胞培养与蛋白质工程. 北京：化学工业出版社，2000

25 华南工学院等. 发酵工程与设备. 北京：中国轻工业出版社，1981

26 俞俊棠等. 抗生素生产设备. 北京：化学工业出版社，1982

27 沈自法，唐孝宣. 发酵工厂工艺设计. 上海：华东理工大学出版社，1994

28 吴恩方. 发酵工厂工艺设计概论. 北京：中国轻工业出版社，1995

29 张嗣良，李凡超. 发酵过程中的 pH 及溶解氧的测量与控制. 上海：华东化工学院出版社，1992

30 方柏山. 生物技术过程模型化与控制. 广州：暨南大学出版社，1997

31 马立人，蒋中华. 生物芯片. 北京：化学工业出版社，2000

四、有关生物技术的工具书

1 Hack R.，Wilson T. et al. International Biotechnology Handbook. Eromonitor Pub.，London，1998

2 Atkinson B. and Mavituna F. Biochemical Engineering and Biotechnology Handbook. 2nd Ed.，Macmillan Pub.，Hampshire，England，1991

3 Walker J．X.，Cox M. The Language of Biotechnology，A Dictionary of Terms. 2nd Ed.，Am. Chem. Soc.，Wash-

ington D C.，1995

4　Bains B．Biotechnology from A to Z．2nd Ed.，Oxford Univ. Press，Oxford，1998

5　胡宝华．生物工程名词解释．北京：化学工业出版社，1991

6　孙勇如，安锡培，赵功民．遗传学手册．长沙：湖南科技出版社，1989

7　中国微生物菌种保藏管理委员会．中国菌种目录．北京：科学出版社，1982

8　欧阳平凯．生物化工产品．北京：化学工业出版社，1991

9　任凌波，章思规，任晓蕾．生物化工产品生产工艺技术及应用．北京：化学工业出版社，2001

10　梅益主编．中国大百科全书．（生物卷、化工卷、医药卷等）．北京：中国大百科全书出版社，1987 年起

11　刘尊祺，Gibney G. B. 主编．简明不列颠百科全书．（共 11 卷）中有关条目．北京：中国大百科全书出版社，1986

12　辞海编纂委员会．辞海．上海：上海辞书出版社，1999

13　陈冠荣主编．化工百科全书．北京：化学工业出版社，1990～1998

14　时钧，汪家鼎，余国琮，陈敏恒主编．化学工程手册．（第二版）．北京：化学工业出版社，1987

思 考 题

1．由国际经济合作与发展组织（IECDO）提出的有关生物技术的定义有何特点？

2．教材中把生物技术的发展分为四个时期，它们各有哪些主要代表性技术和产品？

生物反应过程原理篇

2 菌 种 选 育

2.1 菌种的来源

2.1.1 生物物质产生菌的筛选

2.1.1.1 微生物——生物产物的来源

不管过去、现在和将来，微生物是各种生物活性产物的丰富资源。生物活性物质很多，有微生物的初级代谢产物，如氨基酸、维生素等；有微生物的次级代谢产物，如抗生素等。要获得所需生物特性的新产物，关键是①生物产物的来源——微生物的选择；②采用什么样的筛选方案（检测系统）。过去的40多年里，重点放在筛选医疗用途的抗生素。

抗细菌治疗方面：青霉素、头孢菌素和四环类抗生素；抗癌、抗真菌感染方面：丝裂霉素、灰黄霉素等；其他治疗方面：高血压药物、血胆甾醇过少药（hypocholesteremic agents）和免疫调节剂（immunomodulator）。

由于微生物细胞的内含物及其周围的培养基成分极其复杂，且所需的产物可能每毫升只有微微克到毫克这样一个数量级，因此不管寻找哪一类生物活性物质，在选择筛选方法时必须考虑选择性和灵敏度两个方面，即需要灵敏度很高的专一性检测方法。

2.1.1.2 待筛选样品的性质

寻找新产物的产生菌可用固体或液体培养基筛选。但次级代谢物的大规模生产是用沉没培养法进行的，由于在固体培养基和液体培养基中产生的次级代谢物的方式不一样，因此有些厂家以液体培养法为惟一的筛选手段。

2.1.1.3 筛选方案的设计

基本上可利用以下三种不同的筛选方法：①整体生物；②完整细胞；③亚细胞制剂。第一种是最直接的、在体内筛选活性物质的方法，但考虑到可处理的样品少，费用高和筛选方法不够灵敏，用这种方法作为初筛是不妥的。

2.1.2 微生物选择性分离的原理和发展

在过去的半个世纪里曾筛选出许多产生新的有用的次级代谢物的菌种。这些菌种多半是以经验式的筛选方法获得的。大多数的抗生素均由放线菌纲产生。下面介绍放线菌纲为主的分离方法原理的发展。

选择性分离方法大致可分为五个步骤：①含微生物材料的选择；②材料的预处理；③所需菌种的分离；④菌种的培养；⑤菌种的选择和纯化。以上任何一个阶段都可引入选择压力。

2.1.2.1 含微生物材料的选择

在选择菌种来源时，存在一些选择标准。对于天然材料，如土壤的选择，来源越是广泛的样品，含有目的类型的微生物的可能性越大，越有可能获得新菌种；另一方面，可寻找已适应相当苛刻的环境压力的微生物类群。这种方法已获得某些成功（见表2-1）。从被污染的实验室培养基中分离出嗜盐菌（*Actinopolyspora halophila*），从盐场分离出嗜盐链霉菌，说明在富盐环境中存在一类尚待开发的放线菌。

在酸性土壤圈的放线菌类群与其紧接下层的中性圈的放线菌类群有很大的不同。因此，也有可能利用同一生态环境内的不同环境条件分离出更多种类的菌株。

自然环境的菌群可因人类的活动而改变。于土壤中加入去莠津（atrazine）会导致放线菌菌群数量的增加。如诺卡氏菌属能生长在 Carboxanilide 杀真菌剂中。

更新的生态环境仍有待开发。例如，有人从 Componia 的根瘤中分离出一株放线菌，并从白蚁的肠子里分离出一株类似放线菌的细菌。但迄今仍很少有人从厌氧微生物中筛选次级代谢产物。

表 2-1   能适应极端环境条件的放线菌产生的次级代谢产物

微　生　物	产　　物	微　生　物	产　　物
嗜冷的链霉菌属	抗生素 SP 351	海洋链霉菌	Aplasmomycin
嗜热的链霉菌属	榴菌酸（Granaticinicacid）	耐高渗链霉菌	未鉴别的抗生素
嗜热的抗生素高温放线菌	嗜温红菌素	嗜碱链霉菌	经鉴别的抗生素
耐高温 Saccharopolyspora hirsuta	Sporaricin	嗜酸链霉菌	各种抗生素

2.1.2.2 材料的预处理

为了提高菌种的分离效果，人们设计了各种预处理材料的方法。表 2-2 列出处理放线菌材料的各种方法。

表 2-2   材料的预处理方法

方　法	处　理　方　式	材　料	分离出的菌株
物理方法	加热:55 ℃,6 min	水 土壤 粪肥	嗜粪红球（*Rhodococcus coprophilus*）小单孢菌属等
	100 ℃ 1 h,40 ℃,2～6 h	土壤、根土	链霉菌属 马杜拉菌属 小双孢菌属
	膜过滤法	水	小单孢菌属 内孢高温放线菌
	离心法	海水 污泥	链霉菌属
	在沉淀池中搅拌	发霉的稻草	嗜热放线菌
化学方法	养料中加 1%（质量分数）几丁质培养	土壤	链霉菌属
	用 CaCO₃ 提高 pH 进行培养	土壤	链霉菌属
诱饵法	用涂石蜡的棒置于碳源培养基中	土壤	诺卡氏菌
	花粉	土壤	游动放线菌属
	蛇皮	土壤	小瓶菌属
	人的头发	土壤	角质菌属

物理方法有加热、过滤、离心等。热处理通常可减少材料中的细菌数。因为许多放线菌的繁殖体、孢子（如链霉菌）和菌丝片段（如红球菌 *Rhodococcus*）比 G⁻ 细菌细胞耐热。不过加热能减少细菌同放线菌的比例，但也常减少放线菌的数目。

当样品中的细胞数较少时（如水），通常采用膜过滤法浓缩样品中的细胞。将滤膜置于培养基的表面，放置几个小时后移去，或一直留在上面。滤膜的品种对收集菌的类型有重要的影响。处理放线菌繁殖体含量很低的海水，可先将样品离心后再过滤。

收集在腐烂的稻草和其他植物材料中的嗜热放线菌孢子可在空气搅动下进行。并可用一风筒或一简单的沉淀室收集孢子。然后，用 Anderson 取样器将空气撞击在含培养基的平板上。这样可以减少分离平板中的细菌数目。也有在分离前加一些固体基质（如把几种基质加在土壤中）或洒些可溶性养分来强化培养基。

所谓诱饵技术是将固体基质加到待检的土壤或水中，待其菌落长成后再铺平板。有人曾广泛使用石蜡棒技术来分离诺卡氏菌；用各种诱饵法从土壤中分离耐酸放线菌，游动放线菌科的某些属产生的游动孢子。有人用花粉诱饵从土壤中分离出 13 株小瓶菌，其中有些是新种或亚种。

2.1.2.3　所需菌种的分离

所需菌种的分离效率取决于分离培养基的养分、pH 和加入的选择性抑制剂。表 2-3 列举了分离放线菌的各种培养基配方。一般凭经验而不是绝对性选择。

表 2-3　用于选择性分离放线菌的若干培养基

主　要　成　分	占优势的分离株
胶态几丁质，矿物盐	链霉菌，微单孢菌
基质浓度减半的营养琼脂	嗜热放线菌
淀粉、酪蛋白、矿物盐	链霉菌，微单孢菌
葡萄糖、天冬酰胺、矿物盐土壤浸液、维生素	马杜拉放线菌，小双孢菌，链孢囊菌
琼脂（诊断灵敏度试验）	诺卡氏菌
矿物盐、丙酸钠、硫胺素（M_3 琼脂）	红球菌，小单孢菌

其中广泛应用的是几丁质、淀粉-酪素和 M_3 琼脂三种培养基。

几丁质培养基常用来分离土壤和水中的放线菌。但测试过的 500 株链霉菌和其他放线菌中，只有 25% 的菌种具有强的水解几丁质的能力。许多放线菌生长在能利用几丁质的可作为放线菌碳与氮源的"食腐菌"上，而其本身却不利用几丁质。

在淀粉-酪素培养基中长出的放线菌种类与几丁质培养基上生长的相似，但其菌落的密度更大、色素更多，同时细菌也容易生长。于这种培养基中加入 4.6%（质量分数）的 NaCl，有利于链霉菌生长，但不是所有的链霉菌都能耐受这一浓度的 NaCl。

M_3 培养基是选择性分离培养基中较好的一种，这种养分贫乏的培养基阻滞链霉菌的生长，因而容易分离到其他菌属如红球菌。

因大多数放线菌都是嗜中性的，分离培养基的 pH 通常在 $6.7 \sim 7.5$ 之间。如要分离嗜酸放线菌，pH 宜降低到 $4.5 \sim 5.0$。有人从碱性的加拿大土壤中分离出嗜碱链霉菌，它不能生长在低于 pH$6.1 \sim 6.8$ 的条件下。估计嗜碱性放线菌也可能存在于其他碱性环境中。

在分离培养基中加入抗生素来增加选择性是广泛采用的一种方法（见表 2-4）。在筛选放线菌时，可加入抗真菌抗生素，因为抗真菌抗生素对放线菌无作用，但不能用抗细菌抗生素，因为放线菌对它们也很敏感。如分离种类较广的放线菌，在分离培养基中加抗细菌抗生素时会使得放线菌及其细菌的数量同时减少，但如果分离的种类不那么广，可加入放线菌能耐受的抗生素，如培养基中加入新生霉素（25 μg/mL）和亚胺环己酮（50 μg/mL）能分离出普通高温放线菌。

表 2-4　在分离放线菌时使用的抗生素例子

抗生素/(μg/mL)	选择性地分离菌株	抗生素/(μg/mL)	选择性地分离菌株
制霉菌素(50)亚胺环己酮(50)	链霉菌属	金霉素(45) 甲烯土霉素(10)	
多黏菌素 SO_4(5) 青霉素钠(1)	各种属	新生霉素($25 \sim 50$)	小单孢菌属等
亚胺环己酮(50) 新生霉素(25)	普通高温放线菌	链霉素($0.5 \sim 2$) 棕霉素($0.5 \sim 2$)	马杜拉放线菌
变红霉素($5 \sim 20$)	马杜拉放线菌属	庆大霉素	小单孢菌属
亚胺环己酮(50) 制霉菌素(50)	诺卡氏菌属		

2.1.2.4　菌种的培养

由于放线菌分离平板通常在 25～30 ℃培养，嗜热菌的培养温度为 45～55 ℃，而嗜冷菌的培养温度则为 4～10 ℃，故培养的主要变量为培养时间。分离嗜温菌如链霉菌和小单孢菌一般培养 7～14 天；嗜热菌如高温放线菌只需 1～2 天。有时培养时间短会漏掉一些新的和不寻常的菌株，因此有人在 30 ℃和 40 ℃将培养时间延长到 1 个月，结果分离出一些不寻常的种属。也有人在 20 ℃培养 6 周从海水中获得放线菌。

2.1.2.5　菌落的选择

菌落的选择常常是分离步骤中最易受挫折和最耗时间的阶段。采用怎样的选择菌落方式取决于筛选的最终目的。

如要分离某一属的放线菌，常可以用显微镜观察分离平板的方法作鉴别。宜用高倍接物镜和长的操作距离（working distance）。但这种方法一般不易区分分离平板同一属的不同种，故筛选大量菌落时，会多次重复浪费精力。常用以下两种筛选方法。

（1）铺菌法　于分离平板上铺一层单一的试验菌的办法可用来测定各个菌落的抗生素生产能力。

（2）复印平板法　将菌落复印在平板上的办法来研究它们对一系列试验菌的作用。

虽然这类方法可避免大量移植分离平板上所有菌落的麻烦，但这两种方法都有缺点。铺菌法会使所需要的菌落污染，并且只能在每个平板上铺上一种试验菌。菌落复印平板法对不长孢子的链霉菌则不能使用，也不适用游动细菌的筛选。因此需要设计一种更为有效的筛选新菌种的方法。

2.1.3　重要工业微生物的分离

筛选具有潜在工业应用价值的微生物的第一个阶段是分离，分离是指获得纯的或混合的培养物。接着筛选出那些能产生所需产物或具有某种生化反应的菌种。根据分离的菌种不同，有时可以设计出一种在分离阶段便能识别所需菌种的方法；有时则先用特定的分离方法随后再去识别所需生产菌株。值得注意的是，在要求获得高产菌株的同时，还应考虑推广到生产过程时的经济问题。在筛选所需菌株时宜考虑的一些重要指标：①菌的营养特征。在发酵过程中，常会遇到要求采用廉价的培养基或使用来源丰富的原料，如用甲醇作为能源，一般用含有这种成分的分离培养基便可筛选出能适应这种养分的菌种。②菌的生长温度应选择温度高于 40 ℃的菌种。这样可以大大降低大规模发酵的冷却成本。因此用这一温度来分离培养高温产生菌在经济上是有利的。③菌对所采用的设备和生产过程的适应性。④菌的稳定性。⑤菌的产物得率和产物在培养液中的浓度。⑥容易从培养液中回收产物。

③～⑥是用来衡量分离得到的菌种的生产性能，筛选出的菌种如能满足这几条便有希望成为效益高的生产菌种。但在投入生产之前还必须对其产物的毒性和菌种的生产性能做出评价。

以上所述菌种有些必须从自然环境中通过多种方法分离得到。鉴于在自然环境中所含的无数的微生物中，只有极少数是有用的，因而工业微生物学者也可从菌种保藏委员会中索取。尽管通常购买得到的菌种性能一般比较弱，但被证实是具有符合要求的特性后，要比从自然环境中分离更为经济，至少可作为模型来改良和发展分析技术，然后再用于评定天然分离株。

理想的分离步骤是从土壤环境开始的，土壤中富于各种所需的菌。设计的分离步骤应有利于具有工业重要特性的菌的生长，如加入某些对其他类型菌生长不利的化合物或采用选择性培养条件。

2.1.3.1 施加选择压力（selective pressure）的分离方法

（1）富集液体培养 富集液体培养是指能增加混合菌群中所需菌株的数量的一种技术。方法的原理是给混合菌群提供一些有利于所需菌株生长或不利于其他菌型生长的条件。例如，供给特殊的基质或加入某些抑制剂。但应注意的是，所需类型的菌种生长的结果有时会改变培养基的性质，从而改变选择压力，使其他微生物也能生长。通过把富集培养物接种到新鲜的同一培养基可以重新建立选择压力。重复移植几次后接种少量已富集的培养物到固体培养基上，可将占优势的微生物分离出来。这里，移种的时间是关键，应在所需菌种占优势的情况下移种。用连续培养，通过改变限制性基质浓度可以控制两种菌的比生长速率，如图2-1所示。

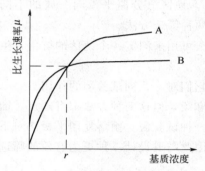

图 2-1 基质浓度对 A、B 两种菌的
比生长速率（μ）的影响

当基质浓度低于 r 时，菌株 B 将维持比菌株 A 高的比生长速率；而高于 r 时，菌株 A 的比生长速率较高。因而通过改变稀释速率进行富集培养便能分离到所需要的菌种。用连续富集技术分离连续发酵生产的菌种特别适合。因为从分批富集和从固体培养基上纯化而得的微生物，在连续培养中的适应性很差。富集方法还可用于分离具有某种工业生产特性的菌株，如分离一种能适应简单培养基的菌种，这样不仅生产成本低，且不易污染杂菌；又如采用较高的分离温带，有可能分离出在发酵生产中少用冷却水的菌种。

连续富集方法，应先进行分批培养，接种量 20%，生长开始后即移种到新鲜培养基中，进行富集培养，并应定期接种土壤浸液或污水，这不仅能分离到有潜力的菌种，还可以考验所需菌种是否耐污染。

为了防止连续分离过程中菌体的早期洗出，可采用恒浊器或二级恒化器。恒浊器中具有一光电池，用以测定培养物的浊度和通过上下限两个设定点来启动和中止培养基的加入，以维持一定的浊度，这样便能避免培养物的洗出。这个方法的缺点是不够灵活，不能像恒化器那样改变稀释速率的范围。另一个方法是把二级恒化器中的第一级用作第二阶段恒化器的连续种子来源。它带有一个装有基础培养基并接种了土壤浸液的大瓶。采用连续接种方法直到第二级的光密度增加为止。

用连续富集培养方法可以筛选出能共生的稳定混合培养物。例如用甲烷作为碳源在连续富集培养中筛选到一株含有甲烷营养型的共生菌。甲烷营养型在纯型纯种培养下的生长速率，生产率和培养物的稳定性总是比混合菌差。

（2）固体培养基的使用 固体培养基常用于分离某些酶产生菌，其选择培养基中常含有所需的基质，以便促使酶产生菌的生长。有人用这种方法分离产生碱性蛋白酶的芽孢杆菌属。用不同 pH 的土壤作为初始种子，分离获得碱性蛋白酶产生菌，其数目与土壤样品的酸碱度有关。一般从碱性土壤中可以收集到众多的产生菌。土壤须经巴氏法消毒，以减少不产孢子的微生物。然后铺在 pH9～10 的琼脂培养基（含有均匀的不溶性蛋白质）表面。碱性蛋白酶产生菌能消化平板上的不溶性蛋白，产生一清晰圈。清晰圈的大小虽然不能完全作为选择高产菌的依据，但这一例子说明选择起始材料的重要性和在分离中应用选择压力和初步鉴定试验的重要意义。

2.1.3.2　随机分离方法

有些微生物的产物对产生菌的筛选没有任何选择性优势可以用来开拓一种新的分离方法。因此常随机地分离所需菌种，并为此发展了一些快速筛选方法和归纳出高产培养基成分的选择性准则如下：①制备一系列的培养基，其中有各种类型的养分成为生长限制因素（即C、N、P、O）；②使用一聚合或复合形式的生长限制养分；③避免使用容易同化的碳（葡萄糖）或氮（NH_4^+），因为它们可能引起分解代谢阻遏；④确定含有所需的辅因子（Co^{2+}、Mg^{2+}、Mn^{2+}、Fe^{2+}）；⑤加入缓冲液以减少 pH 变化。

（1）抗生素产生菌筛选　让潜在的产生菌生长在含有试验菌的平板上可以鉴定产生菌的抗微生物作用。也可以将微生物分离株生长在液体培养基中，检测其无细胞滤液的抗菌活性。使用液体培养基作为初筛可以避免在琼脂平板上培养与沉浸培养的不一致，但其工作需要更大的空间和设施。

因单独用枯草杆菌做试验菌不能检出对枯草杆菌活性低，对其他试验菌活性高的新抗生素。采用联合试验菌可以分离出它们。黄色霉素（Kirromycin）族的抗生素便是用这类方法找到的。

用一种很专一的筛选技术可以检出新的抗菌药物。例如通过鉴定氨卞青霉素与测试样品之间对 β-内酰胺酶产生菌克雷白氏菌的协同抑制作用，发现了一种 β-内酰胺酶抑制剂——棒酸（Clavulanid acid）。Glaxo 公司的研究工作者利用体外酶筛选法筛选羧肽酶的抑制剂，此酶负责细菌细胞壁肽聚糖的交联。

（2）药理活性化合物的筛选　筛选能抑制人们代谢某一个关键酶的微生物产物的原理是一种化合物，例如在体外抑制一关键人体酶，它可以在体内具有药理作用。若将体外筛选出的活性化合物，再用动物做实验，可筛选出新的药理活性化合物。表 2-5 列出基于酶靶方法的药理筛选例子。

表 2-5　基于酶靶方法的药理活性物质筛选的例子（仅限于用来鉴定新抑制剂的酶）

靶　　区	靶　　酶
邻苯二酚胺合成	酪氨酸羟化酶,多巴胺-β 羟化酶,甲胺氧化酶,儿茶酚-O-甲基转移酶
抗组胺	组氨酸脱羧酶,组胺-N-甲基转移酶
抗脂血症	3-HMG-CoA 还原酶,缩合酶
5-羟色胺合成	色氨酸羟化酶,胰酶,血纤维蛋白溶酶,木瓜蛋白酶,糜蛋白酶,组织蛋白酶 A、B 和 D,弹性蛋白酶,胃蛋白酶
抗高血压	血管紧张素（Angiotensin）转移酶
前列腺素的合成	前列腺素合成酶
糖水解酶(抗糖尿病等)	α-淀粉酶,蔗糖酶,β-半乳糖苷酶,神经氨酸苷酶

（3）生长因子产生菌的筛选　生长因子如氨基酸和核苷酸的生产不能作为分离步骤中的选择压力，可用随机办法分离产生菌，并通过随后的筛选试验检出产生菌。通过观察分离株能否促进营养缺陷型的生长，便可检出生长因子产生菌。大多数的氨基酸产生菌属于节杆菌、微细菌、短杆菌、微球菌和棒杆菌属。故筛选这类菌时，可在分离培养基中加入抗真菌化合物如亚胺环己酮，以排除真菌。氨基酸产生菌的初筛一般在固体培养基上进行。将含有30～50 个菌落的分离平板影印到能导致氨基酸生产和菌生长的固体培养基上约2～3 天。用 UV 线杀死长好的菌落，然后在其上面铺上一层含营养缺陷型（缺陷所需产物）的菌悬液的琼脂，在 37 ℃ 培养 16 h 后，检定菌应在产生菌的周围有一生长圈，这样便可从原来的被影印的平板上分离到所需的产生菌。接着将其培养在液体培养基中作定量分析，测定其滤液的

氨基酸浓度。

（4）多糖产生菌的筛选　曾从各种环境中分离出多糖产生菌，有人认为制糖工业污水中可能含有很多这种菌种。从这种环境获得的分离株，可在适当的培养基中生长。并可从菌落的黏液状外观识别这类产生菌。

据统计数据表明，应用普通的初筛方法，筛选100 000个土壤微生物（放线菌），只能发现5～50个新化合物，并且不能保证从这些新化合物中一定能发现新药或其他有价值的化合物。然而，随着生物技术的发展，分子遗传学和基因工程技术的应用，建立在新型靶位基础上的定靶筛选方法，可大大提高新化合物的发现率[1]。

经自然界分离、筛选获得的有价值的菌种，在用于工业生产之前必须经人工选育以得到具一定生产能力的菌种。特别是用于医药上的抗生素，还需通过一系列的安全试验及临床试验，以确定是否是一种有效而安全的新药。

2.2　菌种选育

20世纪40年代抗生素工业的兴起推动了微生物遗传学的发展，而微生物遗传变异规律的研究又促使以抗生素为主的微生物发酵工业的迅猛发展，生产了极有价值的药物和轻化工产品。发酵工业的发展除了发酵工艺和设备得以改进外，其决定因素是优良菌种的获得。从自然界获得的菌种，通过进一步的菌种选育，不仅可为发酵工业生产提供各种类型的突变株，提高发酵单位，还可以改进产品质量，去除多余的代谢产物和合成新品种，从而使抗生素、氨基酸、核苷酸、有机酸、酶制剂、维生素、生物碱、动植物生长激素、脂肪、蛋白质和其他生理活性物质等等产品的产量大幅度增长，经济效益显著提高，同时它又涉及一系列微生物潜在资源的广泛利用和开发，对国民经济产生重大的影响。另一方面，通过菌种选育可以研究菌种的分子生物学和分子遗传学，揭示自然现象的规律和机制。

菌种选育是一门应用科学技术，其理论基础是微生物遗传学、生物化学等，而其研究目的是微生物产品的高产优质和发展新品种，为生产不断地提供优良菌种，从而促进生产发展。所以，育种工作者要充分掌握微生物学、生物化学、遗传学的基本原理和国内外有关的先进科学技术，灵活而巧妙地将其运用到育种中去，使菌种选育技术不断更新和发展。

目前菌种选育常采用自然选育和诱变育种等方法，带有一定的盲目性，尚属于经典育种的范畴。随着微生物学、生化遗传学的发展，出现了转化、转导、接合、原生质体融合、代谢调控和基因工程等较为定向的育种方法。但目前这些方法成功地用在生产上的例子还不很多。如何将定向育种的技术能够广泛地应用到生产上去，这是摆在育种工作者面前的一项艰巨而又极为重要的任务。

2.2.1　自然选育

在生产过程中，不经过人工处理，利用菌种的自然突变（Spontaneons Mutatiton）而进行菌种筛选的过程叫做自然选育。

所谓自然突变就是指某些微生物在没有人工参与下所发生的那些突变。称它为自然突变决不意味着这种突变是没有原因的。一般认为引起自然突变有两个原因：即多因素低剂量的诱变效应和互变异构效应。所谓多因素低剂量的诱变效应，是指自然突变实质上是由一些原因不详的低剂量诱变因素引起的长期综合效应，例如充满宇宙空间的各种短波辐射、自然界中普遍存在的一些低浓度诱变物质以及微生物自身代谢活动中所产生的一些诱变物质（如过氧化氢）的作用等。所谓互变异构效应是指四种碱基的第六位上的酮基和氨基，胸腺嘧啶

（T）和鸟嘌呤（G）可以酮式或烯醇式出现，胞嘧啶（C）和腺嘌呤（A）可以氨基式或亚氨基式出现。平衡一般倾向于酮式和氨基式，因此，在 DNA 双链结构中以 AT 和 GC 碱基对为主。可是在偶然情况下，T 也会以稀有的烯醇式形式出现，因而在 DNA 复制到达这一位置的一瞬间，通过 DNA 多聚酶的作用，在它的相对位置上就不出现 A 而出现 G。同样，如果 C 以稀有的亚氨基形式出现，在新合成的 DNA 单链的相对位置上就将是 A 而不是 G。这或许就是发生相应的自然突变的原因。由于在任何一瞬间，某一碱基是处于酮式或烯醇式还是氨基式或亚氨基式状态目前还无法预测，所以要预言在某一时间、某一基因将会发生自然突变是难以做到的。但是，人们对这些偶然事件作了大量统计分析后，还是可以发现并掌握其中规律的。例如，据统计，碱基对发生自然突变的几率约为 $10^{-8} \sim 10^{-9}$。

这种自然突变有两种情况，一种是生产上所不希望有的，表现为菌种的衰退和生产质量的下降；另一种是对生产有益的。为此，为了确保生产水平不致下降，生产菌株经过一定时期的使用后须纯化，淘汰衰退的；保存优良的菌种。这就是通常所指的菌株的自然分离。

在工业生产中，由于各方面因素的影响，生产水平的波动较大，经常从高生产水平批号中取样进行单菌落分离，从中选出比较稳定的菌株，用于生产。

经诱变的突变株会继续发生变异。其结果往往导致菌株不同类型的比例的改变，而低单位菌株在传代过程中往往占优势，因此在复试中常常出现产量高低的不稳定状态，遇到这种情况必须进行自然分离。所以自然分离亦是诱变育种和杂交育种工作中一个不可缺少的环节。

总之，自然选育是一种简单易行的选育方法，它可以达到纯化菌种、防止菌种衰退、稳定生产、提高产量的目的。但是自然选育的最大缺点是效率低、进展慢，很难使生产水平大幅度的提高。因此，经常把自然选育和诱变育种交替使用，这样可以收到良好的效果。

自然选育（自然分离）的一般程序，是把菌种制备成单孢子悬浮液，经过适当的稀释以后，在固体平板上进行分离，挑取部分单菌落进行生产能力的测定，经反复筛选，以确定生产能力更高的菌株代替原来的菌株。

2.2.2 诱变育种

2.2.2.1 诱变育种的基本原理

诱变育种的理论基础是基因突变。所谓突变是指由于染色体和基因本身的变化而产生的遗传性状的变异。突变主要包括染色体畸变和基因突变两大类。染色体畸变是指染色体或 DNA 片断的缺失、易位、逆位、重复等，而基因突变是指 DNA 分子结构中的某一部位发生变化（又称点突变）。根据突变发生的原因又可分为自然突变和诱发突变。所谓自然突变是指在自然条件下出现的基因突变，而诱发突变是指用各种物理、化学因素人工诱发的基因突变。诱变因素的种类很多，有物理的、化学的和生物的三大类，见表 2-6。经诱变处理后，微生物的遗传物质，DNA 和 RNA 的化学结构发生改变，从而引起微生物的遗传变异。由于引进了诱变剂的处理，故诱变育种使菌种发生突变的频率和变异的幅度得到了提高，从而使筛选获得优良特性的变异菌株的几率得到了提高。

从 Watson 和 Crick 的 DNA 双螺旋结构模型中可看出，虽然两条单链之间的碱基受着互补规律的制约（即 A 必须和 T 配对，C 必须和 G 配对），但就一条单链来说四种碱基的排列顺序是不受互补规律限制的。如在 A 的后面可以是 T，也可以是 G 或 C，DNA 分子的多样性正是表现在这四种碱基在一条单链上排列顺序的变化上。DNA 的多样性即碱基排列方式的多样性是遗传性千差万异的内在原因，而以诱变因子处理微生物之所以能引起遗传物质的千差万异的变异，原因亦就在于此。所以诱发突变的变异幅度大大高于自然突变。

表 2-6　常用诱变剂及其类别

物理诱变剂	化学诱变剂			生物诱变剂
	碱基类似物	与碱基反应的物质	在 DNA 分子中插入或缺失一个或几个碱基物质	
紫外线 快中子 X 射线 γ 射线 激光	2-氨基嘌呤 5-溴尿嘧啶 8-氮鸟嘌呤 8-AG	硫酸二乙酯(DES) 甲基磺酸乙酯(EMS) 亚硝基胍(NTG) 亚硝基甲基脲(NMU) 亚硝基乙基脲(NEU) 亚硝酸(NA) 氮芥(NM) 4-硝基喹啉 1-氧化物(4NQO) 乙烯亚胺(EI) 羟胺	吖啶类物质 ICR 类物质[①]	噬菌体

① ICR 是美国肿瘤研究所（The Institute for Cancer Research）的缩写，ICR 化合物是该研究所合成的吖啶类的氮芥衍生物。

2.2.2.2　诱变育种的一般步骤

诱变育种的一般步骤如图 2-2 所示，整个流程主要包括诱变和筛选两个部分。诱变部分

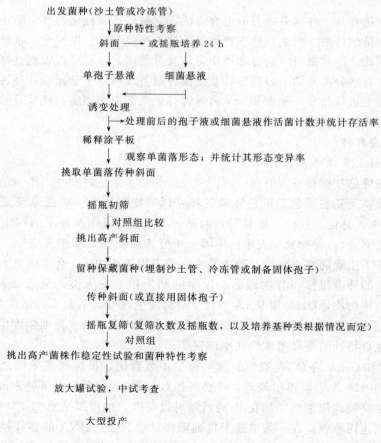

图 2-2　诱变筛选的典型流程

包括由出发菌株开始，制出新鲜孢子悬浮液（或细菌悬液）作诱变处理，然后以一定稀释度涂平皿，至平皿上长出单菌落等各步骤。因诱发突变是使用诱变剂促使菌种发生突变，所以诱发所形成的突变与菌种本身的遗传背景、诱变剂种类及其剂量的选择和合理使用方法均有密切关系，亦可说这三者是诱变部分的关键所在。筛选部分包括经单孢子分离长出单菌落后随机挑至斜面，经初筛和复筛进行生产能力测定和菌种保存（即将筛选出来的高产菌种保藏好）。因此，可以认为，诱变育种的整个过程主要是诱变和筛选的不断重复，直到获得比较理想的高产菌株。最后经考察其稳定性、菌种特性、最适培养条件等后，再进一步进行中试、放大。

2.2.2.3　诱变育种工作中几个应注意的问题

（1）选择好出发菌株　选好出发菌株对诱变效果有着极其重要的作用。有些微生物比较稳定，遗传物质耐诱变剂的作用强。如果用这种菌株于生产是很有益的，而用作出发菌株则不适宜。用作诱变的出发菌株必须对它的产量、形态、生理等方面有相当了解。挑选出发菌株的标准是产量高、对诱变剂的敏感性大、变异幅度广，再确定诱变剂的使用及筛选条件。

（2）复合诱变因素的使用　在微生物诱变育种中，可利用各种物理、化学诱变因素来处理菌种。对野生型菌株单一诱变因素有时也能取得好的效果，但对老菌种单一诱变因素重复使用突变的效果不高，这时可利用复合因素来扩大诱变幅度，提高诱变效果。例如，青霉菌的选育中，先以氮芥处理很短时间，使之不足以引起突变，再用紫外线处理，可使诱变频率大为提高。突变频率的增高不仅表现在形态突变方面，而且可从中获得高产菌株。其他如乙烯亚胺和紫外线的复合处理，氯化锂和紫外线的复合处理，都用得比较普遍，而且有一定的成效。

氯化锂本身无诱变作用，但与一些诱变因子一起使用时，与诱变剂具有协同作用，即它能起增变作用。

（3）剂量选择　各种诱变因素有它们各自的诱变剂量单位，如紫外线剂量单位用焦耳，X射线剂量单位对不同微生物使用的剂量是不同的，变异率取决于诱变剂量，而变异率和致死率之间有一定关系。因此可以用致死率作为选择适宜剂量的依据。

凡既能增加变异幅度又能促使变异向正变范围移动的剂量就是合适的剂量。常用诱变剂见表2-6。

要确定合适的剂量常常要经过多次的摸索，一般诱变效应随剂量的增大而提高，但达到一定剂量后，再增加剂量反而会使诱变率下降。剂量的选择和诱变因素的使用都随不同菌种而异，所以一定要从自己的工作中积累经验，找到最适诱变因素和剂量。X射线单位是库（仑）每千克，中子剂量单位是戈。化学诱变因素一般是以溶液浓度来计算剂量单位的。

（4）变异菌株的筛选　诱变育种工作的一个主要任务是获得高产变异菌株。从经诱变的大量个体中挑选优良菌种不是一件容易的事。因为不同的菌种表现的变异形式是不同的，一个菌种的变异规律不一定能够应用到另一个菌种中去，因此挑选菌株一般应从菌落形态、变异类型着手，去发现那些与产量有关的特性，并根据这些特性，分门别类地挑选一定数量的典型菌株进行发酵和鉴定，以确定各种类型与产量之间的关系。这样，可大大提高筛选的工作效率。

（5）高产菌株的获得需要筛选条件的配合　在诱变育种过程中高产菌株的获得还必须有合适的筛选条件的配合，如果忽视这一点，则变异后的高产菌株不可能被挑选出来。如在土霉素产生菌选育过程的初筛培养基中适当地增加淀粉和硫酸铵，可筛选到能利用较高浓度的糖和氮及效价亦比原菌株略高的突变株。用该培养基连续筛选，进一步增加糖、氮，发酵差距就更大，代谢慢的菌株，效价就更低，而对糖、氮利用能力强的菌株却更加发挥了它的潜在能力。

诱变与筛选可以说是一个问题的两个方面，必须用辩证的观点来看待，只重视诱变而忽视筛选，或过分重视菌种而忽视发酵条件的观点都是片面的，这样会影响高产菌株的获得。

总之，在诱变育种过程中要正确处理出发菌株，诱变因素和筛选条件三者的关系。这三者之间在诱变育种过程中有紧密的内在联系。当然，在不同的情况下考虑的重点应有所不同，当其中一个因素改变后，对其他两个因素也要作相应改变以适应新的需要。全面辩证地考虑上述三者之间的关系，将是诱变育种能否获得理想效果的重要关键。

2.2.2.4 介绍几种物理、化学诱变剂的使用方法

（1）紫外线　紫外线是一种使用时间较久、值得推广的诱变剂，它的辐射光源便宜，危险性小，诱变效果好，故应用最广泛，研究得也最多。虽然紫外线的波长范围很宽，但对诱变最有效的波长仅仅是 260 nm 左右（253～265 nm）。一般诱变时用菌（孢子）悬浮液进行处理，紫外灯的功率为 15 W，距离固定在 30 cm 左右。

紫外线的作用机制主要是形成胸腺嘧啶二聚体以改变 DNA 生物活性，造成菌体变异甚至死亡。

（2）快中子　中子是原子核的组成部分、是不带电荷的粒子，可由回旋加速器、静电加速器或原子反应堆产生。中子不直接产生电离，但能使吸收中子的物质的原子核射出质子来，因而快中子的生物学效应，几乎完全是由质子造成的。受中子照射的物质所射出的质子是不定向的，照射后产生的电离，则集中在受照射物体内沿着质子的轨迹上。

中子分为快中子和慢中子。快中子的能量为 0.2 百万～10 百万电子伏特，慢中子的能量为 1/40～100 电子伏特。慢中子的效应同 α 射线、γ 射线和电子等照射时引起的基本相同，快中子较 X 射线、γ 射线具有较大的电离密度，因而能更多地引起点突变和染色体畸变。

用快中子进行诱变育种时，用菌（孢子）悬浮液或长在平皿上的菌落进行处理，所用剂量范围约为 100～1500 戈。快中子在诱变育种中有较好的效果，国内已广泛应用。由于剂量测量还不统一，不同反应堆或其他中子源所放射的快中子能量亦不同。因此，诱变结果也很不一致，为此，国际原子能组织已提倡推广标准化的照射装置。

（3）氮芥　其盐酸盐结构式为

$$\left. \begin{array}{l} ClCH_2CH_2 \\ ClCH_2CH_2 \end{array} \right\rangle NH \cdot HCl$$

氮芥是一种极易挥发的油状物，它的盐酸盐是白色粉末，一般使用它的盐酸盐。应用时先使氮芥盐酸盐与碳酸氢钠起作用，释放出氮芥子气，再与细胞起作用而造成变异。氮芥的诱变机制是它能引起染色体畸变。氮芥是被利用得最早的一种诱变剂，很早就被应用于青霉素产生菌的选育，获得了良好的效果。

氮芥盐酸盐在碳酸氢钠溶液中呈游离状态，甘氨酸能与氮芥（在碳酸氢钠参与下）结合，形成无毒化合物，因此它有解毒作用。其反应式为

$$\left. \begin{array}{l} ClCH_2CH_2 \\ ClCH_2CH_2 \end{array} \right\rangle NH \cdot HCl + NaHCO_3 \longrightarrow \left. \begin{array}{l} ClCH_2CH_2 \\ ClCH_2CH_2 \end{array} \right\rangle NH + NaCl + CO_2 \uparrow + H_2O$$

解毒反应式为

$$\left. \begin{array}{l} ClCH_2CH_2 \\ ClCH_2CH_2 \end{array} \right\rangle NH + 2CH\!\!-\!\!COOH + 2NaHCO_3 \longrightarrow \left. \begin{array}{l} HOOCCH_2NHCH_2CH_2 \\ HOOCCH_2NHCH_2CH_2 \end{array} \right\rangle NH + 2NaCl + 2CO_2 \uparrow + 2H_2O$$
$$\qquad\qquad\qquad\quad |\atop NH_2$$

氮芥使用方法：①配制活化剂和解毒剂，称取碳酸氢钠 68 mg 加入蒸馏水 10 mL，即为活化剂；称取碳酸氢钠 136 mg，甘氨酸 120 mg，溶解在 200 mL 蒸馏水中，即为解毒剂，将这两种溶液高压灭菌备用。②将一只小瓶和橡皮塞灭菌、烘干、称取约 10 mg 的氮芥盐酸盐放入瓶中；再加入灭菌蒸馏水 2 mL，则成为每毫升含有 5 mg 的氮芥盐酸盐溶液。③吸取 1 mL 孢子悬浮液（浓度为 200 万孢子/mL）于另一灭过菌的小瓶中，加入 0.6 mL 缓冲液，再加入 0.4 mL 上述氮芥溶液，将橡皮塞盖紧，摇匀，此时瓶中的氮芥作用浓度为每毫升 1 mg。④加入氮芥溶液 30 s 后开始计算时间，达到所需要的时间后，用 1 mL 注射器吸取 0.1 mL 处理液加到 9.9 mL 的解毒剂中，使氮芥作用停止。

（4）亚硝酸　亚硝酸是一种常用的有效诱变剂，其诱变作用主要是脱去碱基中的氨基。例如 A、C、G 分别被脱去氨基而成为次黄嘌呤（H）、尿嘧啶（U）、黄嘌呤（X）等。复制时，它们分别与 C、A、C 配对。前两种情况可以引起碱基对的转换而造成突变。由 A：T—GMC，GMC—A：T 的转换已经得到证实。由于 X（黄嘌呤）只能与 C 配对，不能与 T 配对；所以它不能引起 GMC—A：T 的转换，因而不会造成突变。此外，亚硝酸还会引起 DNA 两条链之间的交联而造成 DNA 结构上的缺失，目前对这方面的机制还不太清楚。

亚硝酸很不稳定，容易分解成水和硝酸酐（$2HNO_2 \longrightarrow N_2O_3 + H_2O$），硝酸酐继续分解放出 NO 和 NO_2（$N_2O_3 \longrightarrow NO\uparrow + NO_2\uparrow$）。所以，可在临用前将亚硝酸钠放在 pH4.5 的醋酸缓冲液中，使先生成亚硝酸（$NaNO_2 + H^+ \longrightarrow HNO_2 + Na^+$）然后再使用。

（5）N-甲基-N′硝基-N-亚硝基胍（NTG）　亚硝基胍是亚硝基烷基类化合物的一种，可诱发营养缺陷型突变，不经淘汰便可直接得到 12%～80% 的营养缺陷型菌株，故有超诱变剂之称。它在 pH 低于 5～5.5 的条件下，形成 HNO_2 而引起菌种突变；在碱性条件下以重氮甲烷的形式对 DNA 起烷化作用；在 pH6 时，两者均不产生，此时的诱变效应可能是由于 NTG 本身对核蛋白体引起的变化所致。NTG 在缓冲液中较难溶解，而在甲酰胺中溶解度较大，因此用甲酰胺溶解 NTG，可以提高处理浓度。通常在浓度为 300 $\mu g/mL$、温度为 28 ℃和时间为 60 min 的条件下进行处理，容易得到高产菌株。

（6）航天育种　所谓航天育种即利用空间环境高真空、微重力和强辐射的特点，在宇宙射线辐射的作用下，使生物的遗传性状发生变异，从而选育出优良菌种。利用返地卫星或高空气球搭载植物种子进行航天育种，目前已获得满意结果。而利用航天育种技术对微生物进行遗传育种在国内尚处起步阶段。1996 年以来，国防科工委 863-2 办公室相继组织了返地卫星和高空气球搭载微生物、动物细胞和植物种子，为微生物的诱变育种提供了新的手段。

2.2.3　抗噬菌体菌株的选育

2.2.3.1　噬菌体的分布

噬菌体广泛分布在自然界，存在于土壤、肥料、粪便和污水中。从外科病房病人疮口脓液中容易找到金黄色葡萄球菌噬菌体，从受细菌病害的植株上亦可分离到噬菌体。在工厂生产中，对排出的菌体如不及时处理，便有可能在下水道的污水和四周土壤中滋生噬菌体，在情况严重时，甚至从空气中亦能分离到噬菌体。总之，凡是有寄主细胞的地方，一般容易找到它们的噬菌体。

2.2.3.2　抗噬菌体菌株的选育

在工业微生物发酵过程中，有不少品种遭受噬菌体的感染，使生产不能进行。这种瓦解细胞的噬菌体称为烈性噬菌体。在出现噬菌体以后必须选育抗噬菌体菌株和配合其他措施使生产继续进行。由于噬菌体很易发生变异，因此又会出现新的噬菌体，对噬菌体原具有抗性的菌株又会出现不抗。所以既要不断收集噬菌体，又要不断选育新的抗性菌株，以确保生产正常进行。

波动试验、涂布试验和影印培养等试验的结果指出，细菌的抗性是基因突变的结果，抗噬菌体突变可以发生在接触噬菌体以前，它和噬菌体的存在与否无关。

（1）抗噬菌体菌株选育的几种方法　根据基因突变规律，可采用自然突变和诱发突变等方法获得。

a. 自然突变　以噬菌体为筛子，敏感菌株的孢子不经任何诱变由其自然突变为抗性菌株，这种方法获得的抗性突变频率很低。

b. 诱发突变　敏感菌株先经诱变因素处理，然后将处理过的孢子液分离在含有高浓度的噬菌体的平板培养基上，经诱变后的存活孢子中，如存在抗性变异菌株就能在此平板上生长。这种菌落生长的速度一般与正常菌落的生长速度相近，诱变可以提高抗性菌株的频率。

除上述方法外，还可将敏感孢子经诱变后接入种子培养基，待菌丝长浓后加入高浓度的噬菌体再继续培养几天，再加入噬菌体反复感染，使敏感菌被噬菌体所裂解，最后取再生菌丝进行平板分离，从中筛选抗性菌株。

（2）抗噬菌体菌株的特性试验　无论从自然突变或诱发突变所得到的抗噬菌体菌株，在用于生产之前，均需经过反复验证，才能使用。

a. 抗噬菌体性状的稳定性试验　抗性菌株分别在孢子培养、种子培养和发酵培养过程中用点滴法或双层琼脂法测定噬菌斑。如都不出现噬菌斑，说明该菌株对此噬菌体具有抗性。此外，还可以观察抗性菌株经多次传代后对噬菌体的抗性是否稳定。

b. 抗性菌株的产量试验　在选育抗噬菌体菌株时，既要求具有抗性，同时亦要求生产能力不低于原敏感菌株，一般抗性菌株与原敏感菌株在某些发酵特性方面会有些改变。因此，要考察它对碳源、氮源、通气量、无机磷的添加量及其他培养条件的要求等。例如，采用上述方法获得的林可霉素产生菌的抗噬菌体菌株比原敏感菌株的生产能力有所提高。

c. 真正抗性与溶源性的区别试验　菌株的抗噬菌体特性具有遗传的相对稳定性，抗性表现为多种多样，可因细胞壁结构的改变而阻止噬菌体吸附侵入，也可因生理代谢的改变，使噬菌体不能侵染，即使侵染后也不能增殖释放。这些菌株都具有真正的抗性。溶源性菌株则因细胞中存在原噬菌体，对同一类型噬菌体具有免疫性。表面上看来，这种菌株具有抗性，但可采用物理、化学因素诱导不同的敏感菌看它是否会释放噬菌体。出现噬菌斑的菌株就是溶源菌，而不是真正抗性菌。

2.2.3.3　噬菌体的防治

不同发酵类型遭到不同种类噬菌体侵染所出现的现象是不同的，而同一菌种被相同的噬菌体侵染，由于侵染的时间不同，也会造成不同的后果。但都会出现畸形菌丝，菌体迅速消失，pH 值上升，发酵产物停止积累，甚至下降等现象。

链霉素、红霉素、万古霉素、金霉素、林可霉素、谷氨酸、丙酮丁醇、山梨糖、碱性蛋白酶的发酵过程中都会遭到噬菌体的侵染，使生产遭到很大损失。由于随后采取防治措施，使生产损失减少。噬菌体的防治是多方面的，大概可以分以下几个方面。

（1）正确判断　根据发酵中出现的异常现象，进行客观的联系分析，及时做出正确的判断，采取相应的挽救措施，以免遭到严重的损失。

（2）普及有关噬菌体的知识　这样可使从事种子制备、无菌试验的人员知道什么叫噬菌体，怎样识别噬菌斑，这样无菌检查时就能先发现噬菌体的存在，以便及早采取措施。

（3）选育抗噬菌体菌株[2~4]

（4）消灭噬菌体　这是综合防治噬菌体的基础措施之一。在发生噬菌体感染时发酵罐排出的废气夹带有大量噬菌体，造成严重污染和扩散。因此，必须在排气口及下水道喷洒药剂，防止噬菌体扩散。此外，在车间内外亦要定期喷洒药物。常用的药物有漂白粉、甲醛、石灰水等。种子室应尽量设法与外界减少接触，严格执行无菌操作，并检查空气中有无噬菌体存在。在噬菌体感染期间，车间内亦要定时检查噬菌体的分布情况，采取有效措施直至消灭为止。

（5）收集和保存噬菌体　在生产上出现噬菌体后要收集并保藏起来，以进行研究。因为这是选育抗性菌株及研究防治措施的材料和依据。

总之，防治噬菌体，应以预防为主，同时采取筛选抗性菌株与保持环境卫生，杜绝噬菌体的滋生，两者结合，才是有效的防治措施。

2.2.4　杂交育种

发酵工业的优良菌种的选育主要采用诱变育种方法。但是，一个菌种长期使用诱变剂处理之后，其生活能力一般要逐渐下降，例如生长周期延长、孢子量减少、代谢减慢、产量增加缓慢、诱变因素对产量基因影响的有效性降低等。因此，有必要利用杂交育种方法。

杂交育种是指将两个基因型不同的菌株经吻合（或接合）使遗传物质重新组合，从中分离和筛选具有新性状的菌株。

杂交育种的目的在于：①通过杂交使不同菌株的遗传物质进行交换和重新组合，从而改变原有菌株的遗传物质基础，获得杂种菌株（重组体）；②可以通过杂交把不同菌株的优良生产性能集中于重组体中，克服长期用诱变剂处理造成的菌株生活能力下降等缺陷；③通过杂交，可以扩大变异范围，改变产品的质量和产量，甚至出现新的品种；④分析杂交结果，可以总结遗传物质的转移和传递规律，促进遗传学理论的发展。

微生物杂交育种所使用的配对菌株称为直接亲本。由于多数微生物尚未发现其有性世代，因此，直接亲本菌株应带有适当的遗传标记。常用的遗传标记有颜色、营养要求和抗药性等。营养标记菌株（即营养缺陷型菌株）是最常用的遗传标记之一。所谓营养缺陷型菌株是指微生物经诱变剂处理后产生的一种生化突变体。由于基因突变，它失去了合成某种物质（氨基酸、维生素或核苷酸碱基）的能力，在基本培养基上不能生长，大多数营养缺陷型菌株需要补加一定种类的有机物质后才能生长。

2.2.4.1　细菌的杂交

1940 年在粗糙链孢霉（*Neurospora Crassa*）中经过 X 射线处理而得到了营养缺陷型。通过杂交证明这些缺陷型都是单一基因突变的结果。接着也在细菌中获得一系列的营养缺陷型。因此，很自然地推想这些细菌的营养缺陷型同样是单一基因突变的结果，如果进一步推测，细菌也能杂交的话，那应在一个含有两种不同营养缺陷型菌株的混合培养中将会有不再需要两种物质的重组子出现。根据这些推测，通过实验，于 1946 年第一次在大肠杆菌 K-12 菌株中发现并证实了细菌的杂交行为。

首先在大肠杆菌 K-12 菌株中诱发一个营养缺陷型（A^-）、不能发酵乳糖（Lac^-）和抗链霉素（SM^r）以及对噬菌体 T_1 敏感的突变体，可以写成 $A^-B^+Lac^-SM^rT_1^s$；另一菌株中诱发另一个营养缺陷型（B^-）、能发酵乳糖（Lac^+）、对链霉素敏感 SM^s 和抗噬菌体 T_1 的突变株，可以写成 $A^+B^-Lac^+SM^sT_1^r$。这两个菌株各自都不能在基本培养基上生长；如果

把浓度大约 10^5 个/mL 的上述两种菌株混合在一起，并接种在基本培养基上，则能长出少数菌落。

实验已证明，如果把上述两种菌株分别接种到一个特制的 U 形管的两端去培养，中间放一片可以使培养液流通，但不能使细菌通过的烧结玻璃隔开，那么基本培养基上就不会出现菌落，这一事实说明细胞的接触是导致基因重组的必要条件。

细菌的杂交还可以通过 F 因子转移、转化和转导等发生基因重组，但通过这些方式进行杂交育种获得成功的报道还不多。

2.2.4.2　放线菌的杂交育种

放线菌杂交是在细菌杂交研究的基础上发展起来的。放线菌和细菌一样属于原核生物，但它们却像霉菌一样以菌丝形态生长，而且形成分生孢子。所以就本质来讲，虽然放线菌的基因重组过程近似于细菌，但就育种方法来讲它却有许多与霉菌相似的方面。

2.2.4.2.1　放线菌杂交原理

放线菌属于原核生物，只有一条环状染色体。放线菌染色体结构的特殊性决定其基因重组过程的特殊性。放线菌基因重组过程类似于大肠杆菌，大体上有以下四种遗传体系。

（1）异核现象　有些放线菌的营养缺陷型在混合培养或杂交过程中，经菌丝和菌丝间的接触和融合而形成异核体。所谓异核体即同一条菌丝或细胞中含有不同基因型的细胞核。异核体所形成的菌落在表型上是原养型的，但其基因型分别与亲本之一相同，而无重组体出现。由此证明，在这些放线菌的同一个细胞质里，存在着两种遗传上不同的细胞核，它们在营养上起着互补作用。在繁殖过程中，它们没有发生遗传信息的交换。有些链霉菌可以形成异核体，有些则不能。在不同菌株中形成异核体和发生基因重组缺乏明显的相关性。因此，可以认为它的染色体的转移途径是不同的，但形成异核体和重组体除与菌株有关外，外界条件也起着一定作用。

（2）接合现象　菌丝间接触和融合后，相同细胞质里不同基因型的细胞核在双方增殖过程中，发生部分染色体的转移或遗传信息的交换。接合现象的结果导致部分合子的形成。部分合子是由一个供体染色体片段与一个受体染色体的整体相结合而形成的，但亦可能两个亲本都不完整（图 2-3）。

（3）异核系的形成　当部分合子形成后，接着就产生杂合的无性繁殖系（异核系 hetero clone）的细胞核，后者是经过一次单交换而产生的异核系染色体组。它有一个二体区，即染色体的末端具有串联的重复结构。根据交换数目和染色体间的关系而产生单倍重组体或重组异核体。异核系的菌落很小，遗传类型各不相同。能在基本培养基上或选择性培养基上生长。但将异核系的分生孢子影印到同样培养基上就不能生长。

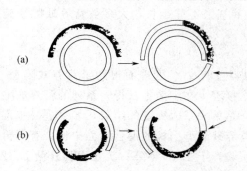

图 2-3　部分合子染色体的两种结构

（a）一个亲本染色体组完整，一个不完整；

（b）两个都不完整，但在不同区域

（右面两图是带有一个二体区的两个异核系染色体组）

（4）重组体的形成　异核系不稳定，在菌落生长过程中，染色体重叠两节段（二体区）的不同位置上发生交换后，能产生重组体孢子。异核系所产生的孢子几乎全部是单倍体，而成为一个单倍的无性繁殖系，能长出各种类型的分离子。但是，重组体也可由部分合子经过双交换而产生，见图 2-4。

链霉菌基因重组的主要过程如下

2.2.4.2.2 放线菌的杂交技术

放线菌的基因重组于 1955～1957 年首先在天蓝色链霉菌中发现，以后在其他科、属、种中相继发现。现在常用的放线菌杂交方法主要有三种，即混合培养法、平板杂交法和玻璃纸转移法。

（1）混合培养法

a. 选择性平板法　所使用的两亲株必须是互补的营养缺陷型。将用来进行重组的两亲株混合，接种到丰富的完全培养基斜面上（若其中一株产生孢子慢时，可多接一些），孢子形成后制成单孢子悬浮液，然后在选择性培养基平板上进行分离，长出的菌落即为各种类型的重组体。

b. 异核系分析法　将混合培养后所制得的单孢子悬浮液，分离在基本培养基平板上，其中长成的小而丰富的菌落即为异核系。然后将异核系再分离在完全培养基上，长出的菌落即为分离子。

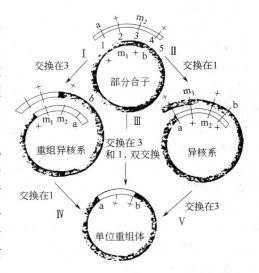

图 2-4　异核系和单倍重组体
1～5—交换区域；Ⅰ～Ⅴ—交换的方式

（2）平板杂交法　该方法是先将菌落培养在非选择培养基上，当菌落形成孢子以后，用影印培养法将菌落印至已铺有试验菌孢子（浓度为 $10^7 \sim 10^9$ 孢子/mL）的完全培养基平板上，再培养至孢子形成。然后把这上面的孢子影印到一系列选择性培养基上，以便于各种重组体子代的生长。

平板杂交法的优点是能迅速地进行大量杂交，尤其是确定大量菌落与一个共同试验菌配对时的致育力更为方便。平板杂交法适用于迅速研究大量表型相似菌株的遗传，一般一个培养皿可以排列 20 个菌株与一株配对菌株杂交。

（3）玻璃纸转移法　使用本法必须具备两个条件。第一，直接亲本必须带有两个遗传标记，即一个直接亲本带有一种营养要求和抗药性（如抗链霉素）；而另一个直接亲本则为对该药物敏感（如对链霉素敏感）和带有另一种营养缺陷型。第二，选择性培养基是带有抗性药物的补充培养基。

该方法是在选择性培养基上挑选异核系菌落，其原理是：异核体带有链霉素敏感的等位基因，在含有链霉素的选择性培养基上不能生长。敏感性亲本和抗药性亲本因为营养要求得不到满足也不能在该选择性培养基上生长。而不带链霉素敏感等位基因的两直接亲本的局部结合子则能在该选择性培养基上生长、繁殖成为异核系菌丛。具体方法如下。

a. 玻璃纸混合培养　将两直接亲本幼年培养物的孢子混合接种于铺有玻璃纸的完全培养基平板上，培养 24 h。

b. 混合培养物的转移　混合培养物的转移时间取决于两亲本相应的孢子浓度和生长情

况。一般培养 24 h 左右，在显微镜下观察微小菌落间刚刚接触，而未生长气生菌丝为宜。此时只有玻璃纸上发育成一层基内菌丝，即可将玻璃纸转移到含有链霉素的基本培养基平板上。在转移后，基内菌丝停止生长（抗性亲本有时继续缓慢生长）。培养两天后，在玻璃纸表面出现微小的气生菌丝体的小菌丛即为异核系。

c. 异核系的分离　在解剖显微镜下，用无菌的细针收集异核系小菌丛。如果培养基太湿，可先将玻璃纸转移到一个干燥的培养皿盖内，经几分钟适当干燥后，菌丛变硬，则容易挑取。将挑取的异核系小菌丛置于完全培养基平板表面上的一滴无菌水中，涂布均匀，培养三天后，即为分离子菌落。

国外，在金霉素、土霉素、新霉素、红霉素和新生霉素等抗生素产生菌的杂交育种方面都有过成功的报道。在我国几乎与国外同时起步开展放线菌基因重组的研究工作，并取得了一定成效。刘颐屏等研究了金霉素链霉菌的遗传重组作用，他们从一个野生型菌株出发诱发营养缺陷型，用这些营养缺陷型菌株进行杂交，获得了产量高于野生型菌株的重组体。对于某些重组体再进一步用诱变剂进行处理时，发现产量变异幅度较野生型菌株为大，而且整个分布偏向于高产方面，从而育成了高产菌株。

2.2.4.3　霉菌的杂交育种

不产生有性孢子的微生物，如真菌中的半细菌类和放线菌通常只进行无性繁殖。1952年 Pontecorvo 首先在构巢曲霉（*Aspergillus nidulans*）中发现准性生殖，从而证实不产生有性孢子的微生物除了主要进行无性繁殖外，还能进行准性生殖。准性生殖的发现，不仅促进了这类微生物遗传的研究，而且亦为这类微生物的育种提供了一条新的途径。

2.2.4.3.1　准性生殖的过程

所谓准性生殖（parasexual reproduction）是指真菌中不通过有性生殖的基因重组过程。准性生殖的整个过程包括三个相互联系的阶段，即异核体的形成；二倍体的形成；体细胞重组。

（1）异核体的形成　当具有不同性状的两个细胞或两条菌丝相互联结时，导致在一个细胞或一条菌丝中并存有两种或两种以上不同遗传型的核。这样的细胞或菌丝体叫做异核体（heterocaryon），这种现象叫异核现象。这是准性生殖的第一步。这现象多发生在分生孢子发芽初期，有时在孢子发芽管与菌丝间亦可见到。异核体的形成除受菌种的遗传因子控制外，还与培养条件有关。因此为了提高菌丝的联结机会，必须选择最合适的培养条件。

（2）杂合双倍体的形成　随着异核体的形成，准性生殖便进入杂合双倍体的形成阶段，就是异核体菌丝在繁殖过程中，偶尔发生两种不同遗传型核的融合，形成杂合细胞核。由于组成异核体的两个亲本细胞核各具有一个染色体组，所以杂合核是双倍体。杂合双倍体形成之后，随异核体的繁殖而繁殖，这样就在异核体菌落上形成杂合二倍体的斑点或扇面。将这些斑点或扇面的孢子挑出进行单孢子分离，即可得到杂合双倍体菌株。在自然条件下，通常形成杂合双倍体的频率是很低的。

（3）体细胞重组　杂合双倍体只具有相对的稳定性，在其繁殖过程中可以发生染色体交换和染色体单倍化，从而形成各种分离子。染色体交换和染色体单倍化是两个相互独立的过程，有人把它们总称为体细胞重组（somatic recombination），这就是准性生殖的最后阶段。

a. 染色体交换　由准性生殖第二阶段形成的杂合双倍体并不进行减数分裂，却会发生染色体交换。由于这种交换发生在体细胞的有丝分裂过程中，因此它们被称为体细胞交换

（somatic crossing over）。杂合双倍体发生了体细胞交换后所形成的两个子细胞仍然是双倍体细胞。但是就基因型而言，则不同于原来的细胞。例如 AB/ab 杂合双倍体细胞通过体细胞交换后出现表现隐性性状 a 的细胞，这就是由体细胞交换而造成变异的原因。

b. 染色体单倍化 杂合双倍体除了发生染色体交换外，还能发生染色体单倍化。这过程不同于减数分裂。在减数分裂过程中，全部染色体同时有一对减为一个，所以通过一次减数分裂，由一个双倍体细胞产生四个单倍体细胞。而染色体单倍化则不同，它是通过每一次细胞分裂后，往往只有一对染色体变为一个，而其余染色体则仍然都是成双的。这样经过多次细胞分裂，才使一个双倍体细胞转变为单倍体细胞。通过单倍化过程，形成了各种类型的分离子，它包括非整倍体、双倍体和单倍体。

从上述准性生殖的整个过程可以看到，准性生殖具有和有性生殖相类似的遗传现象，如核融合、形成杂合双倍体，随后染色体再分离，同源染色体间进行交换，出现重组体等。由此可见，有性生殖和准性生殖最根本的相同点是它们均能导致基因重组，从而丰富遗传基础，出现子代的多样性，所不同的是前者通过典型的减数分裂，而后者则是通过体细胞交换和单倍化。

2.2.4.3.2 霉菌的杂交技术

（1）选择直接亲本 用来进行杂交的两个野生型菌株叫做原始亲本。原始亲本经过诱变以后得到各种突变型菌株。假设这种菌株是用来作为形成异核体的亲本，就叫直接亲本。

作为直接亲本的遗传标记有多种多样。如营养突变型，抗药性突变型，形态突变型等。当前应用较普遍的是营养缺陷型菌株。但是在选择遗传标记时还要注意到进一步杂交育种的要求。如菌株形态特征必须稳定，能在基本培养基上形成丰富的分生孢子，标记最好不影响产量，以及配对过程中必须较容易形成异核体等。

（2）异核体的形成 在基本培养基上，强迫两株营养缺陷型互补营养，则这两个菌株经过菌丝细胞间的吻合形成异核体。由直接亲本形成异核体的方法有：①完全培养基液体混合培养法；②完全培养基斜面混合培养法；③液体有限培养基混合培养法；④有限培养基平板异核丛形成法；⑤基本培养基斜面衔接接种法；⑥基本培养基平板穿刺法等。

（3）双倍体的检出 检出双倍体的方法有三种：①用扩大镜观察异核体菌落的表面，如果发现有野生型颜色的斑点和扇面，即可用接种针将其孢子挑出，进行分离纯化，即得杂合双倍体。②将异核体菌丝打碎，在基本培养基和完全培养基平板上进行分离，经培养长出异核菌落。在个别异核菌落上长出野生型原养性的斑点和扇面，将其挑出进行分离纯化即可。上述两种方法只能从每个异核体菌落（丛）上挑取一个斑点或扇面，以排除无性繁殖的干扰。③将大量异核体孢子分离于基本培养基平板上（$1 \times 10^6 \sim 2 \times 10^6$ 孢子/皿）从中长出野生型原养性菌落，将其挑出分离纯化，即得杂合双倍体。

（4）分离子的检出 ①将杂合双倍体单孢子分离于完全培养基平板上，培养至菌落成熟，检查大量双倍体菌落，在一些菌落上有突变颜色（隐性标记）的斑点或扇面出现。从每个菌落接出一个斑点或扇面的孢子于完全培养基斜面上，培养后经纯化和鉴别即得分离子。②用选择性培养基筛选分离子。该选择性培养基有两种类型，一种是完全培养基加重组剂对氟苯丙氨酸（PFA），因为该物质能促进体细胞重组，提高分离子出现频率。但它不引起基因突变。目前该重组剂已广泛应用于霉菌杂交。另一种类型是在完全培养基中加入吖啶黄之类的药物，将大量的双倍体孢子分离于这种培养基上，就可以检出抗吖啶黄等的分离子。因为一个抗性突变株与一个敏感突变株合成的双倍体对这种药物是敏感的。故双倍体孢子不能在它上面生长，只有抗药性分离子可以在其上面生长。

我国进行了不少霉菌杂交育种方面的工作。20世纪60年代青霉素产生菌黄青霉和灰黄霉素产生菌荨麻青霉种间准性杂交成功[5]，同时灰黄霉素产生菌的杂交育种亦获成功，得到了高产菌株。1978年青霉素产生菌的杂交亦获成功，获得了高产重组体菌株，提高了青霉素的发酵单位。

2.2.5 原生质体融合技术

通过基因突变和重组两种手段可以改变、更新微生物的遗传性状。控制遗传性状的基因可通过自发突变和诱发突变而改变。有些对微生物有害的突变却有利于工业发酵，可以从群体中筛选得到这种突变型，经过反复考验而用之于生产。重组可以使基因组成发生较大改变，随之使生物的性状发生变化。但对微生物育种来说，有性重组的局限性很大。因为迄今发现有杂交现象的微生物为数不多，在有工业价值的微生物中则更少，而且即使发生杂交，遗传重组的频率亦不高，这就妨碍了基因重组在微生物育种中的应用。另外如转化、转导等现象在微生物中亦不普遍。但是，由于20世纪70年代后期在微生物中引入了原生质体融合技术[6]，从而打破了这种不能充分利用遗传重组的局面。

原生质体融合（protoplast fusion）首先应用于动植物细胞，以后才应用于真菌、细菌和放线菌。由于该技术能大大提高重组频率，并扩大重组幅度，故越来越引起人们的注意，并开始为发酵工业所重视。所以，在微生物育种工作中，应用微生物原生质体融合技术进行育种已有多年的历史。

2.2.5.1 原生质体融合的优越性

所谓原生质体融合就是把两个亲本的细胞壁分别通过酶解作用加以瓦解，使菌体细胞在高渗环境中释放出只有原生质膜包裹着的球状体（称原生质体）。两亲本的原生质体在高渗条件下使之混合，由聚乙二醇（PEG）作为助融剂，使它们互相凝集，发生细胞融合，接着两亲本基因组由接触到交换，从而实现遗传重组。在再生成细胞的菌落中就有可能获得具有理想性状的重组子。

原生质体融合技术有以下优点：①去除了细胞壁的障碍，亲株基因组直接融合、交换，实现重组，不需要有已知的遗传系统。即使是相同接合型的真菌细胞也能发生原生质体的相互融合，并可对原生质体进行转化和转染。②原生质体融合后两亲株的基因组之间有机会发生多次交换，产生各种各样的基因组合而得到多种类型的重组子。参与融合的亲株数并不限于一个，可以多至三个、四个，这是一般常规杂交所达不到的。③重组频率特别高，因为有聚乙二醇作助融剂。如天蓝色链霉菌的种内重组频率可达到20%。④可以和其他育种方法相结合，把由其他方法得到的优良性状通过原生质体融合再组合到一个单株中。⑤可以用温度、药物、紫外线等处理、钝化亲株的一方或双方，然后使之融合，再在再生菌落中筛选重组子。这样往往可以提高筛选效率。

由于以上优点，利用原生质体融合来培育工业新菌株已受到国内外重视，并在一些研究中有所突破。但微生物原生质体融合技术用于菌种选育仍属于一种半理性化筛选，因为尽管所采用的两亲株的特性是已知的，但它们基因组的交换、重组是非定向的。

2.2.5.2 原生质体融合的一般步骤

原生质体融合的一般步骤如图2-5所示。

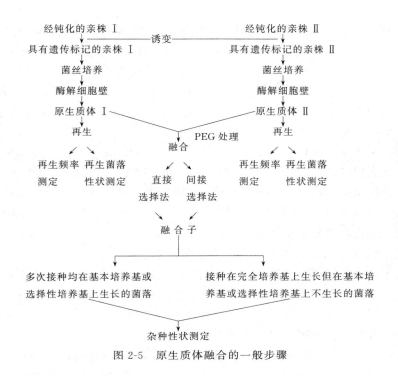

图 2-5 原生质体融合的一般步骤

2.2.5.3 原生质体融合技术在微生物育种中的应用

原生质体融合技术应用于发酵工业如抗生素、蛋白酶高产菌株选育、新抗生素产生菌的培育方面等。这技术在工业良种的培养中可能有以下作用：

① 细菌、链霉菌细胞经过原生质体化与再生过程，不仅仅是一个简单的复原的过程，而常伴着基因突变，因此在再生菌落中有可能得到产量提高的变异菌株，例如生二素链霉菌（*Streptomytece ambofaciens*）通过原生质体再生使螺旋霉素的产量提高了 2 倍；弗氏链霉菌（*Streptomytece fradiae*）通过再生使泰乐菌素（tylosin）的生产能力提高了 3 倍多[7]。

② 链霉菌细胞经过原生质体化，再生成细胞时，常常引起细胞内质粒的消除，消除频率可达 13％～85％，而质粒消除的结果常常导致细胞染色体的改变，或使次级代谢途径发生变化（白霉素和金丝霉素），有可能出现有利于提高抗生素产量的变异菌株。

③ 种内融合还可能使抗生素合成中的限速酶得到修饰而使抗生素合成的代谢途径畅通。

④ 有效的种间融合，有可能使两个产生不同抗生素菌株的调节基因和结构基因重组在一起，诱发一些原来为"沉默基因"的表达，从而产生新物质。同时种间融合还可能使两个产生不同抗生素菌株的结构基因重组而产生杂种抗生素。

原生质体融合除了用 PEG 助融外，还可用电诱导促进原生质体的融合或以脂质体（liposome）为媒介进行原生质体的融合。

总之，应用原生质体融合技术培育新种具有一定的优越性。但这一技术本身仍有一些理论问题要探讨解决，所以应用这一技术试图显著地提高工业生产菌株的产量或产生新的生物活性物质，还需要做大量艰苦的工作。但在基因重组技术方面，利用原生质体转化，大大提高了转化的频率。

2.2.6　DNA 重组技术

DNA 重组技术（DNA recombination technology）是指按人的意志，将某一生物（供体）的遗传信息在体外经人工与载体相接（重组），构成重组 DNA 分子，然后转入另一生物体（受体）细胞中，使被引入的外源 DNA 片段在后者内部得以表达和遗传。由于基因重组能使人们在基因水平上对生物进行有效的控制，因此有巨大的应用价值。

工业方面，如将血红蛋白基因引入顶头孢霉菌（*Acremonium chrysogenum*）中，使在限氧条件下头孢菌素 C 的产量提高了 5 倍[8]；将麦迪霉素产生菌的 4′-羟基酰化酶基因克隆到生二素链霉菌内，可直接产生酰化螺旋霉素[9]。

医药方面，利用基因工程，开发了很多基因工程药物，并正处于方兴未艾阶段，如人胰岛素、干扰素、人白细胞介素、人促红细胞生成素（EPO）、重组链激酶和集落生长因子等。用基因工程技术生产抗体，可赋予其许多新的特性，极大地拓展了抗体的功能及其在临床上的应用范围[10]，可用于肿瘤的治疗[11]，病毒病的治疗[12] 等。用转基因动物技术可生产一些需要量大或蛋白质复杂需要翻译后修饰的重组蛋白[13]，1990 年英国诞生了 5 只生产人 α-抗胰蛋白酶的转基因羊，乳中蛋白质的表达水平已达 30 g/L[14]。

现基因技术已发展到研究人的基因组。人基因组计划（Human Genome Project，HGP）是一项国际性的研究计划，它的完成对人类疾病的控制有着极其重要的作用。对于病原菌的抗药性问题，可利用基因组分析来设计和寻找新的抗菌药物和疫苗；对一些有价值的微生物利用基因组分析可阐明其生物学基本问题[15] 等。

基因重组技术是现代生物技术的一个重要组成部分，在菌种选育方面开创了一个新领域。分子育种（Molecular Breeding）是继自然选育、诱变育种和杂交育种，尤其是通过原生质体融合进行的基因重组之后，发展起来的一种新的菌种选育途径。

所谓分子育种就是利用基因工程技术、原理和设备，在分子水平上改良菌种。分子育种改良菌种主要有以下几个方面：①增加生物合成基因量而增加抗生素产量[16]；②导入强启动子或抗性基因而增加抗生素产量；③把两种不同的生物合成基因在体外重组后再导入受体内而产生杂交抗生素；④激活沉默基因，以其产生新的生物活性物质或提高抗生素产量；⑤把异源基因克隆到宿主中表达，以期彻底改变生产工艺。

2.2.6.1　DNA 重组技术的基本过程

DNA 重组技术基本过程是将一个含目的基因 DNA 片段经体外操作与载体连接，并转入一受体细胞（通常多为细菌），使之扩增、表达的操作过程。整个操作包括以下几个方面，见图 2-6 所示。① 含目的基因的 DNA 片段的准备；②载体；③含目的基因的 DNA 片段与载体相连接；④将重组分子送入受体细胞，并于其中复制、扩增；⑤筛选出带有重组 DNA 分子的转化细胞；⑥鉴定外源基因的表达产物。

2.2.6.1.1　目的基因的准备

基因重组技术发展到现在，从生物体中分离 DNA 已非难事，但分离出一个具体基因尚属困难。因为不同基因在染色体 DNA 上是串在一起的，都是由四种碱基组成，基因与基因之间不易区分；多数基因在染色体上以单拷贝的形式存在。一个果蝇染色体约有二十万个基因，一个人的染色体上约有三百多万个基因。以人珠蛋白的 β-链基因为例，其长度仅为整个染色体 DNA 的 1.7×10^{-7}。所以直接分离基因有一定的困难。但由于基因工程诞生的基础之一——限制性内切酶的发现，为实现目的基因的分离提供了条件。

在研究细菌分子生物学时，人们已知道同是大肠杆菌，有的对某一噬菌体敏感，而有的则不然，进一步的研究发现了限制与修饰现象。限制现象是指细菌被外来 DNA "侵入"（噬菌体感染或其 DNA 转染）时，能破坏这些外来的 DNA；修饰现象是指细

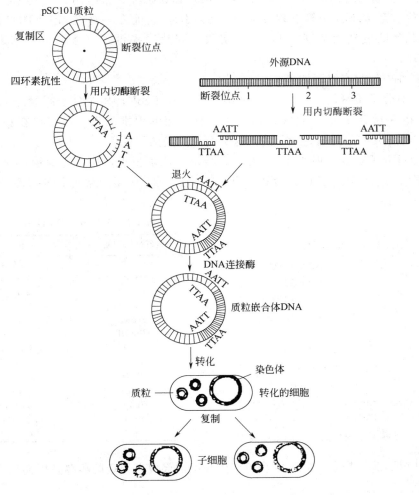

图 2-6　外源 DNA 引入大肠杆菌

外源 DNA 被接在 pSC101 质粒上，而且随质粒引入大肠杆菌。在不干扰质粒
的复制成四环素抗性的基因（上左）位点，用内切酶 EcoRI 断裂质粒 EcoRI 酶
识别的核苷酸序列在其他 DNA 中也存在，因此暴露于内切核酸酶的外源 DNA
大约在每隔 4000～16 000 核苷酸对随机地被切割一次（右上）。断裂的外源 DNA
片段通过互补碱基对的氢键"退火"接在质粒 DNA 上，而且新的组合分子由
DNA 连接酶封闭。由完整的质粒和外源 DNA 片段组成的 DNA 嵌合物通过转
化作用引入大肠杆菌，而且外源 DNA 是借质粒复制功能而复制。

菌在当代就发生变化（具体来讲，外来 DNA 在进入细菌后，即发生某些结构上的变
化），从而不受到"限制"。1968 年 M. Meselson 等进一步研究这些问题的本质时，发
现噬菌体 λ.C 在 E.Coli K-12 菌株中几乎不能繁殖，仅极少数的噬菌体能存活并繁殖，
变成了 λ.K 型。在 E.Coli C 菌株中则没有限制现象。他们用 K-12 菌株作酶源发现了
能降解 λ.C，而不能降解 λ.K 的活性成分。结果获得了一个限制酶，称作 EcoK。

通过比较 λ.C 及 λ.K 的 DNA，发现 λ.K DNA 比 λ.C DNA 多含几个甲基。进一步
发现了甲基化酶（修饰酶），也叫做限制性修饰甲基化酶。而 C 菌株中既无限制性酶、
又无限制性修饰甲基化酶。Meselson 等还进一步观察到限制酶 EcoK 只作用未修饰的双

链 DNA 分子，一条被修饰，另一条未被修饰，EcoK 就不能作用。这类酶只作用于特定的识别部位。后来 Boyer 等发现并制备了 EcoRI，它能专一地在 GAATTC 位点的 GA 之间切开。此酶的发现为从同一 DNA 中切取相同片段提供了可能，也为基因工程的出现打下了基础。

所谓限制性内切酶有以下四类。

Ⅰ类：相对分子质量较大，一般在 30 万以上。如 EcoR，相对分子质量为 40 万，它需 ATP、Mg^{2+} 和 S-腺苷-L-甲硫氨酸为辅因子，有特定的识别位点，但切口在识别区附近，且不固定，产生的 DNA 片段是随机的，这类酶对克隆的用处不大。

Ⅱ类：相对分子质量一般小于 10 万，有特定的识别位点，切口有规律，只要 Mg^{2+} 即可激活。根据酶切末端特点又可分为 $Ⅱ_a$、$Ⅱ_b$ 两个型。$Ⅱ_a$ 切端为黏性末端；$Ⅱ_b$ 为钝端，无黏性末端，如图 2-7。

$Ⅱ_a$ 型 如 EcoRI 5′……GAATTC……3′

3′……CTTAAG……5′

↓ EcoRI

5′……G   AATTC……3′

3′……CTTAA   G……5′

$Ⅱ_b$ 型 如 PvuII 5′……CAGCTG……3′

3′……GTCGAC……5′

↓ PvuII

5′……CAG   CTG……3′

3′……GTC   GAC……5′

图 2-7 Ⅱ类限制性内切酶产生的末端类型

表 2-7 常用限制性内切酶（部分）

限制性内切酶	识别序列
AluI	AG ↓ CT
AvaI	C ↓ PCGPG
BamHI	G ↓ GATCC
BglI	A ↓ GATCT
EcoRI	G ↓ AATTC
HindIII	A ↓ AGCTT
KpnI	GGTAC ↓ C
PstI	CTGCA ↓ G
PvuII	CAG ↓ GTG
Sau3A	↓ GATC
SmaI	CCC ↓ GGG
XbaI	T ↓ CTAGA
XhoI	C ↓ TCGAG

Ⅲ类：其识别部位是专一的，但其切点离开识别部位有一定的距离，因而酶作用后末端不尽相同。

Ⅳ类：是一些可动因子进行转座时起作用的酶。

平时所说的限制性内切酶是指Ⅱ类酶。其识别位点大多为 6 个 DNA 碱基序列和 4 个 DNA 碱基序列，在 DNA 重组中特别有用。到 1986 年为止，已发现限制酶 625 种，将识别位点相同的合并，共有 100 多种，常用的 20 多种。常用酶见表 2-7。

目前常用的获得目的基因的方法有下列几种。

（1）鸟枪法（Shotgun Cloning） 目前一般用限制性内切酶切开染色体 DNA。由于限制性内切酶在特定部位切开 DNA 双链，故如选用合适的酶，就有可能获得含有目的基因的 DNA 片段，与用产生同样末端的酶打开的载体 DNA 环相连接，就可用作进一步分析研究。该法常用于建立基因文库（Gene Library）和原核生物基因的克隆。

（2）cDNA 法 cDNA 法即反转录法。由于真核生物的基因中常含有非编码间隔区（内含子，Intron），在原核受体中无法正常表达，必须设法消去内含子。mRNA 是已经转录加工过的 RNA，即无内含子的遗传密码携带者。在反转录酶作用下，以 mRNA 为模板反转录合成互补 DNA（cDNA）。如图 2-8，加上接头后，即可与载体连接成重组分子。

（3）人工合成 自 1966 年 Khorana 等完成世界上第一个人工合成基因后，DNA 的合成有了极大的发展，现已可在电脑控制下通过合成仪合成，约 20 min 即可加上一个碱基，因而通过人工合成来获得 DNA 片段已日益增多。世界上第一个人工合成并获表达的是生长激素释放抑制素（Somatostatin）基因。

2.2.6.1.2 载体

载体是用于传递运载外源 DNA 序列进入宿主细胞的，其本身亦系 DNA 分子。在基因工程中用作载体的有质粒和病毒（包括噬菌体）。

（1）质粒载体　质粒是存在于细胞质中能进行独立自我复制并具遗传性的一种细胞的核外基因。在基因工程中，作为载体的质粒应符合以下要求：①在宿主细胞中能自主复制，即载体本身就是一个单独的复制子（replicon），相对分子质量较小；②有明显而方便的筛选标记，如抗性、黑色素基因等；③在基本复制区外具有较多的单一限制性内切酶的酶切位点；④最好在抗性基因或其他标记基因上有一个多克隆位点，以便利用插入失活的功能筛选重组子；⑤在宿主中能以多拷贝形式存在；⑥有利于被插入的外源基因表达，最好含有一个强启动子；⑦能在宿主中稳定地遗传。

早期工作常应用天然质粒。随着研究的进展，一般应用的都是经过改造后使之更符合人们对某些方面的要求。例如 pBR322，其复制起始区来源于大肠杆菌素因子 ColE1，Ap 基因来源于转座子（Tn3），T$_c$ 基因来源于 pC101。常见的质粒见表 2-8，表 2-9。

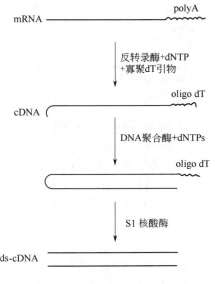

图 2-8　以 mRNA 为模板反转录合成

表 2-8　*E. coli.* 中部分常用质粒载体

质粒	相对分子质量×10⁻⁶	拷贝数	选择标记	单切点酶	插入钝化位点
ColE1	4.2	16	大肠杆菌素 E1 免疫性	EcoRI SmaI XmaI	大肠杆菌素生产 EcoRI；SmaI/XmaI
pCR1	8.7	16	Km^r E1 免疫性	EcoRI SalI HindIII	Km^r（SalI）
pMB9	3.5	60	Km^r E1 免疫性	EcoRI SalI HindIII BamHI	Tc^r（HindIII） BamHI SalI
pBR313	5.8	60	Tc^r Ap^r	EcoRI SalI HindIII BamHI	Tc^r（HindIII） BamHI SalI
pBR322	2.6	60	Tc^r Ap^r	EcoRI SalI HindIII BamHI	Tc^r（HindIII） BamHI SalI
pSC101	5.8	5	Tc^r	EcoRI	None
pACYC184	2.6	16	Tc^r Cm^r	EcoRI SalI HindIII BamHI	Tc^r（HindIII） BamHI SalI Cm^r（EcoRI）

表 2-9　链霉菌中部分常用质粒

质粒载体	拷贝数	相对分子质量×10⁻³	遗传标记	复制子来源
pIJ61	5	14.8	*ltz, tsr, aph*	SLP1.2
pIJ101	40～300	8.9	*tsr*	
pIJ486/487	100	6.2	*tsr, neo*	pIJ101

质粒载体	拷贝数	相对分子质量×10⁻³	遗传标记	复制子来源
pIJ680	100	5.3	*tsr*，*aph*	pIJ101
pIJ702	100	5.8	*tsr*，*mel*	pIJ101
pIJ860	100	10.3	*tsr*，*amp*，*neo*	pIJ101
pMS63	100	5.0	*tsr*，*aph*	pIJ101
pMT660	100	5.8	*tsr*，*mel*	pIJ101

注：*ltz* 为致死合子；*aph* 为氨糖抗生素抗性；*tsr* 为硫链丝菌素抗性；*amp* 为氨卞青霉素抗性；*mel* 为黑色素基因；*neo* 为新霉素抗性。

(2) 噬菌体载体 大肠杆菌中常用的噬菌体载体有 λ 噬菌体，M13 噬菌体，fd 噬菌体等。枯草杆菌中有 φ105，ρ11 等。

λ 噬菌体、ρ11 噬菌体等较大的噬菌体基因组中，常含有一部分对增殖并不需要的基因，采用限制性内切酶把这一部分的 DNA 从基因组中切除，并在此用外源目的基因取代，然后再把重组的 DNA 包裹在噬菌体的头部，感染宿主后就可使所需的目的基因得到增殖。

λ 噬菌体是在大肠杆菌 K-12 中发现的，它是温和性噬菌体，在宿主中可处于溶源状态（整合在宿主染色体 DNA 上）。我国学者洪国藩教授用其创造的非随机法测定出 λ 噬菌体有48 602 个碱基。λ 噬菌体由于对大多数常用的限制酶有较多的酶切位点，故本身不适合作为克隆的载体，但经过改造后可成为克隆载体。

(3) 其他载体 随着基因工程研究工作的深入，人们不断设计出各种特殊需要的载体。

a. 穿梭质粒（Shuttle Vector） 它们能在两种不同宿主中存活或表现某些遗传学特征的接合质粒。如现在人们对大肠杆菌及其有关载体极为熟悉，且设计操作方便；而另一些受体如酵母、枯草杆菌以及其他种类微生物，包括工业微生物，其遗传背景，质粒的处理都不如大肠杆菌方便。遇到这样的情况，人们常以大肠杆菌的质粒为基础与其他微生物的质粒，染色体的复制起始区等结合在一起组建所谓穿梭质粒。

b. 柯斯质粒（Cosmid Vector） 柯斯质粒也称为黏性质粒，是指把噬菌体所具有的COS 位点（将 DNA 引入噬菌体头部时所必须的 DNA 碱基序列）组入大肠杆菌素 E1 质粒中所形成的杂种质粒。它有以下特点：既具有 λ 噬菌体的特性又具有质粒载体的特性，并具有高容量的克隆能力。

另外还有为筛取强启动子而构建的启动子筛选载体；用于表达外源基因的表达载体；测定 DNA 序列的单链载体等。

2.2.6.1.3 基因与载体的连接技术

主要有两种方式：黏性末端黏接与钝端的拼接。通常用 T₄ 连接酶进行。

(1) 黏端连接 如果将外源 DNA 及载体用一种酶或具有同一黏性末端的酶切开，会产生相同的黏性末端，在退火时能很方便地配对。这是最常用的连接方法。例如：① 供体、载体上皆有 EcoRI 切口，则可共用同一酶切开，然后退火、连接。连接处可用 EcoRI 再打开。②供体与载体分别用两种能产生同样黏性末端的酶切开，亦能很好地黏合与连接，但用原来的任一种酶有可能都不能重新切开。

(2) 平头连接 如供体与载体的 5′端及 3′端产生平头，也可用 T₄ 连接酶连接，但酶量要加大才行。因此不普遍被采用。一般常见于合成的供体 DNA，双链 cDNA 或用Ⅱ_b 型酶切下的片段。

(3) 加接头 如果获得的外源 DNA 序列与载体欲插入位置的末端不能吻合，除修成平端外，过去常采用加同聚物尾端。近来由于 DNA 合成技术已很方便，更多的是加"接头"（Linker），甚至多切口接头（Polylinker），使其适应范围更广。

接头是使两种 DNA 片段连接起来时所使用的核苷酸链。现已有商品供应，亦可按自己需要设计。为保证阅读框架的准确性，同一接头可设计成不同长短的三种接头。

2.2.6.1.4 转化

重组分子构建完成后，必须送入宿主细胞中使之发挥作用，通常采用转化的方法来实现。所谓转化（transformation）是指细胞在一定生理状态（感受态，competence）时可摄取外源遗传物质，并经体内重组，成为其染色体的一部分，导致受体细胞某些遗传性状发生改变。在基因工程中将重组质粒送入受体细胞，尽管不一定发生重组现象，但宿主因而发生某些遗传特性的变化，也称之为转化。目前实现转化的主要方法如下。

（1）感受态细胞的转化　在基因工程中用得最多，人们也最熟悉的受体系统是 E.coli.。1970 年以前，未能找到使细胞处于感受态的条件，直到 1970 年 M. MandeI 和 A. Higa 发现了 Ca^{2+} 化细胞有促使外源基因转化的能力，大大推动了基因工程的出现。

感受态细胞转化即指经典的转化。大多数细胞在正常情况下并不发生转化，而只有极少数细胞才有可能发生转化作用。枯草杆菌在一定的培养基条件下，对数后期、平衡期前，为感受态时期，这时的细胞就能摄入外部 DNA。不同细菌有不同的处理方法。

（2）原生质体转化　将细菌的细胞经溶菌酶处理，除去细胞壁，制备成原生质体后，在 PEG（聚乙二醇）的作用下，即可实现转化。应用此法在许多微生物中达到了转化的目的。如链霉菌的基因工程就是由于实现原生质体的转化而大大加快了发展。由于此法源于细胞融合，有人将 DNA 外包以脂质膜，形成内含 DNA 的脂质体（liposome）成为人造小细胞，也可通过类似细胞融合的过程实现转化。

（3）碱土金属离子处理　自 1970 年 M. MandeI 和 A. Higa 发现了 Ca^{2+} 化细胞有促使外源基因转化的能力，目前，Ca^{2+} 法已成功地用于大肠杆菌、肠杆菌、葡萄球菌，并对其他一些革兰氏阴性菌也有效。用此法也可使大肠杆菌摄入 RNA、单链 DNA。

1982 年 A. Kimura 等发现用 LiAc 等锂盐处理酵母细胞，也实现了转化，比原用的原生质体法更为简便。应用 CsCl 处理地中海拟无枝酸菌细胞也成功地实现了 DNA 转化。

另外还发展了电振荡法、渗压法以及假噬菌体的感染等。因而今天外源 DNA 都有办法送入受体细胞中。

2.2.6.1.5 重组体的筛选与表达产物的鉴定

（1）重组体的筛选　重组质粒转化细胞后，在全部受体细胞中仅占极少数中的一部分。如何从大量的细胞中找出我们所需的重组体呢？一般分为遗传学直接筛选法与分子生物学间接法两大类。前者有抗药性、噬菌斑形成能力等，后者如酶切相对分子质量大小、分子杂交等。

a. 抗药性变化的检测　目前使用的质粒载体，几乎都带有某种抗药基因，这就给初筛提供了极大的方便。如 pBBR322，该质粒有 Ap^r（抗氨苄青霉素），Tc^r（抗四环素）两个抗药基因。重组时，将外源基因插入 BamHI 切口，Tc^r 的结构基因被破坏，宿主对四环素变得非常敏感。故只需挑出 Ap^r、Tc^s（抗氨苄青霉素，对四环素敏感）的菌落，就能获得克隆株。又如 pIJ702，该质粒有 tsr（抗硫链丝菌素）、mel（产黑色素基因）两个标记。重组时，将外源基因插入破坏 mel 的结构基因，宿主不产生黑色素。故只需挑出抗硫链丝菌素、不产黑色素基因的菌落，就能获得克隆株。

b. 噬斑的形成 用于以噬菌体作载体构建的重组体的筛选。例如以 λ 噬菌体作载体时，人们研究发现，当其 DNA 长度小于野生型 λDNA 的 79% 或大于 105%，则不能形成噬菌体颗粒，从而不能形成噬斑（不会引起溶菌）。只有插入适当大小的片段才能包装成完整的噬菌体颗粒，在涂了指示菌的平皿上就会形成噬斑。此法常用于基因库的组建。

c. 功能互补 即利用宿主某些功能不足或缺陷。例如克隆淀粉酶基因，可选择淀粉酶基因缺陷（amyl⁻）的菌株作为受体，因为克隆化后显示有较强淀粉酶活力的，可能就是所需的重组转化体。

d. 单菌落快速电泳 将抗药转化体随机挑出，用快速电泳检测法检测，找出比单纯载体相对分子质量大的条带，将携带大相对分子质量质粒菌再进一步作酶切图谱检查，或作基因功能检查。

e. 原位杂交或区带杂交 将重组质粒抽提出来，经酶切或不经酶切，电泳后，将 mRNA 或 cDNA 用同位素标记，作为探针，进行分子杂交以检测出含目的基因序列的区带（区带杂交）。也可不经电泳，将菌落转移到硝酸纤维素滤纸片上，变性后与探针杂交，含有目的基因克隆的菌落位置呈阳性斑点（菌落原位杂交）。

f. 限制性内切酶图谱 克隆子被筛出后，就用限制酶作用，看是否与已知的切口吻合，以确定是否为所需的重组子。

（2）表达产物鉴定

a. DNA 序列测定 这是从密码角度来判断产物的准确与否。此法是在已知该目的基因产物（肽或蛋白质）一级结构的基础上进行的。

b. 产物鉴定 直接测定产物的活性、功能或氨基酸序列；也可通过免疫沉淀来验证产物的存在。

c. 功能互补 具体进行时，可与初筛工作同时进行，但对一些非受体系统的蛋白或肽，如真核基因产物，无法在受体中直接观察其功能，有时可通过宿主遗传标记得到校正而被识别。

2.2.6.2 工程菌的稳定性问题

近年来，重组 DNA 技术已开始由实验室走向工业生产，走向实用，它不仅为我们提供了一种极为有效的菌种改良技术和手段，也为攻克医学上的疑难杂症——癌、遗传病及艾滋病的深入研究和最后的治愈提供了可能；为农业的第三次革命提供了基础；为深入探索生命的奥秘提供了有力的手段。

现在，由工程菌产生的珍稀药物如：胰岛素、干扰素、人生长激素、乙肝表面抗原、人促红细胞生成素（EPO）、重组链激酶、集落刺激因子 GM-CSF 等等都已先后供应市场，基因工程不仅保证了这些药物的来源，而且可使成本大大下降，但是从许多研究中发现，工程菌在保存过程中及发酵生产过程中表现出不稳定性，因而工程菌稳定性的解决已日益受到重视，并成为基因工程这一高技术成就转变为生产力的关键之一。

2.2.6.2.1 工程菌不稳定性的表现（倾向）

工程菌不稳定的结果将使我们得不到预期的目的基因的产物（或其产量）。工程菌的不稳定实际上包括质粒的不稳定及其表达产物的不稳定两个方面。具体表现为下列三种形式：质粒的丢失；重组质粒发生 DNA 片段脱落；表达产物不稳定。

由于某种环境因素或生理、遗传学上的原因，质粒会从某些宿主细胞中丢失，丢失率因环境、宿主、质粒结构而有不同。由于质粒的丢失，工程菌的发酵过程实际上是两种菌的混合物。在非选择性条件下，含有重组质粒的工程菌的比生长速率往往小于不含重组质粒的比生长速率，即宿主细胞的生长优势对工程菌的发酵极为不利。有时质粒不稳定并非由于质粒丢失的缘故，而是重组质粒上一部分片段脱落，表现为质粒变小或某些遗传信息发生变化甚至丧失。华东理工大学生工所曾将 *E.coli* 的载体 pBR322 与 *B.subtilis* 中的质粒 pUB110 重组一种可在这两种宿主中都能复制的穿梭型载体，但后来发现此新组建的穿梭质粒在传代中出现不稳定性，丢失的竟是 pUB110 原有结构。

除了上述现象外，表达产物不稳定也是一个很重要的问题。如人干扰素工程菌在表达干扰素时，随着培养时间的延长，干扰素活性反而下降。故表达产物的不稳定性的问题应引起高度重视。

2.2.6.2.2　解决工程菌不稳定性的对策

工程菌稳定与否，与重组质粒本身的分子组成、宿主细胞生理和遗传性及环境条件等因素有关。

就质粒本身的分子结构而言，引起工程菌不稳定常常是由于稳定区受到影响。另外可能由于重组质粒上有重复序列，或与宿主染色体有部分同源等都会造成质粒的不稳定。

就宿主而言，除了上述质粒中有同源序列外，还与宿主的比生长速率、宿主中重组基因（rec 系统）的完整性、重组时有关基因的具体变异等都有关系。

在培养环境中高温、去垢剂（如 SDS 等）、某些药物（如利福平）、染料及胸腺嘧啶饥饿、紫外线辐射等都会引起质粒的丢失，因而常采取下列措施以防止或降低工程菌的不稳定性。

（1）组建合适载体　在质粒构建时，插入一段特殊的 DNA 片段或基因以使宿主细胞分裂时，质粒能够较稳定地遗传到子代细胞中。

（2）选择适当宿主　重组质粒的稳定性在很大程度上受宿主细胞遗传特性的影响，在选择宿主时，必须确定其遗传特点。相对而言重组质粒在大肠杆菌中比较稳定，而在枯草杆菌和酵母中较不稳定。

（3）施加选择压力　从遗传学来说，选择即利用某些生长条件使得只有那些具有一定遗传特性的细胞才能生长。在重组 DNA 技术中，有好几个方面利用选择压力，如转化后用选择压力确定含有重组质粒的克隆株，而在利用克隆菌进行发酵生产时，经常采取施加选择压力的方法消除重组质粒的不稳定，以提高菌体纯度和发酵生产率。

a．抗生素添加法　通常在重组质粒上含有抗药性基因。将含有抗药性基因的重组质粒转入不耐药的宿主细胞后，克隆菌也获得了抗药性。在克隆菌发酵时，于培养基中加入适量的相应抗生素，可阻止丢失了重组质粒的非生产菌的生长。

b．抗生素依赖变异法　即通过诱变使宿主细胞成为某抗生素的依赖性突变株，只有在该抗生素存在时宿主细胞才能生长，而重组质粒上含有该抗生素的非依赖性基因，将重组质粒导入宿主细胞后，所得的克隆菌就能在不含抗生素的培养基中生长，因此在进行发酵生产时，不需要向培养基中加入抗生素就能起到消除重组质粒不稳定的目的。

c．营养缺陷型法　与上述抗生素依赖变异法相类似。其原理是通过诱变使宿主细胞染色体缺失生长所必需的某一基因，而将该基因插入到重组质粒中，然后选择适当组成的培养基使失去重组质粒的细胞不能存活，而只有含重组质粒的细胞才能生长。例如，将指导合成色氨酸的质粒转入 *E.coli* trp 突变株中，由于该宿主细胞缺少合成生长所必需的色氨酸的基因，必须在培养基中补加色氨酸后才能存活，因此在利用克隆菌进行发酵时，如果使用的培养基中不含色氨酸，就可消除失去重组质粒的菌体。

（4）控制基因过量表达　提高质粒稳定性的目的是为了提高克隆菌的发酵生产率，但许多研究中发现，外源基因表达水平越高，重组质粒往往越不稳定，如果外源基因的表达受到抑制，则重组质粒不可能丢失。含有重组质粒的克隆细胞与不含重组质粒的宿主细胞的比生长速率可能相同。因此可以采取两阶段培养法。如一些温度敏感型质粒，温度较低时，质粒拷贝数较少，当温度升高到一定值时，质粒大量复制，拷贝数剧增。因此在发酵前期控制温度，使外源基因不过量表达，重组质粒稳定地遗传，到后期通过提高温度，使外源基因高效表达。也可用诱导性启动子。即在构建表达质粒时，使用可诱导性的操纵子，选择培养条件使启动子受阻遏（抑制）至一定时期，使质粒稳定地遗传，然后通过去阻遏使质粒高效表达。

（5）控制培养条件　克隆菌所处的环境条件对其质粒的稳定性和表达效率影响机制错综复杂的，而众多的环境因素中，培养基组成、培养温度、菌体的比生长速率三方面尤为重要。对一个已经组建完成的克隆菌来说，选择最合适的培养条件是进行工业化生产的关键步骤。

（6）在质粒构建时，插入一段能改良宿主细胞生长速率的特殊的 DNA 片段，也能起到稳定质粒的效果。

（7）可转移性因子会促进插入和丢失的出现，因此所使用的质粒不应带有可转移因子。

（8）冗长的 DNA 对宿主细胞是一种负担，并会增加其在体内进行 DNA 的重排，所以尽可能将质粒上的不需要的 DNA 部分除去。

（9）固定化重组菌以提高基因工程菌的不稳定性[17]。

2.2.7　菌种保藏

微生物在自然界起着极其重要的作用，随着人们对微生物这一资源的逐渐了解和掌握，使微生物的应用越来越广泛。如用于工农业生产，医药卫生及国防事业等。

微生物具有生命活动能力，其世代时期一般是很短的，在传代过程中易发生变异甚至死亡，因此常常造成工业生产菌种的退化，并有可能使优良菌种丢失。所以，如何保持菌种优良性状的稳定是研究菌种保藏的重要课题。

2.2.7.1　菌种保藏的重要意义

菌种是从事微生物学以及生命科学研究的基本材料，特别是利用微生物进行有关生产，如抗生素、氨基酸、酿造等工业，更离不开菌种。所以菌种保藏是进行微生物学研究和微生物育种工作的重要组成部分。其任务首先是使菌种不死亡，同时还要尽可能设法把菌种的优良特性保持下来而不致向坏的方面转化。

当然保藏菌种使其不变异亦是相对而言。实际上没有一种方法可使菌种绝对不变化，所以研究菌种保藏就是要采用最合适的保存方法，使菌种的变异和死亡减少到最低限度。

菌种是国家的重要资源，世界各国对这项资源都给予极大重视，很早就设置了各种专业性的保存机构，如 ATCC、NRRL 等。1980 年我国成立了中国微生物菌种保藏委员会。

2.2.7.2　菌种保藏的原理和方法

菌种保藏主要是根据菌种的生理生化特点，人工创造条件，使孢子或菌体的生长代谢活动尽量降低，以减少其变异。一般可通过保持培养基营养成分在最低水平、缺氧状态、干燥和低温，使菌种处于"休眠"状态，抑制其繁殖能力。

一种好的保藏方法，首先应能长期保持菌种原有的优良性状不变，同时还需考虑到方法本身的简便和经济，以便生产上能推广使用。菌种保藏的方法很多，一般有下面几种。

2.2.7.2.1　斜面冰箱保藏法

斜面保藏是一种短期、过渡的保藏方法，用新鲜斜面接种后，置最适条件下培养到菌体或孢子生长丰满后，放在 4 ℃冰箱保存。一般保存期为三个月到六个月。

2.2.7.2.2　沙土管保藏法

这是国内常采用的一种方法。适合于产孢子或芽孢的微生物。它的制备方法是：首先，将沙与土洗净烘干过筛后，按沙与土的比例为（1～2）：1 混合均匀，分装于小试管中，装料高度约为 1 cm 左右，121 ℃间歇灭菌三次，灭菌试验合格后烘干备用。一般沙用 80 目过筛，土用 80～100 目过筛。其次，将斜面孢子制成孢子悬浮液接入沙土管中或将斜面孢子刮下直接与沙土混合，置干燥器中用真空泵抽干，放在冰箱内保存。一般保存期为一年左右。

2.2.7.2.3　菌丝速冻法

对于不产孢子或芽孢的微生物，一般不能用沙土管保藏。为了方便可以采用甘油菌丝速冻法。由于该法的保藏温度为 -20 ℃，为了避免微生物受损伤致死，需要甘油作为保护剂。甘油的最终浓度为 25%。具体操作如下：①配制浓度为 50% 的甘油溶液，121 ℃灭菌后备用；②制备菌悬液，一般菌悬液的浓度为 $10^8 \sim 10^{10}$ 个/mL；③将菌悬液和甘油溶液以等体积混合均匀后，置 -20 ℃保藏。

2.2.7.2.4　石蜡油封存法

向培养成熟的菌种斜面上，倒入一层灭过菌的石蜡油，用量要高出斜面 1 cm，然后保存在冰箱中。此法可适用于不能利用石蜡油作碳源的细菌、霉菌、酵母等微生物的保存。保存期约一年左右。

2.2.7.2.5　真空冷冻干燥保藏法

真空冷冻干燥保藏法是目前常用的较理想的一种方法。其基本原理是在较低的温度下（-18 ℃），快速地将细胞冻结，并且保持细胞完整，然后在真空中使水分升华。在这样的环境中，微生物的生长和代谢都暂时停止，不易发生变异。因此，菌种可以保存很长时间，一般五年左右。这种保藏方法虽然需要一定的设备，要求亦比较严格，但由于该方法保藏效果好，对各种微生物都适用。所以，国内外都已较普遍地应用。

这种方法的基本操作过程是先将微生物制成悬浮液，再与保护剂混合，然后放在特制的安瓿管内，用低温酒精或干冰，使其迅速冻结，在低温下用真空泵抽干，最后将安瓿管真空熔封，并低温保藏。

保护剂一般采用脱脂牛奶或血清等。保护剂的作用可能是在冷冻干燥的脱水过程中代替结合水而稳定细胞成分（细胞膜）的构型，防止细胞膜因为冻结而破坏。保护剂还可以起支持作用，使微生物疏松地固定在上面。牛奶可用离心或加热的方法脱脂。

2.2.7.2.6　液氮超低温保藏法

液氮超低温保藏法是近几年才发展起来的，此法国外已较普遍采用，是适用范围最广的微生物保藏法。尤其是一些不产孢子的菌丝体，用其他保藏方法不理想，可用液氮保藏法，其保存期最长。

（1）原理　用液氮能长期保存菌种。这是因为液氮的温度可达 -196 ℃，远远低于其新陈代谢作用停止的温度（-130 ℃），所以此时菌种的代谢活动已停止，化学作用亦随之消失。

（2）操作方法及步骤

a. 安瓿管要求　由于液氮保存于超低温状态，所使用的安瓿管需能承受大的温差而不至于破裂，一般用 95 料或 GC17 的玻璃管，安瓿管选好后印上标记，加棉塞后灭菌，烘干后备用。

b. 菌种准备及分装　因为液氮法菌种要经受超低温的冷冻过程，所以也需要保护剂。常用的保护剂为 10% 甘油。用保护剂制备好菌液后，加入准备好的安瓿管中，一般安瓿管的装量为 0.2～1 mL。

c. 冻结　液氮法的关键是先把微生物从常温过渡到低温。这样在细胞接触低温前，使细胞内自由水通过膜渗出而不使其遇冷形成冰晶而伤害细胞。美国 ATCC 采用先将菌液降温到 0 ℃，再以每分钟降低 1 ℃ 的速度，一直降低到 −35 ℃，然后才把装有菌液的安瓿管放入液氮罐的气相中。由于液氮要蒸发，这样温度就会上升，冰晶状态发生变化，从而导致菌种死亡。所以要常常注意液氮的残存量，定期补加。

d. 重新培养　当要使用或检查所保存的菌种时，可将安瓿管从冰箱中取出，室温或 35～40 ℃ 水浴中迅速解冻，当升温至 0 ℃ 时即可打开安瓿管，将菌种移到适宜的培养基斜面上培养。

我国国内目前已有部分单位采用液氮法保存菌种。

2.2.7.3　国内外主要菌种保藏机构介绍

菌种是一个国家的重要资源，世界各国都对菌种极为重视，设置了各种专业性保藏机构，主要的菌种保藏机构介绍如下。

(1) ATCC　American Type Culture Collection. Rockvill. Maryland. U. S. A.
美国标准菌种收藏所，美国，马里兰州，罗克维尔市。

(2) CSH　Cold Spring Harbor Laboratory. U. S. A.
冷泉港研究室，美国。

(3) IAM　Institute of Applied Microbiology. University of Tokyo，Japan.
日本东京大学应用微生物研究所，日本东京。

(4) IFO　Institute for Fermentation. Osaka，Japan.
发酵研究所，日本大阪。

(5) KCC　Kaken Chemical Company Ltd. Tokyo，Japan.
科研化学有限公司，日本东京。

(6) NCTC　National Collection of Type Culture. London，United Kingdom.
国立标准菌种收藏所，英国伦敦。

(7) NIH　National Institutes of Health. Bethesda，Maryland，U. S. A.
国立卫生研究所，美国，马里兰州，贝塞斯达。

(8) NRRL　Northern Utilization Research and Development Division，U. S. Department of Argiculture. Peoria，U. S. A.
美国农业部、北方开发利用研究部，美国皮奥里亚市。

在我国为了推动菌种保藏事业的发展，1979 年 7 月在国家科委和中国科学院主持下，召开了第一次全国菌种保藏工作会议，在会上成立了中国微生物菌种保藏管理委员会(China Committee for Culture Collection of Microorganisms. CCCMS)委托中国科学院负责担负全国菌种保藏管理业务，下设六个菌种保藏管理中心。

- 普通微生物菌种保藏管理中心（CCGMC）

中国科学院微生物研究所，北京（AS）：真菌，细菌。

中国科学院武汉病毒研究所，武汉（AS-Ⅳ）：病毒。

● 农业微生物菌种保藏管理中心（ACCC）

中国农业科学院土壤肥料研究所，北京（ISF）。

● 工业微生物菌种保藏管理中心（CICC）

轻工业部食品发酵工业科学研究所，北京（IFFI）。

● 医学微生物菌种保藏管理中心（CMCC）

中国医学科学院皮肤病研究所，南京（ID）：真菌。

卫生部药品生物制品检定所，北京（NICPBP）：细菌。

中国医学科学院病毒研究所，北京：病毒。

● 抗生素菌种保藏管理中心（CACC）

中国医学科学院抗生素研究所，北京（IA）。

四川抗生素工业研究所，成都（STA）：新抗生素菌种。

华北药厂抗生素研究所，石家庄（IANP）：生产用抗生素菌种。

● 兽医微生物菌种保藏管理中心（CVCC）

农业部兽医药品监察所，北京。

参 考 文 献

1 胡海峰等. 生物活性物质的筛选与新药研究. 第八次全国抗生素学术会议论文汇编，1997

2 唐光燕等. 洁霉素产生菌抗噬菌体菌株的选育. 抗生素. 1979. 9～13

3 曹文伟等. 红霉素链霉菌抗噬菌体菌株的选育. 中国抗生素杂志，1993，18（6）：420～424

4 叶蕊芳等. 螺旋霉素产生菌抗噬菌菌体菌株的选育. 华东理工大学学报，1997，23（5）：545～549

5 刘颐屏. 全国第三次抗生素学术会议论文集，1965

6 Okanishi M.，Suzuki K.，et al. Formation and Reversion of Streptomycete Protoplast：Cultural Condition and Morphological Study. Journal of Microbiology. 1974，80：389～400

7 Haruo Ikeda，Masaharu Inoue，et al. Improvement of Macrolide Antibiotic Producing Streptomycete Strains by the Regeneration. The Journal of Antibiotics，1983，39（3）：283～288

8 Demodena，J. A. Bio/Technology. 1993，11：926

9 张秀华. 提高基因工程菌产二素链霉菌 311-10 产生酰化螺旋霉素的研究. 中国抗生素杂志，1991，16（5）：315～322

10 李光富，唐家琪. 基因工程抗体在临床上的应用. 药物生物技术. 1999，6（1）：54～59

11 Wels W，Moritz D，Schmidt M，et al. Therapeutic strategies in cancer treatment. Gene. 1995，159：73

12 Duan L X，Bagasra O，Laughlin M A，et al. Potent inhibition of human immunodeficiency virus type replication by an intracellular anti-rev singlechain antibody. Proc Natl Acad Sci，USA，1994，91：5057

13 卢一凡等. 转基因动物的生产效率及乳腺定位表达重组蛋白质. 药物生物技术. 1998，5（2）：121～128

14 Carver AS，Dalrympie MA，Wright G et al. Transgenic livestock as bioreactors：Stable expression of human alpha-antitrypsin by a flock of sheep. Bio/Technology. 1993，11：1263

15 陆德如. 微生物基因组研究. 微生物学报，1997，37（4）：323～325

16 张长生等. 林可霉素生物合成基因 lmbH 的回转化. 中国抗生素杂志，1999，24（2）：90～92

17 陈志宏等. 固定化——提高基因工程菌稳定性的新策略. 药物生物技术. 1999，6（2）：122～128

3 微生物代谢调节

3.1 基本代谢的调节

正常生长繁殖的微生物,其代谢活动是由许多关联的代谢途径协同进行的。代谢(物)流的调节是通过代谢物的合成和降解实现的。通过自然选择微生物可以获得代谢控制的两方面主要特征:高效利用养分和快速响应环境变化的能力。天然微生物是通过快速启动或关闭蛋白质的合成和有关的代谢途径,平衡各代谢物流和反应速率来适应外界环境的变化。代谢控制机制分为两种主要类型:酶活的调节(活化或钝化)和酶合成的调节(诱导或阻遏)。蛋白质合成水平的调节一般比酶活的调节更为经济,虽然后者更为快速,但浪费能量和建筑单位。因此,调节步骤主要存在于转录和转译的启动部位。在多步骤生物合成或分解代谢途径中其关键部位酶活的快速调节主要靠变构控制机制。为了避免前体代谢物和建筑材料的过量生成,微生物细胞必需协调组成代谢和分解代谢。另一方面也必需协调(例如,同步地)大分子,如核酸蛋白质或膜的形成,以便在胞内外环境条件变化期间细胞还能生长好。此外,还需尽可能微调透过各种代谢途径的碳流,以避开代谢瓶颈或不需要的反应。但为了生物工艺目标,常需消除这些调节机制,使所需代谢产物能过量生产。

微生物大致采用三种方式调节其初级代谢:酶活的调节、酶合成的调节和遗传控制。

3.1.1 酶活性的调节

3.1.1.1 代谢调节的部位

微生物的代谢调节主要通过养分的吸收排泄、限制基质与酶的接近和控制代谢流等几个部位实现的,见图 3-1。在这方面真核生物与原核生物略有区别,主要表现在前者有各种各样的细胞器。

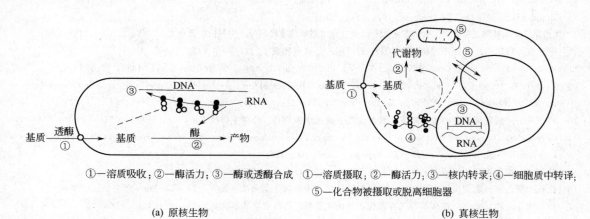

①—溶质吸收;②—酶活力;③—酶或透酶合成　①—溶质摄取;②—酶活力;③—核内转录;④—细胞质中转译;
　　　　　　　　　　　　　　　　　　　　　　　　⑤—化合物被摄取或脱离细胞器

(a) 原核生物　　　　　　　　　　　　　　　　　(b) 真核生物

图 3-1　微生物生理代谢活动的调节部位

(1)养分吸收分泌的通道　大多数亲水分子难于透过细胞膜,需借助一些负责运输的酶系统,如透酶才得以实现,有些运输反应是需能的。

（2）限制基质与酶的接近　　在真核生物中各种代谢库的基质分别存在于由胞膜分隔的细胞器内。例如，在链孢霉中精氨酸存在于细胞质和液泡内。这两处参与精氨酸代谢的酶量有很大的差别。原核生物的控制方式略有不同，其中有些酶是以多酶复合物或与细胞膜结合的方式存在，类似于酶的固定化的形式，使它不能自由活动。

（3）代谢途径的通量扩展　　微生物控制代谢物流的方法有两种：调节现有酶的量，这可通过增加或减少途径中有关酶的合成或降解速率实现；改变已有酶分子的活性，这可通过小分子化合物调节酶反应速率，激活或抑制，有效地控制各种代谢过程。

酶活性的调节可归纳为共价修饰、变（别）构效应、缔合与解离和竞争性抑制。下面着重介绍前两种方式。

3.1.1.2　共价修饰

这是指蛋白质分子中的一个或多个氨基酸残基与一化学基团共价连接或解开，使其活性改变的作用。用共价修饰方式可使酶钝化或活化。从蛋白质中除去或加入小的化学基团可以是磷酸基，甲基，乙基，腺苷酰基，蛋白质的共价结合部位一般为丝氨酸残基的—CH_2OH。共价修饰作用可分为可逆的和不可逆的两种。

（1）可逆共价修饰　　细胞中有些酶同一个存在活性和非活性两种状态，它们可以通过另一种酶的催化作共价修饰而互相转换。例如，磷酸化可改变真核生物中的磷酸果糖激酶或蛋白激酶的活性。粗糙链孢霉的糖原磷酸化酶以磷酸化形式存在，在没有 $5'$-AMP 的情况下具有完全的活性；其去磷酸化形式则需要 $5'$-AMP 才能显示其活性。这两种形式可藉特殊的激酶和磷酸酯酶的作用互相转换。某些具有两种组分调节系统的调节蛋白也受磷酸化的激活。大肠杆菌谷氨酰胺合成酶的活性就是通过腺苷酰化调节的。

表 3-1 列举一些被可逆共价修饰的酶。大多数磷酸化酶的修饰发生在丝氨酸残基的羟基上，也有发生在苏氨酸残基的羟基上。酶的可逆共价修饰作用的意义在于：①可在短时间内改变酶的活性，有效地控制细胞的生理代谢；②这种作用更易为响应环境变化而控制酶的活性。

表 3-1　由可逆共价修饰控制的酶

酶	修饰作用	生物功能
磷酸化酶、糖原合酶、磷酸化酶激酶	磷酸化	糖原代谢
乙酰 CoA 羧化酶、谷氨酰胺合成酶	磷酸化、腺苷酰化	脂肪酸的合成，谷氨酰胺起 N 的给体作用
RNA 核苷酰基转移酶	ADP-核糖基化	由 T_4 噬菌体感染，酶的 α-单位的精氨酸残基被修饰，从而关闭了寄主基因的转录

（2）不可逆共价修饰　　其典型的例子是酶原激活。这是无活性的酶原被相应的蛋白酶作用，切去一小段肽链而被激活。酶原变为酶是不可逆的。胰蛋白酶原的活化靠从 N-端除去一个己肽（Val-Asp-Asp-Asp-Asp-lys）。胰蛋白酶原活化是信号放大的一个典型例子。少量的肠肽酶便可激发大量的胰蛋白酶原转变成胰蛋白酶。这是因为胰蛋白酶具有自身催化作用。一旦这些胰酶完成了其使命后，便被降解而不能再恢复为酶原。这种酶活性的关闭作用是极其重要的。

3.1.1.3　变（别）构控制

除某些反应基质和产物对其相应酶有直接的影响外，许多酶还受一些效应物的控制。这些效应物是一种酶的基质、产物或调节性代谢物。效应物促进或抑制酶的反应速率，影响酶

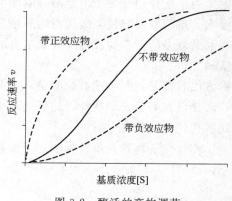

图 3-2 酶活的变构调节

对基质的亲和力。这些机制有一共同点，即效应物结合在酶的某一位点会影响另一配基对第二个位点的结合。这种可逆的相互作用机制称为变构活化或变构抑制。前体的活化和反馈抑制是常见的机制。

变构酶通常是具有多个结合位点的寡聚蛋白。效应物和基质结合位点的占据会影响亚单位间构象的相互作用，导致基质亲和力的变化。结合位点间的正向协同作用导致基质浓度对反应速率的影响呈 S 型（图 3-2）。

变构酶可以两种构象形式存在，活性（a）态和钝化（b）态。正效应物的结合将增加酶的 a 态部分，而负效应物的结合会使平衡移向 b 态。加入正效应物会使曲线向左移，因而消除了正向协同作用，使曲线符合米-孟动力学模型；另一方面负效应物增加协同现象。在代谢途径的支点和代谢可逆步骤（如供、需 ATP 步骤）中常发现变构控制酶，例如在酵解、糖原异生和 TCA 中，见图 3-3。这样，酵解、糖原异生可在细胞内同时进行，而无需将其隔离。小的配基，如 AMP，NAD，ADP，F-1, 6-BP，AcCoA 等可作为变构效应物。在葡萄糖分解代谢中 AMP，ADP，ATP 或 NADH 的浓度反映细胞能量或氧还变化的现状。故过量 ATP 会减缓能量代谢，而高浓度 ADP 和 AMP 会提高它。

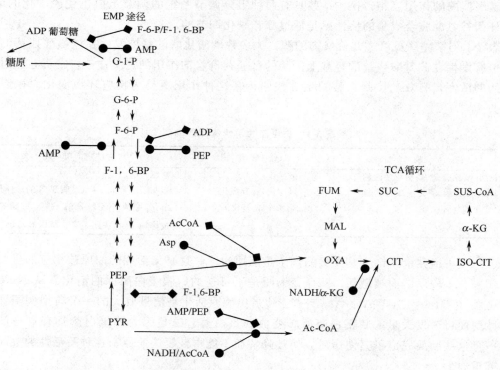

图 3-3 大肠杆菌酵解和 TCA 循环中的变构控制位点

◆——◆ 表示促进；●——● 表示抑制

变构调节机制可归纳为以下几点：①天冬氨酸转氨甲酰酶是具代表性的一类变构酶。它们有一个以上的结合位点。除了结合底物的活性中心外，在同一分子内还有一些分立的效应物结合位点；②主要位点和副位点可同时被占据；③副位点可结合不同的效应物，产生不同的效应；④效应物在副位点上的结合可随后引起蛋白质分子构象的变化，从而影响酶活性中心的催化活性；⑤变构效应是反馈抑制的理论基础，是调节代谢的有效方法。

3.1.1.4 其他调节方式

（1）缔合与解离　能进行这种转变的蛋白质由多个亚基组成。蛋白质活化与钝化是通过组成它的亚单位的缔合与解离实现的。这类互相转变有时是由共价修饰或若干配基的缔合启动的。

（2）竞争性抑制　一些蛋白质的生物活性受代谢物的竞争性抑制。例如，需要氧化性 NAD^+ 的反应可能被还原性 NADH 的竞争抑制；需 ATP 的反应可能受 ADP 或 AMP 的竞争性抑制；有些酶受反应过程产物的竞争性抑制。

3.1.2　酶合成的调节

3.1.2.1　诱导作用

这是指培养基中某种基质的存在会增加（诱导）细胞中相应酶的合成速率。如酶的合成速率受基质浓度变化的影响很小，这种酶称为组成型的。能引起诱导作用的化合物称为诱导物（inducer）。它可以是基质，也可以是基质的衍生物，甚至是产物。

诱导动力学可用下述方法定量。它可测定在各种适当的生长条件下的培养物的酶比活（U/mg 蛋白），也可采用 Monod 微分方程作图表示。这是基于在一恒定的环境中平衡生长，如分批培养对数生长早期或连续培养期间，细胞蛋白以一定的比例被合成。一种酶的微分合成速率可定义为它占总的新合成蛋白的分数。为了获得一微分曲线，在分批生长期间歇取样，测定酶活的蛋白含量。只要培养条件保持恒定，通常能获得一直线，其斜率代表合成的微分速率。到对数生长的末期，随培养基中代谢物的积累，曲线会偏离直线。如在生长期间加入一种能诱导酶的化合物，异丙基-β-D-硫代半乳糖苷（IPTG），作图会显示出两条直线，分别代表有和没有控制化合物的合成速率。图 3-4 显示一种安慰诱导物对大肠杆菌的可诱导的酶，β-半乳糖苷酶的诱导作用。

试验是在最低盐分-麦芽糖培养基中进行。过程添加的 ITPG 最终浓度为 10^{-4} mol/L。在有诱导物的情况下 β-半乳糖苷酶的比活为 10^4 U/mg 蛋白；在无诱导物的情况下为 10 U/mg 蛋白，即图中虚线所代表的酶活，这是将培养物过滤后重新培养在不含 IPTG 的培养基中的结果。

β-半乳糖苷酶能水解乳糖成葡萄糖和半乳糖。有些诱导物不被代谢，被称为安慰诱导物（gratuitors），如异丙基-β-半乳糖苷，IPTG。图 3-4 中在生长期的某一点加入 IPTG，会使酶的合成速率增加；若除去它，诱导作用便会很快消失，见虚线。酶合成的诱导速率与非诱导速率之比称为诱导系数。如 ITPG 的诱导系数为1000。

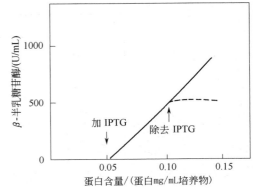

图 3-4　异丙基-β-D-硫代半乳糖苷对
β-半乳糖苷酶的诱导动力学

3.1.2.2　分解代谢物阻遏

这是指培养基中某种基质的存在会减少（阻遏）细胞中其相应酶的合成速率。阻遏物（repressor）在分解代谢中是操纵子的调节基因（R）编码的阻遏蛋白，它能可逆地同操纵基因（O）结合，从而控制其相邻的结构基因（S）的转录。那些能被快速利用的基质，如葡萄糖，其分解代谢物会阻遏另一种异化较难利用基质的酶的合成。图 3-5 显示大肠杆菌 K12 中精氨酸对鸟氨酸氨甲酰基转移酶合成的阻遏作用。后者参与精氨酸的生物合成。随精氨酸的加入到培养物中其合成速率很快受到阻遏；随精氨酸的去除，阻遏作用很快被解除（derepression）。合成阻遏速率与去阻遏速率之比称为阻遏率。

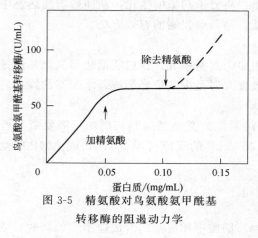

图 3-5　精氨酸对鸟氨酸氨甲酰基
转移酶的阻遏动力学

试验是在最低盐分-麦芽糖培养基中进行的。在添加精氨酸的情况下鸟氨酸氨甲酰基转移酶的比活为 1.5 U/mg 蛋白，即图中实线所代表的酶活；在除去精氨酸的条件下比活为 1200 U/mg 蛋白，如虚线所示，这是将培养物过滤后重新培养在不含精氨酸的培养基中的结果。

3.1.2.3　反馈调节

氨基酸，嘌呤和嘧啶核苷酸生物合成的控制总是以反馈调节方式进行。其生理意义在于避免物流的浪费和不需要的酶的合成。反馈抑制一般针对紧接代谢途径支点后的酶；而阻遏往往影响从支点到终点的酶。

（1）反馈阻遏　操纵子编码的阻遏蛋白是没有活性的，需与辅阻遏物（co-repressor），即终产物或其衍生物结合才能阻止编码合成途径中的第一个酶的基因的转录。图 3-6 举了一个单支路的例子，终产物 E 和 G 分别抑制和（或）阻遏酶 1。它们也可能部分阻遏酶 2。此外，E 抑制酶 3 和阻遏酶 3 和 4。G 可能抑制酶 5 和阻遏酶 5 和 6。换句话说，终产物联合起来，各分别控制部分途径，同时控制其分支途径。酶 1 可以是协同（合作）或积累的。肠道细菌可能具有两种同功酶催化 A→B 的反应，其中一个由 E 控制；另一个由 G 控制。酶 2 的阻遏通常属于协同作用。还有一种调节是顺序反馈抑制，首先在枯草杆菌芳香氨基酸系统中发现。如图 3-6 所示，E 抑制酶 3 和 G 抑制酶 5，从而积累 C，C 再抑制酶 1。

最后，反馈抑制的补偿拮抗作用可举大肠杆菌氨甲酰磷酸合酶的例子。其产物，氨甲酰

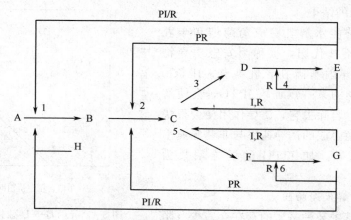

图 3-6　单支路途径的调节方式

I，R 分别代表抑制和阻遏；PI，PR 分别代表部分抑制和部分阻遏

磷酸用于精氨酸和嘧啶的合成。其合酶受 UMP 的抑制，此抑制作用受鸟氨酸的拮抗，后者可以与氨甲酰磷酸反应产生瓜氨酸。图 3-6 中的 H 拮抗 G 对酶 1 的抑制作用。

各种细菌的芳香氨基酸生物合成途径的控制系统上的差异清楚地说明所涉及的调节模式有多么的不同。图 3-7（a）显示出枯草杆菌和地衣杆菌中的分支酸形成途径上的调节方式。枯草杆菌具有两种明显不同的莽草酸激酶（s）和两个分支酸变位酶（c），而地衣杆菌虽然也具有两个 s 酶，但只有一个 c 酶。枯草杆菌的 s 同功酶之一像酶 p 那样受分支酸或预苯酸的抑制；但地衣杆菌的单一酶 s 只受分支酸的抑制。在枯草杆菌中 p、s 和 c 的活性受酪氨酸的阻遏；而地衣杆菌中的酶 s 是组成型的，酪氨酸阻遏 p 和 c 的活性。

不同细菌属的磷酸-2-酮-3-脱氧景天庚酮糖酸醛缩酶 p 受阻遏的方式不一样。在芽孢杆菌属中发现的顺序反馈抑制作用也同样存在于链球菌中。在链霉菌中只有色氨酸

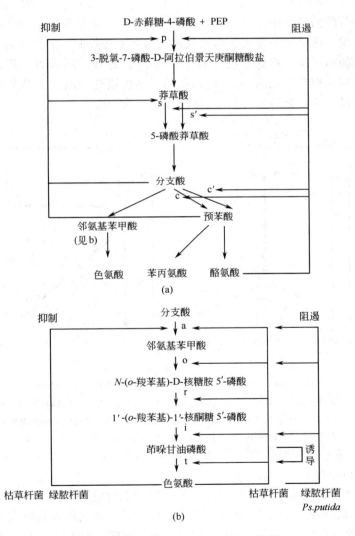

(a)

(b)

图 3-7 芳香氨基酸生物合成途径的控制

p—磷酸-2-酮-3-脱氧景天庚酮糖酸醛缩酶；s 和 s'—莽草酸激酶；c 和 c'—
分支酸变位酶；a—邻氨基苯甲酸合酶；o—邻氨基苯甲酸磷酸核糖基转移酶；
r—磷酸核糖基-邻氨基苯甲酸异构酶；i—吲哚甘油磷酸合酶；t—色氨酸合酶

是惟一的抑制剂。在假单胞菌属中也只有一种主要抑制剂，酪氨酸。但要最大限度的抑制还需苯丙酮酸（苯丙氨酸的直接前体）和酪氨酸的联合作用，色氨酸只产生部分抑制作用。酪氨酸和色氨酸的抑制作用可被 PEP 克服；而苯丙酮酸的抑制作用则被 D-赤藓糖-4-磷酸所克服。换句话说，如途径的起始材料本身不足，产率受终产物反馈抑制的影响特别显著。

图 3-7（b）显示枯草杆菌和绿脓杆菌的色氨酸合成末端途径的调节。枯草杆菌与肠道杆菌的调节方式相似，其第一个酶，邻氨基苯甲酸合酶 a 受色氨酸的抑制。此酶和其他酶还受色氨酸的反馈阻遏。对假单胞菌，a 同样受色氨酸的阻遏，但酶合成的调节方式是不同的：a，o 和 i 受色氨酸的阻遏，而 r 是组成型的。其色氨酸合酶复合物，t 则受其基质，茚哚甘油磷酸的诱导。这些酶合成控制上的差异也反映在相应基因的定位上。在枯草杆菌中这些基因如同在肠道杆菌那样形成一簇，而在绿脓杆菌和 *Ps. putida* 中酶 a，o 和 I 的基因构成一簇，而色氨酸合酶的两个组分的基因构成另一簇，酶 r 的基因是单独存在的。

（2）反馈抑制　这是一种常用于组成代谢的负向变构控制。如在大肠杆菌色氨酸抑制其自身生物合成中的第一步，即催化赤藓糖-4-P 与 PEP 缩合的同功酶；其他同功酶则分别受苯丙氨酸和酪氨酸的调节，见图 3-8。终产物的反馈控制使细胞能保持某一代谢物在适当的浓度。在代谢途径分支点处的酶分别受不同终产物的调节。

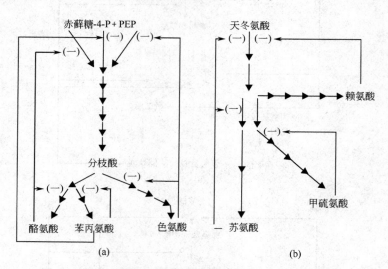

图 3-8　细菌中氨基酸生物合成中的两种类型的负反馈回路

（a）大肠杆菌芳香氨基酸生物合成中 3 种末端产物，酪氨酸，苯丙氨酸，色氨酸抑制各自色氨酸生物合成中的第一步，即催化赤藓糖-4-P 与 PEP 缩合的同功酶；

（b）在革兰氏阳性细菌中由天冬氨酸衍生的氨基酸，苏氨酸和赖氨酸以积累方式调节单一共同的酶，天冬氨酸激酶、苏氨酸和甲硫氨酸调节各自合成的头一个酶

3.1.2.4　协调控制

途径中酶的诱导和阻遏常常是平行的。当 β-半乳糖苷酶被诱导时，其他两种蛋白，半乳糖苷透酶和 β-半乳糖苷转乙基酶也同时被诱导出来。前者负责乳糖和其他有关物质，如硫-β-D-半乳糖苷的运输到细胞内，后者的生理作用仍不明。同样，大肠杆菌 K12 中精氨酸同时阻遏鸟氨酸氨甲酰基转移酶和精氨酸合成中的其他几种酶。这一现象有时称为调节子（regulon）。负责乳糖分解代谢的酶在其合成速率方面显示出协同控制作用，即其合成速率在所有生长条件下均以恒定的比例进行。但是精氨酸生物合成酶中有些显示协同控制作用，有些没有。如将细

胞从含有精氨酸的培养基移种到缺少它的培养基中，鸟氨酸氨甲酰基转移酶去阻遏达 100 倍，而其他酶则去阻遏约 10 倍。一种可能的解释是鸟氨酸氨甲酰基转移酶与天冬氨酸氨甲酰基转移酶（从酶催化嘧啶合成的第一步）竞争同一基质，氨甲酰磷酸。为此，在胞内低精氨酸浓度下需确保有足够的氨甲酰磷酸流向精氨酸合成途径。反之也一样，在缺少尿嘧啶或胞嘧啶下天冬氨酸氨甲酰基转移酶的去阻遏的程度比其他嘧啶生物合成酶更大。

3.1.3　代谢系统的分子控制机制

3.1.3.1　遗传控制

在一途径中胞内不同酶的含量是在变化的。代谢途径可分为两种极端的类型：一种是通道型，另一种是库存型。在通道型途径中某些中间体保持与蛋白结合的状态（局域化），有时组成超大分子的多酶结构，催化某一代谢的连续步骤。这些中间体不能与中间体库自由交换。在库存型途径中所有中间体可以自由交换（扩散），它们在细胞内不与蛋白结合。因此，一种代谢物既可作为一种酶的基质又可作为效应物。代谢控制理论运用库存型代谢方式以数学模型（微分方程）描述代谢物流和代谢途径的控制步骤。

细胞中的遗传物质总称为基因组，是由 DNA 构成的，在其上编码了细胞该如何运行的指示。每一种酶或多肽的合成分别由基因或遗传信息顺序（大约含有 600 个碱基对）调节。如果在微生物的基因组里不存在某一种酶的基因，那便明显表示该微生物不能合成相应的酶。但不是所有基因都是结构基因。有些基因产物具有调节功能，是一种能抑制或促进一些代谢过程的蛋白质。

微生物的酶合成的调节主要发生在转录阶段（RNA 聚合酶结合到 DNA 上）或转译的起始阶段。图 3-9 显示在细菌中酶的合成期间的可能调节位点[1]。许多细菌的基因在不同生

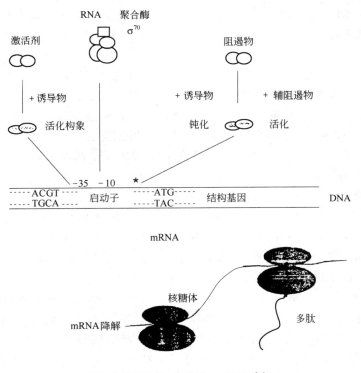

附加的调节位点：衰减器，mRNA 降解

图 3-9　在细菌基因的转录和转译中的可能调节位点

长条件下以稳定的速率转录，其中有一些参与中枢代谢途径的酵解酶类被称为管家酶。在大肠杆菌中其转录始于 RNA 聚合酶复合物（RPC）与启动子 DNA 序列（位于基因的上游）结合，形成一关闭的 DNA 复合物[2]，由此形成 RPC，见图 3-10。负责转录管家基因的 RPC 具有一亚单位，σ^{70}（上标代表蛋白质的相对分子质量），由它决定启动子区域和开始 DNA 的转录为 mRNA。在 RPC 沿着 DNA 移动过程中 σ^{70} 被释放，由一种外来的蛋白，NusA 所取代。这时两股 DNA 打开成为开放复合物，由此启动 DNA 的转录。在转录期间 NusA 一直与 RNA 聚合酶在一起，直到遇到 DNA 转录中止结构，整个基因便转录完毕。然后，RNA 聚合酶与 NusA 蛋白解离，又可以重新进入新一轮的转录。

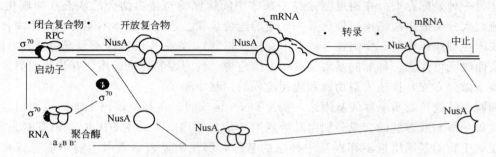

图 3-10　大肠杆菌转录启动的最初几步

RNA 聚合酶复合物（RPC）含有两个 α、一个 β 和一个 β′ 亚单位以及 σ^{70} 因子。外来的蛋白 NusA 在开放复合物位置上替代 σ^{70}，并留在 RPC 上，直到遇到 DNA 脂质结构。然后，RPC 从 DNA 处解离，又开始新一轮转录。作为调节性组分的 σ 因子在大肠杆菌中 DNA 的识别是由 RPC 亚单位，σ^{70} 控制的，后者引导 RNA 聚合酶结合到启动子上。对距转录起点上游 10～35 个碱基对（bp）的距离（－10～－35 盒）处，σ^{70} 亚单位对两盒 DNA 的 6～8 bp 是专一性的。

σ^{70} 启动子主要由碱基 A 或 T 组成。在－10 与－35 盒之间被一 16～18 个碱基对组成的干涉 DNA 分开。大肠杆菌还存在另外一些 σ 因子，σ^{32}、σ^{43}、σ^{54}（分别具有 32 000，43 000 和 54 000 相对分子质量）。枯草杆菌，链霉菌等的专一性启动子区域的特征与 σ^{70} 启动子同感区域有所不同。这些 σ 因子每个控制多组基因（一组多到 50 个），它们只在一定的环境条件（如 N-限制，热冲击，孢子形成，氧应激等）下被转录。这些 σ 因子本身的形成受严密调节和对不同环境做出响应。

3.1.3.2　DNA 结合蛋白：激活剂与阻遏物

在细菌中 DNA 结合蛋白与位于基因前头的 DNA 区域相互作用。这些蛋白通过干扰 RNA 聚合酶允许或阻止下游序列的转录。那些能让 RNA 聚合酶与 DNA 更紧密结合（专一）的蛋白称为激活剂（正向调节）；而那些在早期阻止转录的称为阻遏物（负向调节），见图 3-9。为了取得充分的 DNA 结合活性，这些蛋白往往依赖于小的效应物分子。例如，肠道细菌中 3′-5′ 环 AMP（cAMP）与 cAMP 受体蛋白（CAP）结合形成一复合物。此复合物可结合到 DNA 的专一性位点，促进 RNA 聚合酶的结合和转录（＝活化）。色氨酸可作为一种辅阻遏物，它能改变 TrpR 阻遏物分子，使其变成有活性的形式，即阻遏 TrpR 基因的转录。另一方面，在分解代谢途径中的阻遏物分子可被诱导物分子（通常是基质或其衍生物）钝化，例如 lac 基因中的乳糖。乳糖分解代谢的酶的合成受乳糖存在的诱导。在某些情况下同一蛋白分子既可作为激活剂，又可作为阻遏物，这取决于其基质和它所结合的 DNA 区域。肠道细菌的 L-阿拉伯糖利用系统是这方面的典型例子。

3.1.3.3 二元调节系统

近年来发现越来越多的细菌二元调节系统。它们含有两种蛋白：一种称为传感器（或发射器），另一种称为调节器（或接收器）。传感器分子是一些横跨膜的蛋白，起蛋白激酶作用，能催化需 ATP 的自动磷酸化作用和将磷酸基转移给其他蛋白的作用（例如，调节器）。若受外界或内部刺激，如渗透压、化学吸引剂、特殊分子的存在或缺乏，传感器分子便自动磷酸化，从而把刺激转换成生化信号（传感器分子的磷酸化状态）。此信号可通过磷酸基的转移将信号传给可溶性调节器蛋白，见图 3-11。磷酸化调节器可作为转录的激活剂或阻遏物再与 DNA 序列相互作用。此二元系统是微生物中的信号传导模型，参与硫酸盐和氮代谢的调节。

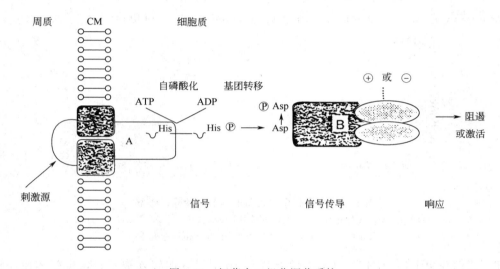

图 3-11　细菌中二组分调节系统

通常跨膜蛋白（A）起一种传感器的作用，和可溶性蛋白（B）一种响应调节器（或接收器）的作用；藉磷酸化把刺激作用转换成一种信号；磷酸基可转移到调节器蛋白上，再起某一基因的阻遏物或激活剂的作用；CM—质膜

3.1.3.4　RNA 水平的调节机制：衰减器模型

一旦形成转录本，mRNA，仍然有方法控制此转录本的转译。有一种称为衰减器模型（attenuator model）是在 mRNA 水平的调节上起作用的[3]。它是在研究大肠杆菌的嘧啶和几种氨基酸（组氨酸，苯丙氨酸，色氨酸）的生物合成中被发现的。mRNA 含有一引导区域（在第一个结构基因的上游部分），显示出一种不平常的氨基酸密码子的堆积。在著名的色氨酸衰减器例子，见图 3-12，两个 Trp 密码子相邻地位于引导区，通常很少看见蛋白质编码有 Trp 密码子。衰减器模型能区分以下两种情况：①细胞含有丰富的氨基酸；②细胞缺乏某一种氨基酸。

对色氨酸来说，如果细胞具有大量携带 Trp 的 tRNA，便会迅速形成引导肽。在 trp mRNA 上工作的核糖体复合物与合成 trp mRNA 的 RNA 聚合酶同步运行。由此，第一个可能的 mRNA 次级结构，干环（stem loops）构型形成一种中止环（1：2），加上一终止区环（3：4），见图 3-12。如出现这种情况，RNA 聚合酶复合物十有八九会停止在终止区环上并解离。随后结构基因的转录便被终止。

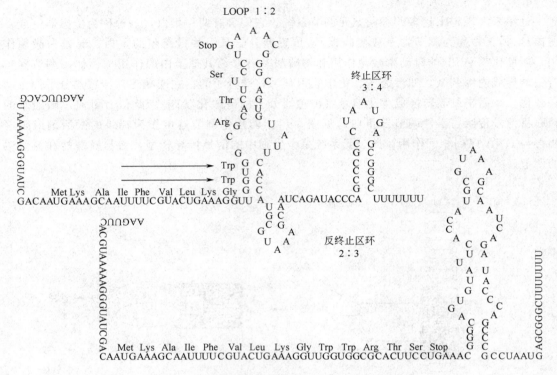

图 3-12　大肠杆菌中色氨酸调节的衰减器模型

单股 trp mRNA 的前面部分可能形成两种干环结构（1∶2 和 3∶4 或 2∶3），

其 1∶2 结构含有两个色氨酸的密码子（由→标出处）

　　如因为缺少负荷的 tRNA^{trp}（缺少色氨酸）trp 引导区的转译被停止，核糖体便停顿在 Trp 密码子上，并阻止中止环的形成。其结果形成一种抗终止区环（2∶3），从而抑制终止区环的形成。因此，RNA 聚合酶并未停止，继续转录 trp 基因。

3.2　微生物次级代谢

　　次级代谢和次级代谢物的名称现用于区分微生物、藻类、高等植物和动物细胞的生化活性。次级代谢物也曾被称为分化代谢物（idiolites）、特殊代谢物。分化代谢物是指在最低培养基上给突变株提供次级代谢物的前体才能形成的。微生物产生的次级代谢物有抗生素、色素、生物碱和毒素等。

　　对初级代谢和次级代谢的定义有以下几种：初级代谢是为生物提供能量、合成中间体及其关键大分子，如蛋白质、核酸等的各种相互关联的代谢网络（包括分解与合成）。另一方面，次级代谢主要涉及合成过程，其终产物、次级代谢物对菌的生长不是必需的，对其生命活动可能具有某种意义，通常是在生长后期开始形成的。研究微生物次级代谢产物的生物合成及其代谢调节，无论在理论上或实践上都有重要的意义。

3.2.1　微生物次级代谢的特性

　　次级代谢物有以下一些特征：①种类繁多，结构特殊，含有不常见的化合物，如氨基糖、苯醌、香豆素、环氧化合物、麦角生物碱、戊二酰胺、吲哚衍生物、内酯、萘、核苷、杂肽、吩嗪、聚乙炔、多烯、吡咯、喹啉、萜烯、四环类抗生素等；②含有少见的化学键，如 β-内酰胺环、聚乙烯和多烯的不饱和键、大环内酯的大环和含有普通氨基酸和经修饰的氨基酸组成的环肽等；③一种微生物所合成的次级代谢物往往是一组结构相似的化合物，如产黄青霉能产生 5 种具有相同母核（6-氨基青霉烷酸）、不同侧链的天然抗生素，青霉素 G、V、F、K 和 N，其侧链分别为 C_6H_5—CH_2—CO—、C_6H_5—O—CH_2—CO—、CH_3—CH_2CH＝CH—CH_2—CO—、CH_3—$(CH_2)_6$—CO—和 $HOOC$—$CH(NH_2)$—$(CH_2)_3$—CO—，结构上的差别使它们具有不同的生物活性，其中青霉素 G 的抗菌活性最高，组分的比例取决于遗传和环境因素，这是由于参与次级代谢物合成的酶的专一性不强所致；④一种微生物的不同菌株可以产生分子结构迥异的次级代谢物，如灰色链霉菌可生产链霉素、白霉素、吲哚霉素、灰霉素、灰绿霉素和灰争霉素等，不同种类的微生物亦能产生同一种次级代谢物，如产黄青霉、点青霉、土曲霉、构巢曲霉、发癣霉属的一些真菌都能产生青霉素；⑤次级代谢产物的合成比生长对环境因素更敏感，如生长可在 $0.3 \sim 300$ mmol/L 磷酸盐浓度下进行，而次级代谢物合成的最适浓度只在 $0.1 \sim 10$ mmol/L 范围。

3.2.2 次级代谢物的生物合成

对微生物次级代谢物生物合成的研究可以获得与次级代谢有关的基础理论知识，并用于设计更为有效的途径来合成这类复杂的化合物或改造它们，以获得所需的生物性质；也有助于优化次级代谢产物的工业生产。借助于生物合成途径的知识，利用基因工程技术可以帮助构建在遗传学上能产生新化合物的突变株。

次级代谢物的生物合成包含以下几步：①养分的摄入；②通过中枢代谢途径养分转化为中间体；③小分子建筑单位（次级代谢物合成的前体）的生物合成；④如有必要，改变其中的一些中间体；⑤这些前体进入次级代谢物生物合成的专有途径；⑥在次级代谢的主要骨架形成后作最后的修饰，成为产物。

3.2.2.1 前体的概况和来源

（1）前体的定义　按 Rose（1979）的定义[4]，前体（precursor）是在细胞内生成的，或由培养基提供的，能被代谢形成某种终产物的物质。Stanbury 等（1984）把前体定义为，加入到某一培养基中的一些化学物质被直接结合到所需产物中[5]。

前体是指加入到发酵培养基中的某些化合物能被微生物直接结合到产物分子中去，而自身的结构无多大变化，且具有促进产物合成的作用。中间体是指养分或基质进入一途径后被转化为一种或多种不同的物质，它们均被进一步代谢，最终获得该途径的终产物。前体与中间体区别在于前者的结构往往略需改变后才进入到代谢途径中去；有时它们是指同一物质。

Betina 认为[6]，微生物次级代谢物大多数源自以下一些关键初级代谢物，它们是初级代谢的中间体，可作为次级代谢物的前体：①糖类；②莽草酸和（或）芳香氨基酸；③非芳香氨基酸；④C_1 化合物；⑤脂肪酸（尤其是乙酸和丙酸）；⑥柠檬酸循环的中间体；⑦嘌呤和嘧啶。Martin 等[7] 将可作为次级代谢物前体的初级代谢的中间体分为：①短链脂肪酸；②异戊二烯单位；③氨基酸；④糖与氨基糖；⑤环己醇与氨基环己醇；⑥脒基；⑦嘌呤与嘧啶碱；⑧芳香中间体与芳香氨基酸；⑨甲基（C_1 库）。

次级代谢物的生物合成过程除了在前体的形成和聚合过程外，遵循一般的生物合成规律。次级代谢途径同初级代谢的分解代谢、无定向代谢和组成代谢紧密相关。其前体通常是正常的或经修饰的初级代谢的中间体。

（2）养分转化为中枢途径的中间体　糖通过分解代谢反应转化为较小的 5-C，4-C，3-C

和 2-C 单位（如戊糖，丁糖，丙糖，乙酸盐，α-酮戊二酸，草酰乙酸等）。其中若干中间体可直接用作次级代谢物的前体。但有些来自醇解或三羧酸循环的中间体需经修饰才能作为次级代谢物的前体[7]，见表 3-2。

表 3-2　可作为次级代谢物的前体的一些中间体[7]

化合物类型	中间体
短链脂肪酸	乙酸,丙酸,丙二酸,甲基丙二酸,丁酸
异戊二烯单位	甲羟戊酸,异戊烯焦磷酸
氨基酸与芳香中间体	正常蛋白质氨基酸,不常见氨基酸
糖与氨基糖	己糖,戊糖,丁糖,经修饰的己糖、氨基糖
环己醇与氨基环己醇	肌醇,肌糖胺,链霉胍,2-脱氧链霉胍,放线菌胺
脒基	精氨酸
嘌呤和嘧啶碱	腺嘌呤,鸟嘌呤,胞嘧啶,二甲基腺嘌呤,3′-脱氧嘌呤
芳香中间体与芳香氨基酸	莽草酸,分枝酸,预苯酸,对氨基苯甲酸,酪氨酸,色氨酸
甲基	S-腺苷甲硫氨酸

（3）芳香中间体　有许多次级代谢物的芳香部分是由莽草酸途径的中间体或终产物形成的。故氯胺苯醇和棒杆菌素（corynecin）的生色团是由分枝酸衍生的。利福霉素的芳香成分来自莽草酸，绿脓菌素的吩嗪骨架源自邻氨基苯甲酸，新生霉素和黄青霉素的芳香部分来自酪氨酸，放线菌素、吲哚霉素、硝吡咯菌素的芳香环源自色氨酸，见图 3-13。

芳香氨基酸生物合成途径负责大多数放线菌和许多植物次生代谢物的生物合成。如奎尼酸，喹啉，萘醌，蒽醌，喹唑啉和麦角等生物碱以及吩嗪。但是大多数真菌产生的芳香代谢物是由乙酸通过聚多酮（polyketide）途径合成的。

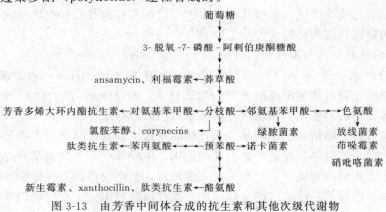

图 3-13　由芳香中间体合成的抗生素和其他次级代谢物

（4）经修饰的糖前体　一些氨基糖苷类抗生素的糖，大多数来自葡萄糖，其碳架以整体方式结合到抗生素中，经以下一些反应修饰为所需的糖：差向异构化，异构化，氨化，去羟基，重排（生成分枝糖），脱羧，氧化和还原。糖的转化是以核苷二磷酸衍生物，如 UDP-葡萄糖形式进行。UDP-葡萄糖系由葡萄糖-1-P 的葡萄糖基转给 UTP 获得。但是，大环内酯类抗生素的糖的生物合成是以 TDP-衍生物作为中间体形式进行的。己糖胺的形成是通过己酮糖和谷氨酰胺的转氨作用完成的。

有些次级代谢物完全由糖组成（如氨基环多醇抗生素）；而另一些糖以糖苷的形式存在于次级代谢物中。泰乐菌素生物合成的中间体，4-酮-6-脱氧-葡萄糖是由氧化还原酶或脱氢酶形成的。这种转化需藉形成一核苷衍生物，将糖活化。故 TDP-葡萄糖衍生物是泰乐菌素生物合成中的碳霉糖和链霉素生物合成中的双氢链霉糖的中间体。UDP-葡萄糖也参与新生霉素的新生霉糖的生物合成。而 CDP-葡萄糖则参与核苷类抗生素，友菌素的氨基糖，D-amosamine 的生物合成。有些抗生素带有甲基化糖。如大环内酯类抗生素的二甲基糖胺，碳霉糖胺；链霉素的 N-甲基-L-葡萄糖胺。枝链糖是通过甲基化或糖骨架的重排形成的。前者如红霉素的碳霉糖与新生霉素的新生霉糖的形成；后者如链霉素的链霉糖部分。在所有糖的甲基化例子中其受体是与核苷酸结合的 4-己酮糖，其中与氧相邻的 C 原子被活化，以结合从 S-腺苷酰甲硫氨酸来的亲电子的甲基。

（5）甲基的来源　抗生素生物合成中的所有甲基化作用均以甲硫氨酸作为甲基供体，通过甲基转移酶进行。而甲硫氨酸的甲基源自 N^5-四氢叶酸。转甲基时甲硫氨酸需先行活化，即在 Mg^{2+} 和 ATP 存在下生成一种高能甲基供体，S-腺苷酰甲硫氨酸（SAM）。以 SAM 进行甲基化后自己变成 S-腺苷酰高半胱氨酸（SAH），后者可被水解为腺苷和高半胱氨酸。

C-甲基化比 N-和 O-甲基化要少见。新生霉素、红霉素的糖和糖苷配基、庆大霉素、头霉素以及许多其他抗生素的甲基均由甲硫氨酸衍生。

由甲基化作用引入甲基通常出现在次级代谢物生物合成的最后一步。转甲基作用需相应的酶，如红霉素 CO-甲基转移酶，吲哚丙酮酸 4-甲基转移酶，O-脱甲基嘌呤霉素 O-甲基转移酶，去二甲基-4-氨基脱水四环素 N-甲基转移酶。在转甲基过程中所有甲基上的氢原子一起被转移，而不饱和 C 在转甲基作用期间丢失一个氢原子。

3.2.2.2　前体的作用

（1）起抗生素建筑材料作用　丙酮酸可用于几种氨基酸，如丙氨酸、缬氨酸、亮氨酸和异亮氨酸的合成，它是几种肽类抗生素，头孢菌素簇或青霉素簇合成的重要中间体。但丙酮酸大多数转化为乙酰 CoA，此化合物是次级代谢极为重要的中间体之一。乙酰 CoA 羧化得丙二酰 CoA。乙酰 CoA 与几分子的丙二酰 CoA 线性缩合生成脂肪酸（在初级代谢中）或聚酮化物（在次级代谢中）。许多聚酮次级代谢物，包括抗生素和真菌毒素是由真菌产生的。放线菌属产生的聚酮代谢物，由乙酰 CoA 与丙二酰 CoA 合成四环素簇，或由丙酰 CoA 与甲基丙二酰 CoA 缩合形成大环内酯与多烯大环内酯抗生素的糖苷配基。乙酰 CoA 也用于合成甲羟戊酸（合成一分子甲羟戊酸需要 3 分子乙酰 CoA），这是真菌的萜类代谢物的关键中间体。

乙酰 CoA 通过与草酰乙酸缩合进入柠檬酸循环。该循环可作为几种氨基酸碳架前体的来源，这些氨基酸也可部分结合到一些次级代谢物中；其他中间体可参与次级代谢。葡萄糖的分解代谢只是碳流的一个部分，是总代谢的小部分。总代谢中至少还有三个部分很重要：①来自养分的氮经氨化和转氨作用流向氨基酸，核苷酸和大分子化合物；②磷酸盐通过酐和酯循环（所谓能荷）；③氧化还原或电子传递过程。葡萄糖代谢的许多中间体是蛋白质氨基酸碳架的来源。若干氨基酸作为微生物肽类抗生素的建筑单位。但和蛋白质对比，肽类抗生素含 D-氨基酸和一些非蛋白氨基酸。氨基酸衍生的次级代谢物的例子有微生物毒素和抗生素。

次级代谢物通常由初级中间体产生，将初级中间体转化为次级终产物有三个生化过程：①生物氧化和还原；②生物甲基化；③生物卤化。其特征如下。

第一，一般的氧化还原反应涉及醇的氧化或羰基的还原，双键的引入或还原，氧原子的引入和芳香环的氧化裂解，这些反应是由脱氢酶或加氧酶催化的。第二，生物甲基化是各种代谢物，特别是聚酮化物的生物合成中的重要反应。在氯四环素，林可霉素和橘霉素等生物合成中用到甲基化。四氢叶酸参与 C_1 单位的转移，C_1 单位的主要供体有：甲硫氨酸、高半胱氨酸、甘氨酸和丝氨酸。第三，卤化作用对其分子中含卤元素（大多数是氯）的次级代谢物是很重要的。金霉素，氯霉素和灰黄霉素是典型的含氯的微生物次级代谢物。如在培养基中用溴取代氯可形成相应的溴衍生物，如溴四环素和溴灰黄霉素。

许多次级代谢物是用不同的中间体作为建筑单位合成的。例如，大环内酯类抗生素的糖苷配基是由脂肪酸衍生的，其糖部分是由葡萄糖衍生的。真菌毒素和橘霉素是由五个 C_2 单位（乙酰 CoA 加上 4 个丙二酰 CoA），2 个甲基和由 C_1 库来的羧基合成的。新生霉素具有更为复杂的来源，它是由葡萄糖、莽草酸、谷氨酰胺、C_1 库、酪氨酸和乙酸或亮氨酸合成的。表 3-3 总结了初级与次级代谢间的联系，从同一中间体来的初级和次级末端产物源于许多分枝代谢途径。

表 3-3 支路代谢中间体衍生的初级与次级代谢产物

中　间　体	初级代谢物	次级代谢物
莽草酸	色氨酸	氯胺苯醇，Penitrem A，头毛棘素（Paxilline）麦角生物碱
	苯丙氨酸	绿脓菌素，细胞松弛素，赭曲毒素 A
	酪氨酸	新生霉素，放线菌素 D，诺卡菌素 A
α-氨基己二酸	赖氨酸	头孢菌素 C，青霉素 N
	对氨基苯甲酸	杀假丝菌素
丙二酸单酰 CoA	脂肪酸	灰黄霉素，黄曲霉毒素，棒曲霉素，四环素簇，亚胺环己酮（放线菌酮），布雷菲德菌素 A
甲羟戊酸	甾醇	T-2 毒素，赤霉素簇，蜡黄酸，梭链孢酸，萜，麦角生物碱
乙酰乳酸	缬氨酸	四甲基吡嗪，青霉素簇，头孢菌素簇
	亮氨酸	短杆菌肽 S
	泛酸	

（2）诱导抗生素生物合成的作用　前体具有调节抗生素生产的作用，尤其在细胞中的特殊合成酶的活性已被激活的情况下[8]。在带小棒链霉菌中头霉素 C 的一种前体，α-氨基己二酸是由赖氨酸合成途径来的。它与蛋白质合成竞争此前体的供应。加入过量的赖氨酸，赖氨酸途径中间体，二氨基庚二酸或 α-氨基己二酸到发酵液中可增加头霉素的发酵单位[9]。产黄青霉的青霉素酰基转移酶可转化异青霉素 N，除去青霉素 N 的侧链，换上天然青霉素的其他侧链。侧链的置换取决于发酵液中含有适当的前体，如苯乙酸或苯氧乙酸[10]。故苄青霉素的发酵单位随发酵液中的限制性苯乙酸的增加而提高。

L-缬氨酸被认为是环孢菌素 A 的前体和生物合成的诱导物[11]。加入缬氨酸可以促进 T. inflatum 固定化细胞合成环孢菌素 A[12]。赤霉素受葡萄糖的阻遏。这可通过加入 3-甲基-3,5-二羟基戊酸克服[13]。

丙醇和丙酸具有促进红霉素生产的作用，丙酸的作用稍差些。在发酵前期加入丙醇会干扰生长，从而降低抗生素的合成。先前认为，丙醇的促进作用完全是由于起前体的作用，现已清楚，除了作为前体外，它还能诱导红霉素链霉菌的乙酰 CoA 羧化酶。此诱导作用似乎发生在转录水平，因在发酵中加入放线菌素 D 可以阻抑这种作用。

（3）前体与诱导物的区别　诱导作用在次级代谢物的合成控制上起重要作用。有时难于区分这种促进作用是真的诱导物的作用还是前体的作用。一般，可把那些能在生长期内生产期前促进抗生素生物合成的化合物看做诱导物，而前体往往只在生产期内起作用，甚至蛋白质合成受阻的情况下也行。诱导物应能被非前体的结构类似物取代。如甲硫氨酸除了可作为头孢菌素合成的前体，提供 S 的作用，更为重要的作用在于诱导节孢子的形成，而后者的多寡影响头孢菌素的合成。甲硫氨酸可被亮氨酸取代。诱导物的另一个特征是其诱导系数特别高，如诱导链霉素形成的 A 因子，其诱导系数为 10^6。

3.2.2.3 前体的限制性

前体常常是次级代谢物生物合成的限制因素。如在发酵过程中加适量苯乙酸可强烈促进苄青霉素的生产；丙酸或丙醇促进大环内酯抗生素的生物合成。肽类抗生素的形成中非蛋白的氨基酸成分通常是限制因素。如黏菌素的生物合成受 α-氨基丁酸和 α,γ-二氨基丁酸的限制；杆菌肽的生产受鸟氨酸的限制。L-苯丙氨酸（为短杆菌肽 S 的组分，D-苯丙氨酸的前体）具有促进短杆菌肽合成的作用。

乙酰 CoA 的缺少会限制四环素的生产。金色链霉菌的低产菌株的特征是乙酰 CoA 倾向于走三羧酸循环而被氧化；高产菌株没有这一倾向。诺尔斯链霉菌合成制霉菌素的能力的提高与其前体，丙二酸和甲基丙二酸合成的增加有关。

（1）前体合成的分子调节机制　在灰黄青霉培养中低浓度的氯化物限制含氯的抗生素，灰黄霉素的生产。如初级代谢和次级代谢均需要同一种必需的前体，则低浓度的前体需先满足生长的需要。这在抗生素链霉菌的营养缺陷型的放线菌素生产中获得证实。氨基酸营养缺陷型所需的氨基酸正好是放线菌素的组成部分时，这种营养缺陷型必然是低产菌株。毫无疑问，高浓度的内源与外源前体是抗生素合成所必需的。如某一前体是次级代谢物生物合成的限制因素，则除去控制前体生物合成的反馈调节机制有可能使抗生素增产。金黄色假单孢菌的耐色氨酸结构类似物的突变株的硝吡咯菌素高产原因是由于促进所需前体，色氨酸的生物合成。

（2）前体导向抗生素的合成　次级代谢物的前体既然源自初级代谢，那么了解前体怎样叉向抗生素的生物合成途径对掌握菌的代谢方向十分重要。叉向次级代谢物合成途径的第一个酶往往是关键，因它决定前体流向抗生素合成的数量，其代谢流的分布和抗生素的产量。此外，途径中还可能存在的另一些限制性酶。这些酶往往受到反馈、碳、氮或磷的调节。另一些酶还可能受到高浓度前体的诱导。对其中一些酶作过较深入的研究，见表 3-4。

表 3-4　次级代谢物生物合成中的关键酶

关　键　酶	催　化　的　反　应	终　产　物
二甲丙烯基色氨酸合成酶	色氨酸＋异戊烯焦磷酸——→二甲丙烯基色氨酸	麦角生物碱
苯恶嗪酮合成酶	2,4-甲基-3-羟基-邻氨基苯酰-R——→放线菌素	放线菌素
脒基转移酶	L-精氨酸＋O-磷酸肌醇胺——→O-磷酸-N-脒基-肌醇胺	链霉素
对氨基苯甲酸合成酶	分枝酸——→对氨基苯甲酸	杀假丝菌素

引向初级和次级代谢物的支路途径的生理调节随不同的微生物及其代谢途径而有所不同[14]。例如，莽草酸途径的关键中间体，分枝酸在初级代谢中一方面引向苯丙氨酸和酪氨酸；另一方面导向对-羟苯甲酸和对-氨基苯甲酸；另一分枝途径形成各种吩嗪（phenazine）次级代谢物和色氨酸。吩嗪代谢物可由若干假单孢菌、棒状杆菌和放线菌形成。已知 o-氨基苯甲酸为一中间体。产生吩嗪抗生素，绿脓菌素的绿脓杆菌含有两种形式的 o-氨基苯甲酸合成酶。这是一种能把分枝酸转化为 o-氨基苯甲酸的复合酶。其中一种形式（TrpEG）的酶负责色氨酸的生物合成；另一种形式（PhnAB）的酶在形成绿脓菌素时出现。PhnAB 不会把 o-氨基苯甲酸让给色氨酸的生物合成，而是将其导向绿脓菌素。

氯胺苯醇（氯霉素）生物合成途径的中间体包含有分枝酸，p-氨基苯丙氨酸，threo-p-氨基苯基丝氨酸等。放线菌素簇是色肽（chromopetide）类抗生素，其差别仅在于其戊肽链上的氨基酸。放线菌素生色团（actinocin）具有苯恶嗪酮结构，它是由色氨酸和甲硫氨酸经 4-甲基 3-羟基邻氨基苯甲酸合成的。至少有两种已鉴别的酶参与放线菌素的生物合成。其中一种催化 4-甲基 3-羟基邻氨基苯甲酸的活化；另一种酶，苯恶嗪酮合酶（PHS）参与放线菌素的合成。PHS 催化两分子的 4-甲基 3-羟基邻氨基苯甲酸戊肽的氧化缩合，生成放线菌素或途径中倒数第二位的前体，放线菌素酸（actinomycinic acid）。此酶在放线菌素链霉菌中的表达受转录和转录后的水平的调节，PHS 合成的葡萄糖阻遏是在 mRNA 合成的水平上受到控制。

（3）添加前体的策略　外源前体在发酵液中的残留浓度过高，会使生产菌中毒，不利于抗生素的合成。但前体不足也不行。因此，研究适当的前体添加策略对有些抗生素的高产稳产有重要意义。青霉素 G 的生产需要加入苯乙酸或苯乙胺。青霉素发酵培养基中常用玉米浆的原因之一就是这种原料含有苯乙胺。苯乙酸还具有促进青霉素生物合成的作用，可在基础料中和过程中添加，其理论用量为 0.47 g 苯乙酸/g 青霉素 G 游离酸；0.50 g 苯乙酸/g 青霉素 V 游离酸。实际用量还应考虑被菌氧化分解的那一部分。高产菌株对前体的利用率（可＞90％）往往比低产菌株高许多。过程添加前体时宜少量多次或流加，控制发酵液中前体的残留浓度在适当范围。如苯乙胺浓度在 0.05％～0.08％的范围。

3.2.2.4　把前体引入次级代谢物生物合成的专用途径

一旦前体被合成，它们便流向次级代谢物生物合成的专用途径。在某些情况下单体单位聚合成聚合物，如聚多酮、寡肽和聚醚类抗生素等。这些特有的生物合成中间产物需作后几步的结构修饰，进行的深度取决于产生菌的生理条件。最后，有些复杂抗生素是由来自不同生物合成途径的几个部分组成的。

了解这方面所涉及的生物合成酶很重要，尤其是这种专用途径的第一个酶，因它决定了前体进入次级代谢物合成途径的通量、中间体的流向和途径的生产能力。途径的其他关键酶也可能是控制步骤，这类酶常受碳、氮分解代谢物的阻遏以及磷和反馈调节。其中有些酶可能受胞内积累的高浓度前体的诱导。例如二甲基丙烯基色氨酸（DMAT）合成酶（麦角生物合成的第一个酶），苯恶嗪酮（phenoxazinone）合成酶（形成放线菌素的苯恶嗪酮生色团的酶），脒基转移酶（L-精氨酸：磷酸肌糖胺脒基转移酶，是链霉素链霉胍部分的生物合成的关键酶），鸟苷三磷酸-8-甲酰水解酶（催化吡咯嘧啶核苷类抗生素的吡咯环），对氨基苯甲酸合成酶（把分枝酸转化为对氨基苯甲酸的酶，是杀假丝菌素生物合成的第一个特异性酶），参阅表 3-4。

麦角生物碱生物合成的第一个酶受色氨酸或其类似物的诱导作用。从生长期到生产期的过渡期间较高的色氨酸库存量导致 DMAT 合成酶的浓度的增加。苯恶嗪酮合成酶是放线菌素生物合成的关键酶，受葡萄糖分解代谢物阻遏。磷酸阻遏灰色链霉菌的对氨基苯甲酸合成酶的形成。这些例子说明次级代谢专用的关键酶通常受次级代谢物的控制。

3.2.2.5　前体聚合作用过程

通过前体单体聚合的次级代谢物有四环类、大环内酯类、安莎霉素（ansamycin）类、真菌芳香化合物的聚多酮类和肽类（包括同型、杂和缩酚肽）抗生素，以及聚醚和聚异戊二烯类抗生素。这些聚合过程所涉及的生物合成机制对上述次级代谢物均适用。由此说明这类合成酶具有共同的进化渊源。

聚合反应是由高相对分子质量的合成酶，如肽类抗生素合成酶和聚多酮合成酶催化的。在肽类抗生素合成期间前体氨基酸需先被活化，不是用特异的 tRNA 与氨基酸结合的方法，而是由 ATP 参与的腺苷酰氨基酸（连接到酶的复合物上）的形成。在脂肪酸和大环内酯的合成中活化乙酸单位的酶是乙酰 CoA 合成酶，其受体是 CoA。氨酰基或酰基从腺苷酰氨基酸-酶复合物转移到同一酶复合物的专一受体上，释放出 AMP 和焦磷酸（在聚多酮的情况下为 ADP 和磷酸）。肽类抗生素聚合过程中其受体是该合成酶的巯基。所形成的硫酯键是高能键。

聚多酮合成酶和肽类抗生素合成酶均含有一个泛酸巯基乙胺臂。在此臂上增长的肽基或多乙酰基链从一个活性位置转移到另一个上面。肽键的生物合成涉及末端氨酰基受体 SH 基和泛酸巯基乙胺 SH 基之间的转肽作用和移位。

异戊二烯单位的 C-5 的活化采用另一种方式。它通过三分子乙酰 CoA 的缩合，消耗 ATP 下形成的。异戊烯焦磷酸单位聚合生成甾类化合物和萜烯的反应与肽类抗生素和聚多酮形成的反应相似。

3.2.2.6　次级代谢物结构的后几步修饰

聚合后许多次级代谢物的化学结构通过多步酶反应修饰完成。例如，在四环类抗生素生物合成中聚合的九酮化物中间体通过闭环转化为 6-甲基四环化物，后者经几步转换，包括 C-4 的氧化，C-7 的氯化（金霉素合成的情况下），C-4 的氨化，随后在氨基上的甲基化和在 C-6 上（金色链霉菌）、C-5 上（龟裂链霉菌）的羟基化。

红霉素生物合成的最后几步（即红霉内酯形成后）为连接两个脱氧糖，和这些糖的 O-甲基，N-甲基或 C-甲基化。糖连接到多烯或非多烯大环内酯上，是在膜的一级上，次级代谢物分泌期间进行的。这可能是形成糖苷的普遍现象。在一些抗生素分子中糖的缺少可能说明产生菌缺少糖苷活性。金色链霉菌 B-96 能使一些缺少糖部分的次级代谢物糖苷化。大环内酯类抗生素的糖有些具有 N-甲基，O-甲基或 C-甲基。有些甲基化是发生在糖连接之后。故红霉素 C 的碳霉糖的 3-羟基经甲基化，转化为红霉素 A（肽键的终点产物）。在这之前碳霉糖被连接到配糖体（红霉内酯）上。普拉特霉素的碳霉糖部分的 4′-羟基是最后被酰化的，而不是连接事先形成的酰基碳霉糖部分。

头孢菌素生物合成的最后几步为去乙酰氧头孢菌素 C（经闭环和扩环步骤产物）被羟基化为去乙酰头孢菌素 C。这是一种与 α-酮戊二酸连接的二氧化酶的作用下形成的。去乙酰头孢菌素 C 最后被转化为头孢菌素 C，是通过乙酰 CoA 去乙酰头孢菌素 C 酰基转移酶以乙酰 CoA 作为乙酰基给体完成的。

3.2.2.7　复合抗生素中不同部分的装配

某些次级代谢物，例如同型肽，是由单一类前体衍生的。许多次级代谢物是由几类不同的前体合成的。如杂肽抗生素中的氨基酸与脂肪酸（如多黏菌素中的 6-甲基辛酸和 6-甲基庚酸）组装成功。在缩酚（depsi）肽抗生素中氨基酸与羟酸连接，例如缬氨霉素含有乳酸和 2-羟异戊酸，见图 3-14。

链霉素、诺卡菌素 A、杀假丝菌素和新生霉素是由几种不同前体组装的典型抗生素。链霉素是由 N-甲基-L-葡萄糖胺、链霉糖和链霉胍三个部分组成的。其装配过程是从 dTDP-双氢链霉糖开始的，它与链霉胍形成拟二糖，O-α-L-双氢链霉糖（1→4）链霉胍-6-磷酸酯。催化此反应的酶是双氢链霉糖基转移酶。其酶活与 dTDP-双氢链霉糖合成酶和脒基转移酶的活力是平行的。它们在生长期快结束，链霉素刚出现前达到高峰。拟二糖再与 XDP-N-甲基-L-葡萄糖胺缩合形成双氢链霉素-6-磷酸酯。后者进一步又

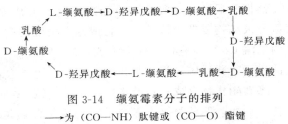

图 3-14　缬氨霉素分子的排列
⟶ 为（CO—NH）肽键或（CO—O）酯键

被氧化为链霉素-6-磷酸酯，最后水解为链霉素。估计需要 28 个酶参与由 D-葡萄糖转化为链霉素的过程。

由诺卡氏菌产生的单环 β-内酰胺诺卡菌素是通过 L-高丝氨酸连接到修饰过的 L-对羟苯甘氨酸（由酪氨酸衍生），L-丝氨酸和未经修饰的 L-对羟苯甘氨酸合成的，见图 3-15。

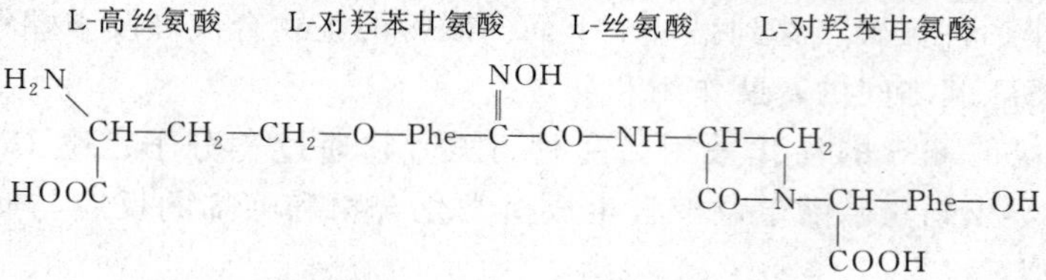

图 3-15　诺卡菌素的不同部分的生物来源和装配
注：β-内酰胺环是由 L-丝氨酸与 L-对羟苯甘氨酸缩合形成的。

杀假丝菌素是一种多烯大环内酯抗生素。它由对氨基苯甲酸（起引物作用）与 4 个丙酸，15 个乙酸和一个丁酸单位缩合组装的，并连接上一个罕见的碳霉糖胺（mycosamine）。新生霉素是复杂抗生素怎样组装的典型例子。它是由新生霉糖、香豆素、对氨基苯甲酸和异戊烯四个部分组成的。新生霉糖的氨甲酰基和 O-甲基及 C-二甲基分别由氨甲酰磷酸和 C_1 甲基库衍生的。3-氨基-4-羟基香豆素部分和 β-羟基苯甲酸分别来自酪氨酸和莽草酸。

3.2.2.8　次级代谢物合成酶的专一性

次级代谢物合成酶往往只具有簇的专一性，即对基质分子的某一部分有要求，对分子的其他部分无绝对要求。如产黄青霉的青霉素酰基转移酶能催化青霉素 N 的 α-氨基己二酰侧链，使转化为疏水性的酰基侧链。此反应的专一性较高，因它不能酰化 7-氨基头孢霉烷酸（7-ACA），但接受广泛的内源与外源酰基 CoA 衍生物。参与初级代谢物和次级代谢物生物合成的基本差别之一在于引物和延长单位的异质性。例如，乙酰 CoA、丙二酰 CoA 和丙二酰胺 CoA 可在四环类抗生素合成中起引物的作用，这是由于缺少高度专一性所致。同样，几种芳香酰基 CoA 衍生物也可用作引物。例如，杀假丝菌素合成中的对氨基苯甲酰 CoA；柚苷配基，$4',5,7$-三羟基黄烷酮（naringenin）中的对-香豆酰 CoA；查耳酮（chalcone）和 1,2-二苯乙烯（stilbene）合成中肉桂酰 CoA。大环内酯生物合成中的延长单位有丙二酸、甲基丙二酸和丁酸。由于非核糖体肽的生物合成酶缺乏专一性，故很易通过改变前体氨基酸的浓度定向合成具有不同组分的放线菌素或短杆菌酪肽。

然而，不是所有参与次级代谢物合成的酶都缺乏基质专一性。有些具有高度专一性。例如，红霉素合成酶形成红霉内酯糖苷配基时只接受甲基丙二酰 CoA 作为延长单位，而不用丙二酰 CoA 单位。杀假丝菌素合成酶总是按既定的顺序聚合适当的前体单位。通过基因操纵可以改变次级代谢物合成酶的专一性。其突变株常能形成特殊的次级代谢物，形成新的终产物。

3.2.3　抗生素的生物合成

3.2.3.1　短链脂肪酸为前体的抗生素

活性乙酸和丙二酸单体的依次结合，形成 β-聚酮（乙酰）链。这种单体的头尾缩合，可以形成结构复杂的抗生素。合成这类物质的初始物质是乙酰 CoA 与丙二酸单酰 CoA（简称丙二酰 CoA），它们经缩合形成乙酰 CoA 并释放出一个 CO_2。此脱羧作用有助于驱动反应的进行。此反应过程不是在细胞质中以游离方式，而是附着于胞膜的酶表面上进行的。

寡聚酮化物合成的初始物不一定是乙酰 CoA，也可以是丙酰 CoA 或更为复杂的 CoA 衍生物。例如，四环类抗生素合成的初始化合物是丙二酰胺 CoA。加到初始单位上的单体也不总是乙酸，可以是丙酸或丁酸单体。这些 β-聚酮化物中间体经几次还原可形成脂肪酸。但在抗生素合成过程中会引入双键或叁键，产生多烯或多炔类抗生素。前者有制霉菌素、两性霉素和哈霉素；后者有曲古霉素等。部分还原的聚酮化物链经环化作用可形成大环内酯或重复环化生成四环类或蒽环类抗生素。

（1）大环内酯类抗生素　红霉素簇抗生素含有一大环内酯和两种糖，脱氧氨基己糖和红霉糖。红霉素簇有 5 种天然组分，A、B、C、D 和 E。红霉素 A 是临床使用的抗生素。红霉素的糖苷配基、红霉内酯，是由活化丙酸单位按与脂肪酸合成过程相似的机制形成的[15]。由 21 个碳原子组成的 14 元环的红霉内酯是由 7 个丙酸单位结合而成。内酯的生物合成是由丙酰 CoA 作为引物开始的，依次以甲基丙二酰 CoA 作为延伸单位接上 6 个丙酸单位。

高产菌株吸收丙醇的能力比低产菌株要强。丙醇和丙酸也促进其他多烯和非多烯大环内酯的生物合成。细胞对不同前体物质的通透性不同，利用效率也不同。正丙醇促进杀假丝菌素的生物合成，丙酸及其丙醇结构类似物，丙二醇和异丙醇的作用差一些。丙醇促进非多烯大环内酯，turimycin 的合成，但丙酸和丙醇结合到 turimycin 中很少，这说明其促进作用或许与丙醇作为前体的利用无关。丙醇除了起前体作用外，还起丙酰 CoA 羧化酶合成的诱导物作用。在红霉素发酵过程中添加放线菌素 D 可抑制丙醇的这种促进作用。由此说明，丙醇的促进作用是发生在转录阶段。

红霉素 A 对红霉素转甲基酶（S-腺苷酰甲硫氨酸：红霉素 C O-甲基转移酶，即把红霉素 C 转化为红霉素的酶）有强烈的抑制作用。这表明可能存在对转甲基酶的反馈抑制作用。选育对固有的代谢调节不敏感的突变株，例如，甲硫氨酸营养缺陷型的回复突变或分离甲硫氨酸结构类似物抗性突变株，可能有助于筛选红霉素高产菌株。工业生产菌种不积累红霉素 C，说明其转甲基酶对红霉素 A 的反馈抑制作用不敏感。向红霉素发酵生产期的发酵液添加黄豆粉会显著降低抗生素的合成速率，减少标记丙酸掺入红霉素分子中。

泰乐菌素的生物合成对葡萄糖的抑制作用最为敏感。长链脂肪酸能促进泰乐菌素的生物合成，这是由于脂肪酸能提供大环内酯合成所需的前体。葡萄糖抑制脂肪酸的降解，从而抑制泰乐菌素的合成。2-脱氧葡萄糖可被菌体吸收和磷酸化，但不被进一步代谢，对泰乐菌素的合成有抑制作用；α-甲基葡萄糖不被磷酸化，对泰乐菌素无抑制作用。磷酸盐浓度从 5 mmol/L 提高到 10 mmol/L 时会减少泰乐菌素的合成 80%，但不影响菌的生长。这是由于磷酸盐使甲基丙二酰 CoA 羧基转移酶的活性降低（为对照值的 60%～70%）所致。磷酸盐的抑制作用在抗生素合成启动前最为严重。磷酸盐还会使胞内核苷酸前体的库存量增加，当泰乐菌素产生菌胞内核苷酸浓度由高变低时才开始产物的合成。

螺旋霉素的 16 元大环内酯是由 6 个乙酸、1 个丙酸和 1 个丁酸前体构成。李友荣等（1993）[16] 在研究螺旋霉素膜透析发酵时用 711 树脂分离透析液中的有机酸成分，发现其中含有草酰乙酸、丙酮酸、乙酸、丙酸和丁酸。采用静息细胞培养系统测试含有这些有机酸的洗脱液对螺旋霉素生物合成的影响时发现，螺旋霉素的生物合成均有明显的提高，除丙酮酸和草酰乙酸外，螺旋霉素的生物效价的增长幅度随添加量的增加而提高，但对生长无明显的影响，浓度过高，丙酮酸（1.39 mmol/L）的促进作用不那么明显，草酰乙酸（1.25 mmol/L）反而对合成不利，见表 3-5。

螺旋霉素生物合成对磷酸盐的抑制作用敏感，但其敏感性比其他抗生素差一些。磷酸镁具有捕集氨的作用，使发酵液中 NH_4^+ 浓度降低，从而解除易利用氮源对抗生素合成的抑制作用。用这种办法可提高螺旋霉素的产量。

表 3-5　用静息细胞培养系统测试含不同有机酸的洗脱液对螺旋霉素生物合成的作用

添 加 的 组 分	添加量 /(mmol/L)	平均生物效价 /(U/mL)	相对生物效价 /%	总核酸含量 /(μg/mL)	总核酸相对含量 /%
对照(不加)	0	26	100	475	100.0
	0.28	29	112	495	103.3
含丙酮酸的 36、37# 管的混合洗脱液	0.56	31	119	492	102.7
	0.84	35	135	480	100.2
	1.39	32	123	490	102.3
对照(不加)	0	26	100	490	100.0
含乙酸的 62、63# 管的混合洗脱液	0.39	28	108	487	99.4
	0.79	31	119	482	98.4
	1.18	37	142	491	100.0
	1.97	46	177	496	101.2
含草酰乙酸的 76、77# 管的混合洗脱液	0.25	27	104	478	97.4
	0.50	29	112	489	100
	0.75	36	139	495	101
	1.25	24	92	483	98.6
含丙酸＋丁酸的 90、91# 管的混合洗脱液	0.23	27	104	478	97.6
	0.46	29	112	476	97.2
	0.69	30	115	483	98.6
	1.15	32	123	481	98.2

注：将悬浮于生理盐水中的菌悬液在同样条件下测试，其生物效价为 0，总核酸含量为 489 μg/mL。

麦迪霉素有效组分 A_1 与柱晶白霉素 A_6 结构上的区别在于 C_3 位上前者为丙酰基，后者为乙酰基。添加 0.1% 正丁醇可促进北里链霉菌的柱晶白霉素的生物合成。随着柱晶白霉素发酵单位的提高，其组分 A_1 和 A_3 的比例增加（A_1 为 C-3 羟基，A_3 为 C-3 乙酰基）。葡萄糖具有诱导 A_1 转化为 A_3 的作用，正丁醇能抵消这种诱导作用。利用这种机制可定向生产抗菌活性最强的抗生素组分。如在发酵培养基中加正丁醇可使菌产生柱晶白霉素 A_1。

磷酸盐浓度从 5 mmol/L 提高到 125 mmol/L 会抑制柱晶白霉素的发酵单位 50%。在合成培养基内添加 3 mmol/L NH_3 就能使北里链霉菌的柱晶白霉素减产 50% 以上。在对数生产期的中晚期加 NH_4^+ 对抗生素合成的影响最大。NH_4^+ 可能通过阻遏酶的合成而不是抑制已形成的酶活性影响柱晶白霉素的合成。向复合培养基或含 NH_4^+ 的合成培养基中添加磷酸镁可使柱晶白霉素增产 3～8 倍，而此时菌的生长最多增长 1 倍，在发酵液的上清液中 NH_4^+ 浓度显著降低，沉淀物的 NH_4^+ 含量增加。

葡萄糖→Asp→Hser→Thr→α-酮丁酸→Ile→丙酰 CoA

Val→Met

图 3-16　丙酰 CoA 的合成途径之一

刘瑞芝等[17] 在发酵培养基中流加能转化为丙酰 CoA 的前体物质，如甲硫氨酸，适当调整培养基中的葡萄糖和玉米粉的含量可使麦迪霉素 A_1 组分提高 8.7%，且不影响发酵单位。流加异亮氨酸、缬氨酸可使麦迪霉素 A_1 组分分别提高 13% 和 10.2%。丙酰 CoA 的合成途径之一见图 3-16。

Rapamycin 是一种含氮的非典型三烯类大环内酯，含氮环的直接前体是 L-赖氨酸。它具有明显刺激 Rapamycin 的生物合成的作用。同位素试验证实了赖氨酸、六氢吡啶羧酸掺入 rapamycin 中。L-苯丙氨酸的负效应可能是由于 rapamycin 前体，莽草酸的形成受其反馈抑制或阻遏的结果[18]。

（2）四环类抗生素　这类抗生素的母核是由乙酸或丙二酸单位缩合形成的四联环，其氨甲酰基和 N-甲基分别来自 CO_2 和甲硫氨酸。从阻断型突变株积累的代谢物的化学结构和各种突变株的混合培养的代谢互补（共合成）研究中可获得大量关于四环素生物合成途径上各中间体的顺序和参与这些反应的辅因子的信息。四环素合成的最后几步是利用无细胞酶系统研究中间体的转化作用阐明的。在研究影响其生物合成因素时获得了许多有关四环素合成控制机制的知识。例如，比较研究金色链霉菌的高、低产菌株的生理学特性，对四环类抗生素合成的调节有了进一步的了解。

a. 四环类抗生素合成途径　四环类抗生素合成途径可分为两个部分：①将葡萄糖转化为乙酰 CoA；②由 PEP 转化为乙酰 CoA，再与 8 个丙二酰 CoA 依次缩合成聚九酮化合物，然后，部分闭环形成三环化合物，随后转化为终产物。金霉素的合成过程包含 11 步酶反应，见图 3-17。龟裂链霉菌的土霉素（氧四环素）的合成过程除氧化作用外，与金霉素相似。

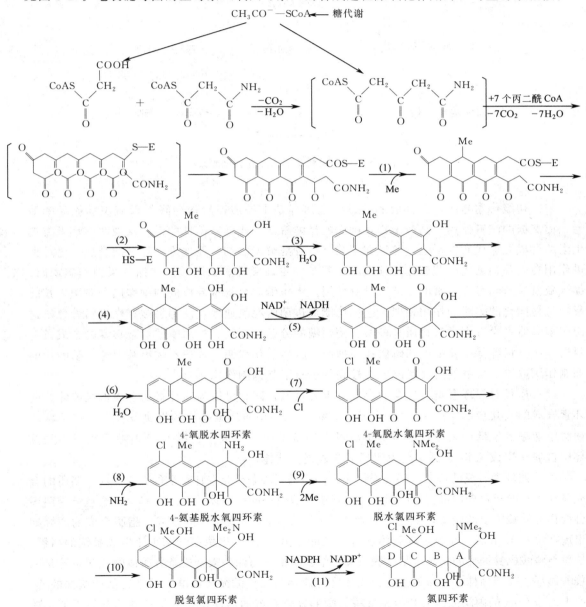

图 3-17　金霉素的生物合成途径

b. 参与四环素合成过程的酶 它们像参与脂肪酸合成的酶那样是一种多酶复合系统。脱水四环素是四环素与土霉素的共同前体，其生物合成过程如图 3-18 所示。

参与四环类抗生素合成最后几步的酶是，*S*-腺苷酰甲硫氨酸：去二甲基-4-氨基四环素 *N*-甲基转移酶、脱水四环素氧化酶（水合酶）和 NADP：四环素 5a,(11a)-脱氢酶。*N*-甲基转移酶催化 C-4 上的甲基化。四环素合成的次末端反应是由脱水四环素氧化酶催化的水合反应，需消耗氧和 NADPH。四环素 5a,(11a)-脱氢酶负责把 7-氯-5a,(11a)-脱氢四环素还原成金霉素，见图 3-18。

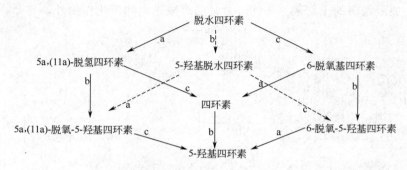

图 3-18 脱水四环素转化为四环素的可能途径
a—6-羟基化；b—5-羟基化；c—5a,(11a)-还原

（3）初级代谢与四环素合成的关系 在培养基中添加磷酸盐会降低磷酸戊糖循环的活性，提高糖的酵解作用。高产土霉素菌株的糖酵解活性比低产菌株的低。这说明四环素类抗生素的合成受糖代谢的影响。硫氰酸苄酯（一种酵解抑制剂）能促进四环素的合成。这种促进作用在以葡萄糖比以蔗糖作为碳源的培养基中更加突出。如用缓慢代谢的果糖作碳源时，加入硫氰酸苄酯对金霉素的生产则没有作用。无机磷对金霉素合成的抑制作用和对菌生长的影响与易同化的碳源的作用相似。它们均能促进菌的耗氧速率，使菌易被碱性染料着色。这说明菌丝体中含有大量核物质和核酸。葡萄糖的分解代谢物，如丙酮酸对金霉素的合成具有阻遏作用。培养基中高浓度的磷酸盐会抑制丙酮酸氧化代谢，堆积乙酰甲基甲醇。磷酸盐的抑制作用取决于发酵的通气状况，在较高的供氧下其抑制作用相对小一些。

酵解途径对四环素类抗生素的合成有重要意义，因它可以为四环素的合成提供前体。四环素合成的头几步反应的完整性（形成丙二酰 CoA）是四环素高产的先决条件。高产菌株的糖酵解速率低于低产菌株，这是由于后者在糖酵解中形成大量乙酰 CoA，随后在三羧酸循环中被氧化生成 ATP，而不能为四环素合成提供前体。

（4）四环素合成的调节 四环类抗生素高产的先决条件是前体物质的充分供应。脂质的合成只在生长的指数期内进行，因而不与四环素合成竞争同一前体，丙二酰 CoA。金色链霉菌不合成作为储藏物质的脂质，细胞中的脂质约有 96％用于胞膜结构的合成，脂肪合成的高峰期出现在培养 12 h 后。在此阶段菌体含有很高的乙酰 CoA 羧化酶和 NADPH 生成系统的活性，如参与磷酸戊糖循环的酶和苹果酸脱氢酶。细胞中惟一与四环素合成竞争前体的代谢系统是三羧酸循环。高产菌株在金霉素生物合成旺盛时期参与三羧酸循环的酶类活性比低产菌株的低，产生乙酰 CoA 的丙酮酸激酶和丙酮酸脱氢酶的复合系统的活性在指数生长期达到最大值，随后下降。例如，在培养 18 h 以上的高产菌株中这些酶的活性都很低。在金霉素合成旺盛期 PEP 羧化酶的活性很高，见图 3-19。这种羧化酶在金色链霉菌中受 ATP 和乙酰 CoA 的变构调节。形成的草酰乙酸随后被氧化脱羧生成丙二酰 CoA，供四环素合成作前体用。这些现象说明，在金霉素的合成过程中对 C_3 中间产物的去向是金霉素合成的控制部位。

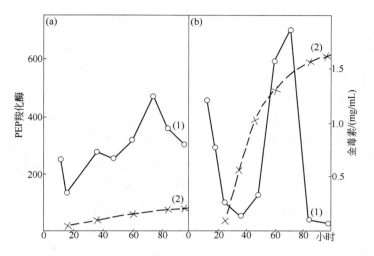

图 3-19 金色链霉菌磷酸烯醇式丙酮酸羧化酶
的比活（1）与金霉素发酵单位（2）的关系
（a）低产菌株；（b）高产菌株

图 3-20 所示的酶反应需 CoA—SH 和 NAD^+ 的参与。在金霉素产生菌中存在丙二酰 CoA 的合成途径，且在生产期菌体缺少乙酰 CoA 羧化酶。C^{14} 标记乙酸可大量随机地结合到四环素分子中。

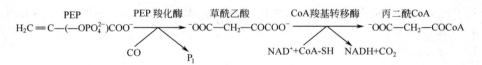

图 3-20 由 PEP 经草酰乙酸形成丙二酰 CoA

这是因为丙二酰胺 CoA 与丙二酸单位的形成方式不同。天冬酰胺转化为丙二酸半酰胺有两种可能的途径，见图 3-21。

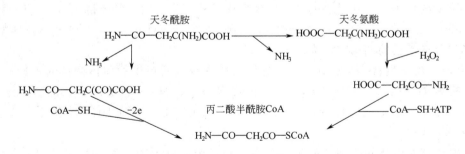

图 3-21 天冬酰胺转化为丙二酸半酰胺 CoA 的可能途径

胞内能量水平对调节次级代谢起重要作用。能量供应不足是启动寡聚酮化物合成的关键因素。在金霉素合成期高产菌株胞内 ATP 浓度比低产菌株的低许多，见图 3-22。

ATP 浓度的降低与 ATP-二磷酸酯酶活性的增加有关。ATP 对初级代谢的某些酶有变构抑制作用。低浓度的 ATP 促进 PEP 的羧化形成草酰乙酸，并由此生成丙二酰 CoA。金霉

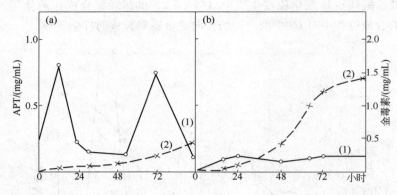

图 3-22　金色链霉菌低产（a）与高产菌株（b）中胞内 ATP 含量
（1）和金霉素发酵单位（2）的变化

素的高产变株的腺苷酸的合成能力低，故其能量代谢活性较低。多磷酸酯似乎在四环素合成中起高能磷源的作用。在金霉素合成期间高产菌株的 1,3-二磷酸甘油酸多磷酸酯磷酸转移酶（一种催化酵解级的高能多磷酸酯键合成的酶）活性显著升高。这说明在生长期用己糖激酶，在金霉素生产期用多磷酸酯类化合物（尤其是它的高分子聚合物）于糖的磷酸化。

3.2.3.2　以氨基酸为前体的抗生素

有些抗生素是氨基酸的衍生物，如青霉素、头孢菌素（属于 β-内酰胺类抗生素）、环丝氨酸和肽类抗生素等。它们以氨基酸作为组分或氨基酸与其他代谢物（糖、脂肪酸）相结合的产物；或多个氨基酸和经修饰的氨基酸组成环状多肽。纯粹以氨基酸作为组分的抗生素有：多黏菌素、短杆菌肽 S 等。多肽类抗生素的组成氨基酸有些是经修饰的，不能用于蛋白质的合成，如 D-氨基酸、N-和 β-甲基化氨基酸、β-氨基酸、亚氨基酸、'前体'氨基酸（如鸟氨酸和 α-氨基己二酸）。

肽类抗生素的合成与蛋白质的合成基本上是不同的。抗生素的合成不用蛋白质合成所用的转录-转译机构，故无需核糖体、转移 RNA 和信使 RNA。肽类抗生素合成过程中氨基酸组装的顺序表现在负责此合成的酶上。

（1）β-内酰胺类抗生素　此类抗生素至少可分为 6 簇，其中青霉素簇和头孢菌素簇是临床上最为重要的抗生素。在过去的几十年里发现另外 4 簇 β-内酰胺类抗生素，它们是头霉素簇（cephalomycins）、氧青核簇（clavams）、碳青核簇（carbapenens）和单环 β-内酰胺簇。最后一簇与青霉素簇的结构有较大的差异。

a. 青霉素簇抗生素　产黄青霉所产生的天然青霉素随提供的前体侧链的不同而有以下一些：青霉素 G（C_6H_5—CH_2—CO—）、青霉素 V（C_6H_5—O—CH_2—CO—）、青霉素 X（p—HO—C_6H_5—CH_2—CO—）、青霉素 F（CH_3CH_2CH ＝ $CHCH_2CO$—）和青霉素 K[$CH_3(CH_2)_4CO$—]等。

自从发现产黄青霉和头孢菌的菌体含有少量的由 α-氨基己二酸、L-半胱氨酸和 L-缬氨酸构成的三肽以来，这种三肽一直是 β-内酰胺抗生素合成的关键中间体，属 LLD-构型。此三肽是头孢菌发酵中青霉素 N 和头孢菌素 C 的前体，而异青霉素 N 才是青霉素的前体。

可作为青霉素 G 的侧链前体有：苯乙酸、苯乙胺、苯乙酰胺和苯乙酰甘氨酸等。这些化合物经少许改动或直接掺入青霉素分子中，它们还具有促进青霉素生产的作用。这些前体浓度较高时对菌的生长和产物的合成有毒，且其毒性随培养基 pH 变化。一般在游离状态的前体，其毒性较大。苯乙酸除被用于青霉素的合成外还可能被氧化，其氧化速率随菌的年龄，发酵液的 pH 的提高而增加。

孙大辉等[19] 使用青霉 RA18 菌株在 30 吨发酵试验罐生产试验前体浓度对发酵单位，青霉素 G 含量和过滤收率的影响。在考查 8 批的试验结果中有一半批号的苯乙酸浓度全程维持在 1～1.2 g/L 下，其平均化学效价为 42 900 U/mL，青霉素 G 含量近 90%，过滤收率为 88.81%，比另一半的苯乙酸浓度维持在 0.6～0.7 g/L 的批号分别提高 17.7%、9.4%和8%。由此可见，在发酵过程中特别在发酵旺盛期控制前体浓度至关重要，这不仅能提高发酵单位和青霉素 G 的含量，还能降低 6-APA 及青霉素类物质，有利于下游过程。

青霉素生物合成主要涉及两种酶：一种是三肽合成酶；另一种是三肽形成后的青霉素环化酶。三肽生物合成的模式与谷胱甘肽的相似，见图 3-23。对赖氨酸、半胱氨酸和缬氨酸的调节直接影响青霉素的合成。赖氨酸对青霉素合成的抑制作用是针对其合成途径的第一个酶，见图3-24。赖氨酸对三肽合成酶有直接的抑制作用。其间接作用是夺走青霉素合成所要的前体，α-氨基己二酸。筛选对赖氨酸抑制不敏感的突变株是提高产黄青霉的生产能力的办法之一。

硫代谢也影响青霉素的生物合成。高产菌株比野生型菌株从培养基吸收更多无机硫。高产突变株体内无机硫浓度至少是其亲株 NRRL-1951-B25 的两倍。

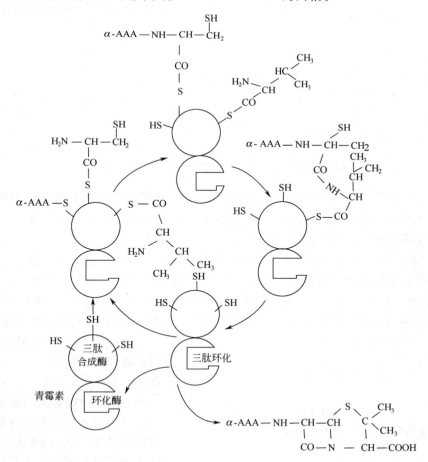

图 3-23　推测的青霉素生物合成模型
青霉素合成酶是一种含有两个亚单位
的酶复合物，三肽合成酶和青霉素环化酶

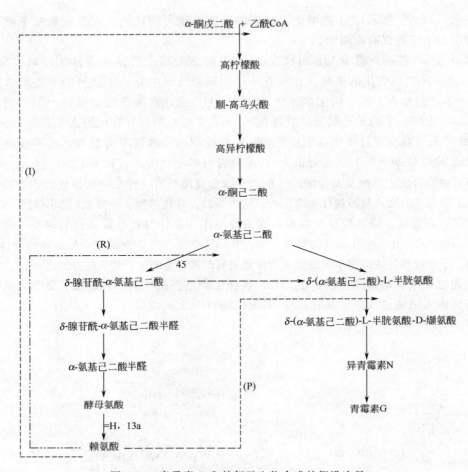

图 3-24 青霉素 G 和赖氨酸生物合成的假设途径

史荣梅[20] 对高产产黄青霉补料分批培养生物合成青霉素 V 所作的分析中阐明了青霉素发酵过程中因中间代谢产物的大量流失而减少了合成青霉素的代谢物流。图 3-25 说明青霉素生物合成中的代谢流的分布。

在发酵 30 h 后补入 3 种前体氨基酸的批号比不补的有更大的胞内缬氨酸和 α-氨基己二酸库，这就是补前体的批号的青霉素比生产速率较高的原因。

b. 头孢菌素簇抗生素 头孢菌素生物合成到异青霉素 N 的前面几步和青霉素的一样。所用到的前体基本上与青霉素的相似，只是其中的 L-α-AAA 未被取代而是转化为 D-型。

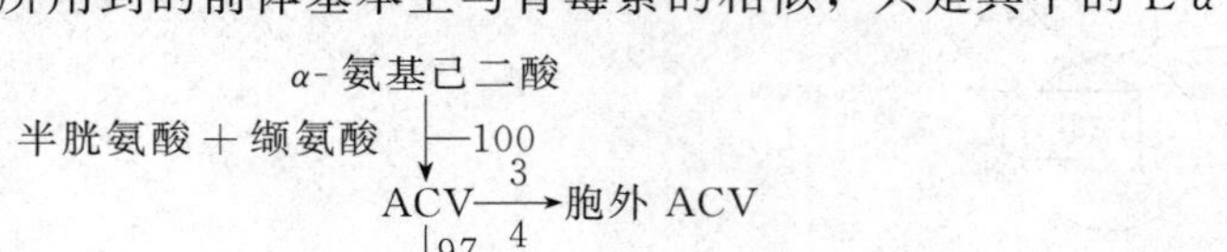

研究头孢菌素的氮代谢调节发现，氯化铵具有抑制头孢菌素合成的作用。其原因可能在于抑制了头孢菌素合成酶或与此有关的其他步骤。氮同化机构的效能与头孢菌素的合成有密切的关系。图 3-26 表示这种调节的几个可能的靶子：① 谷氨酸的供给，这是形成头孢菌素所必需的；② 其他含氮化合物（如蛋白）的分解代

图 3-25 青霉素生物合成中的代谢流的分布
ACV—α-氨基己二酸-半胱氨酸-缬氨酸；6-APA—6-氨基青霉烷酸；8-HPA—变成青霉素 N，再继续合成头孢菌素 C

谢，为产物合成提供前体；③从环境中吸收前体的效力；④赖氨酸的分解代谢为头孢菌素提供侧链前体，α-AAA。故对初级氮代谢和头孢菌素合成间的关系的了解有助于建立指导菌种选育的理论基础，如筛选对氨的抑制和终产物反馈抑制不敏感的突变株。

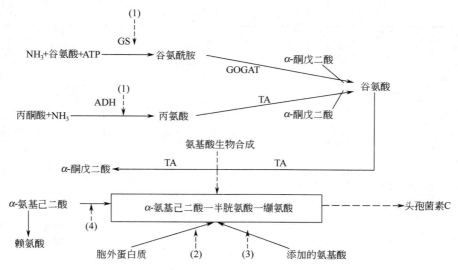

图 3-26　初级代谢为头孢菌素合成提供前体的可能部位
GS—谷氨酰胺合成酶；ADH—丙氨酸脱氢酶；GOGAT—
谷氨酸合成酶；TA—转氨反应；⋯⋯> 为可能的控制部位

头孢菌素 C 的合成中谷氨酸起 α-氨基氮的给体作用。在稳定期增加谷氨酰胺脱氢酶的合成，便能保证提供适量的谷氨酸，以使 α-酮己二酸、3-磷酸丙酮酸和 α-酮异戊酸经转氨作用，分别生成 α-氨基己二酸、丝氨酸（用于半胱氨酸合成）和缬氨酸，从而解除头孢菌素 C 合成中的氮限制。

甲硫氨酸，尤其是其 D-异构体，对头孢菌素 C 和青霉素 N 合成有明显的促进作用。甲硫氨酸可通过逆向转硫作用为头孢菌素 C 的合成提供硫的中间体，如高半胱氨酸、胱硫醚，这种作用不能用其他化合物代替。正亮氨酸是甲硫氨酸的非硫结构类似物，可代替甲硫氨酸促进头孢菌素 C 的合成。原养型菌株在以硫酸盐为惟一硫源的合成培养基中头孢菌素 C 的产量不高。在高半胱氨酸、胱硫醚间的转硫作用的突变会导致头孢菌素 C 合成能力的消失，即使在有过量硫酸盐存在时也是如此。这说明内源甲硫氨酸在头孢菌素 C 的合成中有特异调节作用。头孢菌在含硫酸盐的培养基中呈丝状生长；在含甲硫氨酸培养基中菌丝膨大，不规则，很多呈高度分布的节孢子（arthrospores）。节孢子能使 C^{14}-全标记缬氨酸掺入头孢菌素 C 与青霉素 N 的能力比菌丝体的大。合成抗生素的量与节孢子数成正比。正亮氨酸也能诱导菌丝分节成节孢子，还能改变产生菌的细胞膜通透性。

胞外的头孢菌素 C 乙酰水解酶能水解头孢菌素 C 为去乙酰头孢菌素。高产变株培养 120h 后也有同样的乙酰水解酶活性，并与葡萄糖的耗竭有关。因乙酰水解酶活性受碳分解代谢物的阻遏，故筛选乙酰水解酶活力低的菌株，即使在葡萄糖饥饿的条件下也能获得头孢菌素 C 的高产。

（2）肽类抗生素　解释肽类抗生素合成的机制有"蛋白模板机制"、"硫模板机制"和"多酶硫模板机制"，所涉及的反应有：氨基酸的活化、酶氨酰化、氨基酸的消旋作用和以 4′-磷酸泛酰巯基乙胺运送肽的方式形成肽键。肽类抗生素的相对分子质量比蛋白质小许多，其相对分子质量在 350～3000 范围。与蛋白质合成不同处还有：①合成酶的特异性较低，形成结构相似的组分；②一般多为环状结构，且不带游离的 α-氨基或 α-羧基；③对蛋白质合成的抑制剂（如氯霉素和嘌呤霉素）不敏感；④在菌体生长后期蛋白质合成终止后才生产这类抗生素。芽孢杆菌的肽类抗生素的合成似乎与芽孢形成过程有关。表 3-6 列举一些常见肽类抗生素的组分。

表 3-6　一些肽类抗生素的组分

抗生素	产生菌	常见氨基酸	不常见氨基酸	其 他 组 分
短杆菌肽 S	短杆菌	2×L-缬氨酸 2×L-亮氨酸 2×L-脯氨酸	2×L-鸟氨酸 2×D-苯丙氨酸	二氢噻唑部分
杆菌肽	地衣形芽孢杆菌	2×L-异亮氨酸 L-亮氨酸 L-天冬氨酸 L-赖氨酸 L-组氨酸	D-谷氨酸 D-天冬氨酰胺 D-鸟氨酸 D-苯丙氨酸 异丝氨酸 异酪氨酸	亚精胺
多黏菌素 B_1	多黏杆菌	2×L-苏氨酸 L-亮氨酸	α,β-二氨基丙酸 2,6-二氨基-7-羟基-壬二酸	(+)-O-甲基-辛酸
放线菌素 D	抗生素链霉菌	2×L-苏氨酸 2×L-脯氨酸	2×肌氨酸 2×D-缬氨酸 2×N-甲基缬氨酸	
缬氨霉素		2×L-缬氨酸	3×D-缬氨酸	3×D-羟基异戊酸 3×乳酸
环孢菌素 A	*Tolypocladium* *inflatum*	缬氨酸 丙氨酸	D-丙氨酸 4×甲基亮氨酸 甲基缬氨酸 肌氨酸	4R-4[(E)-2-丁烯基]-4-甲基- L-苏氨酸，L-2-氨基丁酸

环孢菌素 A（cyclosporinA，CsA）是一种由丝状真菌，*Tolypocladium inflatum* 产生的十一元环肽，加入其组成的外源氨基酸到发酵液中会影响其合成。CsA 及其同系物是通过非核糖体硫模板（thiotemplate）机制由环孢菌素合成酶合成的。CsA 已广泛用于临床人体器官移植和治疗自身免疫疾病。CsA 的化学结构特殊，有 3 个罕见的氨基酸，即 1 位的 Bmt{4R-4[(E)-2-丁烯基]-4-甲基-L-苏氨酸}，2 位的 L-2-氨基丁酸和 8 位的 D-丙氨酸；有七个 N-甲基的肽键。其结构如图 3-27 所示。

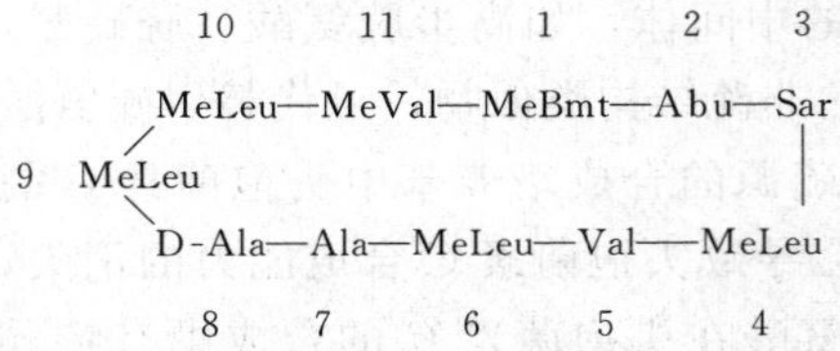

```
  10      11     1      2     3
MeLeu—MeVal—MeBmt—Abu—Sar
                                |
9 MeLeu                         |
D-Ala—Ala—MeLeu—Val—MeLeu
   8    7     6     5     4
```
图 3-27　环孢菌素 A 的化学结构

在 CsA 的生物合成中底物氨基酸需经氨酰基腺苷酸和硫酯的二步活化，作为下步反应的定向前体[21]。过程是从 D-Ala 开始，产生 D-环-D-丙氨酰-N-甲基亮氨酸（D-DKP）。这种环二肽代表了 CsA 延伸肽键中起始的两种氨基酸（第 8 和第 9 位）。再由此依次加上组成氨基酸，形成线状十一肽，随后环化形成活性化合物——CsA。故前体 D-Ala 是 CsA 的生物合成中的限制因素，而丙氨酸消旋酶是 CsA 的生物合成中的关键酶[22]。

3.2.3.3　以经修饰的糖为前体的抗生素

分子中带有经修饰的糖的抗生素主要有氨基糖苷类、大环内酯类和蒽环类抗生素。这里主要介绍前一类的抗生素。

氨基糖苷类抗生素有一百多种，其产生菌有链霉菌属、小单孢菌属、诺卡氏放线菌属、芽孢杆菌属和假单胞菌属。现列举一些较常见的氨基糖苷类抗生素于表 3-7。

（1）链霉素的生物合成　链霉素是由 N-甲基-L-葡萄糖胺、链霉糖和链霉胍三个部分组成的氨基糖苷类抗生素。同位素示踪研究表明，这三种经修饰的糖均由葡萄糖衍生。N-甲基-L-葡萄糖胺的合成途径是由 6-磷酸果糖的 C-2 上的羟基通过谷氨酸转氨作用生成 D-葡萄糖胺-6-P，再经差向异构化、去磷酸化得 L-葡萄糖胺，最后经 S-腺苷酰甲硫氨酸的甲基化

表 3-7　一些常见的氨基糖苷类抗生素

抗　生　素	产　生　菌
越霉素(destomycin)	*Streptomyces mimofaciens*
福地霉素(fortimycin)	橄榄星孢小单孢菌 *M. olivoastetospora*
庆大霉素(gentamicin)	绛红小单孢菌 *M. pururea*
潮霉素(hygromycin)	吸水链霉菌 *S. hygroscopicus*
春日霉素(kasugamycin)	春日链霉菌 *S. Kasugaensis*
卡那霉素(kanamycin)	卡那霉素链霉菌 *S. Kanamyceticus*
青紫霉素(lividomycin)	铅紫青链霉菌 *S. lividus*
新霉素(neomycin)	弗氏链霉菌 *S. fradiae*，白浅灰链霉菌 *S. allogriseolus*
巴龙霉素(paromomycin)	巴龙霉素龟裂链霉菌 *S. rimosus forma paromomycinus*
核糖霉素(ribostamycin)	核糖苷链霉菌 *S. ribosidificus*
相模湾霉素(sagamycin)	相模湾小单孢菌 *M. sagamiensis var nonreducans*
紫苏霉素(sisomycin)	尹纽小单孢菌 *M. inyoensis*
放线壮观素(spectinomycin)	壮观链霉菌 *S. spectabilio*
链霉素(streptomycin)	灰色链霉菌 *S. griseus*
托普霉素(tobramycin)	黑暗链霉菌 *S. tenebraruis*
有效霉素(validamycin)	吸水链霉菌 *S. hygroscopicus var limoueus*

生成。葡萄糖转化为链霉糖的机制是先形成脱氧胸苷二磷酸(dTDP)-葡萄糖，然后再先后经脱水酶，3,5-差向异构酶和合成酶生成 dTDP-双氢链霉糖。链霉胍部分的合成是葡萄糖先转化为肌醇，再先后经两轮类似的反应系列，包括脱氢、转氨、磷酸化、转脒基和去磷酸化反应上两个脒基。第一个脒基合成完毕才开始合成第二个，见图 3-28。

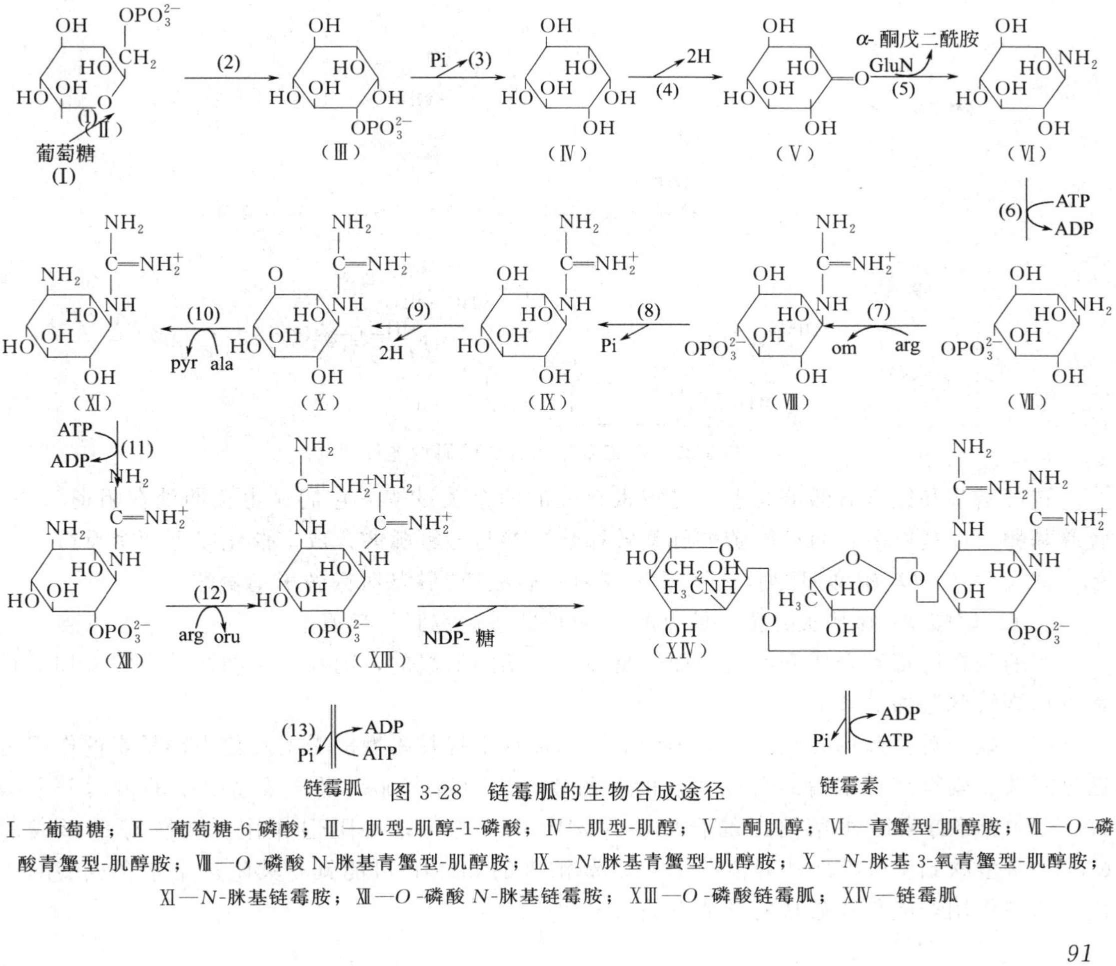

图 3-28　链霉胍的生物合成途径

Ⅰ—葡萄糖；Ⅱ—葡萄糖-6-磷酸；Ⅲ—肌型-肌醇-1-磷酸；Ⅳ—肌型-肌醇；Ⅴ—酮肌醇；Ⅵ—青蟹型-肌醇胺；Ⅶ—O-磷酸青蟹型-肌醇胺；Ⅷ—O-磷酸 N-脒基青蟹型-肌醇胺；Ⅸ—N-脒基青蟹型-肌醇胺；Ⅹ—N-脒基 3-氧青蟹型-肌醇胺；Ⅺ—N-脒基链霉胺；Ⅻ—O-磷酸 N-脒基链霉胺；ⅩⅢ—O-磷酸链霉胍；ⅩⅣ—链霉胍

链霉素分子各部分的组装是从 dTDP-双氢链霉糖开始的。它与链霉胍-6-P 形成拟二糖 [O-α-L-双氢链霉糖（1→4）链霉胍-6-磷酸酯]。催化此反应是双氢链霉糖基转移酶。此转移酶的活性与 dTDP-双氢链霉糖合成酶和转脒基酶的活性是平行增长的，在发酵 50 h 左右，链霉素刚出现前达到高峰。推测拟二糖再与 N-甲基-L-葡萄糖胺合成双氢链霉素-6-P，最后两步经氧化为链霉素-6-P 和水解成链霉素，见图 3-29。

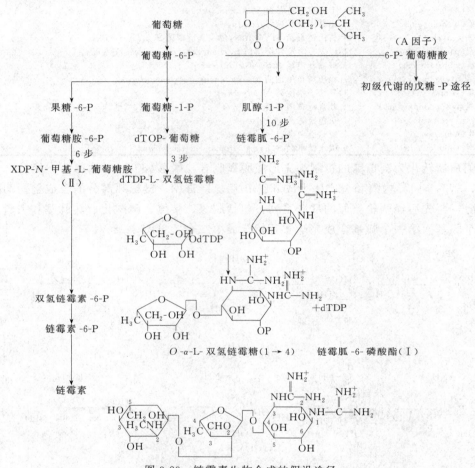

图 3-29　链霉素生物合成的假设途径

转脒基酶和链霉胍激酶是参与链霉素合成的两个关键酶。它们在生长期处在阻遏状态。转脒基酶（L-精氨酸：肌糖胺磷酸脒基转移酶）参与链霉胍的合成，催化以下两个反应

$$O\text{-磷酸肌醇胺} + \text{精氨酸} \longrightarrow O\text{-磷酸-}N\text{-脒基肌糖胺} + \text{鸟氨酸}$$

$$O\text{-磷酸-}N\text{-脒基肌糖胺} + \text{精氨酸} \longrightarrow O\text{-磷酸链霉胍} + \text{鸟氨酸}$$

此酶是在链霉素合成开始前，而不是在生长期间形成的，因在生长期快结束时添加氯霉素可抑制转脒基酶的合成。

（2）碳源对氨基糖苷类抗生素的调节　葡萄糖干扰甘露糖链霉素转化为链霉素的作用是通过阻遏甘露糖链霉素酶的合成实现的。葡萄糖也阻遏卡那霉素合成途径中的最后一个酶（N-乙酰卡那霉素胺水解酶）的合成。cAMP 可以逆转这种阻遏作用。在链霉素形成前 cAMP 含量跌到生长期所达峰值的 10%。高浓度的 cAMP 可能具有关闭抗生素合成酶的作用。这种作用可能与磷酸盐的调节有关。

磷酸酯酶在这类抗生素的合成中起重要作用。在链霉胍的合成中至少包含 3 个磷酸酯水解步骤。过量的磷酸盐会抑制磷酸酯酶，使菌丝体积累链霉素-6-P，此中间体无活性，导致链霉素减产。新霉素 B 的生物合成也受磷酸酯酶的影响。此酶的活性在发酵后期出现，受磷酸盐的抑制和阻遏，酶活与新霉素的合成有直接关系。碱性磷酸酯酶是在发酵后期合成的，因在此前添加氯霉素可抑制其合成。

（3）调节因子　A 因子（2-S-异辛酰基-3-R 羟基-r-丁酸内酯）对链霉素的合成有促进作用，见图 3-29。所有生产菌株都具有合成 A 因子的能力，失去这种能力的突变株不能形成链霉素。A 因子可使 119 株失去链霉素合成能力的突变株中的 114 株恢复其生产能力。在接种时给链霉素合成阻断型突变株 1 μg 纯 A 因子，可诱导 1 g 链霉素的生成，其诱导系数为 10^6。在接种后 48 h 加入则无作用。用 A 因子短时间处理种子 3～4 min，随后洗掉，这就足以诱导链霉素的合成。A 因子也参与灰色链霉菌的分化作用。

Vanek 等[23] 认为氨基糖苷类抗生素产生菌的细胞壁肽聚糖的 N-乙酰葡萄糖胺，N-乙酰胞壁酸可转化为氨基糖苷类抗生素的基本结构单位，氨基糖。在发酵生产期细胞壁或膜成分的降解产物可用于构成抗生素。在研究绛红色小单孢菌发酵过程中细胞形态结构变化中管玉霞等[24] 发现革兰氏阴性菌的胞壁成分很可能是庆大霉素的前体或其结构单位。

（4）突变生物合成　这是 Nagaoka 和 Demain 提出的术语[25]，用于表达需要外源特殊前体的次级代谢物生物合成，即向阻断型突变株提供所缺少的前体的结构类似物，以合成具有新特性抗生素。具有这种能力的突变株被称为特殊前体需求型（idiotroph）。这种菌株与营养缺陷型突变株不同，后者的生长依赖它所不能合成的外源养分。Rinehart 和 Stroshane 用突变合成（mutasynthesis）来描述此过程[26]，由此合成的抗生素被称为突变合成抗生素（mutasynthetics），合成的氨基环多醇被称为"突变合成环多醇"（mutasynthons）。向阻断型突变株的发酵液中添加各种氨基环多醇化合物，可以合成各种新氨基糖苷类抗生素。

在发酵中添加浓度为 0.4 μg/mL 的色氨酸可增加吲哚霉素（一种色氨酸结构类似物）的产量 37%。在灰色链霉菌发酵期间加入相应的色氨酸和吲哚前体可定向生物合成新的吲哚霉素类抗生素。环孢菌素合成酶的基质特异性较低，因此能催化多达 25 种环孢菌素类抗生素的合成，即所谓前体-定向生物合成[27]。

3.3　代谢工程

代谢工程（metabolic engineering）是指藉某些特定生化反应的修饰来定向改善细胞的特性或运用重组 DNA 技术来创造新的化合物。将分析方法运用于与物流的定量化，用分子生物技术来控制物流以实现所需的遗传改造是代谢工程的要素。代谢工程所采用的概念来自反应工程和用于生化反应途径分析的热力学。它强调整体的代谢途径而不是个别反应。代谢工程涉及完整的生物反应网络、途径合成的问题、热力学可行性、途径的物流及其控制。要想提高某一方面的代谢和细胞功能应从整个代谢网络的反应而不是一个个反应去考虑。重点应放在途径物流的放大和重新分配上。

想通过单个酶的超表达来提高代谢途径的物流是行不通的，除非此酶具有高的物流控制系数。假定能成功超表达途径受限制的酶，该酶固然不再受反馈抑制，但瓶颈可能落在途径下游的酶上，从而导致代谢中间体的大幅度的增加。同时和协调地超表达途径中的大多数酶，原则上可大大提高代谢物流而不至于改变各代谢物的浓度。另一种选择是增加途径产物的需求，这或许可通过提高产物的分泌速率办到。

对代谢和信息途径的性质，它们的相互作用及其物流的控制了解得很少。这方面的了解对于运用重组 DNA 技术和与应用分子生物学有关的方法来合理修饰途径是必需的步骤。

3.3.1 代谢通量（物流、信息流）的概念

在系统介绍代谢工程前有必要先解释一下有关的术语。途径（pathway）是指催化总的代谢物的转化，信息传递和其他细胞功能的酶反应的集合。物流（通量）（flux）是指物质或信息通过途径被加工的速率，它与个别反应速率不同。代谢物流分析是一种计算流经各种途径的通量的技术，用于描述不同途径的相互作用和围绕支点的物流分布。代谢控制分析（metabolic control analysis）的概念认为，物流控制被分布在途径的所有步骤中，只是若干步骤的物流比其他的更大些，可用数学方程来描述反应网络内的控制机制，即用一途径的物流和以物流控制系数来定量表示酶活之间的关系。物流控制系数（flux control coefficient，FCCs）是系统的性质，大体上可用物流的百分比变化除以一酶活（该酶能引起物流的改变）的百分比变化表示。物流求和理论（flux summation theory）是如果将一代谢系统中的某一物流的所有酶的物流控制系数加在一起，其和为 1。弹性系数（elascity coefficients）表示酶催化反应速率对代谢物浓度的敏感性。弹性系数是个别酶的特性。物流分担比（flux split ratio）是指途径 A 与途径 B 之比，如在葡萄糖-6-磷酸节上的物流分担比便是 EMP 途径物流/（pp 途径物流）。敏感性系数是个别酶的特性，表示酶催化反应速率对代谢物浓度的敏感性。

3.3.2 代谢工程的应用

代谢工程可在以下几个方面得到广泛的应用：①改进由微生物合成的产物的得率和产率；②扩大可利用基质的范围；③合成对细胞而言是新的产物或全新产物；④改进细胞的普通性能，如耐受缺氧或抑制性物质的能力；⑤减少抑制性副产物的形成；⑥环境工程方面；⑦药物合成方面，作为中间体的手性化合物的制备；⑧在医疗方面用于整体器官和组织的代谢分析，用于鉴别藉基因治疗或营养控制疾病的目标；⑨信息传导途径方面，即信息流的分析，为了治疗疾病而进行基因表达的分析和调节，需了解信息流的相互作用和控制。

3.3.3 代谢（物）流分析

代谢物流的定量是代谢工程的重要分析技术，尤其与代谢物的生产研究有关，其目标是使尽可能多的碳从基质流向代谢产物。代谢物流分析是一种定量计算通过各种途径的物流的强有力的技术。用于代谢物流分析的方法是一种适用于所有主要胞内反应的化学计量模型和围绕胞内代谢物的物料平衡。输入到计算中的是一套测量的物流，典型的有基质吸收速率和代谢物的分泌速率。如用富集 C^{13} 的碳源做试验和测量胞内代谢物富集的 C^{13} 部分再加上一套模型的限制条件，便可如愿地测量胞内物流。最后，还可将有关同位素分布的信息用于获得更多有关胞内代谢物的信息。

尽管物流分布的测量可提供有用的信息，它只代表物流怎样分布与细胞的点滴见解。在不同的操作条件和不同的突变株中首次测得的物流分布可提炼出宝贵的信息，例如，鉴别了物流分担比（flux split ratio）和产率间的相互关系。在产黄青霉的青霉素生产分析中作者发现在6-磷酸葡萄糖节（结，node）上的物流分担比与基于葡萄糖的青霉素得率之间的相互关系见表3-8。这种相互关系表现在青霉素的生产需要大量的 NADPH（尤其是前体，L-半胱氨酸）。

代谢物流分析的应用如下：

（1）定量各途径的物流和测量流入细胞内的碳。

（2）鉴别细胞途径中的可能的刚性分支点（节点）　通过比较不同突变株和不同操作条件下的各途径的物流分布可以鉴别途径的节点是刚性还是柔性。故通过几种突变株的代谢物流分

析，得出以下结论：赖氨酸生产的 6-磷酸葡萄糖节点是柔性的，而丙酮酸节点是弱刚性的。

表 3-8　不同操作方式下的青霉素比生产速率、得率和物流分担比

操作方式	r_p	Y_{sp}	f_{ppp}	操作方式	r_p	Y_{sp}	f_{ppp}
分批培养				连续培养			
生长期	9.0	20	18	$D=0.025\ h^{-1}$	23.1	58	65
生产期	12.6	60	44	$D=0.050\ h^{-1}$	24.8	40	60

注：r_p 为青霉素比生产速率，$\mu mol/(gDW \cdot h)$；Y_{sp} 为基于葡萄糖的青霉素得率，[mmol 青霉素/(mol 葡萄糖)]；f_{ppp} 为在葡萄糖-6-磷酸节上的物流分担比，[EMP 途径物流/(pp 途径物流)]。

（3）不同途径存在的鉴别　用公式表示反应化学计量关系是代谢物流分析的基础，它需要知道与生化有关的详细信息。但对许多微生物代谢途径的某些化学计量细节，途径是否具有活性知道的很少。此外，对有些细胞的同功酶的功能也不十分了解。通过计算不同细胞途径的代谢物流可鉴别哪些途径很可能存在，并获得有关同功酶和（或）途径功能的信息。故通过酿酒酵母厌氧生长的分析，发现醇脱氢酶Ⅲ，一种线粒体酶。其功能还未鉴别。它在维持线粒体内的氧还电位起重要的作用。

（4）非测量所得的胞外物流的计算　一般，可测量的物流数目多于需用于计算胞内物流的数目。在这种情况下有可能计算若干胞外物流，例如用化学计量模型和测得的物流计算几种胞外副产物的生产速率。

（5）考察另一些途径对物流分布的影响　关于代谢物生产的优化，可鉴别一种或几种提高代谢物得率或导向所需代谢物通量的限制作用。为此，可做一些设想，如插入一条新途径或同功酶（或将其消除）是否具有消除该限制的积极效果，从而引起所需物流的增加。在研究青霉素的生产方面 Jorgensen 等求得在青霉素前体，半胱氨酸由直接硫化作用比通过转硫途径合成的青霉素的得率更高[28]。

（6）最大理论得率的计算　基于化学计量模型，如已知各种限制条件，便可以计算一已知代谢物的最大理论得率。此值对揭示过程得率的上限有用。此模型曾应用于棒状杆菌的赖氨酸和产黄青霉的青霉素生产上，求得不同比生长速率下的最大的青霉素理论得率，并发现，当比生长速率从 0 提高到 0.05 h^{-1} 时，理论得率急速下降。比生长速率＝0.025 h^{-1} 的条件下其得率三倍于在高产菌株所能得到的。

3.3.4　代谢控制分析

代谢工程的一个最为重要的方面是物流的控制。如上面所述，代谢物流分析（MCA）概念只是对不同途径的相互作用的研究和围绕支点的物流分布的定量有用，但无法评估物流怎样得到控制，即代谢物的合成与转化速率如何在外部条件变化很大的情况下保持严密的平衡，而不至于引起代谢物的浓度灾难性地升高或下降。20 世纪 50 年代，反馈抑制、协同作用、酶的共价修饰和酶合成的控制的发现，引入一些可能对控制物流有一定作用的分子效应。早期的发现认为，途径的第一个酶，分支后的第一个酶往往是速率限制步骤，受到某种类型的调节，如反馈抑制作用。代谢控制分析的概念则认为，这类定性的观点没有多大意义，因物流控制被分布在途径的所有步骤中。只是若干步骤的物流量比其他的更大些。虽然并不排斥其中一种酶的物流控制系数可能达到 1，但考虑到途径的其他的酶也要分享此物流控制系数，因此，这些酶中没有一个是真正速率限制性的。物流求和理论还阐明，一个酶的物流控制系数不是哪个酶单独固有的而是系统所具有的性质。当酶 E_{xase} 的活性从很低的水平提高到很高的水平，其物流控制系数也会改变。显然，若此物流控制系数在改变，则其他酶的活性虽然未变，其物流控制系数也会改变。这是因为不管 E_{xase} 在哪一水平，途径中的

所有酶的物流控制系数之和等于 1。这明显是一种相互作用，其他一些酶量的变化也会引起 E_{xase} 的物流控制系数的改变。

物流控制分析的概念是由 Kacser 等和 Heirich 等首先提出的。其基础为一套参数，称为弹性系数（elascity coefficients）和控制系数（control coefficient），它们以数学来描述反应网络内的控制现象。弹性系数 $\varepsilon_{x_j}^j$ 可用式（3-1）表示

$$\varepsilon_{x_j}^j = \frac{X_j}{v}\frac{\partial v_i}{\partial X_j} \tag{3-1}$$

它表示酶催化反应速率 v_i 对代谢物浓度（X_j）的敏感性。最为常用的控制系数是物流控制系数（FCCs），可用式（3-2）表示

$$C_{\mathrm{xase}}^{j\,\mathrm{ydh}} = \frac{\partial J_{\mathrm{ydh}}}{\partial E_{\mathrm{xase}}} \cdot \frac{E_{\mathrm{xase}}}{J_{\mathrm{ydh}}} = \frac{\partial \ln J_{\mathrm{ydh}}}{\partial \ln E_{\mathrm{xase}}} \tag{3-2}$$

式中 $C_{\mathrm{xase}}^{j\,\mathrm{ydh}}$ 为物流控制系数；E_{xase} 为酶量；J_{ydh} 为步骤 ydh 的物流。

FCCs 表示通过途径的稳态物流（J_j）的部分变化。它来自酶活（或反应速率）的无穷小的变化。FCCs 与弹性系数通过求和理论（summation theorem）被相互关联。求和理论认为所有 FCCs 之和等于 1，而联系理论（connective theorem）认为弹性系数乘积与 FCCs 之和等于零。测量 FCCs 的几种不同方法，可分为以下几组：①直接方法，可用于直接测量控制系数；②间接方法，可用于测定弹性系数和藉 MCA 理论求得控制系数；③瞬变代谢物的测量，在瞬变期间测量代谢物浓度，所得信息可用于测量控制系数。

表 3-9 列出各种直接和间接测量 FCCs 方法。近来有人认为，除非试验数据采用双曲线回归分析法评估，没有一种试验方法能得出满意的结果，实际的物流对酶活作曲线呈双曲线形式。反之，MCA 应基于能直接计算 FCCs 和弹性系数的动力学模型。因试验技术不能得出准确的 MCA 系数，一些途径的代谢控制分析结果不能作为最终的结果；它们只能作为一种指示，例如，阐明物流控制在途径中是怎样分布的。

表 3-9　各种直接和间接测量物流控制系数的方法

方　　法	步　　骤	优　缺　点
直接：基因操纵	通过基因过程改变酶活的表达，例如插入可诱导的启动子	方法可靠，可得直接结果，但较繁琐
酶的滴定	用纯酶的滴定改变酶的活性	方法简单和直截了当，但只能用于途径的完全与细胞其余脱偶的一段
抑制剂的滴定	通过滴定特定的抑制剂改变酶活	应用简易，但需有特定的抑制剂
间接：双调整	在不同环境下测量代谢物的浓度，藉微分的计算求得弹性系数	方法讲究，但需进行两单独的代谢物浓度的变化，这是很难做到的，因胞内反应之间的耦合程度高
单调整	与双调整相似，但基于弹性系数之一的知识	比双调整更为可靠，但需要知道一弹性系数
上下办法	基于一组反应，然后用双调整	非常有用，但不能直接给出系统的所有 FCCs
动力学模型	从一动力学模型直接计算弹性系数	可靠，但取决于是否存在途径个别酶的可靠的动力学模型

弹性系数是个别酶的特性，FCCs 是系统的性质。FCCs 因而不是固定的，随环境条件

而变。通过途径的各种酶的动力学模型可求得不同补料-分批培养阶段的FCCs，发现物流控制方面剧烈波动。在培养的第一阶段物流控制主要在途径的头一步，即由ACV合成酶（ACVS）形成三肽，LLD-ACV。随后培养物流控制移到途径的第二步，即由异青霉素N酶（IPNS）将LLD-ACV转化为异青霉素N。这种物流控制的移动是由于胞内聚积了LLD-ACV，这是ACVS的抑制剂。显然，在此提出速率限制步骤或瓶颈的说法是没有意义的。除了物流控制的波动，途径中的物流控制大多数是由头两部实现的。此外，通过模型的分析发现，FCCs值取决于溶氧浓度，它是IPNS催化反应的一种基质[28]。

　　物流控制系数可作为预测的工具。代谢控制分析的理论和实践阐明真正速率限制酶是不存在的。具有最大的物流控制系数的酶是对途径物流的影响最大，故用控制分析的理论和试验手段来鉴别一代谢系统中哪一个酶具有这种特征是合理的。那么，这种酶便是作用靶位，提高其活性会导致途径物流的增加。应注意，代谢控制分析的理论或试验均不支持鉴别速率限制步骤的传统方法。特别是位于途径初始的，受途径反馈抑制的变构酶，是一种具有很小的物流控制系数的非速率限制性酶。

参 考 文 献

1　Neidhardt，F. C.，Ingraham，J. L.，Schaechter，M. Physiology of the Bacterial Cell：A Molecular Approach. Scenderland，M. A.：Sinauer Associate Inc. 1990

2　Kraemer，R.，Sprenger，G. Metabolism. In Biotechnlogy 2nd Ed. Vol. 1. Rehm，H. -J. and Reed，G. 1993. 105~107

3　Neidhardt. F. C. (Ed) *Escherichia coli* and *Salmonella typhimurium*. Cellilar and Molecualr Biology. Washington，D. C.：American Society for Biology. 1987

4　Rose A. H. Production and industrial importance of secondary products of metabolism. in Rose A. H. ed. Secondary Products of Metabolism. Academic Press Inc.，London：1979. 1~34

5　Stanbury，P. T. and Whitaker A. The addition of precursor and metabolic regulators to media. in Principles of Fermentation Technology. Pergamon Press，Oxford：1984. 83~85

6　Betina V. Interconections between primary and secondary metabolism. in Bioactive Secondary Metabolite of Microorganisms. Elsevier. Amsterdam：1994. 5~10

7　Martin J. F. & Liras P. Biosynthetic pathways of secondary metabolites in industrial Microorganisms. in Rehm & Reed eds：Biotechnology Verlag Chemie GmbH，Weinheim：1981. vol. 1. 212~233

8　Vining，L. C. Gene. 1992，115：135

9　Aharonowitz，Y. in Regulation of Secondary Metabolite Formation. ed. by Kleinkauf，H. et al. VCH. Verlagsgesselschaft，Weinheim：1986. 89

10　Turner，G. in Secondary Metabolites：Their Function & Evolution. ed. by Chadwick，D. J. et al. John Wiley & Sons，Chichester：1992. 133

11　Agathos，S. N. and Lee，J.，Biotechnol. Prog. 1993，9：54

12　Chun，G. -T. and Agathos，S. N. J. Biotechnol. 1993，27：283

13　Bruckner，B. in Secondary Metabolites：Their Function & Evolution. ed. by Chadwick，D. J. et al. John Wiley & Sons. Chichester，1992. 129

14　Vladimir Betina. Bioactive secondary metabolites of microorganisms in Progress in Industry Microbiology. Elsevier Amsterdam，1994，30：66

15　J. -F. Martin. Nonpolyene macrolide antibiotics. in Secondary Products of Metabolism. 1979. 282 ed. by A. H. Rose，Academic Press Inc，Lindon：1979

16　李友荣，王筱兰，谢幸珠. 螺旋霉素发酵代谢物的分析及其对产物合成的影响. 中国抗生素杂志，1993，18（6）：429~433

17　刘瑞芝，张素平，曹竹安. 提高麦迪霉素有效组分的工艺研究. 中国抗生素杂志，1993，18（6）：425~428

18 郝卫民. 氨基酸对吸水链霉菌产生的 rapamycin 生物合成的影响. 国外医药抗生素分册, 1997, 18 (1): 31~32

19 孙大辉, 孙克俭. 青霉 RA18 菌株发酵过程中前体苯乙酸维持浓度的初步研究. 中国抗生素杂志, 1996, 21 (2): 147~148

20 史荣梅. 高产产黄青霉补料分批培养生物合成青霉素 V 的分析. 国外医药抗生素分册, 1997, 18 (1): 20~25

21 任林英. 环孢素 A 生物合成机制. 国外医药抗生素分册, 1996, 17 (1): 24~27

22 方金瑞. 环孢菌素 A 生物合成机制研究的新进展. 国外医药抗生素分册, 1997, 18 (1): 47~49

23 Vanek Z. et al. Folia Microbiol. 1978, 23 (4): 309

24 管玉霞, 黄宗平. 绛红色小单孢菌发酵工程中细胞形态机构变化. 中国抗生素杂志. 1996, 21 (2): 97~100

25 Nagaoka, K. and Demain, A. L. J. Antibio. 1975, 28: 627

26 Stroshane, R. M., Taniguchi, M., Reinhart, K. L. Jr., Rolls, J. P., Haak, W. J. and Ruff, B. A. J Am. Chem. Soc. 1976, 98: 3025

27 Traber, R., Hofmenn, H. and Kobel, H. J. Antibio. 1989, 42: 591

28 H. Jorgensen, et al. Metabolic flux distributions in *Penicillium chrysogenum* during fed-batch cultivations. Biotech. Bioeng. 1995, 46: 117~131

4　微生物培养基

广义上讲培养基是指一切可供微生物细胞生长繁殖所需的一组营养物质和原料。同时培养基也为微生物提供除营养外的其他生长所必需的条件。常用的培养基都必须符合一些基本的条件，如①都必须含有合成细胞组成所必需的原料；②满足一般生化反应的基本条件；③一定的 pH 条件等。但工业生产上选择的培养基俗称发酵培养基，还应包括能够促进微生物合成产物所必需的成分。

培养基的种类很多，如广泛用于微生物分类研究的各种分类培养基，用于微生物分离的各种鉴定培养基等。本章的第一部分就微生物培养基的分类作一简单的介绍，重点围绕微生物发酵培养基展开。

微生物发酵过程由于所使用微生物的种类和生产产品类别的不同，所采用的发酵培养基也不尽相同。但是一个适宜于大规模发酵的培养基应该具有以下几个共同的特点：①培养基能够满足产物最经济的合成；②发酵后所形成的副产物尽可能的少；③培养基的原料应因地制宜、价格低廉，且性能稳定、资源丰富，便于采购运输，适合大规模储藏，能保证生产上的供应；④所选用的培养基应能满足总体工艺的要求，如不应该影响通气、提取、纯化及废物处理等。

能否设计出一个好的发酵培养基，是一个发酵产品工业化成功中非常重要的一环。有关发酵培养基的设计，目前虽然可以从微生物学、生物化学、细胞生理学等找到理论上的阐述，但对于具体产品在培养基设计时几乎会受到各种因素的制约，如原材料的成本、发酵厂的地理位置等，因而大规模发酵培养基的设计应该说具有相当的艺术性。尽管如此，在许多情况下，还是有可能对培养基进行科学的设计，只有这样才能在实践中少走弯路，早日实现发酵产品的工业化。

对发酵培养基进行科学的设计，包括两个方面的内容，一是对发酵培养基的成分及原辅材料的特性有较为详细的了解；二是在此基础上结合具体微生物和发酵产品的代谢特点对培养基的成分进行合理的选择和优化。这两个方面的内容作为本章的第二和第三部分。

4.1　培养基的类型及功能[1]

培养基按其组成物质的纯度、状态、用途可分为三大类型。

4.1.1　按纯度分类

按培养基组成物质的纯度可分为合成培养基和天然培养基(复合培养基)。前者所用的原料其化学成分明确、稳定。例如药用葡萄糖、$(NH_4)_2SO_4$、KH_2PO_4 等，这种培养基适合于研究菌种基本代谢和过程的物质变化等科研工作。在生产某些疫苗的过程中，为了防止异性蛋白质等杂质混入，也常用合成培养基。但这种培养基营养单一、价格较高，不适合用于大规模工业生产。发酵培养基普遍使用天然培养基。它的原料是一些天然动、植物产品，相对于合成培养基来讲，其成分不那么"纯"。例如花生饼粉，蛋白胨等。这些物质的特点是营养丰富，适于微生物的生长。一般天然培养基中不需要另加微量元素、维生素等物质，而培养基组成的原料来源丰富(大多为农副产品)、价格低廉、适于工业化生产。但由于成分复杂，不易重复，如对原料质量等方面不加控制会影响生产稳定性。

4.1.2　按状态分类

按培养基的状态，可分为固体培养基、半固体培养基和液体培养基。固体培养基比较适合于菌种和孢子的培养和保存，也广泛应用于有子实体的真菌类，如香菇、白木耳等的生产。近年来由于机械化程度的提高，在发酵工业上又开始应用固体培养基进行大规模生产，其组分常用麸皮、大米、小米、木屑、禾壳和琼脂等，有的还另加一些营养成分。半固体培养基即在配好的液体培养基中加入少量的琼脂，一般用量为 $0.5\%\sim0.8\%$，培养基即成半固体状态，主要用于鉴定细菌、观察细菌运动特征及噬菌体的效价滴度等。液体培养基 $80\%\sim90\%$ 是水，其中配有可溶性的或不溶性的营养成分，是发酵工业大规模使用的培养基。

4.1.3　按用途分类

培养基按其用途可分为孢子培养基、种子培养基和发酵培养基三种。

4.1.3.1　孢子培养基

孢子培养基是供菌种繁殖孢子的一种常用固体培养基，对这种培养基的要求是能使菌体迅速生长，产生较多优质的孢子，并要求这种培养基不易引起菌种发生变异，所以对孢子培养基的基本配制要求如下：①营养不要太丰富（特别是有机氮源），否则不宜产孢子，如灰色链霉菌在葡萄糖-硝酸盐-其他盐的培养基上都能很好地生长和产生孢子，但若加入 0.5% 酵母膏或酪蛋白后，就只长菌体而不产孢子；②所用无机盐的浓度要适量，不然也会影响孢子量和孢子颜色；③要注意培养基的 pH 和湿度。生产上常用的孢子培养基有：麸皮培养基、小米培养基、大米培养基、玉米碎屑培养基和用葡萄糖、蛋白胨、牛肉膏和食盐等配制的琼脂斜面培养基。大米和小米常用作霉菌孢子培养基，因为它们含氮量少、疏松、表面积大，所以是较好的孢子培养基，大米培养基的水分控制在 $21\%\sim25\%$ 较为适宜。在酒精生产中，当制曲（固体培养）时，曲料水分含量需控制在 $48\%\sim50\%$，而曲房空气湿度需控制在 $90\%\sim100\%$。

4.1.3.2　种子培养基

种子培养基是供孢子发芽、生长和大量繁殖菌丝体，并使菌丝体长得粗壮，成为活力强的"种子"。所以种子培养基的营养要求比较丰富和完全，氮源和维生素的含量也要高些，但总浓度以略稀薄为好，这样可达到较高的溶解氧，供大量菌体生长和繁殖。种子培养基的成分要考虑在微生物代谢过程中能维持稳定的 pH，其组成还要根据不同菌种的主要特征而定。一般种子培养基都用营养丰富而完全的天然有机氮源，因为有些氨基酸能刺激孢子发芽。但无机氮源容易利用，有利菌体的迅速生长，所以在种子培养基中常包括有机氮源和无机氮源。最后一级的种子培养基的成分最好能较接近于发酵培养基，这样可使种子进入发酵培养基后能迅速适应，快速生长。

4.1.3.3　发酵培养基

发酵培养基是供菌体生长、繁殖和合成产物之用。它既要使种子接种后能迅速生长，达到一定的菌丝浓度，又要使长好的菌体能迅速合成所需产物。因此，发酵培养基的组成除有菌体生长所必需的元素和化合物外，还要有合成产物所需的特定元素、前体和促进剂等。但若因生长和合成产物所需的总的碳源、氮源或其他营养物质总的浓度太高，或生长和合成产物两个阶段各需的最佳条件要求不同时，则可考虑培养基用分批补料工艺来加以满足。

4.2 发酵培养基的成分及来源

工业微生物绝大部分是异养型微生物，它需要碳水化合物、蛋白质和前体等物质提供能量和构成特定产物的需要。

4.2.1 碳源

碳源是组成培养基的主要成分之一。其主要功能有两个：一是为微生物菌种的生长繁殖提供能源和合成菌体所必需的碳成分；二是为合成目的产物提供所需的碳成分。

常用的碳源有糖类、油脂、有机酸和低碳醇等。在特殊的情况下(如碳源贫乏时)，蛋白质水解物或氨基酸等也可被微生物作为碳源使用。

4.2.1.1 糖类

糖类是发酵培养基中最广泛应用的碳源，主要有葡萄糖、糖蜜和淀粉糊精等。

葡萄糖是最容易利用的碳源，几乎所有的微生物都能利用葡萄糖，所以葡萄糖常作为培养基的一种主要成分，并且作为加速微生物生长的一种有效糖。但是过多的葡萄糖会过分加速菌体的呼吸，以至培养基中的溶解氧不能满足需要，使一些中间代谢物（如丙酮酸、乳酸、乙酸等）不能完全氧化而积累在菌体或培养基中，导致 pH 下降，影响某些酶的活性，从而抑制微生物的生长和产物的合成。

糖蜜是制糖生产时的结晶母液，它是制糖工业的副产物。糖蜜中含有丰富的糖、氮类化合物、无机盐和维生素等，它是微生物发酵培养基价廉物美的碳源。这种糖蜜主要含有蔗糖，总糖可达 $50\%\sim75\%$。一般糖蜜分甘蔗糖蜜和甜菜糖蜜，二者在糖的含量和无机盐的含量上有所不同(如表 4-1)，即使同一种糖蜜由于加工方法不同其成分也存在着差异 (如表 4-2)，因此使用时要注意。糖蜜常用在酵母和丙酮丁醇的生产中，抗生素等微生物工业也常用它作为碳源。在酒精生产中若用糖蜜代替甘薯粉，则可省去蒸煮、糖化等过程，简化了酒精生产工艺。

表 4-1 甘蔗糖蜜和甜菜糖蜜的糖成分

糖	甜菜/质量分数	甘蔗/质量分数
蔗糖	48.5	33.4
棉籽糖	1.0	0
转化糖[①]	1.0	21.3

① 转化糖：以葡萄糖计的还原糖的含量。

表 4-2 甘蔗糖蜜的成分

项 目 产地及加工方法	蔗糖 /%	转化糖 /%	总糖 /%	灰分 /%	蛋白质 /%
广东(亚硫酸法)	33.00	18.08	51.98	13.20	—
广东(碳酸法)	27.00	20.00	47.00	12.00	0.90
四川(碳酸法)	35.80	19.00	54.80	11.10	0.54

淀粉糊精等多糖也是常用的碳源，它们一般都要经过菌体产生的胞外酶水解成单糖后再被吸收利用。淀粉在发酵工业中被普遍使用，因为使用淀粉除了可克服葡萄糖代谢过快的弊病，价格也比较低廉。常用的淀粉为玉米淀粉、小麦淀粉和甘薯淀粉。有些微生物还可直接利用玉米粉、甘薯粉和土豆粉作为碳源，其营养成分如见表 4-3。

表 4-3 粮食原料的成分/%

种　类	淀粉	蛋白质	脂肪	纤维素	灰分
小麦粉	66～72	5～8	1～2	1～2	0.4～1
玉米粉	60～72	9～10	2～4	2～3	0.2
干薯粉	77.8	2.2	0.4	3.0	2.9
木薯粉	77.36	0.26	—	—	1.68

4.2.1.2　油和脂肪

油和脂肪也能被许多微生物作为碳源和能源。这些微生物都具有比较活跃的脂肪酶。在脂肪酶的作用下，油或脂肪被水解为甘油和脂肪酸，在溶解氧的参与下，进一步氧化成 CO_2 和 H_2O，并释放出大量的能量。因此当微生物利用脂肪作为碳源时，要供给比糖代谢更多的氧，不然大量的脂肪酸和代谢中的有机酸会积累，从而引起 pH 的下降，并影响微生物酶系统的作用。常用的油有豆油、菜油、葵花子油、猪油、鱼油、棉子油等。

4.2.1.3　有机酸

一些微生物对许多有机酸（如乳酸、柠檬酸、乙酸等）有很强的氧化能力。因此有机酸或它们的盐也能作为微生物的碳源。有机酸的利用常会使 pH 上升，尤其是有机酸盐氧化时，常伴随着碱性物质的产生，使 pH 进一步上升，以醋酸盐为碳源时其反应式如下

$$CH_3COONa + 2O_2 \longrightarrow 2CO_2 + H_2O + NaOH \qquad (4-1)$$

从上述可见，不同的碳源在分解氧化时，对 pH 的影响各不相同，因此不同的碳源和浓度，不仅对微生物的代谢有影响，而且对整个发酵过程中 pH 的调节和控制也均有影响。

4.2.1.4　烃和醇类

近年来随着石油工业的发展，微生物工业的碳源也有所扩大。正烷烃（一般指从石油裂解中得到的 14～18 碳的直链烷烃混合物）已用于有机酸、氨基酸、维生素、抗生素和酶制剂的工业发酵中。另外石油工业的发展促使乙醇产量的增加，国外乙醇代粮发酵的工艺发展也十分迅速。据研究发现自然界中能同化乙醇的微生物和能同化糖质的微生物一样普遍，种类也相当多，从表 4-4 可见乙醇作碳源其菌体收得率比葡萄糖作碳源还高。因而乙醇已成功的应用在发酵工业的许多领域中，如乙醇已作为某些生产单细胞蛋白工厂的主要碳源。

表 4-4 乙醇与其他碳源的比较

比较项目	乙醇	葡萄糖	醋酸	正烷烃(C_{18})	甲醇	甲烷
含碳量/%	52.2	40	40	85	37.5	75
菌体得率/(g 细胞/g 碳源)	0.83	0.50	0.43	1.40	0.67	0.88

4.2.2　氮源

氮源主要用于构成菌体细胞物质（氨基酸，蛋白质、核酸等）和含氮代谢物。常用的氮源可分为两大类：有机氮源和无机氮源。

4.2.2.1　有机氮源

常用的有机氮源有花生饼粉、黄豆饼粉、棉子饼粉、玉米浆、玉米蛋白粉、蛋白胨、酵母粉、鱼粉、蚕蛹粉、尿素、废菌丝体和酒糟等。它们在微生物分泌的蛋白酶作用下，水解成氨基酸，被菌体吸收后再进一步分解代谢。

有机氮源除含有丰富的蛋白质、多肽和游离氨基酸外，往往还含有少量的糖类、脂肪、无机盐、维生素及某些生长因子，常用的有机氮源的营养成分见表 4-5。由于有机氮源营养

丰富，因而微生物在含有机氮源的培养基中常表现出生长旺盛、菌丝浓度增长迅速的特点。有些微生物对氨基酸有特殊的需要。例如，在合成培养基中加入缬氨酸可以提高红霉素的发酵单位，因为在此发酵过程中缬氨酸既可供菌体作氮源，又可供红霉素合成之用。在一般工业生产中，因其价格昂贵，都不直接加入氨基酸。大多数发酵工业借助于有机氮源，来获得所需的氨基酸。在赖氨酸生产中，甲硫氨酸和苏氨酸的存在可提高赖氨酸的产量，但生产中常用黄豆水解液来代替。只有当生产某些用于人类的疫苗，才取用无蛋白质的化学纯氨基酸作培养基原料。

表 4-5　发酵中常用的一些有机氮源的成分分析

成　　分	黄豆饼粉	棉籽饼粉	花生饼粉	玉米浆	鱼粉	米糠	酵母膏
蛋白质/%	51.0	41	45	24	72	13	50
碳水化合物/%	—	28	23	5.8	5.0	45	—
脂肪/%	1	1.5	5	1	1.5	13	0
纤维/%	3	13	12	1	2	14	3
灰分/%	5.7	6.5	5.5	8.8	18.1	16.0	10
干物/%	92	90	90.5	50	93.6	91	95
核黄素/(mg/kg)	3.06	4.4	5.3	5.73	10.1	2.64	
硫铵素/(mg/kg)	2.4	14.3	7.3	0.88	1.1	22	
泛酸/(mg/kg)	14.5	44	48.4	74.6	9	23.2	
尼克酸/(mg/kg)	21	—	167	83.6	31.4	297	
吡哆醇/(mg/kg)	—	—	—	19.4	14.7		
生物素/(mg/kg)	—	—	—	0.88	—		
胆碱/(mg/kg)	2750	2440	1670	629	3560	1250	
精氨酸/%	3.2	3.3	4.6	0.4	4.9	0.5	3.3
胱氨酸/%	0.6	1.0	0.7	0.5	0.8	0.1	1.4
甘氨酸/%	2.4	2.4	3	1.1	3.5	0.9	—
组氨酸/%	1.1	0.9	1	0.3	2.0	0.2	1.6
异亮氨酸/%	2.5	1.5	2	0.9	4.5	0.4	5.5
亮氨酸/%	3.4	2.2	3.1	0.1	6.8	0.6	6.2
赖氨酸/%	2.9	1.6	1.3	0.2	6.8	0.5	6.5
甲硫氨酸/%	0.6	0.5	0.6	0.5	2.5	0.2	2.1
苯丙氨酸/%	2.2	1.9	2.3	0.3	3.1	0.4	3.7
苏氨酸/%	1.7	1.1	1.4	—	3.4	0.4	3.5
色氨酸/%	0.6	0.5	0.5	—	0.8	0.1	1.2
酪氨酸/%	1.4	1	—	0.1	2.3	—	4.6
缬氨酸/%	2.4	1.8	2.2	0.5	4.7	0.6	4.4

玉米浆是一种很容易被微生物利用的良好氮源，因为它含有丰富的氨基酸（丙氨酸、赖氨酸、谷氨酸、缬氨酸、苯丙氨酸等）、还原糖、磷、微量元素和生长素。玉米浆中含有的磷酸肌醇对促进红霉素、链霉素、青霉素和土霉素等的生产有积极作用。玉米浆是玉米淀粉生产中的副产物，其中固体物含量在 50% 左右，还含有较多的有机酸，如乳酸，所以玉米浆的 pH 在 4 左右。由于玉米的来源不同，加工条件也不同，因此玉米浆的成分常有较大波动，在使用时应注意适当调配。

尿素也是常用的有机氮源，但它成分单一，不具有上述有机氮源的特点。但在青霉素和谷氨酸等生产中也常被采用。尤其是在谷氨酸生产中，尿素可使 α-酮戊二酸还原并氨基化，从而提高谷氨酸的生产。

有机氮源除了作为菌体生长繁殖的营养外，有的还是产物的前体。例如缬氨酸、半胱氨

酸和 α-氨基已二酸是合成青霉素和头孢菌素的主要前体，甘氨酸可作为 L-丝氨酸的前体等。

4.2.2.2　无机氮源

常用的无机氮源有铵盐、硝酸盐和氨水等。微生物对它们的吸收利用一般比有机氮源快，所以也称之为迅速利用的氮源。但无机氮源的迅速利用常会引起 pH 的变化，如

$$(NH_4)_2SO_4 \longrightarrow 2NH_3 + H_2SO_4 \tag{4-2}$$

$$NaNO_3 + 4H_2 \longrightarrow NH_3 + 2H_2O + NaOH \tag{4-3}$$

反应中所产生的 NH_3，被菌体作为氮源利用后，培养液中就留下了酸性或碱性物质。这种经微生物生理作用（代谢）后能形成酸性物质的无机氮源叫生理酸性物质，如硫酸铵。若菌体代谢后能产生碱性物质的则此种无机氮源称为生理碱性物质，如硝酸钠。正确使用生理酸碱性物质，对稳定和调节发酵过程的 pH 有积极作用。例如在制液体曲时，用 $NaNO_3$作氮源，菌丝长得粗壮，培养时间短，且糖化力较高。这是因为 $NaNO_3$ 的代谢而得到的 NaOH 可中和曲霉生长中所释放出的酸，使 pH 稳定在工艺要求的范围内。又如在另一株黑曲霉发酵过程中用硫酸铵作氮源，培养液中留下的 SO_4^{2-} 使 pH 下降，而这对提高糖化型淀粉酶的活力有利，且较低的 pH 还能抑制杂菌的生长，防止污染。

氨水在发酵中除可以调节 pH 外，它也是一种容易被利用的氮源，在许多抗生素的生产中得到普遍使用。以链霉素为例，从其生物合成的代谢途径中可知：合成 1 mol 链霉素需要消耗 7 mol 的 NH_3。红霉素生产中也有用通氨的，它可以提高红霉素的产率和有效组分的比例。氨水因碱性较强，因此使用时要防止局部过碱，加强搅拌，并少量多次地加入。另外在氨水中还含有多种嗜碱性微生物，因此在使用前应用石棉等过滤介质进行除菌过滤。这样可防止因通氨而引起的污染。

4.2.3　无机盐及微量元素

微生物在生长繁殖和生产过程中，需要某些无机盐和微量元素如磷、镁、硫、钾、钠、铁、氯、锰、锌、钴等，以作为其生理活性物质的组成或生理活性作用的调节物，这些物质一般在低浓度时对微生物生长和产物合成有促进作用，在高浓度时常表现出明显的抑制作用。而各种不同的微生物及同种微生物在不同的生长阶段对这些物质的最适浓度要求均不相同。因此，在生产中要通过试验预先了解菌种对无机盐和微量元素的最适宜的需求量，以稳定或提高产量。表 4-6 为无机盐成分浓度的参考范围。

表 4-6　无机盐成分一般所用的浓度范围

成分[①]	浓度/(g/L)	成分[①]	浓度/(g/L)
KH_2PO_4	1.0～4.0	$ZnSO_4 \cdot 8H_2O$	0.1～1.0
$MgSO_4 \cdot 7H_2O$	0.25～3.0	$MnSO_4 \cdot H_2O$	0.01～0.1
KCl	0.5～12.0	$CuSO_4 \cdot 5H_2O$	0.003～0.01
$CaCO_3$	5～17	$Na_2MoO_4 \cdot 2H_2O$	0.01～0.1
$FeSO_4 \cdot 4H_2O$	0.01～0.1		

① 在培养基中，一些动、植物原料中还有相当数量的无机磷酸盐和有机磷。

在培养基中，镁、磷、钾、硫、钙和氯等常以盐的形式（如硫酸镁、磷酸二氢钾、磷酸氢二钾、碳酸钙、氯化钾等）加入，而钴、铜、铁、锰、锌、钼等缺少了对微生物生长固然不利，但因其需要量很小，除了合成培养基外，一般在复合培养基中不再另外单独加入。因为复合培养基中的许多动、植物原料如花生饼粉、黄豆饼粉、蛋白胨等都含有微量元素，但有些发酵工业中也有单独加入微量元素的，例如生产维生素 B_{12}，尽管用的也是天然复合材

料，但因钴是维生素 B_{12} 的组成成分，因此其需要量是随产物量的增加而增加，所以在培养基中就需要加入氯化钴以补充钴。

磷是核酸和蛋白质的必要成分，也是重要的能量传递者——三磷酸腺苷的成分。在代谢途径的调节方面，磷起着很重要的作用，磷有利于糖代谢的进行，因此它能促进微生物的生长。但磷若过量时，许多产物的合成常受抑制。例如在谷氨酸的合成中，磷浓度过高就会抑制 6-磷酸葡萄糖脱氢酶的活性，使菌体生长旺盛，而谷氨酸的产量却很低，代谢向缬氨酸方向转化。但也有一些产物要求磷酸盐浓度高些。如黑曲霉 NRRL330 菌种生产 α-淀粉酶，若加入 0.2％磷酸二氢钾则活力可比低磷酸盐提高 3 倍。还有报道用地衣芽孢杆菌生产 α-淀粉酶时，添加超过菌体生长所需要的磷酸盐浓度，则能显著增加 α-淀粉酶的产量。许多次级代谢过程对磷酸盐浓度的承受限度比生长繁殖过程低，所以必须严格控制。

镁除了组成某些细胞叶绿素的成分外，并不参与任何细胞物质的组成。但它处于离子状态时，则是许多重要酶（如己糖磷酸化酶、柠檬酸脱氢酶、羧化酶等）的激活剂，镁离子不但影响基质的氧化，还影响蛋白质的合成。镁离子能提高一些氨基糖苷抗生素产生菌对自身所产的抗生素的耐受能力，如卡那霉素、链霉素、新生霉素等产生菌。镁常以硫酸镁的形式加入培养基中，但在碱性溶液中会形成氢氧化镁沉淀，因此配料时要注意。

硫存在于细胞的蛋白质中，是含硫氨基酸的组成成分和某些辅酶的活性基，如辅酶 A、硫锌酸和谷胱甘肽等。在某些产物如青霉素、头孢菌素等分子中硫是其组成部分。所以在这些产物的生产培养基中，需要加入如硫酸钠或硫代硫酸钠等含硫化合物作硫源。

铁是细胞色素、细胞色素氧化酶和过氧化氢酶的成分，因此铁是菌体有氧氧化必不可少的元素。工业生产上一般用铁制发酵罐，这种发酵罐内的溶液即使不加任何含铁化合物，其铁离子浓度已可达 30 μg/mL。另外一些天然培养基的原料中也含有铁，所以在一般发酵培养基中不再加入含铁化合物。

氯离子在一般微生物中不具有营养作用，但对一些嗜盐菌来讲是需要的。在一些产生含氯代谢物如金霉素和灰黄霉素等的发酵中，除了从其他天然原料和水中带入的氯离子外，还需加入约 0.1％氯化钾以补充氯离子。啤酒在糖化时，氯离子含量在 20～60 mg/L 范围内能赋予啤酒口味柔和，并对酶和酵母的活性有一定的促进作用，但氯离子含量过高会引起酵母早衰，使啤酒带有咸味。

钠、钾、钙离子虽不参与细胞的组成，但仍是微生物发酵培养基的必要成分。钠离子与维持细胞渗透压有关，故在培养基中常加入少量钠盐，但用量不能过高，否则会影响微生物生长。

钾离子也与细胞渗透压和透性有关，并且还是许多酶的激活剂，它能促进糖代谢。在谷氨酸发酵中，菌体生长时需要钾离子约 0.01％，生产谷氨酸时需要量约为 0.02％～0.1％（以 K_2SO_4 计）。

钙离子能控制细胞透性，它不能逆转高浓度无机磷对某些产品如链霉素等的抑制作用。常用的碳酸钙本身不溶于水，几乎是中性，但它能与代谢过程中产生的酸起反应，形成中性化合物和二氧化碳，后者从培养基中逸出，因此碳酸钙对培养液的 pH 有一定的调节作用。在配制培养基时要注意两点：一是培养基中钙盐过多时，会形成磷酸钙沉淀，降低了培养基中可溶性磷的含量，因此，当培养基中磷和钙均要求较高浓度时，可将二者分别消毒或逐步补加；二是先要将配好的培养基（除 $CaCO_3$ 外）用碱调到 pH 近中性，才能将 $CaCO_3$ 加入培养基中，这样可防止 $CaCO_3$ 在酸性培养基中被分解，而失去其在发酵过程中的缓冲能力。

所采用的 $CaCO_3$ 要对其中 CaO 等杂质含量作严格控制。

锌、钴、锰、铜等微量元素大部分作为酶的辅基和激活剂,一般来讲只有在合成培养基中才需加入这些元素。

4.2.4 水

水是所有培养基的主要组成成分,也是微生物机体的重要组成成分。因此,水在微生物代谢过程中占着极其重要的地位。它除直接参加一些代谢外,又是进行代谢反应的内部介质。此外,微生物特别是单细胞微生物由于没有特殊的摄食及排泄器官,它的营养物、代谢物、氧气等必须溶解于水后才能通过细胞表面进行正常的活动。此外,由于水的比热较高,能有效地吸收代谢过程中所放出的热,使细胞内温度不致骤然上升。同时水又是一种热的良导体,有利于散热,可调节细胞温度。由此可见,水的功能是多方面的,它为微生物生长繁殖和合成目的产物提供了必需的生理环境。

对于发酵工厂来说,恒定的水源是至关重要的,因为在不同水源中存在的各种因素对微生物发酵代谢影响甚大。特别是水中的矿物质组成对酿酒工业和淀粉糖化影响更大。因此,在啤酒酿造业发展的早期,工厂的选址是由水源来决定的。当然,尽管目前已能通过物理或化学方法处理得到去离子或脱盐的工业用水,但在建造发酵工厂,决定工厂的地理位置时,还应考虑附近水源的质和量。

水源质量的主要考虑参数包括 pH 值、溶解氧、可溶性固体、污染程度以及矿物质组成和含量。在抗生素发酵工业中,一个高单位的生产菌种在异地不能发挥其生产能力的因素纵然很多,但由于水质不同而导致这种结果也时有发生。又如在酿酒工业中,水质是获得优质酒的关键因素之一,表 4-7 对深井水和地表水的水质进行了比较。

表 4-7 深井水和地表水的水质比较

成　　分	地表水/(mg/L)	深井水/(mg/L)	成　　分	地表水/(mg/L)	深井水/(mg/L)
溶解氧	7～9	75	SO_4^{2-}	2～8	5～10
游离 CO_2	6～20	10～25	SO_2	10～30	5～35
Cl	2～5	5～50	Fe_2O_3	0～0.3	0.1～2.0
CaO	5～20	5～20	NO_3-N	0.1～0.2	—
MgO	2～10	3～15	NH_4-N	0.2～0.3	—
Na_2O	5～10	—	蛋白-N	0.05～0.07	—
K_2O	1～8	—	$KMnO_4$	1～3	1～8
P_2O_5	0～0.1	—			

4.2.5 生长因子、前体、产物促进剂和抑制剂

发酵培养基中某些成分的加入有助于调节产物的形成,这些添加的物质包括生长因子、前体、产物抑制剂和促进剂。

4.2.5.1 生长因子

从广义上讲,凡是微生物生长不可缺少的微量的有机物质,如氨基酸、嘌呤、嘧啶、维生素等均称生长因子。生长因子不是对于所有微生物都必须的,它只是对于某些自己不能合成这些成分的微生物才是必不可少的营养物。如以糖质原料为碳源的谷氨酸生产菌均为生物素缺陷型,以生物素为生长因子。又如目前所使用的赖氨酸产生菌几乎都是谷氨酸产生菌的各种突变株,均为生物素缺陷型,需要生物素作为生长因子,同时也是某些氨基酸的营养缺陷型,如高丝氨酸等,这些物质也是生长因子。

有机氮源是这些生长因子的重要来源,多数有机氮源含有较多的 B 簇维生素和微量元

素及一些微生物生长不可缺少的生长因子(表4-5)。最有代表性的是玉米浆,玉米浆中含有丰富的氨基酸、还原糖、磷、微量元素和生长素,是多数发酵产品良好的有机氮源,对许多发酵产品的生产有促进作用。从某种意义上来说,玉米浆被用于配制发酵培养基是发酵工业中的一个重大发现。

4.2.5.2 前体

前体指某些化合物加入到发酵培养基中,能直接被微生物在生物合成过程中结合到产物分子中去,而其自身的结构并没有多大变化,但是产物的产量却因加入前体而有较大的提高。前体最早是从青霉素的生产中发现的。在青霉素生产中,人们发现加入玉米浆后,青霉素单位可从 20 U/mL 增加到 100 U/mL,进一步研究后发现单位增长的主要原因是玉米浆中含有苯乙胺,它能被优先合成到青霉素分子中去,从而提高了青霉素 G 的产量。在实际生产中前体的加入不但提高了产物的产量,还显著提高了产物中目的成分的比重,如在青霉素生产中加入苯乙酸可生产青霉素 G,而用苯氧乙酸作为前体则可生产青霉素 V。一些重要的前体例子见表4-8。

大多数前体如苯乙酸对微生物的生长有毒性,以及菌体具有将前体氧化分解的能力,因此在生产中为了减少毒性和增加前体的利用率常采用少量多次的流加工艺。

表 4-8　发酵过程中所用的一些前体物质

产　品	前　体	产　品	前　体
青霉素 G	苯乙酸及其衍生物	核黄素	丙酸盐
青霉素 V	苯氧乙酸	类胡萝卜素	β-紫罗酮
金霉素	氯化物	L-异亮氨酸	α-氨基丁酸
灰黄霉素	氯化物	L-色氨酸	邻氨基苯甲酸
红霉素	正丙醇	L-丝氨酸	甘氨酸

4.2.5.3 抑制剂和产物促进剂

所谓产物促进剂是指那些非细胞生长所必需的营养物,又非前体,但加入后却能提高产量的添加剂。表4-9为一些产酶促进剂。

表 4-9　各种添加剂对产酶的促进作用

添　加　剂	酶	微　生　物	酶活力增加倍数
Tween(0.1%)	纤维素酶	许多真菌	20
	蔗糖酶	许多真菌	16
	β-葡聚糖酶	许多真菌	10
	木聚糖酶	许多真菌	4
	淀粉酶	许多真菌	4
	脂酶	许多真菌	6
	右旋糖酐酶	绳状青霉 QM424	20
	普鲁兰酶	产气杆菌 QMB1591	1.5
大豆酒精提取物(2%)	蛋白酶	米曲霉	2.87
	脂肪酶	泡盛曲霉	2.50
植酸质(0.01%~0.3%)	蛋白酶	曲霉、橘青霉、枯草杆菌、假丝酵母	2~4
洗净剂 LS(0.1%)	蛋白酶	栖土曲霉	1.6
聚乙烯醇	糖化酶	筋状拟内胞菌	1.2
苯乙醇(0.05%)	纤维素酶	真菌	4.4
醋酸+维生素	纤维素酶	绿色毛霉	2

促进剂提高产量的机制还不完全清楚，其原因是多方面的。如在酶制剂生产中，有些促进剂本身是酶的诱导物；有些促进剂是表面活性剂，可改善细胞的透性，改善细胞与氧的接触从而促进酶的分泌与生产，也有人认为表面活性剂对酶的表面失活有保护作用；有些促进剂的作用是沉淀或螯合有害的重金属离子。

各种促进剂的效果除受菌种、种龄的影响外，还与所用的培养基组成有关，即使是同一种产物促进剂，用同一菌株，生产同一产物，在使用不同的培养基时效果也会不一样。

4.3　培养基的设计及优化

一般来讲培养基的选择首先是培养基成分的确定，然后再决定各成分之间如何最佳的复配。由于培养基的组分（包括这些组分的来源和加工方法）、配比、缓冲能力、黏度、消毒是否彻底、消毒后营养破坏的程度以及原料中杂质的含量都对菌体生长和产物形成有影响，但目前还不能完全从生化反应的基本原理来推断和计算出适合某一菌种的培养基配方，只能用生物化学、细胞生物学、微生物学等的基本理论，参照前人所使用的较适合某一类菌种的经验配方，再结合所用菌种和产品的特性，采用摇瓶、玻璃罐等小型发酵设备，按照一定的实验设计和实验方法选择出较为适合的培养基。尽管用于发酵工业的培养基配制缺乏一定的理论性，但近百年来发酵工业的不断发展和有关学科的发展，为我们提供了相当丰富的经验和理论依据。

4.3.1　培养基成分选择的原则

在考虑某一菌种对培养基的总体要求时，在成分选择时应注意以下几个方面的问题。

4.3.1.1　菌体的同化能力

一般只有小分子能够通过细胞膜进入细胞体内进行代谢。微生物能够利用复杂的大分子是由于微生物能够分泌各种各样的水解酶类，在体外将大分子水解为微生物能够直接利用的小分子物质。由于微生物来源和种类的不同，所能分泌的水解酶系是不一样的。因此有些微生物由于水解酶系的缺乏只能够利用简单的物质，而有些微生物则可以利用较为复杂的物质。因而在考虑培养基成分选择的时候，必须充分考虑菌种的同化能力，从而保证所选用的培养基成分是微生物能够利用的。

这一点在碳源和氮源的选取时特别要注意。许多碳源和氮源都是复杂的有机物大分子，如淀粉、黄豆饼粉等，用这类原料作为培养基，微生物必须要具备分泌胞外淀粉酶和蛋白酶的能力，但不是所有的微生物都具备这种能力的。

对于酵母，一般仅能利用 2～3 糖，最多为 4 糖，因此酿造行业用粮食原料制酒时，对于原材料必须经过一系列的处理，最终获得酵母能够利用的碳源。如以中国为代表的制曲（大曲中含有丰富的淀粉酶和糖化酶，可以将淀粉转化为糖）酿酒工艺，国外以麦芽（麦芽中含有丰富的淀粉水解酶类，可以将淀粉转化为麦芽糖）制酒为代表的酿酒工艺，这些都是千百年来广大劳动人民实践的结果。

葡萄糖是几乎所有的微生物都能利用的碳源，因此在培养基选择时一般被优先加以考虑。但工业上由于直接选用葡萄糖作为碳源，成本相对较高，一般采用淀粉水解糖。在工业生产上将淀粉水解为葡萄糖的过程成为淀粉的"糖化"，所得的糖液称为淀粉水解糖。

淀粉水解糖液中主要的糖类是葡萄糖。因水解条件的不同，糖液中尚有少量的麦芽糖及其他一些二糖、低聚糖等复合糖类，这些低聚糖的存在不仅降低了原料的利用率，而且会影响糖液的质量，降低糖液可发酵的营养成分。除此以外原料中带来的杂质如蛋白质、脂肪等以及其分解产物也混于糖液中。因此为了保证发酵正常生产，水解糖液必须达到一定的质量指标(表 4-10)。影响淀粉水解糖的质量因素除原料外很大程度和制备方法密切有关，目前淀粉水解糖的制备方法分酸法、酸酶法和双酶法，其中以双酶法制得的糖液质量最好（表 4-11）。

表 4-10　谷氨酸生产中糖液的质量指标

项　　目	要　　求	项　　目	要　　求
色泽	浅黄、杏黄色透明液	葡萄糖值(DE 值)	90％以上
糊精反应	无	透光率	60％以上
还原糖含量	18％左右	pH	4.6～4.8

表 4-11　不同糖化工艺所得糖液质量的比较

项　　目	酸　法	酸酶法	双酶法
葡萄糖值(DE 值)	91	95	98
葡萄糖含量/(％干重)	86	93	97
灰分/％	1.6	0.4	0.1
蛋白值/％	0.08	0.08	0.10
羟甲基糠氨/％	0.30	0.008	0.003
色度	10.0	0.3	0.2
葡萄糖收得率		较酸法高 5％	较酸法高 10％

对于氮源一样，许多有机氮源都是复杂的大分子蛋白质。有些微生物，如大多数氨基酸产生菌，缺乏蛋白质分解酶，不能直接分解蛋白质必须将有机氮源水解后才能被利用。常用的有大豆饼、花生饼粉和毛发的水解液。各种蛋白质水解液的氨基酸含量见表 4-12。豆饼水解液制备方法如下：豆饼粉(100 kg)＋水(133 kg)＋盐酸，调 pH1.0 以下，100℃，常压水解 16h，或 0.25～0.3MPa 压力水解 6h，也可用硫酸水解，用氨中和。

表 4-12　各种蛋白质水解液的氨基酸含量

组成/％	棉籽饼水解液	毛发水解液	血蛋白水解液	味精母液	豆饼水解液
精氨酸	12.10	4.16	4.50	2.10	7.00
组氨酸	2.70	0.33	6.40	0.88	5.60
赖氨酸	4.40	1.32	9.20	0.55	6.60
酪氨酸	1.30	1.08	2.50	2.06	1.20
色氨酸	2.20	—	1.40	—	3.20
苯丙氨酸	5.40	0.98	7.70	1.80	4.80
胱氨酸	1.60	4.96	1.40	—	1.20
蛋氨酸	1.40	0.45	1.20	—	1.10
丝氨酸	3.90	2.66	8.40	—	5.60
苏氨酸	3.40	2.26	4.40	—	3.90
亮氨酸	5.70	3.25	11.60	4.14	7.60
异亮氨酸	3.60	1.23	2.30	—	5.80
缬氨酸	4.60	1.81	8.30	0.88	5.20
谷氨酸	17.10	4.60	9.30	0.77	18.50
天冬氨酸	10.00	2.41	12.40	0.84	8.30
甘氨酸	3.90	1.33	4.70	0.46	1.90
丙氨酸	4.00	1.73	1.00	3.77	4.50
脯氨酸	3.00	6.29	4.90	3.00	5.40

4.3.1.2　代谢的阻遏和诱导

在配制培养基考虑碳源和氮源时。应根据微生物的特性和培养的目的，注意快速利用的碳(氮)源和慢速利用的碳(氮)源的相互配合，发挥各自的优势，避其所短。

对于快速利用的碳源葡萄糖来讲，当菌体利用葡萄糖时产生的分解代谢产物会阻遏或抑制某些产物合成所需的酶系的形成或酶的活性，即发生葡萄糖效应。因此在抗生素发酵时，作为种子培养时的培养基所含的快速利用的碳源和氮源往往比作为合成目的产物发酵培养时的培养基所含的多。当然也可考虑分批补料或连续补料的方式，以及在基础培养基中添加诸如磷酸三镁等称为铵离子捕捉剂的化合物来控制微生物对底物的合适的利用速率，以解除所谓的"葡萄糖效应"来得到更多的目的产物。另外，对于孢子培养基的配制来说，营养不能太丰富(特别是有机氮源)，否则只长营养菌丝而不产孢子。这种培养基中所用无机盐浓度要适量，不然也会影响孢子量和孢子颜色。

如对于酶制剂生产，应考虑碳源的分解代谢阻遏的影响，对许多诱导酶来说易被利用的碳源(例如葡萄糖与果糖等)不利于产酶，而一些难被利用的碳源 (如淀粉、糊精等)对产酶是有利的(表4-13)。因而淀粉糊精等多糖也是常用的碳源，特别是在酶制剂生产中几乎都选用淀粉类原料作为碳源。

微生物利用氮源的能力因菌种、菌龄的不同而有差异。多数能分泌胞外蛋白酶的菌株，在有机氮源(蛋白质)上可以良好地生长。同一微生物处于生长不同阶段时，对氮源的利用能力不同，在生长早期容易利用易同化的铵盐和氨基氮，在生长中期则由于细胞的代谢酶系已经形成则利用蛋白质的能力增强。因此在培养基中有机和无机氮源应当混合使用。

有些产物会受氮源的诱导与阻遏，这在蛋白酶的生产中表现尤为明显，除个别外(例如黑曲霉生产酸性蛋白酶需高浓度的铵盐)，通常蛋白酶的生产受培养基中蛋白质或多肽的诱导，而受铵盐、硝酸盐氨基酸的阻遏。这时在培养基氮源选取时应考虑以有机氮源(蛋白质类)为主。

表 4-13　碳源对生长和产酶的影响

碳　　源	地衣芽孢杆菌		黑曲霉
	细胞量/(g/L)	α-淀粉酶活力/(U/mL)	果胶酶活力/(U/mL)
葡萄糖	4.2	0	0.77
果糖	4.18	0	—
蔗糖	4.02	0	0.66
糊精	3.06	38.2	0.52
淀粉	3.09	40.2	1.93

4.3.1.3　合适的 C、N 比

培养基中碳氮比对微生物生长繁殖和产物合成的影响极为显著。氮源过多，会使菌体生长过于旺盛，pH 偏高，不利于代谢产物的积累；氮源不足，则菌体繁殖量少，从而影响产量。碳源过多则容易形成较低的 pH；若碳源不足则容易引起菌体的衰老和自溶。另外，碳氮比不当还会引起菌体按比例的吸收营养物质，从而直接影响菌体的生长和产物的合成。

微生物在不同的生长阶段，其对碳氮比的最适要求也不一样。一般来讲，因为碳源既作为碳架参与菌体和产物的合成又作为生命过程中的能源，所以比例要求比氮源高。一般工业发酵培养基的碳氮比为 100 : (0.2～2.0)。但在谷氨酸发酵中因为产物含氮量较多，所以氮源比例就相对高些。如在谷氨酸生产中取的碳氮比为 100 : (15～21)；若碳氮比例为 100 : (0.5～2.0)，则出现只长菌体而几乎不合成谷氨酸的现象。应该指出的是，碳氮比也随碳源

及氮源的种类以及通气搅拌等条件而异，因此很难确定一个统一的比值。

4.3.1.4 pH 的要求

微生物的生长和代谢除了需要适宜的营养环境外，其他环境因子也应处于适宜的状态。其中 pH 是极为重要的一个环境因子。微生物在利用营养物质后，由于酸碱物质的积累或代谢酸碱物质的形成会造成培养体系 pH 的波动。发酵过程中调节 pH 的方式一般不主张直接用酸碱来调节，因为培养基 pH 的异常波动常常是由于某些营养成分的过多（或过少）而造成的，因此用酸碱虽然可以调节 pH，但不能解决引起 pH 异常的原因，其效果常常不甚理想。

要保证发酵过程中 pH 能满足工艺的要求，合理配制培养基是成功的决定因素。因而在配制培养选取营养成分时，除了考虑营养的需求外，也要考虑其代谢后对培养体系 pH 缓冲体系的贡献，从而保证整个发酵过程中 pH 能够处于较为适宜的状态。

4.3.2 培养基的优化

应该指出的是选择培养基成分，设计培养基配方虽然有一些理论依据，但最终的确定是通过实验的方法获得的。一般一个培养基设计的过程大约经过以下几个步骤：①根据前人的经验和培养基成分确定时一些必须考虑的问题，初步确定可能的培养基成分；②通过单因子实验最终确定出最为适宜的培养基成分；③当培养基成分确定后，剩下的问题就是各成分最适的浓度，由于培养基成分很多，为减少实验次数常采用一些合理的实验设计方法。

有关培养基成分的确定可以参见前面的内容，各成分适宜的浓度往往是通过实验获得的，最终设计出一个合适的培养基满足本章开始提出的四条标准。作为一个适宜的培养基首先必须满足产物最经济的合成，也就是说所配制的培养基中原材料的利用率要高。这就是一个转化率（单位质量的原料所产生的产物的量）的问题。考察发酵过程的转化率一般有两个值，一为理论转化率；一为实际转化率。所谓理论转化率是指理想状态下根据微生物的代谢途径进行物料衡算，所得出的转化率的大小。实际转化率是指实际发酵过程中转化率的大小。由于实际发酵过程中副产物的形成，原材料的利用不完全等因素的存在，实际转化率往往要小于理论转化率。因此如何使实际转化率接近于理论转化是发酵控制的一个目标。

4.3.2.1 理论转化率的计算

对于确定的化学反应其反应理论转化率可以通过反应方程式的物料衡算得出，生物反应其本质上也是化学反应，因此理论转化率也是通过反应方程式的物料衡算得出的。

由于生物反应的复杂性，要给出反应物和产物的代谢总反应方程式，必须对生物代谢过程的每一步反应进行深入的解析。因而对于很多产品和反应底物要给出定量的代谢总反应方程式，至少在目前来讲是相当困难的，但是这方面的研究一直是发酵控制研究中的重点。

一些主要的代谢产物，因为它们的代谢途径比较清楚，所以可以给出它们的代谢总反应方程式，例如在酒精生产中葡萄糖转化为酒精的理论转化率计算如下。

葡萄糖转化为酒精的代谢总反应衡算式为

$$C_6H_{12}O_6 \longrightarrow 2C_2H_5OH + 2CO_2 \tag{4-4}$$

因此葡萄糖转化为酒精的理论得率为

$$Y = \frac{2 \times 46}{162} = 0.57$$

对于某些次级代谢产物，通过代谢途径的解析也可给出代谢的总反应衡算式，Cooney 根据化学反应的计量关系和经验数据得出下式

$$\frac{10}{6}C_6H_{12}O_6 + 2NH_3 + H_2SO_4 + \frac{1}{2}O_2 + C_8H_8O_2 \longrightarrow C_{16}H_{18}O_4N_2S + 2CO_2 + 9H_2O \quad (4\text{-}5)$$
葡萄糖   苯乙酸   青霉素

因此葡萄糖转化为青霉素的理论得率为：$Y=1.1$

式(4-5)中，苯乙酸是前体，由于在产物合成中的作用比较明显，理论得率可按物质的量比计算，如对青霉素发酵理论上 1 mol 的苯乙酸合成 1 mol 的青霉素。

例：计算红霉素发酵过程中发酵单位为 4000 U/mL 时，理论上要加入丙酸前体多少？

解：红霉素的大环内酯环有 21 个碳，有 7 个 3 碳化合物组成，所以红霉素与丙酸的物质的量比为 1∶7（红霉素的相对分子质量为 733，丙酸的相对分子质量为 74），4000 U/mL 红霉素相当于每升培养液中有 4 g 红霉素，所以

$$加入的丙酸量 = \frac{7 \times 74 \times 4}{733} = 2.83 \text{ g/L} = 0.28\%$$

上述得率都是理论转化率，指基质在理想状态下完全转化为产物时的转化率。在实际过程中如确定碳源的数量时还要考虑到用于菌体生长的维持消耗的量，表 4-14 列出了菌体在一些碳源中的细胞得率，对于前体还要考虑到实际利用率，其他营养物质也有相类似或另一些影响因素存在，因而实际的转化率要小于理论转化率。但是理论得率为培养基成分在浓度确定时提供了重要的参考，而且发酵过程中如何控制实际转化率尽可能地接近理论转化率一直是一个努力的方向。

表 4-14　菌体在不同碳源中的细胞得率

碳　　　源	细胞得率/(g 细胞/g 基质)	碳　　　源	细胞得率/(g 细胞/g 基质)
葡萄糖（糖蜜）	0.51	乙醇	0.68
甲烷	0.62	醋酸盐	0.34
正烷	1.03	顺丁烯二酸	0.36
甲醇	0.40		

4.3.2.2　实验设计

最终培养基成分和浓度的确定都是通过实验获得的。一般首先是通过单因子实验确定培养基的成分，然后通过多因子实验确定各成分对培养基的大小及其适宜的浓度，最后为了精确确定主要影响因子的适宜浓度，也可以进行进一步的单因子实验。

有关单因子实验比较简单。对于多因子实验，为了通过较少的实验次数获得所需的结果常采用一些合理的实验设计方法，如正交实验设计、响应面分析等。

4.3.2.2.1　正交实验设计[2]

正交实验设计是安排多因子的一种常用方法，通过合理的实验设计，可用少量的具有代表性的试验来代替全面试验，较快地取得实验结果。正交实验的实质就是选择适当的正交表，合理安排实验的分析实验结果的一种实验方法。具体可以分为下面四步：①根据问题的要求和客观的条件确定因子和水平，列出因子水平表；②根据因子和水平数选用合适的正交表，设计正交表头，并安排实验；③根据正交表给出的实验方案，进行实验；④对实验结果进行分析，选出较优的"试验"条件以及对结果有显著影响的因子。

例：确定赖氨酸产生菌 FB31 发酵培养基成分玉米浆、豆饼水解液、硫酸铵适宜浓度及其对发酵的影响。

解：利用正交设计安排实验并分析结果。

(1) 确定因子和水平，列出因子水平表　根据经验，豆饼水解液、玉米浆和硫酸铵的浓

度变化见表 4-15，共 3 个因子每个因子取三个水平。

（2）根据因子和水平数选用合适的正交表，设计正交表头，并安排实验　由于是三因子三水平，所以选用 $L_9(3^4)$，将硫酸铵、豆饼水解液、玉米浆分别安排在第 2、3、4 列，第 1 列为空列，共安排 9 个试验点，例如第一个试验点取豆饼水解液水平 1（浓度 0.5%）、玉米浆水平 1（浓度 2.5%）、硫酸铵水平 1（浓度 3%）。正交表安排及实验结果见表 4-16。

表 4-15　因子水平表

因子 水平	豆饼水解液	玉米浆	硫酸铵
1	0.5%	2.5%	3%
2	1.0%	3.0%	4%
3	1.5%	3.5%	5%

表 4-16　正交实验结果

试验号	列号 1	2 硫酸铵	3 豆饼水解液	4 玉米浆	产酸/(g/L)
1	1	1	1	1	21.0
2	1	2	2	2	42.0
3	1	3	3	3	31.0
4	2	1	2	3	38.0
5	2	2	3	1	22.0
6	2	3	1	2	33.0
7	3	1	3	2	24.0
8	3	2	1	3	36.0
9	3	3	2	1	30.0
k_1		28.0	30.0	24.0	
k_2		33.0	37.0	33.0	
k_3		31.0	26.0	35.0	
极差		5.0	11.0	11.0	

（3）实验结果及分析　正交实验结果的统计分析方法有极差分析法与方差分析法两种。

a. 极差分析法　首先分析因子 2（硫酸铵），把因子 2 取 1 水平的三次实验（1，4，7 号）的实验结果取平均值，并计为，即

$$k_1 = (21.0 + 38.0 + 24.0)/3 = 28.0$$

同理得因子 2 取 2 水平的 $k_2 = 33.0$，取 3 水平的 $k_3 = 31.0$。

由于正交表设计的特殊性，k_1 反映了因子 2 取 1 水平三次，因子 3（豆饼水解液）、因子 4（玉米浆）分别取 1、2、3 水平一次的影响，k_2 反映了因子 2 取 2 水平三次，及因子 3、因子 4 分别取 1、2、3 水平一次的影响，k_3 反映了因子 2 取 3 水平三次及因子 3、因子 4 分别取 1、2、3 水平一次的影响。从而在比较 k_1、k_2、k_3 时可以认为因子 3、因子 4 对 k_1、k_2、k_3 的影响相同，k_1、k_2、k_3 之间的差异是由于因子 2 取三个不同的水平所产生的。

再来看一下 k_1、k_2、k_3 的极差 R，对于因子 2 有

$$R = 33.0 - 28.0 = 5.0$$

类似地，对于因子 3、因子 4，算出相应的 k_1、k_2、k_3 和极差 R，结果见表 4-16。

为了直观起见，可以取因子的水平为横坐标，k_1、k_2、k_3 为纵坐标，做出因子和实验结果的关系图。

实验数据经过上述处理，就可以进行极差分析了。

第一，比较各因子极差的大小。极差越大，说明该因子的水平变动时，实验结果的变动越大，即该因子对实验结果的影响越大，从而可以按极差的大小来决定因子的主次顺序对于

本例实验为：玉米浆＝豆饼水解液＞硫酸铵。

第二，确定较适宜的配比。k_1、k_2、k_3反映了因子各水平对实验结果的影响，因而最大的k值对应了最好的水平，对于本例较适宜的配比为：硫酸铵4.0%、豆饼水解液1.0%、玉米浆3.5%。

第三，进行趋势分析。对于本例，从图4-1中可见如能进一步提高玉米浆的浓度，有可能提高产酸。

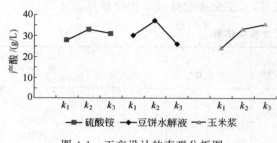

图4-1　正交设计的直观分析图

b. 方差分析法　极差分析也称为直观分析法。其优点的直观，简单，而且其适用范围也较广，因此在正交设计中它是一种最常用和最有力的工具。但它的缺点是分析结果较粗糙，往往不能从理论上给予确切的说明，特别是第一类判别因子的主次的问题，当实验结果存在有混杂现象时，往往会得出错误的结论。方差分析法是实验设计中传统的分析方法，其优点是通过统计分析的方法排除试验误差的干扰，得出比较科学的实验结论。但方差分析由于计算复杂，所以在多因子实验中主要用于判别因子的主次或者判别因子作用的显著性这个问题。

对本例实验，正交实验的方差分析结果见表4-17。

表4-17　方差分析结果

方差来源	偏差平方和	自由度	均　　方	F值	显著性
硫酸铵	5.51	2	2.76	23.0	*
玉米浆	20.47	2	10.24	85.3	*
豆饼水解液	21.43	2	10.72	89.3	*
误差	0.32	2	0.12		
总和	47.73	8			

由于$F_{0.05}(2,2)=19.0$，$F_{0.01}(2,2)=99.0$。一般$F_{因子}>F_{0.05}$[(因子自由度)，(误差自由度)]时，就称这个因子的作用是显著的，一般$F_{因子}>F_{0.01}$[(因子自由度)，(误差自由度)]时，就称这个因子的作用是高度显著的。这种判别是比较客观的，对本例三个因子对实验结果的影响都是显著的，在培养基配制的过程中都必须严格控制它的量，其中玉米浆、豆饼水解液接近高度显著，更是主要的影响因子。

4.3.2.2.2　响应面分析法[3]

虽然正交实验设计是多因子实验安排中最常用的实验设计方法，其他实验设计方法还有很多，特别是一些实验方法结合计算机统计分析软件，使实验的安排和对结果的分析较正交设计更加完善和方便，这里我们仅仅举响应面分析法作一介绍。

响应面分析（response surface analysis）方法是数学与统计学相结合的产物，和其他统计方法一样，由于采用了合理的实验设计，能以最经济的方式，用很少的实验数量和时间对实验进行全面研究，科学地提供局部与整体的关系，从而取得明确的、有目的的结论。它与"正交设计法"不同，响应面分析方法以回归方法作为函数估算的工具，将多因子实验中，因子与实验结果的相互关系，用多项式近似，把因子与实验结果（响应值）的关系函数化，依此可对函数的面进行分析，研究因子与响应值之间、因子与因子之间的相互关系，并进行优化。Box 及其合作者于 20 世纪 50 年代完善了响应面方法学，后广泛应用于化学、化工、农业、机械工业等领域。

例：采用响应面分析方法对赖氨酸产生菌 FB42 的发酵培养基组成中玉米浆、豆饼水解液、硫酸铵进行优化。

解：（1）确定因子和水平安排响应面实验

以这三个因子为自变量，以产酸值为响应值，设计了三因子三水平的实验。见表 4-18，表 4-19。

（2）对实验结果进行分析

表 4-18　因子水平表

因子 水平值	豆饼水解液（X_1）	玉米浆（X_2）	硫酸铵（X_3）
-1	1%	2%	4%
0	2%	3%	5%
1	3%	4%	6%

表 4-19　响应面实验安排及试验结果

列号 实验号	X_1 豆饼水解液	X_2 玉米浆	X_3 硫酸铵	产酸/(g/L)
1	-1	-1	0	45.44
2	-1	0	-1	49.01
3	-1	0	1	48.20
4	-1	1	0	44.70
5	0	-1	-1	43.20
6	0	-1	1	42.21
7	0	1	-1	39.66
8	0	1	1	40.22
9	1	-1	0	39.14
10	1	0	-1	40.45
11	1	0	1	39.80
12	1	1	0	35.02
13	0	0	0	54.20
14	0	0	0	54.45
15	0	0	0	53.54

15 个实验点可分为两类，其一是析因点，自变量取值在 X_1、X_2、X_3 所构成的三维顶点，共有 12 个析因点，其二是零点，为区域的中心点，零点试验重复 3 次，用以估计实验误差。以产酸（Y）为响应值，经回归拟合后，各实验因子对响应值的影响可以用下列函数表示：

$$Y=a_0+a_1X_1+a_2X_2+a_3X_3+a_{11}X_1^2+a_{22}X_2^2+a_{33}X_3^2+a_{12}X_1X_2+a_{13}X_1X_3+a_{23}X_2X_3$$

运用 SAS'RSREG 程序对 15 个实验点的响应值进行回归分析，分别得到表 4-20，表 4-21，表 4-22 的分析结果，图 4-2、图 4-3 是根据响应面分析结果绘出的趋势图。

表 4-20　回归系数取值

系数	a_0	a_1	a_2	a_3	a_{11}	a_{22}	a_{33}	a_{12}	a_{13}	a_{23}
取值	54.06	-4.117	-1.299	-0.2364	-4.973	-8.015	-4.725	-0.8450	0.0399	0.3875

表 4-21　回归方程的方差分析表

方差来源	自由度	平方和	均方	F 值	测定系数
回归	9	514.6	57.17	380.7	$r=$
残差	5	0.751	0.150		514.6/515.3
总离差	14	515.3			=0.998

$F_{0.01}(9,5)=10.2$

115

表 4-22　回归方程各项的方差分析

方差来源	自由度	均　方	F 值	显著性
一次项	3	49.86	225.6	＊＊
二次项	3	120.5	545.2	＊＊
交互项	3	1.154	5.222	
失拟项	3	0.103	0.466	
误差	2	0.221		

$$F_{0.05}(3,2)=19.2, F_{0.01}(3,2)=99.2$$

数据经过处理后,可以进行响应面分析。

第一,用回归方程描述各因子与响应值之间的关系时,其因变量与全体自变量之间的线性关系的高度显著,$F>F_{0.01}(9,5)$,线性相关系数 $r=0.998$,方程的失拟项很小,因此可以用该回归方程代替实验真实点对实验结果进行分析。

第二,回归方程各项的方差分析表明,方程一次项和二次项的影响都是高度显著的,因此各具体因子对实验结果的影响是显著的,但不是简单的线性关系。各因子之间的交互作用影响不显著。

第三,从趋势图中可以看出,各具体因子都有一个最适宜的浓度,精确的求解可以通过回归方程求出。

将回归方程取一阶偏导数等于零并整理得

$$-4.177-9.964X_1+0.0399X_3-0.845X_2=0$$
$$-1.299-16.03X_2+0.3875X_3-0.845X_1=0$$
$$-0.2362-9.450X_3+0.0399X_1-0.388X_2=0$$

解得 $X_1=-0.41$,$X_2=-0.08$,$X_3=-0.02$。即豆饼水解液为 1.59%,玉米浆为 2.92%,硫酸铵为 4.98%。考虑到配比的方便可以分别取值 1.6%、2.9%、5.0%。

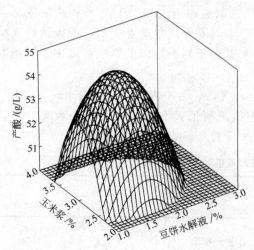

图 4-2　$Y=f(X_1,X_2)$ 响应面分析立体图
(硫酸铵 $X_3=5\%$)

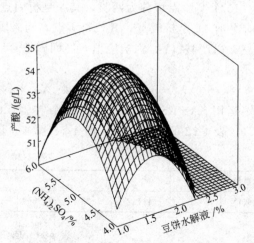

图 4-3　$Y=f(X_1,X_3)$ 响应面分析立体图
(玉米浆 $X_2=3\%$)

4.3.2.2.3　培养基设计在发酵过程优化控制中的作用和地位

一个批发酵(包括流加发酵)过程从开始到结束经历着不同的阶段,对于大多数产品总

是可以分为生长期和产物形成期两个阶段。生长阶段表现为微生物快速的生长，并很快积累到较高的浓度，而产物几乎不合成或仅有少量合成；接下来的一个阶段为产物形成阶段，产物形成阶段一般在整个生产过程中占据较多的时间，在这一阶段微生物菌体的浓度仅有少量的变化，而产物浓度在快速的积累，具体如图 4-4 所示。

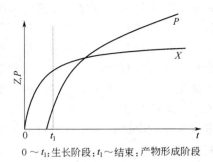

0~t_1：生长阶段；t_1~结束：产物形成阶段

图 4-4   发酵过程的代谢变化

因此对于批发酵（包括流加发酵）过程，微生物体内的酶系是处于不断变化之中的，但是从大多数产品的生产过程来看在产物形成阶段似乎可以认为菌体的酶系是相对稳定的，而菌体酶系的变化主要发生在菌体生长阶段，对于一个好的发酵过程当菌体生长阶段结束时，菌体内的酶系应当是最有利于产物的形成。

由上述分析，对于批发酵（流加发酵）过程的优化控制应当分为两个阶段，而且各个阶段的控制重点应当有所侧重。

第一阶段是控制菌体的生长，目的是使长好的菌体能够处于最佳的产物合成状态，即如何控制有利于微生物催化产物合成所需酶系的形成。这一阶段虽然占整个发酵过程中的时间较少，但却是发酵过程好坏成功的关键，因为微生物酶系的形成往往是不可逆的。这一阶段的研究必须从产物合成的代谢调控机制入手，具体分析每个产品制约着产物合成的主要代谢调控机制，来分析发酵开始的营养条件（包括供氧）和环境条件（如温度、pH 等），找出主要的影响因素对其进行控制，从而保证菌体长好后，有利于产物合成和分泌的酶系开启，而不利于产物合成的酶系关闭，处于最佳的产物合成状态。

第二阶段是控制产物的合成，在这一阶段由于微生物体内的酶系相对稳定，这就有可能从反应速度的研究入手，分析底物浓度对反应速度的影响，找出对反应速度影响最显著的底物，以此建立动力学方程，进行优化控制，并保证其他底物浓度能维持在一个恰当的水平，使产物的合成过程最经济。

围绕上面发酵过程两个阶段的分析，对于一个批发酵（包括流加发酵）过程研究的重点和控制的目的应当是：在菌体生长阶段找出影响产物分泌酶系的主要因素，并加以控制使菌体长好后处于最佳的产物合成阶段；在产物形成阶段找出影响反应速度变化的主要因素并加以控制使产物的形成速度处于最佳或底物的消耗最经济。这两个阶段由于控制本质的不同，其关键控制因子常常是不一样的。

目前在流加（或分批）发酵优化控制研究中，往往过分强调反应速度的控制，即仅从动力学的角度研究发酵过程的优化控制问题，常采用的方法是对影响微生物系统的众多因素进行了简化，将整个发酵阶段影响微生物生长和产物的形成的因素归结为某一种主要因素的影响，并以此建立起动力学模型，进一步在动力学模型的基础上运用数学方法进行过程优化。这种研究方法除了在连续发酵中有较为成功的应用外，在流加发酵的最优化研究中虽然有很多报道，但真正经得起实践考验的不多。其原因也正是对菌体生长阶段和产物形成阶段的控制差异点和重要性考虑不足，对生长阶段的控制本质研究得不透彻。

对于生长阶段的控制，适宜的培养基配制是最重要的手段，也可以说是成功的关键。正如前面分析指出，生长阶段控制的目的是使得生长好的菌体处于最有利于产物合成的状态。因而必须找出影响产物分泌最适酶系形成的关键因子加以控制。目前已经有一些非常成功的报道，最典型的是谷氨酸发酵中控制生物素的亚适量。但是由于微生物代谢调控机制的复杂性，对于大多数产品仍然要作相当细致的工作。由于这些关键控制因子常常是一些微量的物质（它们是以包含在其他培养基原料如有机氮源中被添加到培养基中），这在一般培养基的设计和优化过程往往被忽略。这就造成了发酵前期控制的困难，发酵过程的控制常处于一种不确定的状态，例如原材料产地的变化、原材料加工方法的变化等等都对发酵有着重要的影响。因此可以说目前培养基的设计对大多数产品仍处于一个较低层次的研究水平上，随着发酵过程动力学研究和计算机自动控制应用的深入，它越来越变成发酵过程优化控制研究中的瓶颈问题。

4.3.3　培养基设计时注意的一些相关问题

有关培养基的设计优化前面介绍一些原则，但在具体应用时还要注意许多相关的问题，以确保培养基的设计符合一个稳定、大规模发酵产品的需要。

4.3.3.1　原料及设备的预处理

发酵培养基所用的原料，有些必须经过适当的预处理。如一些谷物或山芋干等农产品，使用前要去除杂草、泥块、石头、小铁钉等杂物以避免损坏粉碎机。国外抗生素用的培养基均要通过 200 目（75 μm）的筛子。有些谷物如大麦、高粱、橡子等原料最好先去皮，这样一方面可以防止皮壳中有害物质如单宁等带入发酵醪，影响微生物的生长和产物的形成；另一方面大量的皮壳占去一定的体积，降低了设备的利用率，且易堵塞管道，增加流动阻力。

在使用糖蜜时，要特别注意，由于糖蜜中含有大量的无机盐、胶体物质和灰分，对于有些产品的生产，必须进行预处理。例如在柠檬酸生产时，由于糖蜜中富含铁离子会导致异柠檬酸的形成，所以糖蜜要预先加入黄血盐除铁。在酒精或酵母生产时，由于糖蜜中干物质浓度大，糖分高、产酸菌多、灰分和胶体物质也很多，酵母无法生长，因此必须经过稀释、酸化、灭菌、澄清和添加营养盐等处理后才能被使用。

工业上一般使用铁制的发酵罐，这种发酵罐内的溶液即使不加入任何含铁的化合物，其铁离子的浓度已可达 30 μg/mL。有些产品对铁离子是非常敏感的，如青霉素的最适铁离子浓度应在 20 μg/mL 以下。因此新发酵罐或腐蚀的发酵罐会造成铁离子的浓度过高，这在生产过程中必须加以重视。目前常用的处理方法是在罐内壁涂生漆或耐热环氧树脂作保护剂以防止铁离子的脱落。

4.3.3.2　原材料的质量

在第 4.3.2.3 节中已经指出，培养基的配制在发酵过程的控制和优化中占有着及其重要的地位。但是由于目前研究的不深入，可以说对于绝大部分产品培养基成分中关键的调控因子还不很清楚。这些关键的调控因子常常是一些微量的物质，它们包含在碳源、氮源等，特别是有机氮源中被添加到培养基中。因而这些物质（碳源、氮源等）质量（包括成分、含量）的稳定性是获得连续、稳定高产的关键。

在选择培养基所用的有机氮源时，特别要注意原料的来源、加工方法和有效成分的含量以及储存方法，有机氮源大部分为农副产品，其中所含的成分受产地、加工、储存等的影响较大。如常用的黄豆饼粉虽然加工方法都是压榨法，但所用的压榨温度可以是低温（40～50 ℃）、中温（80～90 ℃）、高温（100 ℃以上）。黄豆饼粉不同的加工方法对抗生素发酵的影响很大，如在红霉素生产时应该用热榨的黄豆饼粉，而在链霉素发酵时应该用冷榨的黄豆饼粉。表 4-23 列出了热榨黄豆饼粉和冷榨黄豆饼粉中主要成分的含量。

表 4-23　热榨黄豆饼粉和冷榨黄豆饼粉中主要成分含量/%

加工方法 \ 成分	水分	粗蛋白	粗脂肪	碳水化合物	灰分
冷　榨	12.12	46.45	6.12	26.64	5.44
热　榨	3.38	47.94	3.74	22.84	6.31

因此每个工厂对这些原料都应进行定点采购和加工；如原料有变化，应事先进行试验，一般不得随意更换原料。对所有的培养基组成都要有一定的质量标准。

4.3.3.3　发酵特性的影响

培养基中各成分的含量往往是根据经验和摇瓶或小罐试验结果来决定的。但在大规模发酵时要综合考虑。如红霉素摇瓶发酵时提高基础培养基中的淀粉含量能够延缓菌丝自溶、提高发酵单位。但在大规模发酵时，由于淀粉含量过高不仅成本增加且发酵液黏稠影响氧的传质，进而影响红霉素的生物合成和后工段的处理。因此在抗生素发酵生产中往往喜欢所谓的"稀配方"，因为它既降低成本、灭菌容易、且使氧传递容易而有利于目的产物的生物合成。如果营养成分缺乏，则可通过中间补料方法予以弥补。

使用淀粉时，如果浓度过高培养基会很黏稠，所以培养基中的淀粉的含量大于 2.0% 时，应该先用淀粉酶糊化，然后再混合、配制、灭菌，以免产生结块现象。糊精的作用和淀粉极为相似，因其在热水中的溶解性，所以补料中一般不补淀粉而补糊精。

4.3.3.4　灭菌

发酵培养基都要经过灭菌，目前所使用的方法基本上是湿热蒸汽灭菌法。在灭菌的同时必然存在着营养物质的损失。由于灭菌条件的差异造成培养基营养成分的差异，这一点也常常是造成放大的失败和发酵结果波动的重要原因。在大规模发酵中应该尽可能的采取连续灭菌的操作，而且保证灭菌条件的稳定是保证发酵稳定的前提。

不适当的灭菌操作除了降低营养物质的有效浓度外，还会带来其他有害物质的积累，进一步抑制产物的合成。所以有时避免营养物质在加热的条件下，相互作用，可以将营养物质分开消毒。如培养基中钙盐过多时，会形成磷酸钙沉淀，降低了培养基中可溶性磷的含量。因此，当培养基中磷和钙均要求较高浓度时，可将二者分别消毒或逐步补加。

有些物质由于挥发和对热非常敏感，就不能采用湿热的灭菌方法。如氨水的灭菌常用过滤除菌的方法进行灭菌。

参 考 文 献

1　俞俊棠，唐孝宣主编. 生物工艺学. 上海：华东化工学院出版社，1991. 99～110
2　栾军编著. 现代试验设计优化方法. 上海：上海交通大学出版社，1995
3　宫衡，李小明，伦世仪. 响应面法优化赖氨酸发酵培养基. 生物技术. 1995，5 (4)：13～15

5 灭 菌

生物化学反应过程，特别是细胞培养过程，往往要求在没有杂菌污染的情况下进行，这是由于生物反应系统中通常含有比较丰富的营养物质，因而很容易受到杂菌污染（称为染菌），进而产生各种不良后果：①由于杂菌的污染，使生物化学反应的基质或产物消耗，造成产率的下降；②由于杂菌所产生的某些代谢产物，或染菌后发酵液的某些理化性质的改变，使产物的提取变得困难，造成收得率降低或使产品质量下降；③污染的杂菌可能会分解产物而使生产失败；④污染的杂菌大量繁殖，会改变反应介质的 pH，从而使生物化学反应发生异常变化；⑤发生噬菌体污染，微生物细胞被裂解而使生产失败等。

当然，某些培养过程，由于培养基中的基质不易被微生物利用，或者温度、pH 不适于一般微生物生长，因而可在不很严格的条件下生产，如单细胞蛋白的生产。但是绝大多数的培养过程要求在严格的条件下进行纯种培养，具体采取以下措施：①设备灭菌并确保无泄漏；②所用培养基必须灭菌；③通入的气体（如好氧培养中的空气）应经除菌处理；④种子无污染，确保纯种；⑤培养过程中加入的物料应经灭菌处理，并在加入过程中确保无污染，这点在连续培养中尤其重要。

5.1 灭菌的方法

所谓灭菌，就是指用物理或化学方法杀灭或去除物料或设备中一切有生命物质的过程。应用的范围有：①培养基灭菌；②气体除菌；③设备及管道灭菌等。常用的灭菌方法有以下几种。

5.1.1 化学灭菌

一些化学药剂能使微生物中的蛋白质、酶及核酸发生反应而具有杀菌作用。常用的化学药剂有甲醛、氯（或次氯酸钠）、高锰酸钾、环氧乙烷、季铵盐（如新洁尔灭）、臭氧等。由于化学药剂也会与培养基中的一些成分作用，而且加入培养基后不易去除，所以化学灭菌法不用于培养基的灭菌。但染菌后的培养基可以用化学药剂处理。

5.1.2 射线灭菌

射线灭菌即利用紫外线、高能电磁波或放射性物质产生的 γ 射线进行灭菌的方法。波长为 $(2.1 \sim 3.1) \times 10^{-7}$ m 的紫外线有灭菌作用，最常用的是波长为 2.537×10^{-7} m 的紫外线。但紫外线的穿透力低，所以仅用于表面消毒和空气的消毒。也可利用 $(0.06 \sim 1.4) \times 10^{-10}$ m 的 X 射线或由 Co^{60} 产生的 γ 射线进行灭菌。近年来，微波灭菌设备的兴起，为灭菌提供了新的选择[1]。

5.1.3 干热灭菌

干热灭菌常用的干热条件为在 160 ℃下保温 1 h。干热灭菌不如湿热灭菌有效，其 Q_{10}（即温度升高 10 ℃，灭菌常数增加的倍数）为 2～3，而湿热灭菌对耐热的芽孢可达 8～10，对营养细胞则更高。一些要求保持干燥的实验器具和材料（如培养皿、接种针、固定化细胞用的载体材料 Celite 等）可以用干热灭菌。

5.1.4 湿热灭菌

湿热灭菌即利用饱和水蒸气进行灭菌。由于蒸汽有很强的穿透力，而且在冷凝时放出大量冷凝热，很容易使蛋白质凝固而杀灭各种微生物。同时，蒸汽的价格低廉，来源方便，灭菌效果可靠。所以培养基灭菌、发酵设备及管道的灭菌、实验用器材的灭菌，普遍采用湿热灭菌。通常的蒸汽灭菌条件是在 121 ℃（表压约 0.1 MPa）维持 30 min。

5.1.5　过滤除菌

过滤除菌即利用过滤方法截留微生物，达到除菌的目的。本方法只适用于澄清流体的除菌。工业上利用过滤方法大量制备无菌空气，供好氧微生物的深层培养使用。热敏性培养基也采用过滤方法实现除菌处理。在产品提取过程中，也可利用无菌过滤方法处理料液，以获得无菌产品。

以上几种灭菌方法，有时可根据需要结合使用。例如动物细胞离体培养的培养基中通常含有血清、多种氨基酸、维生素等热敏性物质，在制备这类培养基时，可将其中的热敏性溶液用无菌过滤的方法除菌，其他物质的溶液则采用湿热灭菌，也可将热敏性物料在较低温度下或较短时间内灭菌，再与其他部分合并使用。

5.2　培养基的湿热灭菌

由于培养基灭菌大多采用湿热方法灭菌，本节介绍培养基的湿热灭菌。

5.2.1　微生物的死亡速率与理论灭菌时间

对培养基进行湿热灭菌时，培养基中的微生物受热死亡的速率与残存的微生物数量成正比，即

$$-\frac{dN}{d\tau}=kN \tag{5-1}$$

式中　N 为培养基中活微生物的个数；τ 为微生物受热时间，s；k 为比死亡速率，s^{-1}。

若开始灭菌时（$\tau=0$），培养基中活微生物数为 N_0，将式（5-1）积分则可得

$$\ln\frac{N}{N_0}=-k\tau \tag{5-2}$$

或

$$N=N_0e^{-k\tau} \tag{5-3}$$

上式被称之为对数残留定律。其中 N 为经 τ 时间灭菌后培养基中活微生物数。将存活率 N/N_0 对时间 τ 在半对数坐标上标绘，可以得到一条直线，其斜率的绝对值即为比死亡速率 k，又称之为灭菌速度常数。图 5-1 为大肠杆菌在不同温度下的残留曲线，k 值越大，表明微生物越容易死亡。

在一定温度下，比死亡速率 k 随微生物种类不同而不同。例如在 121 ℃时，枯草杆菌 FS5230 的 k 值为 0.047～0.063 s^{-1}，梭状芽孢杆菌 PA3679 的 k 值为 0.03 s^{-1}，嗜热脂肪芽孢杆菌 FS1518 和 FS617 的 k 值为 0.013 s^{-1} 和 0.048 s^{-1}。即使同一种微生物，其营养细胞和芽孢的比死亡速率也有极大的差异。一般来说，细菌营养体、酵母菌、放线菌、病毒及噬菌体对热的抵抗力较弱，而细菌芽孢、霉菌孢子则较强。

随着温度的变化，比死亡速率 k 值有很大变化。温度对 k 的影响遵循阿仑尼乌斯定律，即

$$k=Ae^{-\frac{\Delta E}{RT}} \tag{5-4}$$

式中　A 为系数，s^{-1}；ΔE 为活化能，J/mol；R 为气体常数，8.314 J/(mol·K)；T 为绝对温度，K。

培养基在灭菌以前，存在各种各样的微生物，它们的 k 各不相同。在计算时，可以取对热

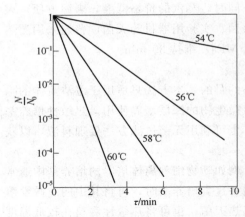

图 5-1 大肠杆菌在不同温度下的残留曲线

抵抗力较大的芽孢杆菌的 k 进行计算，这时 A 可以取作 1.34×10^{36} s^{-1}，ΔE 可以取 2.844×10^{5} J/mol，于是式（5-4）可以写作

$$\lg k = -\frac{14\ 845}{T} + 36.127 \qquad (5\text{-}5)$$

这样，得到了只随灭菌温度而变的灭菌速度常数 k 的简化计算公式（5-5）。在具体的理论灭菌时间计算过程中，将公式（5-2）变换成

$$\tau = \frac{1}{k} \ln \frac{N_0}{N_s} \qquad (5\text{-}6)$$

式中 N_s 为灭菌结束时培养基中活微生物数，一般取 0.001 个，即灭菌失败的概率为千分之一；N_0 为灭菌开始时培养基中活微生物数，可以参考一般培养基中的活微生物数为每毫升（1~2）$\times 10^{7}$ 个而取得。

值得注意的是，由式（5-6）得出的是理论灭菌时间，实际的设计和操作计算时可作适当比例的延长或缩短。

还须指出，在培养基热灭菌时，不仅微生物会死亡，培养基中一些热敏性物质也会因受热而破坏。例如，糖溶液会焦化变色、蛋白质变性、维生素失活、醛糖与氨基化合物反应、不饱和醛聚合、一些化合物发生水解等等。培养基成分的受热破坏也可看做一级反应

$$-\frac{\mathrm{d}c}{\mathrm{d}t} = k_\mathrm{d} c \qquad (5\text{-}7)$$

式中 c 为对热敏性物质的浓度；k_d 为分解速率常数，s^{-1}。

分解速率常数 k_d 随物质种类和温度而不同，温度对 k_d 的影响也遵循式（5-4）。表 5-1 列出了一些微生物和维生素的 ΔE 值。由于微生物的 ΔE 比维生素高，因此，随着灭菌温度的升高，比死亡速率的增加较分解速率常数快，因而在较高温度下可以缩短灭菌时间而保留较多的营养物质。

表 5-1　细菌芽孢和部分维生素的活化能[2]

名　称	活化能/(kJ/mol)	名　称	活化能/(kJ/mol)
叶酸	70.3	嗜热脂肪芽孢杆菌	283
泛酸	87.9	枯草杆菌	318
维生素 B$_{12}$	96.7	肉毒梭菌	343
维生素 B$_1$ 盐酸盐	92.1	腐败厌气菌 NCA3679	303

某些微生物受热死亡的速率不符合式（5-2）所表示的对数残留定律。将其 N/N_0 对灭菌时间 τ 在半对数坐标中标绘，得到的残留曲线不是直线（图 5-2），这主要是这类微生物的芽孢在起作用。

5.2.2　培养基的分批灭菌

培养基的分批灭菌就是将配制好的培养基放在发酵罐或其他容器中，通入蒸汽将培养基和所用设备一起灭菌的操作过程，也称实罐灭菌。在实验室，由于培养基量少而普遍采用的灭菌锅灭菌也是分批灭菌。在工业上，培养基的分批灭菌无需专门的灭菌设备，设备投资少，灭菌效果可靠，对灭菌用蒸汽要求低（0.2~0.3 MPa 表压），但因其灭菌温度低、时

间长而对培养基成分破坏大，其操作难于实现自动控制。分批灭菌是中小型发酵罐常采用的一种培养基灭菌方法。

（1）分批灭菌的操作　分批灭菌在所用的发酵罐中进行。将培养基在配料罐中配制好，通过专用管道用泵打入发酵罐，开始灭菌。图 5-3 是通用式发酵罐常见的管路配备。一般有空气管路和排气管路，取样用的取样管道，放料用的出料管道，接种管道，消沫剂管道，补料管道等。发酵罐传热用的夹套或蛇管，因采用间壁传热而与发酵罐内部不相通。

在进行培养基灭菌之前，通常先把发酵罐的空气分过滤器灭菌并用空气吹干。进料完毕后，开动搅拌以防料液沉淀。然后开启夹套蒸汽阀，缓慢引进蒸汽，使料液预热升温至 80 ℃左右后关闭夹套蒸汽阀门。开 3 路（空气、出料、取样）进汽阀，开排气阀，包括小辫子（进料管、补料管、接种管排气阀）。当升温至 110 ℃左右，控制进出汽阀门直至 121 ℃（表压 0.1 MPa）开始保温，保温一般为 30 min。保温结束后，关闭过滤器排气阀、排汽阀、进汽阀。关闭夹套下水道阀，开启冷却水进回水阀。待罐压低于过滤器压力时，开启空气进气阀引入无菌空气。随后引入冷却水，将培养基温度降至培养温度。

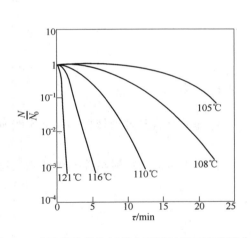

图 5-2　嗜热脂肪芽孢杆菌在不同温度下的残留曲线

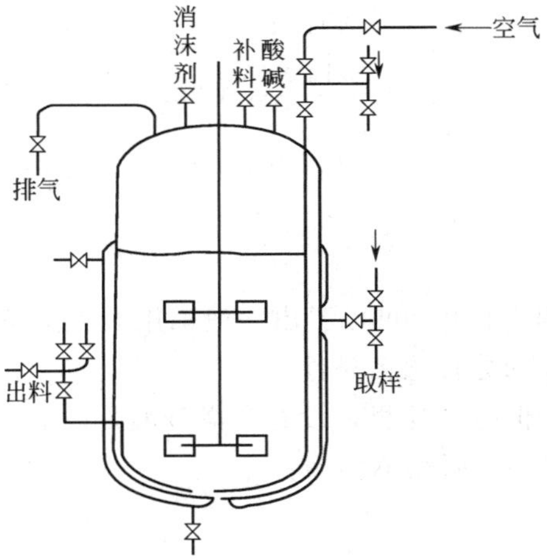

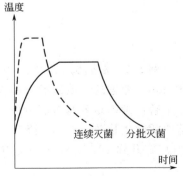

图 5-3　发酵罐的管路布置

（2）分批灭菌的计算　分批灭菌的过程包括升温、保温和降温三个阶段，如图 5-4 所示。灭菌主要是在保温过程中实现，在升温段后期，也有一定的灭菌作用。

培养基的升温，可以在夹套或蛇管内通入蒸汽间壁加热，也可直接将蒸汽通入培养基中，或兼用。但直接通蒸汽会因冷凝水的加入改变培养基的消后体积。

培养基的保温阶段，是灭菌的主要时段。习惯上，把保温时间看为灭菌时间。

降温是培养基灭菌后用冷却水间壁将培养基冷却至培养所要求温度的过程。随着发酵罐容积的加大，分批灭菌的升温和降温时间就延长，由此造成培养基成分的破坏。同时，发酵罐的设备利用率也有所降低。分批灭菌所涉及的计算，

图 5-4　培养基灭菌过程中温度的变化

主要是灭菌时间及热量计算。

a. 灭菌时间计算　分批灭菌时间的确定应参考理论灭菌时间作适当延长或缩短。如果仅考虑保温时段的灭菌作用，根据式（5-6），理论灭菌时间

$$\tau = \frac{1}{k} \ln \frac{N_0}{N_s} \tag{5-6}$$

其中 k 为灭菌常数，s^{-1}，取决于灭菌温度和灭菌对象，通常以耐热芽孢杆菌为灭菌对象，k 则为灭菌温度的单一函数，其计算如式（5-5）

$$\lg k = -\frac{14\ 845}{T} + 36.127 \tag{5-5}$$

而 N_s 为灭菌结束时培养基中活微生物数，一般取 0.001 个，即灭菌失败的概率为千分之一。N_0 为灭菌开始时培养基中活微生物数，可以参考一般培养基中的活微生物数为每毫升 $(1\sim2)\times10^7$ 个而取得。

例 5-1　某发酵罐，内装培养基 40 m^3，在 121 ℃下进行分批灭菌。设每毫升培养基中含耐热的芽孢为 10^7 个，求理论灭菌时间？

解： $N_0 = 40 \times 10^6 \times 10^7 = 4 \times 10^{14}$ 个

$N_s = 0.001$ 个

$$\lg k = -\frac{14\ 845}{T} + 36.127 = -\frac{14\ 845}{273 + 121} + 36.127 = -1.55$$

$$k = 0.0281\ s^{-1}$$

$$\tau = \frac{1}{k} \ln \frac{N_0}{N_s} = \frac{1}{0.0281} \ln \frac{4 \times 10^{14}}{0.001} = 1442.6\ s = 24\ min$$

从例 5-1 中，可以看出一般采用的灭菌条件 121 ℃、30 min 是有其理论依据，并被实践所证实了的分批灭菌条件。

但是在这里，没有考虑升温阶段对灭菌的贡献，实际上保温开始时培养基中活微生物数不是 N_0 而是 N_p，得

$$N_p = \frac{N_0}{e^{k_m \tau_p}} \tag{5-8}$$

其中 τ_p 为升温阶段时间，可从 100 ℃开始算起，可从经验值或通过热量衡算取得该数值。k_m 为这一温度段内的灭菌常数之平均值，

$$k_m = \frac{\int_{T_1}^{T_2} k\,dT}{T_2 - T_1} \tag{5-9}$$

例 5-2　根据例 5-1 中的条件，并且已知升温阶段培养基温度从 100 ℃升到 121 ℃需要 20 min，考虑这一阶段的灭菌作用，求保温时间？

解： 考虑培养基升温阶段（100 ℃升到 121 ℃）的灭菌作用，在升温到 121 ℃时，培养基中活微生物数已由 N_0 降为 N_p 个。从公式（5-5）可知 k 是温度 T 的函数，在升温阶段（100 ℃升到 121 ℃），k 不是常数而随温度变化。

$$T_1 = 273 + 100 = 373\ K$$

$$T_2 = 273 + 121 = 384\ K$$

用图解积分法得

$$\int_{T_1}^{T_2} k \, dT = 0.128 \text{ K/s}$$

$$k_m = \frac{\int_{T_1}^{T_2} k \, dT}{T_2 - T_1} = \frac{0.128}{394 - 373} = 0.0061 \text{ s}^{-1}$$

$$N_p = \frac{N_0}{e^{k_m \tau_p}} = \frac{4 \times 10^{14}}{e^{0.0061 \times 20 \times 60}} = 2.65 \times 10^{11} \text{个}$$

保温时间 $\tau = \frac{1}{k} \ln \frac{N_p}{N_s} = \frac{1}{0.0281} \ln \frac{2.65 \times 10^{11}}{0.001} = 1182.1 \text{ s} = 19.7 \text{ min}$

由此可见，考虑升温段的灭菌作用后，保温时间比不考虑的减少了18%。所以，发酵罐体积越大，其分批灭菌的升温时间长，就更应考虑升温段的灭菌作用，其保温时间应更短。图5-5表示的就是大小发酵罐培养基分批灭菌曲线的比较。同时，从图中也可看出，发酵罐体积越大，其培养基在高温下持续的时间也越长，所以其培养成分遭受破坏也越严重。这正是大体积培养基灭菌常选用连续灭菌而很少采用分批灭菌的原因。

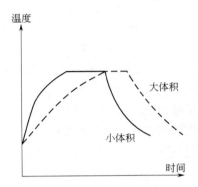

图 5-5　分批灭菌培养基体积大小在温度时间曲线上的表现

b. 分批灭菌的热量计算

① 升温阶段。如果是用蒸汽通入夹套或蛇管方式加热，加热蒸汽温度 t_s 保持不变，而培养基温度从 t_1 升到 t_2。设传热系数 K，W/($m^2 \cdot ℃$)，随温度的变化忽略不计；换热面积为 A，m^2；培养基的质量为 G，kg；比热容为 c，J/(kg·℃)。根据热量衡算得加热所需时间

$$\tau = \frac{Gc}{KA} \ln \frac{t_s - t_1}{t_s - t_2} \tag{5-10}$$

其中，夹套的传热系数可取230～350 W/($m^2 \cdot ℃$)，蛇管可取350～520 W/($m^2 \cdot ℃$)。加热蒸汽用量

$$S = \frac{Gc(t_2 - t_1)}{\lambda - c_s t_2} \quad \text{kg} \tag{5-11}$$

式中　λ、c_s 分别为蒸汽的热焓和比热容。考虑到热损失，蒸汽的实际用量为计算值的1.1～1.2倍。如果是直接通入蒸汽加热，也可用公式（5-11）进行估算。

② 保温阶段。在保温阶段，蒸汽仍不断通入发酵罐，而由发酵罐的若干排气排出。此时蒸汽消耗量可用下式估算。

$$S = 1.19 F \tau \sqrt{p/v} \tag{5-12}$$

式中　F 为蒸汽排出口的总面积，m^2；p 为罐内蒸汽的绝对压力，atm；v 为蒸汽的比体积，m^3/kg。

上式中较难确定的是排气口面积 F，因排气口的大小由阀门来控制，而阀门开启时的通道面积难以估计。所以一般以经验来估计保温时的蒸汽耗量，例如可估计为直接加热时的30%～50%。这样，一个 10 m^3 罐（内装7 t培养基）升温时大约耗用蒸汽1.6 t，则保温时

估计蒸汽耗量为 0.5~0.8 t，共约需蒸汽 2.1~2.4 t。空罐灭菌时消耗的蒸汽体积可估计为罐体积的 4~6 倍。

③ 降温阶段。这一阶段培养基温度及冷却夹套或蛇管内的温度都随时间而变化，系不稳定传热。冷却时间及冷却水用量可由下式计算

$$\tau = \frac{Gc_1}{Wc_2} \times \frac{B}{B-1} \ln \frac{t_{1s} - t_{2s}}{t_{1f} - t_{2s}} \tag{5-13}$$

式中　$B = e^{KA/Wc_2}$；τ 为冷却时间，h；W 为冷却水用量，kg/h；c_1、c_2 分别为培养基和冷却水的比热容，J/(kg·℃)；t_{1s}、t_{1f} 为降温开始和结束时培养基的温度；t_{2s} 为冷却水进口温度；G、K、A 同式（5-10）。

由公式（5-13）可作操作型计算得到降温时间，也可作设计型计算得出冷却水用量和冷却水管的直径。

5.2.3 培养基的连续灭菌

培养基分批灭菌的显著缺点是对培养基成分破坏大、升降温时间长，尤其在发酵罐体积越来越大的今天。而以"高温、快速"为特征的连续灭菌，就是将配制好的培养基在通入发酵罐时进行加热、保温、降温的灭菌过程，也称之为连消。图 5-6 是连续灭菌的设备流程图。连续灭菌时，培养基在短时间内被加热到灭菌温度（一般高于分批灭菌温度，130~140 ℃），短时间保温（一般为 5~8 min）后，被快速冷却，再进入早已灭菌完毕的发酵罐。

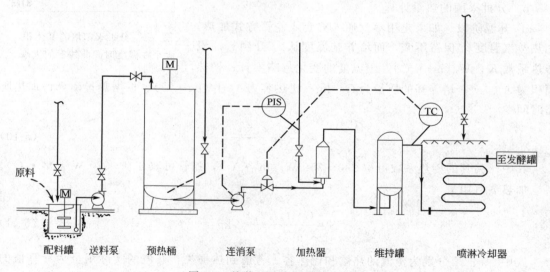

图 5-6　培养基连续灭菌设备流程

培养基采用连续灭菌时，发酵罐应在连续灭菌开始前先进行空罐灭菌（空罐灭菌的方法基本同分批灭菌）。加热器、维持罐及冷却器也应先行灭菌。组成培养基的不同成分（耐热与不耐热、糖与氮源）可在不同温度下分开灭菌，以减少培养基受热破坏的程度。

培养基的连续灭菌具有对培养基破坏小、可以实现自动控制、提高发酵罐的设备利用率、蒸汽用量平稳等优点而被广泛应用，尤其在培养基体积较大时。但对加热蒸汽的压力要求较高，一般不小于 0.45 MPa。同时连续灭菌需要一组附加设备，设备投资大。

培养基灭菌选择分批灭菌还是连续灭菌，应视培养基的成分、体积，结合当地蒸汽、发酵罐、场地等情况，分析两种灭菌法的优缺点而确定。一旦确定采用连续灭菌，也要考虑到

万一蒸汽压力不够时和灭菌不透时改用分批灭菌的设备余量。

（1）配料 配料罐用于培养基的配制。然后将培养基用泵打入预热桶中。

（2）预热 预热桶的作用一是定容，二是预热。预热的目的是使培养基在后续的加热过程中能快速地升温到指定的灭菌温度，同时可避免太多的冷凝水带入培养基，还可减少振动和噪声。一般可将培养基预热到 70～90 ℃。

（3）加热 预热好的培养基由连消泵打入加热器。加热器也称连消塔，使培养基与蒸汽混合并迅速达到灭菌温度。加热采用的蒸汽压力一般为 0.45～0.8 MPa，其目的是使培养基在较短的时间（20～30 s）里快速升温。加热器有塔式加热器和喷射式加热器两种，见图 5-7。设培养基流量为 G，m^3/s；进入加热器的温度为 t_p；灭菌温度为 t；由热量平衡得加热蒸汽用量为

$$S = 1.2 \frac{G\rho c(t - t_p)}{\lambda - c_w t} \tag{5-14}$$

式中 ρ 为培养基的密度，kg/m^3；c、c_w 为培养基和水的比热容，$J/(kg \cdot ℃)$；λ 为加热蒸汽的热焓，J/kg。

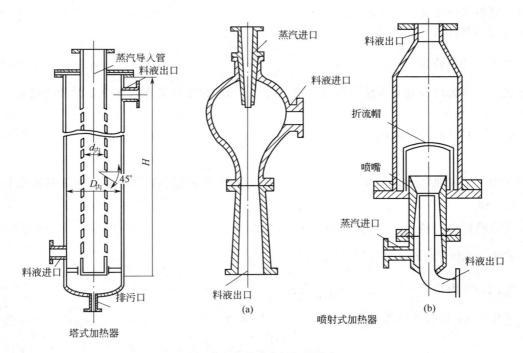

图 5-7 连续灭菌的加热设备

a. 塔式加热器 塔式加热器由一根多孔的蒸汽导入管和一根套管组成。多孔管的孔径一般为 5～8 mm，小孔的总截面积应等于或小于导入管的截面积。小孔以管壁成 45°夹角开设，导管上的小孔上稀下密，以使蒸汽能均匀地从小孔喷出。操作时，培养基由加热塔的下端进入，并使其在内外管的环隙内流动，流速在 0.1 m/s 左右。蒸汽从塔顶通入导管经小孔喷出后与物料激烈地混合而加热。塔的有效高度为 2～3 m，料液在加热塔里停留 20～30 s。

塔式加热器的导入管和外套管的管径、塔高和导入管壁上的小孔数目可按下列公式计算而得。

$$d_{内} = \sqrt{\frac{S\nu}{0.785 w_s}} \tag{5-15}$$

$$D_{内} = \sqrt{\frac{G+S\nu}{0.785 w} + d_{外}^{2}} \tag{5-16}$$

$$H = w\tau \tag{5-17}$$

$$n = a\left(\frac{d_{内}}{d_{孔}}\right)^{2} \tag{5-18}$$

式中 $d_{内}$ 为蒸汽导入管内径，m；S 为加热蒸汽用量，kg/s；ν 为加热蒸汽的比体积，m³/kg；w_s 为加热蒸汽在导管内的流速，常取 20～25 m/s；$D_{内}$ 为加热塔内径，m；G 为培养基体积流量，m³/s；w 为培养基在环隙中的流速，m/s；H 为加热塔高度，m；τ 为物料在加热塔内的停留时间，s；n 为导入管上小孔数，个；a 为小孔总截面积和导入管截面积之比值一般取 0.8～1.0；$d_{孔}$ 为小管内径，m。

b. 喷射式加热器 国内大多数发酵工厂采用喷射式加热器。其加热速度快、震动小、噪声低。物料从中间管进入，蒸汽则从进料管周围的环隙进入，在喷嘴出口处快速、均匀地混合。喷射出口处设置有拱形挡板的扩大管，使料液和蒸汽混合更充分。受热后的培养基则从扩大管顶部排出。其结构尺寸可按下列公式计算而得。

培养基进料管径 $\quad d_{内} = \sqrt{\dfrac{G}{0.785 w_1}}$ m $\tag{5-19}$

式中 G 为培养基进入加热器的流量，m³/s；w_1 为培养基进入加热器时的流速，一般为 1.2～1.5 m/s。

蒸汽喷射口的环形面积 $\quad A = \dfrac{S}{0.63\sqrt{\dfrac{p}{\nu}}}$ m² $\tag{5-20}$

式中 S 为加热蒸汽流量，kg/s；p 为加热蒸汽绝对压强，Pa；ν 为加热蒸汽的比体积，m³/kg。

蒸汽喷射口内径 $\quad d_{喷} = \sqrt{\dfrac{A}{0.785} + d_{1外}^{2}}$ m $\tag{5-21}$

式中 $d_{1外}$ 为培养基进料管外径，m。

蒸汽套管内径 $\quad d_{2内} = \sqrt{\dfrac{S\nu}{0.785 w_2} + d_{1外}^{2}}$ m $\tag{5-22}$

式中 w_2 为加热蒸汽流速，一般取 20～25 m/s。

塔内径 $\quad D = \sqrt{\dfrac{G+V_s}{0.785 w}}$ m $\tag{5-23}$

式中 V_s 为蒸汽冷凝水的体积流量，m³/s；w 为培养基在塔内的流速，一般取 0.1 m/s 左右。

塔高 $\quad H = w\tau$ m $\tag{5-24}$

式中 τ 为物料在塔内的停留时间，一般为 10～15 s。

培养基出口管径 $\quad d_{3内} = \sqrt{\dfrac{G+V_s}{0.785 w_3}}$ m $\tag{5-25}$

式中 w_3 为加热后培养基在出口管内的流速，一般为 0.5～0.8 m/s。

（4）保温 保温是将培养基维持灭菌温度一段时间，是杀灭微生物的主要过程。其设备有维持罐和管式维持器两种。保温设备一般用保温材料包裹，但不直接通入蒸汽。

a. 维持罐　维持罐如图 5-8 所示，是一个直立圆筒形容器，附有进出料管道。保温时，关闭阀门 2，开启阀门 1，培养基由进料口连续进入维持罐底部，液面不断上升，离开维持罐后经阀门 1 流入冷却器。当预热桶中的物料输送完后，应维持一段时间，再关闭阀门 1，开启阀门 2，利用蒸汽的压力将维持罐内的物料压出去。

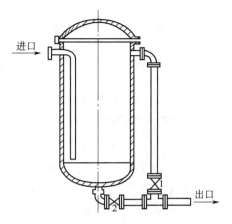

连续灭菌的理论灭菌时间计算可沿用对数残留定律，如忽略升温的灭菌作用，得停留时间

$$\tau = \frac{1}{k} \ln \frac{C_0}{C_s} \qquad (5\text{-}26)$$

式中　C_0、C_s 分别为单位体积培养基在灭菌前后活微生物个数，菌数/毫升。

图 5-8　维持罐结构

例 5-3　若将例 5-1 中的培养基采用连续灭菌，灭菌温度为 131 ℃，此温度下的灭菌速度常数为 0.25 s^{-1}，求灭菌保温时间。

解： $C_0 = 10^7$ 个/mL

$$C_s = \frac{0.001}{40 \times 10^6 \times 10^3} = 2.5 \times 10^{-11} \text{ 个/mL}$$

$$\tau = \frac{1}{k} \ln \frac{C_0}{C_s} = \frac{1}{0.25} \ln \frac{10^7}{2.5 \times 10^{-11}} = 162.1 \text{ s} = 2.7 \text{ min}$$

可见，灭菌温度升高 10 ℃ 后采用连续灭菌则保温时间大为缩短。

当然，在维持罐内的物料会有返混，为保险起见，实际维持时间常取理论灭菌时间的 3～5 倍。

维持罐体积　　　　　　　　　　$V = G \tau_{实}$ 　　　　　　　　　　(5-27)

式中　G 为培养基体积流量，m^3/s，其值取决于连消泵和加热器；$\tau_{实}$ 为实际维持时间，s，一般为理论灭菌时间的 3～5 倍。维持罐的 H/D 一般为 1.2～1.5，装料系数为 0.85～0.9。

b. 管式维持器　由于维持罐直径比进料管直径大得多，培养基在维持罐内不能做到先进先出，返混较重，维持时间被迫延长，由此加剧培养基营养成分的破坏。于是，管式维持器便应运而生。管式维持器常做成蛇管状，外面用保温材料包裹。它的原理是，让培养基在管道内处于湍流区，并使流体各质点的流速几乎相等，培养基处于活塞流状态，返混值为零。这样既保证达到灭菌要求，又最大限度地避免了培养基营养成分的破坏。

如果管内返混值为零，则灭菌保温时间就等于式（5-26）所示的理论灭菌时间。但管式维持器毕竟仍有轴向扩散，即轴向扩散系数 $D_z > 0$，所以，在设计管式维持器时，一般采用 Aiba、Humphrey 和 Millis 的 $Pe\text{-}C_0/C_s\text{-}Da$ 关联式：

$$Da = \frac{Pe}{2}\left(1 - \sqrt{1 - \frac{4}{Pe} \ln \frac{C_0}{C_s}}\right) \qquad (5\text{-}28)$$

Da（Damkohler）为达姆科勒数

$$Da = k\frac{L}{w} = k\tau \qquad (5\text{-}29)$$

C_0/C_s 为微生物的残存率，其数值计算同式（5-26）。

Pe（Peclet）为轴向彼克列数，$Pe \to \infty$ 表示流体在管中呈活塞流状态，$Pe = 0$ 表示流体在管内呈全混合状态。设计管式维持器时，常把 $Pe \geqslant 1000$ 看做目标流动状态。

$$Pe = \frac{1}{\dfrac{D_z}{\overline{w}d}} \times \frac{L}{d} \tag{5-30}$$

式中　L、d 为管子的长度和内径，m；$\overline{w}$ 为管内流体的平均流速，一般为 $0.2 \sim 0.6$ m/s；D_z 为轴向扩散系数。

$$\frac{D_z}{\overline{w}d} = \frac{0.678}{Re^{0.0815}} \tag{5-31}$$

实际设计方法见例 5-4。

例 5-4　有 40 m³ 培养基，密度为 1000 kg/m³，黏度为 3×10^{-3} Pa·s。如以 14 m³/s 的流量进行连续灭菌，灭菌温度为 135 ℃。设灭菌前培养基含菌量为 10^7 个/mL，灭菌后允许残留量为 0.001 个。若用管式维持器保温，请设计其主要结构尺寸。

解： $\dfrac{C_0}{C_s} = \dfrac{10^7}{\dfrac{0.001}{40 \times 10^6}} = 4 \times 10^{17}$

$\lg k = \dfrac{-14\,845}{T} + 36.127 = \dfrac{-14\,845}{273 + 135} + 36.127 = 0.2578$

$k = 0.55 \text{ s}^{-1}$

设 $Pe = 1000$，$\overline{w} = 0.5$ m/s，则

$Da = \dfrac{Pe}{2}\left(1 - \sqrt{1 - \dfrac{4}{Pe}\ln\dfrac{C_0}{C_s}}\right) = \dfrac{1000}{2}\left(1 - \sqrt{1 - \dfrac{4}{1000}\ln 4 \times 10^{17}}\right)$

$= 42.32$

$\tau = \dfrac{Da}{k} = \dfrac{42.32}{0.55} = 76.95 \text{ s} = 1.28 \text{ min}$

$d = \sqrt{\dfrac{V}{\dfrac{\pi}{4}\overline{w}}} = \sqrt{\dfrac{14/3600}{0.785 \times 0.5}} = 0.099 \text{ m}$

取 $\phi 108 \times 4$ 的无缝钢管，$d = 0.1$ m。

$L = \overline{w}\tau = 0.5 \times 76.95 = 38.48$ m

必须校核 Pe 是否 $\geqslant 1000$，否则重设 $\overline{w}$。

$\overline{w} = \dfrac{14/3600}{0.785 \times 0.1^2} = 0.495 \text{ m/s}$

$Re = \dfrac{d\overline{w}\rho}{\mu} = \dfrac{0.1 \times 0.495 \times 1000}{3 \times 10^{-3}} = 1.67 \times 10^4$

$\dfrac{D_z}{\overline{w}d} = \dfrac{0.678}{Re^{0.0815}} = \dfrac{0.678}{(1.67 \times 10^4)^{0.0815}} = 0.31$

$Pe = \dfrac{1}{\dfrac{D_z}{\overline{w}d}} \times \dfrac{L}{d} = \dfrac{1}{0.31} \times \dfrac{38.48}{0.1} = 1241 > 1000$

假设正确。在管式维持器中，培养基的平均停留时间为 1.28 min，选 $\phi 108 \times 4$ 的无缝钢管，总长度为 38.48 m。

（5）降温　升降温快是培养基连续灭菌的重要特征之一。为避免培养基营养成分的破

坏，保温后的培养基需要迅速降温至接近培养温度（40～45 ℃）。国内大多数采用喷淋冷却器，也有的采用螺旋板换热器、板式换热器、真空冷却器等。应根据培养基特性、处理量、场地特性选用合适的冷却设备。

喷淋冷却器见图 5-9，一般安装在室外。顶端装有带齿状的水槽，冷却水从水槽内溢出沿下方的管壁以膜状依次流下。部分冷却水汽化，故传热系数较大，达 350 W/（m² · ℃）。培养基从下部进入，从上部排出由分配站进入发酵罐，流速一般为 0.3～0.8 m/s。

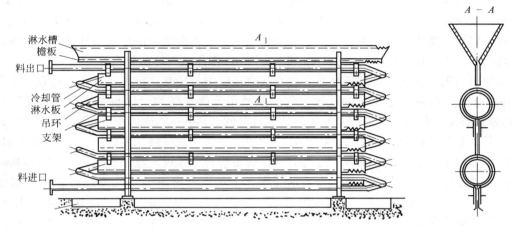

图 5-9　喷淋冷却器

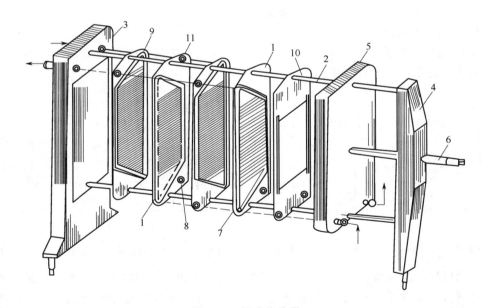

图 5-10　板式换热器

1—波纹换热板；2—导杆；3—支架；4—后支架；5—端面板；6—压紧螺杆；

7—密封垫圈；8—下角孔；9—上角孔；10—限位板；11—角孔密封圈

板式换热器（见图 5-10）由许多带有波纹的金属板叠合而成，冷热流体在相邻的间隙流动并进行热量交换。其体积小、传热面积大、传热系数大［2300 W/（m² · ℃）］，可拆洗，但板间的叠合不严密会造成污染，且流动阻力大。

5.3　空气的除菌

大多数生物培养都需要氧气，通常以空气作为氧源。根据国家药品生产质量管理规范（GMP）的要求，生物制品、药品的生产场地也需符合空气洁净度要求并有相应的管理手段。其中发酵用无菌空气处理系统最为典型，本节将着重讨论发酵用空气的除菌。

5.3.1　发酵用无菌空气的质量标准

空气中的微生物主要是细菌、酵母菌、霉菌和病毒，它们大多附着在空气中的灰尘上。因此凡是尘埃浓度高的地区，空气中所含微生物的量也越多。城市市中心空气中的微生物含量也高于农村。夏季的空气中所含微生物也比冬季多，离地面近的空气中所含微生物也比离地面高的多。工程设计中常以微生物浓度 10^4 个/m^3 作为空气的污染指标。

发酵用的无菌空气，就是将自然界的空气经过压缩、冷却、减湿、过滤等过程，达到以下标准：①连续提供一定流量的压缩空气。发酵用无菌空气的设计和操作中常以通气比或 VVM 来计算空气的用量。VVM 的意义是单位时间（min）单位体积（m^3）培养基中通入标准状况下空气的体积（m^3），一般为 0.1～2.0。②空气的压强（表压）为 0.2～0.4 MPa。过低的压强难于克服下游的阻力，过高的压强则是浪费。③进入过滤器之前，空气的相对湿度 $\phi \leqslant 70\%$。这是为防止空气过滤介质的受潮。④进入发酵罐的空气温度可比培养温度高 10～30 ℃。对发酵而言，空气的温度越低越好，但太低的空气温度是以冷却能耗为代价的。⑤压缩空气的洁净度，在设计空气过滤器时，一般取失败概率为 10^{-3} 为指标。也可以把 100 级作为无菌空气的洁净指标。100 级指每立方米空气中，尘埃粒子数最大允许值 $\geqslant 0.5\ \mu m$ 的为 3500，$\geqslant 5\ \mu m$ 的为 0；微生物最大允许数为 5 个浮游菌/m^3，1 个沉降菌/m^3。

5.3.2　空气预处理

图 5-11 是空气净化系统流程图。习惯上把这一流程中过滤器以前的部分称为空气预处理。下面我们逐个设备进行介绍。

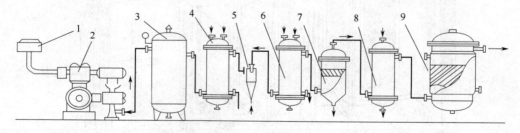

图 5-11　空气除菌设备流程图

1—粗过滤器；2—压缩机；3—贮罐；4，6—冷却器；5—旋风分离器；7—丝网除沫器；8—加热器；9—空气过滤器

（1）采风塔　采风塔应建在工厂的上风头，远离烟囱。采风塔可用灰铁皮或砼制成，采风塔越高越好，至少 10 m，设计气流速度 8 m/s 左右。为节省地方和利用空间，可把采风塔做成采风室，直接构筑在空压机房的屋顶上。

（2）粗过滤器　粗过滤器安装在空压机吸入口前，又称前置过滤器。其主要作用是拦截空气中较大的灰尘以保护空气压缩机，同时也起到一定的除菌作用，减轻总过滤器的负担。粗过滤器应具有阻力小、容尘量大的特点，否则会成为阻力而影响压缩机吸气。过滤介质可采用泡沫塑料（平板式）或者无纺布（折叠式），设计流速为 0.1～0.5 m/s。

（3）空气压缩机　空气压缩机的作用是提供动力，以克服随后各设备的阻力。目前国内常用的空压机有往复式空压机、螺杆式和涡轮式空压机。空压机的选用应根据空气用量，结合本地实际及空压机的特点合理选用。为保证连续供气，一般不提倡单台空压机。

空气的压缩过程可看做绝热过程时，压缩后的空气温度与被压缩的程度有关：

$$T_2 = T_1 \left(\frac{p_2}{p_1} \right)^{\frac{k}{k-1}} \tag{5-32}$$

式中 T_1、T_2 为压缩前后空气的绝对温度，K；p_1、p_2 为压缩前后空气的绝对压强，Pa；k 为绝热指数，对空气而言 $k=1.4$。

若压缩为多边过程，则可用多边指数代替绝热指数 k，k 取 1.2～1.3。T_1 的数值应根据当地最热月最热时的平均气温选取。实际的出气温度要比计算值稍大，这是由于气缸内活塞的摩擦产热的缘故，可参见该空压机的产品说明书。

（4）空气贮罐 空气贮罐的作用是消除压缩空气的脉动，这对往复式空压机尤为重要。如果选用涡轮式空压机或螺杆式空压机，由于其排气是均匀而连续的，则压缩空气贮罐可以省去。贮罐的 $H/D=2$～2.5，其容积可按下式估算

$$V_R = (0.1 \sim 0.2) V_A \tag{5-33}$$

式中 V_A 为空压机每分钟排气量（20 ℃，1×10^5 Pa 状况下），m^3。

（5）冷却器 空压机出口气温一般在 120 ℃ 左右，必须冷却。另外在潮湿地域和季节，空气中含水量较高，为了避免过滤介质受潮而失效，冷却还可以达到降湿的目的。

空气冷却器可采用列管式热交换器，空气走壳程，管内走冷却水。为了增加冷却水的流速，提高传热系数，往往采用双程或四程结构。为防止压缩空气走短路及提高传热效率，管间装有 4～5 块圆缺挡板。空气冷却器的传热系数为 105 W/($m^2 \cdot$ ℃) 左右。

一般中小型工厂采用两级空气冷却器串联来冷却压缩空气。在夏天第一级冷却器可用循环水来冷却压缩空气，第二级冷却器采用 9 ℃ 左右的低温水来冷却压缩空气。由于空气被冷到露点以下会有凝结水析出，故冷却器外壳的下部应设置排除凝结水的接管口。

从节能的观点考虑，空气贮罐应布置在空压站附近，而空气冷却器布置在发酵车间外。这样可以利用压缩空气总管管道沿程冷却空气，减少冷却器的热交换量。一般情况下，压缩空气每经过总管道 1 m 长，可降低空气温度 0.5～1 ℃。

在冷却器的设计计算中，把空气看做含有水气的湿空气。空气经压缩、冷却过程的参数标示如图 5-12。

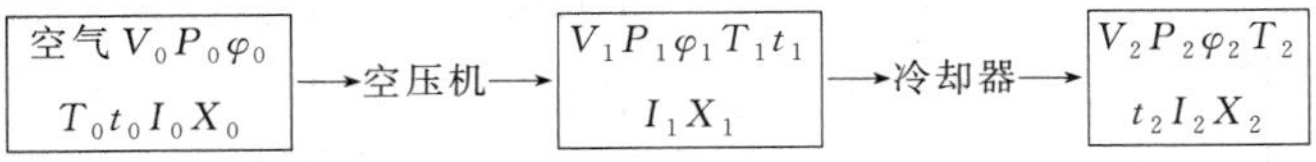

图 5-12 冷却器设计计算中各参数标示

设空压机的排气量（20 ℃、1×10^5 Pa 状况下）为 V_0（m^3/min），则在吸入状态下，空气的比体积

$$v_x = (0.773 + 1.244H) \frac{273 + t_1}{273} \times \frac{1}{p_1} \quad m^3/kg \tag{5-34}$$

空气质量流量（以干空气为计） $G = \dfrac{60 V_0}{v_x}$ kg/h $\tag{5-35}$

冷却器热交换量 $Q = G(I_1 - I_2)$ J/h $\tag{5-36}$

式中 I_1、I_2 为湿空气的热焓包括干空气的热焓和所带水蒸气的热焓，即

$$I = (C_g + C_w H)t + r_0 H = (1010 + 1880H)t + 2500x \quad \text{J/kg} \tag{5-37}$$

湿含量
$$H = 0.622 \frac{\varphi p_s}{P - \varphi p_s} \quad \text{kg 水/kg 干气} \tag{5-38}$$

所以，由公式（5-36）得出的热交换量可以求出换热器的换热面积

$$A = \frac{Q}{K \Delta t_m} \quad \text{m}^2 \tag{5-39}$$

如考虑到热损失，选用换热器时，可将换热面积放大 15%～20%。

冷却过程中的另一个重点就是空气的析水。下面简述一下空气的析水原理及计算。周围的空气中有水蒸气，空气中的水蒸气分压与饱和水蒸气压之比称为空气的相对湿度

$$\varphi = \frac{p_w}{p_s} \times 100\% \tag{5-40}$$

每千克干空气中所含水蒸气的千克数称为空气的湿含量

$$H = 0.622 \frac{\varphi p_s}{P - \varphi p_s} \quad \text{kg 水/kg 干空气} \tag{5-41}$$

式中 p 为湿空气的总压，Pa。

空气压缩过程中，湿含量不变，于是有 $H_2 = H_1$，将公式（5-41）代入并整理得

$$\varphi_2 = \varphi_1 \frac{p_{s1}}{p_{s2}} \times \frac{p_2}{p_1} \tag{5-42}$$

这一公式的使用条件是湿含量不变，包括压缩过程、没有水析出的升降温过程。露点是指将空气降温到某一温度时，空气中的水分达到空气的饱和值，开始析出水分时的温度，这时 $\varphi = 100\%$。压缩空气露点的求取，可设想将状态 1 的空气经压缩、降温到析出水（$\varphi = 100\%$），求出此时的水汽分压

$$p_{sd} = p_{s1} \frac{\varphi_1}{\varphi_d} \times \frac{p_d}{p_1} \quad \text{Pa} \tag{5-43}$$

根据温度与饱和水蒸气压的关系图表[7] 可以查出露点数值。如果压缩空气被冷却到露点以下，则空气中会有水析出。所以，如果采用两级冷却，必须先计算出该空气的露点，再合理确定第一冷却器的冷却温度。

（6）气液分离设备　冷却后的压缩空气，会有来自空压机的润滑油，尤其是往复式空压机。如果冷却温度低于露点，空气中还会有水。所以在冷却器后面安置了气液分离设备，除去空气中的水和油，以保护过滤介质。

用在本处的气液分离设备一般有两类，一是利用离心力沉降的旋风分离器；二是利用惯性拦截的介质分离器，如丝网除沫器。

a.　旋风分离器　旋风分离器是利用离心力进行气-固或气-液沉降分离的设备。它结构简单、阻力小、分离效率高，结构示意见图 5-13。使用时，压缩空气以 15～25 m/s 的流速以切线方向进入旋风分离器，并在环隙内作圆周运动，水滴或固体颗粒因其密度比空气大得多而具有较大惯性而被甩向器壁最后被收集。一般来说，对 10 μm 左右的粒子，旋风分离器的分离效率为 60%～70%。

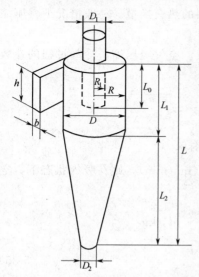

图 5-13　旋风分离器

$D_1 = 0.5D$；$L_1 = 1.5D$；$L_2 = 2.5D$；
$b = 0.25D$；$L = 0.5D$；$L_0 = 0.5D$；$D_2 = 0.25D$

旋风分离器入口的设计气流速度 w_g 为 15～25 m/s。根据旋风分离器的结构比例（见图 5-13），旋风分离器的主要尺寸

$$D = \sqrt{\frac{V}{h'b'w_g}}$$

$$(5-44)$$

式中　V 为压缩空气的体积流量，m^3/s；h'、b' 为比例系数，$h'=0.5$，$b'=0.2\sim0.5$。设计 D 值过大会降低旋风分离器的分离效率。一般 D 的计算值大于 0.8 m 时，应采用多个分离器并联。

b. 丝网除沫器　旋风分离器可以除去空气中绝大多数的 20 μm 以上的液滴。但对于 10 μm 大小的液滴，除去效率只有 60%～70% 左右。对压缩空气中夹带的雾状液滴，应采用比旋风分离器效率更高的丝网除沫器来除去。丝网除沫器可除去 1 μm 以上的雾滴，去除率约为 98%。丝网除沫器的结构见图 5-14，圆筒内填充厚 100～150 mm 的金属丝网，当丝网除沫器直径小于 1 m 时，可以将丝网绕成消防带状填入容器内；当直径大于 1 m 时，由于绕成消防带状的圆盘较为困难，可以把金属丝网多层叠在一起。若采用国产 40-100 型 1cr18Ni9Ti 圆丝丝网，40～45 层重叠一起，此时网层的虚密度为 234～264 kg/m^3。这样做成几块，填放在容器的框架里。夹带液滴的气体以一定速度穿过丝网时，由于惯性作用，气体中的液滴与丝网相撞击附着于丝网上，然后液滴沿着细丝向下流。在毛细现象与液体表面张力作用下，使聚积在丝网上的液滴不断变大，直到液滴的重力超过由上升气流产生的浮力与液体表面张力的合力时，液滴就会离开丝网掉下来，这样就达到了分离的目的。若上升气体速度太快，就会把凝聚的液滴又带出丝网除沫器，因此容器内气体流速的选择和丝网虚密度的确定是设计本设备的关键，气体流速

$$w_d = 0.75 w_a \qquad (5-45)$$

式中　w_a 为设备内最大允许的气体流速。

$$w_a = k\sqrt{\frac{\rho_1 - \rho_g}{\rho_g}} \qquad (5-46)$$

式中　k 为系数，一般取 0.107，当压强变动较大时可取 0.080；ρ_1、ρ_g 分别为液体和固体的密度，kg/m^3。

除了常用的分水设备如旋风分离器、丝网除沫器外，对一些特殊用途要求的空气系统，还可以通过吸附干燥法及冷冻干燥法来处理空气。

(7) 空气加热设备　压缩空气经旋风分离器与丝网除沫器把夹带在空气中的液滴、雾沫除掉后，相对湿度仍为 100%（假设冷却到露点以下）。在进入总过滤器之前为了把空气的相对湿度从 100% 降低到 70% 以下，应该将压缩空气加热。压缩空气加热设备一般都采用列管换热器，空气走管程，蒸汽走壳程。或者采用套管式加热器，空气走管程，蒸汽走夹套。由于压缩空气总管道

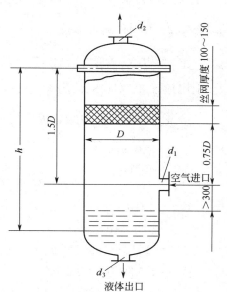

图 5-14　丝网除沫器

D—根据计算得到的容器直径，m

$d_2 = d_1 = (0.2\sim0.3)D_1$；$d_3 = (0.4\sim0.5)d_1$；

$h = (2.5\sim4.0)D$

直径都较大，因此可以把空气加热器与空气总管道直接连接，安装在架空管架上。加热器的安装位置应靠近空气总过滤器，其出口管道应采取保温措施。列管式换热器的传热系数一般为 160 W/(m^2·℃)，套管加热器的传热系数约为 90 W/(m^2·℃)。

例 5-5 上海地区 7、8 月份空气的相对湿度为 84%，温度 32 ℃。空压机出口气压为 0.2 MPa（表压），总排气量为 50 m³/min（20 ℃，1 atm）。求①空压机出口处的空气温度和相对湿度；②若将空气冷却到 25 ℃，问有多少水析出？冷却器的热交换量为多少？③如空气进入旋风分离器的速度为 15 m/s，请设计旋风分离器的直径；④若采用标准型丝网，$k=0.107$，求丝网除沫器的直径；⑤如要求进入总过滤器的空气的相对湿度为 60%，需升温多少？

解： 参见图 5-10 中各参数表示及本章部分设计参数。

① 设上海地区气压 $p_1=1$ atm $=1.013\times10^5$ Pa

$$而\ p_2=(1.013\times10^5+0.2\times10^6)=3.013\times10^5\ \text{Pa}$$

$$T_2=T_1\left(\frac{p_2}{p_1}\right)^{\frac{k-1}{k}}=(273+32)\left(\frac{3.013\times10^5}{1.013\times10^5}\right)^{\frac{1.3-1}{1.3}}=392\ \text{K}$$

即 119 ℃，查水的饱和蒸汽压表知 32 ℃、119 ℃时的 $p_{s1}=4754$ Pa、$p_{s2}=1.9\times10^5$ Pa

$$\varphi_2=\varphi_1\times\frac{p_{s1}}{p_{s2}}\times\frac{p_2}{p_1}=0.84\times\frac{4754}{1.9\times10^5}\times\frac{3.013\times10^5}{1.013\times10^5}=0.063=6.3\%$$

② 先求出空气的露点，将公式（5-42）变化，得

$$p_{sd}=p_{s2}\times\frac{\varphi_{s2}}{\varphi p_d}\times\frac{p_d}{p_2}=1.9\times10^5\times\frac{6.3}{100}\times\frac{3.013\times10^5}{3.013\times10^5}=11\,970\ \text{Pa}$$

查知露点为 49 ℃，所以，冷却到 25 ℃已在露点以下，必有水分析出。

$$H_2=0.622\times\frac{\varphi_2 p_{s2}}{P_2-\varphi_2 p_{s2}}=0.622\times\frac{6.3\%\times1.9\times10^5}{3.013\times10^5-6.3\%\times1.9\times10^5}=0.0257\ \text{kg/kg}$$

查知 25 ℃时的饱和水蒸气压 $p_{s3}=3168$ Pa

$$H_3=0.622\times\frac{\varphi_3 p_{s3}}{P_3-\varphi_3 p_{s3}}=0.622\times\frac{100\%\times3168}{3.013\times10^5-100\%\times3168}=0.0066\ \text{kg/kg}$$

上海地区 32 ℃，84%的湿空气的比体积

$$v_x=(0.773+1.244H)\frac{273+t_1}{273}\times\frac{1}{P_1}=(0.773+1.244\times0.0257)\frac{273+32}{273}$$

$$=0.90\ \text{kg/m}^3$$

$$G=\frac{60V_0}{v_x}=\frac{60\times50}{0.90}=3333\ \text{kg/h}$$

$$I_2=(1010+1880H_2)t_2+2500H_2=(1010+1880\times0.0257)119+2500\times0.0257$$

$$=1.26\times10^5\ \text{J/kg}$$

$$I_3=(1010+1880H_3)t_3+2500H_3=(1010+1880\times0.0066)25+2500\times0.0066$$

$$=2.56\times10^4\ \text{J/kg}$$

$$W=G(H_2-H_3)=3333\times(0.0257-0.0066)=63.7\ \text{kg/h}$$

$$Q=G(I_3-I_2)=3333\times(1.26\times10^5-2.56\times10^4)=3.3\times10^8\ \text{J/h}=91.7\text{kW}$$

③ 进入旋风分离器时空气流量

$$V_3=V_1\times\frac{P_1T_3}{P_3T_1}=\frac{50}{60}\times\frac{1.013\times10^5\times(273+25)}{3.013\times10^5\times(273+20)}=0.28\ \text{m/s}$$

$$D=\sqrt{\frac{V}{h'b'w_g}}=\sqrt{\frac{0.28}{0.5\times0.25\times15}}=0.39\ \text{m}$$

④ 进入丝网除沫器时空气的比体积

$$v_x = (0.773 + 1.244H)\frac{273 + t_4}{273} \cdot \frac{1}{P_4} = (0.773 + 1.244 \times 0.0066)\frac{273 \times 25}{273} \times \frac{1.013}{3.013}$$

$$= 0.29 \ \mathrm{m^3/kg}$$

$$\rho_g = \frac{1 + H_4}{v_x} = \frac{1 + 0.0066}{0.29} = 3.47 \ \mathrm{kg/m^3}$$

$$w_d = 0.75 \times 0.107 \sqrt{\frac{1000 - 3.47}{3.47}} = 1.36 \ \mathrm{m/s}$$

$$D = \sqrt{\frac{V_4}{\frac{\pi}{4}w_d}} = \sqrt{\frac{0.28}{0.785 \times 1.36}} = 0.51 \ \mathrm{m}$$

考虑到丝网除沫器的椭圆形封头之规范，取 D 为 500 mm。

⑤ 加热过程湿含量不变，即

$$H_5 = H_4 = 0.0066 \ \mathrm{kg/kg}$$

$$H_5 = 0.622 \frac{\varphi_5 p_{s5}}{P_5 - \varphi_5 p_{s5}}$$

$$= 0.622 \frac{60\% p_{s5}}{3.013 \times 10^5 - 60\% p_{s5}} = 0.0066$$

解得 $p_{s5} = 5386$ Pa　查饱和水蒸气压表，得 $t_5 = 33.6 ℃$，即需升温 8.6 ℃ 可实现 $\varphi \leqslant 60\%$。

从这个例子中我们看出，空气温度在流程中是个重要的参数。设计时，我们先得知空压机出口气温 t_2，从培养温度确定进罐温度 t_5（一般高 10～30 ℃），再确定冷却后气温 t_3（$= t_4$，一般比 t_5 低 10 ℃），如果有两级冷却，可视露点等情况确定一冷后的气温。

另外，空气预处理流程也应根据当地空气情况作相应变化。图 5-15 是国内常见的几种流程。

5.3.3 空气的过滤除菌

过滤是空气除菌的主要手段，按过滤介质孔隙将空气过滤器分为两类：第一类为绝对过滤，介质孔隙小于被拦截的微生物大小，如用聚四氟乙烯或者纤维素酯材料做成的微孔滤膜（孔径 0.22 μm）；第二类为深层过滤，介质孔隙大于被拦截的微生物大小但介质层有一定的厚度，机理是静电、扩散、惯性及拦截作用，如棉花过滤器、超细

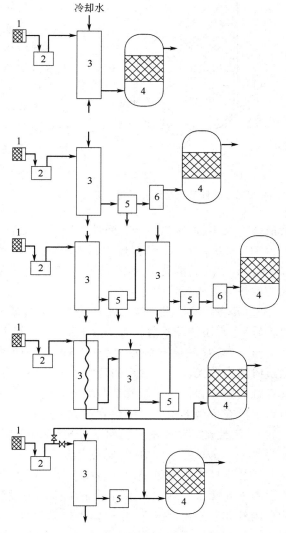

图 5-15　几种空气预处理流程

1—粗过滤器；2—压缩机；3—冷却器；
4—空气过滤器；5—分离器；6—加热器

137

玻璃纤维纸、石棉滤板、金属烧结管等。

在实验室或中试规模，空气过滤器只设一级，而大型发酵工厂大多采用两级甚至三级过滤。第一级过滤器常称为总过滤器，二、三级称为分过滤器。

(1) 纤维及颗粒状介质过滤器 纤维及颗粒状介质过滤器一般都被用作发酵工厂的总过滤器，见图 (5-16)。

它是由一直立的圆筒加上椭圆形的顶封头和底封头组成。圆筒最大直径一般不超过 2.5～3 m，过大时介质床常不够均一而导致短路。过滤器内有上下孔板两块，各由支撑杆或架与顶和底封头焊接在一起，孔板的孔径为 10～15 mm。大直径过滤器的下孔板做成凸曲面（曲面向上），这样可使底部的介质有一压向器壁的分力，以防止空气沿器壁走短路。这样的下孔板可直接焊于器壁上或用螺栓固定在内壁的法兰圈上。为了使介质层在蒸汽灭菌后干燥得快些，一般在过滤器筒身外装有供蒸汽加热的夹套，但如加热不恰当，会使过滤器内棉花炭化，玻璃纤维结团，活性炭引起焚烧，故有的过滤器无夹套装置。空气的进口在过滤器的下方，一般沿切线方向进入，由过滤器上方引出。介质置于两孔板之间，介质放置时要注意均匀，注意贴壁、平整，有一定填充密度，以防止产生短路甚至被空气吹翻。常用的介质有：

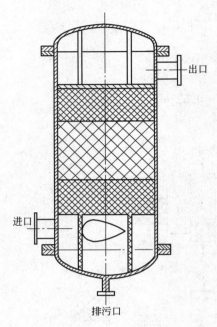

图 5-16 纤维及颗粒状介质过滤器

a. 棉花 常用的是未经脱脂（脱脂棉花易于吸水而使体积变小），压紧后仍有弹性，纤维长度适中（约 2～3 cm）的棉花。棉花的纤维直径约为 16～20 μm，其实密度（或称真密度）为 1520 kg/m³，通常的填充密度为 130～150 kg/m³，故其填充率为 8.5%～10%。为了使棉花垫填放平整，可先将棉花弹成比筒稍大的棉垫后再放入器内。

b. 玻璃纤维 用无碱的玻璃纤维作为过滤介质（普通玻璃纤维遇水或经蒸汽灭菌后易于粉碎）。常用的纤维直径可为 3～20 μm，其实密度为 2600 kg/m³，常用填充密度为 130～280 kg/m³，故其填充率为 5%～11%。较细的玻璃纤维不易折断，使用效果较好，但空气通过时阻力较大，故最常用的纤维直径为 10 μm，填充率为 8%（210 kg/m³）。为了减少玻璃纤维的粉碎和提高除菌效率及填放方便，可用酚醛树脂、呋喃树脂等将玻璃纤维粘合成具有一定填充率和形状的过滤垫后再放入过滤器。

c. 活性炭 常用的颗粒状活性炭是小圆柱体，其大小为 ϕ3 mm×(10～15) mm，实密度为 1140 kg/m³，填放时的虚密度为 (500±30) kg/m³，故填充率为 44% 左右。对过滤器用的活性炭要求质地较坚硬不易被压碎、颗粒均一，吸附能力则不作为主要指标，装填时细粒及粉末要筛去。颗粒状活性炭不单独作为过滤介质，常是与纤维状介质分层堆放成过滤床。国外亦有采用 20～50 目用椰壳烧成的活性炭作为过滤介质的。由于纤维过滤介质的发展，目前有些工厂已不再使用活性炭作为过滤介质了。

此外，还有用矿渣［直径小于 6 μm，填充密度 (400±30) kg/m³]，金属丝纤维和合成纤维（如直径约为 12μm 的维尼纶纤维，填充密度为 150～250 kg/m³）等作为过滤介质的。

介质层的高度与纤维性质、直径、填充密度、气流速度和过滤器持续使用时间有关。装填过滤器时，可以单纯用纤维介质，也可兼用纤维介质及颗粒介质。前者的介质层高度约为 0.2～0.3 m，后者介质层总高度约为 0.3～1.0 m。其中活性炭放在两纤维介质之间，或放在纤维介质层之下。纤维层：活性炭层：纤维层高度为 1：1：1～1：2：1，只有一层纤维层时，纤维层与活性炭层之比为 1：（2～3）。

通过过滤器的气流速度（以压缩空气通过过滤器筒身的截面积为基准）一般为 0.2～0.3 m/s，相应的压力降也较小。

过滤器进行灭菌时，一般是自上而下通入 0.2～0.4 MPa（表压）的蒸汽，灭菌 45 min 左右后用压缩空气吹干备用。总过滤器约每月灭菌一次。为了使总过滤器不间断地进行工作，一般应有一个备用，以便灭菌时替换使用。

（2）滤纸过滤器　图 5-17 为一种滤纸过滤器。此种过滤器的结构类似旋风分离器。过滤器以超细玻璃纤维纸为过滤介质。其孔径约为 1～1.5 μm，厚约 0.25～0.4 mm，其实密度为 2600 kg/m³，虚密度为 384 kg/m³，故填充率为 14.8%，平时以 3～6 张滤纸叠合在一起使用。这种滤纸的除菌效率很高（对≥0.3 μm 的颗粒去除效率为 99.99% 以上），阻力很小，但强度不太大，特别是受潮后强度更差，因此滤纸常用酚醛树脂、甲基丙烯酸树脂、嘧胺树脂、含氢硅油等增韧剂或疏水剂处理，以提高其防湿能力和强度。也可在制造滤纸时，在纸浆中混入 7%～50% 的木浆，这样滤纸强度就有显著改善，为了使滤纸能平整地置于过滤器内，能经受灭菌时蒸汽的冲击和使用时空气的冲击，在过滤器筒身和顶盖的法兰间夹有两块相互契合的多孔板（板上开有很多 φ8 的小孔，开孔面积约占板面积的 40% 左右）以夹住滤纸。安装时还须在滤纸上下分别铺上铜丝网、细麻布和橡皮垫圈。

空气在过滤器内的流速为 0.2～1.5 m/s，而且阻力很小，未经树脂处理过的单张滤纸在气流速度为 3.6 m/s，压降仅 3 mmH₂O 左右。经树脂处理或混有木浆的滤纸，阻力稍大。

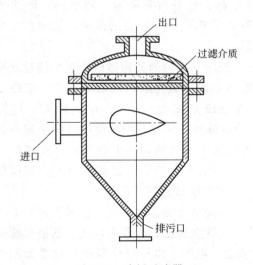

图 5-17　滤纸过滤器

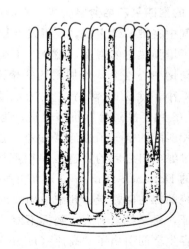

图 5-18　金属烧结管空气过滤器

（3）金属烧结管空气过滤器　20 世纪 80 年代初中国核工业第八研究所研制成功了 JLS 型金属烧结管空气过滤器，这种金属烧结过滤管是用粉末冶金方法制造的，用来除去含有各种固体粒子的一种新型、高效过滤器。它是由单根或几十根或上百根金属微孔滤管安装在不锈钢过滤器壳体内（见图 5-18），现在已有处理量每分钟从数升到 100 m³ 的系列产品。

压缩空气进入壳程，通过金属微孔滤管的壁除去杂菌和颗粒，得到无菌空气，由管程排出。此种过滤器的特点：使用寿命长，耐高热，气体阻力小，安装维修方便。但在使用时为了防止空气管道中的铁锈和微粒及蒸汽管道中铁锈对金属微孔滤管的污染，因此在金属烧结管过滤器之前要加装一个与其匹配的空气预过滤器和蒸汽过滤器。详细安装流程见图 5-19。

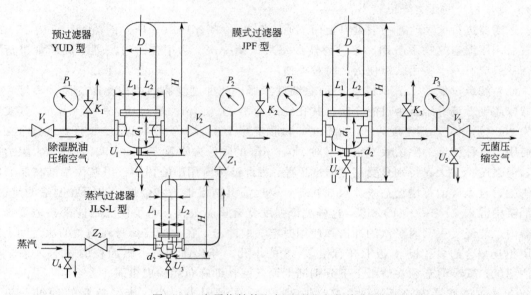

图 5-19　金属烧结管空气过滤器安装管路图

（4）微孔膜过滤器——绝对过滤器　与上述依靠直接拦截、惯性碰撞和扩散（布朗运动）综合效应除菌的深层过滤器不同的是绝对过滤器。它是由耐高温、疏水的、厚度为 150 μm 的聚四氟乙烯薄膜构成。它能绝对滤除所有大于 0.01 μm 以上的微粒，能除去几乎所有空气中夹带的微生物，获得发酵用的无菌空气。

为了增强膜芯的强度，用 316 不锈钢做中心柱，把附加里衬的滤膜做成折叠型的过滤层绕在不锈钢中心柱上，外加耐热的聚丙烯外套。见图 5-20。微孔膜过滤器体积小、处理量大、压降小、除菌效率高。空气经过滤膜的气速应控制在 0.5～0.7 m/s 左右，压降 ≤100 Pa。由于膜过滤器价格较贵，为了延长微孔膜过滤器的使用寿命，使用时应配置与膜过滤器相匹配的空气预过滤器和蒸汽过滤器，除去管道内的铁锈和污垢微粒对微孔膜的污染。预过滤出口之后的管道应采用不锈钢管。其安装方法见图 5-20。目前生产工业规模的有英国的 Dominck Hunter 公司和美国的 Millipore 公司的膜过滤器产品。

传统的棉花活性炭、超细玻璃纤维、维尼纶、金属烧结过滤器由于在"绝对除菌"上的无法保证，且系统阻力大、装拆不便，已逐渐被新一代的微孔滤膜介质所取代。新型过滤介质的高容尘空间引出了"高流（High Flow）"的概念，改变了以往过滤器单位过滤面积处理量低的状况。过滤介质被制成折叠式大面积滤芯，使过滤器的结构更为合理、装拆方便从而被生物制药和发酵行业所接受。

表 5-2 列出了几种传统过滤器的适用条件及性能比较。表 5-3 列出了新一代微孔滤膜过滤器的适用条件。

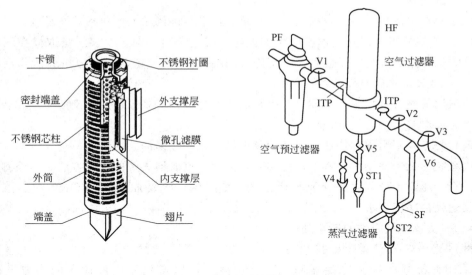

图 5-20　膜过滤器结构及安装

表 5-2　传统过滤器的适用条件及性能比较

过滤器类型	适用条件及性能
棉花活性炭	可以反复蒸汽灭菌,但介质经灭菌后过滤效率降低,装拆劳动强度大,环保条件差。活性炭对油雾的吸附效果较好,故可作为总过滤器以去除油雾、灰尘、管垢和铁锈等
维尼纶	无需蒸汽灭菌,靠过滤介质本身的"自净"作用。要求有一定的填充密度和厚度,管路设计有一定的要求,介质一旦受潮易失效。可作为总过滤器及微孔滤膜过滤器的预过滤
超细玻璃纤维纸	可以蒸汽灭菌,但重复次数有限,装拆不便,装填要求高,可作为终过滤器,但不能保证绝对除菌
金属烧结	耐高温,可反复蒸汽灭菌,过滤介质空隙在 $10\sim30\,\mu m$,过滤阻力小,可作为终过滤器,但无法保证绝对除菌

表 5-3　新一代微孔滤膜过滤器的适用条件及性能比较

滤膜材料	适用条件及性能
硼硅酸纤维	① 亲水性,无需蒸汽灭菌,95％容尘空间,过滤精度 1u,介质受潮后处理能力和过滤效率下降;②适合无油干燥的空压系统中,可作为预过滤器,除尘、管垢及铁锈等;③过滤介质经折叠后制成滤芯,过滤面积大,阻力小,更换方便,容尘空间大,处理量大
聚偏二氟乙烯	① 疏水性,可反复蒸汽灭菌,容尘空间为 65％,过滤精度 0.1～0.01 u;②可以作为无菌空气的终端过滤器;③过滤介质经折叠后制成滤芯过滤面积大,阻力小,更换方便
聚四氟乙烯	① 疏水性,可反复蒸汽灭菌,容尘空间为 85％,过滤精度 0.01 u 可 100％去除微生物;②可以作为无菌空气的终端过滤器,无菌槽、罐的呼吸过滤器及发酵罐尾气除菌过滤器;③过滤介质经折叠后制成滤芯过滤面积大、阻力小、更换方便

5.4　无菌检测及发酵废气废物的安全处理

5.4.1　无菌检测

工业生产中,为明确责任、跟踪生产进程、及早发现染菌,一般在菌种制备、发酵罐接种前后和培养过程中都按时取样、进行无菌检测。对发酵液的无菌检测有三种方式:无菌试验、镜检、试剂盒。

无菌试验有肉汤培养法、双蝶法、斜面培养法等。肉汤法是直接用装有酚红肉汤的无菌试管取样，37 ℃培养，观察培养基颜色的变化，确定是否染菌。双蝶法是取样在双蝶培养基上划线，取样培养 6 h 后反复划线，培养 24 h 后观察有无菌落。斜面培养法是接种于斜面上，培养 24 h 后观察有无菌落。

镜检采用显微镜直接观察取样中有无杂菌，明显的优势是快速，但染菌初期或杂菌少时无法确定，一般与肉汤法配合使用。

试剂盒是近几年出现的快速、高效检测灭菌效果和染菌的新手段。

空气系统的无菌检测主要考察过滤器是否失效。过滤器失效的检测方法一是检测过滤器两侧的压降，压降大说明过滤介质被堵塞；二是用粒子计数器测定空气中的粒子数是否超标，有无达到洁净度要求。

5.4.2 发酵废气废物的安全处理

发酵过程中，发酵罐不断排出废气，其中夹带部分发酵液和微生物。中小型试验发酵罐厂采用在排气口接装冷凝器回流部分发酵液，以避免发酵液体积的大幅下降。大型发酵罐的排气处理一般接到车间外经沉积液体后从"烟囱"排出。当发生染菌事故后，尤其发生噬菌体污染后，废气中夹带的微生物一旦排向大气将成为新的污染源，所以必须将发酵尾气进行处理。目前国内发酵行业普遍采用的方法是将排气途经碱液处理后排向大气。发生噬菌体污染后，虽经碱液处理，吸风口空气中尚有噬菌体存在，这些噬菌体又难于籍过滤除去。利用噬菌体对热的耐受力差的特点，在空气预处理流程中，将贮罐紧靠着空压机。此时的空气温度很高，空气在贮罐中停留一段时间可达到杀灭噬菌体的作用。

一旦发生发酵污染，发酵液需处理后方可排放，否则造成新的污染源。一般是直接通入蒸汽灭菌处理，也可加入甲醛再用湿热灭菌处理。

符　号　表

符　号	物理量及单位	符　号	物理量及单位
A	面积，m^2	Pe	彼克列数
C	比热容，$J/(kg \cdot ℃)$	Q	热量，J/h
d、D	直径，m	S	蒸汽用量，kg、kg/s
Da	达姆科勒数	t	温度，℃
G	质量、质量流量，kg、kg/h	T	绝对温度，K
H	高度，m；湿含量，kg/kg	v	比体积，m^3/kg
I	热焓，kJ/kg	V	体积、体积流量，m^3、m^3/s
k	灭菌常数，比死亡率，s^{-1}	w	流量，m/s
K	传热系数，$W/(m^2 \cdot ℃)$	W	冷却水流量，kg/h
L	长度，m；质量流量，kg/h	λ	热焓，kJ/kg
N	微生物个数，个	ρ	密度，kg/m^3
φ	相对湿度	τ	时间，s
p、P	压强，Pa、MPa、atm		

思　考　题

1. 培养基灭菌的方法有哪些?

2. 分批灭菌与连续灭菌各自的优缺点有哪些?

3. 叙述发酵用无菌空气的质量指标。

4. 空气预处理流程中有哪些设备,各设备的作用是什么?

5. 有一发酵罐,内装培养基 32 m^3,原始污染微生物 1.5×10^7 个/毫升,采用分批灭菌,若失败概率为 0.001,灭菌温度 125 ℃,忽略升温对灭菌的作用,求保温时间? 如采用连续灭菌,流量为 15 m^3/h,135 ℃灭菌,请设计维持罐的体积。

6. 现有一空压机,吸气量为 200 m^3/min,出口气压(表压)为 0.3 MPa。大气温度 35 ℃、相对湿度为 85%。已知进冷却器前空气温度为 105 ℃。求:①压缩空气的露点;②如冷到 30 ℃,压力不变,能析出多少水? ③如要求进入总过滤器的湿度为 65%,需升温多少? ④空气在冷却器中每小时放出多少热量? ⑤加热器提供多少热量?

参　考　文　献

1 Apparatus and method for sterilization of instruments. Peterson, Edward R. (Phonon Technologies, Inc.，USA). PCT Int. Appl. WO 9735623 A1 2 Oct 1997. 57

2 Wang D I C，C L Cooney，A L Demain，P Dunnill，A E Humphrey，M D Lilly. Fermentation and Enzyme Technology. chapter 8. John Willy & Sons, 1979

3 俞俊棠. 抗生素生产设备. 北京:化学工业出版社,1982

4 俞俊棠,唐孝宣. 生物工艺学. 上海:华东化工学院出版社,1992

5 陈国豪. 工业生化技术设备. 上海:华东理工大学出版社,1994

6 沈自法,唐孝宣. 发酵工厂工艺设计. 上海:华东理工大学出版社,1994

7 陈敏恒等,化工原理. 北京:化学工业出版社,1985

6 种子扩大培养

种子扩大培养是指将保存在砂土管、冷冻干燥管中处休眠状态的生产菌种接入试管斜面活化后,再经过扁瓶或摇瓶及种子罐逐级扩大培养而获得一定数量和质量的纯种过程。这些纯种培养物称为种子。

目前工业规模的发酵罐容积已达几十立方米或几百立方米。如按百分之十左右的种子量计算,就要投入几立方米或几十立方米的种子。要从保藏在试管中的微生物菌种逐级扩大为生产用种子是一个由实验室制备到车间生产的过程。其生产方法与条件随不同的生产品种和菌种种类而异。如细菌、酵母菌、放线菌或霉菌生长的快慢,产孢子能力的大小及对营养、温度、需氧等条件的要求均有所不同。因此,种子扩大培养应根据菌种的生理特性,选择合适的培养条件来获得代谢旺盛、数量足够的种子。这种种子接入发酵罐后,将使发酵生产周期缩短,设备利用率提高。种子液质量的优劣对发酵生产起着关键性的作用。

作为种子的准则是:①菌种细胞的生长活力强,移种至发酵罐后能迅速生长,迟缓期短;②生理性状稳定;③菌体总量及浓度能满足大容量发酵罐的要求;④无杂菌污染;⑤保持稳定的生产能力。

6.1　种子制备工艺

种子制备的工艺流程如图 6-1 所示。其过程大致可分为:① 实验室种子制备阶段,包括琼脂斜面、固体培养基扩大培养或摇瓶液体培养(步序 1～6);②生产车间种子制备阶段,如种子罐扩大培养(步序 7～9)。

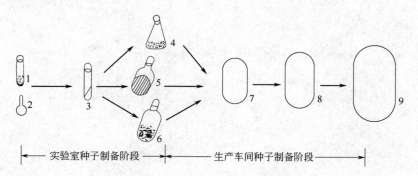

图 6-1　种子扩大培养流程图

1—砂土孢子;2—冷冻干燥孢子;3—斜面孢子;4—摇瓶液体培养(菌丝体);
5—茄子瓶斜面培养;6—固体培养基培养;7、8—种子罐培养;9—发酵罐

6.1.1　实验室种子制备

保藏在砂土管或冷冻干燥管中的菌种经无菌手续接入适合于孢子发芽或菌丝生长的斜面培养基中,经培养成熟后挑选菌落正常的孢子可再一次接入试管斜面。对于产孢子能力强的及孢子发芽、生长繁殖快的菌种可以采用固体培养基培养孢子,孢子可直接作为种子罐的种子,这样操作简便,不易污染杂菌。以生产青霉素的产黄青霉菌(P. chrysogonum)为例:

采用大米或小米为固体培养基，取适量装入 250 mL 茄子瓶中灭菌，要注意控制米粒含水量，使米粒不黏不散。然后接入少许冷冻管孢子或斜面孢子悬浮液，于 25～28 ℃培养 4～14 天。在培养期间，要注意翻动，保持通气均匀。培养结束后，将孢子瓶于真空下抽去水分，使含水量在 10％以下，于 4 ℃冰箱中保存备用。对于不产孢子的赤霉素生产菌种镰力赤霉菌（Gibberelline fujikuroi）也可以用大米固体培养基置于茄子瓶中接种菌丝体，用作种子罐种子。

对于产孢子能力不强或孢子发芽慢的菌种，如产链霉素的灰色链霉菌（S. griseus）、产卡那霉素的卡那霉菌（S. Kanamyceticus）可以用摇瓶液体培养法。孢子接入含液体培养基的摇瓶中，于摇床上恒温振荡培养，获得菌丝体，作为种子。

对于不产孢子的细菌，如生产谷氨酸的棒状杆菌属（Corynebacterium）、短杆菌属（Brevibacterium），生产上一般采用斜面营养细胞保藏法。2～3 个月移种一次，使用方便。斜面菌种于 32 ℃，培养 18～24 h，即可移入 250 mL 茄子瓶斜面培养基上，或者 1000 mL 三角摇瓶液体培养基上，再于 32 ℃培养 12 h 即可作种子罐种子。

生产啤酒的酵母菌一般保存在麦芽汁琼脂培养基或 MYPG 培养基（培养基配置：3 g 麦芽浸出物，3 g 酵母浸出物，5 g 蛋白胨，10 g 葡萄糖和 20 g 琼脂于 1 L 水中）的斜面上，于 4 ℃冰箱内保藏。每年移种 3～4 次。将保存的酵母菌菌种接入含 10 mL 麦芽汁的试管中，于 25～27 ℃保温培养 2～3 天后，再扩大至含有 250～500 mL 麦芽汁的 500～1000 mL 三角瓶中，再于 25 ℃培养 2 天后，移种至含有 5～10 L 麦芽汁的卡氏培养罐中，于 25～20 ℃培养 3～5 天即可作为 100 L 麦芽汁的发酵罐种子。从三角瓶到卡氏培养罐培养期间，均需定时摇动或通气，使酵母菌液与空气接触，以有利于酵母菌的增殖。

6.1.2　生产车间种子制备

实验室制备的孢子或摇瓶菌丝体种子移种至种子罐扩大培养，种子罐的培养基虽因不同菌种而异，但其原则为采用易被菌利用的成分如葡萄糖、玉米浆、磷酸盐等，同时还需供给足够的无菌空气，并不断搅拌，使菌丝体在培养液中均匀分布，获得相同的培养条件。孢子悬浮液一般采用微孔接种法接种，摇瓶菌丝体种子可在火焰保护下接入种子罐或采用压差法接入。种子罐或发酵罐间的移种方式，主要采用差压法，由种子接种管道进行移种，移种过程中要防止接受罐表压降至零，否则会引起染菌。

（1）种子罐级数的确定　种子罐的作用在于使孢子瓶中有限数量的孢子发芽、生长并繁殖成大量菌丝体，接入发酵培养基后能迅速生长，达到一定菌体量，以利于产物的合成。种子罐级数是指制备种子需逐级扩大培养的次数，这一般根据菌种生长特性、孢子发芽及菌体繁殖速度，以及所采用发酵罐的容积而定。对于生长快的细菌，种子用量比例少，故种子罐相应也少。如谷氨酸生产中，采用茄子瓶斜面或摇瓶种子接入种子罐于 32 ℃培养 7～10 h，菌浓度达 10^8～10^9 个/mL，即可接入发酵罐作为种子，这称为一级种子罐扩大培养，也称二级发酵。生长较慢的菌种，如青霉素生产菌种，其孢子悬浮液接入一级种子罐于 27 ℃培养 40 h，此时孢子发芽，长出短菌丝，故也称发芽罐。再移至含有新鲜培养基的第二级种子罐，于 27 ℃培养 10～24 h，菌丝迅速繁殖，获粗壮菌体，故又称繁殖罐。此菌丝即可移到发酵罐作为种子，这称为二级种子罐扩大培养，也称三级发酵。一般 50 m³ 发酵罐都采用三级发酵。又如生长更慢的菌种，链霉素生产菌种灰色链丝菌，一般采用三级种子罐扩大培养。在小型发酵罐（5～30 L）中进行试验时，也有采用直接孢子或菌丝体接入罐中发酵的，这称一级发酵。

种子罐的级数越少，越有利于简化工艺和控制，并可减少由于多次移种而带来染菌的机会。但也必须考虑尽量延长菌丝体（培养物）在发酵罐中生物合成产物的时间，缩短由于种子发芽、生长而占用的非生产时间，以提高发酵罐的生产率［产物/(mL·h)］。

虽然种子罐级数随产物的品种及生产规模而定。但也与所选用工艺条件有关。如改变种子罐的培养条件，加速了孢子发芽及菌体的繁殖，也可相应地减少种子罐的级数。

（2）接种龄与接种量

a．接种龄　接种龄是指种子罐中培养的菌丝体开始移入下一级种子罐或发酵罐时的培养时间。接入种子罐中的种子，随着培养时间的延长，菌丝量增加，但由于基质的消耗、代谢产物的积累及菌丝体的死亡，菌丝量不再增加，而逐渐趋于老化。因此选择适当的接种龄显得十分重要。通常，接种龄以菌丝体处于生命力极为旺盛的对数生长期，且培养液中菌体量还未达到最高峰时，较为合适。

过于年轻的种子接入发酵罐后，往往会出现前期生长缓慢、整个发酵周期延长、产物开始形成的时间推迟，甚至会因菌丝量过少而在发酵罐内结球，造成异常发酵的情况。过老的种子会引起生产能力下降而菌丝过早自溶。

不同品种或同一品种的工艺条件不同，其接种龄是不一样的，一般要经过多次试验、考察其在发酵罐中的生产能力来确定最适的接种龄。如图 6-2 所示的为嗜碱性芽孢杆菌产生碱性蛋白酶的接种龄试验情况，结果表明，以 12 h 为接种龄所得的酶活力最高。

b．接种量　接种量是指移入的种子液体积和接种后培养液体积的比例。在抗生素工业生产中，大多数抗生素发酵的最适接种量为 7%～15%，有时可增加到 20%～25%。而由棒状杆菌生产的谷氨酸发酵中的接种量只需 1%。

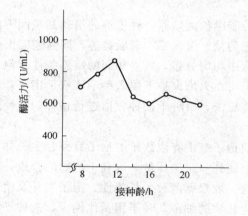

图 6-2　接种龄对产酶的影响

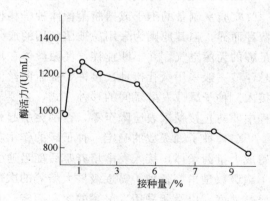

图 6-3　接种量对碱性蛋白酶产生的影响

接种量的大小取决定于生产菌种在发酵罐中生长繁殖的速度。采用较大的接种量可以缩短发酵罐中菌丝繁殖到达高峰的时间，使产物的形成提前到来。这是由于种子量多，同时种子液中含有大量体外水解酶类，有利于对基质的利用和产物的合成，并且生产菌迅速占据了整个培养环境减少了杂菌生长的机会。但是，如果接种量过多，往往使菌丝生长过快，培养液黏度增加，造成溶解氧不足，而影响产物的合成。如由嗜碱性芽孢杆菌生产碱性蛋白酶的研究中发现 1% 接种量产酶活力最高，在 0.5%～4% 接种量之间虽有差别，但影响不大，如超过 4% 则产量明显下降（见图 6-3）。又例如大肠杆菌生产青霉酰胺酶中，由于接种量过大而使产酶活力大大下降，而接种量过小，除了延长发酵周期外，往往还会引起其他不正常情况。在头孢菌素生产中，由于接种量过小，会产生大量菌丝团，而使产量降低。但有的抗生素如制霉菌素，用1%接种量比用10%接种量的效果好，而0.1%接种量与1%的效果相似。

近年来，生产多以加大种子量及采用丰富培养基作为获得高产的措施。有的产品采用二只种子罐接一只发酵罐称双种法。如卡那霉素生产中采用双种比单种的发酵单位提高8%，而且达到产量高峰的时间提前。也有的采用倒种法，即以适宜的发酵液倒出适量给另一发酵罐作种子。例如链霉素发酵中，使用倒种法比单种的发酵单位提高12%。而四环素发酵采用双种效果并不显著。

（3）种子质量的判断　由于菌种在种子罐中的培养时间较短，可供分析的参数较少，使种子的内在质量难以控制，为了保证各级种子移种前的质量，除了保证规定的培养条件外，在过程中还要定期取样测定一些参数以观察基质的代谢变化及菌丝形态是否正常。在生产通常测定的参数为①pH；②培养基灭菌后磷、糖、氨基氮的含量；③菌丝形态、菌丝浓度和培养液外观（色素、颗粒等）；④其他参数，如接前抗生素含量、某种酶活力等。

用酶活力来判断种子的质量是一种新的尝试，如土霉素发酵中，种子液的淀粉酶活力与发酵单位有一定关系。从表6-1可以看出如种子液化淀粉能力强即淀粉酶活力高的，则接入发酵罐后土霉素发酵单位也高，反之则低。因此，在选用种子时，用测定种子液中淀粉酶的活力来判断种子质量的方法是可取的。

表 6-1　淀粉液化速度同龟裂链霉菌合成土霉素能力的关系

编号	培养基中淀粉完全液化所需时间/h			土霉素相对效价/%
	一级种子	二级种子	发酵	
1	37	45	42	114.0
2	84	46	45	108.5
3	51	47	47	102.8
4	56	58	64	100（对照）

6.1.3　影响种子质量的因素

（1）原材料质量　生产过程中经常出现种子质量不稳定的现象，其主要原因是原材料质量波动。例如四环素、土霉素生产中，配制产孢子斜面培养基用的麸皮，因小麦产地、品种、加工方法及用量的不同对孢子质量的影响也不同。制备霉菌用的大（小）米，其产地、颗粒大小、均匀程度不同，孢子质量也不同。蛋白胨加工原料不同如鱼胨或骨胨对孢子影响也不同。此外，琼脂的牌号不同，其中所含无机离子的差别而引起孢子质量的变化。水质的硬度、污染程度对生产均有影响。有的工厂采用合成水〔其中含有0.03%（NH_4）$_2HPO_4$，0.02%KH_2PO_4，0.01%$MgSO_4$〕来制备四环素生产菌的斜面培养基，发酵单位有所提高。

原材料质量的波动，起主要作用是其中无机离子含量不同，如微量元素Mg^{2+}、Cu^{2+}、Ba^{2+}能刺激孢子的形成。磷含量太多或太少也会影响孢子的质量。

（2）培养条件

a. 温度　温度对多数品种斜面孢子质量有显著影响。如土霉素生产种子，在高于37℃培养时，孢子接入发酵罐后表现出糖代谢变慢，氨基氮回升提前，菌丝过早自溶，效价降低等现象。一般各生产单位都严格控制孢子斜面的培养温度。

b. 湿度　制备斜面孢子培养基的湿度对孢子的数量和质量有较大的影响。例如土霉素生产菌种龟裂链霉菌孢子，制备时发现：在北方气候干燥地区孢子斜面长得较快，在含有少量水分的试管斜面培养基下部孢子长得较好，而斜面上部由于水分迅速蒸发呈干瘪状，孢子稀少。在气温高含湿度大的地区，斜面孢子长得慢，主要由于试管下部冷凝水多而不利于孢子的形成。从表 6-2 中看出相对湿度在 40%～45% 时孢子数量最多，且孢子颜色均匀，质量较好。

表 6-2   不同相对湿度对龟裂链霉菌斜面生长的影响

相对湿度/%	斜面外观	活孢计数/(亿个/克)
16.5～19	上部稀薄，下部稠、略黄	1.2
25～36	上部薄，中部均匀发白	2.3
40～45	一片白，孢子丰富，稍皱	5.7

c. 通气量   在种子罐中培养的种子除保证供给易被利用的培养基外，有足够的通气量可以提高种子质量。例如，青霉素的生产菌种在制备过程中将通气充足和不足两种情况下得到的种子分别接入发酵罐内，它们的发酵单位可相差 1 倍。通气量一般以每分钟罐中培养液体积与通入无菌空气体积之比表示。如青霉素发酵一般一级种子罐通气量为 1:3（体积/体积）·分，二级种子罐通气为 1:(1.1～1.5)（体积/体积）·分。如果搅拌效果不好，搅拌时泡沫过多及种子罐装料系数过小等将会使菌丝黏壁，培养液中菌丝量减少，甚至菌丝结团，影响了种子质量。

（3）斜面冷藏时间   斜面冷藏对孢子质量的影响与孢子成熟程度有关。如土霉素生产菌种孢子斜面培养 4 天左右即于 4 ℃冰箱保存，发现冷藏 7～8 天菌体细胞开始自溶。而培养 5 天以后冷藏，20 天未发现自溶。且冷藏时间对孢子的生产能力也有影响。例如在链霉素生产中，斜面孢子在 6 ℃冷藏两个月后的发酵单位比冷藏一个月降低 18%，比冷藏 3 个月的降低 35%。

6.2   种子质量的控制措施

种子质量的最终指标是考察其在发酵罐中所表现出来的生产能力。因此首先必须保证生产菌种的稳定性，其次是提供种子培养的适宜环境，保证无杂菌侵入，以获得优良种子。

（1）菌种稳定性的检查   生产上所使用的菌种必须保持有稳定的生产能力，虽然菌种保藏在休眠状态的环境中，但微生物或多或少会出现变异的危险，因此定期考察及挑选稳定菌种投入生产是十分重要的。其方法是取出少许保藏菌种置于灭菌生理盐水中，逐级稀释，在含有琼脂培养基的双碟上划线培养，菌液稀释度以双碟上所生长的菌落不至过密为宜。挑出形态整齐、孢子丰满的菌落进行摇瓶试验，测定其生产能力，以不低于其原有的生产活力为原则，并取生产能力高的菌种备用。

一般，不管用什么方法保藏菌种，一年左右都应作自然分离一次。

（2）无（杂）菌检查   在种子制备过程中每移种一步均需进行杂菌检查。通常采用的方法是：种子液显微镜观察，肉汤或琼脂斜面接入种子液培养进行无菌试验和对种子液进行生化分析。其中无菌试验是判断杂菌的主要依据。

无菌试验主要是将种子液涂在双碟上划线培养、斜面培养和酚红肉汤培养，经肉眼观察双碟上是否出现异常菌落、酚红肉汤有否变黄色及镜检鉴别是否污染杂菌。在移种的同时进行上述试验，经涂双碟及接入肉汤后于 37 ℃培养，在 24 h 内每隔 2～3 h 取出在灯光下检查一次。24～48 h 每天检查一次，以防生长缓慢的杂菌漏检。

种子液生化分析项目为主要取样测定其营养消耗的速度、pH 变化、溶解氧利用情况、色泽、气味有否异常等。

<h2 style="text-align:center">思　考　题</h2>

1. 种子扩大培养的目的是什么？
2. 何谓种子接种龄、接种量？
3. 为什么种子要逐级扩大培养？什么情况下可采用一级种子？
4. 影响种子质量的因素是哪些？
5. 保证种子质量有哪些措施？

<h2 style="text-align:center">阅　读　材　料</h2>

1　邬行彦，熊宗贵，胡章助等主编. 抗生素生产工艺学. 北京：化学工业出版社，1989
2　天津轻工业学院，大连轻工业学院，无锡轻工业学院，华南工学院编著. 氨基酸工艺学. 北京：轻工业出版社，1986
3　管敦仪主编. 啤酒工业手册. 上册. 北京：轻工业出版社，1985
4　Peter. E. Stanbury. Principles of Fermentation Technology. Pergamon press，1984
5　Arnold. H. Demain. Manual of Industrial Microbiology and Biotechnology. American Society for microbiology. 1986
6　微生物学通报. 1988，15（3）：101

7 发酵工艺控制

7.1 引言

发酵原本是指在厌氧条件下葡萄糖通过醇解途径生成乳酸或乙醇等的分解代谢过程。现在从广义将发酵看做是微生物把一些原料养分在合适的发酵条件下经特定的代谢转变成所需产物的过程。微生物具有合成某种产物的潜力，但要想在生物反应器中顺利表达，即以最大限度地合成所需产物却非易举。发酵是一种很复杂的生化过程，其好坏涉及诸多因素。除了菌种的生产性能，还与培养基的配比、原料的质量、灭菌条件、种子的质量、发酵条件、过程控制等有密切的关系。因此，不论是老或新品种，都必须经过发酵研究这一阶段，以考察其代谢规律、影响产物合成的因素，优化发酵工艺条件。

发酵工艺一向被认为是一门艺术，需凭多年的经验才能掌握。发酵生产受许多因素的影响和工艺条件的制约，即使同一种生产菌种和培养基配方，不同厂家的生产水平也不一定相同。这是由于各厂家的生产设备，培养基的来源，包括水质和工艺条件也不尽相同。因此，必须因地制宜，掌握菌种的特性，根据本厂的实际条件，制订有效的控制措施。通常，菌种的生产性能越高，其生产条件越难满足。由于高产菌种对工艺条件的波动比低产菌种更敏感，故掌握生产菌种的代谢规律和发酵调控的基本知识对生产的稳定和提高具有重要的意义。

7.2 发酵过程技术原理

微生物发酵过程可分为分批、补料-分批、半连续（发酵液带放）和连续等几种方式。不同的培养技术各有其优缺点。了解生产菌种在不同工艺条件下的细胞生长、代谢和产物合成的变化规律将有助于发酵生产的控制。

7.2.1 分批发酵

7.2.1.1 分批发酵的基础理论

分批发酵是一种准封闭式系统，种子接种到培养基后除了气体流通外发酵液始终留在生物反应器内。在此简单系统内所有液体的流量等于零，故由物料平衡得式（7-1）～式（7-3）的微分方程

$$dX/dt = \mu X \qquad (7-1)$$

$$dS/dt = -q_S X \qquad (7-2)$$

$$dP/dt = q_P X \qquad (7-3)$$

式中 X 为菌体浓度，g/L；t 为培养时间，h；μ 为比生长速率，h^{-1}；S 为基质浓度，g/L；q_S 为比基质消耗速率，g/(g·h)；P 为产物浓度，g/L；q_P 为比产物形成速率，g/(g·h)。

分批发酵过程一般可粗分为四期，即适应（停滞）期、对数生长期、生长稳定期和死亡期；也可细分为六期：即停滞期、加速期、对数期、减速期、静止期和死亡期，如图 7-1 所示。在停滞期（Ⅰ），即刚接种后的一段时间内，细胞数目和菌量不变，因菌对新的生长环

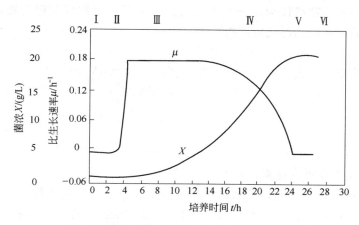

图 7-1　分批培养中的微生物的典型生长曲线

境的有一适应过程，其长短主要取决于种子的活性、接种量和培养基的可利用性和浓度。一般，种子应采用对数生长期且达到一定浓度的培养物，该种子能耐受含高渗化合物和低 CO_2 分压的培养基。工业生产中从发酵产率和发酵指数以及避免染菌考虑，希望尽量缩短适应期。加速期（Ⅱ）通常很短，大多数细胞在此期的比生长速率在短时间内从最小升到最大值。如这时菌已完全适应其环境，养分过量又无抑制剂便进入恒定的对数或指数生长期（Ⅲ），可用方程（7-1）表示，将其积分，再取自然对数得式（7-4）。

$$\ln X_t = \ln X_0 + \mu t \tag{7-4}$$

式中　X_0 为菌的初始浓度；X_t 为经过培养时间 t 的菌度。将菌体浓度的自然对数与时间作图可得一直线，其斜率为 μ，即比生长速率。在对数生长期的比生长速率达最大，可用 μ_{max} 表示。表 7-1 列出一些微生物的典型 μ_{max} 值。对数生长期的长短主要取决于培养基，包括溶氧的可利用性和有害代谢产物的积累。

在减速期（Ⅳ）随着养分的减少，有害代谢物的积累，生长不可能再无限制地继续。这时比生长速率成为养分、代谢产物和

表 7-1　一些微生物的典型 μ_{max} 值

微生物名称	μ_{max}/h^{-1}	微生物名称	μ_{max}/h^{-1}
产黄青霉	0.12	甲烷甲单孢菌	0.53
构巢曲霉	0.36	贝内克氏菌	4.24

时间的函数，其细胞量仍旧在增加，但其比生长速率不断下降，细胞在代谢与形态方面逐渐变化，经短时间的减速后进入生长静止（稳定）期。减速期的长短取决于菌对限制性基质的亲和力（K_s 值），亲和力高，即 K_s 值小，则减速期短。

静止期（Ⅴ），实际上是一种生长和死亡的动态平衡，净生长速率等于零，即 $\mu = \alpha$，式中 α 为比死亡速率。由于此期菌体的次级代谢十分活跃，许多次级代谢物在此期大量合成，菌的形态也发生较大的变化，如菌已分化、染色变浅、形成空胞等。当养分耗竭，对生长有害代谢物在发酵液中大量积累便进入死亡期（Ⅵ），这时 $\alpha > \mu$，生长呈负增长。工业发酵一般不会等到菌体开始自溶时才结束培养。发酵周期的长短不仅取决于前面五期的长短还取决于 X_0。Bu'Lock 等[1] 将对数期称为生长期（trophophase）；将静止期称为分化期（idiophase）。生长期末为产物的形成创造了必要的条件，这在第 3 章代谢调节已有详细论述。

7.2.1.1.1　生长关联型

根据产物的形成是否与菌体生长同步关联，Pirt 将产物形成动力学分为生长关联型和非

生长关联型[2]。一般，初级代谢产物的形成与生长关联；而次级代谢产物的形成与生长无关。与生长有联系的产物的形成可用得率 $Y_{P/X}$ 表示

$$dP/dX = Y_{P/X} \qquad (7-5)$$

式中　$Y_{P/X}$ 为以生长为基准的产物得率。将此式乘于 dX/dt，得

$$dP/dt = Y_{P/X} \cdot dX/dt \qquad (7-6)$$

因 $dX/dt = \mu X$

故

$$dP/dt = Y_{P/X} \cdot \mu X \qquad (7-7)$$

将式（7-3）与式（7-7）合并得　　$q_P = Y_{P/X} \cdot \mu \qquad (7-8)$

式中　q_P 为比产物形成速率；μ 为比生长速率。

由式（7-8）可见，对与生长关联的产物形成，比产物形成速率随比生长速率的增长而增长。这类产物通常是微生物的分解代谢产物，如酒精是由根霉产生的脂肪酶，由树状黄杆菌产生的葡萄糖异构酶也属于这一类型。

7.2.1.1.2　非生长关联型

此类型的产物形成只与细胞的积累量有关，可用式（7-9）表示

$$dP/dt = \beta X \qquad (7-9)$$

式中　dP/dt 为产物形成的速率，g/(L·h)；β 为比例常数。

由此式可见，产物形成速率与菌的生长速率无关，而与菌量有关。次级代谢产物中的一些抗生素的产物合成即属于这一类。图 7-2 显示杀假丝菌素分批发酵中的葡萄糖消耗、DNA 含量和杀假丝菌素合成的变化。从图中看出，在生长期菌体中的 DNA 含量不断增加，而在抗生素合成期 DNA 不再增加，趋于稳定。当糖耗竭，DNA 含量下降，菌丝趋于自溶，这时发酵单位明显下降。在生产上不允许自溶期的出现，因对后续提取工序不利。

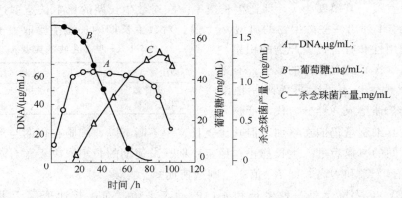

图 7-2　杀假丝菌素分批发酵中的代谢变化

7.2.1.2　重要的生长参数

分批培养中基质初始浓度对菌的生长的影响如图 7-3 所示，在浓度较低的（A—B）范围内，静止期的细胞浓度与初始基质浓度成正比，可用式（7-10）表示：

$$X = Y(S_0 - S_t) \qquad (7-10)$$

式中　S_0 为初始基质浓度，g/L；S_t 为经培养时间 t 的基质浓度；Y 为得率系数，g 细胞/g 基质。在 A—B 的区域，当生长停止时，S_t 等于零。方程（7-10）可用于预测用多少初始基质便能得到相应的菌量。在 C—D 的区域，菌量不随初始基质浓度的增加而增加。这时菌的进一步生长受到积累的有害代谢物的限制。用 Monod 方程可描述比生长速率和残

留的限制性基质浓度之间的关系

$$\mu = \mu_{\max}S/(K_s + S) \qquad (7\text{-}11)$$

式中 $\mu_{\max}$ 是最大比生长速率，h^{-1}；K_s 为基质利用常数，相当于 $\mu = \mu_{\max}/2$ 时的基质浓度，g/L，是菌对基质的亲和力的一种度量。

分批培养中后期基质浓度下降，代谢有害物积累，已成为生长限制因素，μ 值下降。其快慢，取决于菌对限制性基质的亲和力大小，K_s 小，对 μ 的影响较小，当 S_t 接近 0 时，μ 急速下降；K_s 大，μ 随 S_t 的减小而缓慢下跌，当 S_t 接近 0 时，μ 才迅速下降到零，见图 7-4。

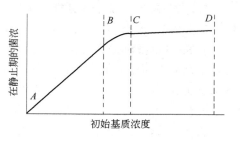

图 7-3　分批培养中基质初始浓度对菌生长的影响

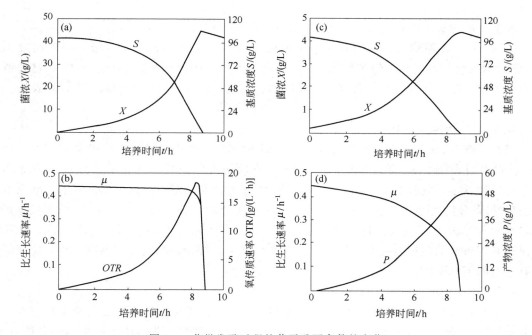

图 7-4　分批发酵过程的若干重要参数的变化

注：(a)、(b) 是在需氧条件下比生产速率一直维持很高，直到基质浓度下降到 k_S 水平，最后跌到零；(c)、(d) 是在厌氧条件下比生产速率随乙醇抑制作用的增加而下降，其典型的最终菌浓较低，这是由于细胞得率较低。

7.2.1.3　分批发酵的优缺点

对不同对象，掌握工艺的重点也不同。对产物为细胞本身，可采用能支持最高生长量的培养条件；对产物为初级代谢物，可设法延长与产物关联的对数生长期；对次级代谢物的生产，可缩短对数生长期，延长生产（静止）期，或降低对数期的生长速率，从而使次级代谢物更早形成。

分批发酵在工业生产上仍有重要地位。采用分批作业有技术和生物上的理由，即操作简单，周期短，染菌的机会减少和生产过程，产品质量易掌握。但分批发酵不适用于测定其过程动力学，因使用复合培养基，不能简单地运用 Monod 方程来描述生长，存在基质抑制问题，出现二次生长（diauxic growth）现象。如对基质浓度敏感的产物，或次级代谢物，抗生素，用分批发酵不合适，因其周期较短，一般在 1～2 天，产率较低。这主要是由于养分的耗竭，无法维持下去。据此，发展了补料-分批发酵。

7.2.2 补料（流加）-分批（fed-batch）发酵

7.2.2.1 补料-分批发酵理论基础

补料-分批发酵是在分批发酵过程中补入新鲜的料液，以克服由于养分的不足，导致发酵过早结束。由于只有料液的输入，没有输出，因此，发酵液的体积在增加。若分批培养中的细胞生长受一种基质浓度的限制，则在任一时间的菌浓可用式（7-12）表示

$$X_t = X_0 + Y(S_0 - S_t) \tag{7-12}$$

若 $S_t = 0$，则其最终菌浓为 X_{max}，和只要 $X_0 \ll X_{max}$

$$X_{max} \cong YS_0 \tag{7-13}$$

如果当 $X_t = X_{max}$ 时开始补料，其稀释速率 $< \mu_{max}$，实际上当基质一进入培养液中很快便被耗竭，故得

$$FS_0 \cong \mu X_T / Y \tag{7-14}$$

式中　F 为补料流速；X_T 为总的菌量，$X_T = X_t \cdot V$，其中 V 是在 t 时的罐的体积。

式（7-14）说明输入的基质等于细胞消耗的基质。故 $dS/dt = 0$，虽培养液中的总菌量 X_T 随时间的延长而增加，但细胞浓度 X_t 并未提高，即 $dX/dt = 0$，因此 $\mu = D$。这种情况称为准稳态。随时间的延长，稀释速率将随体积的增加而减少，D 可用式（7-15）表达

$$D = F / (V_0 + F_t) \tag{7-15}$$

式中　V_0 为原来的体积。

因此，按 Monod 方程，残留的基质应随 D 的减小而减小，导致细胞浓度的增加。但在 μ 的分批补料操作中 S_0 将远大于 K_s，因此，在所有实际操作中残留基质浓度的变化非常小，可当作是零。故只要 $D < \mu_{max}$ 和 $K_s \gg S_0$ 便可达到准稳态[3]，如图 7-5 所示。恒化器的稳态和补料-分批发酵的准稳态的主要区别在于恒化器的 μ 是不变的，而补料-分批发酵的 μ 是降低的。补料-分批发酵的优点在于它能在这样一种系统中维持很低的基质浓度，从而避免快速利用碳源的阻遏效应和能够按设备的通气能力去维持适当的发酵条件，并且能减缓代谢有害物的不利影响。

7.2.2.2 分批补料的优化

为了获得最大的产率，需优化补料的策略。通过一描述比生长速率 μ 与比生产速率之间的关系的数学模型，藉最大原理（maximum principle）可容易获得比生长速率的最佳方案。这可以从实际分批-补料培养中改变补料的速率，如边界控制实现。在分批培养的前期 μ 应维持在其最大值，μ_{max}；下一阶段 μ 应保持在 μ_c 上。这种控制策略可理解为细胞生长和产物合成的两阶段生产步骤。Shioya（1992）将生物反应器的优化分为三个步骤，如图 7-6 所示，即过程的建模、最佳解法的计算和解法实现[4]。为此，需考虑模型与真实过程之间的差异和优化计算的难易。在建模阶段出现的问题之一是怎样定量描述包括在质量平衡方程中的反应速率。

Shioya 等[1] 对分批培养进行优化和控制的方法如图 7-7 所示，用一模型鉴别和描述

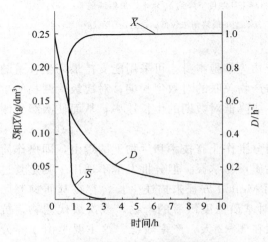

图 7-5　补料-分批发酵的准稳态

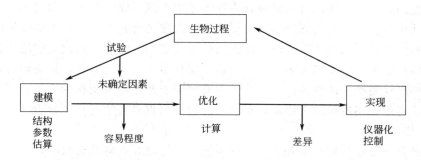

图 7-6 生物反应器优化的三个步骤

比生长速率与比生产速率之间的关系[4]，藉最大原理获得比生长速率的最佳策略和这一策略的实现。

```
试验 → 分批培养建模 → 最佳比生长速率的确定 → 补料实现 μ
建模 ρ＝ρ(μ)    通过最大原理优化    估算与控制 最优生产
```

图 7-7 分批培养中实现最佳生产的方法

在建模阶段拟解决的问题之一是定量描述物料平衡中的以基质、产物等浓度表示的各反应速率。分批培养中的最大的目标是在一定的运转时间 t_f 下使产量最大化。其目标函数，即累积的产量 J。可将方程（7-16）和式（7-17）积分，用式（7-18）表达。

对胞外产物 $$\mathrm{d}(VP)/\mathrm{d}t = Q(\mu)VX \tag{7-16}$$

对胞内产物 $$\mathrm{d}(V p X)/\mathrm{d}t = Q(\mu)VX \tag{7-17}$$

式中 V、X 分别为液体体积和细胞浓度；P 是产物浓度，g/L；p 是细胞中产物含量，mg/g。

$$J = \int_0^{t_f} Q(\mu) Z \mathrm{d}t \tag{7-18}$$

式中 Z 代表细胞量 VX。比生产速率 μ，在此被看做是决定性变量，其变化取决于基质补料速率的变化。

比生长速率是过程的重要参数之一，表征生物反应器的动态特性。为了获得最大的细胞产量，应在培养期间使 μ 值最大。为此，应使培养基中的糖浓度保持在一最适范围。如没有现成的在线葡萄糖监控仪，可控制 RQ 值和乙醇浓度。但应强调指出，RQ 和乙醇浓度的控制只能用于使比生长速率最大化。为了维持分批培养中 μ 值不变，常用一指数递增的补料策略 $q(t) = q_0 \cdot e^{\mu t}$。这可使生长速率维持恒定，直到得率系数减小。故可用补料办法控制比生长速率。但如果计算补料速率所需的初始条件和参数不对，则比生长速率便根本不等于所需数值。

酿酒酵母的培养温度会影响其比生长速率和酸性磷酸酯酶的比生产速率。当温度低一些，27 ℃有利于 μ 值；温度高一些，32.5 ℃有利于酸性磷酸酯酶的比生产速率的提高。最终产物浓度与改变温度的时间（从 $\mu_{\max}$ 到 μ_c）之间的关系的试验与计算（略），证明 6 h 是最适合的。

7.2.3 半连续发酵

在补料-分批发酵的基础上加上间歇放掉部分发酵液（行业中称为带放）便可称为半连续发酵。带放是指放掉的发酵液和其他正常放罐的发酵液一起送去提炼工段。这是考虑到补料-分批发酵虽可通过补料补充养分或前体的不足，但由于有害代谢物的不断积累，产物合成最终难免受到阻遏。放掉部分发酵液，再补入适当料液不仅补充养分和前体而且代谢有害物被稀释，从而有利于产物的继续合成。但半连续发酵也有它的不足：①放掉发酵液的同时也丢失了未利用的养分和处于生产旺盛期的菌体；②定期补充和带放使发酵液稀释，送去提炼的发酵液体积更大；③发酵液被稀释后可能产生更多的代谢有害物，最终限制发酵产物的合成；④一些经代谢产生的前体可能丢失；⑤有利于非产生菌突变株的生长。据此，在采用此工艺时必须考虑上述的技术上限制，不同的品种应根据具体情况具体分析。

7.2.4 连续发酵

连续培养是发酵过程中一边补入新鲜的料液，一边以相近的流速放料，维持发酵液原来的体积。

7.2.4.1 单级连续发酵的理论基础

连续发酵达到稳态时放掉发酵液中的细胞量等于生成细胞量。流入罐内的料液使得发酵液变稀，可用 D 来表示其稀释速率（h^{-1}）

$$D = F/V \tag{7-19}$$

式中 F 为料液流速，L/h；V 为发酵液的体积，L。在一定时间内细胞浓度的净变化 dX/dt 可用式（7-20）表示

$$dX/dt = \mu X - DX \tag{7-20}$$

式中 μX 为生长速率，$g/(L \cdot h)$；DX 为细胞排放速率，$g/(L \cdot h)$。

在稳态条件下 $dX/dt = 0$，即 $\mu X = DX$，故

$$\mu = D \tag{7-21}$$

即在稳态条件下可通过补料速率来控制比生长速率，因 V 不变。以 $\mu = (\mu_{max} S)/(K_s + S)$ 代入式（7-20）得

$$dX/dt = [(\mu_{max} S)/(K_s + S) - D]X \tag{7-22}$$

残留基质浓度的净变化 dS/dt 可用式（7-23）表示

$$dS/dt = 基质的输入 - 基质的输出 - 细胞的消耗$$

$$dS/dt = DS_0 - DS - X\mu_{max} S/[Y(K_s + S)] \tag{7-23}$$

在稳态下，$dX/dt = dS/dt = 0$，式（7-22）等于式（7-23），化简得

$$X = Y(S_0 - S_t) \tag{7-24}$$

$$S = K_s D/(\mu_{max} - D) \tag{7-25}$$

式中 X 和 S 分别为稳态细胞浓度和稳态残留基质浓度。

式（7-25）解释了 D 如何控制 μ。细胞生长将导致基质浓度下降，直到残留基质浓度等于能维持 $\mu = D$ 的基质浓度。如基质浓度消耗到低于能支持相关生长速率的水平，细胞的丢失速率将大于生成的速率，这样 S 将会提高，导致生长速率的增加，平衡又恢复。

连续培养系统又称为恒化器（chemostat），因培养物的生长速率受其周围化学环境，即受培养基的一种限制性组分控制。

微生物培养的动力学特性 它在恒化器中的行为可用一些常数，如 μ_{max}、K_s、Y 和 D_{crit} 等描述。其最大稀释速率受 μ_{max} 值的影响；K_s 值影响残留的基质浓度和菌体浓度以及可利用的最大稀释速率；Y 值也影响稳态菌体浓度；其临界稀释速率 D_{crit} 值可用式（7-26）表示

$$D_{crit} = \mu_{max} S_0/(K_s + S_0) \tag{7-26}$$

D_{crit} 受常数 μ_{max}，K_s 和变量 S_0 的影响。S_0 越大，D_{crit} 越接近 μ_{max}。

在一简单的恒化器中不可能达到 μ_{max} 值，因总是存在着基质限制条件。图 7-8 显示一种具有高 K_s 值细菌的连续培养特性。随稀释速率的增加，残留基质浓度显著提高，以支持增加的生长速率。故当 D 接近 D_{crit}，S 逐渐增加，X 减小。

图 7-9 显示提高初始限制基质浓度对 X 和 S 的影响。当 S_0 增加时，X 也增加，但残留基质浓度未受影响。随 S_0 的增加，D_{crit} 也略有增加。

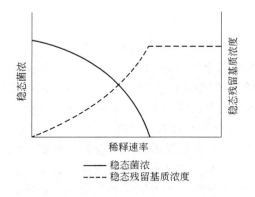

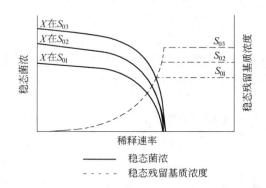

图 7-8　高 K_s 值细菌的连续培养特性　　　图 7-9　初始限制基质浓度对 X 和 S 的影响

恒化器的实验结果可能与过去理论预测的结果不同。这些偏差的原因是：设备的差异，如混合不全；菌贴罐壁和培养物的生理因素，如若干基质用于维持反应和在高稀释速率下基质的毒性造成的。Bull 等曾综述造成基本恒化器理论偏差的原因[5]。

7.2.4.2　多级连续培养

基本恒化器的改进有多种方法，但最普通的办法是增加罐的级数和将菌体送回罐内。多级恒化系统见图 7-10。多级恒化器的优点是在不同级的罐内存在不同的条件。这将有利于多种碳源的利用和次级代谢物的生产。如采用葡萄糖和麦芽糖混合碳源培养产气克雷伯氏菌，在第一级罐内只利用葡萄糖，在第二级罐内利用麦芽糖，菌的生长速率远比第一级小，同时形成次级代谢产物。由于多级连续发酵系统比较复杂，用于研究工作和生产实际有较大的困难。

恒化器运行中将部分菌体返回罐内，从而使罐内菌体浓度大于简单恒化器所能达到的浓度，即 $Y(S_0 - S_t)$。可通过以下两种办法浓缩菌体：①限制菌体从恒化器中排出，让流出的菌体浓度比罐内的小；②将流出的发酵液送到菌体分离设备中，如让其沉积或将其离心，再将部分浓缩的菌体送回罐内。

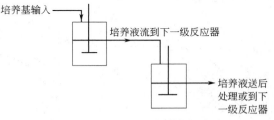

图 7-10　多级恒化器示意图

部分菌体返回罐内的净效应为：罐内的菌体浓度增加了；这导致残留基质浓度比简单恒化器小；菌体和产物的最大产量增加；临界稀释速率也提高。菌体反馈恒化器能提高基质的利用率，可以改进料液浓度不同的系统的稳定性，适用于被处理的料液较稀的品种，如酿造和废液处理。

7.2.4.3　连续培养在工业生产中的应用

连续培养在产率、生产的稳定性和易于实现自动化方面比分批发酵优越，但污染杂菌的几率和菌种退化的可能性增加。下面分别就以上一些优缺点进行探讨。

培养物产率可定义为单位发酵时间形成的菌量。分批培养的产率可用式（7-27）表示

$$R_b = (x_{max} - x_0)/(t_i - t_{ii}) \tag{7-27}$$

式中　R_b 为培养物的输出，$g/(L \cdot h)$；x_{max} 为达到的最大菌浓；x_0 为接种时的菌浓；t_i 为达到 μ_{max} 所需时间；t_{ii} 为从一批发酵到另一批发酵的间隔时间，包括打料、灭菌、发酵周期、放罐等。

连续培养的产率可用式（7-28）表示

$$R_c = Dx(1 - t_{iii}/T) \tag{7-28}$$

式中　R_c 为连续培养菌体的输出，$g/(L \cdot h)$；t_{iii} 为连续培养前包括罐的准备，灭菌和分批培养直到稳态所需的时间，h；T 为连续培养稳态下维持的时间，h。菌体产率 Dx 随稀释速率的增加而增加，直到一最大值，这之后随 D 的增加而下降，见图 7-11。故连续培养中可采用能达到最大菌体产率 Dx 的稀释速率。

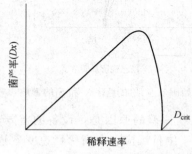

图 7-11　在稳态连续培养下稀释速率对菌体产率的影响

7.2.4.4　连续培养中存在的问题

与分批发酵比较，连续发酵过程具有许多优点：在连续发酵达到稳态后，其非生产占用的时间要少许多，故其设备利用率高，操作简单，产品质量较稳定，对发酵设备以外的外围设备（如蒸汽锅炉、泵）的利用率高，可以及时排除在发酵过程中产生的对发酵过程有害的物质。但连续发酵技术也存在一些问题，如杂菌的污染，菌种的稳定性问题。

（1）污染杂菌问题　在连续发酵过程中需长时间不断地向发酵系统供给无菌的新鲜空气和培养基，这就增加染菌的机会。尽管可以通过选取耐高温、耐极端 pH 值和能够同化特殊的营养物质的菌株作为生产菌种来控制杂菌的生长。但这种方法的应用范围有限。故染菌问题仍然是连续发酵技术中不易解决的课题。

了解杂菌在什么样的条件下发展成为主要的菌群便能更好地掌握连续培养中杂菌污染的问题。在一种碳源限制性连续培养系统中用纯种微生物 X 作为生产菌。此菌的生长速率和基质浓度之间的关系如图 7-12 所示。

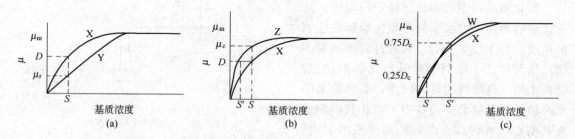

图 7-12　连续培养系统中杂菌的生长速率和基质浓度之间的关系

假设连续培养系统被外来的杂菌 Y、Z 或 W 污染。这些杂菌的积累速率可用式（7-29）的物料平衡式表示

杂菌积累的速率＝杂菌进入速率－杂菌流出速率＋杂菌生长速率

$$dX'/dt = DX_{in}' - DX_{out}' + \mu X \tag{7-29}$$

式中　X'是污染的杂菌 Y、Z 和 W 的浓度，在稀释速率为 D 时残留限制性养分浓度为 S。

图 7-12(a)、(b)、(c)将杂菌 Y、Z 和 W 的生长速率对基质浓度曲线与连续培养系统中生产菌 X 对 S 的曲线作比较。在基质浓度为 S 的情况下杂菌 Y 的生长速率 μ_y 比系统的稀释速率 D 要小，见图 7-12（a），故 Y 的积累速率由式（7-30a）表示

$$\mathrm{d}Y/\mathrm{d}t = \mu_y Y - DY \qquad (7\text{-}30a)$$

结果是负值，杂菌不能在系统内存留。

在图 7-12（b）中在基质浓度为 S 的情况下杂菌 Z 能以比 D 大的比生长速率 μ_z 下生长。杂菌的积累速率为

$$\mathrm{d}Z/\mathrm{d}t = \mu_z Z - DZ \qquad (7\text{-}30b)$$

因 μ_z 比 D 大得多，故 $\mathrm{d}Z/\mathrm{d}t$ 是正的，杂菌 Z 开始积累，结果造成系统中基质浓度下降到 S'，此时杂菌的比生长速率 $\mu_z = D$，从而建立了新的稳态。生产菌 X 在此基质浓度下比原有的比生长速率小的速率 μ_x 生长。因 $\mu_x < D$，故生产菌将从容器中被淘汰。

$$\mathrm{d}X/\mathrm{d}t = \mu_x X - DX \qquad (7\text{-}30c)$$

杂菌 W 入侵的成败取决于系统的稀释速率。由图 7-12（c）可见，在稀释速率为 $0.25D_c$（为临界稀释速率）下，W 竞争不过 X，W 被冲走。

在分批培养中任何能在培养液中生长的杂菌将存活和增长。但在连续培养中杂菌能否积累取决于它在培养系统中的竞争能力。故用连续培养技术可选择性地富集一种能有效使用限制性养分的菌种。

（2）生产菌种突变问题　微生物细胞的遗传物质 DNA 在复制过程中出现差错的频率为百万分之一。尽管自然突变频率很低，一旦在连续培养系统中的生产菌中出现某一个细胞的突变，且突变的结果使这一细胞获得高速生长能力，但失去生产特性的话，它会像图 7-12（b）中的杂菌 Z 那样，最终取代系统中原来的生产菌株，而使连续发酵过程失败。而且，连续培养的时间愈长，所形成的突变株数目愈多，发酵过程失败的可能性便愈大。

并不是菌株的所有突变都造成危害，因绝大多数的突变对菌株生命活动的影响不大，不易被发觉。但在连续发酵中出现生产菌株的突变却对工业生产过程特别有害。因工业生产菌株均经多次诱变选育，消除了菌株自身的代谢调节功能，利用有限的碳源和其他养分合成适应人们需求的产物。生产菌种发生回复突变的倾向性很大，因此这些生产菌种在连续发酵时很不稳定，低产突变株最终取代高产生产菌株。

为了解决这一问题，曾设法建立一种不利于低产突变株的选择性生产条件，使低产菌株逐渐被淘汰。例如，利用一株具有多重遗传缺陷的异亮氨酸渗漏型高产菌株生产 L-苏氨酸。此生产菌株在连续发酵过程中易发生回复突变而成为低产菌株。若补入的培养基中不含异亮氨酸，那些不能大量积累苏氨酸而同时失去合成异亮氨酸能力的突变株则从发酵液中被自动地去除。

7.3　发酵条件的影响及其控制

要想控制发酵，使其按人的意志转移，目前还难于完全办到。因影响发酵的因素实在太多。有些因素还是未知的，且其主要影响因素也会变化。因此了解发酵工艺条件对过程的影响和掌握反映菌的生理代谢和发酵过程变化的规律，可以帮助人们有效地控制微生物的生长和生产。常规的发酵条件有：罐温、搅拌转速、搅拌功率、空气流量、罐压、液位、补料、

加糖、油或前体，通氨速率以及补水（需要的话）等的设定和控制；能表征过程性质的状态参数有：pH、溶氧（DO）、溶解 CO_2、氧化还原电位（rH），尾气 O_2 和 CO_2 含量、基质（如葡萄糖）或产物浓度、代谢中间体或前体浓度、菌浓（以 OD 值或细胞干重 DCW 等代表）等。通过直接状态参数还可以求得各种更有用的间接状态参数，如比生产速率（μ）、摄氧率（OUR）、CO_2 释放速率（CER）、呼吸商（RQ）、氧得率系数（$Y_{x/o}$）、氧体积传质速率（K_La）、基质消耗速率（Q_s）、产物合成速率（Q_p）等。常用的工业发酵仪器见表 7-2。

表 7-2　常用的工业发酵仪器

分类	测量对象	传感器，分析仪器	控制方式	评　论
就地使用的探头	温度	Pt 热电耦	盘管内冷水打循环，注入蒸汽加热	也可用热敏电阻，采用小型的加热元件
	pH	玻璃与参比电极	加酸、碱或糖、氨水	加上特制的可充气的护套，可在罐内使用
	溶氧（DO）	极谱型 Pt 与 Ag/AgCl 或原电池型 Ag 与 Pb 电极	对搅拌转速、空气流量、气体成分和罐压有反应	极谱型电极一般更贵和牢靠，能耐高压蒸汽灭菌
	泡沫	电导探头/电容探头	开关式，加入适量消泡剂	也采用消沫桨
其他在线仪器	搅拌	转速计、功率计	改变转速	小规模发酵罐不测量功率
	空气流量	质量流量计、转子流速计	流量控制阀	
	液位	应变规、压电晶体、测压元件	控制液体的进出	用于小规模设备的测压元件
	压力	弹簧隔膜	压力控制阀	小规模设备不常用
	料液流量	电磁流量计	流量控制阀	用于监控补料和冷却水
气体分析	O_2 含量	顺磁分析仪/质谱仪		主要用于计算呼吸数据
	CO_2 含量	红外分析仪/质谱仪		

　　微生物发酵的生产水平取决于生产菌种的特性和发酵条件（包括培养基）的控制。因此，了解生产菌种与环境条件，如培养基、罐温、pH、氧的供需等的相互作用，菌的生长生理，代谢规律和产物合成的代谢调控机制将会使发酵的控制从感性到理性认识的转化。为了掌握生产菌种在发酵过程的代谢规律，可通过各种监测手段了解各种状态参数随时间的变化，并予以有效的优化控制。

　　化学工程和计算机的应用为发酵工艺控制打下另一方面的基础。研究发酵动力学，找出能适当描述和真正反映系统的发酵过程的数学模型，并通过现代化的试验手段和计算机的应用，定能为发酵的优化控制开创一个新的局面。

7.3.1　基质浓度对发酵的影响及其控制

　　许多用于生产贵重商品的培养基的配方一般都不发表，视为公司机密。这说明发酵培养基对工业发酵生产的重要性。先进的培养基组成和细胞代谢物的分析技术加上统计优化策略和生化研究对于建立能充分支持高产、稳产和经济的发酵过程是关键的因素。有关培养基的资料请参看本书第 4 章。

　　对产物的形成也是如此。培养基过于丰富，会使菌生长过盛，发酵液非常黏稠，传质状况很差。细胞不得不花费许多能量来维持其生存环境，即用于非生产的能量倍增，对产物的合成不利。

　　碳源浓度对产物形成的影响以酵母的 crabtree 效应为例。如酵母生长在高糖浓度下，即使溶氧充足，它还会进行有氧发酵，从葡萄糖产生乙醇。

如在谷氨酸发酵中以乙醇为碳源，控制发酵液的乙醇浓度在 $2.5 \sim 3.5$ g/L 范围内可延长谷氨酸合成时间。又如在葡萄糖氧化酶（GOD）发酵中葡萄糖对 GOD 的形成具有双重作用，低浓度下有诱导作用；高浓度会起分解代谢物阻遏作用。葡萄糖的代谢中间产物，如柠檬酸三钠、苹果酸钙和丙酮酸钠，对 GOD 有明显的抑制作用[6]。据此，降低葡萄糖用量，从 8% 降至 6%，补入 2% 氨基乙酸或甘油，可以使酶活分别提高 26% 和 6.7%。

7.3.2　灭菌情况

培养基的灭菌情况对不同品种的发酵生产的影响是不一样的。一般随灭菌温度的升高，时间的延长，对养分的破坏作用愈大，从而影响产物的合成，特别是葡萄糖，不宜同其他养分一起灭菌。如葡萄糖氧化酶发酵培养基的灭菌条件对产酶有显著的影响，见表 7-3。由此可见，灭菌条件中灭菌温度比灭菌时间对产酶的影响更大。

表 7-3　培养基灭菌条件对产酶的影响

灭菌蒸汽压力/(lb/in²)	10		15	
时间/min	15	25	15	25
葡萄糖氧化酶酶活/(U/mL)	48.08	43.72	35.04	27.10

注：表中酶活均为 3 个发酵摇瓶的平均值；1 lb/in² = 6897.113 Pa。

7.3.3　种子质量

发酵期间生产菌种生长的快慢和产物合成的多寡在很大程度上取决于种子的质和量。有关种子质量标准请参阅第 6 章，种子扩大培养。

7.3.3.1　接种菌龄

这是指种子罐中培养的菌体开始移种到下一级种子罐或发酵罐的培养时间。选择适当的接种菌龄十分重要，太年轻或过老的种子对发酵不利。一般，接种菌龄以对数生长期的后期，即培养液中菌浓接近高峰时所需的时间较为适宜。太年轻的种子接种后往往会出现前期生长缓慢，整个发酵周期延长，产物开始形成时间推迟。过老的种子虽然菌量较多，但接后会导致生产能力的下降，菌体过早自溶。

不同品种或同一品种不同工艺条件的发酵，其接种菌龄也不尽相同。一般，最适的接种菌龄要经多次试验，根据其最终发酵结果而定。

7.3.3.2　接种量

这是指移种的种子液体积和培养液体积之比。一般发酵常用的接种量为 5% ~ 10%；抗生素发酵的接种量有时可增加到 20% ~ 25%，甚至更大。接种量的大小是由发酵罐中菌的生长繁殖速度决定的。通常，采用较大的接种量可缩短生长达到高峰的时间，使产物的合成提前。这是由于种子量多，同时种子液中含有大量胞外水解酶类，有利于基质的利用，并且生产菌在整个发酵罐内迅速占优势，从而减少杂菌生长的机会。但是，如接种量过大，也可能使菌种生长过快，培养液黏度增加，导致溶氧不足，影响产物的合成。

7.3.4　温度对发酵的影响

在发酵过程中需要维持生产菌的生长和生产的适当发酵条件，其中之一就是温度。因微生物的生长和产物合成均需在其各自适合的温度下进行。温度是保证酶活性的重要条件，故在发酵过程中必须保证最适宜的温度环境。

7.3.4.1　温度对微生物生长的影响

不同的微生物，其最适生长温度和耐受温度范围各异。如图 7-13 所示，嗜冷菌、嗜温菌、嗜热菌和嗜高温菌的最适生长温度分别为18 ℃、37 ℃、55 ℃和85 ℃左右，其共同特点是：比最适温度低的温度范围的适应力要强于高温度范围的；其生长温度的跨度为30 ℃左右。

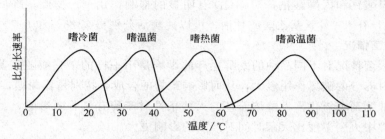

图 7-13　温度对嗜冷菌、嗜温菌、嗜热菌和嗜高温菌比生长速率的影响

微生物的生长速率 dx/dt 可用式（7-31）的数学模型表示

$$dx/dt = \mu x - \alpha x \tag{7-31}$$

式中　μ 为比生长速率；α 为比死亡速率。

一般，温度对比生长速率与比死亡速率的影响可用 Arrennius 方程式（7-32）和式（7-33）表示

$$\ln\mu = \ln A - E_a/RT \tag{7-32}$$

$$\ln\alpha = \ln A' - E_a'/RT \tag{7-33}$$

式中　A 和 E_a 分别为 Arrennius 常数和活化能；R 和 T 分别为通用气体常数和绝对温度。若在半对数坐标纸上作最大比生长速率 $\ln\mu_m$ 对温度 T 的倒数作曲线，如图 7-14 所示，曲线的弯曲部分的温度大于最适温度。这是由于死亡率增加的缘故。

微生物典型活化能值在 50～70 kJ/mol。超过最适的生长温度，比生长速率开始迅速下降，见式（7-34）。这是由于微生物的死亡率增大。微生物死亡的活化能 E_a' 为 300～380 kJ/mol。高的死亡活化能 E_a 值说明死亡速率的增加远大于低活化能的生长速率的增加。此外，活化能 E 反映酶反应速率受温度变化的影响程度，按式（7-34）可测得青霉菌生长的 $E=34$ kJ/mol，呼吸的活化能 $E=116$ kJ/mol，青霉素合成的 $E=112$ kJ/mol。从这些数据说明，青霉素合成速率对温度特别敏感。

$$E = \frac{4.6\lg\dfrac{K_{r_2}}{K_{r_1}}}{\dfrac{1}{T_1} - \dfrac{1}{T_2}} \tag{7-34}$$

式中　K_{r_1}、K_{r_2} 分别为在温度 T_1、T_2 下酶的活力。

温度也影响碳-能源基质转化为细胞的得率。如图 7-15 所示，在多形汉逊酵母连续培养过程中甲醇转化率最大时的温度比 μ 最大时的温度要低。其细胞得率随温度升高而降低，主要原因是维持生命活动的能量需求增加。维持系数的活化能为 50～70 kJ/mol。最大的转化率所处的温度一般略低于最适生长温度。如需使转化率达到最大，这一点对过程的优化特别重要，而对生长速率则不是那么重要。

温度影响细胞的各种代谢过程，生物大分子的组分，如比生长速率随温度上升而增大，细胞中的RNA和蛋白质的比例也随着增长。这说明为了支持高的生长速率，细胞需要增加

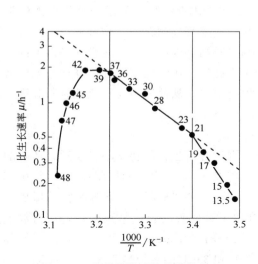

图 7-14　在葡萄糖过量的培养基上
温度对大肠杆菌 B/r 比生长速率的影响

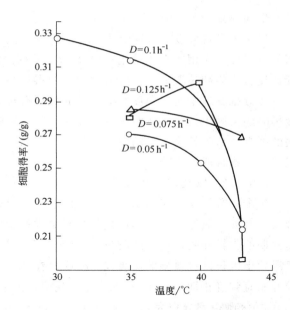

图 7-15　多形汉逊酵母连续培养过
程中细胞得率与温度的关系

RNA 和蛋白质的合成。对于重组蛋白的生产，曾应用温度从 30 ℃ 更改为 42 ℃ 来诱导产物蛋白的形成。

　　几乎所有微生物的脂质成分均随生长温度变化。温度降低时细胞脂质的不饱和脂肪酸含量增加。如表 7-4 所示，细菌的脂肪酸成分随温度而变化的特性是细菌对环境变化的响应。脂质的熔点与脂肪酸的含量成正比。因膜的功能取决于膜中脂质组分的流动性，而后者又取决于脂肪酸的饱和程度。故微生物在低温下生长时必然会伴随脂肪酸不饱和程度的增加。

表 7-4　温度对大肠杆菌主要脂肪酸组分的影响

脂 肪 酸 品 种	脂肪酸含量/%	
	10 ℃下生长	43 ℃下生长
饱和脂肪酸		
豆蔻酸（十四烷酸）	3.9	7.7
棕榈酸（十六烷酸）	18.2	48.0
不饱和脂肪酸		
棕榈油酸（9-十六碳烯酸）	26.0	9.2
十八碳烯酸	37.0	12.2

7.3.4.2　温度对发酵的影响

　　在过程优化中应了解温度对生长和生产的影响是不同的。一般，发酵温度升高，酶反应速率增大，生长代谢加快，生产期提前。但酶本身很易因过热而失去活性，表现在菌体容易衰老，发酵周期缩短，影响最终产量。温度除了直接影响过程的各种反应速率外，还通过改变发酵液的物理性质，例如，氧的溶解度和基质的传质速率以及菌对养分的分解和吸收速率，间接影响产物的合成。

　　温度还会影响生物合成的方向。例如，四环素发酵中金色链霉菌同时能生产金霉素，在低于 30 ℃ 下，合成金霉素的能力较强。合成四环素的比例随温度的升高而增大，在 35 ℃ 下只产生四环素。

近年来发现温度对代谢有调节作用。在低温 20 ℃，氨基酸合成途径的终产物对第一个酶的反馈抑制作用比在正常生长温度 37 ℃的更大。故可考虑在抗生素发酵后期降低发酵温度，让蛋白质和核酸的正常合成途径关闭得早些，从而使发酵代谢转向产物合成。

在分批发酵中研究温度影响的试验数据有很大的局限性。因产量的变化究竟是温度的直接影响还是因生长速率或溶氧浓度变化的间接影响难于确定。用恒化器可控制其他与温度有关的因素，如生长速率等的变化，使在不同温度下保持恒定，从而能不受干扰地判断温度对代谢和产物合成的影响。

7.3.4.3 最适温度的选择

整个发酵周期内仅选用一个最适温度不一定好。因适合菌生长的温度不一定适合产物的合成。例如，黄原胶的发酵前期的生长温度控制低一些在 27 ℃；中后期控制在 32 ℃，可加速前期的生长和明显提高产胶量约 20%[7]。从表 7-5 可见，在 24 ℃和以下黄原胶的形成显著滞后于生长，呈典型的次级代谢模式。在 27 ℃和以上黄原胶的合成紧跟生长，从对数生长开始直到静止期。在 35 ℃细胞生长受阻，$\mu = 0$；27～31 ℃，$\mu_{max} = 0.26\ h^{-1}$；在 22 ℃和 33 ℃的细胞得率分别为 0.53 g/g 和 2.8 g/g；在 22 ℃和 33 ℃的黄原胶得率分别为 54%和 90%。黄原胶比形成速率随温度而增加。黄原胶中的丙酮酸含量随温度变化在 1.9%～4.5%之间，最高出现在 27～30 ℃。这说明黄单孢菌的最适生长温度在 24～27 ℃之间，最适黄原胶形成温度在 30～33 ℃之间。在 20～25 h 进行变温发酵对前期生长和中后期产胶有利。

表 7-5 温度对黄单孢菌生长和黄原胶生产的影响

温度 /℃	菌浓 /(g/L)	R_p /[g/(L·h)]	R_s /[g/(L·h)]	R'_p /[g/(g·h)]	R'_s /[g/(g·h)]	$Y_{p/S}$ /[g/(g·h)]	丙酮酸 /%	发酵周期 /h
22	1.92	0.25	0.38	0.13	0.20	0.54	1.9	87.5
24	2.06	0.31	0.45	0.15	0.22	0.67	2.9	71.0
27	1.99	0.46	0.64	0.23	0.32	0.76	4.5	50.0
32	1.60	0.58	0.66	0.36	0.41	0.81	3.3	52.0
22→32	2.0	0.40	0.44	0.20	0.22	0.80	2.2	72.0
25→32	1.9	0.60	0.67	0.32	0.35	0.79	2.6	51.0
27→32[b]	3.1	0.73	0.78	0.24	0.25	0.77	3.7	52.0
27→32[c]	33	0.74	0.69	0.27	0.21	0.90	3.8	49.0
27→35[d]	2.5	0.65[c]	0.60[c]	0.27[c]	0.25[c]	0.94[c]	3.0	62.0[d]

注：R_p 为黄原胶生长速率；R_s 为葡萄糖消耗速率；R'_p 为黄原胶比生产速率；R'_s 为比糖耗速率；$Y_{p/S}$ 为最终黄原胶得率；b 在 20 h 变温；c 在 25 h 变温；d 初始糖浓度高些，为 30 g/L。

温度的选择还应参考其他发酵条件，灵活掌握。例如，供氧条件差的情况下最适的发酵温度可能比在正常良好的供氧条件下低一些。这是由于在较低的温度下氧溶解度相应大一些，菌的生长速率相应小一些，从而弥补了因供氧不足而造成的代谢异常。此外，还应考虑培养基的成分和浓度。使用稀薄或较易利用的培养基时提高发酵温度则养分往往过早耗竭，导致菌丝过早自溶，产量降低。例如，提高红霉素发酵温度在玉米浆培养基中的效果就不如在黄豆饼粉培养基的好，因提高温度有利于黄豆饼粉的同化。

在四环素发酵中前期 0～30 h，以稍高温度促进生长，尽可能缩短非生产所占用的发酵周期。此后 30～150 h 以稍低温度维持较长的抗生素生产期，150 h 后又升温，以促进抗生素的分泌。虽然这样做会同时促进菌的衰老，但已临近放罐，无碍大局。青霉素发酵采用变

164

温 0～5 h 30 ℃，5～40 h 25 ℃，40～125 h 20 ℃，125～165 h 25 ℃培养比 25 ℃恒温培养提高青霉素产量近 15％。这些例子说明通过最适温度的控制可以提高抗生素的产量，进一步挖掘生产潜力还需注意其他条件的配合。

7.3.5　pH 的影响

pH 是微生物生长和产物合成的非常重要的状态参数是代谢活动的综合指标。因此，必须掌握发酵过程中 pH 变化的规律，及时监控，使它处于生产的最佳状态。

7.3.5.1　发酵过程中 pH 变化的规律

大多数微生物生长适应的 pH 跨度为 3～4 个 pH 单位，其最佳生长 pH 跨度在 0.5～1。不同微生物的生长 pH 最适范围不一样，细菌和放线菌在 6.5～7.5，酵母在 4～5，霉菌在5～7。其所能忍受的 pH 上下限分别为：5～8.5，3.5～7.5 和 3～8.5；但也有例外。pH 影响跨膜 pH 梯度，从而影响膜的通透性。微生物的最适 pH 和温度之间似乎有这样的规律：生长最适温度高的菌种，其最适 pH 也相应高一些。这一规律对设计微生物生长的环境有实际意义，如控制杂菌的生长。

微生物生长和产物合成阶段的最适 pH 通常是不一样的。这不仅与菌种特性，也与产物的化学性质有关。如各种抗生素生物合成的最适 pH 如下：链霉素和红霉素为中性偏碱，6.8～7.3；金霉素、四环素为 5.9～6.3；青霉素为 6.5～6.8；柠檬酸为 3.5～4.0。

在发酵过程中 pH 是变化的。这与微生物的活动有关。NH_3 在溶液中以 NH_4^+ 的形式存在。它被利用成为 $R—NH_3^+$ 后，在培养基内生成 H^+；如以 NO_3^- 为氮源，H^+ 被消耗，NO_3^- 还原为 $R—NH_3^+$；如以氨基酸作为氮源，被利用后产生的 H^+，使 pH 下降。pH 改变的另一个原因是有机酸，如乳酸、丙酮酸或乙酸的积累。

pH 的变化会影响各种酶活、菌对基质的利用速率和细胞的结构，从而影响菌的生长和产物的合成。产黄青霉的细胞壁厚度随 pH 的增加而减小。其菌丝的直径在 pH 6.0 时为2～3 μm；在 pH 7.4 时，为 2～18 μm，呈膨胀酵母状细胞，随 pH 下降菌丝形状将恢复正常。pH 值还会影响菌体细胞膜电荷状况，引起膜渗透性的变化，从而影响菌对养分的吸收和代谢产物的分泌。

7.3.5.2　最适 pH 的选择

选择最适发酵 pH 的准则是获得最大比生产速率和适当的菌量，以获得最高产量。以利福霉素为例，由于利福霉素 B 分子中的所有碳单位都是由葡萄糖衍生的，在生长期葡萄糖的利用情况对利福霉素 B 的生产有一定的影响。试验证明，其最适 pH 在 7.0～7.5 范围。从图 7-16 可见，当 pH 在 7.0 时，平均得率系数达最大值；pH 在 6.5 时为最小值。在利福霉素 B 发酵的各种参数中从经济角度考虑，平均得率系数最重要。故 pH7.0 是生产利福霉素 B 的最佳条件。在此条件下葡萄糖的消耗主要用于合成产物，同时也能保证适当的菌量。

试验结果表明，生长期和生产期的 pH 分别维持在 6.5 和 7.0 可使利福霉素 B 的产率比整个发酵过程的 pH 维持在 7.0 的情况下的产率提高 14％。

7.3.5.3　pH 的监控

控制 pH 在合适范围应首先从基础培养基的配方考虑，然后通过加酸碱或中间补料来控制。如在基础培养基中加适量的 $CaCO_3$。在青霉素发酵中按产生菌的生理代谢需要，调节加糖速率来控制 pH，如图 7-17 所示，这比用恒速加糖，pH 由酸碱控制可提高青霉素的产量 25％。有些抗生素品种，如链霉素，采用过程通 NH_3 控制 pH，既调节了 pH 在适合于抗生素合成的范围内，也补充了产物合成所需 N 的来源。在培养液的缓冲能力不强的情况下

pH 可反映菌的生理状况。如 pH 上升超过最适值，意味着菌处在饥饿状态，可加糖调节。加糖过量又会使 pH 下降。用氨水中和有机酸需谨慎，过量的 NH_3 会使微生物中毒，导致呼吸强度急速下降。故在通氨过程中监测溶氧浓度的变化可防止菌的中毒。常用 NaOH 或 $Ca(OH)_2$ 调节 pH，但也需注意培养基的离子强度和产物的可溶性。故在工业发酵中维持生长和产物的所需最适 pH 是生产成败的关键之一。

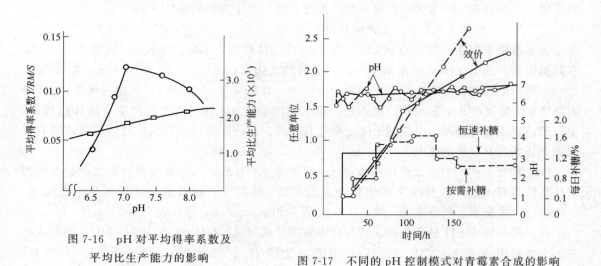

图 7-16　pH 对平均得率系数及
平均比生产能力的影响
—○— 平均得率系数；
—□— 平均比生产能力

图 7-17　不同的 pH 控制模式对青霉素合成的影响

7.3.6　溶氧的影响

溶氧（DO）是需氧微生物生长所必需的。在发酵过程中有多方面的限制因素，而溶氧往往是最易成为控制因素。这是氧在水中的溶解度很低所致。在 28 ℃氧在发酵液中的 100％的空气饱和浓度只有 7 mg/L 左右，比糖的溶解度小 7000 倍。在对数生长期即使发酵液中的溶氧能达到 100％空气饱和度，若此时中止供氧，发酵液中溶氧可在几分钟之内便耗竭，使溶氧成为限制因素。在工业发酵中产率是否受氧的限制，单凭通气量的大小是难以确定的。因溶氧的高低不仅取决于供氧、通气搅拌等，还取决于需氧状况。故了解溶氧是否够的最简便又有效的办法是就地监测发酵液中的溶氧浓度。从溶氧变化的情况可以了解氧的供需规律及其对生长和产物合成的影响。

现今常用的测氧方法主要是基于极谱原理的电流型测氧覆膜电极。这类电极又可分为极谱型和原电池型两种。前者需外加 0.7 V 稳压电源，多数采用白金和银-氯化银电极；后者具有电池性质，在有氧下能自身产生一定电流，多数为银-铅电极。这两种电极在一定条件下和一定溶氧范围内其电流输出与溶氧浓度成正比。用于发酵行业的测氧电极必须经得起高压蒸汽灭菌，如能耐 130 ℃、1 h 灭菌和具有长期的稳定性，其漂移不大于 1％/d，其精度和准确度在 ±3％。

生产罐使用的电极一般都装备有压力补偿膜，小型玻璃发酵罐用的电极通常采用气孔平衡式。这两种电极各有优缺点。极谱型电极由于其阴极面积很小，电流输出也相应小，且需外加电压，故需配套仪表，通常还配有温度补偿，整套仪器价格较高，但其最大优点莫过于它的输出不受电极表面液流的影响。这点正是原电池型电极所不具备的。原电池型电极暴露在空气中时其电流输出约 5～30 μA（主要取决于阴极的表面积和测试温度），可以不用配套

166

仪表，经一电位器接到电位差记录仪上便可直接使用。

如何运用溶氧参数来指导发酵生产是溶氧监控技术能否推广应用的关键。以下介绍国内外如何应用溶氧参数来控制发酵的技术和经验。

7.3.6.1 临界氧

目前有 3 种表示溶氧浓度的单位：第一种是氧分压或张力（dissolved oxygen tension，简称 DOT），以大气压或毫米汞柱表示，100％空气饱和水中的 DOT 为 $0.2095 \times 760 = 159$（mm Hg 柱）。这种表示方法多在医疗单位中使用。第二种方法是绝对浓度，以 mg O_2/L 纯水或 ppm 表示。这种方法主要在环保单位应用较多。用 Winkler 氏化学法可测出水中溶氧的绝对浓度，但用电极法不行，除非是纯水。为此，发酵行业只用第三种方法，空气饱和度百分数来表示。这是因为在含有溶质，特别是盐类的水溶液，其绝对氧浓度比纯水低，但用氧电极测定时却基本相同。用化学法测发酵液中的溶氧也不现实，因发酵液中的氧化还原性物质对测定有干扰。因此，采用空气饱和度百分数表示。这只能在相似的条件下，在同样的温度、罐压、通气搅拌下进行比较。这种方法能反映菌的生理代谢变化和对产物合成的影响。在应用时，必须在接种前标定电极。方法是在一定的温度、罐压和通气搅拌下以消后培养基被空气百分之一百饱和为基准。

所谓临界氧是指不影响呼吸所允许的最低溶氧浓度。如对产物而言，便是不影响产物合成所允许的最低浓度。呼吸临界氧值可用尾气 O_2 含量变化和通气量测定。也可用一种简便的方法，用响应时间很快（95％的响应在 30 s 内）的溶氧电极测定。其要点是在过程中先加强通气搅拌，使溶氧上升到最高值，然后中止通气，继续搅拌，在罐顶部空间充氮。这时溶氧会迅速直线下降，直到其直线斜率开始减小时所处的溶氧值便是其呼吸临界氧值，由此求得菌的摄氧率 [mg O_2/(L·h)]。表 7-6 列出几种微生物的呼吸临界氧值。各种微生物的临界氧值以空气氧饱和度表示：细菌和酵母为 3％～10％；放线菌为 5％～30％和霉菌为 10％～15％。

表 7-6　几种微生物的呼吸临界氧值

微生物	温度/℃	临界氧值/(mmol O_2/L)		温度/℃	临界氧值/(mg O_2/L)
大肠杆菌	37.8	0.0082	0.0031	15.0	0.26
酵母	34.8	0.0046	0.0037	20.0	0.60
产黄青霉	30.0	0.0090	0.0220	24.0	0.40

通过在各批发酵中维持溶氧在某一浓度范围，考查不同浓度对生产的影响，便可求得合成的临界氧值。实际上，呼吸临界氧值不一定与产物合成临界氧值相同。如卷须霉素和头孢菌素的呼吸临界氧值分别 13％～23％和 5％～7％；其抗生素合成的临界氧值则分别为 8％和 10％～20％。生物合成临界氧浓度并不等于其最适氧浓度。前者是指溶氧不能低于其临界氧值；后者是指生物合成有一最适溶氧浓度范围，即除了有一底限外，还有一高限。如卷须霉素发酵，40～140 h 维持溶氧在 10％显然比在 0 或 45％的产量要高。

生长过程从培养液中溶氧浓度的变化可以反映菌的生长生理状况。随菌种的活力和接种量以及培养基的不同，溶氧在培养初期开始明显下降的时间不同，一般在接种后 1～5 h 内，这也取决于供氧状况。通常，在对数生长期溶氧明显下降，从其下降的速率可估计菌的大致生长情况。抗生素发酵在前期 10～70 h 间通常会出现一溶氧低谷阶段。如土霉素在 10～30 h；卷须霉素、烟曲霉素在 25～30 h；赤霉素在 20～60 h；红霉素和制霉菌素分别在

$25\sim50$ h 和 $20\sim60$ h 间；头孢菌素 C 和两性霉素在 $30\sim50$ h；链霉素在 $30\sim70$ h。溶氧低谷到来的早晚与低谷时的溶氧水平随工艺和设备条件而异。二次生长时溶氧往往会从低谷处上升，到一定高度后又开始下降。这是利用第二种基质的表现。生长衰退或自溶时会出现溶氧逐渐上升的规律。

值得注意的是，在培养过程中并不是维持溶氧越高越好。即使是专性好气菌，过高的溶氧对生长可能不利。氧的有害作用是通过形成新生 O，超氧化物基 O_2^- 和过氧化物基 O_2^{2-}，或羟基自由基 OH^-，破坏许多细胞组分体现的。有些带巯基的酶对高浓度的氧敏感。好气微生物曾发展一些机制，如形成触酶，过氧化物酶和超氧化物歧化酶（SOD），使其免遭氧的摧毁。次级代谢产物为目标函数时，控制生长不使过量是必要的。

7.3.6.2 溶氧作为发酵异常的指示

在掌握发酵过程中溶氧和其他参数间的关系后，如发酵溶氧变化异常，便可及时预告生产可能出现问题，以便及时采取措施补救。

（1）有些操作故障或事故引起的发酵异常现象也能从溶氧的变化中得到反映　如停搅拌，未及时开搅拌或搅拌发生故障，空气未能与液体充分混合均匀等都会使溶氧比平常低许多。又如一次加油过量也会使溶氧水平显著降低。

（2）中间补料是否得当可以从溶氧的变化看出　如赤霉素发酵，有些罐批会出现'发酸'现象。这时，氨基氮迅速上升，溶氧会很快升高。这是由于供氧条件不强的情况下补料时机掌握不当和间隔过密，导致长时间溶氧处于较低水平所致，见图 7-18。溶氧不足的结果，产生乙醇，并与代谢中的有机酸反应，形成一种带有酒香味的酯类，视为'发酸'。

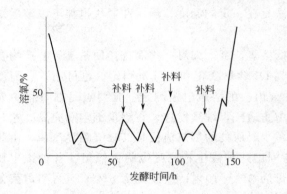

图 7-18　赤霉素发酵出现'发酸'的情况下的溶氧变化

（3）污染杂菌　遇到这种情况溶氧会一反往常迅速（一般 $2\sim5$ h 内）跌到零，并长时间不回升。这比无菌试验发现染菌要提前几个小时。但不是一染菌溶氧就掉到零，要看杂菌的好气情况和数量，在罐内与生产菌比，看谁占优势。有时会出现染菌后溶氧反而升高的现象。这可能是生产菌受到杂菌抑制，而杂菌又不太需氧的缘故。

（4）作为质量控制的指标　在天冬氨酸发酵中前期是好气培养，后期是转为厌气培养，酶活可大为提高。掌握由好气转为厌气培养的时机颇为关键。当溶氧下降到 45％空气饱和度时由好气切换到厌氧培养，并适当补充养分可提高酶活 6 倍。在酵母及一些微生物细胞的生产中溶氧是控制其代谢方向的指标之一。溶氧分压要高于某一水平才会进行同化作用。当补料速度较慢和供氧充足时糖完全转化为酵母、CO_2 和水；若补料速度提高，培养液的溶氧分压跌到临界值以下，便会出现糖的不完全氧化，生成乙醇，结果酵母的产量减少。溶氧浓度变化还能作为各级种子罐的质量的控制和移种指标之一。

7.3.6.3 溶氧参数在过程控制方面的应用

国内外都有将溶氧、尾气 O_2 和 CO_2 和 pH 一起控制青霉素发酵的成功例子。控制的原则是加糖速率应正好使培养物处在半饥饿状态，即仅能维持菌的正常的生理代谢，而把更多的糖用于产物的合成，并且其摄氧率不至于超过设备的供氧能力 K_La。用 pH 来控制加糖速率的主要缺点是发酵中后期 pH 的变化不敏感，以致察觉不到补料系统的错乱，或发觉后也为时已晚。

利用带有氧电极的直接类比的加糖系统没有 pH 系统这方面控制的缺陷。图 7-19 所示的系统，其加糖阀由一种控制器操纵。当培养液的溶氧高于控制点时，糖阀开大，糖的利用需要消耗更多的氧，导致溶氧读数的下跌；反之，当读数下降到控制点以下，加糖速率便自动减小，摄氧率也会随之降低，引起溶氧读数逐渐上升。

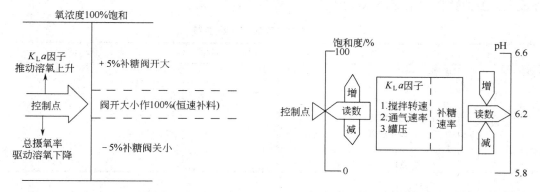

图 7-19　溶氧在加糖控制上的应用　　　　　图 7-20　溶氧和 pH 控制系统

图 7-20 显示，这种控制系统是按溶氧、K_La 因子、菌的需氧之间的变化来决定补糖速率的增减。K_La 因子是按 pH 的趋势调节的。要降低 pH 就需要加更多的糖，这样又会使溶氧下降到低于控制点。要维持原来的控制点就必须加强通气搅拌或增加罐压。推动 pH 上升的要求恰好相反。

此控制系统的优点在于：①它能使发酵的溶氧控制更符合需求；②达到"控制"参数所需时间缩短；③可减少由于种子质量的不稳定而导致的批与批间的产量波动；④能及时调节搅拌与通气以克服发酵过程中出现的干扰。此系统的缺点是发酵早期只能用人工操纵。这是由于一方面菌量少，还不足于启动 K_La 控制系统，另一方面每批种子的生理状态也有差异，没有精确的预订程序可循。但过了这一阶段便可改用自动控制加糖阀操纵。

7.3.6.4　溶氧的控制

发酵液中溶氧的任何变化都是氧的供需不平衡的结果。故控制溶氧水平可从氧的供需着手。供氧方面可从式（7-35）考虑。

$$dc/dt = K_La(c^* - c_L) \tag{7-35}$$

式中　dc/dt 为单位时间内发酵液溶氧浓度的变化，$mmol\ O_2/(L \cdot h)$；K_L 为氧传质系数，m/h；a 为比界面面积，m^2/m^3；c^* 为氧在水中的饱和浓度，$mmol/L$；c_L 为发酵液中的溶氧浓度，$mmol/L$。由此可见，凡是使 K_La 和 c^* 增加的因素都能使发酵供氧改善。

原则上发酵罐的供氧能力无论提得多高，若工艺条件不配合，还会出现溶氧供不应求的现象。欲有效利用现有的设备条件便需适当控制菌的摄氧率。事实上工艺方面有许多行之有效的措施，如控制加糖或补料速率、改变发酵温度、液化培养基、中间补水、添加表面活性剂等。只要这些措施运用得当，便能改善溶氧状况和维持合适的溶氧水平。

增加 c^* 可采用以下办法：①在通气中掺入纯氧或富氧，使氧分压提高；②提高罐压，这固然能增加 c^*，但同时也会增加溶解 CO_2 的浓度，因它在水中的溶解度比氧高 30 倍，这会影响 pH 和菌的生理代谢，还会增加对设备强度的要求；③改变通气速率，其作用是增加液体中夹持气体体积的平均成分。在通气量较小的情况下增加空气流量,溶氧提高的效果显著,但在流量较大的情况下再提高空气流速,对氧溶解度的提高不明显,反而会使泡沫大量增加,引起逃液。

提高设备的供氧能力,以氧的体积传质(简称供氧)系数,$K_L a$ 表示,从改善搅拌考虑,更易收效。与氧传质有关的工程参数列于表 7-7。改善设备条件以提高供氧系数是积极的,但有些措施还要在放罐后才能进行。改变搅拌器直径或转速可增加功率输出,从而提高"a"值。另外改变挡板的数目和位置,使剪切发生变化也会影响"a"值。

表 7-7　与氧传质有关的工程参数

项　　目	设备条件	项　　目	设备条件
搅拌器	类型:封闭或开放式 叶片形状:弯叶、平叶或箭叶 搅拌器直径/罐直径 挡板数和挡板宽度 搅拌器档数和位置	搅拌转速	雷诺准数 kW/t "K"因子 功率准数 弗罗德准数
空气流量	每分钟体积比[(V/V)/min] 空气分布器的类型和位置	罐压	Pa

在考查设备各项工程参数和工艺条件对菌的生长和产物形成的影响时,同时测定该条件下的溶氧参数对判断氧的供需是大有好处的。以下介绍这方面的一些实例。

(1) 搅拌转速对溶氧的影响　在赤霉素发酵中溶氧水平对产物合成有很大的影响。通常在发酵 15~50 h 之间溶氧下降到 10% 空气饱和度以下。此后如补料不妥,使溶氧长期处在较低水平,便会导致赤霉素的发酵单位停滞不前。因此,将搅拌转速从 155 r/min 提高到 180 r/min,结果使氧的传质提高,有利于产物的合成,见表 7-8。值得注意的是,溶氧开始回升的时间因搅拌加快而提前 24 h,赤霉素生物合成的启动也提前 1 天,到 158 h 发酵单位已超过对照放罐的水平。搅拌加快后很少遇到因溶氧不足而使发酵"发酸",单位不长的现象。

表 7-8　赤霉素发酵中搅拌转速改变前后各参数的变化

比 较 的 项 目	搅拌转速为 155 r/min (对照)(5 批平均值)	搅拌转速为 180 r/min (4 批平均值)
溶氧低谷(<10%空气饱和度)的持续时间/h	35	15
溶氧开始回升到大于 10% 所需时间/h	56	34
起步(发酵 60 h)相对单位/%	12.5	18.9
发酵 80 h 的相对单位/%	35.9	48.8
发酵 158 h 的相对单位/%	88.0	114.6
放罐相对单位/%	100	114.6

需氧方面可用式 (7-36) 表达

$$r = Q_{O_2} X \qquad (7-36)$$

式中　r 为摄氧率,mmol O_2/(L·h);Q_{O_2} 为呼吸强度,mmol O_2/(g 菌·h);X 为菌浓,g/L。若发酵液中溶氧暂时不变,即供氧=需氧,则式 (7-35) 等于式 (7-36) 得

$$K_L a(c^* - c_L) = Q_{O_2} X \qquad (7-37)$$

显然,那些使这一方程,即供需失去平衡的因子也会改变溶氧浓度。影响需氧的工艺条件见表 7-9。

表 7-9　影响需氧的工艺条件

项　目	工艺条件	项　目	工艺条件
菌种特性	好气程度	补料或加糖	配方、方式、次数和时机
	菌龄、数量	温度	恒温或阶段变温控制
	菌的聚集状态,絮状或小球状	溶氧与尾气 O_2 及 CO_2 水平	按生长或产物合成的临界值控制
培养基的性能	基础培养基组成、配比	消泡剂或油	种类、数量、次数和时机
	物理性质:黏度、表面张力等	表面活性剂	种类、数量、次数和时机

（2）培养基养分的丰富程度的影响　限制养分的供给可减少菌的生长速率,也可达到限制菌对氧的大量消耗,从而提高溶氧水平。这看来有些"消极",但从总的经济情况看,在设备供氧条件不理想的情况下,控制菌量,使发酵液的溶氧不低于临界氧值,从而提高菌的生产能力,达到高产目标。

（3）温度的影响　由于氧传质的温度系数比生长速率的低,降低发酵温度可得到较高的溶氧值。这是由于 c^* 的增加,使供氧方程的推动力（$c^* - c_L$）增强,和影响了菌的呼吸（指偏离最适生长温度的情况下）。据此,采用降温办法以提高溶氧的前提是对产物合成没有副作用。

（4）产中采用控制气体成分的办法既费事又不经济　因氧气的成本高许多。但对产值高的品种,规模较小发酵,在关键时刻,即菌的摄氧率达高峰阶段,采用富氧气体以改善供氧状况是可取的。这应当是改善供氧措施中的最后一招。用纯氧时切忌直接通入罐内,因高氧遇油可能引起爆炸,故纯氧应与空气混合后使用较为安全。表 7-10 比较了各种控制溶氧可供选择的措施。

表 7-10　溶氧控制措施的比较

措施	作用于	投资	运转成本	效果	对生产作用	备　注
搅拌转速	$K_L a$	高	低	高	好	在一定限度内,避免过分剪切
挡板	$K_L a$	中	低	高	好	设备上需改装
空气流量	$c^* \cdot a$	低	低	低		可能引起泡沫
气体成分	c^*	中到低	高	高	好	高氧可能引起爆炸,适合小型
罐压	c^*	中	低	中	好	罐强度、密封要求高
养分浓度	需求	中	低	高	不肯定	响应较慢,需及早行动
表面活性剂	K_L	低	低	变化	不肯定	需试验确定
温度	需求,c^*	低	低	变化	不肯定	不是常有用

溶氧只是发酵参数之一。它对发酵过程的影响还必须与其他参数配合起来分析。如搅拌对发酵液的溶氧和菌的呼吸有较大的影响,但分析时还要考虑到它对菌丝形态、泡沫的形成、CO_2 的排除等其他因素的影响。溶氧参数的监测,研究发酵中溶氧的变化规律,改变设备或工艺条件,配合其他参数的应用,必然会对发酵生产控制,增产节能等方面起重要作用。

7.3.7　二氧化碳和呼吸商

7.3.7.1　CO_2 对发酵的影响

CO_2 是呼吸和分解代谢的终产物。几乎所有发酵均产生大量 CO_2。例如,在产黄青霉的生长和产物形成中的 CO_2 来源可用式（7-38）～式（7-40）表示

菌体生长　$\quad 1.19C_6H_{12}O_6 + 0.42NH_3 + 2.55O_2 + 0.252H_2SO_4 \longrightarrow$

$$0.42C_{17}H_{13.2}O_{4.4}NS_{0.06} + 3CO_2 + 5.4H_2O \qquad (7-38)$$

菌体维持 $$C_6H_{12}O_6 + 6O_2 \longrightarrow 6CO_2 + 6H_2O \qquad (7\text{-}39)$$

青霉素生产 $$2C_6H_{12}O_6 + (NH_4)_2SO_4 + 1.5O_2 + C_8H_8O_2 \longrightarrow$$
$$C_{16}H_{17}O_4N_2S + 2CO_2 + 11.5H_2O \qquad (7\text{-}40)$$

CO_2 也可作为重要的基质,如在精氨酸的合成过程中其前体氨甲酰磷酸的合成需要 CO_2 基质。无机化能营养菌能以 CO_2 作为惟一的碳源加以利用。异养菌在需要时可利用补给反应来固定 CO_2。细胞本身的代谢途径通常能满足这一需要。如发酵前期大量通气,可能出现 CO_2 受限制,导致适应(停滞)期的延长。

溶解在发酵液中的 CO_2 对氨基酸、抗生素等发酵有抑制或刺激作用。大多数微生物适应低 CO_2 浓度(0.02%~0.04% 体积分数)。当尾气 CO_2 浓度高于 4% 时微生物的糖代谢与呼吸速率下降;当 CO_2 分压为 0.08×10^5 Pa 时,青霉素比合成速率降低 40%。又如发酵液中溶解 CO_2 浓度为 1.6×10^{-2} mol/L 时会强烈抑制酵母的生长。当进气 CO_2 含量占混合气体流量的 80% 时酵母活力只有对照值的 80%。在充分供氧下即使细胞的最大摄氧率得到满足,发酵液中的 CO_2 浓度对精氨酸和组氨酸发酵仍有影响。组氨酸发酵中 CO_2 浓度大于 0.05×10^5 Pa 时其产量随 CO_2 分压的提高而下降。精氨酸发酵中有一最适 CO_2 分压,为 0.125×10^5 Pa,高于此值对精氨酸合成有较大的影响。因此,即使供氧已足够,还应考虑通气量,需降低发酵液中 CO_2 的浓度。

CO_2 对氨基糖苷类抗生素,紫苏霉素的合成也有影响。当进气中的 CO_2 含量为 1% 和 2% 时,紫苏霉素的产量分别为对照的 2/3 和 1/7。CO_2 分压为 0.0042×10^5 Pa 时四环素发酵单位最高。高浓度的 CO_2 会影响产黄青霉的菌丝形态。当 CO_2 含量为 0~8% 时菌呈丝状;CO_2 含量高达 15%~22% 时,大多数菌丝变膨胀、粗短;CO_2 含量更高,为 0.08×10^5 Pa 时出现球状或酵母状细胞,青霉素合成受阻,其比生产速率约减少 40%。

CO_2 对细胞的作用是影响细胞膜的结构。溶解 CO_2 主要作用于细胞膜的脂肪酸核心部位,而 HCO_3^- 则影响磷脂,亲水头部带电荷表面及细胞膜表面上的蛋白质。当细胞膜的脂质相中 CO_2 浓度达到一临界值时,膜的流动性及表面电荷密度发生变化。这将导致膜对许多基质的运输受阻,影响了细胞膜的运输效率,使细胞处于"麻醉"状态,生长受抑制,形态发生变化。

工业发酵罐中 CO_2 的影响值得注意,因罐内的 CO_2 分压是液体深度的函数。在 10 m 高的罐中,在 1.01×10^5 Pa 的气压下操作,底部的 CO_2 分压是顶部的两倍。为了排除 CO_2 的影响,需综合考虑 CO_2 在发酵液中的溶解度、温度和通气状况。在发酵过程中如遇到泡沫上升,引起逃液时,有时采用减少通气量和提高罐压的措施来抑制逃液,这将增加 CO_2 的溶解度,对菌的生长有害。

7.3.7.2 呼吸商与发酵的关系

发酵过程中的摄氧率(OUR)和 CO_2 的释放率(CER)可分别通过式(7-41)和式(7-42)求得:

$$OUR = Q_{O_2}X = F_{in}/V\{C_{O_2in} - (C_{inert} \cdot C_{O_2out})/[1 - (C_{CO_2out} + C_{O_2out})]\}f \qquad (7\text{-}41)$$

$$CER = Q_{CO_2}X = F_{in}/V\{(C_{inert}C_{CO_2out})/[1 - (C_{O_2out} + C_{CO_2out})] - C_{CO_2in}\}f \qquad (7\text{-}42)$$

式中 Q_{O_2} 为呼吸强度,mol O_2/(g 菌·h);Q_{CO_2} 为比 CO_2 释放率,mol CO_2/(g 菌·h);X 为菌体干重,g/L;F_{in} 为进气流量,mol/h;C_{inert},C_{O_2in},C_{CO_2in} 分别为进气中的惰性气体、

O_2 和 CO_2 浓度，体积分数；$C_{O_2\text{out}}$，$C_{CO_2\text{out}}$ 分别为尾气中的 O_2 和 CO_2 浓度，体积分数；V 为发酵液体积，L；$f=273/(273+t_{\text{in}})\cdot p_{\text{in}}$；$t_{\text{in}}$ 为进气温度，℃；p_{in} 为进气绝对压强，$\times 10^5$ Pa。

发酵过程中尾气 O_2 含量的变化恰与 CO_2 含量变化成反向同步关系。由此可判断菌的生长、呼吸情况，求得菌的呼吸商 RQ 值（$RQ=CER/OUR$）。RQ 值可以反映菌的代谢情况，如酵母培养过程中 $RQ=1$，表示糖代谢走有氧分解代谢途径，仅供生长、无产物形成；如 $RQ>1.1$，表示走 EMP 途径，生成乙醇；$RQ=0.93$，生成柠檬酸；$RQ<0.7$，表示生成的乙醇被当作基质再利用。

菌在利用不同基质时，其 RQ 值也不同。如大肠杆菌以各种化合物为基质时的 RQ 值见表 7-11。在抗生素发酵中在生长、维持和产物形成阶段的 RQ 值也不一样。在青霉素发酵中生长、维持和产物形成阶段的理论 RQ 值分别为 0.909、1.0 和 4.0。由此可见，在发酵前期的 RQ 值小于 1；在过渡期由于葡萄糖代谢不仅用于生长，也用于生命活动的维持和产物的形成，此时的 RQ 值比生长期略有增加。产物形成对 RQ 的影响较明显。如产物的还原性比基质大时，其 RQ 值就增加；反之，当产物的氧化性比基质大时，其 RQ 值就要减小。其偏离程度取决于单位菌体利用基质形成产物的量。

表 7-11　大肠杆菌以各种化合物为基质时的 RQ 值

基质	延胡索酸	丙酮酸	琥珀酸	乳酸	葡萄糖	乙酸	甘油
RQ	1.44	1.26	1.12	1.02	1.00	0.96	0.80

在实际生产中测得的 RQ 值明显低于理论值，说明发酵过程中存在着不完全氧化的中间代谢物和葡萄糖以外的碳源。如油的存在（它的不饱和与还原性）使 RQ 值远低于葡萄糖为惟一碳源的 RQ 值，在 0.5～0.7 范围，其随葡萄糖与油量之比波动。如在生长期提高油与葡萄糖量之比（O/G），维持加入总碳量不变，结果 OUR 和 CER 上升的速度减慢；且菌浓增加也慢；若降低 O/G，则 OUR 和 CER 快速上升，菌浓迅速增加。这说明葡萄糖有利于生长，油不利于生长。由此得知，油的加入主要用于控制生长，并作为维持和产物合成的碳源。

7.3.8　加糖、补料对发酵的影响及其控制

分批发酵常因配方中的糖量过多造成细胞生长过旺，供氧不足。解决这个问题可在过程中加糖和补料。补料的作用是及时供给菌合成产物的需要。对酵母生产，过程补料可避免 crabtree 效应引起的乙醇的形成，导致发酵周期的延长和产率降低。通过补料控制可调节菌的呼吸，以免过程受氧的限制。这样做可减少酵母发芽，细胞易成熟，有利于酵母质量的提高[8]。补料-分批培养也可用于研究微生物的动力学，比连续培养更易操作和更为精确[9]。

7.3.8.1　补料的策略

近年来对补料的方法、时机和数量以及料液的成分、浓度都有过许多研究。有的采用一次性大量或多次少量或连续流加的办法；连续流加方式又可分为快速、恒速、指数和变速流加。采用一次性大量补料方法虽然操作简便，比分批发酵有所改进，但这种方法会使发酵液瞬时大量稀释，扰乱菌的生理代谢，难于控制过程在最适合于生产的状态。少量多次虽然操作麻烦些，但这种方法比一次大量补料合理。为国内大多数抗生素发酵车间所采纳。从补加的培养基成分来分，有用单一成分的，也有用多组分的料液。

优化补料速率要根据微生物对养分的消耗速率及所设定的发酵液中最低维持浓度而定。Ryu 等用连续发酵方法测定了不同比生产速率下产黄青霉的 C、N、O、P、S 和乙酸盐及最

适生长所需的各种基质的补料速率，见表 7-12。

表 7-12　产黄青霉突变株的各种养分比吸收速率

补料成分或前体	比吸收速率/[mg/(g·h)]	所需补料速率/[mg/(L·h)]
己糖	0.33;1.6(最适) mmol/(g·h)在 $\mu=0.015$ 下为 0.12	13.2;64.0 mmol/(L·h)
NH_3	2.0	80
PO_4^{3-}	0.6	24
SO_4^{2-}	2.8	112
苯乙酸	1.8	72

　　Bajpa 等通过实验确定描述生长、青霉素生产和基质消耗的模型参数，并用它来优化不同设备供氧能力的补料速率。如图 7-21 所示，不论生物反应器的体积传质系数大小，它们均有一最佳补料速率。补糖速率的最佳点与 K_La 有关。K_La 大的（$=400\ h^{-1}$），补糖速率也需相应加大，结果生产水平也会相应提高，见曲线 a。供氧能力差的设备，其补料速率也相应减小，才能达到这一设备的最高生产水平，但其最高发酵单位要比供氧好的设备低 23%。

　　黄原胶发酵中通过间歇补糖，在生长期控制发酵液中葡萄糖含量在 30~40 g/L 水平可防止细胞的衰退和维持较高的葡萄糖传质速率，从而提高黄原胶的比生产速率[10]，发酵 96 h 产胶达 43 g/L，见图 7-22。

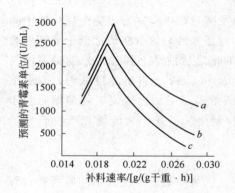

图 7-21　不同供氧能力的设备，
其补料速率对青霉素发酵单位的影响
a—$K_La=400\ h^{-1};b$—$K_La=100\ h^{-1};c$—$K_La=80\ h^{-1}$

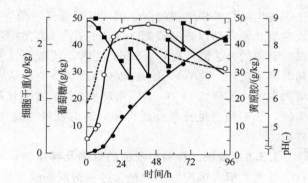

图 7-22　间歇补糖对黄原胶发酵的影响

7.3.8.2　补料的依据和判断

　　补料时机的判断对发酵成败也很重要，时机未掌握好会弄巧成拙。那么，究竟以什么作依据较有效和安全？有用菌的形态，发酵液中糖浓度，溶氧浓度，尾气中的氧和 CO_2 含量，摄氧率或呼吸商的变化作为依据。如 Waki 等在补料-分批发酵中通过监控 CO_2 的生成来控制 *Trichoderma reesei* 的纤维素酶的生产。不同的发酵品种有不同的依据。一般以发酵液中的残糖浓度为指标。对次级代谢产物的发酵，还原糖浓度一般控制在 5 g/L 左右的水平。也有用产物的形成来控制补料。如现代酵母生产是藉自动测量尾气中的微量乙醇来严格控制糖蜜的流加。这种方法会导致低的生长速率，但其细胞得率接近理论值。

　　不同的补料方式会产生不同的效果。如表 7-13 所示，以含有或没有重组质粒的大肠杆菌为例，通过补料控制溶氧不低于临界值可使细胞密度大于 40 g/L；补入葡萄糖、蔗糖及适当的盐类，并通氨控制 pH 值，对产率的提高有利；用补料方法控制生长速率在中等水平有利于细胞密度和发酵产率的提高。

表 7-13 发酵过程补料方式对细胞密度、生长速率和产率的影响

菌　种	中间补料	通气成分	细胞干重/(g/L)	比生产速率/h^{-1}	产率/[g/(L·h)]
大肠杆菌	补葡萄糖,控制溶氧不低于临界值	O_2	26	0.46	2.3
大肠杆菌	改变补蔗糖量,控制溶氧不低于临界值	O_2	42	0.36	4.7
大肠杆菌	按比例补入葡萄糖和氨,控制 pH 值	O_2	35	0.28	3.9
大肠杆菌	按比例补入葡萄糖和氨,控制 pH 值,低温,维持最低溶氧浓度大于 10%	O_2	47	0.58	3.6
大肠杆菌[①]	以恒定速率补加碳源,使氧的供应不受限制为条件	O_2	43	0.38	0.8
大肠杆菌(含重组质粒)	补碳源,限制细胞的生长,避免产生乙酸	空气	65	0.10～0.14	1.3
大肠杆菌(含重组质粒)	补碳源,控制细胞生长	空气	80	0.2～1.3	6.2

① 用合成培养基,其余均采用完全培养基。

在谷氨酸发酵中在某一生长阶段，生产菌的摄氧率与基质消耗速率之间存在着线性关联。据此，补料速率可用摄氧率控制，将其控制在与基质消耗速率相等的状态。测定分批加糖过程中尾气氧浓度，可求得摄氧率（OUR），OUR 与糖耗速率（$q_s X$）之间的关系式如式（7-43）所示

$$K = OUR/q_s X = 耗氧量(mmol\ O_2)/糖耗(mmol) \tag{7-43}$$

利用 K 值和摄氧率可间接估算糖耗。按反应式（7-44）计算，理论上可得 K 值为 1.5。但实际

$$C_6H_{12}O_6 + 1.5\ O_2 + NH_3 \longrightarrow C_5H_9O_4N + CO_2 + 3H_2O \tag{7-44}$$

式（7-44）最佳 K 值为 1.75。图 7-23 显示 3 批谷氨酸发酵中糖浓度的控制受 K 值的影响。K=1.51 情况下糖耗估计过高，发酵罐中补糖过量；K=2.16 的情况下糖耗又过低；只有在 K=1.75 的情况下加糖速率等于糖耗速率。

青霉素发酵是补料系统用于次级代谢物生产的范例。在分批发酵中总菌量、黏度和氧的

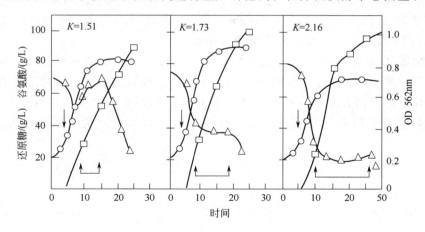

图 7-23 谷氨酸发酵中 K 值对糖浓度的控制的影响

○—OD；□—谷氨酸；△—还原糖；↓—加青霉素时间；↑↑—加糖期

需求一直在增加，直到氧受到限制。因此，可通过补料速率的调节来控制生长和氧耗，使菌处于半饥饿状态，使发酵液有足够的氧，从而达到高的青霉素生产速率。加糖可控制对数生长期和生产期的代谢。在快速生长期加入过量的葡萄糖会导致酸的积累和氧的需求大于发酵的供氧能力；加糖不足又会使发酵液中的有机氮当作碳源利用，导致 pH 上升和菌量失调。因此，控制加糖速率使青霉素发酵处于半饥饿状态对青霉素的合成有利。对数生长期采用计算机控制加糖来维持溶氧和 pH 在一定范围内可显著提高青霉素的产率。在青霉素发酵的生产期溶氧比 pH 对青霉素合成的影响更大，因在此期溶氧为控制因素。

在青霉素发酵中加糖会引起尾气 CO_2 含量的增加和发酵液的 pH 下降，见图 7-24。这

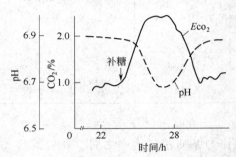

图 7-24　加糖对尾气 CO_2 和 pH 的影响

是由于糖被利用产生有机酸和 CO_2，并溶于水中，而使发酵液的 pH 下降。糖、CO_2、pH 三者的相关性可作为青霉素工业生产上补料控制的参数。尾气 CO_2 的变化比 pH 更为敏感，故可测定尾气 CO_2 的释放率来控制加糖速度。

苯乙酸是青霉素的前体，对合成青霉素起重要作用，但发酵液中前体含量过高对菌有毒。故宜少量多次补入，控制在亚抑制水平，以减少前体的氧化，提高前体结合到产物中的比例。孙大辉等的研究发现，产黄青霉对使用前体的品种和耐受力随菌种的特性的不同，有很大的差别。如高产菌种 399# 所用的苯乙酰胺的最适维持浓度为 0.3 g/L；菌种 RA18 使用的苯乙酸，其最适维持浓度在 1.0～1.2 g/L 范围。

7.3.9　比生长速率的作用与控制

比生长速率，μ 是代表生物反应器的动态特性的一个重要参数。例如，为了获得最大量的细胞生产，便需在面包酵母培养期间维持最大的 μ，这就需要将培养液中的残糖保持在最适合的浓度。因此，可用葡萄糖传感器进行在线监控。如没有这种装置，也可通过监控乙醇浓度和 RQ 值。但这种办法只能使比生产速率最大化，而要想控制面包酵母的质量，则需另想办法。在分批-补料中为了维持最大 μ 值，常采用指数式补料。然而，若用于计算补料速率所需的初始条件或参数出错，其比生长速率便根本不等于所需值。因此，多数情况下需采用闭环系统来控制比生长速率。Takamatsu 等[11] 曾成功地将程序控制器/反馈补偿器（PF）系统应用于设定 μ 的控制，只要能直接测得 μ 值。

程序控制器/反馈补偿器（PF）系统如图 7-25 所示，是由一程序控制器，预补偿器组成的控制 μ 值的系统。在程序控制器的控制下 μ 值应遵循设定值变化，除非存在着噪音或干扰，且预补偿器应能补偿这方面的过失。预补偿器采用模型参考适应性控制（MRAC）算法，因培养过程是随时间变化的，是一种高度非线性系统，整个系统称为 PF-MRAC系统[11]。

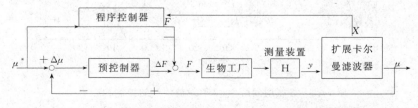

图 7-25　控制 μ 的程序控制器/反馈补偿器（PF）系统

公称基质补料速率可由程序控制器调节如下。一般，细胞浓度 X 和基质浓度 S 可分别用式（7-45）和式（7-46）表示

$$dX/dt = (\mu - F/V)X \qquad (7-45)$$

式中 X 为菌浓；V 为液体体积；F 为补料速率（$=dV/dt$）。

$$dS/dt = -\mu X/Y + (S_F - S)F/V \qquad (7-46)$$

式中 Y 和 S_F 分别为细胞生长的得率系数和补料的基质浓度。基于 μ 是 S 的函数的假定，如 μ 能维持恒定值，μ^* 一定时间，基质浓度，S 必然不变。如每次变换 μ^* 值能稳定不变，则公称补料速率 F，可用式（7-47）表示

$$F = \mu^* XV/Y(S_F - S) \qquad (7-47)$$

假定 $S_F \gg S$，式（7-47）可简化为

$$F = \mu^* XV/YS_F \qquad (7-48)$$

式中补料-分批培养的 V 值可用式（7-49）求得

$$V = V_0 + \int_0^{t_f} F(\tau)dt \qquad (7-49)$$

为了测定 F，每次应知道 X 和 V。如给出的初始值和真实值不一样，就不能控制 μ 值在所需数值，求得的 X 便会有很大的误差。为了改进这一缺点，可用扩展卡尔曼滤波器估算 X 值。

在酵母分批-补料培养中谷胱甘肽比生产速率与比生长速率的关系。谷胱甘肽简称为 GSH，是一种由谷氨酸，胱氨酸和甘氨酸组成的具有药效的三肽。近来报道，GSH 可用作肝脏药物和有毒化合物的清除剂。某些酵母中的 GSH 含量较高。它能同化葡萄糖，在生物反应器中糖浓度高时由于 crabtree 效应会产生乙醇。GSH 的产率取决于所用碳源的种类。图 7-26 显示 μ 值与谷胱甘肽比生产速率 Q_G 间的关系和 μ 值与乙醇比生产速率 Q_B 间的关系[4]。

其培养温度对比生长速率和酸性磷酸酯酶的比生产速率的影响的试验结果[4] 示于图 7-27。当温度低一些，27℃，有利于 μ 值，温度高一些，32.5℃有利于酸性磷酸酯酶的比生产速率的提高。最终产物浓度与改变温度的时间（从 μ_{max} 到 μ_c）之间的关系的试验与计算（略）证明 6 h 是最适合的。

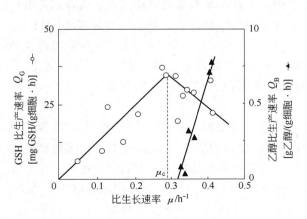

图 7-26　μ 值与谷胱甘肽比生产速率间的关系

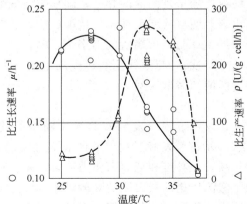

图 7-27　酿酒酵母的培养温度对比生长速率和酸性磷酸酯酶的比生产速率的影响

7.4　泡沫对发酵的影响及其控制

7.4.1　泡沫的产生及其影响

发酵过程中因通气搅拌、发酵产生的 CO_2 以及发酵液中糖、蛋白质和代谢物等稳定泡沫的物质的存在，使发酵液含有一定数量的泡沫，这是正常的现象。泡沫的存在可以增加气液接触表面，有利于氧的传递。一般在含有复合氮源的通气发酵中会产生大量泡沫，引起"逃液"，给发酵带来许多副作用，主要表现在：①降低了发酵罐的装料系数，发酵罐的装料系数一般取 0.7（料液体积/发酵罐容积）左右。通常充满余下空间的泡沫约占所需培养基的 10%，且配比也不完全与主体培养基相同。②增加了菌群的非均一性，由于泡沫高低的变化和处在不同生长周期的微生物随泡沫漂浮，或黏附在罐壁上，使这部分菌有时在气相环境中生长，引起菌的分化，甚至自溶，从而影响了菌群的整体效果。③增加了污染杂菌的机会，发酵液溅到轴封处，容易染菌。④大量起泡，控制不及时，会引起逃液，招致产物的流失。⑤消泡剂的加入有时会影响发酵或给提炼工序带来麻烦。

发酵液的理化性质对形成泡沫的表面现象起决定性的作用。气体在纯水中鼓泡，生成的气泡只能维持瞬间，其稳定性等于零。这是由于其能学上的不稳定和围绕气泡的液膜强度很低所致。发酵液中的玉米浆、皂苷、糖蜜所含的蛋白质，和细胞本身具有稳定泡沫的作用。多数起泡剂是表面活性物质，它们具有一些亲水基团和疏水基团。分子带极性的一端向着水溶液，非极性一端向着空气，并力图在表面作定向排列，增加了泡沫的机械强度。起泡剂分子通常是长链形的，其烃链越长，链间的分子引力越大，膜的机械强度就越强。蛋白质分子中除分子引力外，在羧基和氨基之间还有引力，因而形成的液膜比较牢固，泡沫比较稳定。此外，发酵液的温度、pH、基质浓度以及泡沫的表面积对泡沫的稳定性也有一定的作用。

7.4.2　发酵过程中泡沫的消长规律

发酵过程中泡沫的多寡与通气搅拌的剧烈程度和培养基的成分有关，玉米浆、蛋白胨、花生饼粉、黄豆饼粉、酵母粉、糖蜜等是发泡的主要因素。其起泡能力随品种、产地、加工、贮藏条件而有所不同，还与配比有关。如丰富培养基，特别是花生饼粉或黄豆饼粉的培养基，黏度比较大，产生的泡沫多又持久。糖类本身起泡能力较低，但在丰富培养基中高浓度的糖增加了发酵液的黏度，起稳定泡沫的作用。此外，培养基的灭菌方法、灭菌温度和时间也会改变培养基的性质，从而影响培养基的起泡能力。如糖蜜培养基的灭菌温度从 110 ℃升高到 130 ℃，灭菌时间为半个小时，发泡系数 q_m 几乎增加一倍（q_m 表征泡沫和发泡液体的技术特性），与通气期间达到的泡沫柱的高度 H_f 和自然泡沫溃散时间 τ_f 的乘积成正比；与自然泡沫溃散时间 τ_d 成反比。这是由于形成大量蛋白黑色素和 5-羟甲基（呋喃醇）糠醛所致。

在发酵过程中发酵液的性质随菌的代谢活动不断变化，是泡沫消长的重要因素。图 7-28 显示霉菌发酵过程中液体表面性质与泡沫寿命之间的关系。发酵前期，泡沫的高稳定性与高表观黏度和低表面张力有关。随过程中蛋白酶、淀粉酶的增多及碳、氮源的利用，起稳定泡沫作用的蛋白质的降解，发酵液黏度的降低和表面张力的上升，泡沫在减少。另外，菌体也有稳定泡沫的作用。在发酵后期菌体自溶，可溶性蛋白增加，又促进泡沫上升。

7.4.3　泡沫的控制

泡沫的控制方法可分为机械和消泡剂两大类。近年来也有从生产菌种本身的特性着手，预防泡沫的形成。如单细胞蛋白生产中筛选在生长期不易形成泡沫的突变株。也有用混合培

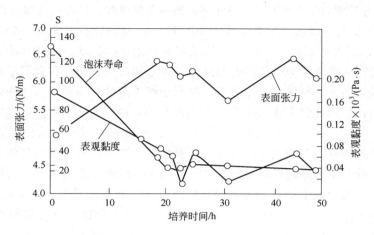

图 7-28　霉菌发酵过程中液体表面性质与泡沫寿命之间的关系

所用培养基含有：15％玉米粉，5％葡萄糖和 6％的种子

养方法，如产碱菌、土壤杆菌同莫拉氏菌一起培养来控制泡沫的形成。这是一株菌产生的泡沫形成物质被另一种协作菌同化的缘故。

7.4.3.1　机械消沫

机械消沫是藉机械引力起剧烈振动或压力变化起消沫作用。消沫装置可安装在罐内或罐外。罐内可在搅拌轴上方安装消沫桨，形式多样，泡沫借旋风离心场作用被压碎，也可将少量消泡剂加到消沫转子上以增强消沫效果。罐外法是将泡沫引出罐外，通过喷嘴的加速作用或离心力粉碎泡沫。机械消沫的优点在于不需引进外界物质，如消泡剂，从而减少染菌机会，节省原材料和不会增加下游工段的负担。其缺点是不能从根本上消除泡沫成因。

7.4.3.2　消泡剂消沫

发酵工业常用的消泡剂分天然油脂类、聚醚类、高级醇类和硅树脂类。常用的天然油脂有玉米油、豆油、米糠油、棉籽油、鱼油和猪油等，除作消泡剂外，还可作为碳源。其消沫能力不强，需注意油脂的新鲜程度，以免生长和产物合成受抑制。应用较多的聚醚类为聚氧丙烯甘油和聚氧乙烯氧丙烯甘油（俗称泡敌）。用量为 0.03％左右，消沫能力比植物油大 10 倍以上。泡敌的亲水性好，在发泡介质中易铺展，消沫能力强，但其溶解度也大，消沫活性维持时间较短。在黏稠发酵液中使用效果比在稀薄发酵液中更好。十八醇是高级醇类中常用的一种，可单独或与载体一起使用。它与冷榨猪油一起能有效控制青霉素发酵的泡沫。聚二醇具有消沫效果持久的特点，尤其适用于霉菌发酵。硅酮类消泡剂的代表是聚二甲基硅氧烷及其衍生物。其分子结构通式为：$(CH_3)_3 SiO[Si(CH_3)_2]_n Si(CH_3)_3$。它不溶于水，单独使用效果很差。它常与分散剂（微晶 SiO_2）一起使用，也可与水配成 10％的纯硅酮乳液。这类消沫剂适用于微碱性的放线菌和细菌发酵。在 pH 为 5 左右的发酵液中使用，效果较差。还有一种羟基聚二甲基硅氧烷是一种含烃基的亲水性硅酮消泡剂，曾用于青霉素和土霉素发酵中。消泡能力随羟基含量（0.22％～3.13％）的增加而提高。此外，氟化烷烃是一种潜在的消沫剂，它的表面能比烃类、有机硅类要小，为 0.009～0.018 N/m。

7.4.3.3　消沫剂的应用

消沫剂或消泡剂，特别是合成消沫剂的消沫效果与使用方式有关。其消泡作用取决于它在发酵液中的扩散能力。消沫剂的分散可借助于机械方法或某种分散剂，如水，将消沫剂乳化成细小液滴。分散剂的作用在于帮助消沫剂扩散和缓慢释放，具有加速和延长消沫剂的作用，减小消沫剂的黏性，便于输送。如土霉素发酵中用泡敌、植物油和水按（2～3）∶（5～6）∶30 的比例配成乳化液，消沫效果很好，不仅节约了消沫剂和油的用量，还可在发酵全程使用。

消沫作用的持久性除了与本身的性能还与加入量和时机有关。在青霉素发酵中曾采用滴加玉米油的方式，防止了泡沫的大量形成，有利于产生菌的代谢和青霉素的合成，且减少了油的用量。使用天然油脂时应注意不能一次加得太多，过量的油脂固然能迅速消沫，但也抑制气泡的分散，使体积氧传质系数 $K_L a$ 中的气液比表面积 a 减小，从而显著影响氧的传质速率，使溶氧迅速下跌，甚至到零。油还会被脂肪酶等降解为脂肪酸与甘油，并进一步降解为各种有机酸，使 pH 下降，有机酸的氧化需消耗大量的氧，使溶氧下降。加强供氧可减轻这种不利作用。油脂与铁会形成过氧化物，对四环素、卡那霉素等抗生素的生物合成有害。在豆油中添加 0.1%～0.2%α-萘酚或萘胺等抗氧剂可有效防止过氧化物的产生，消除它对发酵的不良影响。

现有的实验数据还难以评定消沫剂对微生物的影响。过量的消沫剂通常会影响菌的呼吸活性和物质（包括氧）透过细胞壁的运输。用电子显微镜观察消沫剂对培养了 24 h 的短杆菌的生理影响时发现，其细胞形态特征，如膜的厚度、透明度和结构功能与氧受限制的条件下相似。细胞表面呈细粒的微囊、类核（拟核）含有 DNK 纤维，其内膜隐约可见。几乎所有的细胞结构形态都在改变。因此，应尽可能减少消沫剂的用量。在应用消沫剂前需作比较性试验，找出一种对微生物生理、产物合成影响最小，消沫效果最好，且成本低的消泡剂。此外，化学消沫剂应制成乳浊液，以减少同化和消耗。为此，宜联合使用机械与化学方法控制泡沫，并采用自动监控系统。

7.5　发酵终点的判断

发酵类型的不同，要求达到的目标也不同，因而对发酵终点的判断标准也应有所不同。对原材料与发酵成本占整个生产成本的主要部分的发酵品种，主要追求提高产率 [kg/(m^3 · h)]，得率（转化率）（kg 产物/kg 基质）和发酵系数 [产物 kg/（罐容积 m^3 · 发酵周期 h）]。如下游提炼成本占主要部分和产品价值高，则除了高产率和发酵系数外，还要求高的产物浓度。如计算总的体积产率 [产物 g/（发酵液 L · h）]，则以放罐发酵单位除以总的发酵时间（包括发酵周期和前一批放罐、洗罐、配料和灭菌直到接种前所需时间），如图 7-29 所示。

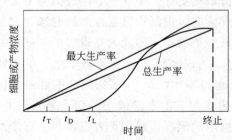

图 7-29　分批培养的产率计算

t_T、t_D 和 t_L 分别为放罐检修工作时间，

洗罐、打料和灭菌时间以及生长停滞时间

总产率可用从发酵终点到下一批发酵终点直线斜率来代表；最高产率可从原点与产物浓度曲线相切的一段直线斜率代表。切点处的产物浓度比终点最大值低。从式（7-50）可求得发酵总生产周期。

$$t = 1/\mu_m \cdot \ln(X_1/X_2) + t_T + t_D + t_L \quad (7-50)$$

式中　t_T、t_D 和 t_L 分别为放罐检修工作时间，洗罐、打料和灭菌时间以及生长停滞时间；X_1 和 X_2 分别为起始与放罐细胞浓度；μ_m 为最大比生长速率。

因此，如要提高总产率，则必须缩短发酵周期。即在产率降低时放罐，延长发酵虽然略能提高产物浓度，但产率下降，且消耗每千瓦电力，每吨冷却水所得产量也下跌，成本提高。放罐时间对下游工序有很大的影响。放罐时间过早，会残留过多的养分，如糖、脂肪、可溶性蛋白等，会增加提取工段的负担。这些物质会促进乳化作用或干扰树脂的交换；如放罐太晚，菌丝自溶，不仅会延长过滤时间，还可能使一些不稳定的产物浓度下跌，扰乱提取工段的作业计划。

临近放罐时加糖、补料或消沫剂要慎重。因残留物对提炼有影响。补料可根据糖耗速率计算到放罐时允许的残留量来控制。对抗生素发酵，在放罐前约 16 h 便应停止加糖或消沫油。判断放罐的指标主要有产物浓度、过滤速度、菌丝形态、氨基氮、pH、DO、发酵液的黏度和外观等。一般，菌丝自溶前总有些迹象，如氨基氮、DO 和 pH 开始上升、菌丝碎片增多、黏度增加、过滤速率下降，最后一项对染菌罐尤为重要。老品种抗生素发酵放罐时间一般都按作业计划进行。但在发酵异常情况下，放罐时间就需当机立断，以免倒罐。新品种发酵更需探索合理的放罐时间。绝大多数抗生素发酵掌握在菌丝自溶前，极少数品种在菌丝部分自溶后放罐，以便胞内抗生素释放出来。总之，发酵终点的判断需综合多方面的因素统筹考虑。

7.6 发酵染菌的防治及处理

工业发酵稳产的关键条件之一是在整个生产过程中维持纯种培养，避免杂菌的入侵。行业上把过程污染杂菌的现象简称为染菌。染菌对工业发酵的危害，轻则影响产品的质和量，重则倒罐，颗粒无收，严重影响工厂的效益。染菌的发生不仅有技术问题，也有生产管理方面的问题。在克服染菌问题时必须先树立起这样的信念，染菌不会无缘无故，是人无意识所为，如果防范得当是可以把杂菌拒之门外的。

7.6.1 染菌的途径分析

从技术上分析，染菌的途径不外有以下几方面：种子包括进罐前菌种室阶段出问题；培养基的配制和灭菌不彻底；设备上特别是空气除菌不彻底和过程控制操作上的疏漏。遇到染菌首先要监测杂菌的来源。对顽固的染菌，应对种子、消后培养基和补料液、发酵液及无菌空气取样作无菌试验以及设备试压检漏，只有系统、严格监测和分析才能判断其染菌原因，做到有的放矢。

种子带菌的检查可从菌种室保藏的菌种、斜面、摇瓶直到种子罐。保藏菌种定期作复壮、单孢子分离和纯种培养；斜面、摇瓶和种子罐种子作无菌试验，可以用肉汤和斜面或平板培养基检查有无杂菌。显微镜检观察菌形是否正常，应注意在显微镜检不出杂菌时不等于真的无杂菌，需作无菌试验才能最后肯定。

培养基和设备没消透的原因有多方面，如蒸汽压力或灭菌时间不够，培养基配料未混合均匀，存在结块现象，设备未清洗干净，特别是罐冲洗不到的犄角处，有结痂而未铲除干净。

设备方面特别是老设备也常会遇到各种问题，如夹层或盘管、轴封和管道的渗漏，空气除菌效果差，管道安装不合理，存在死角等是造成染菌的重要原因。有关设备的结构、安装和空气除菌的方法和原理，请参阅本书第五章。

过程控制主要包括接种、过程加糖补料和取样操作等是否严密规范。一级种子罐的接种可分为血清瓶针头或管道方式或火焰敞口式接种，罐与罐之间的移种前管道冲洗或灭菌不当也会出问题。

7.6.2 染菌的判断和防治

杂菌的侵袭如能及时发现，采取适当的措施是可以防止杂菌的发作、减缓其造成的损失。当然，最根本的措施是预防，不让杂菌有机可乘。杂菌的发现，常用镜检或无菌试验方法，这是确认染菌的依据。在染菌的初期，要从显微镜检中发现是很难的，如能从视野中发现杂菌，染菌已很严重；无菌试验通常要十来个小时才能发现，再作处理为时已晚。特别是发酵罐前一级（繁殖罐）的种子有无杂菌尤为重要，如能及时检出，则可避免带菌接种。从一些状态参数，如溶氧变化的规律也可作为染菌预报的根据。如过程污染好气性杂菌，溶氧会一反往常在较短时间内如 2～5 h 下降到接近零，且长时间不回升，便很可能染菌。但不是一染菌溶氧便掉到零，要看杂菌的种类和数量。在罐内与生产菌比，谁占优势。有时会出现染菌后溶氧反而升高的现象。这是因为生产菌受到杂菌的抑制，而杂菌本身又非十分好气。这样生产菌的呼吸大为减弱而使溶氧上升。一般，补料或加油也会引起溶氧迅速下降，在低谷处维持 1～3 h 即回升。这与染菌使溶氧的变化是不同的。

红霉素发酵过程中污染噬菌体或其他不明原因会出现发酵液变稀，溶氧迅速回升。如第 23 批的发酵液在发酵 90 h 后短时间内下降到比接种后的发酵液的黏度还要低。与此同时，溶氧迅速上升，图 7-30 显示红霉素发酵生产溶氧实际监测情况[30]。

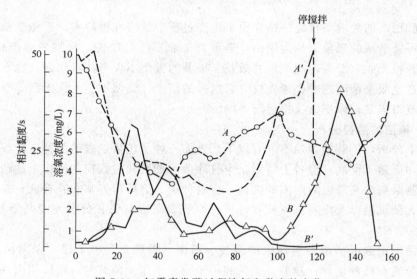

图 7-30　红霉素发酵过程溶氧和黏度的变化

A、B 分别为 22 批生产发酵罐的 DO 和黏度变化；A′、B′分别为 23 批生产发酵罐的 DO 和黏度变化

污染噬菌体常表现在发酵液变稀，溶氧迅速回升。如图 7-31 所示，谷氨酸发酵在正常情况下溶氧在 12～18 h 下降到最低点，约在 10％～20％空气饱和度的水平，维持到放罐前约 5 h 开始上升，到放罐时溶氧处在 50％以上。这是很有规律的变化。菌的生长，其 OD 值在过了短暂适应期后便上升，在 12 h 后菌浓的增加减缓，维持到放罐。染噬菌体后发现溶氧提前在 15 h 上升，但 OD 此时还在上升。这是由于当时的菌已受侵袭，其呼吸强度下降的缘故，直到 2～3 h 后 OD 才开始下降。因此溶氧可以比 OD 提前 2～3 h 预报发酵异常情况。

染菌的后果随污染的杂菌种类，数量和发酵阶段而有所不同。一般，从染菌的种类大致可以判断其来源。染芽孢杆菌有可能是灭菌不透所致；染大肠杆菌则怀疑是否有脏水污染，如蛇管穿孔；染球菌、短杆菌有可能来自空气。对抗生素发酵前期染菌比较麻烦，控制不当，杂菌生长比生产菌快，则容易倒罐。遇到早期染菌，原则上可适当改变生长参数，使有利于生产菌而不利于杂菌的生长，如降低发酵温度等。加入某些抑制杂菌的化合物也不失为一种急办法，条件是这种化合物对生产菌无害，对生产影响不大和在下游精制阶段能被完全去除。中后期染菌除非是噬菌体通常后果不会那么严重，这时发酵液中已产生一定浓度的抗生素，对杂菌已有一定抑制作用。实际生产中常采用大接种量的原因之一是即使不慎污染了极少量杂菌，生产菌也能很快占优势。

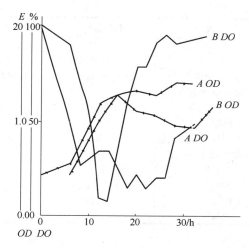

图 7-31 谷氨酸发酵遇到噬菌体后的代谢变化

7.6.3 生产技术管理对染菌防治的重要性

曾经有一位对灭菌很有经验的师傅被邀请到一经常发生染菌事故的发酵工厂协助解决染菌问题。他在较短时间内对设备几乎没有什么改造的情况下便将该厂的染菌率从 70%～80% 降到 10%以下，其成功的经验只有一条，即加强生产技术管理，严格按工艺规程操作，分清岗位责任事故，奖罚分明。有些厂忽视车间的清洁卫生，跑、冒、滴、漏随处可见，这样的厂染菌率不高才怪。由此可见，即使有好的设备，没有科学严密的管理，染菌照样难以收拾。因此，要克服染菌，生产技术和管理应同时并重。

7.7　发酵过程参数监测的研究概况

工业发酵研究和开发的主要目标之一是建立一种能达到高产低成本的可行过程。历史上达到此目标的重要工艺手段有菌种的改良、培养基的改进和补料等生产条件的优化等。近年来，在生物技术参数的测量、生物过程的仪器化、过程建模和控制方面有了巨大的进步。生物过程的控制不仅要从生物学上还要从工程的观点考虑。由于过程的多样性，生物技术工厂的控制是一复杂的问题，Schugerl 对工业发酵过程监控的现状曾作过一篇综述。常用发酵仪器的最方便的分类为：就地使用的探头；其他在线仪器、气体分析；离线分析培养液样品的仪器。典型生物状态变量的测量范围和准确度与培养参数（即控制变量）的精度列于表 7-14[12]。在线测量所需的变量一般均需将采集的电信号放大。这些信号可用于监测发酵的状态、直接做发酵闭环控制和计算间接参数。

表 7-14　典型生物状态变量的测量范围和准确度与培养参数（即控制变量）的精度

变量	测量范围	准确度/精度/%	变量	测量范围	准确度/精度/%
温度	0～150 ℃	0.01	泡沫	开/关	
搅拌转速	0～3000 rpm	0.2	气泡	开/关	
罐压	0～2 bar	0.1	液位	开/关	
重量	0～100 kg	0.1	pH	2～12	0.1
	0～1 kg	0.01	p_{O_2}	0～100%饱和	1
液体流量	0～8 m³/h	1	p_{CO_2}	0～100 mbar	1
	0～2 kg/h	0.5	尾气 O_2	16%～21%	1
稀释速率	0～1 h⁻¹	<0.5	尾气 CO_2	0～5%	1
通气量	0～2 vvm	0.1	荧光	0～5 V	—

变量	测量范围	准确度/精度/%	变量	测量范围	准确度/精度/%
氧还电位	$-0.6\sim0.3$ V	0.2	在线 HPLC		
RQ	$0.5\sim20$ M/M	取决于误差传播	酚	$0\sim100$ mg/L	$2\%\sim5\%$
OD 传感器	$0\sim100$ AU	变化很大	酰酸盐(酯)	$0\sim100$ g/L	$2\sim5$
MSL 挥发物			有机酸	$0\sim1$ g/L	$1\sim4$
甲醇,乙醇	$0\sim10$ g/L	$1\sim5$	红霉素	$0\sim20$ g/L	<8
丙酮	$0\sim10$ g/L	$1\sim5$	其他副产物	$0\sim5$ g/L	$2\sim5$
丁醇	$0\sim10$ g/L	$1\sim5$	在线 GC		
在线 FIA			乙酸	$0\sim5$ g/L	$2\sim7$
葡萄糖	$0\sim100$ g/L	<2	3-羟基丁酮	$0\sim10$ g/L	<2
NH_4^+	$0\sim10$ g/L	1	丁二醇	$0\sim10$ g/L	<8
PO_4^{3-}	$0\sim10$ g/L	$1\sim4$	乙醇	$0\sim5$ g/L	2
葡萄糖	$0\sim10$ g/L	<2	甘油	$0\sim1$ g/L	<9

注：1 bar$=10^5$ Pa。

发酵过程的好坏完全取决于能否维持一生长受控的和对生产良好的环境。达到此目标的最直接和有效的方法是通过直接测量发酵的变量来调节生物过程。故在线测量是高效过程运行的先决条件。选择仪器时不仅要考虑其功能，还要确保该仪器不会增加染菌的机会。置于发酵罐内的探头必须耐高压蒸汽灭菌。常遇到的问题是探头的敏感表面受微生物的黏附。常规在线测量和控制发酵过程的设定参数有罐温、罐压、通气量、搅拌转速等。

7.7.1　设定参数

工业规模发酵对就地测量的传感器的使用十分慎重，不轻易采用一些无保证的未经考验的就地测量探头。现时采用的发酵过程就地测量仪器只是少数很牢靠的化学工厂也在用的传感器，如用热电耦测量罐温、压力表指示罐压、转子流量计读空气流量和测速电机显示搅拌转速等。

7.7.2　状态参数

状态参数是指能反映过程中菌的生理代谢状况的参数，如 pH、溶氧、溶解 CO_2、尾气 O_2、尾气 CO_2、黏度、菌浓等。现有的监测状态参数的传感器除了必须耐高温蒸汽反复灭菌，还冒探头表面被微生物堵塞的危险，从而导致测量的失败。特别是 pH 和溶氧电极有时还会出现失效和显著漂移的问题。为了克服漂移和潜在的探头失效问题，曾发明了探头可伸缩的适合于大规模生产的装置。这样，探头可以随时拉出，重新校正和灭菌，然后再推进去而不影响发酵罐的无菌状况。

在发酵生产中需要一些能在过程出错或超过设定的界限时发出警告或作自动调节。例如，向过程控制器不断提供有关发酵控制系统的信息。当过程变量偏移到允许的范围之外，控制器便开始干预，自动报警。

在各种状态参数中 pH 和溶氧或许是最为重要和广泛使用的。适合于大多数微生物生产的 pH 较窄，有些品种发酵需作 pH 的闭环控制，但大多数工业发酵的培养基含有缓冲剂，可调节不大的 pH 波动。调节 pH 可通过位式延迟开关控制酸碱的流加。对一些因碳源的耗竭，会使 pH 升高的发酵过程，如青霉素，也可通过调节葡萄糖的流加速度来控制 pH 在一适合的范围。这样做，需调节好泵打开和停开的时间，以免葡萄糖添加过量。一般在发酵后期不宜用此法控制 pH。

溶氧是好气发酵的重要参数，它能反映发酵过程氧的供需和生产菌的生理状况。发酵液中的溶氧浓度可通过改变通气量、搅拌速率、罐压、通气成分（纯氧或富氧）和加糖、补料来控制，请参阅 7.3.6.4。实际生产中常设法维持溶氧水平高于一临界值，而不是在一设定值。

或许最有价值的状态参数是尾气分析和空气流量的在线测量。用红外和顺磁氧分析仪可分别测定尾气 CO_2 和 O_2 含量，也可以用一种快速、不连续的、能同时测多种组分的质谱仪测定。尽管得到的数据是不连续的，这种仪器的速度相当快，可用于过程控制。

7.7.3　间接参数

间接参数是指那些通过基本参数计算求得的，如摄氧率（OUR）、CO_2 释放速率（CER）、K_La、呼吸商（RQ）等，见表 7-15 和参阅 7.3.7。

表 7-15　通过基本参数求得的间接参数

监测对象	所需基本参数	换算公式
摄氧率（OUR）[①]	空气流量 $V(\mathrm{mmol/h})$，发酵液体积 $W(\mathrm{L})$，进气和尾气 O_2 含量 $C_{O_2\text{in}}$，$C_{O_2\text{out}}$[⑧]	$OUR = V(C_{O_2\text{in}} - C_{O_2\text{out}})/W = Q_{O_2}X$
呼吸强度（Q_{O_2}）[②]	OUR，菌体浓度，X	$Q_{O_2} = OUR/X$
氧得率系数（$Y_{X/O}$）[③]	① Q_{O_2}，μ	$Q_{O_2} = Q_{O_2m} + \mu/Y_{X/O}$
	② Y_S[④]，基质得率系数；M，基质相对分子质量	$1/Y_{X/O} = 16[(2C+H/2-O)/Y_S M + O/1600 + C/600 - N/933 - H/200]$
CO_2 释放率（CER）	空气流量 $V(\mathrm{mmol/h})$，发酵液体积 W，进气和尾气 CO_2 含量 $C_{CO_2\text{in}}$，$C_{CO_2\text{out}}$[⑨]	$CER = V(C_{CO_2\text{out}} - C_{CO_2\text{in}})/W = Q_{CO_2}X$
比生产速率（μ）[⑤]	Q_{O_2}，$Y_{X/O}$，Q_{Om}[⑥]	$\mu = (Q_{O_2} - Q_{Om})Y_{X/O}$
菌体浓度（X_t）	Q_{O_2}，$Y_{X/O}$，Q_{Om}，X_0 t	$X_t = [e^Y(Q_{O_2} - Q_{Om})t]X$
呼吸商（RQ）	进气和尾气 O_2 和 CO_2 含量	$RQ = CER/OUR$
体积氧传质系数（K_La）	OUR，C_L，C^*[⑦]	$K_La = OUR/(C^* - C_L)$

① OUR：单位体积发酵液单位时间的耗氧量（又称摄氧率），$\mathrm{mmol/(L \cdot h)}$。

② Q_{O_2}：单位重量的干菌体单位时间的耗氧量（又称呼吸强度），$\mathrm{mmol/(g \cdot h)}$。

③ $Y_{X/O}$：耗氧量所得菌体量，$Y_{X/O} = \Delta X/\Delta C$。

④ Y_S：消耗的基质量所得的菌体量，$Y_S = \Delta X/\Delta S$。

⑤ μ：每克菌体单位时间增长的菌体量，$\mu = \mathrm{d}x/x\mathrm{d}t$。

⑥ Q_{Om}：$\mu = 0$ 时的呼吸强度。

⑦ C_L，C^*：分别为液体中的溶氧浓度和在空气中的 O_2 饱和浓度。

⑧ $C_{O_2\text{in}}$，$C_{O_2\text{out}}$：分别为进出口氧含量。

⑨ $C_{CO_2\text{in}}$，$C_{CO_2\text{out}}$：分别为进出口 CO_2 含量。

通过对发酵罐作物料平衡可计算 OUR 和 CER，以及 RQ 值，后者反映微生物的代谢状况。它尤其能提供从生长向生产过渡或主要基质间的代谢过渡指标。用此法也能在线求得体积氧传质系数 K_La，它能提供培养物的黏度状况。故间接测量是许多测量技术，推论控制和其他控制生物反应器方法的基础。

尾气分析能在线，即时反映生产菌的生长情况。不同品种的发酵和操作条件，OUR、CER 和 RQ 的变化不一样。以面包酵母补料-分批发酵为例，有两种主要原因导致乙醇的形成。如培养基中基质浓度过高或氧的不足，便会形成乙醇，前一种情况，称为负巴斯德效应。当乙醇产生时 CER 升高，OUR 维持不变。因此，RQ 的增加是乙醇产生的标志。应用尾气分析控制面包酵母分批发酵受到良好的效果[13,14]。将 RQ 与溶氧控制结合，采用适应性多变量控制策略可以有效地提高酵母发酵的产率和转化率。

综合各种状态变量可以提供反映过程状态、反应速率或设备性能的宝贵的信息。例如，用于维持一环境变量恒定的过程控制动作（加酸/碱，生物反应器的加热/冷却，消泡剂的添加等）常与生长和产物合成关联。尽管这些动作也受过程干扰，代谢迁移和其他控制动作的影响。如 pH 受反馈控制，用于调节 pH 的控制动作反映过程的代谢速率。将这些速率随时间积分可用于估算反应的进程。从冷却水的流量和测得的温度可以准确计算几百升罐的总的热负荷和热传质系数。后者是一种关键的设计变量，它的监测能反映高黏度或积垢问题。

7.7.4　离线发酵分析

除了 pH、溶氧外还没有一种可就地监测培养基成分和代谢产物的传感器。这是由于开发可灭菌的探头或建立一种能无菌取样系统有一定困难。故发酵液中的基质（糖、脂质、盐、氨基酸），前体和代谢产物（抗生素、酶、有机酸和氨基酸）以及菌量的监测目前还是依赖人工取样和离线分析。所采用的分析方法从简单的湿化学法、分光光度分析、原子吸收、HPLC、GC、GCMS 到核磁共振（NMR），无所不包。离线分析的特点是所得的过程信息是不连贯的和迟缓的。离线测定生物量的方法见表 7-16。除流动细胞光度术外没有一种方法能反映微生物的状态。为此，曾采用几种系统特异的方法，如用于测定丝状菌的形态的成像分析；胞内酶活的测量等。

表 7-16　离线测定生物量的方法

方　法	原　理	评　价
压缩细胞体积	离心沉淀物的高度	粗糙和快速
干重	悬浮颗粒干后的质量	如培养基含固体，却难以解释
光密度	浊度	要保持线性需稀释，缺点同上
显微观察	血球计数器上作细胞计数	费力，通过成像分析可最大化
荧光或其他化学法	分析与生物量有关的化合物，如 ATP、DNA、蛋白等	只能间接测量，校正困难
平板活计数	经适当稀释，数平板上的菌落	测量存活的菌，需长时间培养

7.7.5　在线发酵仪器的研究进展

随着计算机价格的下降和功能的不断增强，发酵监测和控制得到更大的改进。这为装备实验室和工厂规模的联（计算）机发酵监控提供机会。为了解决一些养分和代谢物的测定需依赖离线分析仪的问题，曾开发一些新的就地检测的传感器。一些在线生物传感器和基于酶的传感器所具备的高度专一性和敏感性有可能满足在线测量这些基质的要求[15,16]。现还存在灭菌、稳定性和可靠性问题，为此，有人发展了一些连续流动管式取样方法[17]和临床实验室技术。此外，还研究了其他一些基于声音、压电薄膜、生物电化学、激光散射[18]、电导纳波谱[19]、荧光[20]、热量计[21]和黏度[22]测量菌量的方法。

一般，用传感器测得的信号并不与发酵过程变量呈简单的线性关联。但也能使测量值与用于控制的状态变量进行关联，如 ATP 或 NAD(P)H 与菌量的关联。在适当的校验条件下，菌量测量的新技术，导纳波谱（admittance spectroscopy），IR 光导纤维光散射检测，测定 NAD(P)H 的在线荧光探头，均显示相当好的直接关联，但受生物与物化等多样性的影响。同样，离子选择电极可用于测定许多重要的培养基成分，但所测的值是活度，需要进行一系列的干扰离子、离子效应和螯合的校正。这些装置有许多已商品化，但还存在一些灭菌、探头响应的解释问题。这些或许说明它们为什么还未得到推广的原因，目前主要在试验室和中试规模下应用。

有一种自动在线葡萄糖分析仪与适应性控制策略结合可用于高细胞密度培养时控制葡萄糖的浓度在设定点处[23]。还有一种基于葡萄糖氧化酶固定化的可消毒的葡萄糖传感器曾用于大肠杆菌补料-分批发酵中[24]。采用流动注射分析（FIA）法同一些智能数据处理方法，如基于知识的系统，人工神经网络、模糊软件传感器[25] 与卡尔曼滤波器结合[26]，做在线控制用，可快速可靠地监测样品，所需时间少于 2 min。在线 HPLC 系统被用于监测重组大肠杆菌的计算机控制的补料-分批发酵中的乙酸浓度[27]。

光学测量方法在工业应用上更具吸引力，因它是非侵入性的，且可靠。曾开发了一种二维荧光分光术，用于试验和工业规模生产，以改进生物过程的监测性能[28]。此法是基于荧光团（fluorphore），可用于监测蛋白质。曾用近红外分光术于重组大肠杆菌培养中的碳氮养分及菌量与副产物的在线测量[29]。采用就地显微镜监测可以获得有关细胞大小、体积、生物量的信息[30]。

此外，还研究了一些其他测量菌量的方法。这些方法是基于声波、压电薄膜、生物电化学、激光散射、电导纳波谱、荧光、热量计和黏度。一般，用传感器测得的信号并不与发酵过程变量呈简单的线性关联。但也能使测量值与用于控制的状态变量，如 ATP 或 NAD（P）与菌量的关联。但状态变量测量分析表明，测得的变量是多因素复合作用的结果。在适当的试验条件下，这些因素大多数不怎么变动，或可以相互抵消，并能关联。

Katakura 等（1998）构建了一种简单的由一半导体气体传感器和一继电器组成的甲醇控制系统[31]，如图 7-32 所示。这种装置的传感器的输出伏特随甲醇浓度指数升高（1～10 g/L）而指数地下降（0.3～1 V），具有良好的线性关系。其他可燃气体，包括乙醇、氧对甲醇在线监测的干扰可忽略。温度的影响很大是因为直接影响甲醇在气液相中的平衡。故需将温度控制在（30±0.1）℃，以使温度漂移的影响减到最小。搅拌速度在 300～1000 rpm 并不影响甲醇浓度的在线测量，但空气流量的影响不可忽视，被固定在 3 L/min。

Sato 等（2000）在清酒糖化期间采用一种 ATP 分析仪（ATPA-1000）在线测量酿酒酵母的胞内 ATP[32]。用一种含有 0.08％苄索氯铵（benzethonium chloride）的试剂萃取胞内 ATP。萃液中的 ATP 浓度用 FIA 法测定，用一光度计测量由细菌的荧光素-荧光素酶反应产生的生物荧光强度。在分析仪中这些反应自动进行。测量一个样品所需时间为 4 min。这些操作与测量都是在一定间隔时间自动进行的。

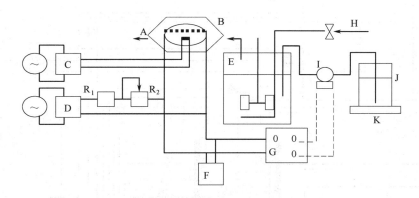

图 7-32　甲醇浓度控制系统的流程图[33]

A—传感器盒；B—半导体传感器；C 和 D 分别为稳压直流电源 5 V 和 10 V；E—5-L 台式发酵罐；F—记录仪；
G—检测继电器；H—流量控制阀；I—蠕动泵；J—甲醇储瓶；K—数字式重量传感器；R_1—10 kΩ 电阻；R_2—10 kΩ 电位器

Tanaka 等（2000）利用尾气分析对纤维素酶产生菌工业发酵过程进行在线参数估算[33]。他们利用一种基于 CER、OUR 与化学计量关系方法对过程的基质消耗、细胞生长速率、与酶生产速率进行在线测定。虽然控制技术在实验室规模的效果不错，但在工业规模的应用却远不如人意。在大的生物反应器中由于搅拌不够充分，导致基质周期性变化，从而显著降低菌的得率。现时许多环境条件的测量，如前体、基质浓度，还不能进行在线直接反馈控制。因此，常用的发酵环境调节方法是基于把离线和在线测量联合应用于单回路反馈控制。反馈回路中离线测量的应用对控制的质量有重要的作用。

用反馈控制能很好地维持发酵条件，但不一定能使发酵在最佳的条件下运行。为了改进发酵系统的性能需考虑一些能反映菌的生理代谢而不只是其所处环境条件。通过改变基质添加速率可直接控制 OUR，从而控制微生物的生长。利用 DO 变化作为 OUR 的指示，以此控制补料-分批青霉素发酵的补料。热的生成（由能量平衡求得）可用于反映若干代谢活性。在新生霉素发酵中利用热的释放，通过补料速率来调节其比生长速率。也有用质量平衡来进行在线估算。此技术曾用于补料-分批、连续酵母发酵和次级代谢物发酵。平衡技术更适合于用合成或半合成培养基的发酵，即使这样，也会有部分碳不知去向。

7.7.6 计算机在发酵过程监控方面的应用

计算机在发酵中的应用有三项主要任务：过程数据的储存，过程数据的分析和生物过程的控制。数据的存储包含以下内容：顺序地扫描传感器的信号，将其数据条件化，过滤和以一种有序并易找到的方式储存。数据分析的任务是从测得的数据用规则系统提取所需信息，求得间接（衍生）参数，用于反映发酵的状态和性质。过程管理控制器可将这些信息显示，打印和做曲线，并用于过程控制。控制器有 3 个任务：按事态发展或超出控制回路设定点的控制；过程灭菌，投料，放罐阀门的有序控制；常规的反应器环境变量的闭环控制。此外，还可设置报警分析和显示。一些巧妙的计算机监控系统主要用于中试规模的仪器装备良好的发酵罐。对生产规模的生物反应器，计算机主要应用于监测和顺序控制。有些新厂确实让计算机控制系统充分发挥其潜在的作用。

最先进形式的优化控制可使生产效率达到最大。这即使在中试规模也还未成熟。近年

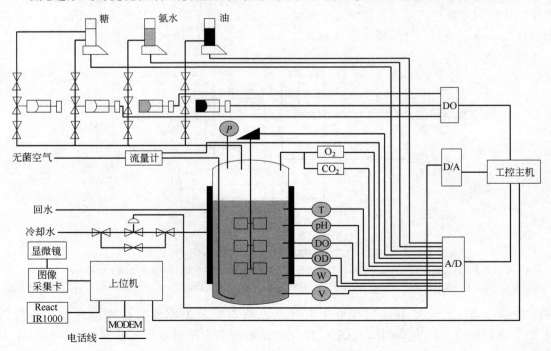

图 7-33 计算机多参数监控示意图

来，曾将知识库系统用于改进（提供给操作人员的）信息质量和提高过程自动监督水平。张嗣良等[34] 以细胞代谢流分析与控制为核心的生物反应工程学观点，通过试验研究，提出了基于参数相关的发酵过程多水平问题研究的优化技术与多参数调整的放大技术。他们设计了一种新概念生物反应器，以物料流检测为手段，通过过程优化与放大，达到大幅度提高青霉素、红霉素、金霉素、肌苷、鸟苷、重组人血清白蛋白的发酵水平。他们采用的计算机参数监控系统（示于图 7-33）及相关参数研究的优化技术，由计算机人机界面取得如图 7-34 所示的 r-HAS 发酵过程多参数趋势曲线。

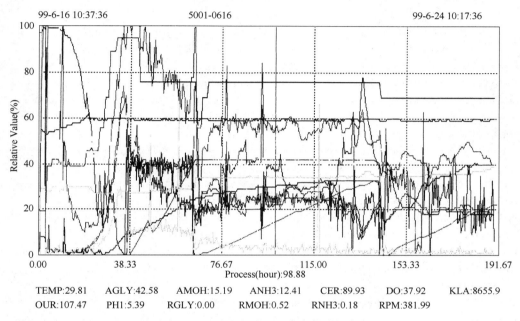

图 7-34　r-HAS 发酵过程多参数趋势曲线

参 考 文 献

1　Bu'Lock J D．Biogenesis of Antibiotic substances．（Vanek Z，Hostalek Z．eds．）New York：Academic Press，1965．61～71

2　Pirt，S．J．Principles of Microbe and Cell Cultivation．Oxford：Blackwell，1975

3　Bazin，M．J．Theory of continuous culture．In Continuous Culture of Cells．vol．1．（Calcott，P．H．ed．）．Boca Raron：CRC Press，1981．27～62

4　Shioya S．*Adv．Biochem Eng/Biotechnol*．1992，**46**：111

5　Bull A T．Microbial growth．In Companion to Biochemistry（Bull A T et al eds）London：Longman，1974．415～442

6　李友荣，张艳玲，纪西冰．葡萄糖氧化酶的生物合成 1．产生菌的筛选及产酶条件的研究．工业微生物．1993，23（3）：1～6

7　Shu C H，Yang S T．*Biotechnol．Bioeng*．1990，**35**（5）：454～468

8　Deckwer，W．D．，Yuan，J．−Q．，Bellgardt，K．−H．，Jiang，W．−S．A dynamic cell cycling model for growth of baker's yeast and its application in profit optimization．*Bioprocess Eng*．1991，**6**：265～272

9　Posten，C．，Munack，A．Improved modelling of plant cell suspension culture by optimum experiment design．Tallin：*Proc．*11th*IFAC World Congress*，1990．268～273

10　Funahashi，H．，Yoshida，T．and Taguchi，H．J．Fermt．Technol．1987，65（5）：603～606

11　Takamatsu，T．，Shioya，S．，Okada，Y．，Kanda，M．Biotechnol．Bioeng．1985，27：1672

12　Sonnleitner，B．*Ant v Leeuwenhoek*．1991，**60**：133

13　Aiba，S．，Nagai，S．，Nishizavo，Y．Fed-batch culture of *Saccharomyces cerevisiae*：a perspective of computer control to enhance the productivity of baker's yeast cultivation. *Biotechnol. Bioeng.* 1976, 18: 1001~1016

14 Wang, H. Y., Cooney, C. L., Wang, D. I. C. Computer aided baker's yeast fermentation, *Biotechnol. Bioeng.* 1977, **19**: 69-86

15 Karube, I. Possible fevelopments in microbial and other sensors for fermentation control. *Biotechnol. Genet. Eng. Rev.* 1984, **2**: 313~339

16 Brooks, S. L., Turner, A. P. F. Biosensors for measurement and control. *Trans. Inst. Meas. Control.* 1987, **20**: 37~43

17 Omstead, D. R., Greasham, R. L. Integrated fermentor sampling and analysis. *Proc. 4th Int. Cong. On Computer Applications in Fermentation Technology-Modelling and Control of Biotechnological Processes.* (Fish, N., Fox, R. I., Eds.). SCI/IfAC. September. Cambridge. England. 1988

18 Carr, R. J. G., Brown, R. G. W., Rarity, J. G., Clarke, D. J. Laser light scattering and related techinques, in: *Biosensors: Fundamentals and Applications.* (Turner, A. P. F., Karube, I., Wilson, G. S., Eds.) Oxford: Oxford University Press, 1987. 679~701

19 Kell, D. B. The principle and potential of electrical admittance spectroscopy. in: *Biosensors: Fundamentals and Applications.* (Turner, A. P. F., Karube, I., Wilson, G. S., Eds.) Oxford: Oxford University Press, 1987

20 Srinivas, S. P., Mutharasan, R. Inner filter effects and their interferences in the interpretation of culture fluorescence. *Biotechnol. Bioeng.* 1987, **30**: 769~774

21 Randolph, T. W., Marison, I. W., Martens, D. E. von Stockar, U. Calorimetric control of fed-batch fermentations. *Biotechnol. Bioeng.* 1990, **36**: 678~684

22 Picque, D., Corrieu, G. New instrument for on-line viscosity measurement of fermentation media. *Biotechnol. Bioeng.* 1986, **31**: 19~23

23 Park Y S, Kai K, Iijima S, et al. Biotechnol Bioeng. 1992, 40: 686

24 Phelps M R, Hobbs J B, Kiburn D G, et al. Biotechnol Bioeng. 1995, 46: 514

25 Pfaff M, Wagner E, Wenderroth R, et al. In: Munack A, Schugerl K. ed. Proceeding of the 6th Intenational Conference on Comparative Applied Biotechnology. Garmisch-Partenkirchen, Oxford: Elsevier Science, 1995. 6

26 Wu X, Bellgardt K-H. J Biotechnol. 1998, 62: 1

27 Turner C, Gregory M E, Thornhill N F. Biotechnol Bioeng. 1994, 44: 819

28 Hitzmann B, Marose S, Lindemann C, et al. In: Yoshida T, Shioya S. ed. Proceeding of the 7th Intenational Conference on Computer Application in Biotechnology. Osaka. Oxford: Elsevier Science, 1998. 231

29 Macaloney G, Draper I, Preston J, et al. Trans Inst Chem Eng. 1996, 74: 212

30 Bittner C, Wehnert G, Scheper T. Biotechnol Bioeng. 1998, 60: 24

31 KatakuraY, Zhang W, Zhuang G, et al. J. Bioscience & Bioeng. 1998, 86 (5): 482

32 Sato K, Yoshida Y, Hirahara Y, Ohba T. J Bioscience Bioeng. 2000, 90 (3): 294

33 Tanaka T, Yamada N. J Bioscience Bioeng. 2000, 89 (3): 278

34 张嗣良. ACHEMASIA 卫星会议论文摘要集, 2001. 34~43

8 生物反应动力学及过程分析

生物反应过程的效率决定于几个方面：生物催化剂的性能，反应过程的工艺控制和操作条件，以及反应器的性能。对生物反应的动力学特性的研究和分析，有助于制订合理的工艺控制策略，提高反应的效率，是生物过程研究的重要内容。

生物反应基本上分为两种情况，一种以酶、固定化酶、细胞、固定化细胞等为催化剂，催化的反应比较简单；另一种以增殖细胞为催化剂，通过一系列复杂的代谢反应，将培养基成分转变为新的细胞及其代谢产物。在反应工程中将后者归于自催化反应，通过发酵或动、植物细胞培养生产各种代谢产物的过程均属于这一类型。

生物反应动力学研究生物反应过程中细胞生长、底物（营养物）消耗和产物生产速率之间的关系和特点，这些研究是以过程的物料平衡为基础的。下面具体讨论不同的操作方式下生物反应动力学和反应过程的特点。

8.1 酶反应

8.1.1 单底物酶触反应

在单底物酶触反应中，底物首先与酶结合，生成底物和酶的复合物，然后复合物分解，形成产物并释放出酶，这个过程可用下式表示

$$\underset{e}{E}+\underset{s}{S}\underset{k_{-1}}{\overset{k_{+1}}{\rightleftharpoons}}\underset{c}{ES}\overset{k_2}{\longrightarrow}\underset{p}{P}+\underset{e}{E} \tag{8-1}$$

式中 E、S、ES 和 P 分别代表酶、底物、酶与底物的复合物以及产物，它们的浓度分别为 e、s、c 和 p。酶与底物形成复合物的反应是可逆反应，正反应和逆反应的速度常数分别是 k_{+1} 和 k_{-1}；复合物分解为产物与酶的反应是不可逆反应，速度常数为 k_2。假定底物浓度比酶浓度高得多，由复合物分解产生的酶即与底物再结合，从而使复合物浓度保持不变[1]。这种假设称为拟稳态法。根据式（8-1），对于分批反应过程可写出以下物料平衡方程

$$\frac{\mathrm{d}c}{\mathrm{d}t}=k_{+1}es-k_{-1}c-k_2c=0 \tag{8-2}$$

产物的生成速率为

$$v=\frac{\mathrm{d}p}{\mathrm{d}t}=k_2c \tag{8-3}$$

假如酶的总浓度即开始反应时的浓度为 e_0，则

$$e_0=e+c \tag{8-4}$$

由式（8-2），式（8-3）和式（8-4）可求出复合物浓度 c，因而

$$v=\frac{k_2e_0s}{s+(k_{-1}+k_2)/k_{+1}}=\frac{V_ms}{s+K_m} \tag{8-5}$$

此即米氏（Michaelis-Menten）方程，其中 $V_m=k_2e_0$，为最大反应速度；$K_m=(k_{-1}+k_2)/k_{-1}$，

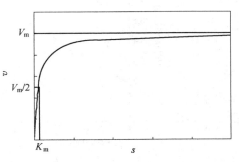

图 8-1 单底物酶反应速度与底物浓度的关系

为米氏常数。当酶的浓度一定时，不同底物浓度下反应速度的变化见图 8-1。当底物浓度比 K_m 小得多时，可看做一级反应，反应速度与底物浓度成正比；当底物浓度比 K_m 大得多时，可看做零级反应，反应速度趋于定值。K_m 相当于反应速度恰为最大反应速度一半时的底物浓度，K_m 越小，表明酶与底物的亲和力越大，而 K_m 越大，则表明这种亲和力越小。

对于分批进行的单底物酶反应，如果温度和 pH 不变，可以算出底物浓度随反应时间的变化。底物浓度的变化速率为

$$\frac{\mathrm{d}s}{\mathrm{d}t} = -\frac{V_m s}{s + K_m} \tag{8-6}$$

假定开始反应时的底物浓度为 s_0，则将上式积分可得

$$s_0 - s - K_m \ln \frac{s}{s_0} = V_m t \tag{8-7}$$

在推导米氏方程式（8-5）时，假定底物浓度比酶浓度高得多。如果底物浓度与酶浓度相近，米氏方程会有很大误差，见图 8-2。

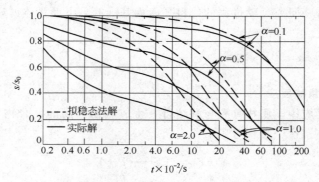

图 8-2 在不同 e_0/s_0（即 α）下，拟稳态法的
解与实际情况的差别

单底物酶反应的反应速度与底物浓度呈双曲线关系（图 8-1），不易直接从 $v\text{-}s$ 曲线求出常数 V_m 和 K_m，通常利用双倒数法估计这两个参数。对式（8-5）取倒数，有

$$\frac{1}{v} = \frac{1}{V_m} + \frac{K_m}{V_m} \frac{1}{s} \tag{8-8}$$

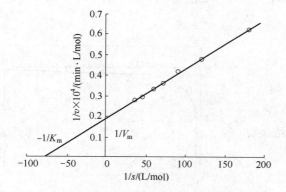

图 8-3 用双倒数法求取葡萄糖淀粉
酶的最大反应速度和米氏常数

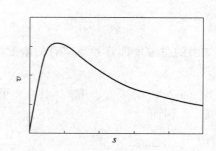

图 8-4 发生底物抑制时反应速
度与底物浓度的关系

将 $1/v$ 对 $1/s$ 进行标绘，可以得到一条直线，它在 $1/v$ 轴上的截距就是 $1/V_m$，在 $1/s$ 轴上的截距是 $-1/K_m$（图 8-3）。

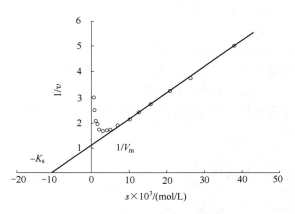

图 8-5　羊肝羧酸酯酶催化丁酸乙酯水解时 $1/v$ 与底物浓度的关系

8.1.2　底物抑制

如果底物浓度增加到一定程度，继续增加底物浓度反而会引起反应速度的下降（图 8-4），这种现象称为底物抑制。对于发生底物抑制的酶反应，可用以下模型解释，即按式（8-1）进行反应的同时，酶与底物的复合物又和底物生成不能分解的复合物 ES_2，其浓度为 d

$$\underset{c\quad s}{ES+S} \underset{k_{-3}}{\overset{k_{+3}}{\rightleftharpoons}} \underset{d}{ES_2} \qquad (8-9)$$

反应的离解常数为 $K_s(=k_{-3}/k_{+3})$。设 K 为复合物 ES 的离解常数（即 k_{-1}/k_{+1}），根据式（8-1）和式（8-9），即可通过物料平衡求出 ES 的浓度 c，进而得到反应速度方程

$$v=\frac{V_m s}{s+K+s^2/K_s} \qquad (8-10)$$

K_s 较大时，复合物 ES_2 不太稳定，因而底物抑制作用较弱，K_s 较小时，则底物的抑制作用较强，若将 $1/v$ 对 s 作图，在高底物浓度范围可得到直线，它与 $1/v$ 轴交于 $1/V_m$，与 s 轴交于 $-K_s$，斜率为 $1/(V_m K_s)$（图 8-5）。如果反应速度达到最大时底物浓度为 s_{max}，由于 $dv/ds=0$，因此

$$s_{max}=\sqrt{K_s K} \qquad (8-11)$$

8.1.3　抑制剂的影响

在一些酶反应中，由于某些物质的存在，会使反应速度下降，这些物质称为抑制剂。按抑制剂作用方式的不同，酶反应可分成几种类型。

8.1.3.1　竞争性抑制

与底物结构类似的物质，能与酶的活性部位结合，从而阻碍酶与底物的结合，造成酶反应速度的下降，这种抑制作用称为竞争性抑制。若以 I 代表抑制剂，它与酶生成复合物 EI

$$\underset{e\quad i}{E+I} \underset{k_{-4}}{\overset{k_4}{\rightleftharpoons}} \underset{d}{EI} \qquad (8-12)$$

e、i、d 分别表示酶、抑制剂和复合物浓度；$e_0=e+c+d$；k_4 和 k_{-4} 分别表示正反应和逆反应的速度常数。对于反应式（8-1）和式（8-12），通过对复合物 ES 的拟稳态分析，可以推导出酶反应的速度

$$\begin{aligned} v &=\frac{k_2 e_0 s}{K_m(1+i/K_i)+s} \\ &=\frac{V_m s}{K_m(1+i/K_i)+s} \end{aligned} \qquad (8-13)$$

其中 $K_i=k_{-4}/k_4$，为 EI 的离解常数。K_i 越小，表明抑制剂与酶的亲和力越大，它对酶反应的抑制作用就越强。如果抑制剂浓度一定，式（8-13）分母的 $K_m(1+i/K)$ 不变，可记作 K_{ma}（表观米氏常数），则式（8-13）具有米氏方程的形式。

8.1.3.2 非竞争性抑制

若抑制剂在酶的活性部位以外的部位与酶结合，不对底物与酶的结合产生竞争。对于竞争性抑制的酶反应，随着底物浓度的增大，抑制剂的影响可以减弱，而发生非竞争性抑制的反应，增大底物浓度不能解除抑制剂的影响。

非竞争性抑制的酶反应，除了式（8-1）和式（8-12）表示的反应外，抑制剂还和酶与底物的复合物 ES 结合，形成底物-酶-抑制剂复合物 SEI

$$\underset{c}{ES}+\underset{i}{I}\underset{k_{-4}}{\overset{k_4}{\rightleftharpoons}}\underset{f}{SEI} \tag{8-14}$$

这时总的酶浓度

$$e_0=e+c+d+f$$

因而产物的生成速度

$$
\begin{aligned}
v &= \frac{k_2 e_0 s}{(K_m+s)(1+i/K_i)} \\
&= \frac{V_m s}{(K_m+s)(1+i/K_i)}
\end{aligned}
\tag{8-15}
$$

8.1.3.3 反竞争性抑制

在反竞争性抑制的反应中，抑制剂仅与复合物 ES 作用，生成底物-酶-抑制剂复合物，反应可用式（8-1）和式（8-14）表示。总的酶浓度

$$e_0=e+c+f$$

因此产物的生成速度

$$
\begin{aligned}
v &= \frac{k_2 e_0 s}{K_m+(1+i/K_i)\,s} \\
&= \frac{V_m s}{K_m+(1+i/K_i)\,s}
\end{aligned}
\tag{8-16}
$$

与非竞争性抑制相似，即使底物浓度很高，反应速度也达不到最大反应速度 V_m。

对于以上三种酶反应，如果抑制剂浓度保持恒定，运用双倒数法作图（$1/v$-$1/s$），都可得到直线关系，从而求出表观最大反应速度 V_{ma} 和表观米氏常数 K_{ma}（图 8-6）。发生竞争性抑制时，直线与 $1/v$ 轴的交点与不存在抑制剂时相同，但与 $1/s$ 轴的交点在 $-K_{ma}$。发生非竞争性抑制时，直线与 $1/s$ 轴的交点与不存在抑制剂时相同，但与 $1/v$ 轴的交点上移到 $1/V_{ma}$。当发生反竞争性抑制时，直线上移，与不存在抑制剂时的直线平行，与 $1/v$ 轴和 $1/s$ 轴的交点分别为 $1/V_{ma}$ 和 $-1/K_{ma}$。表 8-1 列出了这三种抑制方式的表观最大反应速度、表观米氏常数与最大反应速度、米氏常数的关系。

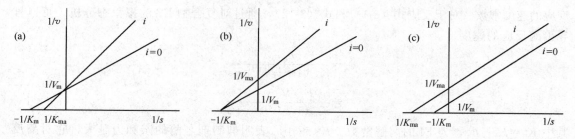

图 8-6　存在抑制剂时酶反应速度和底物浓度的双倒数标绘

（a）竞争性抑制；（b）非竞争性抑制；（c）反竞争性抑制

表 8-1　存在抑制剂时酶反应的表观动力学参数

抑 制 形 式	V_{ma}	K_{ma}
竞争性抑制	V_m	$K_m(1+i/K_i)$
非竞争性抑制	$V_m(1+i/K_i)$	K_m
反竞争性抑制	$V_m(1+i/K_i)$	$K_m(1+i/K_i)$

8.1.3.4　可逆反应

有些酶反应的逆反应相当明显，反应进行到一定程度后即达到平衡状态，如葡萄糖异构酶催化葡萄糖转变为果糖的反应。这种反应可用下式表示

$$S+E\underset{k_{-1}}{\overset{k_1}{\rightleftharpoons}}ES\underset{k_{-2}}{\overset{k_2}{\rightleftharpoons}}P+E \tag{8-17}$$
$$\quad s\quad e\qquad\quad c\qquad\quad p\quad e$$

总的酶浓度

$$e_0=e+c$$

利用拟稳态法，可求出产物生成速度

$$v=\frac{V_m s-V_p K_{mp}/K_p}{K_m+s+K_{mp}/K_p} \tag{8-18}$$

其中 $V_p=k_{-1}e_0$，$K_p=(k_{-1}+k_2)/k_{-2}$。

8.1.3.5　双底物反应

许多酶反应是由两种底物参加的，不过有不少双底物反应，其中的一种底物是水，它的浓度通常可以认为不变，而且比另一种底物的浓度高出 100 倍以上，可以作为单底物反应处理。对于由两种底物参加的酶反应，可设想有如下反应过程

$$E+S_1\rightleftharpoons ES_1\qquad K_1=es_1/c_1$$
$$e\quad s_1\qquad c_1$$

$$E+S_2\rightleftharpoons ES_2\qquad K_2=es_2/c_2$$
$$e\quad s_2\qquad c_2$$

$$ES_1+S_2\rightleftharpoons ES_1S_2\qquad K_{12}=c_1s_2/c_{12} \tag{8-19}$$
$$c_1\quad s_2\qquad c_{12}$$

$$ES_2+S_1\rightleftharpoons ES_1S_2\qquad K_{21}=c_2s_1/c_{12}$$
$$c_2\quad s_1\qquad c_{12}$$

$$ES_1S_2\overset{k}{\longrightarrow}P+E$$
$$c_{12}\qquad\quad p\quad c$$

酶的总浓度

$$e_0=e+c_1+c_2+c_{12}$$

假定底物 s_1 和 s_2 的浓度比酶浓度高得多，根据以上反应，可知酶与两种底物形成的复合物（ES_1S_2）的浓度

$$c_{12}=\frac{e_0s_1s_2}{K_1K_{12}+K_{21}s_2+K_{12}s_1+s_1s_2}$$
$$=\frac{e_0s_1s_2}{K_2K_{21}+K_{21}s_2+K_{12}s_1+s_1s_2} \tag{8-20}$$

并且

$$K_1K_{12}=K_2K_{21} \tag{8-21}$$

因此产物的生成速度为

$$v = \frac{ke_0 s_1 s_2}{K_1 K_{12} + K_{21} s_2 + K_{12} s_1 + s_1 s_2} \tag{8-22}$$

此式可写为

$$v = \frac{V_m^* s_1}{K_1^* + s_1} \tag{8-23}$$

其中

$$V_m^* = \frac{Ke_0 s_2}{K_{12} + s_2} \tag{8-24}$$

$$K_1^* = \frac{K_{21} s_2 + K_1 K_{12}}{K_{12} + s_2} \tag{8-25}$$

当 s_2 的浓度一定时，V_m^* 和 K_1^* 的值就不变，双底物酶反应就有米氏方程的形式。如果 $K_1 = K_{21}$，$K_2 = K_{12}$，式 (8-22) 就可表示为

$$\begin{aligned} v &= \frac{ke_0 s_1 s_2}{(K_1 + s_1)(K_2 + s_2)} \\ &= \frac{V_m s_1 s_2}{(K_1 + s_1)(K_2 + s_2)} \end{aligned} \tag{8-26}$$

8.1.3.6 酶的稳定性

酶是一种不太稳定的物质，常因温度、pH、离子强度等影响产生不可逆的活性下降。一般来说胞外酶比较稳定，而胞内酶在外部环境中较易失活。酶在保存和使用过程中都可能失活，而在使用过程中失活的规律对于过程设计和控制都是十分重要的。

酶失活的机制很复杂，一般可按一级反应处理，即在一定条件下，酶的失活速度与酶的浓度成正比。设具有活性的酶浓度为 e，它的失活速度为

$$\frac{\mathrm{d}e}{\mathrm{d}t} = -k_d e \tag{8-27}$$

式中 k_d 为酶的失活常数。k_d 越大，表明酶越不稳定。如果酶的初始浓度为 e_0，将式 (8-27) 积分，可得

$$e = e_0 \exp(-k_d t) \tag{8-28}$$

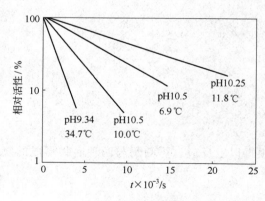

图 8-7 ATP 酶在不同 pH 和温度下的失活曲线

在单对数坐标中将酶活对时间进行标绘，可得一条直线，它的斜率为 $-k_d$。图 8-7 为 ATP 酶在不同 pH 和温度下的失活曲线。如果酶失活较快，在进行酶反应时就要考虑到酶失活的影响，例如对于分批进行的单底物酶反应

$$v = -\frac{\mathrm{d}s}{\mathrm{d}t} = \frac{k_2 e_0 s \exp(-k_d t)}{K_m + s} \tag{8-29}$$

假定反应开始时底物浓度为 s_0，经过时间 t 的反应后，剩余底物浓度与反应时间有以下关系 [对比式 (8-7)]

$$s_0 - s - K_m \ln \frac{s}{s_0} = \frac{k_2 e_0}{k_d} [1 - \exp(-k_d t)] \tag{8-30}$$

8.2 培养过程的物料平衡

上面介绍的酶反应过程，底物与产物的转变具有明确的定量关系，而细胞培养过程虽然发生的生物反应非常复杂，但也存在物质和能量的平衡。进行宏观动力学研究时，可以对细胞的生长、营养物质的消耗和产物的生产进行定量的分析。这种分析在生物反应器和生产过程的设计、生产过程的技术经济考核等方面也都是十分重要的。

8.2.1 得率系数和比速率

8.2.1.1 得率系数

在培养过程中发生的物质的转化可用得率系数进行定量的描述。例如，生成的细胞量与消耗的碳源量之比称为细胞关于碳源的得率系数，即

$$Y_{X/S} = -\frac{\Delta X}{\Delta S} \qquad (8-31)$$

式中 ΔX 为菌体浓度的增加；ΔS 为碳源浓度的减少。$Y_{X/S}$ 的倒数反映了生成单位质量细胞所需的碳源量。表 8-2 列出了一些微生物的得率系数。类似地还有关于氧的细胞得率系数

$$Y_{X/O} = -\frac{\Delta X}{\Delta O_2} \qquad (8-32)$$

表 8-2　一些微生物的得率系数[2]

微　生　物	碳　源	$Y_{X/S}$			$Y_{X/O}$
		g/g	g/mol	g/gC	/(g/g)
Aerobacter aerogenes	麦芽糖	0.46	149.2	1.03	1.50
	甘露糖醇	0.52	95.5	1.32	1.18
	果糖	0.42	76.1	1.05	1.46
	葡萄糖	0.40	72.7	1.01	1.11
Candida utilis	葡萄糖	0.51	91.8	1.28	1.32
Penicillium chrysogenum	葡萄糖	0.43	77.4	1.08	1.35
Pseudomonas fluorescens	葡萄糖	0.38	68.4	0.95	0.85
Rhodopseudomonas spheroides	葡萄糖	0.45	81.0	1.12	1.46
Sacharomyces cerevisiae	葡萄糖	0.50	90.0	1.25	0.97
Aerobacter aerogenes	核糖	0.35	53.2	0.88	0.98
	琥珀酸	0.25	29.7	0.62	0.62
	甘油	0.45	41.8	1.16	0.97
	乳酸	0.18	16.6	0.46	0.37
	丙酮酸	0.20	17.9	0.49	0.48
	醋酸	0.18	10.5	0.43	0.31
Candida utilis	醋酸	0.36	21.0	0.90	0.70
Pseudomonas fluorescens	醋酸	0.28	16.8	0.70	0.46
Candida utilis	乙醇	0.68	31.2	1.30	0.61
Pseudomonas fluorescens	乙醇	0.49	22.5	0.93	0.42
Klebsiella sp.	甲醇	0.38	12.2	1.01	0.56
Methylomonas sp.	甲醇	0.48	15.4	1.28	0.53
Pseudomonas sp.	甲醇	0.41	13.1	1.09	0.44
Methylomonas sp.	甲烷	1.01	16.2	1.34	0.29
Pseudomonas sp.	甲烷	0.80	12.8	1.06	0.20
Pseudomonas sp.	甲烷	0.60	9.6	0.80	0.19
Pseudomonas methanica	甲烷	0.56	9.0	0.75	0.17

产物关于碳源的得率系数

$$Y_{P/S} = -\frac{\Delta P}{\Delta S} \qquad (8-33)$$

产物关于细胞的得率系数

$$Y_{P/X} = \frac{\Delta P}{\Delta X} \qquad (8-34)$$

二氧化碳关于碳源的得率系数

$$Y_{CO_2/S} = -\frac{\Delta CO_2}{\Delta S} \qquad (8-35)$$

上述各式中 ΔO_2，ΔCO_2，ΔP 分别表示氧，二氧化碳和产物浓度的变化。发酵工厂常用的单耗这一指标实际上就是产物关于各种原材料的得率系数的倒数。上述各种得率系数仅在一定的条件下可以认为是不变的，随着培养环境的变化，这些参数可能会发生明显的变化。

8.2.1.2 比速率

细胞的生长速率和细胞所处的培养环境（如温度、pH、培养基、溶解氧浓度、离子强度等）有关，也与细胞本身的浓度有关。细胞的生长速率可以看做是关于细胞浓度的一级反应，即

$$\frac{dX}{dt} = \mu X \qquad (8-36)$$

式中 X 为细胞浓度；t 为时间；反应的速度常数 μ 为比生长速率。按式（8-36），在分批培养的情况下，比生长速率可以由下式定义

$$\mu = \frac{1}{X}\frac{dX}{dt} \qquad (8-37)$$

比生长速率是反映细胞生长特性的重要参数，在研究培养过程的动力学特性时是必不可少的，有关影响比生长速率的因素将在后面作进一步介绍。除此之外，还有若干常用的比速率，如基质的比消耗速率

$$Q_S = -\frac{1}{X}\frac{dS}{dt} \qquad (8-38)$$

氧的比消耗速率（或呼吸强度）

$$Q_{O_2} = -\frac{1}{X}\frac{dO_2}{dt} \qquad (8-39)$$

二氧化碳比生成速率

$$Q_{CO_2} = \frac{1}{X}\frac{dCO_2}{dt} \qquad (8-40)$$

产物的比生产速率

$$Q_P = \frac{1}{X}\frac{dP}{dt} \qquad (8-41)$$

其中 S，O_2，CO_2 和 P 分别为基质浓度，溶解氧浓度，二氧化碳浓度和产物浓度。根据上述各比速率的定义，可以知道它们和细胞浓度的乘积即各物质浓度的变化速率。

二氧化碳比生成速率和呼吸强度之比称为呼吸商，即

$$RQ = \frac{Q_{CO_2}}{Q_{O_2}} \qquad (8-42)$$

若以葡萄糖为碳源，1 mol 葡萄糖完全氧化需要 6 mol 氧，同时生成 6 mol 二氧化碳，呼吸商的值为 1。在培养过程中呼吸商的实际值并不一定是 1，如以油或烃类为碳源时，耗氧增多，呼吸商较小。

8.2.2 培养过程的化学计量关系

在培养过程中物质的相互转化可用下式表示

$$碳源＋氮源＋氧 \longrightarrow 细胞＋产物＋水＋二氧化碳$$

或

$$(-\Delta S)+(-\Delta N)+(-\Delta O_2)=\Delta X+\Delta P+\Delta H_2O+\Delta CO_2 \tag{8-43}$$

或

$$CH_mO_l+aNH_3+bO_2 \Longrightarrow y_C CH_pO_nN_q+y_P CH_rO_sN_t+dH_2O+eCO_2 \tag{8-44}$$

式中 a、b、d、e 为化学计量系数；y_C 是无因次生长得率，它与 $Y_{X/S}$ 有如下关系

$$y_C=\frac{\alpha_2}{\alpha_1}Y_{X/S} \tag{8-45}$$

式中 α_1 是碳源的含碳量；α_2 是细胞含碳量。无因次产物得率

$$y_P=\frac{\alpha_3}{\alpha_1}Y_{P/S} \tag{8-46}$$

式中 α_3 是产物含碳量。对式（8-43）中的碳元素进行物料衡算，有

$$\alpha_1(-\Delta S)=\alpha_2\Delta X+\alpha_3\Delta P+\alpha_4\Delta CO_2 \tag{8-47}$$

将其写成比速率的关系，则有

$$\alpha_1 Q_S=\alpha_2\mu+\alpha_3 Q_P+\alpha_4 Q_{CO_2} \tag{8-48}$$

式中 α_4 为二氧化碳的含碳量。若对式（8-43）中的各种物质完全氧化时的需氧量进行衡算，则有

$$AQ_S=B\mu+Q_{O_2}+CQ_P \tag{8-49}$$

式中 A 是碳源完全燃烧的需氧量；B 是细胞完全燃烧的需氧量，对微生物细胞大约为 45 mmol O_2/g 菌体；C 是产物完全燃烧的需氧量；并假定菌体和产物中的氮在燃烧时都成为氨。

从式（8-48）和式（8-49）可以看到，进行碳元素物料平衡时不出现氧的消耗项，而对需氧量进行物料平衡时则不出现二氧化碳生成项。如果测定了 μ、Q_S 以及 Q_{O_2} 或 Q_{CO_2}，根据式（8-48）和式（8-49），即可判断过程中是否有产物（包括中间代谢产物）生成。如果产物的生成可以忽略，由式（8-49）有

$$Q_{O_2}=AQ_S-B\mu \tag{8-50}$$

整理后得

$$\frac{1}{Y_{X/O}}=\frac{A}{Y_{X/S}}-B \tag{8-51}$$

因此，在没有产物形成时，按照 $Y_{X/S}$ 和 $Y_{X/O}$ 的关系可估计菌体生成的需氧量。

在基本培养基中，细胞所消耗的碳源，用于产生能量、合成细胞成分及产物，可用下式表示

$$(-\Delta S)=(-\Delta S)_M+(-\Delta S)_G+(-\Delta S)_A+(-\Delta S)_P \tag{8-52}$$

式中 ΔS_M 是用于产生能量供维持代谢（包括细胞的运动、胞外物质向胞内的主动运输、胞内高分子物质形成一定空间结构等所需能量等）所消耗的碳源部分；ΔS_G 是用于产生能量供细胞生长所需的部分；ΔS_A 是用于同化作用构成细胞成分的部分；ΔS_P 是用于形成产物的部分。维持代谢所消耗的碳源与细胞浓度和时间成正比，而用于供生长所需的碳源消耗则与生长量有关，即

$$(-\Delta S)_M = mX\Delta t \tag{8-53}$$

$$(-\Delta S)_G = \frac{\Delta X}{Y_G'} \tag{8-54}$$

式中 m 为维持系数；Y_G' 是用于生长的能量得率系数。同化所消耗的碳源中的碳转化成细胞成分，因此

$$\alpha_1(-\Delta S)_A = \alpha_2 \Delta X \tag{8-55}$$

如果无产物生成，$\Delta S_P = 0$，将式（8-53），式（8-54），式（8-55）代入式（8-52），整理得

$$(-\Delta S) = mX\Delta t + \frac{\alpha_1 + \alpha_2 Y_G'}{\alpha_1 Y_G'}\Delta X \tag{8-56}$$

因而

$$Q_S = m + \frac{\mu}{Y_G} \tag{8-57}$$

其中

$$Y_G = \frac{\alpha_1 Y_G'}{\alpha_1 + \alpha_2 Y_G'} = \frac{\Delta X}{(-\Delta S)_G + (-\Delta S)_A} \tag{8-58}$$

$Y_{X/S}$ 和 Y_G 的差别由式（8-31）和式（8-58）的定义可以清楚地看出，$Y_{X/S}$ 是对于全部消耗的碳源为基准的细胞得率系数，Y_G 是以用于生长所消耗的碳源为基准的细胞得率系数，而 Y_G' 则是以用于生长中产生能量的那部分碳源为基准的细胞得率系数［式（8-54）］。因此，在使用时要注意它们的差别，不要混淆。如果随着细胞的生长有产物生成，由式（8-52）可以得出

$$Q_S - \frac{Q_P}{Y_P} = m + \frac{\mu}{Y_G} \tag{8-59}$$

其中 Y_P 是产物的最大得率($Y_P = -\Delta P/\Delta S_P$)。在复合培养基中培养细胞，可以认为培养基中的有机氮源用于合成细胞物质，碳源仅用来提供能量，当无产物生成时

$$(-\Delta S) = (-\Delta S)_M + (-\Delta S)_G \tag{8-60}$$

于是

$$Q_S = m + \frac{\mu}{Y_G'} \tag{8-61}$$

其形式和式（8-57）相同。当有产物生成时

$$Q_S - \frac{Q_P}{Y_P} = m + \frac{\mu}{Y_G'} \tag{8-62}$$

氧的消耗与碳源的消耗也很相似，在由加氧酶作用的产物生成可以忽略的情况下，消耗的氧部分用于维持，部分用于细胞生长

$$Q_{O_2} = m_O + \frac{\mu}{Y_{GO}} \tag{8-63}$$

式中 m_O 是关于氧的维持系数；Y_{GO} 是以氧为基准的细胞得率系数。

8.3 分批培养

分批培养的操作最为简单，在培养基中接种后只要维持一定的温度，对于好气培养过程则还需进行通气搅拌，培养液的 pH 往往不加控制。在培养过程中，培养液中的细胞浓度、基质浓度和产物浓度不断变化，但往往表现出一定的规律。

8.3.1 分批培养中细胞的生长

就细胞的生长来说，在分批培养中一般要经历延迟期、指数生长期、减速期、静止期和衰亡期等阶段，图 8-8 是在分批培养中细胞浓度变化的示意图。

分批培养中细胞的生长阶段

（1）延迟期 在培养基中接种以后，一段时间内细胞浓度的增长并不明显，这个阶段称为延迟期。延迟期是细胞在新的环境中表现出来的一个适应阶段，这时细胞的浓度虽然没有明显的增加，但在细胞内部却发生着很大的变化。产生延迟期的原因有营养的变化，物理环境的变化，存在抑制剂，孢子发芽，也和种子的状况有关[3]。如果新环境中存在原先环境中所没有的营养物质，细胞就需合成有关

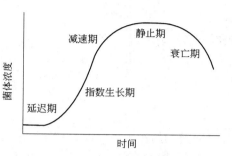

图 8-8 分批培养中细胞浓度的变化

的酶来利用它，从而表现出延迟期。例如将以葡萄糖为碳源的培养基培养的产黄青霉菌接入以乳糖和葡萄糖为碳源的培养基中，当葡萄糖耗尽，转为利用乳糖时出现延迟期，发生二阶段生长，但如将以乳糖培养基培养的产黄青霉菌接入葡萄糖培养基则没有这种现象。培养产气气杆菌时，若以氨基酸作为氮源无延迟期出现，但用硫酸铵作为氮源则产生延迟期[4]。细胞需要一些金属离子和小分子物质作为辅酶或活化剂，在新的环境中，这些物质可能从细胞中漏出，从而形成延迟期。例如培养基中的镁离子浓度影响好气气杆菌的延迟期，增加培养基中的镁离子浓度可缩短延迟期（图 8-9）。

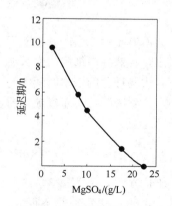

图 8-9 镁离子浓度与产气气杆菌延迟期的关系

延迟期也可能是种子带入了一些有害的代谢产物抑制生长，随着这种物质的分解，延迟期结束。例如乳杆菌科的一些细菌，在厌气培养后接入新培养基好气培养时，因带入的过氧化氢而抑制生长。过氧化氢诱导菌体内过氧化氢酶的生成，使过氧化氢分解，从而解除抑制，延迟期结束。在这种情况下，加大种量会使延迟期延长[5]。用孢子接种时因孢子萌发也会产生延迟期。

种龄对延迟期也有很大影响。有时用很老的种子接种产生很长的"延迟期"，实际上是由于种子太老造成大量细胞失活所致。排除这种情况，可以看到延迟期确与种龄有关。图 8-10 是在 40℃ 培养产气气杆菌时种龄与延迟期的关系。种量对产气气杆菌的延迟期也有很大影响，增加种子量（种液体积）明显缩短延迟期。在接种同样数量的细胞时，添加年轻细胞种液的无细胞清

液可缩短延迟期。研究人员[6]认为培养液中存在某种物质，达到一定浓度时延迟期结束，并提出以下关系

$$c = \alpha v + \beta n_0 t + rt \tag{8-64}$$

式中 c 是物质浓度；v 是种液体积；n_0 是种液中细胞的浓度；α 是种液中该物质浓度；βn_0 是该物质的生产速度；r 是细胞内该物质的生产速度。当 c 达到临界值 c' 时延迟期结束，因此延迟期 L

$$L = \frac{c/\beta - \alpha v/\beta}{n_0 + r/\beta} \tag{8-65}$$

（2）指数生长期 延迟期结束后，培养基中的营养丰富，细胞的生长不受限制，在一段

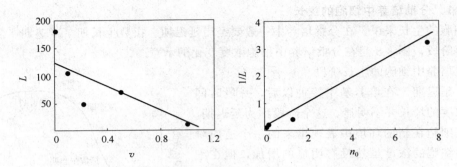

图 8-10　产气气杆菌延迟期与种龄的关系

时间内细胞的比生长速率保持不变。如果在时间 t_1 的细胞浓度为 X_1，由式（8-37）可得

$$X = X_1 \exp[\mu(t - t_1)] \tag{8-66}$$

因而细胞浓度随时间指数上升，故称为指数生长期。将细胞浓度的对数值对时间标绘，可以得到一条直线，所以也称为对数期。

细胞浓度增加一倍所需时间称为倍增时间或增代时间。由式（8-66），可以得出倍增时间

$$t_d = \frac{\ln 2}{\mu} = \frac{0.693}{\mu} \tag{8-67}$$

在复合培养基中，有时观察不到细胞的指数生长期，这是因为培养基中限制细胞生长的因素（如氨基酸等物质）随着细胞的生长不断变化的缘故。一些丝状菌在分批培养过程中也常常观察不到指数生长期，其菌体浓度与培养时间显示立方根关系[7]，这是由于丝状菌的形态特点造成生长过程中营养物质传递的限制而造成的。

（3）减速期　随着细胞的生长，培养液中的营养物质逐渐消耗，以及有害的代谢产物不断积累，细胞的生长受到限制，比生长速率逐渐下降，进入减速期。事实上，自然界中细胞的生长通常都是处在受到限制的状况。以大肠杆菌为例，在不受限制的条件下，大肠杆菌的倍增时间大约是 20 min，如维持此条件，一个大肠杆菌经 48 h 可变成 2.2×10^{43} 个，其质量已大大超过地球质量，这显然是不可能的。营养物质限制生长的典型形式可用 Monod 方程表示

$$\mu = \frac{\mu_m S}{K_S + S} \tag{8-68}$$

此外，还有一些描述限制性基质浓度影响细胞比生长速率的经验方程，见表 8-3。这些模型基本上是对 Monod 方程的修正，但也有人认为这些模型与式（8-68）的差别并不很大。表（8-4）是存在抑制剂时描述限制性基质浓度影响细胞比生长速率的经验方程。

表 8-3　描述细胞比生长速率的代表性模型

提　出　人	方　　程	文　献
Teisseir	$\mu = \mu_m[1 - \exp(-S/K_S)]$	[8]
Moser	$\mu = \dfrac{\mu_m S^n}{K_S + S^n}$	[9]
Shehata	$\mu = \sum\limits_i \dfrac{\mu_{mi} S}{K_{Si} + S}$	[10]
Tan	$\mu = \dfrac{\sum\limits_{i=0}^{n} \alpha_i S^i}{\sum\limits_{i=0}^{n} \beta_i S^i}$	[11]
Contois	$\mu = \dfrac{\mu_m S}{K_S X + S}$	[12]

表 8-4　存在抑制剂时对比生长速率的影响

提　出　人	方　　程	文　献
底物抑制		
Andrews	$\mu = \dfrac{\mu_m S}{K_S + S + S^2/K_I}$	[13]
产物抑制		
Dagley	$\mu = \dfrac{\mu_m S}{K_S + S}(1 - kP)$	[14]
Holzberg	$\mu = \mu_m - k_1(P - k_2)$	[15]
Ghose	$\mu = \mu_m - k_1(1 - P/P_m)$	[16]
Aiba	$\mu = \dfrac{\mu_m S}{K_S + S}\exp(-kP)$	[17]
Taniguchi	$\mu = \mu_m \exp(k_1 - k_2 P)$	[18]

　　在培养细胞生产其代谢产物时，产物的最大生产速率往往是在生长受到限制的情况下得到。采用适当的限制性基质限制细胞的生长，往往有利于提高产物的生产效率。例如酵母菌Y33∷YFD71-3 是一株腺嘌呤（Ade）、组氨酸（His）和亮氨酸（Leu）缺陷的基因工程菌，在进行摇瓶培养时，当菌体生长受腺嘌呤限制时菌体分泌的蛋白明显增加，而菌体生长受亮氨酸限制时则蛋白的生产受到影响（见表 8-5）[19]，这是因为生长受到腺嘌呤的限制时，过量存在的氨基酸可用于蛋白的合成，而生长受亮氨酸限制时蛋白的合成也受到了限制的关系。

表 8-5　Ade，His 和 Leu 对 Y33∷YFD71-3 生长和蛋白生产的影响

No.	Ade /(mg/L)	His /(mg/L)	Leu /(mg/L)	菌体浓度 (OD_{600})	蛋白浓度 /(mg/L)	蛋白浓度/菌体浓度 /(mg/ODL)
1	20	20	40	2.99	2.79	0.93
2	10	20	40	3.12	2.90	0.93
3	5	20	40	2.68	3.34	1.25
4	2.5	20	40	1.70	4.99	2.94
5	1	20	40	0.90	3.92	4.35
6	20	10	40	3.00	3.04	1.01
7	20	2.5	40	1.84	3.64	1.98
8	20	1	40	1.00	3.66	2.66
9	20	20	20	2.20	2.77	1.26
10	20	20	10	1.78	2.08	1.17
11	20	20	5	1.09	1.53	1.40

注：培养基其他成分有无氨基酸 YNB 6.67 g/L，葡萄糖 20 g/L。

　　（4）静止期　由于营养物质的耗尽或有害代谢产物的积累，细胞的生长速率和死亡速率相等，细胞浓度保持恒定，这一阶段称为静止期。在静止期细胞的表观比生长速率为 0，细胞浓度达到最大。如果这是由某种营养物质的耗尽所致，而且在细胞的生长过程中细胞的得率系数 $Y_{X/S}$ 不变，则在静止期达到的最大细胞浓度

$$X_m = X_0 + Y_{X/S} S_0 \tag{8-69}$$

　　式中　X_m 为最大细胞浓度；X_0 为接种后的细胞浓度；S_0 为限制性基质的初始浓度。因此，X_m 与限制性基质的初始浓度成线性关系，当 X_0 很低时 X_m 与 S_0 成正比。图 8-11 是枯草

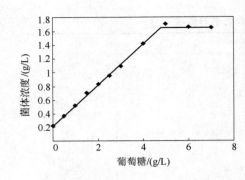

图 8-11 枯草杆菌 DB403（pWL267）的
菌体浓度和培养基初始葡萄糖浓度的关系

杆菌 DB403（pWL267）用合成培养基进行摇瓶培养时得到的最大菌体浓度与初始葡萄糖浓度的关系。当葡萄糖浓度超过 5 g/L 时，葡萄糖已不是限制性基质，其他营养物质限制生长，式（8-69）所示关系不再成立。

有时培养液中的营养物质尚未耗尽即已进入静止期，这往往是由代谢产物抑制造成的。乳酸、丙酸、乙醇、水杨酸等发酵都有明显的产物抑制现象。在基因工程大肠杆菌的培养过程中，葡萄糖的中间代谢产物醋酸的积累对大肠杆菌的生长也有很强的抑制作用，而动物细胞的培养中，中间代谢产物乳酸具有抑制作用。

静止期往往是微生物大量生产有用的代谢产物的阶段，抗生素的生产就是典型的例子。一些芽孢杆菌胞外酶的生产往往和芽孢的生成有关，当这些胞外酶大量生产的时候，伴随着芽孢的生成，而菌体的生长不明显。对于一些营养缺陷型菌株，待生长达到一定程度时，停止供应有关营养物质，使菌体浓度维持一定水平，同时提供合成产物所需的有关物质，可以大大延长生产期，提高产物的收得率。

（5）衰亡期 由于营养物质的耗尽或有害代谢产物的大量积累，细胞的生活环境恶化，造成细胞不断死亡，进入衰亡期。一般的培养过程在衰亡期之前结束，但也发现有的过程在衰亡期尚有明显的产物生产。图 8-12 是在 1000 L气升式反应器中培养动物细胞生产 IgG 抗体的情况。培养 100 h 后细胞浓度开始下降，但抗体生产速率仍然很高，而且一直维持到 300 h[20]。

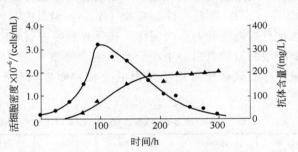

图 8-12 IgG 抗体生产和杂交瘤细胞生长的关系
●—活细胞浓度；▲—IgG 浓度

8.3.2 分批培养中的基质消耗

培养过程中消耗的基质用于细胞的生长和产物的生成，有的基质还与能量的产生有关。根据前述的得率系数的定义，可以得出

$$-\frac{dS}{dt}=\frac{1}{Y_{X/S}}\frac{dX}{dt}=\frac{\mu X}{Y_{X/S}} \tag{8-70}$$

对于碳源，根据式（8-57），有

$$-\frac{dS}{dt}=\frac{\mu X}{Y_G}+mX+\frac{Q_P X}{Y_P} \tag{8-71}$$

如果产物的生成（除水和二氧化碳）可以忽略，上式简化为

$$-\frac{dS}{dt}=\frac{\mu X}{Y_G}+mX \tag{8-72}$$

合并式（8-70）和式（8-72），得

$$\frac{1}{Y_{X/S}}=\frac{1}{Y_G}+\frac{m}{\mu} \tag{8-73}$$

按照维持系数 m 和生长得率系数 Y_G 的定义，很难直接通过实验将它们求出，但是根据式（8-57）或式（8-73），只需求出分批培养过程中不同阶段的碳源比消耗速率或 $Y_{X/S}$ 与比生长速率的关系，进行标绘，根据所得直线的斜率和截距即可得到。图8-13是基因工程大肠杆菌 W3110(pEC901) 的实例。

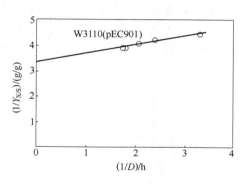

图 8-13　大肠杆菌葡萄糖比消耗
速率与比生长速率的关系

8.3.3　产物的生成

Gaden[21] 将分批培养中产物的生成分成三种情况，见图 8-14。第一种情况是产物的生成与细胞的生长相关［图 8-14（a）］，多见于初级代谢产物的生产，如乙醇发酵。这时产物的生成速率

$$\frac{dP}{dt}=Y_{P/S}\frac{dX}{dt}=Y_{P/S}\mu X \tag{8-74}$$

或比生产速率 $Q_P=\alpha\mu$，其中 $\alpha=Y_{P/X}$。

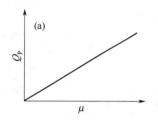 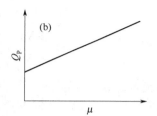 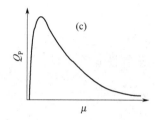

图 8-14　产物的比生产速率和比生长速率的关系
（a）相关；（b）部分相关；（c）不相关

第二种情况是产物的生成与细胞的生长部分相关［图 8-14(b)］，产物的生成速率既和细胞的比生长速率有关，也与细胞的浓度有关

$$\frac{dP}{dt}=\alpha\mu X+\beta X \tag{8-75}$$

或

$$Q_P=\alpha\mu+\beta \tag{8-76}$$

柠檬酸、乳酸、许多酶的生产等多属于这种情况。第三种情况是产物的生成与细胞生长不相关，多见于抗生素等次级代谢产物的生产，其特点是在细胞快速生长阶段产物生成很少，而当进入静止期时，产物的生成速率大大提高。这种情况与前两种情况相比，其比生产速率与比生长速率的关系较为复杂［图 8-14(c)］，原则上可以表示为

$$\frac{dP}{dt}=Q_P(\mu)X \tag{8-77}$$

8.4　连续培养

在分批培养中，细胞浓度、营养物质浓度和产物浓度随时间不断变化，当营养物质耗尽或有害代谢产物大量积累时，细胞和产物浓度不再增加，培养过程就要结束。虽然分批培养的操作和设备比较简单，但是控制和分析相对来说比较困难。在连续培养中，由于培养基的

不断加入和培养液的不断取出，培养过程可以长期进行，并且往往可以达到稳定状态，过程的控制和分析比较容易。在 20 世纪 20 年代连续培养已用于酵母的生产[22]，直到 1950 年 Monod[23] 和 Novic[24] 才对连续培养进行了分析。虽然连续培养在工业上的应用不像分批操作那么普遍，但在研究中已得到了越来越广泛的应用。

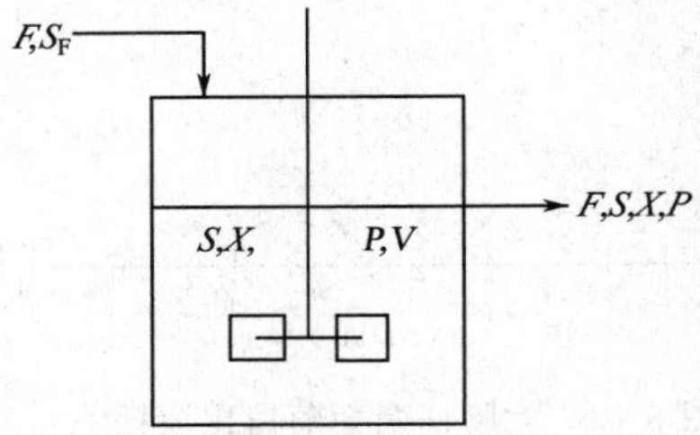

8.4.1 单级连续培养

图 8-15 是单级连续培养的示意图。反应器中的培养基接种以后，通常先进行一段时间的分批培养，待细胞浓度达到一定程度后，以恒定的流量 F 将新鲜培养基送入反应器，同时用泵将反应器中的培养液以同样的流量抽出，于是反应器中的培养液体积 V 保持不变。假定反应器中的混合处于理想的状态，即反应器中各处的细胞浓度、基质（包括溶氧）浓度和产物浓度分别相同，因此流出液的组成和反应器中完全相同。在这样一个系统中，分别对细胞、限制性基质和产物进行物料衡算。

图 8-15　单级连续培养示意图

细胞

$$V\frac{\mathrm{d}X}{\mathrm{d}t}=FX_0-FX+\mu XV \tag{8-78}$$

限制性基质

$$V\frac{\mathrm{d}S}{\mathrm{d}t}=FS_F-FS-\frac{\mu XV}{Y_{X/S}} \tag{8-79}$$

产物

$$V\frac{\mathrm{d}P}{\mathrm{d}t}=FP_0-FP-Y_{P/X}\mu XV \tag{8-80}$$

式中　X，S 和 P 分别为反应器中的细胞、限制性基质和产物浓度；X_0，S_F 和 P_0 分别为培养基中的细胞、限制性基质和产物浓度。式（8-78）未考虑培养过程中细胞的死亡。如果培养基中不含细胞和产物，由式（8-78）

$$\frac{\mathrm{d}X}{\mathrm{d}t}=\left(\mu-\frac{F}{V}\right)X=(\mu-D)X \tag{8-81}$$

其中

$$D=\frac{F}{V} \tag{8-82}$$

称为稀释率。当达到稳定状态时(一般需要通过 3～5 倍培养液体积)，细胞浓度、基质浓度和产物浓度恒定,因此由式(8-81)可得

$$\mu=D \tag{8-83}$$

也就是说,细胞的比生长速率和稀释率相等。比生长速率是细胞的特性,而稀释率则是操作变量。因此,在连续培养时,只要改变加料速率,就很容易地改变稳态下的细胞比生长速率,从而达到控制细胞生长的目的。这是单级连续培养的一个重要特性。同样,在稳态下,由式(8-79)和式(8-80),分别可以得到

$$X=Y_{X/S}(S_F-S) \tag{8-84}$$

$$P=Y_{P/X}/X \tag{8-85}$$

在连续培养达到稳定状态时，培养液的组成恒定，因此也称为恒化培养（chemostat

culture）。

如果细胞的生长符合 Monod 方程所示的关系，根据式（8-68），在一定的稀释率下，达到稳态时的限制性基质浓度由下式决定

$$S = \frac{K_S D}{\mu_m - D} \tag{8-86}$$

将式（8-86）代入式（8-84），可得

$$X = Y_{X/S}\left(S - \frac{K_S D}{\mu_m - D}\right) \tag{8-87}$$

在连续培养中,操作的稀释率并不是可以随意改变的,而有一个限度。根据式（8-81）,增大稀释率会造成细胞浓度下降,如果细胞的生长跟不上稀释的速率,反应器内的细胞浓度就会不断降低,直至细胞完全被冲走。因此,在连续培养时存在一个临界稀释率,超过此稀释率时连续培养就无法进行。临界稀释率取决于加料中的限制性基质浓度,即细胞在此培养基中能达到的最大比生长速率,因而临界稀释率

$$D_C = \frac{\mu_m S_F}{K_S + S_F} \tag{8-88}$$

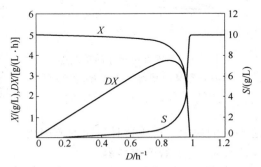

图 8-16　单级连续培养稳态细胞浓度、限制性基质浓度和细胞生产率与稀释率的关系

假定微生物的 $\mu_m = 1.0\ h^{-1}$, $K_S = 0.2\ g/L$, 培养基的限制性基质浓度 $S_F = 10\ g/L$, 关于限制性基质的菌体得率系数恒定为 $Y_{X/S} = 0.5\ g/g$, 则在不同稀释率下的稳态菌体浓度、限制性基质浓度和菌体的生产率（DX）可由式（8-77）和式（8-78）求出,结果见图 8-16。菌体的生产率有一最大值,此时的稀释率

$$D_m = \mu_m\left(1 - \sqrt{\frac{K_S}{K_S + S_F}}\right) \tag{8-89}$$

相应的菌体浓度

$$X_m = Y_{X/S}\left[S_F + K_S + \sqrt{K_S(K_S + S_F)}\right] \tag{8-90}$$

因此菌体的最大生产率

$$(DX)_m = \mu_m Y_{X/S}\left[\sqrt{(K_S + S_F)} - \sqrt{K_S}\right]^2 \tag{8-91}$$

当限制性基质为能源时, 式（8-79）可写为

$$V\frac{dS}{dt} = FS_F - FS - \left(\frac{\mu}{Y_G} + m + \frac{Q_P}{Y_P}\right)XV \tag{8-92}$$

在稳态时

$$\frac{D(S_F - S)}{X} = \frac{D}{Y_G} + m + \frac{Q_P}{Y_P} \tag{8-93}$$

若产物生成可忽略,则

$$X = \frac{S_F - S}{\frac{1}{Y_G} + \frac{m}{D}} \tag{8-94}$$

稳态限制性基质浓度同式(8-86)。若 $\mu_m = 1.0\ \text{h}^{-1}, K_S = 0.2\ \text{g/L}, Y_G = 0.8\ \text{g/g}, m = 0.375\ \text{g/(g·h)}$(当 $D = 0.5\ \text{h}^{-1}$ 时 $Y_{X/S} = 0.5\ \text{g/g}$),培养基的限制性基质浓度 $S_F = 10\ \text{g/L}$,

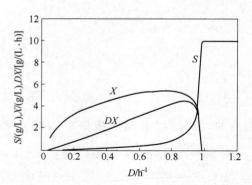

图 8-17 考虑维持代谢的单级连续培养稀释率对稳态菌体浓度、限制性基质浓度和菌体生产率的影响

不同稀释率下稳态菌体浓度、限制性基质浓度和菌体生产率变化见图 8-17。当稀释率接近 0 时菌体浓度明显降低,因为加入的少量限制性基质主要被用于维持代谢,从而使能获得的菌体量减少。

在接近临界稀释率时进行连续培养是比较困难的,由于加料速度的不可避免的波动,就可能造成细胞被洗光。如果需要在接近临界稀释率的条件下进行连续培养,可以采用恒浊培养的办法,即通过测定培养液的浊度来对培养基的流加实行控制[25]。除此之外,也可通过测定细胞的有关产物(如二氧化碳)或 pH(如产酸的微生物)来控制加料,使稀释率控制在临界值附近。

有时在进行连续培养时得不到稳定状态,而发生振荡的现象。产生这种情况的原因比较复杂,常需根据细胞、培养基等特点加以分析。

8.4.2 多级连续培养

将多个搅拌罐反应器串联起来,前一反应器的出料作为后一反应器的进料,即成为多级连续培养系统(图 8-18)。如将很多反应器串联起来,整个系统便相当于一个活塞流管式反应器。在进行操作时也可在第二级以后的各反应器中加入新培养基。下面讨论较为简单的

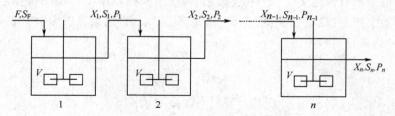

图 8-18 多级连续培养示意图

一种操作方式,即各级反应器中的培养液体积相同,均为 V;不进行中间添加新培养基的操作;各级流量均为 F。对于第 n 级,可写出物料平衡关系如下

细胞

$$V\frac{\mathrm{d}X_n}{\mathrm{d}t} = FX_{n-1} + \mu_n X_n V - FX_n \tag{8-95}$$

限制性基质

$$V\frac{\mathrm{d}S_n}{\mathrm{d}t} = FS_{n-1} - \frac{\mu_n X_n V}{Y_{X/S}} - FS_n \tag{8-96}$$

产物

$$V\frac{\mathrm{d}P_n}{\mathrm{d}t} = FP_{n-1} - Y_{P/X}\mu_n X_n V - FP_n \tag{8-97}$$

其中下标 n 和 $n-1$ 分别表示第 n 和 $n-1$ 级反应器。在稳态时,由上述各式可得

$$\mu_n = D\left(\frac{X_n - X_{n-1}}{X_n}\right) \tag{8-98}$$

$$X_n = X_{n-1} + Y_{X/S}(S_{n-1} - S_n) \tag{8-99}$$

$$P_n = P_{n-1} + Y_{P/X}Y_{X/S}(S_{n-1} - S_n) \tag{8-100}$$

由式（8-98）可以知道，从第二级反应器开始，细胞的比生长速率不再和稀释率相等。

在较大的稀释率范围内，随着反应器级数的增加，细胞的比生长速率越来越小，这是因为反应器中的限制性基质浓度越来越低的缘故。如果细胞的生长遵循 Monod 方程，由式（8-86），式（8-87）和式（8-68）可以求出第二级以后反应器中在不同稀释率的稳态细胞浓度和限制性基质浓度。图8-19 显示了第一和第二级反应器中稳态菌体浓度、限制性基质浓度和细胞生产率与稀释率的关系。可以看到，在很大的稀释率范围内，第二级反应器中细胞的生长

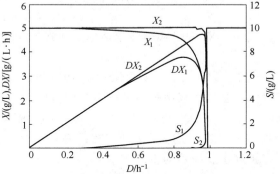

图 8-19　二级连续培养的稳态菌体浓度、限制性基质浓度和细胞生产率与稀释率的关系

$[D(X_2 - X_1)]$ 十分有限。第一级和第二级反应器中的细胞在同样的临界稀释率下被洗光，但在第二级反应器中，只在稀释率非常接近 D_C 时细胞浓度才迅速下降。限制性基质在第二级反应器中消耗比较完全，如在图示的条件下，当 $D = 0.86\ \text{h}^{-1}$，即在第一级的最大细胞生产率的稀释率下操作，S_1 为 1.23 g/L，而 S_2 仅为 0.02 g/L。只要操作的稀释率不是十分接近 D_C，在第二级反应器中的限制性基质仍有相当的利用，如操作的稀释率为 D_C 的 99% （0.97 h^{-1}）时，S_1 已达 6.47 g/L，而 S_2 还只有 0.32 g/L。

8.4.3　细胞循环利用

连续培养时，可以将流出液中的细胞通过沉降或离心等方法加以浓缩，送回反应器中循环利用。图 8-20 是单级连续培养时细胞循环的示意图。对于反应器，有以下关于细胞和限制性基质的物料平衡

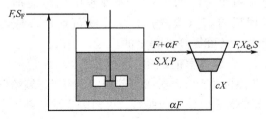

图 8-20　进行细胞回流的单级连续培养

$$V\frac{dX}{dt} = \alpha FcX + \mu XV - (1+\alpha)FX \tag{8-101}$$

$$V\frac{dS}{dt} = FS_F + \alpha FS - \frac{\mu XV}{Y_{X/S}} - (1+\alpha)FS \tag{8-102}$$

式中　α 为回流比；c 为回流液中细胞的浓缩倍数。达到稳态时，由式（8-89）可得

$$\mu = D(1+\alpha-\alpha c) \tag{8-103}$$

因此比生长速率和稀释率不再相等。若细胞的生长遵循 Monod 方程，由式（8-68）和式（8-103），有

$$S = \frac{K_S D(1+\alpha-\alpha c)}{\mu_m - D(1+\alpha-\alpha c)} \tag{8-104}$$

代入式(8-102),得

$$X = \frac{Y_{X/S}}{1+\alpha-\alpha c}\left[S_F - \frac{K_S D(1+\alpha-\alpha c)}{\mu_m - D(1+\alpha-\alpha c)} \right] \tag{8-105}$$

以及临界稀释率

$$D_C = \frac{\mu_m S_F}{(K_S + S_F)(1+\alpha-\alpha c)} \tag{8-106}$$

在于分离器中,假定细胞没有生长,则在稳态下则有以下关于细胞的物料平衡

$$(1+\alpha)FX = FX_e + \alpha FcX \tag{8-107}$$

式中 X_e 是分离器流出液中的细胞浓度。将上式整理后可得

$$X_e = (1+\alpha-\alpha c)X \tag{8-108}$$

由于 $0 < 1+\alpha-\alpha c < 1$,从式(8-103)和式(8-106)可知,在稳态下细胞的比生长速率低于稀释率,临界稀释率较不进行细胞回流时高。图 8-21 对比了进行细胞回流和不进行细胞回流时 X、S 和 DX 与 D 的关系,其中下标 R 表示进行细胞循环回流的情况。细胞的循环利用相当于不断对反应器接种,其结果是增大了反应器中的细胞浓度,增加了基质的利用程度,提高了反应器的生产效率。

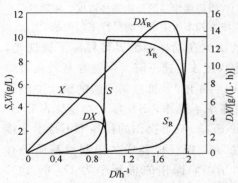

图 8-21　细胞回流和不回流
连续培养的比较

$\mu_m = 1.0\ h^{-1}$, $K_S = 0.2\ g/L$, $Y_{X/S} = 0.5\ g/g$,
$S_F = 10\ g/L$, $\alpha = 0.5$, $c = 2$

对于各种纯培养过程,在反应器外部进行细胞的浓缩有一定的难度。如果细胞的密度与培养基有较大的差别,可考虑在反应器中进行沉降,如果细胞较大,则可在反应器内进行过滤。对于用活性污泥处理废水的过程,则因活性污泥有很好的沉降性能,很容易利用沉降的方法将处理水中的污泥加以浓缩,送回反应器(曝气槽)中,既可增加反应器的处理能力,又可提高处理水的质量。

8.4.4　连续培养的应用

(1)细胞的生产　和分批培养相比,由于连续培养省去了反复的放料、清洗、装料、灭菌等步骤,避免了延迟期,因而设备的利用率高,细胞的生产率相应提高。假定连续培养采用和分批培养同样的培养基(限制性基质浓度为 S_F),为计算简便,还假定在分批培养中延迟期结束后即进入指数生长期,并持续至限制性基质耗尽为止。分批培养的一个操作周期

$$t_B = t_L + \frac{1}{\mu_m}\ln\frac{X_0 + Y_{X/S}S_0}{X_0} + t_R + t_P \tag{8-109}$$

式中 X_0 为接种后的细胞浓度;t_L 为延迟期所占用时间;t_R 是培养结束后将培养液放出所需时间;t_P 为清洗反应器、加入新培养基、灭菌等操作所需时间,上式右侧第二项是指数生长期的持续时间。因此,分批培养的平均细胞生产率为

$$P_B = \frac{Y_{X/S}S_F}{\frac{1}{\mu_m}\ln\frac{X_0 + Y_{X/S}S_F}{X_0} + t_L + t_R + t_P} \tag{8-110}$$

若连续培养在最大细胞生产率下操作,并假定 $K_S \ll S_F$,将式(8-90)与式(8-110)相比,得

$$\frac{(DX)_m}{P_B} = \ln\frac{X_0 + Y_{X/S}S_F}{X_0} + \mu_m(t_L + t_R + t_P) \tag{8-111}$$

可见连续培养的细胞生产率高于分批培养，而且 μ_m 越大，延迟期和辅助生产时间越长，其优越性越明显。工业上生产单细胞蛋白通常采用连续培养，如英国 ICI 公司用容积 1500 m³ 的巨型发酵罐生产单细胞蛋白，年产量达 7 万吨[26]，采用的就是连续培养的方法。

（2）代谢产物的生产　连续培养在工业上用于大量生产微生物代谢产物的实例较少，其主要原因在于长期运行时易发生杂菌污染和菌种退化问题。细胞在反应器壁、搅拌轴、排液管等处生长也增加了实施连续培养的困难。已在工业上采用连续培养的有啤酒和丙酮-丁醇等的生产。

采用连续培养的方法生产细胞的代谢产物时，应注意选用恰当的限制性基质。例如利用 *Streptococcus mutans* 生产乳酸时，若以葡萄糖为限制性基质，乳酸的比生产速率很低。若以氮源为限制性基质，乳酸的比生产速率有很大的提高，而且乳酸的浓度最大。若以磷酸盐为限制性基质，则乳酸的比生产速率达最大[27]（表 8-6）。

表 8-6　连续培养 *Streptococcus mutans* 时培养条件对乳酸生产的影响

限制性基质	稀释率 /h⁻¹	乳酸产率 /[g/g（菌体）]	比生产速率 /[g/g（菌体）·h]	乳酸浓度 /(g/L)
葡萄糖	0.017	5.4	0.092	4.0
	0.034	6.1	0.21	4.0
	0.051	6.0	0.31	3.8
氮　源	0.034	26.3	0.89	10.0
磷酸盐	0.034	80.0	2.7	4.8

稀释率对产物的生成也有很大的影响。由表 8-6 所示结果，可以看出在以葡萄糖为限制性基质时，随稀释率的增加，乳酸的比生产速率也相应增大。基因工程大肠杆菌 W3110（pEC901）生产干扰素也显示出生长相关的特性，见图 8-22。图 8-23 是中性蛋白酶的比生产速率与稀释率的关系[28]，在稀释率为 0.2 h⁻¹ 左右酶的比生产速率最大。这种关系原则上可以用来指导培养过程中产物生产阶段细胞比生长速率的控制，但应特别注意是否存在其他抑制产物生成的物质，这些物质在连续培养时很可能因稀释作用而被忽略，而在分批培养或补料分批培养中则表现出明显的抑制作用。对于许多次级代谢产物，比生产速率则往往随比生长速率的增大而减小。

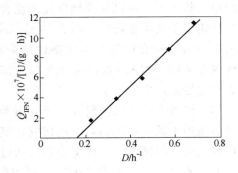

图 8-22　大肠杆菌 W3110（pEC901）干扰素比生产速率与稀释率的关系

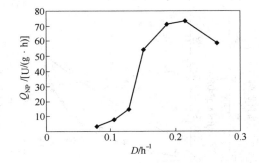

图 8-23　枯草杆菌 DB403（pWL267）的中性蛋白酶比生产速率与稀释率的关系

多级连续培养特别适用于细胞生长和产物合成的最佳条件不同的情况。例如用葡萄糖-半乳糖培养基培养 *Monascus* 生产 β-半乳糖苷酶时，葡萄糖有利于菌体的生长，而酶的生产则受半乳糖的诱导，但葡萄糖又对半乳糖的利用产生竞争性的抑制作用。根据这一特点，考虑采用二级连续培养，第一级用葡萄糖作为碳源，以获得大量菌体，第二级加入半乳糖，促进酶的生产，结果β-半乳糖苷酶的生产有很大提高（表 8-7）[29]。

表 8-7　连续培养的操作方式对 β-半乳糖苷酶生产的影响

操作方式	稀释率 /h^{-1}	酶的比活 /(U/mg 菌体)	生产率 /[U/(L·h)]
Glu + Gal → 30 ℃ →	0.142	0.325	554
Glu + Gal → 30 ℃ →	0.121	0.500	559
Glu → 30 ℃ / Gal → 35 ℃ →	$D_1 = 0.200$ $D_2 = 0.250$	0.293	415
Glu → 30 ℃ / Gal → 35 ℃ →	$\overline{D} = 0.118$ $D_1 = 0.133$ $D_2 = 0.286$	0.500	582
Glu → 30 ℃ → 30 ℃ / Gal → 35 ℃ →	$\overline{D} = 0.097$ $D_1 = 0.193$ $D_2 = 2.342$ $D_3 = 0.286$ $\overline{D} = 0.117$	0.500	702
Glu → 30 ℃ → Gal → 35 ℃ →	$D_1 = 0.266$ $D_2 = 0.286$ $\overline{D} = 0.145$ $c = 2.00$	0.500	870

在分批培养中，细胞的比生长速率很难加以控制，而在连续培养中，细胞的比生长速率可以通过改变稀释率来控制，因而在连续培养的稳定状态下，可以从容地研究细胞在不同生长速率下的生理特性。图 8-24 是 *Aerobacter aerogenes* 在以氮源为限制性基质时，菌体内 DNA、RNA、蛋白含量及单个细胞质量与比生长速率的关系[30]。

（3）细胞生理特性的研究　连续培养也被成功地用于微生物代谢调节的研究，氨的同化就是很好的例子。一些微生物可通过谷氨酸脱氢酶（Ⅰ）由酮戊二酸、氨和 NADPH 生成谷氨酸，或者通过谷氨酰胺合成酶（Ⅱ）/谷氨酸合成酶（Ⅲ）同化，见图 8-25。连续培养的数据[31]（表 8-8）表明培养基中的氨浓度影响氨同化的途径。在氨浓度很低时，因谷氨酰胺合成酶对氨的亲和力

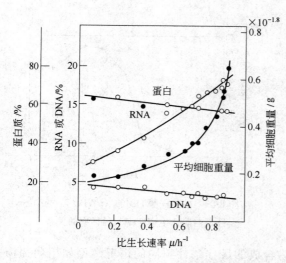

图 8-24　以氮源为限制性基质连续培养产气气杆菌时，细胞组成与比生长速率的关系

很大，微生物可通过谷氨酰胺合成酶/谷氨酸合成酶有效地同化氨，但每同化 1mol 氨需消耗 1mol ATP。在氨浓度较高时，通过谷氨酸脱氢酶同化氨是比较节能的途径。

表 8-8　连续培养中同化氨有关酶的活性

微生物	限制性底物	谷氨酸脱氢	谷氨酰胺合成酶	谷氨酸合成酶
K. aerogenes	C	<1	671	<1
	NH₃	91	<1	39
Ps. aeruginosa	C	<1	48	15
	NH₃	171	3	30

（4）发酵动力学研究　通过连续培养可以得到比生长速率（稀释率）与稳态限制性基质浓度的关系。如果细胞的生长可用 Monod 方程描述，采用双倒数法，即将 $1/D$ 对 $1/S$ 标绘，可以得到一条直线，它在 $1/D$ 轴上的截距为 $1/\mu_m$，斜率为 K_S/μ_m，从而可估计出参数 μ_m 和 K_S。图 8-26 为克隆有人 αA 干扰素基因的大肠杆菌 W3110（pEC901）的 $1/D$ 对 $1/S$ 标绘的结果（限制性基质为葡萄糖），由此求出 $\mu_m=0.763$ h^{-1}，$K_S=0.083$ g/L。

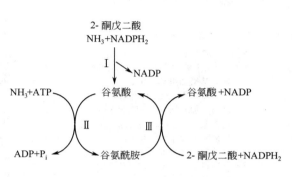

图 8-25　氨的同化途径

当连续培养达到稳态时，限制性基质的比消耗速率

$$Q_S=D(S_F-S)/X \tag{8-112}$$

当产物的生成可以忽略时，根据式（8-57），将 Q_S 对 D 标绘，可以得到一条直线，由其截距和斜率分别求出 m 和 Y_G。图 8-27 为大肠杆菌 W3110（pEC901）连续培养得到的 Q_S-D 关系图，由此求出 $m=0.051$ g/[g（菌体）·h]，$Y_G=0.34$ g（菌体）/g。

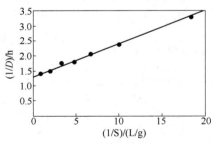

图 8-26　*E. coli* W3110（pEC901）
连续培养的 $1/D$ 对稳态 $1/S$ 的标绘

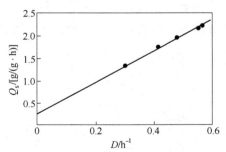

图 8-27　大肠杆菌 W3110（pEC901）
维持系数和生长得率系数的确定

（5）培养基的改进　连续培养也成功地用于培养基配方的改进。它的原理是在一定的稀释率下，增加培养基中限制性基质的浓度可能有两种后果，一是仍为该基质限制，表现为在反应器中其浓度基本不变而细胞浓度明显增加；二是其他某种基质成为限制，表现为细胞浓度无明显增加而原限制性基质的浓度明显增大。这样就为改进培养基配方提供了一个方向，而不需进行大量的摇瓶试验。图 8-28 是改进 *Pseudomonas* C 培养基配方的实例[32]。出发配方中碳源甲醇的浓度为 1 g/L，连续培养的稀释率为 0.32 h^{-1}，达到稳态后，在 1 处将甲醇浓

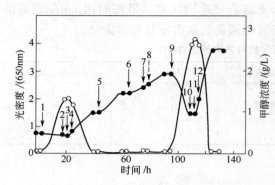

图 8-28 连续培养假单胞菌时培养基成
分的添加对菌体浓度（光密度值，●）
和甲醇浓度（○）的影响

1—培养基槽加甲醇 1 g/L；
2—反应器加 $MnSO_4 \cdot 5H_2O$ 10 μg/L；
3—反应器加 $CuSO_4 \cdot 5H_2O$ 10μg/L；
4—培养基槽加 $CuSO_4 \cdot 5H_2O$ 70 μg/L；
5—培养基槽加甲醇 1 g/L；
6—培养基槽加甲醇 1 g/L；
7—反应器加 $(NH_4)_2SO_4$ 0.5 g/L；
8—培养基槽加 $(NH_4)_2SO_4$ 1.5 g/L；
9—培养基槽加甲醇 1 g/L；
10—反应器加 $FeSO_4 \cdot 7H_2O$ 1 mg/L；
11—反应器加 $MgSO_4 \cdot 7H_2O$ 0.1 g/L；
12—培养基槽加 $MgSO_4 \cdot 7H_2O$ 0.1 g/L

度改为 2 g/L，菌体浓度无增加，但反应器中甲醇浓度大大增加，表明不是甲醇，而是其他物质成为限制性因素。在 2 处加入 $MnSO_4$，甲醇浓度未下降，而在 3、4 处加入 $CuSO_4$ 则甲醇浓度大大下降，菌体浓度上升，表明由铜离子限制又变为甲醇限制。这样多次尝试，得到甲醇浓度达 10 g/L 的改良配方，不但提高了发酵的菌体浓度，而且提高了菌体的得率。用此新培养基进行分批培养，不显示延迟期，因此较原培养基理想。本方法的另一好处是很容易求出微生物对各种物质的需求量。

（6）菌种的筛选和富集　当多种微生物在同一反应器中混合连续培养时，各种微生物竞争利用限制性基质，从而具有优势的微生物得以保留，不具优势者则被洗掉和淘汰。为简便起见，仅讨论两种微生物混合连续培养的情况。

若 A、B 两种微生物的比生长速率与同一限制性基质浓度的关系如图 8-29（a）所示，在操作的稀释率 D 下，A 的平衡限制性基质浓度为 S_A，B 的平衡限制性基质浓度为 S_B，混合培养时因 A 的生长优势大，结果 B 被洗掉，A 被保留，平衡浓度为 S_A。在图 8-29（b）的情况下，因 B 具有优势，故保留 B 而淘汰 A。在图 8-29（c）的情况下，结果与操作的稀释率有关，在 D_1 下操作时保留 A，在 D_2 下操作时则保留 B。若在纯培养时发生杂菌污染，当在同样限制性基质浓度下杂菌的比生长速率低于原培养的微生物时，杂菌被洗掉，不影响连续培养，反之则原培养的微生物被杂菌淘汰。

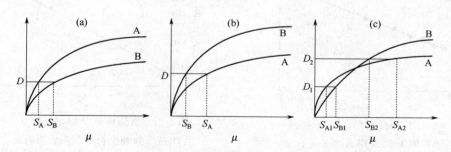

图 8-29　两种细胞混合连续培养时稳态限制性底物浓度的确定

微生物在连续培养时发生变异，则原出发菌与变异菌之间发生竞争。若变异菌较原出发菌具有优势，则反应器中最终保留变异菌，反之则保留出发菌。大肠杆菌的 *lac* I⁻ 变异株的筛选是一个典型的例子。野生菌带有 *lac* I 基因（记作 I⁺），它表达的抑制蛋白与操纵基因结合，阻遏 β-半乳糖苷酶等的表达，I⁻ 菌株则无此阻遏作用，因而在乳糖培养基中比 I⁺ 菌株具有生长优势，见图 8-30（a）。将出发菌株 *E.coli* E 102（I⁺）在 $D = 0.167$ h⁻¹ 下以乳糖作限制性基质（$S_F = 20$ mg/L）进行连续培养，10 代前 β-半乳糖苷酶的比活很低，但在第 10 代后迅速增高，在 20 代左右达到新的稳态，反应器中只剩下 I$^-$ 菌株 E104 [图 8-30（b）]。E104 在非诱导的条件下生产 β-半乳糖苷酶的能力为亲株 E102 的 $(3\sim4)\times10^4$ 倍[33]。

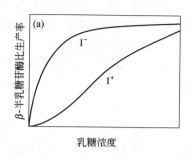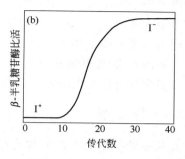

图 8-30　大肠杆菌 I$^+$、I$^-$ 菌株 β-半乳糖苷酶生产的差别（a）和
连续培养中大肠杆菌 β-半乳糖苷酶比活的变化（b）

　　大肠杆菌在葡萄糖培养基中好气培养时，往往会积累乙酸，而乙酸对菌体生长和外源基因产物的生产有很强的抑制作用。李志敏等[34] 将经 ^{60}Co 处理的大肠杆菌 JM101 培养液进行连续培养，初始稀释率较低，以避免菌体被洗掉。达到稳定状态后，逐渐将稀释率增加，图 8-31 是稀释率与稳态菌体浓度和葡萄糖浓度的关系。在最大稀释率下的培养液中分离到一些具有乙酸耐性的突变株，其中一株 JL3 在含有 10g/L 乙酸的培养基中，比生长速率和外源 β-半乳糖苷酶生产都比 JM101 有较大提高。

　　如果连续培养在敞开的反应器中进行，以土壤等材料接种，并维持一定的选择性环境，就可能富集一定性能的微生物。例如，以甲醇作碳源并作为限制性基质，连续培养后有可能富集同化甲醇的微生物。

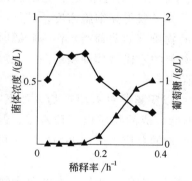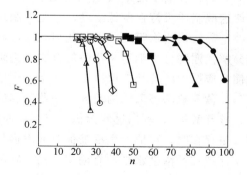

图 8-31　^{60}Co 处理的 JM101 连续
培养中稳态菌体浓度和葡萄糖
浓度随稀释率的变化
◆—菌体浓度；▲—葡萄糖浓度

图 8-32　大肠杆菌 W3110（pEC901）
的质粒稳定性与传代数的关系
比生长速率/(h^{-1})：△—0.302；○—0.416；
◇—0.482；□—0.556；■—0.570；
▲—0.667；●—0.705

　　（7）微生物遗传稳定性的研究　采用连续培养，理论上微生物可以无限地生长，因而也是研究其遗传稳定性的好方法。早在 50 年代，许多研究人员已用连续培养的方法研究微生物的自然变异率或化学诱变率。近年来，基因操作技术的发展，使许多昂贵的具有重要生理活性的人体蛋白可以利用微生物来大量生产。通常利用重组质粒将外源目的基因转入宿主菌内，若该重组质粒丢失或有关基因发生突变，基因工程菌即失去生产能力，因而其质粒稳定性是十分重要的。连续培养已广泛地用于基因工程菌的质粒稳定性研究，例如生长速率（稀释率）、限制性基质、质粒结构与宿主等对质粒稳定性的影响。图 8-32 是在以葡萄糖为限制性基质的合成培养基中连续培养 *E.coli* W3110（pEC901）时，得到的在不同稀释率下质粒稳定性随传代数变化的情况[35]。在一定的稀释率下，基因工程菌以一定频率产生变异菌（丢失质粒），同时丢失质粒的个体因较原基因工程菌具有生长的优势，一旦出现即很快将原基因工程菌淘汰。由图 8-32 可见该基因工程菌在高比生长速率下有较高质粒稳定性，这一特点在进行高密度发酵时可作为发酵控制的依据。

8.5 补料分批培养

补料分批培养是一种界于分批培养和连续培养之间的操作方式，在进行分批培养的时候，向反应器内加入培养基的一种或多种成分，以达到延长生产期和控制培养过程的目的。随着补料操作的进行，培养液的体积逐渐增大，到了一定时候即需结束培养，或者将部分培养液取出，剩下的培养液继续进行补料分批培养。后一种操作可以反复进行多次，称为反复补料分批培养。这种在培养的过程中间放出部分培养液的操作，在工厂里称为"带放"。

补料操作可以有效地对培养过程加以控制，提高培养过程的生产水平，在工厂中得到广泛的应用。当然不同的培养过程，补料操作也有各自的特点。在研究了有关过程的动力学特点以后，有可能对补料操作加以优化。总的来说，补料分批培养适用于以下情况。

（1）细胞的高密度培养 一般培养基中的营养物质浓度有一定的限度，过高的基质浓度往往会抑制细胞的生长。采用补料的方法将高浓度的营养物质逐渐加入反应器，可使培养液中的细胞浓度达到很高的程度，如大肠杆菌浓度可达 125 g/L[36]。

（2）发生基质抑制的过程 一些微生物能利用甲醇、乙醇、醋酸、某些芳香族化合物等，但它们在较高浓度下会对细胞的生长产生抑制。采用补料的方法将它们逐渐加入反应器，使这些基质维持在较低浓度，避免抑制作用的发生，并可获得高细胞密度。

（3）分解代谢物阻遏 以某些很容易被微生物利用的物质（如葡萄糖）作为碳源时，其某些分解代谢物会使细胞某些酶的合成受到阻遏。采用补料的手段将葡萄糖逐渐加入反应器中，使反应器中的葡萄糖保持在低水平，可以有效地去阻遏。

（4）营养缺陷型菌株的培养 一些营养缺陷型菌株可以积累某种有用产物（如氨基酸、核苷、核苷酸等），利用这些菌株进行生产时须补充其不能合成的物质供生长所需。但这些物质过量存在时，可能产生反馈抑制或阻遏作用，影响产物的合成。采用补料的方法可将这些物质保持在低浓度水平，有助于提高产物的生产。

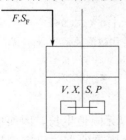

图 8-33 补料分批培养示意图

（5）前体的补充 在一些发酵过程中，加入前体可使产物的生成大大增加，但如果前体对菌体有毒性，就不可在培养液里大量加入前体。通过补料加入前体，既满足产物合成的需要，又不使前体大量积累而产生抑制作用，从而有效地提高产物的生产。

8.5.1 补料分批培养

补料操作可以采取间歇添加的方法，也可采用连续流加的方法。下面讨论连续流加的补料分批培养。

8.5.1.1 恒速流加

图 8-33 是补料分批培养的示意图。假定反应器中进行理想的混

合，培养液中只存在一种基质限制细胞的生长，细胞的得率系数恒定不变。若在某一时刻 t 培养液中的细胞、限制性基质和产物浓度分别是 X、S 和 P，培养液体积为 V，新鲜培养基中的限制性基质浓度为 S_F，流加速度为 F。由于培养基的流加，培养液的体积不断变化，因此对培养液中的细胞总量进行物料衡算

$$\frac{d(VX)}{dt} = \mu XV \tag{8-113}$$

$$\frac{d(VS)}{dt} = FS_F - \frac{1}{Y_{X/S}} \frac{d(VX)}{dt} \tag{8-114}$$

$$\frac{d(VP)}{dt} = Q_P VX \tag{8-115}$$

$$\frac{dV}{dt} = F \tag{8-116}$$

若培养时间较长，在培养过程中要加入酸碱调 pH 或加消泡剂消泡，式（8-116）中还应考虑酸、碱、消泡剂加入速率和水分蒸发速率。在补料分批培养中培养液的体积变化主要是由加料中的水分造成，如果限制性基质是液态物质，则忽略体积变化可能不会产生很大误差。

关于细胞，对式（8-113）的左边求全微分

$$\frac{d(VX)}{dt} = V\frac{dX}{dt} + X\frac{dV}{dt} \tag{8-117}$$

将式（8-116）、式（8-117）代入式（8-113），得

$$\frac{dX}{dt} = \left(\mu - \frac{F}{V}\right)X = (\mu - D)X \tag{8-118}$$

对于限制性基质和产物，类似地也可推出

$$\frac{dS}{dt} = D(S_F - S) - \frac{\mu X}{Y_{X/S}} \tag{8-119}$$

$$\frac{dP}{dt} = Q_P X - DP \tag{8-120}$$

虽然式（8-118）和前面的式（8-72）具有相同的形式，但其中 F/V 的意义是完全不同的。连续培养的 F/V 表示因洗掉而被稀释，在这里 F/V 则是因体积变大而稀释。式（8-118）、式（8-119）和式（8-120）三式描述了补料分批培养中细胞浓度、限制性基质浓度和产物浓度的变化规律，图 8-34 是细胞生长遵循 Monod 方程时，根据这三个关系模拟的补料分批培养时细胞浓度和限制性基质浓度的变化情况[37]。随着补料的进行，培养液中的细胞浓度逐渐增大，限制性基质浓度逐渐降低，表明这时限制性基质的添加速度已跟不上细胞的消耗。最后，限制性基质浓度趋向于 0，细胞浓度也接近于定值，培养过程进入一个拟稳态。按照式（8-118），拟稳态下的细胞比生长速率近似于稀释率。由于培养液体积在不断增大，稀释率逐渐减小，拟稳态的细胞比生长速率也是不断减小的。当限制性基质浓度相对 K_S 很大时，培养液中的细胞总量随时间指数增加，而在进入拟稳态后则随时间线性增加，即

$$XV = X_0 V_0 + FS_F Y_{X/S} t \tag{8-121}$$

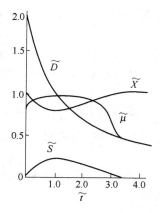

图 8-34　恒速补料分批培养过程菌体浓度和限制性基质浓度变化趋势

$(K_S/S_F = 0.01, F/V_0\mu_m = 2.0, \tilde{X} = X/Y_{X/S}S_F, \tilde{t} = t\mu_m, \tilde{S} = S/S_F, \tilde{D} = D/\mu_m, \tilde{F} = F/V\mu_m, \tilde{\mu} = \mu/\mu_m)$

如果在开始流加培养基时培养液的体积为 V_0，在流加时间 t 的培养液体积 V 为

$$V = V_0 + Ft \tag{8-122}$$

因此稀释率

$$D = \frac{F}{V_0 + Ft} \tag{8-123}$$

稀释率对时间的变化率

$$\frac{\mathrm{d}D}{\mathrm{d}t} = -\frac{F_0^2}{V^2} = -\frac{F_0^2}{(V_0 + Ft)^2} \tag{8-124}$$

如果 V_0 较小而且流加时间很长，即 $V_0 \ll V$，则拟稳态的比生长速率变化率

$$\frac{\mathrm{d}\mu}{\mathrm{d}t} = -\frac{1}{t^2} \tag{8-125}$$

拟稳态并不是严格的稳态。这时的限制性基质浓度虽然很低，但并不等于 0，只是变化很小。

$$S = \frac{K_S F/V}{\mu_m - F/V} \tag{8-126}$$

在拟稳态下虽然限制性基质浓度变化很小，但其他基质浓度则可有很大变化，这也是它和连续培养的稳态的不同之一。

如果限制性基质是能源，$Y_{X/S}$ 随比生长速率而变化。当因生成产物消耗的限制性基质可以忽略时，式（8-114）可写作

$$\frac{\mathrm{d}(SV)}{\mathrm{d}t} = FS_F - \frac{1}{Y_G}\frac{\mathrm{d}(VX)}{\mathrm{d}t} - mXV \tag{8-127}$$

在拟稳态下

$$FS_F = \frac{\mathrm{d}(XV)}{Y_G \mathrm{d}t} + mXV \tag{8-128}$$

若在时间 t_T 细胞总量由指数增长转变为线性增长，这时的细胞浓度和培养液体积分别为 X_T 和 V_T，将上式积分可得

$$XV = \frac{FS_F}{m} - \left(\frac{FS_F}{m} - V_T X_T\right) \exp\left[-mY_G\left(t - t_T\right)\right] \tag{8-129}$$

当培养时间足够长，$FS_F/m = X_T V_T$ 时，细胞总量达到最大，为

$$(XV)_m = FS_F/m \tag{8-130}$$

这时加入的能源全用于维持的消耗。

关于产物的生成，若比生产速率 Q_P 恒定不变，由式（8-119）和式（8-122），有

$$PV = P_0 V_0 + Q_P X_m(V_0 + Ft/2)t \tag{8-131}$$

其中 P_0 是 $t = 0$ 时的产物浓度，X_m 是拟稳态的最大细胞浓度（$= Y_{X/S}S_F$）。因此产物浓度

$$P = \frac{P_0 V_0}{V} + Q_P X_m\left(\frac{V_0}{V} + \frac{Dt}{2}\right)t \tag{8-132}$$

如果 Q_P 不恒定，则

$$P = \frac{P_0 V_0}{V} + \frac{1}{V}\int_0^t Q_P(t) X_m\left(\frac{V_0}{V} + \frac{Dt}{2}\right)\mathrm{d}t \tag{8-133}$$

218

8.5.1.2 指数流加

从前面的讨论可以知道，在进行恒速流加的补料分批培养中，达到拟稳态后细胞的比生长速率是逐渐减小的，限制性基质浓度则保持在相当低的水平。如果想要保持恒定的比生长速率，就不能进行恒速流加，而应进行指数流加。

在比生长速率保持恒定的情况下，由式（8-113）可得

$$XV = X_0 V_0 \exp(\mu t) \tag{8-134}$$

其中 X_0 和 V_0 分别是开始流加时的细胞浓度和培养液体积。这时培养液中的限制性基质浓度也应恒定，由式（8-119）有

$$\mu XV = F Y_{X/S}(S_F - S) \tag{8-135}$$

因此

$$F = \frac{\mu XV}{Y_{X/S}(S_F - S)}$$

$$= \frac{\mu X_0 V_0 \exp(\mu t)}{Y_{X/S}\left(S_F - \dfrac{K_S \mu}{\mu_m - \mu}\right)} \tag{8-136}$$

当然也可采取改变加料液浓度的方法进行恒速流加，不过较难实施。最近有人利用两个贮槽分别存放浓、稀两种培养基，将此二槽从底部连通并用泵将混合液送入反应器，此混合液的浓度随着流加的进行线性增高，在恒速流加的情况下，可将培养液中的限制性基质浓度维持在一定的范围之内变化[38]。

8.5.2 反复补料分批培养

随着补料的进行，培养液体积不断增大，达到一定程度时，将部分培养液从反应器中放出，剩下部分继续进行补料分批培养，如此反复进行，即所谓反复补料分批培养。Pirt 最先对反复补料分批培养作了理论分析并考虑它在青霉素发酵中应用[39]。下面讨论在恒速流加时的反复补料分批培养。

假定补料分批培养进行一段时间 t_w 后，培养液体积达到 V_w，这时进行带放，使体积恢复到 V_0，并继续补料分批培养，经过同样时间后带放，如此反复进行。在每次带放以后，补料分批培养和不带放的情况并没有什么不同。令

$$\gamma = V_0 / V_w \tag{8-137}$$

$$D_w = F / V_w \tag{8-138}$$

则

$$t_w = (1 - \gamma) / D_w \tag{8-139}$$

当 Q_P 为常数时，将以上关系代入式（8-132），可知带放时的产物浓度

$$P_w = \gamma P_0 + \frac{Q_P X_m}{2 D_w}(1 - \gamma^2) \tag{8-140}$$

而 Q_P 不是常数时

$$P_w = \gamma P_0 + X_m \int_0^t Q_P(t)(\gamma + D_w t)\mathrm{d}t \tag{8-141}$$

设进行第一次带放时的产物浓度为 P_1，令

$$K = \frac{Q_P X_m}{2 D_w}(1 - \gamma^2) \tag{8-142}$$

或

$$K = X_m \int_0^t Q_P(t)(\gamma + D_w t)\, dt \qquad (8\text{-}143)$$

有

$$P_1 = \gamma P_0 + K$$

第二次带放时

$$P_2 = \gamma P_1 + K = \gamma^2 P_0 + \gamma K + K$$

第 n 次带放时

$$P_n = \gamma^n P_0 + K(\gamma^{n-1} + \gamma^{n-2} + \cdots + \gamma + 1)$$

$$= \gamma^n P_0 + K \frac{1 - \gamma^n}{1 - \gamma}$$

当 n 很大时

$$P = K/(1 - \gamma) \qquad (8\text{-}144)$$

因此，放出的培养液中的产物浓度开始增加较快，随着带放操作的反复进行，逐渐趋向一个定值。由于反复补料分批培养中不断排放培养液，培养过程中放出的培养液体积可大于反应器体积，从而大大提高反应器的利用效率和生产效率。

8.6 培养与分离的耦合

在细胞培养过程中，随着细胞的生长繁殖，各种代谢产物也在培养液里积累起来，当某些代谢产物的浓度达到一定程度时，会对细胞的生长或有关物产的生产造成抑制，影响目标产物的进一步提高。这种影响在目标产物本身具有抑制作用时更为严重，如乳酸发酵、乙醇发酵、水杨酸发酵等等，图 8-35 为乳酸对乳酸菌生长的影响。一些代谢副产物的积累，也可能产生消极作用，如基因工程大肠杆菌即使在好氧培养时，也会有葡萄糖的降解产物醋酸积累起来，当乙酸的浓度达到一定程度时，不但严重抑制大肠杆菌的生长，而且影响有关目标基因的表达（图 8-36）。动物细胞的培养中生成的乳酸也会抑制动物细胞的生长。如果能在培养过程中同时将这些有害物质除去，则可改善细胞的生长和有关产物的继续形成。有害产物除去的方法很多，如透析、电渗析[40]、过滤[41]、离子交换、吸附[42]、蒸发[43]、萃取[44] 等，下面讨论其中的几种。

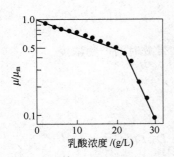

图 8-35　乳酸对乳酸菌
比生长速率的影响

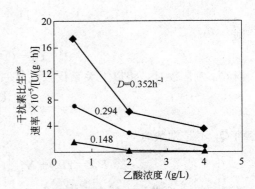

图 8-36　乙酸对大肠杆菌 W3110（pEC901）
干扰素比生产速率的影响

8.6.1 透析

将培养液用透析膜与透析液隔开，随着培养的进行，细胞生成的代谢产物（特别是分子较小的产物）通过透析膜进入透析液，从而降低了在培养液中的浓度，有利于解除抑制。如果在透析液中加入营养物质，则营养物质可以相反的方向进入培养液，供细胞利用。培养和透析的耦合，根据反应器和透析器的操作方式，可以分成连续培养-连续透析、分批培养-分批透析（$F=0$，$F_D=0$）、分批培养-连续透析（$F=0$）和连续培养-分批透析（$F_D=0$）四种操作方式，见图 8-37。

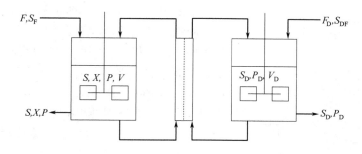

图 8-37　培养和透析耦合的操作方式

8.6.1.1 连续培养-连续透析

这种方式即图 8-37 中 F 和 F_D 都不为 0 的情况。如果反应器和透析液储罐都是理想混合的搅拌罐，加入反应器的培养基流量及离开反应器的培养液流量均为 F，其中限制性基质浓度为 S_F；透析液储罐的体积为 V_D，透析器中的培养液和透析液体积均可忽略不计；加入和离开透析液储罐的透析液流量均为 F_D，限制性基质浓度分别是 S_{DF} 和 S_D；透析膜的面积为 A_m，膜的渗透系数为 P_m，营养物质的渗透速率与膜两侧的浓度差成正比，即 $P_m A_m (S_D - S)$。透析液中的产物浓度为 P_D，产物的渗透系数为 P'_m。对于反应器有以下物料平衡

$$V \frac{dX}{dt} = \mu XV - FX \tag{8-145}$$

$$V \frac{dS}{dt} = FS_F + P_m A_m (S_D - S) - FS - \frac{\mu XV}{Y_{X/S}} \tag{8-146}$$

$$V \frac{dP}{dt} = (\alpha\mu + \beta) XV - P_m A_m (P - P_D) - FP \tag{8-147}$$

对于透析液储罐则有

$$V_D \frac{dS_D}{dt} = F_D S_{DF} - F_D S_D - P_m A_m (S_D - S) \tag{8-148}$$

$$V_D \frac{dP_D}{dt} = P_m A_m (P - P_D) - F_D P_D \tag{8-149}$$

当培养和透析都进行连续操作时，可以达到稳定状态。由式（8-133）可得

$$\mu = F/V = D$$

这一特性和非透析时一样，细胞的比生长速率和稀释率相等。如果细胞的生长遵循 Monod 方程，在稳态下的限制性基质浓度可按式（8-77）计算，所以限制性基质浓度和稀释率的关系和非透析时一样。由式（8-147）可得稳态下透析液储罐中透析液浓度

$$S_D = \frac{F_D S_{DF} + P_m A_m S}{P_m A_m + F_D} \tag{8-150}$$

将其代入式（8-146），即可求出稳态细胞浓度

$$X = \left[\frac{S_{DF} - S}{\frac{1}{P_m A_m} + \frac{1}{F_D}} + F(S_F - S) \right] \frac{Y_{X/S}}{F}$$

$$= \left[\frac{S_{DF} - \frac{K_S D}{\mu_m - D}}{\frac{1}{P_m A_m} + \frac{1}{F_D}} + F\left(S_F - \frac{K_S D}{\mu_m - D}\right) \right] \frac{Y_{X/S}}{F} \tag{8-151}$$

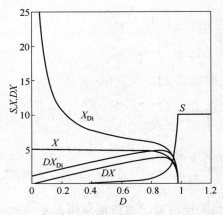

图 8-38　连续培养耦合透析时限制性基质和细胞浓度及细胞生产率与稀释率的关系

上式中不出现 V_D，即透析设备的大小对培养过程中的稳态细胞浓度没有影响，因此在保证理想混合的条件下，透析液储罐可以做得很小而不影响透析培养的效果。图 8-38 是 $\mu_m = 1.0\ \mathrm{h^{-1}}$，$K_S = 0.2\ \mathrm{g/L}$，$Y_{X/S} = 0.5\ \mathrm{g}$ 细胞$/\mathrm{g}$，$S_F = S_{DF} = 10\ \mathrm{g/L}$，$F_D = 0.5\ \mathrm{L/h}$，$P_m A_m = 0.42\ \mathrm{L/h}$ 时限制性基质（S_{Di}）、细胞（X_{Di}）、细胞生产率（DX_{Di}）随稀释率变化的情况，图中也给出了非透析连续培养的情况（X、DX）作为对比。在低稀释率下，细胞浓度可以达到非常高的程度，这是由于从透析液提供了大量限制性基质的缘故。进行透析时，细胞的生产率也较非透析时为高，其代价是限制性基质的利用率下降，特别在稀释率低时。如果限制性基质是能源，式（8-146）可写为

$$V \frac{dS}{dt} = FS_F + P_m A_m(S_D - S) - FS - \left(\frac{\mu}{Y_G} + m\right)XV \tag{8-152}$$

则稳态细胞浓度

$$X = \frac{\frac{S_{DF} - \frac{K_S D}{\mu_m - D}}{\frac{1}{P_m A_m} + \frac{1}{F_D}} + F\left(S_F - \frac{K_S D}{\mu_m - D}\right)}{\frac{F}{Y_G} + mV} \tag{8-153}$$

和非透析的连续培养不同，在低稀释率下，细胞浓度还是达到很高的程度。由式（8-150）可以求出稳态透析液储罐中的产物浓度

$$P_D = \frac{P_m A_m P}{P_m A_m + F_D} \tag{8-154}$$

代入式（8-147），得到反应器中稳态产物浓度

$$P = \frac{(\alpha F/V + \beta)XV}{\frac{P_m A_m F_D}{P_m A_m + F_D} + F} \tag{8-155}$$

由透析液带走的产物在流出反应器的产物中所占比重为

$$\frac{F_D P_D}{F_D P_D + FP} = \frac{1}{1 + F\left(\frac{1}{P_m A_m} + \frac{1}{F_D}\right)} \tag{8-156}$$

若要使产物主要从透析液中取出，则应设法提高 $P'_m A_m$ 和 F_D。这样做虽然可使大量产

物转入无细胞溶液，但浓度较低，会增加提取的难度。不过当产物有抑制作用时，这样做是很有利的。

如果在临界稀释率 D_C 下操作，反应器中的细胞浓度为0。由式（8-153）和式（8-77），可以得出

$$D_C = \frac{\mu_m}{K_S \dfrac{1 + F\left(\dfrac{1}{P_m A_m} + \dfrac{1}{F_D}\right)}{1 + FS_F\left(\dfrac{1}{P_m A_m} + \dfrac{1}{F_D}\right)} + 1} \tag{8-157}$$

如果 $S_F = S_{DF}$，则上式可简化为式（8-88）。

8.6.1.2 分批培养-分批透析

在这种操作方式，相当于图 8-37 中 $F = F_D = 0$ 的情况，反应器和透析液储罐中各种物料浓度不能达到稳定状态，而随时间变化，见图 8-39。接种后，细胞经过一段时间的指数生长，然后因限制性底物消耗，细胞的生长速率由透析罐中的限制性底物向反应器中扩散的速率决定，进入线性生长阶段。由于透析罐中的限制性底物浓度越来越低，通过扩散进入反应器的限制性底物越来越少，细胞的生长进入饱和期。

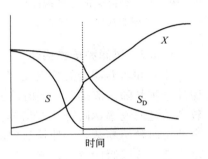

图 8-39　分批培养-分批透析时
细胞和限制性底物浓度变化

在理想的情况下，反应器中能达到的细胞浓度 X_{Di} 与反应器和透析罐的初始限制性底物浓度有关。根据物料平衡

$$V(X_{Di} - X_0) = Y_{X/S}(VS_0 + V_D S_{D0}) \tag{8-158}$$

式中　X_0 是反应器的接种后细胞浓度；S_0 和 S_{D0} 分别是反应器和透析罐的初始限制性底物浓度。对于非透析的分批培养，能达到的细胞浓度为

$$X_{nd} = X_0 + Y_{X/S}S_0 \tag{8-159}$$

由于 X_0 与 X_{Di}、X_{nd} 相比可以忽略，透析培养和非透析培养可达到的细胞浓度比为

$$\frac{X_{Di}}{X_{nd}} = 1 + \frac{V_D S_{D0}}{V S_0} \tag{8-160}$$

因此，透析分批培养能达到的细胞浓度与透析罐、反应器的初始限制性底物浓度比 S_{D0}/S_0 有关，也与二者的体积比 V_D/V 有关。如果 $S_0 = S_{D0}$

$$\frac{X_{Di}}{X_{nd}} = 1 + \frac{V_D}{V} \tag{8-161}$$

由于底物通过透析进入反应器，透析培养的指数生长阶段也比不透析时长。如果限制性底物是能源，而且通过透析膜进入反应器的限制性底物十分有限，则扩散进入的限制性底物可能只能满足细胞的维持代谢消耗，从而达到一个较低的最大细胞浓度 X_m，这时

$$P_m A_m(S_D - S) = V_m X_m \tag{8-162}$$

8.6.1.3 分批培养-连续透析

这种操作方式，相当于图 8-37 中 $F = 0$ 的情况，反应器和透析液储罐中各种物料浓度随时间变化，见图 8-40。接种后，细胞经历一指数生长阶段后，因营养限制发生线性生长，

此时细胞浓度的增长速率依赖与限制性底物通过透析膜的扩散速率，反应器和透析罐中的限制性底物浓度报酬不变。

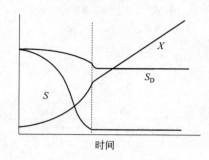

图 8-40 分批培养-连续透析时
细胞和限制性底物浓度的变化

和分批培养-分批透析一样，如果限制性底物为能源，当扩散进入反应器的限制性底物完全用于维持代谢时，细胞浓度达到最大值

$$X = \frac{P_m A_m (S_D - S)}{mV} \qquad (8\text{-}163)$$

其中

$$S_D = \frac{P_m A_m S + F_D S_{DF}}{P_m A_m + F_D} \qquad (8\text{-}164)$$

如果 $F_D \gg P_m A_m$，则

$$X = \frac{P_m A_m (S_{DF} - S)}{mV} \qquad (8\text{-}165)$$

8.6.2 过滤和培养耦合

过滤和培养耦合的情况见图 8-41。进行过滤操作时，培养液中的培养基成分和溶解的胞外产物都随滤液排出，同时培养液的体积减少。为了有效减少培养液的产物浓度，应保持较高的过滤速率，同时补充培养液体积和营养的损失，因而需要不断添加培养基。图 8-41 中补充两种培养基，一种是基础培养基，含各种培养基成分，流量为 F_m；另一种为高浓度培养基，含限制性底物，流量为 F。

过滤耦合的补料分批培养有如下物料平衡

$$\frac{\mathrm{d}(XV)}{\mathrm{d}t} = \mu XV \qquad (8\text{-}166)$$

$$\frac{\mathrm{d}(SV)}{\mathrm{d}t} = FS_F + F_m S_m - F_F S - \frac{\mu XV}{Y_{X/S}} \qquad (8\text{-}167)$$

$$\frac{\mathrm{d}(PV)}{\mathrm{d}t} = Q_P XV - F_F P \qquad (8\text{-}168)$$

$$\frac{\mathrm{d}V}{\mathrm{d}t} = F + F_m - F_F \qquad (8\text{-}169)$$

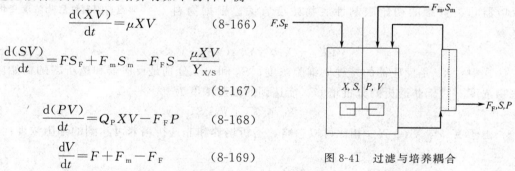

图 8-41 过滤与培养耦合

培养过程不能进入稳态。如果维持培养液体积不变，由式（8-169）可知 $F + F_m = F_F$。此时若要维持产物浓度不变，由式（8-168）可得

$$F_F = \frac{Q_P XV}{P} \qquad (8\text{-}170)$$

式中 P 是所欲维持的产物浓度。因此，产物的比生产速率越大，菌体浓度越高，培养液体积越大，要求的产物浓度越低，需要的过滤速率就越高。如果维持比生长速率恒定，菌体浓度随时间呈指数增长，而产物生成与生长相关，则过滤速率也需随时间呈指数增大。

8.7 基因工程菌培养

基因工程菌在培养过程中可能产生不稳定的问题，发生外源基因的丢失（脱落性不稳定）或变异（结构不稳定），从而失去外源基因产物的生产性能。基因工程菌的不稳定问题与菌株的构建（如基因剂量、载体性能、宿主特性、启动子等）有关，也和培养条件有密切

关系。

8.7.1 脱落性不稳定对发酵的影响

在构建基因工程菌时，通过载体的选择、宿主的选择、外源基因整合到宿主染色体等改进遗传特性方面的手段，来提高基因工程菌的稳定性。同时，基因工程菌的稳定性也与发酵的工艺条件有密切关系，如培养基、限制性基质、生长速率等均会影响基因工程菌的稳定性。下面主要从发酵工程的角度讨论影响工程菌稳定性的因素。

Imanaka 等[45] 提出了一个基因工程菌发生脱落性不稳定的模型。假定质粒丢失的概率为 p，基因工程菌和丢失质粒的宿主菌都以指数形式增殖，则有以下关系

$$aS + P \longrightarrow (2-p)P + N$$
$$bS + N \longrightarrow 2N$$

其中 S 为限制性基质浓度，N 和 P 分别为带有和丢失质粒的菌体浓度，a 和 b 分别是系数。如果带有和丢失质粒的菌体的比生长速率分别是 μ^+ 和 μ^-，开始培养时的菌体浓度分别是 P_0 和 N_0，经过时间 t 的培养，基因工程菌传 n 代，它在培养液中的比例为

$$F_n = \frac{1-\gamma-p}{1-\gamma-p \cdot 2^{n(\gamma+p-1)}} \tag{8-171}$$

其中 $\gamma = \mu^-/\mu^+$，其值一般在 1 和 2 之间，这是由于基因工程菌的质粒复制与维持以及外源基因的表达需要消耗更多的物质和能量，因而宿主菌更具有生长的优势。当 $\mu^- = 0$（$\gamma = 0$）时，反映了营养缺陷型宿主丢失了质粒中合成有关缺陷的营养物质的酶的情况，而 $\mu^- < 0$ 则反映了基因工程菌丢失其耐药性被杀死的情况。图 8-42 描绘了上式反映的 γ 和 p 对 F_{25} 的影响，图 8-43 是培养过程中基因工程菌比例的变化与 γ 的关系。由于丢失质粒的菌体的生长优势，一旦发生质粒的丢失，基因工程菌的比例会迅速下降。

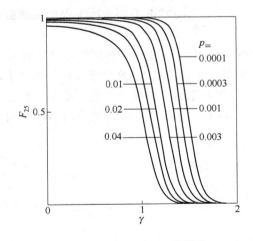
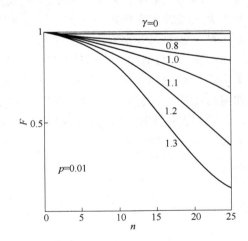

图 8-42　γ 和 p 对 F_{25} 的影响　　　图 8-43　分批发酵过程中 F 的变化

以上模型描述了恒定比生长速率下的情况，但是在发酵过程中限制性基质浓度和菌体的比生长速率都会改变，基因工程菌的组成显示出更加复杂的变化。Ollis 和 Chang[46] 针对分批发酵过程基因工程菌的质粒丢失提出了一个模型，并讨论了对产物的影响。

设带有基因工程 DNA 质粒的细胞的最大比生长速率为 μ_m^+，浓度为 X^+；丢失质粒的细胞的最大比生长速率为 μ_m^-，浓度为 X^-；培养过程中只发生脱落性不稳定，细胞在分裂时丢失质粒的概率为 p，则在分批培养中

$$\frac{\mathrm{d}X^+}{\mathrm{d}t} = \mu_\mathrm{m}^+ \frac{S}{K_\mathrm{s}+S}(1-p)X^+ \tag{8-172}$$

$$\frac{\mathrm{d}X^-}{\mathrm{d}t} = \mu_\mathrm{m}^- \frac{S}{K_\mathrm{s}+S}(1-p)X^- + \mu_\mathrm{m}^+ X^+ \frac{S}{K_\mathrm{s}+S}p \tag{8-173}$$

因此

$$\frac{\mathrm{d}X^-}{\mathrm{d}X^+} = \frac{\mu_\mathrm{m}^- X^- + \mu_\mathrm{m}^+ X^+ p}{(1-p)\mu_\mathrm{m}^+ X^+} \tag{8-174}$$

其解为

$$\chi = \frac{X^-}{X^+} = \frac{\left[(\gamma+p-1)\chi_0+p\right](X^+/X_0^+)^{[\gamma/(1-p)-1]}-p}{\gamma+p-1} \tag{8-175}$$

关于限制性底物，有

$$-\frac{\mathrm{d}S}{\mathrm{d}t} = \frac{1}{Y^+}\frac{\mathrm{d}X^+}{\mathrm{d}t} + \frac{1}{Y^-}\frac{\mathrm{d}X^-}{\mathrm{d}t} \tag{8-176}$$

若 $Y^+ = Y^- = Y$，则

$$-\frac{\mathrm{d}S}{\mathrm{d}t} = \frac{1}{Y}\frac{S}{K_\mathrm{s}+S}\left\{\mu_\mathrm{m}^+ + \mu_\mathrm{m}^- \frac{\left[(\gamma+p-1)\chi_0+p\right](X^+/X_0^+)^{[\gamma/(1-p)-1]}-p}{\gamma+p-1}\right\}X^+ \tag{8-177}$$

产物的生成仅与带有质粒的细胞有关

$$\frac{\mathrm{d}P}{\mathrm{d}t} = \alpha\frac{\mathrm{d}X^+}{\mathrm{d}t} + \beta X^+ \tag{8-178}$$

当 $X_0 = 10^{-4}$ g/L，$\chi_0 = 0$、0.25、0.5 和 1（即不同的初始种子纯度）时，分批培养中两种细胞的相对浓度、限制性底物浓度及产物浓度变化的情况见图 8-44。可以看到，分批培养中丢失基因工程质粒的细胞比例逐渐增大，在种子中含有较多丢失基因工程质粒细胞时尤为严重，从而大大影响产物的生成。

Lee 等[47] 的结构模型还涉及结构不稳定的情况。图 8-45 是基因工程质粒不稳定性的示意图，其中 G 和 R 分别是外源产物基因和选择性基因，X_1、X_2、X_3 分别是带有外源产物基因和耐药性基因的细胞，结构不稳定丢失外源产物基因的细胞，以及丢失整个重组质粒的细胞，θ 和 ϕ 分别是发生结构不稳定和脱落性不稳定的频率。分批培养时，三种细胞浓度的变化率为

$$\frac{\mathrm{d}X_1}{\mathrm{d}t} = \mu_1(1-\theta-\phi)X_1 = \bar{\mu}_1 X_1 \tag{8-179}$$

$$\frac{\mathrm{d}X_2}{\mathrm{d}t} = \mu_2 X_2(1-\phi) + \mu_1 X_1 \theta \tag{8-180}$$

$$\frac{\mathrm{d}X_3}{\mathrm{d}t} = \mu_3 X_3 + \mu_1 X_1 \theta + \mu_2 X_2 \phi \tag{8-181}$$

式中 μ_1、μ_2、μ_3 分别是三种细胞的比生长速率；$\bar{\mu}_1$ 是生产型细胞的表观比生长速率。若三种细胞的生长得率系数分别为 Y_1、Y_2、Y_3，产物得率系数为 Y_P，则

$$\frac{\mathrm{d}S}{\mathrm{d}t} = -\frac{1}{Y_1}\frac{\mathrm{d}X_1}{\mathrm{d}t} - \frac{1}{Y_2}\frac{\mathrm{d}X_2}{\mathrm{d}t} - \frac{1}{Y_3}\frac{\mathrm{d}X_3}{\mathrm{d}t} - \frac{1}{Y_\mathrm{P}}\frac{\mathrm{d}P}{\mathrm{d}t} \tag{8-182}$$

设胞内重组质粒浓度为 $\hat{G}$，外源产物基因的 mRNA 浓度为 $\hat{m}$，产物浓度为 $\hat{P}$（符号 ∧ 表示胞内浓度），则

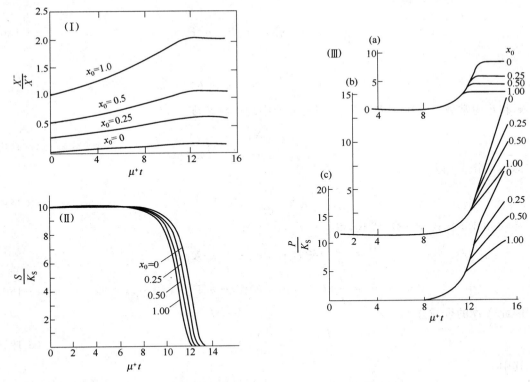

图 8-44 分批培养中丢失和带有基因工程质粒细胞的相对浓度
（Ⅰ）限制性底物相对浓度（Ⅱ）及产物相对浓度（Ⅲ）变化趋势
其中：（a）产物生成与生长相关；（b）产物生成与生长不相关；
（c）产物生成与生长部分相关

图 8-45 基因工程 DNA 不稳定示意图

$$\frac{\mathrm{d}\hat{m}}{\mathrm{d}t}=k_{\mathrm{p}}^{0}\eta\hat{G}-k_{\mathrm{d}}\hat{m}-\bar{\mu}_{1}\hat{m} \tag{8-183}$$

$$\frac{\mathrm{d}\hat{P}}{\mathrm{d}t}=k_{\mathrm{q}}^{0}\xi\hat{m}-k_{\mathrm{e}}\hat{P}-\bar{\mu}_{1}\hat{P} \tag{8-184}$$

式中 k_{p}^{0} 为总转录速率常数；k_{q}^{0} 为总翻译速率常数；k_{d} 为 mRNA 的降解速率常数；k_{e} 为产物蛋白的降解速率常数；η 为转录效率；ξ 为翻译效率。因 $k_{\mathrm{d}}+\bar{\mu}_{1}\gg k_{\mathrm{e}}+\bar{\mu}_{1}$，故对 $\hat{m}$ 可采用拟稳态法，即 $\mathrm{d}\hat{m}/\mathrm{d}t\approx0$，因此由式（8-183）

$$\hat{m}=\frac{k_{\mathrm{p}}^{0}\eta}{k_{\mathrm{d}}+\bar{\mu}_{1}}\hat{G} \tag{8-185}$$

代入式（8-184），得

$$\frac{\mathrm{d}\hat{P}}{\mathrm{d}t}=f(\bar{\mu}_1)\eta\xi\hat{G}-k_{\mathrm{e}}\hat{P}-\bar{\mu}_1\hat{P} \tag{8-186}$$

其中

$$f(\bar{\mu}_1)=\frac{k_{\mathrm{p}}^0 k_{\mathrm{q}}^0}{k_{\mathrm{d}}+\bar{\mu}_1}\approx k(\bar{\mu}_1+b) \tag{8-187}$$

k 和 b 为常数。设细胞密度为 ρ，则发酵液中的产物浓度

$$P=\frac{\hat{P}X_1}{\rho} \tag{8-188}$$

对时间微分，得

$$\frac{\mathrm{d}P}{\mathrm{d}t}=\frac{1}{\rho}\left(X_1\frac{\mathrm{d}\hat{P}}{\mathrm{d}t}+\hat{P}\bar{\mu}_1 X_1\right) \tag{8-189}$$

将式(8-186)、式(8-187)代入，得

$$\begin{aligned}\frac{\mathrm{d}P}{\mathrm{d}t}&=\frac{1}{\rho}\left[k\eta\xi\hat{G}(\bar{\mu}_1+b)X_1-k_{\mathrm{e}}X_1\hat{P}\right]\\&=\frac{1}{\rho}\left[k\eta\xi\hat{G}(\bar{\mu}_1+b)X_1-k_{\mathrm{e}}P\right]\end{aligned} \tag{8-190}$$

因此产物的合成速率

$$\left.\frac{\mathrm{d}P}{\mathrm{d}t}\right|_{\mathrm{Syn}}=\alpha\frac{\mathrm{d}X_1}{\mathrm{d}t}+\beta X_1 \tag{8-191}$$

其中

$$\alpha=\frac{k\eta\xi\hat{G}}{\rho} \tag{8-192}$$

$$\beta=\alpha b \tag{8-193}$$

细胞内外源产物基因浓度 $\hat{G}$ 与拷贝数 N_{P} 成正比

$$\hat{G}=k'N_{\mathrm{P}} \tag{8-194}$$

式中 k' 是常数。当限制性底物初浓度为 30 g/L，接后细胞浓度为 0.001 g/L，种子中不存在 X$_2$、X$_3$ 和 P 时，对于 $N_{\mathrm{P}}=10$、60 和 100 进行模拟，结果见图 8-46，$N_{\mathrm{P}}=60$ 时产物浓度最高。低拷贝数时，虽然生产型细胞浓度很高，但细胞的生产能力低；拷贝数高时，大量底物用于质粒的生产，影响细胞的生长，也影响外源基因产物的合成。

8.7.2 基因工程菌发酵实例

8.7.2.1 干扰素发酵

大肠杆菌 W3110(pEC901) 的干扰素表达受 trp 启动子调控，当培养基中存在色氨酸时干扰素表达受到阻遏，不存在色氨酸时干扰素基因表达。该菌株在摇瓶中的生产水平为 $1\sim2\times10^7$ u/L。连续培养表明，当菌体比生长速率较高时重组质粒稳定性高（图 8-29），干扰素的比生产速率也高（图 8-22），但代谢副产物乙酸的比生产速率大大增加。乙酸对大肠杆菌的生长有非竞争性抑制，对干扰素的生产也有强烈的抑制作用（图 8-36）。补料分批发酵可用以下方程描述，由于发酵过程中传代数一般不超过 10 代，所以质粒丢失可以不考虑。

$$\frac{\mathrm{d}X}{\mathrm{d}t}=\frac{\mu_{\mathrm{m}}S}{K_{\mathrm{S}}+S}\frac{K_{\mathrm{A}}}{K_{\mathrm{A}}+A}X-\frac{F}{V}X \tag{8-195}$$

$$\frac{\mathrm{d}S}{\mathrm{d}t}=\frac{F}{V}(S_{\mathrm{F}}-S)-\left(\frac{\mu}{Y_{\mathrm{G}}}+m+\frac{Q_{\mathrm{A}}}{Y_{\mathrm{A}}}+\frac{Q_{\mathrm{P}}}{Y_{\mathrm{P}}}\right)X \tag{8-196}$$

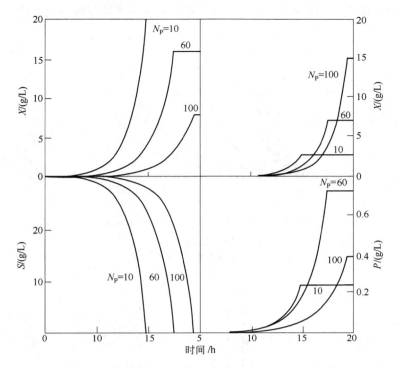

图 8-46　拷贝数对分批发酵 X、N_P、S 和 P 的影响

$$\frac{\mathrm{d}A}{\mathrm{d}t}=Q_A X-\frac{F}{V}A \tag{8-197}$$

$$\frac{\mathrm{d}P}{\mathrm{d}t}=Q_P X-\frac{F}{V}P \tag{8-198}$$

式中　X、S、A 和 P 分别为菌体浓度、葡萄糖浓度、醋酸浓度和干扰素浓度；μ_m 为最大比生长速率；K_S 为饱和常数；K_A 为醋酸的抑制常数；Y_G 为以葡萄糖为基准的菌体最大生长得率；m 为维持系数；Y_A 为最大醋酸得率；Y_P 为最大干扰素得率；Q_A 和 Q_P 分别为乙酸和干扰素的比生产速率，可按下式计算

$$Q_A=\begin{cases} 0 & (\mu<0.336\ \mathrm{h^{-1}}) \\ a(\mu-0.336)^b & (\mu\geqslant 0.336\ \mathrm{h^{-1}}) \end{cases} \tag{8-199}$$

$$Q_P=(\alpha\mu+\beta)\frac{K}{K+A} \tag{8-200}$$

式中　a、b、α 和 β 分别为参数；K 为抑制常数。式（8-168）～式（8-173）的各参数都是根据连续培养的结果得到的。图 8-47 是分别控制比生长速率在 $0.2\ \mathrm{h^{-1}}$、$0.336\ \mathrm{h^{-1}}$ 和 $0.7\ \mathrm{h^{-1}}$ 时，按以上模型计算的指数流加培养的菌体、干扰素和乙酸浓度变化。当比生长速率为 $0.7\ \mathrm{h^{-1}}$ 时，虽然 Q_P 最高，但 Q_A 也最大，乙酸浓度高，干扰素生产并不最好。比生长速率控制在 $0.2\ \mathrm{h^{-1}}$ 时，虽然没有乙酸生成，但 Q_P 小，干扰素生产少。比生长速率控制在 $0.336\ \mathrm{h^{-1}}$ 时，没有乙酸生成，干扰素的生产最多。实际发酵采用了补料分批发酵与过滤耦合的方法，培养过程分为生长和生产两个阶段，生长阶段控制比生长速率在 $0.3\ \mathrm{h^{-1}}$ 以下，避免乙酸积累并获得高大肠杆菌密度，转到生产阶段后提高限制性底物葡萄糖的流加速率，以提高大肠杆菌的比生长速率和干扰素比生产速率，同时将培养液经中空纤维过滤器循环过滤，

去除生成的乙酸。这一阶段维持 1 h 左右（21～22 h），干扰素活性提高约 4 倍（图 8-48）。

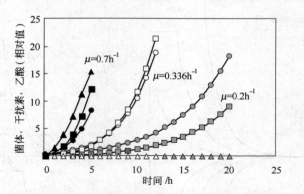

图 8-47　补料分批培养中菌体、乙酸和
干扰素变化曲线（补 50％葡萄糖 0.5 L）
●、○、◐—菌体；■、□、▨—干扰素；▲、△、▲—乙酸

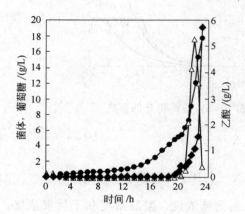
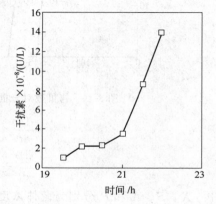

图 8-48　干扰素发酵过程菌体（●）、
葡萄糖（△）、乙酸（◆）和干扰素（□）浓度变化

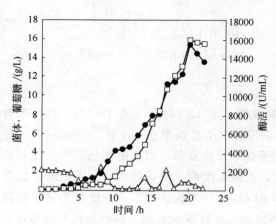

图 8-49　补料分批培养 DB403
（pWL267）生产中性蛋白酶
△—葡萄糖；●—菌体；□—中性蛋白酶

8.7.2.2　中性蛋白酶发酵

枯草杆菌 DB403 缺失了野生菌株 99％的胞外蛋白酶活力，作为基因工程宿主有减少分泌的重组蛋白降解的优点。质粒 pWL267 带有野生菌株中性蛋白酶基因，但基因工程菌 DB403（pWL267）在摇瓶的生产水平仅 200～300 U/mL。经对培养基进行改进，在 5L 发酵罐发酵可达 3286 U/mL。连续培养表明该基因工程菌在比生长速率 0.2 h^{-1} 左右时中性蛋白酶比生产速率最高（图 8-23），而且其质粒稳定性很好。在补料分批培养中通过控制产孢子培养基 SG Ⅱ 的流加速度，使 DB403（pWL267）的比生长速率在 0.2h^{-1} 左右，中性蛋白酶的生产水平达到 17 670 μ/mL

（图 8-49），是原摇瓶的约 70 倍。

参 考 文 献

1　Briggs GE, and Haldane JBS. A note on the kinetics of enzyme action. *Biochem J*. 1925，**19**：338～339

2　Nagai S. Mass and energy balances for microbial growth kinetics. *Adv Biochem Eng*. 1979，**11**：49～83

3　Pirt SJ. *Principles of Microbe and Cell Cultivation*. Halsted Press，New York：1975. 195

4　Lodge RM，and Hinshelwood CN. Physicochemical aspects of bacterial growth. Part Ⅷ. Growth of *Bact. lactis aerogenes* in media containing ammonium sulphate or various aminoacids. *J Chem Soc*. 1943. 208～213

5　Seeley HW，and Vandemark PJ. An adaptive peroxidation by *Streptococcus faecalis*. *J Bacteriol*. 1951，**61**：27～35

6　Lodge RM，and Hinshelwood. Physicochemical aspects of bacterial growth. Part IX. The lag phase of *Bact. lactis aerogenes*. *J Chem Soc*. 1943. 213～219

7　Marshall KC，and Alexander M. Growth characteristics of fungi and actinomycetes. *J Bacteriol*. 1960，**80**：412～416

8　Teissier G. Les lois quantitatives de la crossance. *Ann Physiol Physiochim Biol*. 1936，**12**：527

9　Moser H. The dynamics of bacterial populations maintained in the chemostat. Carnegie Institution，Washington DC：Publ No 1958. 614

10　Shehata TE，and Marr AG. Effect of nutrient concentration on the growth of *Esherichia coli*. *J Bacteriol*. 1971，**107**：210～216

11　Tan Y，Wanf Z-X，Schneider RP，and Marshall KC. Modelling microbial growth：a statistical thermodynamic approach. *J Biotechnol*. 1994，**32**：97～106

12　Contois DE. Kinetics of bacterial growth：relationship between population density and specific growth rate of continuous cultures. *J Gen Microbiol*. 1959，**21**：40～50

13　Andrews JF. A mathematical model for the continuous culture of microorganisms utilizing inhibitory substrates. *Biotechnol Bioeng*. 1968，**10**：707～723

14　Dagley S，and Hinshelwood. Physicochemical aspects of bqacterial growth. Part Ⅲ. Influence of alcohols on the growth of Bact. lactis aerogenes. *J Chem Soc*. 1938. 1942～1948

15　Holzberg I，Finn RK，and Steinkraus KH. A kinetic study of the alcoholic fermentation of grape juice. *Biotechnol Bioeng*，1967，**9**：413～427

16　Ghose TK，and Tyagi RD. Rapid ethanol fermentation of cellulose hydrolysate. Ⅱ. Product and substrate inhibition and optimization of fermentor design. *Biotechnol Bioeng*. 1979，**21**：1401～1420

17　Aiba S，and Shoda M. Reassesment of product inhibition in alcohol fermentation. *J Ferm Technol*. 1969，**47**：790

18　Taniguchi M，Kotani N，and Kobayashi T. high-concentration cultivation of lactic acid bacteria in fermentation with cross-flow filtration. *J Ferm Technol*. 1987，**65**：179～184

19　叶勤，陶坚铭，张宏，张嗣良，蔡海波，包卫国，李育阳. 基因工程人 α 心钠素发酵研究. 生物工程学报，1994，**10**：312～317

20　陈因良，陈志宏. 细胞培养工程. 上海：华东化工学院出版社，1992. 196

21　Gaden E. Fermentation process kinetics. *J Biochem Microbiol Technol Eng*. 1959，**1**：413～429

22　Aiba S，Humphrey AE，and Millis O. *Biochemical Engineering*. 2nd ed. Tokyo：University of Tokyo Press，1973. 128

23　Monod J. The growth of bacterial cultures. *Ann Rev Microbiol*. 1949，**3**：371

24　Novic A，and Sziland L. Description of the chemostat. *Science*. 1950，**112**：715～716

25　Watson TG. The present status and future prospects of the turbidostat. *J Appl Chem Biotechnol*. 1972，**22**：229～243

26　Zuegel JR，Jones JL，and Sheehan BT. Biotechnology Program—1984，Cell Bioreactors and separation Technology，vol. 2，V-13，II-13，SRI International. 1984

27　White GE，Cooney CL，Sinsker AJ，and Miller SA. Continuous culture studies on the growth and physiology of Streptococcus mutans. J Dent Res. 1978，**55**：239～243

28　王丽影，叶勤，张宏，张嗣良，吴自荣，王林发. 基因工程枯草杆菌生产中性蛋白酶的研究. 华东理工大学学报，

1995，**21**：690～995

29 Imanaka T，Kaieda T，and Taguchi H． Optimization of α-galactosidase production in multi-stage continuous culture of mold． *J Ferm Technol*． 1973，**51**：431～439

30 Herbert D． Some properties of continuous culture． VI Int Congr Micxrobiol Symp，Stockholm． 1958． 381

31 Melling J． Regulation of enzyme synthesis in continuous culture． In：Wisseman A ed，Topics in Enzyme and Fermentation Biotechnology，Ellis Horwood，Chichester． vol. 1. 1977． 10～42

32 Goldberg I，and Er-el Z． The chemostat——an efficient technique for medium optimization． Proc Biochem． 1981，**16**：(6) 2～8

33 Horiuchi T，Tomizawa J-I，and Novick A． Isolation and properties of bacteria capable of high rates of α-galactosidase synthesis． Biochim Biophys Acta． 1962，**55**：152～163

34 李志敏，叶勤. 大肠杆菌乙酸代谢突变株的选育和特性研究. 微生物学报，已接受

35 Ye Q，Kang F，Lu S，Tao J，Zhang S，and Yu J． Continuous and high-density cultivation of recombinant Escherichia coli harboring interferon alpha A gene． In：Biochemical Engineering for 2001，Furusaki S，Endo I，and Matsuno R eds． Springer-Verlag，Tokyo． 1992． 221～224

36 Mori H，Yano T，Kobayashi T，and Shimizu S． High density cultivation of biomass in fed-batch system with DO-stat． *J Chem Eng Japan*． 1979，**12**：313～319

37 Dunn IJ，and Mor J-R． Variable-volume continuous cultivation． *Biotechnol Bioeng*． 1975，**17**：1805～1822

38 Mignine CF，and Rossa CA． A simple method for designing fed-batch cultures with linear gradient feed of nutrients． *Proc Biochem*． 1993，**28**：405～410

39 Pirt SJ． The theory of fed-batch culture with reference to the penicillin fermentation． *J Appl Chem Biotechnol*． 1974，**24**：415～424

40 Zhang ST，and Toda K． Kinetic study of electrodialysis of acetic acid and phosphate in fermentaion broth． *J Ferm Bioeng*． 1994，**77**：288～292

41 Taniguchi M，Kotani N and Kobayashi T． High-concentration cultivation of lactic acid bacteria in fermentor with cross-flow filtration． J Ferm Technol． 1987，**65**：179～184

42 Yang X，and Tsao GT． Enhanced acetone-butanol fermentation using repeated fed-batch operation coupled with cell recycle by membrane and simultaneous removal of inhibitory products by adsorption． *Biotechnol Bioeng*． 1995，**47**：444～450

43 Taylor F，Kiurantz MJ，Goldberg N，and Craig JC． Control of packed column fouling in the continuous fermentation and stripping of ethanol． *Biotechnol Bioeng*． 1996，**51**：33～39

44 Gyamerah M，and Glover J． Production of ethanol by continuous fermentation and liquid-liquid extraction． *J Chem Technol Biotechnol*． 1996，**67**：145～152

45 Imanaka T and Aiba S． A perspective on the application of genetic engineering：stability of recombinant plasmid． *Ann N Y Acad Sci*． 1981，**369**：1～14

46 Ollis DF，and Chang H-T． Batch performance kinetics with (unstable) recombinant cultures． *Biotechnol Bioeng*． 1982，**24**：2583～2586

47 Lee SB，Seressiotis A，and Bailey JE． A kinetic model for product formation in unstable recombinant populations． *Biotechnol Bioeng*． 1985，**27**：1699～1709

9　酶催化反应

9.1　酶催化反应

日常生活中存在着大量的各种类型的有机物质，使自然界具有多样性，而这些多样性也应归功于广泛的、各种各样的酶催化反应。人们有能力利用酶这一生物催化剂，并利用酶合成那些代表应用生物催化核心技术的一些商业上重要的产品，正是由于这一特性，酶作为一种特殊的催化剂正越来越受到人们的重视，对其应用研究也更趋广泛，从生物体系的酶到非生物体系的酶催化，从酶的固定化到非水相酶反应，酶的潜在能力正获得越来越多的开发和应用。酶是具有高度选择性的催化剂，而一般情况下的酶反应均是在温和条件下进行的（如常温、常压和中性溶液），酶的这些特性使酶能在食品、饮料和诊断工业中广泛应用。同样这些特性使酶能在各种化合物的合成，尤其是在药物、手性中间体、特殊的聚合物和生化物质合成中显示出了潜在的吸引力。

9.1.1　酶和细胞的固定化方法

酶的本质是蛋白质。酶的细胞的固定化实际上是具有催化活性的蛋白质的固定化。酶的催化活性主要依赖于它的特殊的高级结构——活性中心。当高级结构或活性中心发生变化时，酶的催化活性便下降，底物的特异性也可能发生改变，因此在制备固定化酶时必须严格操作条件，尽可能避免酶的高级结构受到损害。一般说来，酶的固定化方法有吸附法、包埋法、交联法、化学共价法以及酶的逆胶束包囊法等几种。常用的载体有活性炭、多孔玻璃、纤维素、交联葡聚糖、琼脂糖、聚丙烯酰胺凝胶、海藻酸盐、明胶以及一些合成高分子化合物等。

9.1.1.1　吸附法

吸附法是一种最古老的固定化方法，也是一种最简便、最经济的方法。只要将酶溶液与吸附剂表面接触就能达到吸附结合。蛋白质与载体之间的结合力相当弱，而且在很多情况下，酶的非特异性吸附常常会引起部分或全部失活，高浓度的盐溶液或底物溶液又将加速蛋白质的脱附。因此，当要求酶的固定绝对牢固时，采用吸附法是很不可靠的。

各种矿物质和其他无机载体可以用作酶的吸附剂。例如，高岭土能吸附胰凝乳蛋白酶，皂土能吸附过氧化氢酶和 β-淀粉酶，磷酸钙凝胶能吸附亮氨酸氨肽酶、淀粉酶，多孔玻璃能吸附胰蛋白酶，核糖核酸酶，氧化铝能吸附葡萄糖氧化酶，覆盖有卵磷脂或脑磷脂的二氧化硅能吸附酸性磷酸酯酶、磷酸葡萄糖变位酶等。矿物质和类似无机吸附剂的蛋白质结合量通常很低，每克吸附剂的吸附量通常小于 1 mg 酶蛋白。直径 $100\sim200~\mu m$ 不锈钢粒子在用氧化钛处理后可以成为有效的酶吸附剂。例如，对 β-半乳糖苷酶的吸附可达 17 mg 的酶蛋白/g 载体。

纤维素粉也可以作为吸附剂，酶蛋白主要吸附在纤维素微晶结构发生部分断裂的表面处。糖苷水解酶在纤维素上有较强的吸附，这可能是由于纤维素的多糖结构与这些水解酶的底物（糖类物质）结构有些相似的缘故。而木瓜蛋白酶、碱性磷酸酯酶以及葡萄糖-6-磷酸脱氢酶却以单分子层的形式被吸附在火棉胶膜的孔表面上，火棉胶膜的吸附容量大约是

70 mg 酶蛋白/cm^2。

目前最常用的吸附剂是离子交换剂。例如，羧甲基（CM）纤维素，DEAE-纤维素，DEAE-葡聚糖以及合成的阴离子和阳离子交换剂。多糖类离子交换剂的蛋白质结合量很高，达到 50～150 mg 酶蛋白/g 载体。固定化氨基酰化酶是第一个用于工业生产的固定化酶，它通过将氨基酰化酶吸附在 DEAE-纤维素或 DEAE-葡聚糖上制得。固定化氨基酰化酶主要用于 N-乙酰基 DL-氨基酸的外消旋混合物的连续拆分。α-淀粉酶和蔗糖转化酶在 DEAE-纤维素上的吸附固定也具有一定的工业价值。

离子交换剂对酶的吸附主要靠静电吸引，它的一个很大的缺点是当离子强度增加或者介质的 pH、温度改变时，这种结合发生分解。如果通过化学方法增加酶蛋白上的电荷则可使这些影响得到改善。将酶先与可溶性的丙烯酸-马来酸酐共聚物或者可溶性的乙烯-马来酸酐共聚物共价偶联制得一个聚阴离子化合物，然后用 DEAE-葡聚糖等阳离子交换剂吸附这种酶的聚阴离子化合物，便能获得一种结合牢固的固定化酶。例如，淀粉葡萄糖苷酶用此法吸附固定，可以用于淀粉的连续水解生产葡萄糖。由实验证明，三个星期内无明显的活性损失。

考虑到生物体内酶的天然环境主要是由蛋白质组成，因此，人们尝试用蛋白质做载体固定所需的酶。最常用的蛋白质载体是胶原蛋白。一般胶原蛋白载体预先制成膜状（胶原膜），胶原膜溶胀，然后浸入酶溶液，酶渗入膜内并被吸附，制成酶膜。也可以通过含有酶的胶原分散液进行电沉积制得。由这些方法制得的酶膜每克胶原可含有 5～50 mg 酶。

根据"疏水层析"的原理，也可使一些酶吸附到 N-烷基琼脂糖颗粒上。酶蛋白上的大量非极性基团与载体上的烷基相互作用产生非极性基团之间的缔合，因而被束缚于载体上。对于等电点在酸性范围内的酶，这种吸附特别牢固，例如，黄嘌呤氧化酶、乳酸脱氢酶、碱性磷酸酯酶和脲酶等的吸附，均与非极性基团间的疏水作用有关。

此外还有一种生物特异性吸附。伴刀豆蛋白 A 与琼脂糖结合的复合物，伴刀豆球蛋白 A-琼脂糖，可作为生物特异性吸附剂有效地固定一些以糖蛋白为结构的酶。例如，毒液核酸外切酶（磷酸二酯酶）和 5′-核苷酸酶。伴刀豆球蛋白 A 具有凝集红血球细胞、肿瘤细胞的作用，这种作用主要是由于伴刀豆球蛋白 A 能够与细胞表面上的单糖和低聚糖发生特异性结合。因此，当琼脂糖上结合有伴刀豆球蛋白 A 以后，它就能够与溶液中的多糖和糖蛋白发生特异性结合。

9.1.1.2 包埋法

将酶包裹于凝胶格子或聚合物半透膜微胶囊中的方法称为包埋法。酶被包埋后应该不再扩散到周围介质中去而底物和产物却能自由扩散。包埋法的优点在于它的普适性。酶在包埋过程中其分子本身并不直接参加反应，除了包埋过程中的化学反应可能对酶有不利影响或者作为包埋材料的聚合物会引起酶的变性外，基本上大多数酶都能用包埋法固定。用包埋法固定酶的条件较温和、酶活力回收也较高。但是，包埋法对底物分子和产物分子的大小有所限制。当底物和产物的相对分子质量小时，则扩散阻力小。常用的格子型包埋法载体有：海藻酸盐、K-角叉菜、琼脂、三醋酸纤维素和聚丙烯酰胺凝胶等。

海藻酸盐是 d-甘露糖醛酸和 l-古罗糖醛酸通过 1,4 键连接组成。它是一种嵌段共聚物，其有关嵌段分别为：甘露糖醛酸嵌段、古罗糖醛酸嵌段以及甘露糖醛酸-古罗糖醛酸嵌段，见图 9-1。

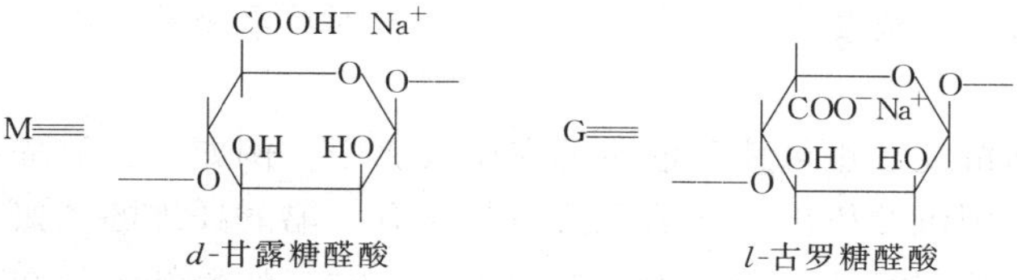

$$M = \quad\quad\quad\quad\quad\quad G = $$

d-甘露糖醛酸   l-古罗糖醛酸

海藻酸盐结构：—(M—M)$_n$—(G—G)$_n$—(M—G)$_n$—

图 9-1　海藻酸盐的化学结构

海藻酸盐包埋酶或细胞的一般操作方法：先将海藻酸盐溶于水中，使其具有一定黏度，然后加入一定量的细胞菌体（达到 0.3 克湿菌体/毫升左右），并且充分搅拌，使之分散均匀，通过注射器或毛细管将此菌体悬浮液逐注入含有 Ca^{2+}、Zn^{2+}、Al^{3+} 等多价离子的溶液中，由于离子转移的胶凝作用，海藻酸盐液滴便形成珠状的固定化细胞颗粒。待颗粒经过一定时间的硬化后洗净，即可用于催化反应。

用海藻酸盐作包埋法载体有两个缺点，其一是在高浓度的电介质（K^+、Na^+ 等）溶液中，固定化颗粒会变得不稳定；其二是 Ca^{2+} 等多价离子在磷酸缓冲液中会沉淀，固定化颗粒的机械强度将降低，最后重新溶解。因此，用海藻酸盐包埋的固定化酶或细胞不能用于磷酸缓冲溶液中。尽管有这些缺点，但是由于海藻酸盐价格便宜、来源丰富又无毒性，且操作简便、条件温和，目前仍是应用较广的包埋载体之一。

最常用的聚合物载体是聚丙烯酰胺凝胶。其方法如下：在含酶（或细胞）的水溶液中，加入一定比例的单体丙烯酰胺和交联剂 N,N'-甲撑双丙烯酰胺。然后在催化剂（二甲氨基丙腈）和引发剂（过硫酸钾）的作用下低温（水浴）聚合。产生的聚合物凝胶便是固定化酶，它可通过机械方法分散成一定大小的粒子以供应用。用聚丙烯胺凝胶包埋酶，其蛋白质的固定量较高，可达 10～100 mg/g 单体。

由于聚丙烯酰胺凝胶中孔的大小分布很不均匀，因此要防止酶的漏失。调节单体和交联剂的用量可以改善聚丙烯酰胺凝胶的渗透性。有人指出在单体丙烯酰胺浓度不变时，交联剂用量以 5％ 为最好。此时，凝胶的有效孔径最小，因而渗透性最小。如交联剂用量高于 5％，渗透性反而增加，不利于酶的固定。这现象可能是由于聚合时一些线性纤维被堆积成为一股股的纤维束，因而纤维束之间的距离变宽。如果单体浓度增加，则被包埋的蛋白质的量将增加。但是，当单体浓度高于 15％ 时，被包埋的酶的活性却急剧下降。这显然是因为丙烯酰胺对酶起着变性剂的作用。

此外也有人通过在疏水性有机溶剂中的悬浮聚合，将聚丙烯酰胺凝胶剂制成具有一定大小的珠体固定化酶（或细胞）。珠体固定化酶机械强度较高，而且在装柱使用时，流体流动速度也高。珠体固定化酶可以作为模型系统用于固定化酶反应的动力学研究。但是用化学法悬浮聚合必须在隔绝氧气的情况下作用一段较长的时间，这将不可避免地会引起酶的失活。在这一方面，冷冻光辐照聚合法将使它有明显改善。在酶-丙烯酰胺单体水溶液中，加入一定比例的乙烯吡咯烷酮化合物以及甲基丙烯酸羟乙酯，然后将此混合溶液快速注入深度冷冻的正己烷中，溶液立即冻结成珠体，沉入容器底部，用 γ 射线辐照此冻结的珠体使之聚合，待辐照聚合完成后弃去正己烷，然后在冰水中使珠体逐渐解冻便制得固定化酶。珠体具有海绵状结构以及很大的表面积，按此法制得的固定化酶活性较高，活力回收可达 50％ 左右。

常用的微胶囊包埋材料有火棉、尼龙、聚脲等半渗透的界面聚合物膜。例如，将含有 1,6-二氨基己烷的酶水溶液分散到与水互不相溶的含有己二酰二氯的有机溶剂中去，水相与有机相界面上的二胺和二酰氯发生聚合，形成一个包围在水相酶溶液珠滴外面的聚酰胺薄膜（也即尼龙-6,6薄膜）。

另外，利用界面沉淀法也可使酶液包埋在微胶囊中。例如，三醋酸纤维能溶于二氯甲烷中，但在甲苯溶液中则沉淀析出。将酶水溶液与含有三醋酸纤维的二氯甲烷溶液混合形成乳浊液，然后将此乳浊液在搅拌下混入甲苯溶液中，这样三醋酸纤维便在水相界面沉淀，形成薄膜。结果酶被包埋在里面成为微胶囊。如果将此乳浊液通过吐丝机挤入沉淀剂中便能制成纤维状固定化酶。这种固定化酶纤维中酶蛋白的含量可达很高。例如，每克聚合物中可含有1500毫克酶蛋白，而且活力回收达20%以上。固定化酶纤维可以编织成一定形状，也可以织成布片状以适用于某些反应器。

9.1.1.3 交联法

交联法是利用双功能基团试剂或多功能基团试剂使酶发生分子间交联因而得到固定的方法。常用的试剂有戊二醛、1,6-亚己基二异氰酸酯、双重氮联苯胺和乙烯-马来酸酐共聚物等。

戊二醛可直接参与酶蛋白的交联或者酶蛋白分子与其他惰性蛋白分子的交联，使形成酶的蛋白质聚结态。戊二醛也可以先与含伯胺的聚合物缩合形成多醛基聚合物载体。多醛基载体具有与戊二醛同样的功能，它能与酶分子中的氨基作用，使酶关联固定。戊二醛的作用机理还不甚清楚。通常所说的戊二醛与伯胺化合物形成席夫碱的机理尚有争议。因为通过核磁共振分析指出，戊二醛水溶液中存在着 α、β-不饱和齐聚物，这种齐聚物是由戊二醛发生醛醇缩合失去水而形成。而当蛋白质氨基与此齐聚物作用时，很可能是按烯键上的加成反应机理进行，如图9-2所示。

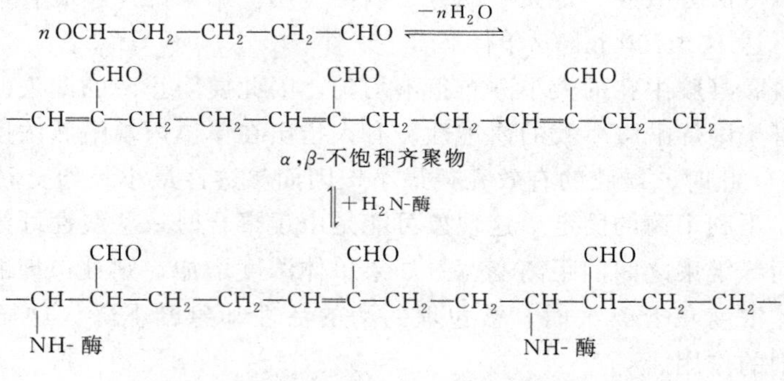

图 9-2 戊二醛与酶蛋白反应的可能机理

由此形成的固定化酶蛋白，如果进行强酸水解，然后对水解液作氨基酸分析，得知主要是酶蛋白中的赖氨酸参加了加成反应。

当增加双功能基团试剂的碳骨架长度时，交联剂的溶解度将减小，而且由于它们的疏水性增加，常常使酶活性降低。近来有报道，使用亲水性的双功能基团试剂，例如以齐聚脯氨酸为骨架的交联剂，可以固定血红球蛋白四聚体。而交联剂的长度可以从 3 nm 变化到 10 nm 以上仍然保持有效。

双功能基团试剂与酶蛋白的交联作用，常引起蛋白质高级结构的改变，使酶失活。为了避免或减少酶在交联过程中因化学修饰造成的失活，常在被交联的酶蛋白溶液中添加一定量的辅助蛋白。例如牛血清蛋白和明胶等蛋白质的加入往往能够提高固定化酶的稳定性。

9.1.1.4 化学共价法

共价法就是使非水溶性载体与酶以共价键的形式结合。用共价法固定酶，载体与酶的结合牢固、半衰期较长。但由于化学共价法结合时反应剧烈，常常引起酶蛋白高级结构发生变化，因此一般活性回收较低。能够用于共价法固定的酶蛋白上的功能基团有：①氨基-赖氨酸上的ε-氨基以及多肽链N末端氨基酸上的α-氨基；②羧基-双羧基氨基酸：天冬氨酸和谷氨酸上的游离羧基以及多肽链末端的α-羧基③酪氨酸上的苯酚环；④半胱氨酸上的巯基；⑤羟基-丝氨酸、苏氨酸以及酪氨酸上的羟基；⑥组氨酸上的咪唑基；⑦色氨酸上的吲哚基等。其中以氨基和羧基为最常用。

对于共价偶联反应的选择一般应考虑到酶蛋白上供共价结合的功能基团必须不影响酶的催化活性；反应条件必须尽可能温和；而且最好能在水溶液中进行反应。偶联反应应该对酶蛋白上某一类功能基团有很高的专一性，而对其他功能基团或水溶液几乎无副反应。共价法的主要方法有酰化反应、芳化和烷基化反应、溴化氰法、重氮化反应以及硅烷基化法等。

9.1.2 酶催化反应的应用实例

自然界中各种各样由活细胞产生的具有催化功能的酶种类繁多，现已发现生物体内的酶有近三千种，而且每年都有新酶发现。从20世纪开始，酶学得到了迅速发展，一方面发现了更多的酶，并注意到某些酶的作用需要有低分子物质（辅酶）参加；另一方面在物理化学的影响下，Michaelis和Menten总结了前人的工作，于1913年提出了酶促反应动力学理——米氏学说。这一学说的提出，对酶反应机理的研究是一个重要突破。30年代初期，J. Northrop等连续地分离出结晶的胃蛋白酶、胰蛋白酶和凝乳蛋白酶，并证实了酶是一种蛋白质。由于蛋白质分离技术的飞速发展，特别是在运用X射线分析等方法后，人们相继弄清了溶菌酶（129个氨基酸残基）、胰凝乳蛋白酶（245个氨基酸残基）、羧肽酶（307个氨基酸残基）、多元淀粉酶A（460个氨基酸残基）等的结构和作用原理。所有这些工作对酶催化反应的应用提供了极好的基础。此外，由于酶催化反应有许多优点，如反应条件温和，经常只需在常温、常压和中性条件下即可；另外，酶反应的反应专一，往往只选择一类底物，副产物小；酶反应常具有高度的立体区域选择性；对底物的敏感性强，所有这一切使酶的应用更为广泛。然而在酶的应用中一些水解性的酶类如蛋白酶、脂肪酶应用的更为多一些，实际上真正应用的酶种只占了总酶数很少的一部分，所以对酶及酶工程的应用前景还是很广阔的。

9.1.2.1 酶催化在工业及医药上的应用

在生产实践中为了达到如下的目的而应用酶：提供新产品，简化原有生产工艺，增加产品产量，改善产品质量，降低原材料消耗，减轻劳动强度和消除环境污染等。所以酶在各行各业中的应用相当广泛，本节仅就几个方面作一介绍。

(1) 酶在食品工业中的应用　食品工业中酶在淀粉加工、乳品加工、啤酒加工等方面均有广泛应用。

由淀粉生产葡萄糖以前均采用酸水解的老工艺，这一工艺要求反应过程中耐酸、耐压、原料需要精制淀粉、投料浓度仅为20%，且水解后必须中和，色泽深，得糖率亦较低仅为90%左右。而在利用了α-淀粉酶催化和糖化酶作用后的酶法制葡萄糖时，原料要求为粗淀粉，投料浓度可达50%，100 kg的淀粉可得110 kg的葡萄糖，且产物经活性炭脱色，离子交换树脂处理后，所得产品质量大大提高，这是酶催化工业中的一项成功。同样应用这一技术，用于味精发酵工业淀粉原料的糖化，已在 95％以上的味精厂推广，提高了原料利用率 10％左右，即对一个年产万吨的味精企业可增加 400 多吨的味精，增加产值 600 多万元，这一技术的应用对我国国民经济的发展起了推动作用。

乳品工业中凝乳酶、过氧化氢酶、溶菌酶和乳糖酶及脂肪酶应用均较广泛。凝乳酶实质上是一种酸性蛋白酶，具有强的凝乳作用，所以它被用于制造干酪。凝乳酶最初来源于小牛，但 20 世纪 80 年代发现了微生物凝乳酶后，现在使用的 85％已为微生物凝乳酶取代。此外，将产牛凝乳酶的基因植入大肠杆菌中的表达也已成功，故现在可直接用发酵法生产凝乳酶。过氧化氢酶在乳制品加工中用于无巴氏杀菌设备下用 H_2O_2 杀菌的工艺中，其优点是不会大量损害牛奶中的酶和有益细菌，过剩的 H_2O_2 在经过氧化氢酶分解后成为有益的氧和水。乳糖酶可使牛奶中的乳糖水解成半乳糖和葡萄糖，易于被人体吸收，故利用乳糖酶制得脱乳糖牛奶已在西欧推广。人奶和牛奶的区别之一在于溶菌酶的含量不同，奶粉中添加了溶菌酶，可防止婴儿的肠道感染。脂肪酶在乳品工业中最主要的应用是加入脂肪酶后可使黄油增香，它一方面可促使其产生 $C_4 \sim C_6$ 的脂肪酸增加香味，另一方面它又可使 $C_{12} \sim C_{14}$ 的脂肪酸增加，使其增加滑爽感。

酶可以提高啤酒的稳定性。啤酒是一种稳定性不强的胶体溶液，易产生浑浊现象，最常见的即是蛋白质浑浊，系由蛋白质与氧化聚合的多酚物质形成的复合物所造成的。早在 20 世纪初就有了采用木瓜蛋白酶作为防止啤酒浑浊的经验，其分解产物由于相对分子质量低，不易与多酚物质聚合。因此，不易产生浑浊现象，若在啤酒中添加菠萝蛋白酶也会有同样的效果。不少微生物的酸性蛋白酶也可用于葡萄酒的澄清。

（2）酶在轻工行业中的应用　酶在纺织工业中得到了广泛的应用。酶可用于丝绸脱胶，生丝织物由于具有外层丝胶，故只有在脱胶后，才能使织物具有柔软手感和特有的丝鸣现象。丝胶是一种蛋白质，长久以来，在我国是用碱皂法高温炼丝进行脱胶，碱质侵袭丝素，易引起丝物发毛且影响光泽，利用蛋白酶分解这种丝胶蛋白，工艺简单，且产品手感润滑柔软，光泽鲜艳，牢度增加。此外，利用酸性蛋白酶处理羊毛染色，也将以往经长时间蒸煮、染色，羊毛强度受损的现象得到了避免，经酸性蛋白酶处理羊毛后染色，即可在低温下进行，且上色率也会有所提高。

在制革工业中，酶的利用也使制革工业向前迈出了一大步。原料皮的脱毛，以往均采用石灰硫化钠法，再用人工反复揉搓，工序繁、周期长、环境污染也严重，而利用蛋白酶脱毛，简化了工业，缩短了周期，减轻了劳动强度，产品质量也提高了，而且还增加了得革率等。另外，利用蛋白酶将皮革纤维中的蛋白质和黏多糖溶解掉，使皮革变得柔软轻松，透气性好，这一工艺也已被广泛应用。

（3）酶在氨基酸、有机酸生产上的应用　氨基酸在医药、食品以及工农业生产中的应用越来越广。以适当比例配成的混合液可以直接注射到人体内，用以补充营养，各种"必需氨基酸"对人体的正常发育有保健作用，有些氨基酸可以作为药物治疗某些特殊疾病。氨基酸可用作增味剂，增加香味，促进食欲；可用作禽畜的饲料；可用来制造人造纤维、塑料等。因此氨基酸的生产对人类的生活具有重要意义。

工业上生产 L-氨基酸的一种方法是化学合成法。但是由化学合成法得到的氨基酸都是无光学活性的 DL 型外消旋混合物，所以必须将它进行光学拆分以获得 L 型氨基酸。外消旋氨基酸拆分的方法有物理化学法、酶法等，其中以酶法最有效，能够产生纯度较高的 L-氨基酸。酶法生产 L-氨基酸的反应式如下

$$\text{DL-}\underset{\substack{\text{N-酰化-DL-氨基酸}}}{\overset{\displaystyle\begin{array}{c}\text{R—CH—COOH}\\|\\\text{NH—CO—R}'\end{array}}{}} + \text{H}_2\text{O} \xrightarrow{\text{氨基酰化酶}} \text{L-}\underset{\substack{\text{L-氨基酸}}}{\overset{\displaystyle\begin{array}{c}\text{R—CH—COOH}\\|\\\text{NH}_2\end{array}}{}} + \text{D-}\underset{\substack{\text{N-酰化-D-氨基酸}}}{\overset{\displaystyle\begin{array}{c}\text{R—CH—COOH}\\|\\\text{NH—CO—R}'\end{array}}{}}$$

（外消旋作用）

　　N-酰化-DL-氨基酸经过氨基酰化酶的水解得到 L-氨基酸和未水解的 N-酰化 D-氨基酸，这两种产物的溶解度不同，因而很容易分离。未水解的 N-酰化-D-氨基酸经过外消旋作用后又成为 DL 型，可再次进行拆分。

　　过去用游离酶进行分批式水解，这在工业应用中有如下缺点：①溶液中游离酶的存在给产物 L-氨基酸的分离带来了困难，因此 L-氨基酸的得率较低；②反应后的酶难以回收使用；③分批式操作劳动强度大。1969 年日本千田一郎等通过离子交换法将氨基酰化酶固定在DEAE-葡聚糖载体上，从而制得了世界上第一个适用于工业生产的固定化酶。他们制得的固定化氨基酰化酶活性高，稳定性好，可用于连续拆分酰化-DL-氨基酸。具体制备方法如下：1000 L DEAE-葡聚糖 A-25 预先用 0.1 mol/L 磷酸缓冲液处理。然后在 35 ℃下与1100～1700 L 的天然氨基酰化酶水溶液（内含 33 400 万单位的酶）一起搅拌 10 h，过滤后，DEAE-葡聚糖-酶复合物用水洗涤。所得固定化酶的活性可达 16.7 万～20.0 万单位/L，活性得率为 50%～60%。

　　用此法制得的固定化氨基酰化酶可以装柱连续拆分 DL 型外消旋氨基酸。生产不同的L-氨基酸，底物酰化-DL-氨基酸的流速不同，如图 9-3 所示。为了达到 100% 的不对称水解，乙酰-DL-蛋氨酸的体积流速可达 2.8 L/(h·L 床体积)，而乙酰-DL-苯丙氨酸的体积流速为2 L/(h·L 床体积)，水解反应的速率与底物溶液的流向无关，但考虑到溶液升温时有空气泡产生，通常进料流向采用自上而下为宜。实验指出，只要酶柱充填均匀，溶液流动平稳，那么体积相同的固定化酶柱的尺寸大小（即高径比 H/D）对反应速率也没有影响。DEAE-葡聚糖-氨基酰化酶酶柱的操作稳定性很好，半衰期可达 65 天。在长期使用之后，酶柱上的酶可能有部分脱落，由于酶柱是由离子交换法将酶固定得到，因此再生十分容易。只要加入一定量的游离氨基酰化酶，酶柱便能完全活化。

　　酶柱流出液蒸发浓缩，然后调节 pH 使 L型氨基酸在等电点条件下沉淀析出。通过离心分离后可收集得到 L 型氨基酸粗品和母液。粗品在水中重结晶进一步纯化。而在母液中加入适量乙酐，再加热到 60 ℃，其内的乙酰-D-氨

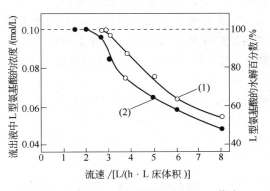

图 9-3　乙酰-DL-氨基酸通过 DEAE-葡聚糖-氨基酰化酶柱后的水解程度

(1)—0.2 mol/L 乙酰-DL-蛋氨酸溶液；

(2)—0.2mol/L 乙酰-DL-苯丙氨酸溶液，温度 50℃

流速 1.5～8 [L/(h·L 床体积)]

基酸会发生外消旋反应，产生乙酰-DL-氨基酸混合物。在酸性条件下（pH1.8 左右），外消旋混合物析出，收集后可重新作为底物进入酶柱水解。

　　用固定化酶连续生产 L-氨基酸，产物的纯化较简单，收率也比游离酶法要高，因此生产单位量 L-氨基酸所需的底物量较少。固定化氨基酰化酶非常稳定，用于酶的费用大大减少。固定化氨基酰化酶酶柱的生产工艺还可以自动控制，这样不仅改善了劳动强度，而且大大减少了用于劳动力方面的费用，因此固定化氨基酰化酶连续生产工艺的经济意义很大，

总操作费用大约只是溶液酶分批式生产工艺的 60%。

另一种用途是合成氨基酸，即利用化学法合成分子结构简单的前体，再通过酶反应合成所需要的氨基酸。此法能价廉、高收率地生产发酵法或化学合成法尚难解决的一些氨基酸。

天冬氨酸可作为一种保健药，具有增强肌体抵抗力，消除疲劳，促进肝功能，解除氨毒等作用。它作为一种食品添加剂，可增加果汁风味，也是作为二肽甜味剂"Aspartame"的原料，是惟一只用酶法生产的一种氨基酸。

酶法合成 L-天冬氨酸是以化学法容易合成的氨与富马酸为原料，用大肠杆菌细胞内酶天冬氨酸酶（系一种裂解酶）进行反应定量地合成天冬氨酸。将大肠杆菌细胞包埋在聚丙烯酰胺凝胶中作成固定化细胞，在含有 Mg^{2+} 的富马酸溶液中浸渍 1~2 天后装反应柱，在 37 ℃下通入底物（含 1 μmol Mg^{2+} 富马酸铵），将流出液调节到 pH2.8，冷却后，天冬氨酸即结晶析出，收率可达 100%。这种固定化酶很稳定，37 ℃的半衰期为 120 天。一个 1000 L 酶柱一天可生产 2 吨 L-天冬氨酸。若将细胞改用 K-角叉菜胶包埋，再经己二胺处理，可进一步提高酶的稳定性，半衰期可达 680 天，生产能力提高 15 倍。由富马酸铵合成天冬氨酸的反应式如下

酶法合成有机酸也是结合有机合成与生化合成长处而构成的生产工艺。已用于工业生产的有苹果酸、酒石酸和长链脂肪酸等。

L-苹果酸在食品工业为一优良的酸味剂，在化工、印染、医药品生产上也有不少用途。可用发酵法和酶法生产，工业上以富马酸为原料，通过微生物富马酸酶合成。1 mol/L 富马酸在 pH6.5，60 ℃下由富马酸酶催化生成 0.7 mol/L 苹果酸。

L(＋)-酒石酸是一种食用酸，在医药化工等方面用途也很广，系从葡萄酒副产物酒石中提取，但产量有限，用化学合成法也可以制造酒石酸，但产物是 DL-型体。水溶性较天然 L(＋)型体差，不利于应用。采用酶法可以制造光学活性的酒石酸。酶法合成酒石酸首先以顺丁烯二酸在钨酸钠为催化剂用过氧化氢反应生成环氧琥珀酸，再用微生物环氧琥珀酸水解酶开环而成为 L(＋)-酒石酸。

（4）酶在医药中的应用 酶制剂已在临床上取得了有效应用。蛋白酶的医药用途可净化外伤，清除脓液，清除坏死组织，消炎消肿等，它也可用于助消化药和口腔卫生以及消炎

等；胶原酶可用作为消炎剂，治疗椎间盘脱位或破裂，甚至坏死组织及治疗真皮损伤和溃疡；链激酶能治疗外伤淤血、水肿、扭伤、除去坏死组织，还可用于治疗严重烧伤、角膜疮疹、急性耳炎，注射这种酶制剂，可使受伤部位血块溶解，故也可用于治疗血栓等疾病。

淀粉酶同胰酶粉、胃蛋白酶粉制成多酶片，可帮助消化，淀粉和蛋白酶一起加在牙膏和漱口水中使用，可以减少牙垢的形成，减少牙软增生物的积累。

由于酶本身是一种蛋白质，进入人体后产生抗体，能引起患者过敏性休克，此外酶不稳定，易失活，进入人体后在蛋白酶作用下易被水解而失去治疗作用，因而在如何用药方面近年也有了较大发展，如将酶包埋在半透膜性质的聚合物内或利用火棉胶、尼龙膜等制成固定化酶小胶囊，即可发挥良好的药性而避免了副作用。

酶在医疗诊断、分析上的应用也愈来愈广泛。酶的专一性使酶可以在一个复杂体系中，不受其他物质干扰，准确地测出某一物质含量。目前，国外已普遍将酶学分析法应用于化学分析和临床诊断等方面，它具有灵敏度高、专一性强等优点，近来已发展成为快速、准确、灵敏、自动化的分析方法。

将酶固定于纸片上制成的酶试纸的应用已愈来愈多。其原理是利用酶的特征性反应，联合—耦联显色反应制得，如葡萄糖氧化酶和过氧化氢酶联合发生下列反应

$$葡萄糖 + O_2 \xrightarrow{\text{葡萄糖氧化酶}} 葡萄糖酸 + H_2O_2$$

$$H_2O_2 + DH_2 \xrightarrow{\text{过氧化物酶}} H_2O + \underset{(蓝)}{D}$$
$$\underset{(无色)}{}$$

式中，DH_2 为还原性色素原，一般为邻联甲苯胺、邻联茴香胺，本身无色，氧化后则成为蓝色化合物。

将葡萄糖氧化酶、过氧化物酶和邻联甲苯胺等还原性色素原固定在纸片上，可制成检糖试纸，根据颜色深浅，可判断葡萄糖的多少。

酶柱、酶管、酶电极等在近年内有了突飞猛进的发展，这一切使酶在医药上的应用前景更为广泛。

9.1.2.2 酶催化研究的新动态

由于人们对酶分子结构的不断了解和新型生物技术如基因工程等的发展，使酶催化的研究变得更为深入、细致，这里介绍一些较新的酶促催化反应研究的情况。

(1) 基因工程菌产生酶的应用研究 Carvalho[1] 等人将表达角质蛋白酶（cutinase）的基因克隆到大肠杆菌内，得到表达，分离、纯化后对其进行了较为完整的研究。他们以醋酸丁酯与己醇的转酯化反应（即醇解）作为模型反应，将酶与表面活性剂丁二酸双（2-乙基己基）酯磺酸钠（AOT）组成逆胶囊，参与反应。进行了七个因子、三个水平的试验。首先设计了反应体系的 pH。逆胶囊中 AOT 含量、己醇、醋酸丁酯浓度和逆胶囊中加入水量 W 等五因子、三水平的试验，然后固定 pH 和醋酸丁酯浓度，再加入反应温度，逆胶囊中缓冲液的浓度组成五因子、三水平的试验。试验结果表明，所有因素均会对转酯化速率产生影响，但主要的影响因素为二个底物即己醇和醋酸丁酯浓度和反应体系的温度。他们又分别对 AOT 和己醇浓度、pH、AOT 和水含量，体系温度和缓冲液浓度、温度和 AOT 加量等诸多方面的因素影响进行了考察，最后认为 AOT 的加入量应为低浓度（小于 90 mmol/L）为宜，W_o 为 5～8 为宜，这是因为转酯化反应对水含量相当敏感，过多的水会导致反应向水解方向进行，而不利于醇解的进行；从对体系温度考察结果来看，温度一直升至 50 ℃时，

酯化速率仍与温度成正比；醋酸丁酯的浓度愈高，对酯化反应愈有利，而己醇的浓度则不然，有最佳值为 490 mmol/L，当超过此浓度后，就会产生底物抑制的现象，反而对反应不利。

(2) 酶固定化，修饰后参与酶催化反应的研究　Gaelle[2] 等人对假丝酵母脂肪酶 PS 纯化后固定化在聚丙烯微孔上，参与对-硝基苯醋酸酯（pMPA）和对-硝基苯棕榈酸酯（pNPP）的水解。以游离酶和固定化酶进行了比较，当 PS 酶被固定化在聚丙烯上后，酶的吸附量与酶促反应进程成线性关系，说明无内扩散影响；通过对反应过程中转速影响研究表明，对不溶性基质（pNPP）随着转速上升，反应速率也上升，说明转速提高使基质颗粒变小，更利于反应，而对可溶性基质（pNPA）在转速较低时，随着转速的提高，反应速率也提高，但当转速达 100 r/min 时，反应速率已不再增加，说明当转速大于 100 r/min 时，已无外扩散存在；通过对温度影响研究表明，游离酶的酶活在 25～45 ℃ 范围内温度升高，活力也升高，这一现象一直维持到 50 ℃，但温度超过 50 ℃ 后酶活急剧下降，而固定化酶在最初阶段与游离酶一致，但当温度超过 45 ℃ 酶活就略有下降，但下降速率很缓慢，所以 45～60 ℃ 均为固定化酶作用的较好温度；对两种酶的热稳定性研究表明，在 50 ℃ 时二者热稳定性均较高，但到 80 ℃ 时，游离酶和固定化酶的半衰期分别为 4 min 和 11 min，说明固定化后，提高了酶的热稳定性；此外，研究还表明，酶固定化后，对基质的专一性也发生了变化，游离酶对短链脂肪酸（C_2～C_6）酯的水解酶活高，而固定化后，反应对长链脂肪酸（C_{12}～C_{18}）酯的水解活力高。这一研究结果对一些不溶性基质的研究是极具价值的，不溶性基质在酶被固定化后，易分散到载体的微孔内而参与反应。

Moreno[3] 等人对纯化了的皱褶假丝酵母脂肪酶共价固定化在琼脂糖和硅胶上，脂肪酶的半衰期从游离的 0.2 h 增大到 5 h，增加了酶的稳定性；脂肪酶固定化在琼脂糖和硅胶上的酶活分别为 75% 和 50%，载体表面的亲水/憎水特性决定了固定化酶的酶活；对脂肪酶纯化后得到 A、B 两组分，A 组分在经固定化后热稳定性较 B 组分好；脂肪酶被吸附在亲水性载体（琼脂糖）上的酶促水解活力比吸附在憎水性载体（硅胶）上的酶活要高，这可从二者参与反应的速度即可看出；而在固定化后对酶促反应的立体选择性却无什么影响。

Sanchez[4] 等人对脂肪酶 CCL 溶解在水中与固定化在琼脂糖和硅胶上三种不同形式参与酯类水解的酶促反应进行了研究，对这三种不同的酶受离子强度影响进行了研究，并对反应动力学参数进行了研究。两种固定化酶均符合米氏公式，而溶解酶却不与米氏反应动力方程式相符；这三种酶对水解三丁酸甘油酯的酶活（脂肪酶活）比水解对-硝基苯醋酸酯的酶活（酯酶活力）要高十倍；当这三种酶应用于水解手性的酯时，两种固定化酶的选择性明显比溶解酶要高得多，这有可能是因为酶固定化在载体上后，其刚性结构增强，利于选择某一构型的酯进行水解。

Kudryashova[5] 等人对在水和乙醇溶液中酶电解液效应进行了研究，人工引进了负离子基团使酶激活并增加了稳定性。在加入 10%～30% 的有机溶剂作为助溶剂时，α-胰凝乳蛋白酶（CT）与聚电解液形成了非共价的复合物，此时的酶活可比原来游离酶高出 2～3 倍，且对助溶剂浓度的忍受范围也较游离酶为宽；由于本身酶与聚电解液形成的复合物是阳离子型的，故人为加入负离子基团如琥珀酸酐等，使该聚电解液的酶活提高至游离酶的 5～7 倍；当乙醇含量超过 40% 时的酶均完全失活，这一结论是通过对酶蛋白质分子结构进行分析后得出的。

Bastida[6] 等人利用强憎水性的载体辛基-琼脂糖吸附酶，集纯化、固定化和酶的活化为一体，取得了理想的结果。酶的纯化一般来讲，是一个比较繁琐的过程，故他们将纯化与固定化一体化，即是一种较新的思想。将辛基-琼脂糖凝胶直接投入酶液，固定化时间少于30 min，该载体的吸附也较大，1 mL 的载体即可将 4.5 g 的粗酶中有效成分全部吸附上去，用此载体吸附后制得的酶的酶活是未固定化酶酶活的 20 倍，这主要是由于载体具有很大的憎水界面，在那里脂肪酶极易被表面激活，即打开盖子，让活性中心更多地暴露给反应基质；当利用此酶对甲基丁酸酯的水解研究后表明，游离酶时当底物浓度在 20～30 mmol/L 时，反应为一级反应，底物浓度大于 30 mmol/L 时即为 0 级反应；而以固定化酶催化反应时，当基质浓度为 170 mmol/L 时，反应仍为一级反应，所以固定化酶的酶活是游离酶的 8 倍；另外研究表明，酶固定在辛基-琼脂糖凝胶的载体上时酶活效应的提高比增加底物溶解度对酶活影响的效应要大得多，这主要是由于憎水性载体利于脂肪酶打开活性位点的盖子，在打开的脂肪酶活性位点旁有大量憎水性的袋子，即使在低离子浓度情况下，也能被憎水性载体所吸附，而一般情况下，蛋白质是不能被其吸附的，此外憎水表面也可能促进蛋白质憎水区域吸附至其上。

（3）在手性化合物拆分中的研究　意大利的 Battistel[7] 等人用固定于载体 Amberlite XAD-7 上的脂肪酶（CCL）对萘普生的乙氧基乙酯进行酶法水解拆分，对温度、底物浓度和产物抑制等进行了研究，最后使用 500 mL 的柱式反应器，在连续进行了 1200 h 的反应后，得到了 18 kg 的光学活性纯（S）-萘普生，且酶活几乎无甚损失。

法国的 Ahmar[8] 等人对布洛芬乙酯用廉价的马胰酯酶进行选择性水解，当反应进行 11 h，转化率达 40% 时，布洛芬的对映体过量值（ee，表征光学纯度）为 88%，回收的酯的 ee 值为 60%；而当反应进行到 18 h，转化率为 58%，布洛芬的 ee 值为 66%，而回收的酯的 ee 值＞96%。

俄罗斯的 Solodenko[9] 等人以青霉素酰化酶（PA）将与天然氨基酸极相似的具磷-碳键的胺基-烷基-磷酸盐的苯醋酸的衍生物进行立体选择性酶促拆分，使这一既可是酶的基质或抑制剂、植物生长的调节剂和除莠剂的生物活性物质得到了光学纯的异构体，使其的生物活性得以充分显示。

$$\text{Ph—CH}_2\text{—C—NH—CH—P—(OH)}_2 \xrightarrow{\text{PA}} \text{Ph—CH}_2\text{—C—NH—CH—P—(OH)}_2 + \text{R—CH—P—(OH)}_2$$
（D）　　　　　　　　（L）

实验结果表明，反应时间从 2 h 到 24 h，产率均为 80% 左右，而 ee 值为 96%，说明青霉素酰化酶对该底物水解显示出了高度的立体选择性。

腺苷脱氨酶（ADA）被用于拆分一种可用于艾滋病临床诊断的药物 Carbovir。通过对此药的两种对映体对人免疫缺陷病毒 I（HIV-I）活性测试表明，它的生物活性是由（S）-异构体体现的，而（R）-异构体则几乎无活性，这一特性与核苷酸的一般特性相一致。Rovert Vince[10] 等人以 β-D-2′,3′-二脱氢-2′,3′-二脱氧鸟苷为基质，在其中加入 ADA 经不同的处理方法后，分别得到了（+）-carbovir（$[\alpha]_D$＝62.1°）与(-)-carbovir（$[\alpha]_D$＝−61.1°）。他们对所得之异构体进行人免疫缺陷性病毒抗性测试时发现：要达到同样的抗性，（−）-异构体所需的浓度为 0.8 μmol/L，而（＋）-异构体的浓度为 60 μmol/L。

9.2　微生物转化

微生物转化（也叫做生物转化 biotransformation 或 bioconversion）是由微生物进行的化

学反应。反应被微生物细胞中的酶催化。微生物世界包括多种多样有生命的生物，它们对不断变化的环境有很强的适应能力，这种适应能力一部分表现在随着它们的需要而形成酶，其中某些酶有高度专一性，只催化专门几种底物，另一些酶具有相对宽的底物专一性，这些酶普遍与生物降解和生物转化过程相联系。微生物转化技术的目的是利用细胞的酶催化有用的化学反应，所利用的是完整细胞中的酶的活性。这些细胞可以是活的细胞——正在生长的或静态的（细胞分裂很少或根本没有）细胞，也能使用干细胞或孢子，不管它们是否存活。

在近几十年中生物技术发展很快，也包括微生物转化领域的进展。20 世纪 40 年代起微生物转化领域的研究蓬勃兴起，延续至今。微生物转化的研究已从最早的甾体转化得到延伸，甾体转化首先取得巨大成功，并建立了工业规模的甾体激素转化操作。甾体激素的微生物转化与化学合成结合是 20 世纪杰出的科学成果，也刺激了微生物转化在其他种类的生理活性化合物如生物碱、抗生素、大麻油和前列腺素合成上的应用。

微生物转化与化学过程比较，其优点为：①微生物转化在温和的条件下进行，化学物质转变成要求的产品，不产生分解，而且节约能源和投资；②微生物转化作用于基质分子的专一位置，产生立体专一性、光学专一性产物，不需要化学拆分。顺序进行几步反应，大大提高反应效率。

9.2.1 微生物转化一般过程

（1）制备培养系统 选择优良的培养物，使其生长在合适的环境中，达到足够量的菌体。这些菌体是生物转化反应的催化剂。

（2）加入底物 底物加入的时间与方法是重要的考虑因素。

（3）加入效应物 效应物是反应后未改变的化合物。效应物分抑制剂或激活剂。加入抑制剂，可以有效抑制副反应。这些化合物加入的时间和方法也十分重要。

（4）保温反应 在合适的环境条件下进行保温，直至转化反应完成。

（5）监测反应过程 间歇取样并监测底物与产物水平、pH、细胞量、能源和其他参数。

（6）终止反应 当样品分析表明产物积累停止，则移去活性细胞，停止反应。

（7）产物分离 生物转化的溶剂主要是水，产物在水中浓度相对较低，经过分离和纯化得到产物。

9.2.2 培养系统类型

生物转化过程中有许多利用细胞的途径，每种都有其优缺点。

（1）分批培养 分批培养是一个直接的、传统的培养方法，这种方法包括培养基的准备、接种、细胞培养、底物加入、保温直至反应完成。对数生长期的中期到后期的细胞用于接种最好。如果接种培养基与生长培养基不同，可以考虑收集并洗涤细胞，然后将它们悬浮在水中或生理盐水中，用这种方法可以避免种子培养基的干扰。

（2）连续培养 在连续培养中，通过连续加入新鲜培养基和等速率移去消耗了的培养基，使细胞在相对长的周期内维持稳定状态，在恒化培养中，将一种或两种营养设计为限制性营养，使生长速率被新鲜培养基加入速率所控制。如果反应物对菌体有毒性，可以控制反应物加入的速率，降低毒性影响，得到较高的转化率。

（3）静息细胞 静息细胞是有生命的、不生长的细胞，它保持许多酶的活性。在适当的培养基中，菌体扩大培养至一定时间，用过滤或离心进行分离，收集菌体将其悬浮在不完全的培养基中（如没有氮源的培养基），加入底物。在一定温度、pH、通气搅拌下转化反应。

这种方法的优点是可以自由地改变反应液中底物和菌体的比例，反应时间较短，转化生成物中杂质较少，因而分离提纯容易。

(4) 干细胞　干细胞是静息细胞的另一种形式。用一定的干燥方法使微生物细胞存活或起码有多种酶的活性存在。最常用的方法是冻干或丙酮处理。冻干是用于保藏培养物广泛应用的一种干燥方法。

冻干的操作是：将离心或过滤得到的细胞，经过洗涤，悬浮在稀缓冲液或水中，悬浮液装入圆底烧瓶或安瓿瓶中，低温冷冻成一薄层，在高真空下移去水分，得到蓬松的干粉末。这种粉末如果保藏在冷冻条件下，能保持活性几年。

丙酮粉制备：浓细胞悬浮液中加入三倍以上冷（-20 ℃）丙酮，细胞在丙酮中成浆后，抽滤得到丙酮干粉，丙酮粉保存在冷冻条件下。

用干细胞粉的方法与用新鲜静息细胞相同，但干粉保藏和运输方便，此外不需要保持无菌条件就可以进行生物转化。

(5) 孢子　真菌的分生孢子和子囊孢子可方便地进行生物转化。细菌的内生孢子一般是无转化活性的，但许多真菌的孢子有转化活性。悬浮在培养基中的孢子能用作生物转化活性相对稳定的来源，但孢子不允许发芽。真菌产孢子能力随培养条件而改变，可以选择产生较多孢子的条件。收集孢子可以这样进行：用稀的表面活性剂如用 0.01% Tween80 洗涤培养物表面，在洗涤表面时用无菌杆或针轻柔地刮下孢子，然后离心收集孢子。得到的孢子糊状物保藏在 -20 ℃，某些孢子在冷冻下可保藏几年，有些只能稳定几个月，还有的必须直接使用，根据孢子保藏的稳定性而定。

利用孢子悬浮液生物转化，类似于静息细胞的方法。培养基含有缓冲液和能源，如葡萄糖，但氮源方面是不完全的。在这样的培养基中加入底物，在适当的温度和搅拌下进行转化，孵化中孢子浓度是 $1 \times 10^8 \sim 1 \times 10^9$ 孢子/mL，pH 要求低一些，如 5～6，这样可以抑制细菌生长。在这种孵化中孢子通常不发芽。

(6) 渗透细胞　渗透细胞技术是用表面活性剂或溶剂处理细胞，改变细胞渗透性，使底物和产物进出细胞更容易。比如加入青霉素，可以影响细胞壁合成，从而提高渗透性，在谷氨酸生产中出色地应用这一方法，提高了谷氨酸产量。值得注意的是加入表面活性剂或溶剂的剂量，可能因渗透性的改变，而剧烈地影响细胞的生存。

(7) 固定化细胞　固定化细胞是固定或结合在表面，或包埋在凝胶基质中的细胞。有几种固定方法在实验室和工厂中获得成功。固定化细胞可以保持活性几个月，比静息细胞催化寿命长，而且可以建立连续转化系统。意大利的 M. Cantallia 等人采用固定化酵母 *Trigonopsis var oabilis* 连续氧化头孢菌素 C，转化率达 70%。

聚丙烯酰胺法：细胞（10 g 湿重/40 mL 生理盐水）悬浮液，加 7.5 g 丙烯酰胺，0.4 g N,N-亚甲基二丙烯酰胺，5 mL 5% β-二甲酰胺丙腈和 5 mL 2.5%过二硫酸钾，温度不超过 40 ℃，稳定 10～15 min 后，将变硬的胶切成 2～3 mm 的小块，包埋的细胞彻底洗净，用于转化。

卡拉胶方法：将活性细胞悬浮在 5.0 mL 0.9%盐水中，卡拉胶 1.7 g 溶解在 34 mL 45～60 ℃盐水中。两种流体混合，并冷却到 10 ℃。胶的强度在冷的 0.3 mol/L 氯化钾中增强，得到颗粒状硬胶。

(8) 渗透交联固定化细胞　胞内酶或含胞内酶的细胞的固定化存在一定的难度。若要得到酶，一般先要破碎细胞。由于酶的稳定性通常与细胞膜的结合有关，所以细胞破碎中常导致酶的失活。若直接固定细胞，由于酶在胞内，底物与酶的接触困难，传质问题是一个限制性因素。渗透交联固定化细胞是解决这个问题的方法。该法是先用某些试剂（多为表面活性剂）处理细胞，提高细胞通透性，再进行交联固定化，可以保证酶活力破坏较小，又减少了传质阻力。我国已有人对产天冬氨酸酶的菌种大肠杆菌 SF-D4 和产 L-天冬氨酸，β-脱羧酶的菌种假单胞菌 MD121 分别用卡拉胶固定，制成固定化细胞。然后将固定化细胞放入 pH7.0 的磷酸缓冲液（5 ℃），先加 2% 多乙烯多胺处理 10 min，再加 2% 戊二醛处理 30 min，反应中连续搅拌，反应后用生理盐水洗净。该系统进行转化试验，渗透交联固定化大肠杆菌 SF-D4 细胞在充填床反应器中连续转化反丁烯二酸为 L-天冬氨酸，转化率接近 100%，已通过 20 L 填充床反应器的工业中试和鉴定[11]。渗透交联假单胞菌细胞在中空纤维膜反应器中反冲式操作（底物外腔进内腔出）转化 L-天冬氨酸为 L-丙氨酸，转化率超过 90%。

9.2.3　底物加入

底物是被生物转化的基质，包括水中可溶的和不可溶的。水溶性底物的加入比较简单，因为细胞生长在水相，水溶性底物与细胞接触非常容易。要考虑的是底物什么时候加，加多少。在一定的细胞量下，增加底物的量，将增加完成生物转化反应的时间。加入底物的最大量，根据化合物的性质，不带电的化合物能加入十分大的量，其高限约为 10%，而离子化合物加入量较低，参考量约为 5%。还须考虑的是底物的相对毒性，这会降低细胞承受浓度的上限。底物加入的时间也要考虑，如果底物有毒性，在生长期开始时加入会抑制细胞的生长。这种影响在各种形式制备的静息细胞中影响最小。采用分批或流加的方法加入底物是避免毒性浓度的有效方法。

非水溶性底物加入，在反应系统中存在两种以上固相物，传质问题成为限制性因素。在实践中常用的有这样几种方法。将不溶性底物磨成细小的粉末加入，可以得到满意的结果，在甾体转化的许多例子中，都采用这种方法。当不溶性气体作为底物时，可采用鼓泡，进入培养系统。

将不溶底物溶在与水互溶的有机溶剂中是另一种可采用的方法。常用的溶剂有较低相对分子质量的乙醇、丙酮、N,N-二甲基甲酰胺、二甲基亚砜。二甲基亚砜相对无毒性，但有难闻的气味。用这些溶剂制成非常浓的底物溶液，加入到反应系统中。值得注意的是要测定系统对溶剂的忍受性，并且加入溶剂的量尽可能要小。

也可用表面活性剂来分散不溶性物质，有几种无毒的有效的表面活性剂如 Tween′ 和 Brijs′。对于非生长细胞也可用有些毒性的表面活性剂如 Triton-10C，表面活性剂可以直接以液体或粉末形式加入，也可以溶解后加入。

如果某些底物对微生物有毒性，也可选用适当的吸附剂，将底物吸附在它的表面，减少反应液中底物浓度，降低对微生物的毒性影响。常用的吸附剂有活性炭和聚苯乙烯。

有些底物是酶的诱导物，但早期加入对细胞有毒性，必须待微生物生长到对数生长期后期才可加入。

9.2.4　微生物转化的类型

（1）氧化　氧化是生物转化中最常见的反应，包括羟基取代氢；双键打开，接上羟基或酮基；氨基氧化成羟基等。如式（9-1）甾体骨架上的羟基化，式（9-2）茚转化成茚满二醇[15]，式（9-3）油酸双键打开接上羟基或酮基[12]，L-亮氨酸转化成 D-2-羟基-4-甲基戊酸[13]。

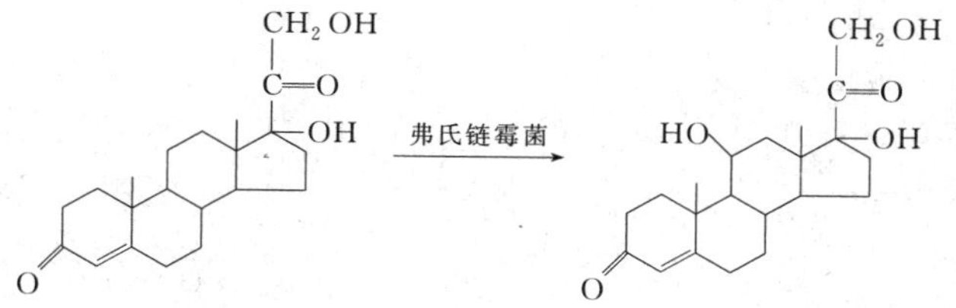

$$(9\text{-}1)$$

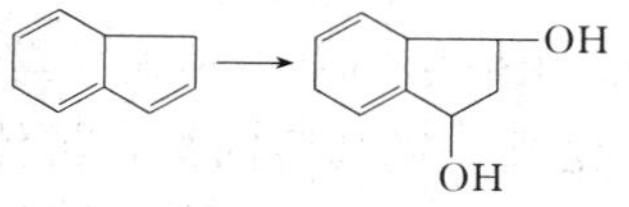

$$(9\text{-}2)$$

$$(CH_3)_2CH_2CHNH_2COOH \longrightarrow (CH_3)CH_2CHOHCOOH \qquad (9\text{-}3)$$

（2）还原　包括双键加氢，去羟基等。如

$$反丁烯二酸 \xrightarrow{\ 肠球菌\ } 琥珀酸^{[16]}$$

$$甘油 \xrightarrow{\ Clostridium\ } 丙二醇^{[17]}$$

（3）氨基化　在氨基酸合成中氨基化反应起到十分重要的作用。如

$$反丁烯二酸＋氨 \xrightarrow{\ 大肠杆菌\ SF\text{-}D4\ } L\text{-}天冬氨酸$$

（4）乙酰化和去乙酰化　如

$$7\text{-}ACA \xrightarrow{\ R.\ glutinis\ } 7\text{-}ADCA$$

$$7\text{-}ADCA \xrightarrow{\ R.\ glutinis\ } 7\text{-}ACA$$

（5）脱氢形成双键　这在甾体转化中应用很多，如式（9-4）环的双键形成

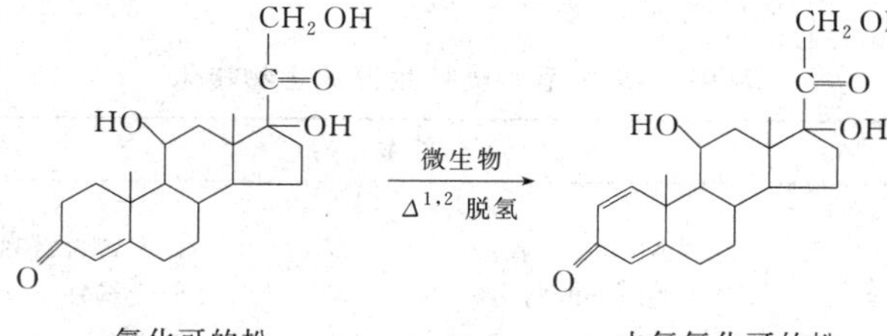

$$(9\text{-}4)$$

氢化可的松　　　　　　　　去氢氧化可的松

（6）腈转化成酸　如（±）-2-（异丁苯基）丙腈水解得到（S）-（＋）-布洛芬。

（7）光学专一和立体专一性转化与拆分　用马红球菌（Rhodococcus equi）的内酰胺酶（ENZA-1）可水解拆分环核苷前体 γ-内酰胺（±）-2-氮杂双环［2.2.1］庚-5-烯-3-酮得到对映体大于98％的（＋）-2-氮杂双环［2.2.1］庚-5-烯-3-酮[18]。

在泛酸手性前体的合成中用红平红球菌（R. erythropolis）的脱氢酶拆分（±）-泛解酸内酯为（一）-泛解酸内酯。

9.2.5　微生物转化的应用

（1）甾体转化　甾体化合物又称类固醇化合物，普遍存在于动植物组织内，在医药上占有重要地位的甾体激素类药物有肾上腺皮质激素。它是一类由四环组成的环戊烷多氢菲化合物，在临床上的应用仅次于抗生素，是世界第二大类药物。如可的松、氢化泼尼松、醋酸氟氢可的松等。

可的松　　　　　　　　氢化泼尼松　　　　　　　醋酸氟氢可的松

1937 年 Mamoli 和 Veercellene 用酵母还原 4-雄烯二酮转化成睾丸激素。Krami 和 Horvath 发现 10 种酵母可将胆固醇转化成 7-羟基胆固醇，甾体化合物和甾醇能被微生物代谢。1952 年 Peterson 和 Murray 报道了 *Rhizopus arrhizus* 转化黄体酮成 11α-羟基黄体酮。这个微生物羟基化作用极大地改善和简化了可的松和它的衍生物的多步化学反应，提高了合成效率，微生物酶作为催化剂具有底物专一性和立体专一性。70 年代中后期微生物转化主要用于从番剑麻皂素合成高效含氟皮质激素倍他美松和地塞美松中的关键性的 C-1,4 脱氢（含 C-3 氧化）和 11-羟基化反应其中用节杆菌转化番麻皂素，可使中间体 16β-或 16α-甲基-3β、17α、21-三羟基-5α-孕甾-9(11)-烯-20-酮-21-醋酸酯转化为相应的 16β-或 16α-甲基 17α、21-二羟基孕酮-1,4,9(11)-三烯-3,20-二酮，一步微生物转化可完成 4～5 步化学反应；用节杆菌和犁头霉或绿僵菌的混合菌转化剑麻皂素，可从中间体 16β-或 16α-甲基-3β、17α、21-三羟基-5α-孕甾-20-酮-21-醋酸酯生成相应的 11α-羟基-$\Delta^{1,4}$-二烯-3-酮，一步微生物混合转化可替代多步化学反应及一步生物转化。近年来，仍不断有文章发表，报道微生物转化甾体的高转化率的菌种，如最近报道的一株新月弯孢霉，它的氢化可的松转化率达 30%[23]。

（2）β-内酰胺类抗生素　　β-内酰胺类抗生素以抗菌活性强、副作用小，引起医药界普遍关注，对它的半合成衍生物的研究也不断深入。因此，对半合成的中间体 6-氨基青霉烷酸（6-APA）、7-氨基头孢烷酸（7-ACA）、7-氨基-3-去乙酰氧基头孢烷酸（7-ADCA）的生物合成十分重视。用于生物转化的微生物见表 9-1。

表 9-1　β-内酰胺类抗生素的生物转化

底　　　　物	转化产物	菌　　　种
a.　去酰化作用		
青霉素 G	6-APA 和苯乙酸	产黄青霉和 Aspergillus oryzae
青霉素 G	6-APA 和苯乙酸	大肠杆菌
青霉素 G	6-APA 和苯乙酸	Alcaligenes faecalis
10 种青霉素	6-APA 和相应酰基	P. chysogenum
青霉素 V	6-APA 和苯乙酸	头孢霉菌
5 种青霉素	6-APA 和相应酰基	A. faecalis
4 种青霉素	6-APA 和相应酰基	大肠杆菌
10 种青霉素	6-APA 和相应酰基	Bacillus megaterium
青霉素 G 和青霉素 V	6-APA 和相应酰基	Fusarium semitectum
头孢菌素 C	7-ACA 和苯乙	链霉菌属和无色杆菌
b.　酰基化作用		
6-APA 和苯乙酸	青霉素 G	大肠杆菌
6-APA 和苯乙酸	青霉素 G	A. faecalis
6-APA 和苯乙酸	青霉素 G	A. faecalis
6-APA 和 23 羧酸	23 青霉素	大肠杆菌
6-APA 和苯基氨甘酸衍生物	Ampicillin	K. citrophila
6-APA 和苯乙酸	青霉素 G	K. citrophila

由表 9-1 可见转化 7-ACA 的菌种是比较少的。近年来，各国科学家在这方面作了许多努力。日本的 Sakai 等最近从所分离出的一些胶黏红酵母菌株中发现了一种高效的 7-ACA 脱乙酰酶，并先在小型发酵罐反应条件下，研究了适合于生产 7-ADCA 和 3-CMAC（3-氯甲基-7-氯甲基乙酰氨基-3-头孢烷-4-羧酸）的两种生物转化反应，然后在有机反应介质中通过胶黏红酵母 7-ACA 脱乙酰酶的逆反应，研究了 7-ADCA 的乙酰化反应。这种逆反应可应用于 7-ADCA 和其他 7-ACA 类化合物的酶促乙酰化，见图 9-4。

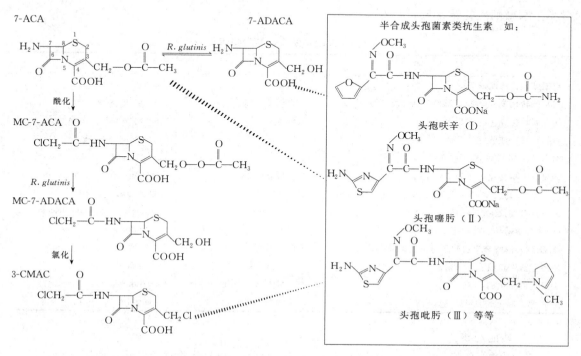

图 9-4　胶黏红酵母在工业生产 3-CMAC 和 7-ADCA 生物转化上可能的应用[19]

（3）维生素　维生素 C 生产是微生物转化的杰出例子。20 世纪 70 年代我国发明了"二步发酵法"，即先用黑醋菌在 34 ℃将 D-山梨醇氧化成 D-山梨糖，然后升温杀灭黑醋菌。在 30 ℃接入假单孢菌，将 D-山梨糖氧化成 2-酮-L-古龙酸。这种方法免去了高温高压的化学过程，也减少污染，又缩短合成步骤，提高了收率。80 年代又找到了新的菌种可以直接从葡萄糖出发经过二步转化合成 2-酮-L-古龙酸作为维生素 C 的前体。第一步用欧文氏菌（Erwinia）、醋酸单孢菌（Acetomonas）等微生物转化 D-葡萄糖为 2,5-二酮基-D-葡萄糖酸，第二步用棒状杆菌（Corrynebacterium）或短杆菌（Brevibacterium）进一步转化成 2-酮基-L-古龙酸。

（4）氨基酸　用氨基转移酶使酮酸转变成氨基酸早为人们所熟知，近年来对转氨和 D-氨基酸的生物转化有了新进展。据报道，成都生物研究所最近分离到具有苯丙氨酸转氨酶活性的红酵母可使芳基丙烯酸类物质不对称合成 L-α-氨基酸[24]。

D-氨基酸已普遍用于合成新 β-内酰胺类抗生素和生理活性肽[20]。工业上生产的氨基酸常以醛为原料，经过 Bucherer 反应合成 DL-5-取代乙内酰脲，然后在恶臭假单孢菌（P. putida）的二氢嘧啶酶催化下立体选择性地水解为 N-氨甲酰-D-氨基酸，该酶在 pH8～9 时可同时引起底物外消旋化。这一拆分在底物自发外消旋的条件下进行，常称"原位外消旋"，可省去消旋工序[21]。得到的 N-氨甲酰-D-氨基酸经化学法或酶法脱氨甲酰即得 D-氨基酸。

（5）生物碱　生物碱是含有碱性氨基的化合物，通常带有多功能的取代基。常见的生物碱包括异喹啉类生物碱、吗啡及其衍生物生物碱、茚满酮生物碱、甾族生物碱、吡啶类生物碱、颠茄类生物碱等。人们对生物碱的兴趣在于它们提供了几百种有用的药品、药学工具和合成中间体。为了找到更多有效的药物，必须对其分子进行修饰，由于生物碱分子结构的复杂性，用化学法进行选择性的修饰非常困难，而微生物有立体选择性甚至立体专一性的转化能力，微生物还有手性认识能力，可以利用对天然立体异构物的拆分和立体化学合成。异喹啉类生物碱的生物转化见表 9-2[22]。

表 9-2　异喹啉生物碱的生物转化

转　化	注　解	菌　种
血根碱转化成血根碱	亚氨还原	Verticillium dahlia
罂粟碱转化成 6-O-脱甲基罂粟碱	脱甲基作用	Aspergillus alliaceus
罂粟碱转化成 4-O-脱甲基罂粟碱	脱甲基作用	Cunninghamella echinulata
劳丹素转化假可旦民碱	（4'）脱甲基	Cunninghamella blakesleeana
7,8,4'-三甲氧基-N-甲基苄基		
四氢异喹啉转化成 4' 和 7-O-去甲基衍生物	去甲基作用	Cunninghamella blakesleeana
d-特船君（防己碱之一）转化成 N(2')-Nor-d-特船君	N-去甲基	灰色链霉菌
d-特船君（防己碱之一）转化成 N(2)-Nor-d-特船君	N-去甲基	Cunninghamella blakesleeana
O,O-二甲阿朴吗啡转化成异阿朴可待因	O-脱甲基	Cunninghamella elegans
O,O-阿朴吗啡转化成阿朴可待因和异阿朴可待因	O-脱甲基	灰色链霉菌
S-海罂蓝转化成去甲海罂蓝	N-和 O-脱甲基	灰色链霉菌
S-海罂蓝转化成去氢海罂蓝	立体专一性氧化	Fusarium solani
R-海罂蓝转化成去甲海罂蓝	立体专一性氧化	Aspergillus flavipes

（6）其他药物

芳基丙酸　2-芳基丙酸（2-APA）类非甾体抗炎药，由于患者耐受性好，使用安全，已广泛用于临床。其中仅（S）-（＋）-构型具有高度的生理活性或药理作用常用的微生物胞外脂酶能立体选择性地水解(±)-2-APA 酯制备（S）-（＋）-2-APA，尤以圆柱状假丝酵母的脂酶为最佳。90 年代以来用微生物转化腈类（或酰胺）制备（S）-（＋）-2-APA 已为许多研究者所关注。红球菌、不动杆菌、短杆菌或分枝杆菌等能将(±)-2-芳基丙腈转化为(S)-（＋）-2-APA。如用产腈水解酶的不动杆菌休眠细胞水解(±)-2-(4-异丙基)丙腈得到(S)-（＋）-布洛芬。

前列腺素　前列腺素（PG）及其类似物除了具有抗高血压、抗胃肠溃疡、抗哮喘以及诱导流产和分娩等生理活性之外，还有抗肿瘤和调节免疫作用的能力。现在，用微生物转化合成前列腺素前体的研究广泛开展，如用不动杆菌催化二环［3.2.0］庚-2-烯-6-酮不对称 Baeyer-Villiger 反应得到区域异构的手性内酯(-)-(1S,5R)-2-氧杂二环［3.3.0］辛-6-烯-3-酮和(-)-(1R,5S)-3-氧杂二环［3.3.0］辛-6-烯-2-酮，见图 9-5。这两个产物都是重要的手性合成源，用于合成前列腺素和核苷。

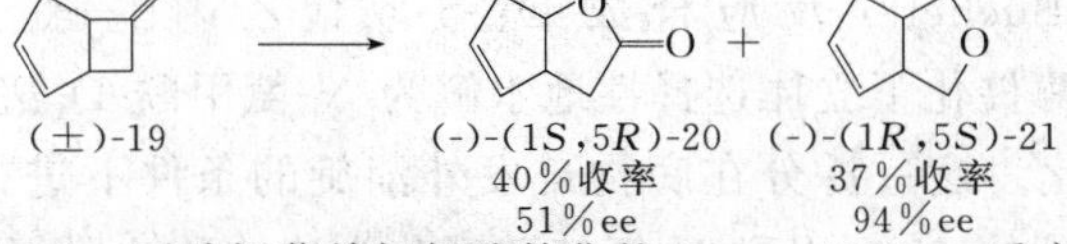

（±）-19　　　　　(-)-(1S,5R)-20　　(-)-(1R,5S)-21
　　　　　　　　　　　40%收率　　　　37%收率
　　　　　　　　　　　51%ee　　　　　94%ee

图 9-5　不动杆菌单加氧酶催化的 Baeyer-Villiger 反应

荧光假单胞菌（P. fluorescens）脂酶作为一种有效的生物催化剂现已广泛应用于手性药物的合成。它立体选择性地水解(±)-2-氟己酸乙酯得到(R)-(+)-2-氟己酸乙酯和(S)-(-)-2-氟己酸后者经化学法乙酯化，酶放水解，在乙酯化等步骤可得到光学纯的(S)-(-)-2-氟己酸酯，见图9-6。(R)-2-氟己酸酯和(S)-2-氟己酸酯分别是合成新的抗高血压药16-氟前列腺素和血管舒张药及血小板聚集抑制剂的重要手性前体[25]。

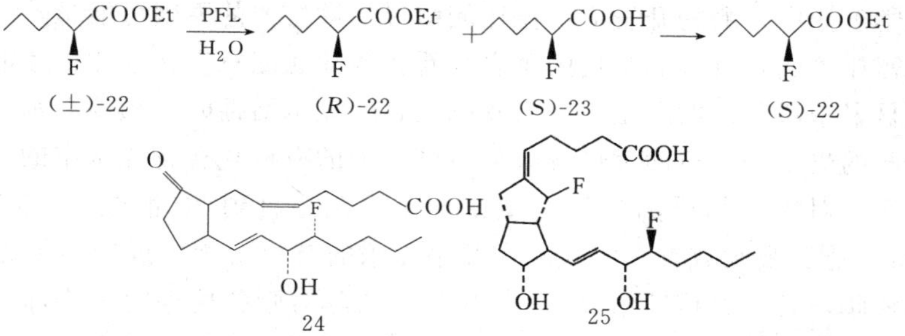

图 9-6　荧光假单胞菌立体选择性水解

　　木质素的微生物降解，人们已经研究很多，近年来国外注意到木质素或木质素降解产物有潜在的药用和生化用途。现代研究提供了新的信息表明微生物修饰的木质素能作为免疫辅药。Crawford，Pometto 和 Crawford 已分离到微生物修饰的木质素聚合物，叫做酸可沉淀多聚木质素（APPL）。APPL 由降解木质素的链霉菌如 S. viridosporous 固体发酵木质纤维植物的残渣产生。它们是无定型的由从木质素中产生的修饰的氧苯丙烷亚单位的三维多酚组成。APPL 在大量化学产品包括抗氧化剂和表面活性剂生产中十分有用。APPL 富集游离酚羟基和羧基成分具有辅助活性作用。APPL 有增强小鼠对标准抗原卵清蛋白（OAV）的抗体响应。

　　(7) 化学制品　已筛选到一株假单胞菌 Mt92 突变株，将苯氧化成顺-苯二酚（CBG）[26]，见式（9-5）。Mt92 生长在琥珀酸盐上，限制氮条件下恒化培养。在这样的连续培养中苯浓度保持很低，降低了苯的毒性影响，若用正-十六烷作溶剂可防止苯的毒性。

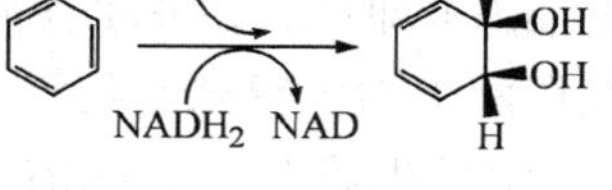

$$\text{（9-5）}$$

　　棕榈油可以被微生物的脂酶酯化成表面活性剂[27]。

9.3　非水相酶催化

　　在人类历史上有机化学有了许多重大的发展，从以无机物为底物合成有机物、基本的有机官能团的发现、相互之间互相转化的关系的建立，一直到人们发明了红外核磁共振、质谱仪等先进的仪器后，则对有机合成更提供了有力的工具，立体化学合成的出现为人们合成天然的物质（包括手性物质）更提供了基础。最近二十年来，人们在立体化学反应中积累了大量极好的财富，以化学计量来控制过程，同时从天然资源中引入了手性分子池（内立体引导）或手性轴（替换立体引导）最终引入手性信息。将手性信息引入到化学合成中以后，为合成技术的迅速发展起到了重要的作用，人们非常注重将手性信息引入到合成与经济发展相关的产物中去，现在人们已充分认识到催化立体合成反应是依据原子和手性的最经济的方法，催化剂可最有效地使底物进行立体转换，因此合成化学家们正在尝试着模拟一种酶促的转化。

正因为如此，化学家们已毋庸置疑地将目光转移到了自然界所存在的各种酶上，人们可以从中学会和利用有效的转化，虽然人们对酶反应机理的了解，远没有像对化学合成的了解那么透彻，但酶促反应和转化将会提供一种在经典的有机转化中所无法得到的新方法。

但是在化学工业中，酶的开发应用还比较缓慢，最主要的原因可能是酶的应用是与化学和生物化学紧密相关的，就人们常规的概念来看，酶的功能只有在水相中才能良分体现，正如大多数的教材书中所陈述的酶是以水为基础的，酶显示活性时必须要有水。而有机溶剂则普遍被认为是酶的失活剂，然而大部分人们所感兴趣的有机化合物在水中的溶解度很小，且常常不稳定，所以对这些物质的应用也就受到了限制。直到 20 世纪 80 年代美国 MIT 的 Klibanov[28] 等用脂肪酶粉或其固定化酶在几乎无水的有机溶剂中成功地催化合成了肽、手性的醇、酯和酰胺，日本的稻田佑二[29] 等用聚乙二醇对脂肪酶进行了修饰，使其溶解于苯等有机溶剂中，并成功地催化了酯化反应，有机相酶催化反应研究也蓬勃兴起。

事实上，细胞内的许多酶反应过程也不是都发生在一个纯的水中的，这些反应过程在纯水环境中不能得到优化，许多酶或复合酶系包括脂肪酶、酯酶、脱氢酶和细胞色素等均是在天然的水合环境中发生催化作用的，通常它们被固定化在细胞膜上，在这些环境中水的活力要比水溶液中低得多。所以，从生物技术的角度来看，酶在有机相中的催化反应也完全是有可能性的。

9.3.1　非水相酶催化的特性及光学纯化合物对有机相酶反应的挑战

酶在水相反应中的特点已广为人们熟悉，而酶在有机溶剂中进行的催化反应，由于在有机溶剂中许多工业有应用价值的物质溶解度大大增加，且增加了稳定性，故在有机相中进行酶催化有如下特性：①增加非极性基质的溶解度；②使某些原本在水相不能进行的反应顺利进行，如肽的合成、酯的合成等；③可减少在水相极易发生的副反应，如酸酐的水解、卤化物的水解和醌的聚合等；④在有机溶剂中可以改变基质的专一性；⑤酶在有机溶剂中由于其本身是不溶的，故不再需要如水相的固定化等，即可在反应结束后容易（往往只需过滤）使酶从体系中分离出来；⑥若因从流速等许多方面考虑酶确需固体化的，则利用固定化酶的载体只需是简单的非极性表面（如玻璃珠）即可，在非水介质中，酶不会从载体表面脱落；⑦产物能很容易地从低沸点、高蒸气压的溶剂中得到回收；⑧在有机溶剂中酶的热稳定性（比水溶液中）好；⑨有机相酶反应中无微生物污染；⑩有可能使酶直接应用于某些化学反应中。

酶在有机相中催化反应最明显的缺点是酶的活性要较水相中低。酶在有机相催化反应中的特点在化学合成中是具有很大的吸引力的，在非水溶剂中各种各样的酶的使用方法已经形成，从最初以增加憎水性基质溶解度为目标的低浓度有机溶剂与水形成单相体系、可溶性酶用于双水相体系到逆胶束溶解在非极性溶剂中等，这几种情况酶反应体系的大环境还是以水相为主。然而前面所陈述之有机相的优点必须在严格非水状态下才会具备，即酶是悬浮在几乎无水的介质中或是以有机溶剂为主系统、极少量水溶性助溶剂组成的系统才被定义为有机相酶催化反应。

近年来光学纯的化合物无疑在现代化学技术发展过程中起到了一个核心作用，最具证明的就是在药物市场上的变化。单一对映体药物销售量从 1993 年的 350 亿美元到 1994 年的 450 亿美元，世界上最大销售量的 25 种药物中有 2/3 均是以单一对映体形式面市的，在

1990～1993年期间已有36种单一对映体药物被批准上市。从表9-3[30]可以看出世界范围内单一对映体药物销售情况。

表9-3　世界范围内单一对映体药物销售额增长情况

药物种类	药物销售额/亿美元		1994年较1993年增长/%
	1993年	1994年	
心血管类	113	126	11.5
抗生素	108	125	15.7
荷尔蒙	45	65	44.4
中枢神经系统药物	20	30	50
抗炎药	15	16	6.7
抗癌药	10	15	50
其　他	45	75	66.7
总　计	356	452	27

　　在其他一些特殊的消费化学领域内，对光学活性纯物质的需求同样迫切，环境组织的需求对那些可被支撑的技术，均需要一种对环境有益的化学物质，这样不至于对生态系统造成额外的污染，即能被生物降解的物质，聚合物、洗涤剂、消费品和工业化学都存在着无生态污染的需求。有机相酶反应的兴起，为光学纯化合物的制备提供了一个新的渠道。

　　在未来的10年中，对光学纯物质的制备还将发生巨大的变化。表9-4[30]和表9-5[30]表明了手性药物的市场及未来几年的发展势头，均可看出这一行业的发展前景。

表9-4　手性技术产品销售额增长情况预测/百万美元

产　品	1994年	2000年	每年的增长率/%
手性中间体	925.0	1580.0	9.3
分析产品	113.6	151.1	4.9
其　他①	96.5	135.2	5.8
总　计	1135.1	1866.3	8.6

① 包括结晶制剂、手性层析柱制备、立体化学催化剂、酶、手性酸、碱基和溶剂等。

表9-5　世界各公司对单一对映体药物研究情况的展望

药　物	开发商	开发阶段	国　家	预计上市年份
(S)-ketoprofen	Chiroscience	已批准	西班牙	1995
(S)-(+)-Ibuprofen	Merk,Bayer	已递交新药申请	美国	1995
(R)-Loxiglumide	Rotta	Ⅲ期临床	英国	1997
(S)-Fluoxetine	Sepracor	Ⅱ期临床	美国	1998
(R)-Pyridinium	Eisai	Ⅱ期临床	日本	1998
Ondansetron	Sepracor	预临床	美国	2001
(R)-Salmeterol	Sepracor	预临床	美国	2001

9.3.2　非水相酶催化中的一些基本原理

　　酶在有机溶剂中的能力已得到了大大地扩展，并应用于对生物催化有影响的一些反应中，非水相酶催化的进行，使原本在水相由于受动力学或热力学影响难以完成的实验得以完成，在非水相中酶有如下几方面的特性。

　　(1)酶在有机溶剂中的结构特点与稳定性　近年来大量的实验结果表明，水溶性的酶悬浮于苯、正己烷等有机溶剂中不变性，而且还能表现出催化活性。酶的结构至少是酶的活性部位与水溶液中的结构是相同的。就酶的结构与功能常识可知：酶作为蛋白质在水溶液中以具有一定构象的三级结构状态存在。这种结构与构象是酶发挥催化功能所必须的"紧密"（compact）而又有"柔性"（flaxibility）的状态。紧密状态主要取决于蛋白质分子内的氢键，在水溶液中，水分子与蛋白质分子内的氢键的形成，使蛋白质分子内的氢键受到破坏，蛋白质结构变得松散，而当酶悬浮在具微量水的有机溶剂中时，蛋白质分子内的氢键占主导作用，导致蛋白质结构变得刚硬（rigidity），蛋白质的这种热力学刚性限制了疏水环境下蛋白质构象向热力学稳定状态的转化，能维持着和水溶液中同样的构象与结构，不变性而具有催化活性。酶在有机溶剂中热稳定性和储存稳定性都有明显提高。据文献[31]报道：由于在有机溶剂中缺少了酶热失活的水分子，限制了由水而引起的酶分子中天冬酰胺、谷氨酰胺的脱氨基作用和天冬氨酸处肽键以及二硫键的破坏，使蛋白质热失活的全过程难以进行。

（2）酶催化反应中水的作用　酶的理化特性显示，它们均极大程度地取决于直接或间接地与水的作用，这些非共价的反应包括静电作用、范德华力、憎水作用和氢键等，所有这些均使酶分子周围形成一个水合层，使其具有催化活性的正常的酶构型。从理论上讲，若用有机溶剂取代酶分子周围的水，酶分子的天然结构会被破坏，导致酶失活。在完全干燥的情况下，酶是无活性的，极少量的水（基本水）就会激发酶的活性，只有被酶吸附的水才会对酶的催化活性有影响，适量的水可使酶活升高，但过量的水却会使酶活下降。这是因为含水量低于最适水量时，酶的构象过于刚性，而失去催化活性；含水量高于最适水量时，酶的柔性过大，酶的构象将向疏水环境下热力学稳定的状态变化，引起酶结构的改变和失活；只有在最适水量时，蛋白质结构的动力学刚性和热力学稳定性之间达到最佳平衡点，酶表现出最大活力（见图 9-7）。而不同的酶因其结构不同，维持酶活性的最适水量也不尽相同。

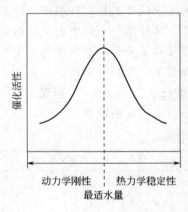

图 9-7　有机溶剂中酶活性与酶含水量的关系

（3）有机溶剂对酶促催化反应的影响　有机溶剂影响酶活性有多种方式：影响酶的基本水合层、改变蛋白质结构和柔韧性或者改变酶的表观动力学。

有机溶剂与酶基本水合层中的必须水反应。有机溶剂可能直接与酶分子水合层中的必须水发生反应，影响酶的结构和功能，尤其是极性较强的溶剂，它可以溶解大量的水，将酶分子水合层中的必须水剥离掉，导致酶失活，相对来讲，憎水性溶剂对水的溶解能力较低，故对酶活和结构影响较小。

有机溶剂有可能直接与扩散在其中的基质或产物发生反应，从而使反应速率减慢；酶也有可能直接与酶蛋白发生反应而抑制酶活甚至酶失活，溶剂有可能与酶分子的氢键、离子键、憎水基团等发生反应从而改变酶蛋白的天然构型，而当酶溶解在有机溶剂中时，这种情况尤为严重。酶在有机溶剂中显示出其刚性结构，故在有机相酶反应中，酶分子本身对 pH 有记忆力，它可通过调节酶粉冻干时的最适 pH，为其提供最优的 pH 环境，与此同时，酶在有机溶剂中的刚性结构也可使其对基质的专一性发生变化，当有机溶剂中水含量降低时，酶的刚性愈强，对接受较大的基质的能力下降。在有机溶剂中酶的热稳定性增加，酶在水溶液中在高温时极易失活，主要是由于蛋白质的折叠结构被打开而导致酶分子的一级结构发生了变化，在这一失活过程中水是必须的，而在没有大量水存在的有机溶剂中，酶的热稳定性就增加了。

综上所述，有机溶剂在非水相酶催化中是一个相当重要的因素，Lanne[32] 等人提出了用溶剂极性参数 $\lg P$（P 为某溶剂在正辛醇和水双相体系中的分配系数）来描述溶剂极性与酶活的关系，并通过实验得出规律：酶在 $\lg P > 4$ 的非极性溶剂中具有较高活性，此外，还可以通过改变溶剂，调节控制酶的催化活性和选择性[33,34]，改变酶的动力学特性和稳定性等酶学性质。这就是所谓的溶剂工程。

（4）有机相酶反应中酶的制备及化学修饰　由于大部分的酶在有机溶剂中是不溶的，故最常规的有机相中均是以游离酶直接反应的，即直接冻干成酶粉或酶的晶体参与反应，当然在冻干过程中对含水量及酶液 pH 均应采取最优化，使其能发挥最佳的催化活力；另一方面，若以游离酶粉直接投入反应，酶粉中的内扩散是相当严重的，为了克服这一弊端可采用将酶固定化在诸如玻璃珠等固体多孔物质上，当然固定化的好坏与孔径、表面积，对水和基质的分配系数等均相关。

在有机相酶反应中另一种趋势即使酶能溶解在有机溶剂，要达到此目的，可采用多种方式。首先可采用共价修饰使酶溶解在有机溶剂中，聚乙二醇（PEG）被广泛地用于有机相酶反应中对酶的修饰，其原理是基于 PEG 这一双亲分子能修饰酶分子表面，增加酶表面的疏水性，使酶均一地溶于有机溶剂，提高酶的催化效率和稳定性。PEG 也为研究有机相中酶催化的动力学机制和酶的结构与功能关系、揭示酶在疏水环境下的作用机制提供了良好的模型。聚苯乙烯、聚丙乙烯等均可成为共价修饰剂。其次非共价复合物的形成也可使酶溶解于有机溶剂中，表面活性脂类也是很好的修饰剂；再次酶在微胶囊中亦可使酶溶于有机溶剂，所有这一切均可使酶在有机溶剂中的催化活性有所提高。

9.3.3　非水相酶催化反应的应用

利用有机相酶反应最主要的优点即是将原先在水相中热力学平衡向水解方向的反应转化为合成反应。因此通常在有机溶剂中可利用脂肪酶、蛋白酶等完成转酰基反应，即酯化、转酯化或肽的合成，与此同时大量的具有光学活性的物质在其中得到了拆分。现已在有机溶剂中成功地用酶进行了氧化、脱氢、脱氨、还原、羟基化、甲基化、环氧化、酯化、酰胺化、磷酸化、开环反应、异构反应、侧链切除、缩合及卤化等反应。

9.3.3.1　有机相酶促酯化或转酯化反应用于酯的合成和醇、酸、酯的拆分

脂肪酶在有机溶剂中能完成酯的合成和转酯化反应，文献报道脂肪酶的水解活性位点与合成的活性位点是一致的，而与转酯化反应的活性位点不一致，在酯化反应中水的产生会使其逆反应（水解反应）有利，故对水的调控就变成了酯化反应中相当重要的一项工作。

Michael T. Ru[35] 等人对在有机溶剂中完成 N-乙酰基-L-苯丙氨酸甲酯（APME）与丙醇的转酯化反应进行了较为深入的研究，它通过在酶冻干过程中加入盐来调控酶分子的活性位点，同时它对酶不同的冻干时间也进行了优化，得到了较为满意的结果，使催化速率大大提高（见表 9-6）。

表 9-6　正己烷中 APME 与丙醇转酯化反应动力学参数

样　　品	k_{cat}/s^{-1}	$k_m/(mmol/L)$	$k_{cat}/k_m/[mol/(L \cdot s)]$
无盐游离酶	0.0069	8.18	0.84
冻干 48h, 加入 98% KCl	1.00	3.72	270
冻干 69h 加入 98% KCl	2.16	2.14	966

Russell J. Tweddell[36] 等人对脂肪酶在三种不同的有机溶剂介质中实现油酸与乙醇的酯化作用进行了研究，结果表明在微水相的有机溶剂中当水活度为 0.75 时，酯化速率明显高于低水活度（0.1，0.3 等）的情况，是最佳点，而当在水和有机溶剂组成的双相体系中，热力学平衡与水含量呈负相关，即水含量愈高，酯化速率愈低，相比之下双相体系较微水相更为有效；另外，若在双相体系中加入表面活性剂，则酯化反应速率可变得更快，因为在水相体系中酶的活性与水合表面有关，故均与酶的结构相关，而在双相体系中，水-有机溶剂表面若有表面活性剂加入，则此界面变大，使酶的构型更易打开，使更多的活性位点暴露，最后使酯化反应速率增加。

Ernst Wehtje[37] 等人在有机溶剂中对癸醇和癸酸的酯化反应进行了研究，对几种不同的酶在不同水活度下的酶活进行了测定（图 9-8），并对同一种酶在三种不同基质浓度下酶的相对活力进行了比较（图 9-9）。对反应过程中表观的 k_m 和 v_{max} 和分配系数等进行了测定（表 9-7）。

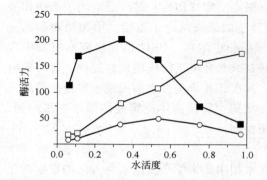
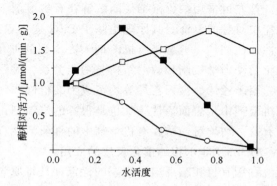

图 9-8　三种不同脂肪酶在不同水活度下的酶活
■—*R. arrhizus*;　○—*C. rubosa*;　□—*Pseudomonas*

图 9-9　三种不同基质浓度下酶活随水活度变化图
○—20 mmol/L;　■—200 mmol/L;　□—800 mmol/L

表 9-7　水活度 $\alpha_w = 0.33$，脂肪酶（R. arrhizus）表观动力学常数

溶　剂	表观 k_m /(mmol/L)	表观 v_{max} /[μmol/(min·g)]	分配系数 （水相/溶剂）×10⁴	水溶解度	lgP
正十二烷	24±6	390±21	0.92	0.036	4.6
正己烷	25±6	370±24	0.49	0.050	3.5
甲苯	58±19	190±17	0.56	0.11	2.5
三氯甲烷	58±14	27±3	0.22	0.089	1.5
异丙醚	88±12	310±20	0.50	0.60	1.9
甲基叔丁基醚	128±11	370±13	1.37	1.41	1.4

由上述图表可以看出，常规情况下憎水溶剂中的酶活较亲水溶剂中的酶活要高，但这一现象并不是绝对的，酶的催化活性的表现应考虑多方面的因素，不同水活度，对基质的 v_{max} 和 k_m 均会产生影响。一般情况下，脂肪酶在有机溶剂中的 v_{max} 均较大，而不同溶剂其表观 k_m 区别较大，憎水溶剂的 k_m 值较小，这主要可能与基质的溶剂化（substrate solvation）有关，由此可以看出，k_m 有可能反映了基质的溶剂化程度，而 v_{max} 则可能表征了溶剂对酶的构型、结构或活性的影响。

用于治疗高血压等病的普萘洛尔（propranolol）其(S)-异构体是一类重要的 β-阻断剂。在现有的合成(S)-普萘洛尔的各种方案中，以对现有的外消旋普萘洛尔生产工艺的中间体：

1-氯-3-(1-萘氧)-2-丙醇(以下简称萘氧氯丙醇)进行拆分较为合理

Bevinakatti[38] 等在有机溶剂中,利用脂肪酶 PS 对消旋的萘氧氯丙醇进行选择性酰化,得到了 ee>95% 的光学活性的(R)-醇。而庄英萍[39] 等人在以异辛烷为溶剂,醋酸酐为酰化剂,底物浓度氯醇与酸酐分别为 100、50 mmol/L 时,酶显示出了最佳的催化活性和选择性,产物酯的光学纯度达 90%。

在"β-阻断剂"类药物生产中,往往要经过一个三个碳的环氧醇的中间体

荷兰的 DSM-Andeno 公司已使这一中间体的生产达到了数吨规模[40],现已对这一中间体研究得较为透彻。Van Tol[41,42] 等人对 2,3-环氧丙醇丁酯在有机溶剂中与两相体系中均用猪胰脂肪酶(PPL)的酶促拆分,对初速度、转化率等因素进行了试验,得到了较为优化的拆分条件。而 Slraathof[43] 等也同样对这一产物采用了级联的酶促拆分,使其产生的缩水甘油乙酸酯的 ee 值从单级的 67% 提高到了 89%。

非甾体抗炎剂类药物也是一种手性化合物,现有数据证明,其光学活性往往只在一种构型,而并非消旋体,如(S)-萘普生(naproxen)在体内的抗炎活性是(R)-型的 28 倍。因此在这一领域内,利用脂肪酶进行拆分,进而得到光学活性纯的物质,也已广泛开展。台湾的 Tsai[44] 等人对有机溶剂中脂肪酶拆分萘普生反应进行了研究,试验证实用 80% 的异辛烷与 20% 的甲苯组成的有机溶剂进行反应取得了较高 ee 值的光学活性萘普生。

利用脂肪酶选择性酶促酯化布洛芬的研究也很多。中科院化冶所的段钢[45] 等在有机溶剂中对布洛芬进行酶促酯化反应时加入少量的极性溶剂,使酶的选择性有了明显提高,如加入了二甲基甲酰胺后,最后得到(S)-布洛芬的 ee 值从 57.5% 增加到了 91%。而加拿大的 Trani[46] 等人对布洛芬的酶法拆分做到了克级规模。他们先是用 300 g 消旋的布洛芬,酶催化拆分得到(S)-布洛芬 88.9g(ee 值为 85%),然后再用其中的 75 g 上述(S)-布洛芬继续用酶法拆分,最后得到了 38.4 g 的 ee 值高达 97.5 的(S)-布洛芬。而西班牙的 Gradillas[47] 等人对布洛芬酯化的反应速率进行了研究,当未加任何添加剂时,反应进行 30 h,(S)-布洛芬的产率为 43%,而加入了苯并-[18]冠-6(benzo-[18]-crown-6)后,同样的反应时间,产率提高到 68%,而加入了内消旋的四苯基卟啉后,其反应产率提高到了 79%,而对对映选择性则无大的影响。

Hernaiz M. J.[48] 等人利用聚乙二醇(PEG)对脂肪酶的粗酶和纯酶进行修饰后用于布洛芬的酯化,实验结果表明,当酶分子数/PEG 比例为 1/20 时,酶修饰度最高,为 77%,纯酶的两个组分 A、B 均较粗酶更易修饰,修饰度可达 80%、82%,这主要是由于在纯化过程中去除了小肽;经 PEG 修饰后,酶的热稳定性大大提高了,在未经修饰前纯酶 A、B 的热稳定性很差,而经修饰后热稳定均大大提高;经 PEG 修饰后,对溶剂的影响特性未改变,在 lgP>2 的溶剂中利于酯化,然而对水的影响却明显改变了,在未经修饰的酶在水活度 $\alpha_w=1$ 时,酶催化活力最大,而经修饰后,当水活度在 0.2 时即可获得最大的催化活性,

这是由于经 PEG 修饰后，酶的憎水性增强了。实验还表明粗酶经修饰后，对映选择性没有提高，而纯酶在经修饰后，在水活度 0.2 时的活性和选择性均有了很大的改善（见表 9-8）。

表 9-8　纯酶（CRLA/CRLB）和经修饰后酶（CRLA/CRLB-PEG）
对映选择性酯化(R.S)-布洛芬结果

酶形式	水活度(α_W)	转化率/%	时间/h	ee/%
CRLA(纯酶 A 组分)	0.2	3	24	1.8
CRLA	1.0	47	24	>98
CRLA-PEG-1/20	0.2	48	24	>98
CRLA/PEG-1/20	1.0	5.5	24	>98
CRLB(纯酶 B 组分)	0.2	2	24	1.4
CRLB	1.0	49	24	>98
CRLB-PEG-1/20	0.2	40	24	>98
CRLB-PEG-1/20	1.0	3.6	24	2.2

9.3.3.2　有机溶剂中肽的合成及其应用

在有机溶剂中完成肽的合成已经成为可能，近年来对这方面的研究工作也不断深入。Raul J. Barros[49] 等人对在有机溶剂中合成三种肽，用固定化酶时的传质影响进行了研究。他们利用胰凝乳蛋白酶进行固定化，作为模型蛋白，因为人们已对此酶的特性进行了相当多的研究，得到了完全纯化的酶。实验结果表明，在有机溶剂中若以游离酶进行反应，则酶极易聚集，故影响酶的催化活性，而将酶固定化在载体上则可减少这一效应，但当酶固定化在载体上时，内扩散限制依然存在的，且此扩散限制是与载体的特性紧密相关的，沉积在载体上的酶的厚度，不一定是引起限制的主要因素，内扩散比传质限制更为重要，在较为优化的条件下，获得了理想的肽合

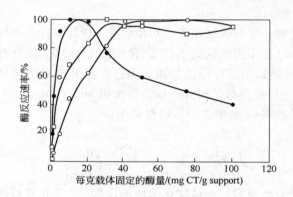

图 9-10　不同酶量固定化催化合成肽的反应相对速率图
○—合成 B2AlaALaNH$_2$，以 0.31 μmol/(min·g 酶) 时为 100%；
□—合成 AcPheALaNH$_2$，以 7.8 μmol/(min·g 酶) 时为 100%；
●—合成 B2TyrALaNH$_2$，以 33 μmol/(min·g 酶) 时为 100%

成情况（图 9-10）。

5-羟色胺（5-HT）是一种涉及各种精神病、神经系统紊乱，如焦虑、精神分裂症和抑郁症的一种重要神经递质。茚满胺的衍生物 MDL 是 5-HT 摄取抑制剂，在制备过程中第一次成功地在有机溶剂酶法拆分时实施同位素标记[50]。以其中一一中间体拆分为例

（+）
43　ee 98

（-）
46　ee 98

而 5-HT 拮抗物则被认为是一种非麻醉性的止痛药和肌肉松弛剂[51]，它具有两个手性中心，因此存在了四种不同生物活性的立体异构体。在它的拆分中是采用了将其分成两个次级醇（各具一手性中心）。通过脂肪酶酰化而生成四种不同手性的异构体，且显示了很高的

258

选择性，这四个异构体通过简单的结合即得到了手性的 5-HT 拮抗物。

Sugai[52] 等人对合成昆虫信息素、α-维生素 E、D$_3$ 及前列腺素类似物的重要中间体叔-α-苯氧酸酯用脂肪酶 OF 对其酶促酯化反应，得到了两种不同的异构，其中一个反应如下

而日本的 Akita[53] 等人则对抑制细胞壁几丁质生物合成的肽类抗生素尼克霉素 B（Nikkomycin B）的合成手性中间体，一个具有两个手性中心的初级醇（PA），利用脂肪酶在有机溶剂中进行了拆分，最后得到了不同构型的（2S,3S）-PA 和（2R,3S）-PA，而（2S,3S）-PA 的 ee 值为 99%，为合成光学纯的尼克霉素 B 创造了有利条件。

α-酮基醇是合成许多生物活性物质的重要中间体，以前也曾尝试过对 α-酮基用酵母来进行还原，但却有许多弊端。德国的 Waldemar Adam[54] 等人用脂肪酶对其进行选择性酯化，取得了较好的效果

当反应转化率为 58%，得到（S）-醇的 ee 值为 98%，而（R）-酯的 ee 值为 34%。

青霉素酰化酶（PA）在工业上被广泛地用于从青霉素制得 6APA，以作为许多半合成 β-内酰胺类抗生素的前体。近一时期，它所体现出的对苯乙酸基有高度选择性的特性，使其不仅能用于催化青霉素的水解，而且用于催化其他的胺、多肽和醇的反应。Fuganti[55] 等人利用青霉素酰化酶对基质的对映选择性，对具双手性中心的苯乙酸乙酯的衍生物进行了水解，得到了（4R,5S）-醇，其 ee 为 90%。

γ-氨基丁酸（GABA）是一种重要的神经传递抑制剂，当人脑中 GABA 的浓度降至一个极限值时，脑溢血或一些神经性紊乱的疾病就会出现。而体内 GABA 的量是由 GABA-氨基转氨酸（GABA-T）不可逆的失活控制的。实验证明，GABA-T 抑制剂的生物活性与其绝对构型有很大的关系。某些物质的生物活性主要在（S）-对映体，另外则在 R-对映体。Margolin[56] 以青霉素酰化酶（PGA）对苯乙酸的衍生物进行了拆分，体现出了很好的成效。

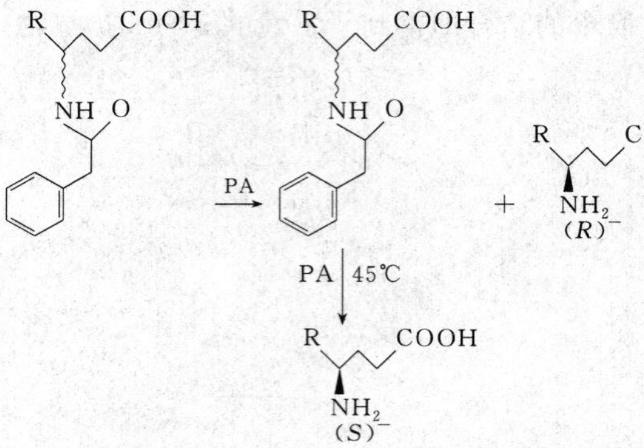

R—COOH NH O (benzene) → PA → R—COOH NH O (benzene) + R—COOH NH₂ (R)

PA | 45℃

R—COOH NH₂ (S)

底　　物	(R)-γ-氨基酸		(S)-γ-氨基酸		对映选择性
	产率/%	ee/%	产率/%	ee/%	E
CH≡C	48	＞96	41	83	＞100
CH₂=C=CH	54	75	43	＞98	20
CH₂=CH	47	78	35	99	17

　　具有光学活性的叔亮氨酸（tert-Lue）是用于制备一系列抗艾滋病或抗癌药物的重要中间体。利用青霉素酰化酶对其衍生物的选择性还原胺化，即可得到所需的光学异构体。其中 Hoechest[57] 等将青霉素酰化酶（PGA）固定在酚醛树脂上，完成了下列反应

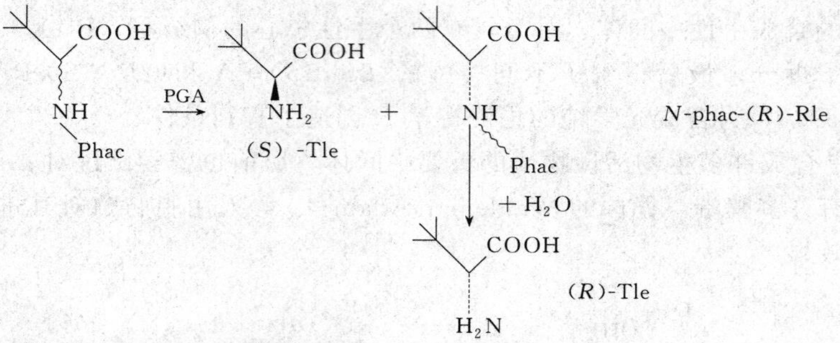

(COOH, NH, Phac) → PGA → (COOH, NH₂) (S)-Tle + (COOH, NH, Phac) N-phac-(R)-Rle
+ H₂O
(COOH, H₂N) (R)-Tle

而 Turmer[58] 等则通过另一中间体得到了(S)-Tle

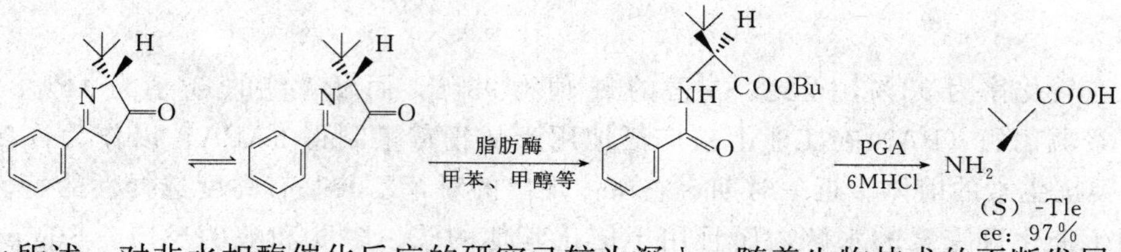

→ 脂肪酶 甲苯、甲醇等 → (CONH, COOBu) → PGA 6MHCl → COOH NH₂ (S)-Tle ee：97%

　　综上所述，对非水相酶催化反应的研究已较为深入，随着生物技术的不断发展，在酶工程、基因工程、蛋白质工程、溶剂工程等方面技术的蓬勃进展，必将使有机相酶催化的研究领域变得愈来愈宽阔，且在工业化生产上取得成功。

参 考 文 献

1 Carvalho C. M. L，Serralheiro L. M，Cabral J. M. S et al. Application factorial design to the study of transesterification reaction using cutinase in AOP-reversed micelles. *Enzyme and Microbial Technology*. 1997，21：117～123

2 Gaelle Pencreach，Marion Leullier，Jacques C. Baratli. Properties of free and immobilized lipase from *Pseudomonas cepacia*，*Biotechnology and Bioengineering*. 1997，56（2）：181～189

3 Jose-Maria Moreno, Miguel Arroyo, Maria-Jose Hernaig et al. Covalent immolilization of pure isoenzymes from lipase of Candida rugose, *Enzyme and Microbial Technology*. 1997, 21: 552～558

4 Eva M. Sanchez, J. Felipe Bello, Manud G. Roig et al. Kinetic and enantio-selective behavior of the lipase from *Candida cylindracea*: A comparative study between the soluble enzyme and the enzyme immobilized on agarose and silica gels. *Enzyme and Microbial Technology*. 1997, 18: 468～476

5 Elena V. Kudryashova, Alexander K. Gladilin, Alexander V. Vakurov et al. enzyme-polyelectrolyte complexes in water-ethanol mixtures: negatively charged groups artificially introduced into α-chymotrypsin provide additional activation and stabilization effects. *Biotechnology and Bioengineering*. 1997, 55 (2): 262～277

6 Agatha Bastida, Pilar Sabuquillo, Pilar Armisen et al. A Single step purification, immobilization, and hyperactviation of lipase via interfacial adsorption on strongly hydrophobic supports, *Biotechnology and Bioengineering*. 1998, 58 (5): 486～493

7 Battostel E., Bianthi D., Cesti P., et al. Enzymatic resolution of (S)-(+)-Naproxen in a continuous reactor. *Biotech. Bioeng*. 1991, 38: 659～664

8 Ahmar M., Girard C., Block R., et al. Enzymatic resolution of methyl 2-alkyl-2-arylacetates. *Tetrahedron Lett*. 1989, 30: 7053～7056

9 Soldenko V. A., Kasheva T. N., Kukhar V. P., et al. Preparation of opticlly active 1-aminoalkyl phosphonic acids by stereoselective enzymatic hydrolysis of racemic n-acylated 1-aminoalkyl phosphonic acids. *Tetrahedron*. 1991, 47: 3989～3998

10 Vince R., Brownell J. Resolution of racemic corbovir and selective inhibition of human immunodeficiency virus by the (-) enantiomer. *Biochem. Biophy. Res. Commun*. 1990, 168: 912～917

11 石屹峰, 金凤燮, 吴怡莹等. 利用渗透交联固定化细胞促进生物转化. 生物工程学报, 1997, 12 (增): 111

12 Lanser A C. Bioconversion of olei acid to a series of keto-hydroxy acid by bacillus species NRRL BD-447: identification of 7-hydroxy-16-oxo-9-cis-octadecenoic acid. J. Am. oilchem. Soc. 1998, 75 (12): 1809

13 Khelifa N, Dugay A C et al. Bioconversion of 2-amino acid to 2-hydroxy acids by Clostridium butyricum FEMS Microbiol. Lett. 1998, 169 (1): 199～205

14 Dufosse L, Souchon L, Feron G et al. In situ detoxification of the fermentation medium during g-decalactone production with the yeast Sporidiobolus salmonicolor, Biotechnol. Prog. 1999, 15 (1): 135～139

15 Chartrain M, Jaylor C et al. Bioconversion of indene to cis (1S, 2R) indandiol and trans (1R, 2R) indandiol by Rhodococcus species. J. Ferment. Bioeng. 1998, 86 (6): 550～558

16 Ryu Hwa-Won, Yun Jong-Sun, Kang Kui-Hyun. Isolation and characterization of Enterococcus Sp. RKY1 for biosynthesis of succinic acid. Sanop Miseangmul Hakhoechi. 1998, 26 (6): 545～550

17 Reimann C, Wittlich P, Willke Th et al. Bioconversion of glycerin to 1, 3-propanediol with immobilized cells. Schriftenr. "Nachwachsende Rohst". 1998, 10: 238～245

18 Besse P, Bolte J, Demuyck C, et al. Recent progress in the de novo formation of asymmetric carbons by bioconversion methodology. Recent Res. Dev. Org. Chem. 1997, 1: 191～228

19 廖福荣. 胶黏红酵母细胞对 7-ACA 的生物转化. 国外医药抗生素分册, 1997, 18 (6): 420

20 徐诗伟. 微生物转化在药物合成中的应用前景. 中国医药工业杂志, 1996, 27 (9): 422

21 Levadoux W, Groleau D, Trani M et al. Streptomyces microorganism useful for the preparation of (r) -baclofen from the racemic mixture. U. S. US 5843765 A1 Dec 1998. 12

22 John P, Rosazza Ph D. Microbial Transformations of Bioactive Compounds CRC Press, Inc. Boca Raton. Florida, Vol. I II

23 王庚, 王敏, 杜连祥. 甾体 $C_{11}\beta$-羟基生物转化菌株新月弯孢霉的筛选和鉴定. 微生物学杂志, 1998, 18 (1): 23

24 赵健身, 杨顺楷. 微生物转化芳基丙烯酸类物质不对称合成 L-α-氨基酸的新方法. 化学学报, 1997, 55: 196

25 Charles D. Scott. Eighth Symposium on Biotechnology for Fuels and chemicals. Biotechnology and bioengineering symposium no. 17 an Interscience Publication published by John Wiley and Sons New York, 1987. 253

26 Moody G W, Baker P B. Bioreactors and Biotransformations, published on behalf of the national engineering laboratory by elsevier applied science publishers, 1987. 231

27 Suryni A, Romli M, Yusuf-Makagiansar H. Lipid biotechnology of palm oil for the production biosurfactant, Biotechn-

ol. Sustainable Util. Biol. Resour. Trop. 1997, 11: 142~14

28 Margolin A. L., KlibanovA. M. Peptide synthesis catalyzed by lipase in anhydrous organic solvents. J. *Am Chem Soc*. 1987, 109: 3802~3804

29 Kirchner G, Scollar. M. P., Klibanov A. M. Resolution of racemic mixture via lipase catalysis in organic solvents. J. *Am. Chem. Soc*. 1985, 107: 7072~7076

30 Stephen C. S. Product report: Chiral drugs. *Chem. Eng. News*. 1995, 4. October 9

31 Klibanov A. M., et al. in "Protein Engineering" edited. by Oxender D. L. and Fox C. F. Alan R. Lies Inc

32 Laane C., Trampa J., Lilly M. D. "Biocatalysis in organic media". *Elsevier, Amsterdam* 1987

33 Carrea. G., Ottolina, G., Riva S. Role of solvents in the control of enzyme selectivity in organic media. *Trends Biotechnol*. 1995, 13: 63~70

34 Teresa Correa de Sampaiv, Melo R. B., MouraT. F. et al. Solvent effects on the catalytic activity of subtilisn suspended in organic solvents. *Biotechnol and Bioeng*. 1996, 50: 257~264

35 Michael T. Ru, Jonathan S. Dordiek, Jeffrey A. Reimer, et al. Optimizing the salt-induced activation of enzyme in organic solvents: effects of lyophilization time and water content. *Biotech and Bioeng*. 1999, 63 (2): 233~241

36 Russell J. Tweddell. Selim Kermasha, Didier combes et al. Esterification and interesterification activities of lipase from *Rhizopus niveus and Nucor miehei* in three different types of organic media: a comparative study. *Enzyme and Microbial Technology*. 1998, 22: 439~445

37 Ernst Wehtje, Patrick Adlercrutz. Water activity and substrate concentration effects on lipase activity. *Biotechnology and Bioengineering*. 1997, 55 (5): 798~806

38 Bevinakatti H. S., Benerji A. A. Practical chemoenzymatic synthesis of both enantiomers of propranolol. J. *Org. Chem*. 1991, 56: 5372~5375

39 庄英萍，许建和，周利等. 溶剂、酰化剂和底物浓度对手性氯醇酶促酯化的影响. 华东理工大学学报，1999，25（1）：43~46

40 Kloosterman M., Elferink Vincent H. M., Lersel Jack Van, et al. Lipase in the preparation of β-blockers. *Trends Biotech*. 1998, 6: 251~256

41 Van Tol J. Bert. A., Jongejan A., Duine Jokanins A., et al. Description of hydrolase-enantioselectivity must be based on the acutal kinetic resolution of glycidyl (2,3-epoxy-l-propyl) butyrate by pig pancreas lipase. *Biocatal Biotransf*. 1995, 12: 99~107

42 Van tol J. Bert. A., Jongejan Japp A., Duine jokanins A., et al. The catalytic performance of PPL in enantioselective transesterification in organic solvent. *Biocatal Biotransf*. 1995, 12: 119~136

43 Slraathof A. J. J., Rakels J. L. L., Van tol J. B. A., et al. Improvement of lipase-catalyzed kinetic resolution by tandem transesterification. *Enzyme Microbial Technol*. 1995, 17: 623~633

44 Tsai S. -W., Wei H. -J. Kinetic of enantioselective esterification of Naproxen by lipase in organic solvents. *Biocatalysis*. 1994, 30: 33~45

45 Duan-G., Chen J. Y. Effects of polar additives on the enzymatic enantioselectivity of an esterfication reaction in organic solvents. *Biotechnol Lett*. 1994, 16: 1065~1068

46 Trani M., Ducret A., Pepir P., et al. Scale up of the enantioselective reation for the enzymatic resolution of (R,S) - Ibuprofen. *Biotechnol. Lett*. 1995, 17: 1085~1098

47 Gradillas Ana, Del Camp C., Sinistera, J. Vicente, et al. Alteration of the reaction rate in the esterification of (R, S) -Ibuprofen by addition of crown ether or porphyrin. *Biotech Lett*. 1996, 18: 85~90

48 Hernaiz M. J., Sanchrz-Montero. J. M. Sinisterra J. V., Modification of purified lipase from *Candida rugosa* with polyethylene glycol: a systematic study. *Enzyme and Microbial Technology*. 24: 181~190

49 Raul J. Barros, Ernst Wehtje, Patrick Adlercreutz. Mass transfer studies on immobilized α-chymotrypsin biocatalysis prepared by deposition for use in organic medium. *Biotechnology and Bioengineering*. 1998, 59 (3): 364~373

50 Cregge R. J., Wagner E. R., Freedman J. Et al. Lipase-catalyzed transesterification in the synthesis of a new chiral unlabeled and carbon-14 labeled serotonin uptake inhibitor. J. *Org. Chem*. 1990, 55: 4227~4230

51 Carr A. A., Nieduzak T. R., Miller F. P., et al. European Patent 0325268. *Chemical Abstract*. 112: 178675t

52　Sugai Takeshi, Kakeya Hideaki, Ohta Hiromichi. Enzymatic preparation of enantiomerically enriched tertiary 2-benzy-loxy acid esters, application to the synthesis of(s)-(-)-fronlatinn. *J. Org. Chem*. 1990, 55: 4643~4647

53　Hiroyuki Akita, Cheng Yu Cheng, Kimio Uchida. A formal total synthesis of Nikkomycin B based on enzymatic resolution of a primary alcohol possessing two stereogenic centers. *Tetrahedron: Asymmetry*. 1995, 6: 2131~34

54　Waldemar Adam, Maria tereasa diaz, Rainer T. Fell et al. Kinetic resolution of racemic α-hydroxy ketones by lipase-catalyzed irreversible transesterification. *Tetra. : Asymmetry*. 1996, 7: 2207~2210

55　Fuganti C. , Grasselli P. , Servi, S. Etal. Substrate specificity an enantioslectivity of penicillinacylase catalyzed by hydrolysis of phenacetyl esters of synthetically useful carbinols. *Tetrahedron*. 1988, 44: 2575~2582

56　Margolin A. A. Synthesis of optically pure mechanism-based inhibitors of γ-amino butyricacid aminotransferase (GABA-T) via enzyme-catalyzed resolution. *Tetra. Lett*. 1993, 34: 1239~1242

57　Grabley s. , Keller r. Schlingmanm M. (Hoechst) EP 0 141 223. 1987

58　Turner N. J. , Winterman J. R. , Cague R. Mc. et al. Synthesis of homochiral L-(s)-tert-Leucine via a lipase catalysed dynamic resolution process. *Tetra. Lett*. 1995, 36 (7): 1113~1117

10　动物细胞培养

　　动物细胞培养是指在体外培养动物细胞的技术，即在无菌条件下，从机体中取出组织或细胞，或利用已经建立的动物细胞系，模拟机体内的正常生理状态下生存的基本条件，让细胞在培养容器中生存、生长和繁殖的方法。

　　动物细胞体外培养简化了环境条件，排除了体内实验受到的各种复杂因素的影响，便于应用各种物理、化学和生物等外界因素探索和揭示细胞生命活动的基本规律；便于应用各种技术和方法研究和观察细胞结构与功能的变化；可以在长时间内研究和观察细胞遗传行为的变化；可以同时提供大量生物性质相同的细胞，特别是人的活细胞作为研究对象，不仅成本低，而且解决了不能用人做实验的问题。近年来，随着基因工程和细胞工程技术的不断发展，动物细胞已成为大规模生产一系列有商品价值的生物制品的重要宿主。杂交瘤技术的建立使人们能够通过细胞融合得到抗特定抗原的单克隆抗体。基因重组动物细胞能够表达原核生物和低等真核生物所不能正确表达的糖蛋白和复杂结构与修饰的多肽。在此基础上，动物细胞大规模培养技术得到了长足的发展。

　　用动物细胞生产产品，是近年来生物技术工业中一个十分重要的组成部分，其部分产品的开发情况列于表 10-1。这些产品可以分为三类：①动物细胞可以自然合成或在外源基因指导下合成许多分泌产物，其中许多被鉴定为很有潜力的治疗药物。某些细胞合成的干扰素和酶，细胞工程方法建立的杂交瘤细胞合成的单克隆抗体，基因工程细胞株合成的 EPO、tPA 等就是典型的例子。②用动物细胞作为宿主，可以生产其他生物体，如病毒疫苗就是迄今生产规模最大的细胞培养产品。自 20 世纪 50 年代以来，一系列人、兽用疫苗通过动物细胞生产出来并得到了许可。最初采用原代的猴肾细胞生产人用疫苗，后来改用人二倍体细胞WI-38 作为主要的宿主细胞。20 世纪 80 年代，异倍体的 Vero 细胞被有限度地获准用于生产人的病毒疫苗。③有的细胞本身就是产品，用于皮肤或骨髓移植、基因治疗等，某些有用大分子可以从培养的细胞体中提取。培养的细胞还可用于抗癌药的筛选和毒性测定等。

表 10-1　动物细胞培养生产的主要现代生物技术产品

糖蛋白	宿主细胞系	典型生产方法	世界销售量/亿美元		平均年增长率/%	代表性生产公司
			1990	1995		
EPO	CHO	自动化滚瓶	2.9	10	28	Amgen
Factor Ⅷ	BHK21	500 L 反应器	1.75	6	28	Miles
tPA	CHO	1000 L 反应器	2.1	3	7.5	Genentech
单抗产品	杂交瘤	10 000 L 反应器	0.35	2	42	Celltech

10.1　细胞培养物的特性

　　本章谈到的动物细胞培养是指在合适的培养条件下，动物细胞离体生长和增殖，并保持其特征和功能的技术，这些细胞不再形成组织。与细胞培养密切相关的技术还有组织培养和器官培养。组织培养是指动物组织在体外条件下的保存或生长，此时可能有组织分化，并保持组织的结构和功能。器官培养是指器官的胚芽、整个器官或器官的一部分在体外条件下的保存或生长，此时也能有器官的分化，并保持器官的三维立体结构和功能。

1979年，国际组织培养协会对细胞系、细胞株等有关术语作了统一的解释。首次分离组织的培养称之为原代培养。原代培养物经传代成功后即成细胞系。如果不能继续传代或传代数有限，称为有限细胞系；如可以连续传代，则称为连续细胞系，即已建成的细胞系。有限细胞系经过几次传代培养后会死亡或转化成连续细胞系。通过选择法或克隆形成法从原代培养物或细胞系中获得的具有特殊性质或标志的培养物称为细胞株。

10.1.1 细胞的贴壁依赖性生长

来自于动物实体组织的大多数细胞需要贴壁单层生长。只要它们没有转化为非贴壁依赖性的，必须贴附在合适的固体介质上并铺展，才能开始生长。这种需要贴附到固体介质上才能生存和生长的细胞，称为贴壁依赖性细胞。

解离组织和贴壁的细胞时，用蛋白酶消化某些胞外基质，降解穿膜蛋白的某些胞外基团，使细胞变成游离的。解离的细胞呈规则的圆形。细胞贴壁后，逐渐变成其特有的形状。从贴壁铺展后的形态上，贴壁依赖性细胞又常分为成纤维细胞型和上皮样细胞型等。

成纤维细胞型是指形态相似于体内的成纤维细胞，并不一定是成纤维细胞，也不一定具有产纤维的能力。这种细胞呈梭形或不规则三角形，中央有圆形核，胞质向外伸出2～3个长短不同的突起。细胞群常借原生质突连接成网，生长时呈放射状、漩涡或火焰状发展。除真正的成纤维细胞外，凡来自中胚层间质的其他组织细胞，如血管内皮、心肌、平滑肌、成骨细胞等，也多呈成纤维细胞状态。

上皮细胞型细胞呈扁平的不规则多角形，中央有圆形核，生长时常彼此紧密连接成单层细胞群。起源于外胚层和内胚层组织的细胞，如皮肤表皮及其衍生物、肠管上皮、肝、胰和肺泡上皮细胞培养时皆呈上皮细胞型。

除成纤维和上皮细胞型外，还有一些不稳定的细胞形态，在不同的培养条件或不同的培养阶段，会有多种形态，如神经细胞。即使公认的成纤维或上皮细胞型，也会随培养环境的变化而有形态上的不同，长期培养还会发生形态上的转型。

无需贴附到固体介质上就能生存和生长的细胞称为非贴壁依赖性细胞。来自血液、淋巴系统的细胞和大多数肿瘤细胞常为非贴壁依赖性的，它们的形态呈圆形。非贴壁依赖性细胞在静止培养中，有的细胞常可不牢固地贴附在固体介质上。

10.1.2 细胞培养物

10.1.2.1 原代培养物

建立原代细胞培养是将取自动物组织的细胞直接接种于生长培养基里。如皮肤、鸡胚、淋巴、鼠脑等都是常用的原代培养物，用于研究、治疗和生产疫苗等。在无菌条件下，用镊子和剪刀将切下的组织碎成小块，再用胰蛋白酶等蛋白水解酶处理，使组织解离成单个细胞，放入培养容器中无菌培养。这种原代培养物中含有各种不同分化的细胞类型，它们的生长速率各不相同，成纤维细胞最易生长，常会在此后的传代培养中占据优势。仔细控制培养基的成分，可以选择性地支持某些细胞类型的生长。

10.1.2.2 正常细胞

正常的原代培养物进行传代形成继代培养物，在一定的代数范围内，它们都是正常细胞。但是，正常动物细胞有四个典型特征，贴壁依赖性细胞必须全部符合，非贴壁依赖性细胞必须符合前三个。这些典型特征是：①二倍体的染色体互补表明没有明显的基因改变；

②有限的寿命反映了细胞的生长调节；③细胞无恶性，表现在将该细胞注入免疫抑制动物不能形成肿瘤；④贴壁依赖和密度抑制表明其增殖受到控制，当细胞在介质表面生长至汇合单层时增殖就停止。

正常细胞系由于其安全性而被广泛用于人用疫苗的生产。但这些细胞的增殖能力是有限的，哺乳动物细胞最多只可传代培养50代左右。细胞的寿命是有储存记忆功能的，如人胚组织的细胞在增殖20代时储存于液氮，当重新复苏培养后，它只能再增殖30代左右。

10.1.2.3 转化细胞

正常细胞在培养中可能获得无限增殖的能力，成为连续细胞系。实际上，这些细胞经过了一个转化的过程，丧失了对生长控制的敏感性。转化伴随着染色体模式的改变，二倍体变成异倍体。更典型的表现是，贴壁依赖性细胞对贴壁的依赖及细胞密度的抑制发生改变，虽然也许细胞仍须贴壁生长，但可能生长到不止单层。应当注意的是，并非所有转化细胞都是恶性的。

细胞转化的发生有四种主要的途径：①有些细胞在培养中自发转化。自发转化易发生于啮齿动物细胞，机理尚不清楚，怀疑啮齿动物细胞易携带内源性病毒。②化学转化。某些致癌化学物会增加转化频率，如甲基胆蒽。③病毒转化。许多病毒会增加转化频率，特别是与肿瘤有关的病毒。④致瘤因子转化。肿瘤细胞生产的一些致瘤因子，会引起细胞染色体的变化，发生转化。

转化细胞由于有无限寿命，在培养中更易生长，被广泛用来生产生物制品，如重组蛋白药物、病毒疫苗等。但是，人们对它们的安全性仍然非常关心，对可能造成的生物危害进行严格的检测和控制。

10.1.2.4 肿瘤细胞

肿瘤细胞是来自于肿瘤组织的细胞或经肿瘤细胞与其他细胞融合产生的细胞，如杂交瘤细胞。与转化细胞相比，它们是恶性的，基本上是非贴壁依赖性的。肿瘤细胞有很好的增殖特性，生长速率高，对生长因子的依赖程度低，对培养环境的要求也不那么苛刻。

肿瘤细胞的致瘤性是造成其难以用于体内治疗产品生产的主要原因。由于近年来分离纯化技术的进步和对这些细胞致瘤性的深刻认识，对其在生产中的应用有所松动，如杂交瘤细胞生产的单抗已用于体内治疗，C127细胞生产重组蛋白的研究也形成了规模。

10.1.3 细胞的生长和死亡

培养的所有细胞或处于分裂期（M期），或处于间期。一个细胞经过一个间期和一个M期变成两个细胞，这个增殖过程叫细胞周期。在间期，细胞完成生长过程，主要是遗传物质DNA的复制合成。DNA的合成仅占间期的一段时间，称DNA合成期（S期）。在S期前后，各有一个间隔阶段，称为DNA合成前期（G_1期）和DNA合成后期（G_2期）。M期所完成的主要是DNA的分配。这样，细胞周期＝间期（G_1期＋S期＋G_2期）＋M期。

但是，对于一个细胞培养群体，不可能长期维持同步化的生长形式。细胞接种后，它就按微生物的典型模式增长。多数情况先出现迟滞期，其长短取决于接种细胞的生理状态和对新的培养环境的适应。细胞生长需要一些生长因子达到一定的浓度，当这些因子的量不足时，要等待细胞合成它们。这是接种细胞存在迟滞期的主要原因。因此，增加细胞接种量常可缩短迟滞期。

经过迟滞期后，细胞进入指数生长期。处于指数生长期的细胞代谢旺盛，生长快，活性高，用于传代的种子可缩短迟滞期。这时，细胞数的增加遵循如下规律

$$X = X_0 \cdot 2^n \qquad\qquad (10-1)$$

式中 X 是细胞数；X_0 是起始细胞数；n 是指数生长的代数。描述细胞生长速率的重要参数是比生长速率 μ，它的定义与微生物的比生长速率表达式相同。根据 μ 的定义，可将细胞生长的倍增时间 t_d 表示为

$$t_d = \frac{\ln 2}{\mu} = \frac{0.693}{\mu} \qquad\qquad (10-2)$$

细胞在迅速生长繁殖后，由于环境条件的不断变化，营养物质不足和失去平衡，抑制性代谢副产物的积累，细胞生长空间的减少，培养物接近有限寿命等原因，细胞经过减速期进入平稳期。这时，细胞代谢减弱，生长减慢，形态变差，存活率降低，细胞数维持动态的稳定。细胞平稳期的长短有较大的差别，一般贴壁依赖性细胞在贴壁培养下平稳期较长，悬浮培养的细胞平稳期都很短，有的没有明显的平稳期。

在平稳期之后，由于环境条件的进一步恶化，有时也可能由于细胞本身遗传特性的变化，细胞进入衰亡期，细胞大量死亡。细胞的死亡可通过两条途径：细胞坏死（necrosis）和细胞凋亡（apoptosis，也称细胞程控死亡）[1]。一般来说，贴壁培养的贴壁依赖性细胞主要通过坏死的途径死亡，悬浮培养的细胞主要通过凋亡的途径死亡。

10.2 培养基

来自外植块的细胞能在体外传代和繁殖，这个发现促使人们找到化学成分更加确定的培养基维持细胞连续生长和替代"天然"培养基，如胚胎提出物、蛋白质水解物、淋巴液等。Eagle 基本培养基和更复杂的 199 和 CMRL1066 培养基，虽然是化学合成的，但常仍添加 5%～20%血清。

培养基设计对细胞培养工程有很大影响。首先，它直接影响对原材料的要求和保存。如果培养基中含有容易变性的生物活性物质，会给原材料的处理和培养基的保存带来很多困难。培养基中含有化学成分不确定的添加物（如血清）或对人体有特殊作用的化合物（如青霉素），会给培养基的质量控制和培养上清的下游处理带来不利影响，甚至造成工艺的失败。培养基的设计还会影响反应器设计和操作，如培养基很容易产生泡沫，反应器则应考虑消泡系统，如培养基的黏度较大，则可忍受较大的反应器剪切力。培养基的构成还会影响细胞系的稳定性。细胞培养的产物产率对培养基成分的依赖程度很大，培养基的理性设计是提高培养细胞密度和产物浓度的重要途径。培养基的设计还要考虑对产品质量的影响，如有的细胞系会分泌蛋白酶等到培养上清中，水解或修饰产物分子成为低活性或无活性的形式，这时常在培养基中添加蛋白酶抑制剂。培养基设计中还应当尽量选用低价格的成分，以降低培养基的成本。

10.2.1 培养基的物理性质

10.2.1.1 pH

多数细胞系在 pH7.4 下生长得很好。各细胞株之间，细胞生长最佳 pH 值变化很小，一些正常的成纤维细胞系以 pH7.4～7.7 最好，转化细胞系以 pH7.0～7.4 更合适。据报道，上皮细胞可在 pH5.5 维持。为确定最佳 pH 值，最好做一个简单的生长实验或特殊功能分析。

10.2.1.2 缓冲

培养基要在两种条件下有缓冲作用：①开式皿中，CO_2 的释放引起 pH 升高；②在高细

胞密度下，转化细胞系大量产生 CO_2 和乳酸，引起 pH 下降。为了稳定 pH 值，可以加入缓冲物。

尽管碳酸氢钠缓冲系统在生理 pH 下的缓冲能力差，但由于它毒性小，成本低，对培养物有营养作用，它仍比其他缓冲系统用得多。HEPES 在 pH7.2～7.6 下缓冲作用强得多，现在广泛采用的浓度是 10 mmol/L 或 20 mmol/L。

10.2.1.3　渗透压

多数培养细胞对渗透压有很宽的耐受范围。人细胞浆的渗克分子浓度是约 290 mOsm/kg，因而推测这是体外人细胞的最佳值，尽管这与其他细胞不同（如小鼠大约是 310 mOsm/kg）。实际上，多数细胞在 260～320 mOsm/kg 之间完全可行。

10.2.1.4　温度

除了温度对细胞生长的直接作用之外，由于低温下 CO_2 溶解度增加，很可能由于缓冲剂的离子化和 pK_a 上的变化，温度也会影响 pH。

10.2.1.5　黏度

培养基的黏度主要受血清含量的影响，在多数情况下，对细胞生长没什么影响。可是，每当细胞悬浮液要搅拌时（如悬浮培养物被搅拌或者胰蛋白酶消化后解离细胞时），它变得重要了。若在搅拌条件下细胞受到损害，那么用羧甲基纤维素或聚己烯基吡咯烷增加培养基的黏度，可减轻细胞损害。在低血清浓度或无血清下，这特别重要。

10.2.1.6　表面张力和泡沫

培养基的表面张力可用来促进原代外植物贴附到介质上，但很少用某种方法控制它。

泡沫的作用还不清楚。泡沫使蛋白质的变性速率增加。如果泡沫达到培养容器的颈部，增加了污染的危险。悬浮培养中，用含 5%CO_2 的空气在含血清培养基中鼓泡，会产生泡沫。加入硅油消泡剂降低表面张力，有助于防止泡沫生成。

10.2.2　细胞培养基的基本组成

细胞培养中一般使用人工配制的培养基，这种合成培养基已有很多商品化的固定配方。尽管各种培养基配方所含成分差别很大，但它们有着较接近的基本组成。血清和无血清无蛋白培养基的特殊构成在后面专门讨论。

10.2.2.1　水

细胞培养用的各种液体，都要用水来配制，对水的纯度要求很高。通常细胞培养用水的污染物标准可参考医药上注射用水标准，但原则上应高于注射用水标准。

10.2.2.2　低相对分子质量营养物

（1）能源和碳源物质　维持细胞生命和支持细胞生长的能源和碳源物质主要是糖及糖酵解的产物和谷氨酰胺，其他氨基酸是次要的能源和碳源物质。细胞能够利用的糖主要是六碳糖，特别是葡萄糖。葡萄糖很容易被大多数细胞转化为乳酸。昆虫细胞更偏爱蔗糖，常使用很高的浓度。丙酮酸和核糖（如尿苷）也有时出现在细胞培养基中。在多数培养基中，谷氨酰胺作为主要的能源和碳源物质。使用谷氨酰胺的最大问题是它的自发降解，降解量与时间、温度、血清和磷酸浓度有关，降解产物为氨，对细胞有毒性。同时，谷氨酰胺也是乳酸的重要来源。

（2）氮源（氨基酸）　氨基酸是组成蛋白质的基本单位，也是细胞合成复杂含氮化合物的前体，还作为必不可少的能源物质。不同种类的细胞对氨基酸的种类和浓度有不同的要求，但除了前面提到的谷氨酰胺外，还有 12 种氨基酸不能在细胞内合成，必须依靠从培养基中摄取。几乎所有培养基中都含有全部必需氨基酸，根据需要补充适量非必需氨基酸。非必需氨基酸含量低时常会增加必需氨基酸的消耗量。增加氨基酸的浓度常可提高培养的细胞密度和产物产率[2,3]。

（3）维生素　维生素是维持细胞正常生理状态的一种重要生物活性化合物，在细胞中多形成酶的辅基或辅酶，对细胞的代谢过程有重要影响。维生素分为水溶性和脂溶性两类。水溶性维生素包括生物素、叶酸、烟酰胺、吡哆醛（醇）、泛酸、核黄素、硫胺素、维生素 B_{12}、维生素 C、对氨基苯甲酸等。脂溶性维生素包括维生素 A、维生素 D、维生素 E、维生素 K 等。

（4）无机离子　通常把培养基中的无机离子分成两组，一种是含量较高的，称为大宗离子；另一种只以微量存在，称为微量元素。大宗离子的作用包括维持膜的势（Na^+，K^+），维持渗透压平衡（Na^+，Cl^-），作为酶反应的辅因子（Mg^{2+}），促进细胞贴附（Mg^{2+}，Ca^{2+}），起缓冲作用（HPO_4^{2-}，HCO_3^-）。细胞培养需要的微量元素很多，已肯定为细胞所需要的有铁、锰、锌、钼、硒、钒、铜，无蛋白长期培养往往需要钴、锆、锗、镍、锡、铬等，铝、锂、溴、碘、硼、氟、硅、钛、铷、银、钡也有时出现在无血清培养基中。

（5）脂类和磷脂前体　在使用血清的细胞培养中，脂类来自于血清。在无血清培养中，有些细胞需要添加脂类，如胆固醇、脂肪酸、磷脂。特别是缺陷性细胞，对某种脂类有很高的依赖性。

（6）核酸前体　核酸（RNA 和 DNA）前体通常不是培养基的必需成分。叶酸不足时，嘌呤类（腺嘌呤和次黄嘌呤）和胸嘧啶是有益的，缺陷型 CHO 细胞培养中常常添加。

10.2.2.3　非营养性物质

细胞培养用培养基中还引入一些非营养性成分，用来调节细胞的物理化学环境，间接影响细胞的行为。

（1）抗生素　细胞培养中，特别是原代细胞培养中，常使用抗生素抑制微生物的污染。

（2）pH 缓冲剂　最常用的 pH 缓冲剂是碳酸氢钠，常用浓度 26 mmol/L，接近血中浓度，必须与 5%～10%CO_2 平衡，否则培养基迅速变碱。HEPES 是缓冲能力很强的化合物，但由于它相当昂贵，细胞大规模培养中很少使用。

（3）酚红　酚红普遍作为培养基的 pH 指示剂。

（4）保护剂　细胞保护剂指保护细胞免受由渗透压变化、剪切、毒性金属和氧化所引起的损伤的物质。在生物反应器中培养的细胞会受到机械搅拌和气泡运动所产生的剪切损伤，某些大分子化合物（如甲基纤维素、葡聚糖、PEG、聚乙烯吡咯烷酮、Pluronic F68、血清白蛋白）能够减轻这种损伤[4]。

（5）还原剂　某些还原剂在细胞培养中有特殊作用。β-巯基乙醇在杂交瘤细胞培养中能刺激抗体分泌，并促进胱氨酸利用。

10.2.3　血清

在动物细胞培养中，常用的血清是小牛血清、胎牛血清、马血清和人血清。最常用的是小牛血清。胎牛血清次之，用于要求更高的细胞系。人血清用于一些人细胞系。

血清是极复杂的混合物，含有食物物质、代谢物、激素、血浆蛋白、破碎细胞释放物质（如血红蛋白和血小板的生长因子）、采血中引入的污染物。由于历史原因，商业培养基大都是按添加血清来设计的，使用血清的技术也已很成熟，尽管使用血清有许多缺点，仍将其作为细胞培养最重要的添加剂普遍采用。

细胞培养基中血清的作用非常复杂,已知的作用有:①影响培养基的生理性质,如黏度、渗透压、扩散速率;②含有蛋白酶抑制剂,抑制消化时用的胰蛋白酶和细胞分泌的蛋白酶(α_2-巨球蛋白);③提供合成培养基中不含有的营养物用于细胞代谢(胆固醇);④提供小分子物质的载体蛋白(转铁蛋白);⑤提供细胞贴壁必需的因子(vitronectin);⑥含有酶系,转化培养基中的成分成为细胞能利用的形式或非毒性形式;⑦提供微量元素、激素和生长因子;⑧结合或中和培养基中的毒性物质;⑨结合和保护在过量时有毒性的营养物并缓慢释放它们;⑩提供白蛋白对细胞起保护作用,并防止对其他重要因子的非特异性吸附。

10.2.4 无血清和无蛋白培养基

尽管对细胞培养工作者来说,使用血清培养细胞已驾轻就熟,形成常规,但使用血清的缺点也愈来愈引起重视。特别是通过细胞培养生产体内治疗用重组蛋白,培养细胞对血清的依赖已是成功的工艺开发的主要障碍。已经得到公认的使用血清的缺点有:①血清中含有广泛的微量成分,它们可能对细胞生长有不同程度的作用,但对其存在和作用还远未搞清楚;②每批血清可能适合某些细胞系,换血清批号要作广泛实验,大量贮存提高成本;③对通过细胞培养获得产物的过程,血清的存在是纯化的主要障碍,甚至难以使产物形成医药产品;④血清常受病毒污染,虽多对细胞培养无害,但增加了不能控制的因素;⑤血清是培养基成本的主要部分;⑥血清对培养细胞不但有促进作用,而且有生长抑制作用,它的净作用是生长刺激和抑制的结合;⑦实验和生产过程的标准化困难;⑧高质量血清,如胎牛血清,供应不足。

10.2.4.1 无血清培养基

虽然大多数细胞系仍需在培养基中添加血清,但在许多情况下,培养物可在无血清下维持和增殖[5]。近年来,利用无血清培养基已成功地培养了各种已建成的细胞系,包括正常和转化细胞系以及来自各种正常和恶性组织的原代细胞。

无血清培养基由营养完全的基础培养基添加经验确定的激素、生长因子、贴壁因子和结合蛋白而组成。随着无血清培养技术的不断完善和成熟,无血清培养基已有商品供应,但大多配方保密,价格很高。同时,无血清培养基有细胞株特异性,针对自己使用的细胞株,有时需要对无血清培养基配方作一定的调整。

为了方便产物分离,降低培养基成本,便于培养基的存放、使用和保证生物安全性,采用无蛋白培养基是十分诱人的。可是,无蛋白培养基的设计十分困难,应用范围受到限制。在有些情况下,无蛋白培养的成功还需要诱导和筛选对白蛋白、转铁蛋白和胰岛素依赖程度低的克隆。目前,无蛋白大规模培养只是在杂交瘤细胞培养中比较成功。

杂交瘤细胞的无蛋白培养是考虑到杂交瘤细胞的特点设计的,于1983年应用于大规模培养,有许多细胞系在各种无蛋白培养基中培养成功,其中的最大难点在于铁离子的传递。代替转铁蛋白,常用的是较高浓度的无机离子,像三氯化铁、柠檬酸铁、铁氰化钾、硫酸亚铁等,而最成功的是柠檬酸铁,使用浓度多在 50 μmol/L 以上。

10.2.4.2 无血清培养基的常用添加成分[6]

(1)白蛋白和脂类 在杂交瘤细胞培养中,白蛋白作为脂肪酸和某些微量元素的载体,还具有脱毒剂的功能。无血清培养基用白蛋白要求较低含量的热原和游离脂肪酸[7]。添加量一般为 0.5～5 mg/mL。在无血清培养中,脂类添加对细胞生长的作用常因细胞而异。脂类难溶于水,常与白蛋白一起加入或制成微乳,才能起到较好的效果。常见的添加脂类为胆固醇、低密度脂蛋白、大豆磷脂和亚油酸或油酸。

（2）胰岛素　胰岛素是细胞的重要生长因子，能够刺激葡萄糖的利用及 RNA、蛋白和磷脂的合成。它在无血清培养基中的含量通常为 5～10 $\mu g/mL$。近年来，也有研究证实胰岛素并不是某些细胞无血清培养的必需成分。

（3）转铁蛋白　转铁蛋白是一种结合铁的糖蛋白，在无血清培养基中是一种重要的生长刺激蛋白。转铁蛋白的缺乏常会造成大多数杂交瘤细胞的生长抑制，甚至死亡。它在无血清培养基中的添加浓度常为 5～10 $\mu g/mL$。

（4）乙醇胺　乙醇胺是一种重要的刺激细胞生长的化合物，与细胞内磷脂合成有关，是脑磷脂的合成前体。它在无血清培养基中的浓度通常是 10～20 $\mu mol/L$。

（5）亚硒酸钠　亚硒酸钠中的硒作为一种微量元素，是一种谷胱甘肽过氧化物酶的辅因子，拥有抗过氧化物能力，从而提高了细胞在无血清培养基中的生长速率和活性。它在培养基中的常用添加浓度为 10～60 nmol/L。

（6）微量元素　培养细胞需要许多微量元素支持生长和维持活性，如铬、镉、钴、铜、钼、锰、镍、硅、锡、钒、锌、锗等。这些元素通常来自血清。在无血清培养基中，添加这些微量元素是很重要的。

（7）生长因子　在人们搞清楚细胞生长所需的生长因子很多来自血清之后，出现了在无血清培养基中添加生长因子的研究工作。这些因子包括 EGF、FGF、IGF 等。但由于这些因子成本很高，现在已很少在无血清培养基中添加这些因子。

（8）其他添加物质　无血清培养基中常见的其他添加物质包括 β-巯基乙醇、氢化可的松、维生素 C 和抗氧化剂等，不下几十种。

10.2.5　营养物的代谢

培养动物细胞，无论是为了增殖病毒，还是为了获得分泌蛋白，都力求使细胞生长到更高的密度，并在高密度下维持高的细胞活性。但是就目前水平，即使很好地控制培养环境参数，体外培养的细胞密度也要比体内细胞密度低二个数量级以上。近年来的理论分析和实验研究表明，人们对细胞代谢过程的认识不充分是限制细胞培养密度的一个重要原因。商品化的细胞培养基的营养物配比适合于细胞生长，但到了培养的中后期，培养基的营养物浓度与初始状态相去甚远，不再能满足细胞继续生长的需要，某些必需成分的耗竭甚至使细胞不能生存。简单地增加营养物浓度，又加剧细胞的不正常代谢，不仅造成营养物的浪费，而且形成高浓度的有害副产物，增加培养环境的渗透压，并不能有效地提高培养细胞密度。因此，深入了解体外培养的动物细胞的代谢规律，并运用各种手段进行调节，是当今动物细胞培养技术发展的趋势，也是提高培养过程经济性的有效途径。

10.2.5.1　葡萄糖的代谢

在动物细胞培养中，葡萄糖是最重要的碳源和能源物质。它可以通过磷酸戊糖途径生成核糖用于核苷合成，也可以直接转变为其他六碳糖，如果糖、半乳糖等。葡萄糖还是脂肪类物质合成的前体，在葡萄糖酵解中的二羟基丙酮磷酸通过甘油-3-磷酸转化为脂类物质。

培养细胞的糖酵解活性与许多条件有关，包括溶解氧浓度、糖种类、细胞生长因子的存在及细胞类型。正常细胞和肿瘤细胞都会把葡萄糖转化为乳酸。正常细胞在有氧情况下几乎不产生乳酸，在无氧情况下积累乳酸。肿瘤细胞在有氧和无氧情况下都产生乳酸，在无氧情况下积累更多。EGF、IL2 和 TGFβ 等生长因子能刺激细胞的糖酵解。它们明显促进细胞利用葡萄糖，使更多的葡萄糖转化为乳酸。虽然有报道认为葡萄糖氧化的量也有所提高，但葡萄糖转化为乳酸的百分比有显著增加。

如果利用 DMEM 培养转化细胞，初始葡萄糖浓度为 4 g/L，到培养结束，大约会生成 3 g/L 的乳酸。乳酸的积累降低了培养基的 pH 值，增大了培养基的渗透压，对细胞生长产生抑制作用[8]。细胞培养的代谢调控的一个重要目标是降低培养基中乳酸的积累。实验证明杂交瘤细胞在低葡萄糖浓度下培养时很少产生乳酸。因此，实行葡萄糖的流加是减少乳酸积累的有效途径。成功的流加速率控制需要流加程序的模型和代谢速率的在线测定。但是，低葡萄糖浓度的在线测定很困难，常通过测定细胞代谢参数再根据数学模型进行在线估计。细胞代谢参数以细胞的氧利用速率（OUR）较方便和可靠。近年也有用 FIA-HPLC 和红外光谱法在线测定葡萄糖浓度的报道。

10.2.5.2　谷氨酰胺的代谢

在动物细胞培养中，谷氨酰胺除了作为蛋白质合成、嘌呤和嘧啶合成的原料外，更多的是作为一种碳源和能源物质被细胞代谢。在通常的细胞培养中，消耗的谷氨酰胺的量会超过消耗的其他氨基酸的量的总和。谷氨酰胺的主要代谢终产物与细胞系关系不大，主要是二氧化碳、乳酸、氨、谷氨酸、天门冬氨酸和丙氨酸。其中氨会改变细胞内微环境的 pH 值，对细胞的毒性很大。细胞利用葡萄糖和谷氨酰胺作为能源物质的调节，受到培养条件的影响。细胞高速生长时，消耗的谷氨酰胺的量较多。在没有糖的培养基中可以维持细胞的短期生长，但谷氨酰胺的利用大大加快，这时加入葡萄糖会迅速抑制谷氨酰胺的利用。在缺乏谷氨酰胺的培养基中，难以维持细胞的增殖。在转化细胞中葡萄糖和谷氨酰胺的代谢调节见图 10-1。

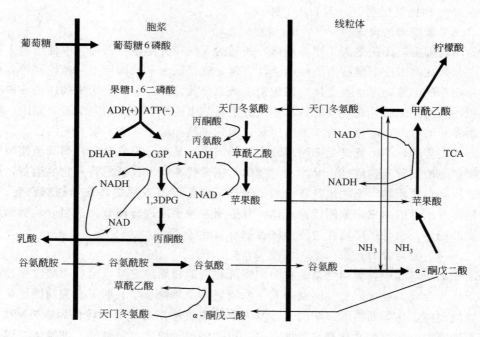

图 10-1　转化细胞系中能量代谢的调节

10.2.5.3　其他氨基酸的代谢

氨基酸在动物细胞代谢中发挥重要的作用。它们具有多种功能，既可以作为蛋白合成的材料，也可以作为可氧化能源物质。许多氨基酸是细胞内重要的小分子化合物的合成前体，包括多胺合成用的精氨酸，谷胱甘肽合成用的甘氨酸，胆碱合成用的丝氨酸，嘌呤合成用的甘氨酸、谷氨酰胺和天门冬氨酸。对体外培养的动物细胞，氨基酸分为 13 种必需氨基酸和 7 种非必需氨基酸。

在细胞培养中，氨基酸的利用和生产速率因细胞而异，差别颇大。氨基酸的相对浓度、血清浓度和培养条件也对氨基酸的利用和生产速率有影响。除谷氨酰胺外，亮氨酸、异亮氨酸、赖氨酸、缬氨酸、苏氨酸、蛋氨酸、酪氨酸、组氨酸、色氨酸、精氨酸和苯丙氨酸总是被消耗的，丙氨酸总是被生产的，丝氨酸、甘氨酸、脯氨酸、天门冬氨酸、谷氨酸和天门冬酰胺被细胞利用还是被细胞生产，取决于细胞系和培养条件。

三羧酸循环是多数氨基酸合成和氧化的主要途径。图 10-2 表示氨基酸进入三羧酸循环的位点。进入三羧酸循环之前，氨基酸在转氨酶作用下发生转氨反应，α 氨基常转移给 α 酮戊二酸，形成谷氨酸和氨基酸对应的 α 酮酸。

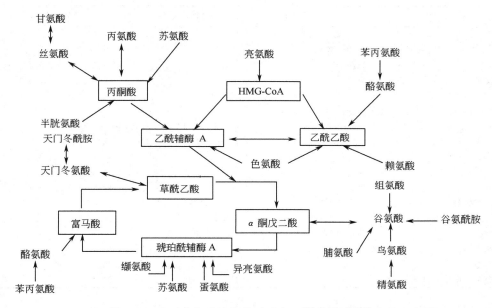

图 10-2　在动物细胞中氨基酸进入三羧酸循环的位点

10.2.5.4　代谢流分析[9]

细胞代谢的分析不仅要阐明细胞的生理，而且要通过控制和改变代谢流，提高营养的利用效率，降低有害副产物的生成，促进细胞的生长和产物的生成。目前，体外培养的动物细胞的代谢流的比较简单的定量分析，目标在于确定代谢途径的瓶颈、代谢途径的调节、代谢与细胞的其他活动的关系[10]。

动物细胞消耗葡萄糖、谷氨酰胺和其他近 20 种氨基酸。虽然涉及的反应很多，但利用拟稳态假设，可以进行直接的分析，对寻找改变细胞代谢的方法很有用。在不同的代谢条件下，不但像葡萄糖和谷氨酰胺这些主要营养物的代谢会改变，而且所有其他氨基酸的代谢也会随之变化。涉及如此之多的营养物，找出能够改变代谢的关键的酶反应步骤很困难。最成功的当数控制营养物的流加速率而改变细胞代谢，几乎消除了培养基中乳酸的积累。在同样培养基中培养杂交瘤细胞会产生多个稳定态，每一个对应一种特定的细胞代谢。在通常情况下，细胞产生大量的乳酸和氨，而在代谢调控下，乳酸几乎被消除，得到了营养物的有效利用和高的细胞密度。代谢流分析说明，消耗的大量的谷氨酰胺进入三羧酸循环，生成丙酮酸、丙氨酸和非必需氨基酸。在代谢调控下，很少的葡萄糖进入糖酵解和三羧酸循环，消耗的大部分谷氨酰胺进入细胞质，只有少量进入三羧酸循环。同样，很少的必需氨基酸进入三羧酸循环，从而产生很少的乳酸、丙氨酸和氨，非必需氨基酸发生净消耗而不是通常的净产生。

10.3 细胞培养的基本方法

动物细胞培养过程要比微生物发酵过程复杂得多。但是，由于微生物发酵技术已相当成熟，更为大家熟悉。所以，细胞培养中借鉴了微生物发酵中的一些方法。表 10-2 比较了动物细胞与微生物细胞的一些重要差别，它们对细胞培养过程有很大影响。

表 10-2 动物细胞与微生物细胞的一些重要差别

项 目	细菌(原核)	真菌(真核)	动物细胞(真核)
细胞直径/μm	0.5～2.0	10～40	10～100
形状	棒,球,丝状	棒,球,丝状	棒,球,梭状
生长形式	悬浮	悬浮	多数贴壁,也有悬浮
营养要求	简单	简单	复杂
葡萄糖/(g/L)	1～100	1～100	1～4
氮源/(g/L)	0.1～0.4	0.1～0.6	0.4
倍增时间/h	0.5～5	2～15	15～100
细胞密度/(cells/mL)	10^9～10^{11}	10^8～10^{10}	10^6～10^8
细胞密度/(g/L)	10～100	1～100	0.1～1
细胞分化	无	无	有
代谢调节	内部	内部	内部、激素
对环境敏感性	忍受范围宽	忍受范围较宽	敏感
对剪切应力敏感性	低	较低	高,因无细胞壁
产物存在	胞外,胞内	胞外,胞内	胞外
细胞和产物浓度	高	高	低
培养成本	低	低	高
供氧要求/[mmol/(L·h)]	10～100	10～100	0.1～0.3

10.3.1 动物细胞培养基本工艺

培养动物细胞生产各种产物的工艺如图 10-3。作为一个工艺过程，可以分为三个阶段。第一阶段是准备阶段，包括设备的准备、清洗、消毒，培养基的配制和除菌，细胞种子的复苏、检定和扩增。细胞培养过程要求高，准备工作费力、费时，而且必须仔细，保证高标准，

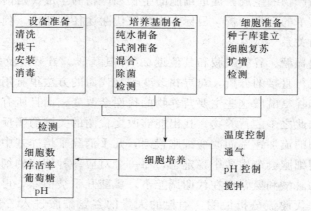

图 10-3 培养动物细胞生产产物的流程

274

提高成功率。第二阶段是细胞培养阶段，包括细胞接种，培养工艺参数（如溶解氧浓度、pH 值、搅拌转速、通气量等）的调整，取样分析（如细胞计数、存活率分析、营养成分分析、废产物分析等），培养基更换。配备有先进控制功能的生物反应器是大规模高密度培养动物细胞的最有效手段。第三阶段是产物生产阶段，包括培养基更换、病毒准备和接种或产物表达诱导剂的加入，培养上清的收获，取样分析（如细胞密度、感染率、存活率、产物浓度或滴度、抗原性）。在有些系统中，第二和第三阶段是不可分开的，如单抗生产和某些重组蛋白的表达过程。

10.3.2　维持培养和放大培养

根据动物细胞培养的不同目的、培养细胞的特点以及培养的条件，细胞培养以不同的方式和在不同的规模上进行。例如，进行细胞学研究或利用培养细胞进行药物毒性测定，需要培养细胞有很高的一致性，但培养规模不大，而通过细胞培养生产有用产物则更注重培养规模和生产效率；悬浮培养通常比较简单，容易放大，但细胞密度一般较低，而贴壁培养比较复杂，放大较困难，但较易通过灌注培养达到较高密度。

10.3.2.1　培养容器

在动物细胞培养的不同规模上，常用的培养容器有多孔板、Petri 培养皿、组织培养方瓶、滚瓶、转瓶、生物反应器等。

多孔板、Petri 培养皿和组织培养方瓶都是常用的静止培养容器，体积小，操作方便，很容易放入培养箱中培养。它们可以由特殊处理的塑料制成，Petri 培养皿和组织培养方瓶也常由玻璃制作。

滚瓶（roller bottle）也是一种重要的培养容器，由玻璃或塑料制成，培养时放在滚瓶机上缓慢滚动，但培养条件很接近于静止培养。它体积较大，接种后放入温室或专门的培养箱中培养。培养规模的放大即意味着滚瓶个数的增加，故放大较容易，重演性好，已在许多生产过程中使用。滚瓶培养的主要缺点是劳动强度大，比表面积小，占用空间大，培养条件难以检测和控制。

转瓶（spinner bottle）由玻璃制成，是一种对搅拌式生物反应器的模拟，广泛用于实验研究和过程开发中。它一般由磁力驱动进行温和搅拌，接种细胞后置于温室或培养箱中培养。培养贴壁依赖性细胞时，需加入微载体以增加培养表面积。转瓶一般不配置检测和控制系统，培养结果常比生物反应器要差。

生物反应器是动物细胞大规模培养中最重要的培养设备。它有各种不同形式，容积可以从 1 升到几十立方米。

动物细胞培养对培养容器的培养表面有一定要求，培养贴壁依赖性细胞时要求更加苛刻。首先，培养表面必须是生物相容性的，另外还要求它具有较高的光洁度，弱电荷和亲水性。培养容器最好具有透光性，便于培养过程中的观察。

10.3.2.2　微载体[11]

微载体是指直径在 $60\sim250\ \mu m$、适合于动物细胞贴附和生长的微珠。微载体法培养动物细胞有很多好处：①可在反应器中提供大的比表面积，1 g Cytodex 1 微载体能提供 $5000\sim6000\ cm^2$ 表面积，理论上足够 $(7.5\sim10)\times10^8$ 个细胞生长；②可采用均匀悬浮培养，简化了各种环境因素的检测和控制，提高了培养系统重演性；③可用普通显微镜观察细胞在微载体上的生长情况；④放大容易；⑤适合于多种贴壁依赖性细胞培养；⑥较容易收获细胞。微载体法细胞培养是一种很重要的模式，已用于疫苗的生产过程。微载体培养系统也有它的缺陷：①细胞生长在微载体表面，易受到剪切损伤，不适合于贴壁不牢的细胞生长；②微载体价格比较贵，一般不能重复使用；③需要较高的接种细胞量，以保证每个微载体上都有足够的贴壁细胞数。近年来，已开发了许多新的多孔性载体和新的反应器系统[12,13]，以弥补微载体系统的不足。

一种优良的微载体需具备以下特性：①生物相容性，表面亲水，不含毒害细胞的成分，细胞容易贴附；②密度略大于培养基；③在培养基中粒径为 $60 \sim 250 \, \mu m$，粒度分布均匀，表面光滑；④具有良好光学性质，便于在显微镜下直径观察细胞形态；⑤能耐高温灭菌；⑥基质材料非刚性，减少在培养过程中由于相互碰撞对细胞的损伤；⑦不会有影响产物分离纯化的物质溶入培养基；⑧价廉。

微载体已经商品化。合成微载体的材料主要有葡聚糖、塑料、明胶、纤维素、壳聚糖、玻璃等。

10.3.2.3 贴壁培养[14]

将细胞从一个培养容器经稀释后移植到另一个培养容器中培养，称作传代培养。贴壁依赖性细胞在培养瓶中不断增殖，达到相互汇合时，需要进行传代培养，否则细胞会因接触抑制而影响生长。

对于牢固贴附在固体介质表面上生长的细胞，要进行传代培养，消化是必不可少的操作步骤。消化是使经过分散的组织或贴壁的培养物相互或与介质解离，形成单细胞或小的细胞团的操作。消化作用在于除掉细胞间质，使细胞与周围介质脱离，但细胞本身很少受到伤害。消化后的细胞加入营养液制成细胞悬浮液，接种后细胞可以再次贴壁和增殖[15]。胰蛋白酶是应用最广泛的消化物。

在生物反应器中用微载体大规模培养贴壁细胞时，细胞经过消化进行传代，操作很复杂。现在已有不经消化直接进行微载体间细胞转移的成功报道，通常称为"球转球"（beads to beads)[16]。

10.3.2.4 悬浮培养

悬浮培养指细胞在培养容器中自由悬浮生长的过程，主要用于非贴壁依赖性细胞的培养，如杂交瘤细胞等。近年来也有贴壁依赖性细胞经过适应后悬浮生长的报道。动物细胞的悬浮培养与微生物发酵过程比较接近，但由于动物细胞对搅拌和通气造成的流体剪切很敏感，在反应器的设计和操作上又有特殊的要求。保护细胞免受剪切的严重伤害是放大培养中一个重要的问题。通过加入特殊的保护剂，能使细胞在温和的搅拌和直接通气条件下正常培养，尽管研究已经证明气泡作用对细胞的损伤比搅拌作用要大。杂交瘤细胞的悬浮培养是研究得最广泛和透彻的动物细胞培养过程，培养规模最大，操作最成熟。

10.3.3 细胞计数

无论贴壁细胞还是悬浮细胞，都要在培养过程中定期进行细胞检查和细胞计数。细胞检查可以观察到细胞的形态，细胞计数可以确定细胞密度和存活率。为了计数活细胞，可将细胞与合适的染料混合，然后计数。活细胞会排斥染料，死细胞则被染料着色。最常用的染料是台盼蓝（trypan blue，也叫锥虫蓝）。

细胞计数可以用血球计数板，也可用 Coulter 计数器。血球计数板计数简单易行，对设备要求低，可以通过染料染色分辨活细胞和死细胞。如果需计数样品量很大，或需重复计数以提高准确性，常会造成计数者的眼睛疲劳。血球计数板计数要求细胞密度最好在 $5 \times 10^4 \sim 1 \times 10^6$ cells/mL 范围内。Coulter 计数器进行细胞计数速度快，适用于计数大量细样品，并可定量分析细胞大小的分布。但该法不能分辨活细胞和死细胞，也会因细胞结团而造成误差。

10.3.4　细胞保存

细胞系的短期保存可用低温冰箱（－75℃），长期保存则要放入液氮（－196℃）。细胞在冷冻和复苏过程中，胞内形成冰晶和渗透压的变化是细胞受损的主要原因。为了减少对细胞的损害，需要在细胞冷冻液中加入保护剂，如二甲基亚砜（DMSO，5%）或甘油（10%），并选择最佳冷冻和冻融速率。

细胞的冷冻和复苏过程须注意安全问题，防止液氮的伤害。

冷冻时，细胞经胰蛋白酶消化分散后，用细胞冷冻液（含培养基、血清、保护剂）配制到（2～5）×10⁶ cells/mL 密度，按 1 mL 的装量分装于细胞冻存管中。缓慢冷冻是成功保存细胞的一个重要措施。细胞的最佳冷冻速率是 1 ℃/min。对要求严格的细胞的冷冻可采用冷冻速率程序化的专门冷冻装置。但一般细胞并没有太严格的要求。用聚苯乙烯泡沫塑料或棉花包裹后，先置于－70℃冰箱 2 h，再置于液氮上方气相中 2 h，最后放入液氮中，这是比较接近程序化冷冻的方法。也可不经过液氮上方放置的步骤。

快速解冻是冷冻细胞复苏的关键。通常的方法是，迅速从液氮罐中找出所要的冷冻管，直接将其投入 37 ℃水浴中。无菌打开冷冻管后，离心除去冷冻液，换用生长培养基培养。必要时，应定量检查细胞的特性。

10.4　细胞培养用生物反应器

由于动物细胞与微生物细胞有很大差异，对体外大规模培养有严格的要求，如动物细胞没有细胞壁，非常脆弱，对剪切敏感，传统的微生物发酵用的生物反应器不能适用于动物细胞培养，必须根据动物细胞的特殊要求，设计专用的反应器和过程控制系统。

一台动物细胞培养生物反应器的设计必须考虑如下要求：①生物因素；生物反应器必须有很好的生物相容性，能很好地模拟细胞在动物体内的生长环境。②传质因素；充分供应生物反应过程所需的营养物，特别是氧的传递，及时排除反应产生的废产物。③流体力学因素；能够提供充分的混合，使反应器中的反应条件一致，同时又不产生过大的流体剪切致使细胞受到伤害，特别要防止气泡对细胞的损伤作用。④传热因素；能及时、均匀地除去或供应反应过程的热量，无过热点。⑤安全因素；具备严密的防污染性能，还应有防止反应器中有害物质或生物体散播到环境的功能。⑥操作因素；便于操作和维护。

为了满足这些互相关联和互相制约的要求，使动物细胞培养用生物反应器的设计和生产成为复杂而困难的工作。近三十年来，细胞培养用生物反应器有了很大的发展，种类越来越多，规模越来越大。悬浮培养用生物反应器最大规模已达 10 000 L，贴壁细胞培养用生物反应器最大规模也已达 8000 L。目前动物细胞培养用生物反应器的发展趋势是结合工艺的改进，提高细胞密度、生产效率和产物表达水平，而不再片面强调反应器的规模。

10.4.1　动物细胞培养用生物反应器的形式

10.4.1.1　气升式生物反应器

气升式生物反应器与其他反应器相比，结构简单，无转动部件，细胞损伤率低，减少了污染的机会；产生的湍动温和而均匀，剪切力相当小；放大容易；直接通气供氧，氧传递速率高，供氧充分；液体循环量大，细胞和营养成分混合均匀。但是，由于液体混合的能量惟一来自通入的气体，因而通气量大，泡沫问题严重，气泡破碎造成的细胞的机械损伤也是严重问题。如果通气中需加入二氧化碳以维持 pH 值，则二氧化碳的消耗也会很大。

英国 Celltech 公司首先使用气升式生物反应器培养杂交瘤细胞生产单克隆抗体，放大到了 10 000 L 规模。逐级放大的基本概念没有改变，操作的主要问题是通过通气量和不同气体的配比控制反应器中的 pH 值、氧浓度和混合状况。培养工艺采用阶段式，先在 10 L 反应器中培养 2～3 天，再逐级转移到 100 L 或更大规模，每次转移的放大倍数为 10 左右。

10.4.1.2 通气搅拌生物反应器

各种通气搅拌生物反应器的主要区别在于搅拌器的结构。根据动物细胞培养的特点，要求搅拌器转动时混合性能好，产生的剪切力小，气泡产生的不利影响小。搅拌器的种类有桨式搅拌器、棒状搅拌器、船舶推进桨搅拌器、倾斜桨叶搅拌器、船帆形搅拌器、往复振动锥孔筛板搅拌器、笼式通气搅拌器等。在实际应用中比较成功的是笼式搅拌器。

笼式搅拌器有两个由 200 目不锈钢丝网围成的笼式腔（图 10-4）。下部的是通气腔，上部的是消泡腔，之间有细管相通。气体交换在通气腔内进行，其中的液体通过丝网与腔外的液体进行交换。在气体鼓泡中形成的泡沫经细管进入消泡腔，经丝网破碎分成气液两部分，既做到深层通气，又避免泡沫在反应器中积累。搅拌器有三个导流筒，与搅拌器中心的垂直空腔相通。当导流筒随搅拌转动时，由于离心力的作用，搅拌器中心的空腔产生负压，使培养基从底部吸入，沿空腔螺旋式上升，再从三个导流筒排出，绕搅拌器外缘螺旋式下降。悬浮细胞或贴附有细胞的微载体的密度接近于培养基，被培养基所裹胁，反复循环，充分混合[17]。在微载体法培养贴壁动物细胞时，一般搅拌器转速在 30～60 r/min 范围内，混合时间为 12～24 s，流体剪切小而均匀，培养多种贴壁细胞都获得了成功。

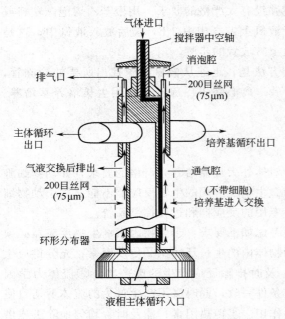

图 10-4　通气搅拌生物反应器的结构示意图

10.4.1.3 中空纤维管生物反应器

中空纤维管生物反应器用途较广，既可培养悬浮生长的细胞，又可培养贴壁依赖性细胞，细胞密度可高达 10^9 cells/mL 数量级。如能控制系统不受污染，这种反应器能长期运转。用这种反应器培养过的细胞类型和生产的分泌产物多达几十种。

最初开发的中空纤维管系统，是将纤维管束纵向布置，培养基、种细胞由底部注入，从顶端排出，纤维管间通气体。这种布置方法有很大缺点，培养基成分和代谢产物沿培养基流动方向产生浓度梯度，使细胞经历的环境随培养基的流过距离而变，致使细胞在纤维管中生长不均匀，培养贴壁细胞时不能扩展成单层。针对这一缺点，新开发出把纤维管束横放成平板式浅床，床层深度 3～6 层纤维管，将若干层浅层床组合在一个容器内。为了使培养基分布均匀，在床层底部引进培养基时，先通过一个 2 μm 微孔不锈钢烧结板分布器，再灌注到床层中。在床层顶部也装置一个 20 μm 微孔不锈钢板分布器，防止排出的培养基返混。另一种保持培养基均匀分布的方法是在床两端交替灌注新培养基。近来在中空纤维管生物反应器的新改进是在反应器筒体外添置一膨胀室，用管路与筒体相连，形成一连通管，培养基由筒体内的一边经膨胀室流到筒体内另一边。经改进后，明显地改善了水力学条件，使培养基浓度梯度和细胞处的微环境差别减至最小，或者完全消除。中空纤维管生物反应器总的发展趋势是让细胞在管束外空间中生长，获得更高密度的细胞。

中空纤维管生物反应器已进入工业生产，主要用于培养杂交瘤细胞生产单克隆抗体。Bioresponse 和 Invitron 公司均采用这种生物反应器生产单克隆抗体。

10.4.1.4　无泡搅拌反应器

无泡搅拌反应器是一种装有膜搅拌器的生物反应器。这种反应器的开发和应用在生产中同时解决了通气和均相化的要求。无泡搅拌反应器采用多孔的疏水性的高分子材料管装配成通气搅拌桨。由于选用的多孔材料管具有良好的氧通透性，从而实现无泡通气搅拌。由于这类反应器能满足动物细胞生长的溶氧要求，产生的剪切力较小以及在通气中不产生泡沫，避免了在其他反应器中常见的某些弱点（如泡沫等），因而已广泛地应用于实验室研究和中试工业生产。

人或哺乳动物细胞的培养通常是长时间的培养过程，因此对通气管的寿命有很高的要求。膜材料不能有任何细胞毒害性，能够耐某些营养成分如血清和氨基酸的侵蚀。在膜的表面不能覆有细胞或其他沉积物，以免影响气体传递。

10.4.1.5　流化床和填充床反应器

流化床反应器的基本原理是使支持细胞生长的微粒呈流态化。这种微粒直径约 $500\ \mu m$，具有像海绵一样的多孔性。细胞就接种于这种微粒之中，通过反应器垂直向上循环流动的培养液使之成为流化床，并不断提供给细胞必要的营养成分，细胞得以在微粒中生长。利用流化床反应器既可培养贴壁依赖性细胞，也可培养非贴壁依赖性细胞。这种反应器传质性能很好，并可在循环系统中采用膜气体交换器，快速提供给高密度细胞所需的氧，同时排除代谢产物如二氧化碳。流化床反应器能优化细胞生长与产物合成的环境，培养的细胞密度高，高产细胞能长时间停留在反应器中。此外，流化床反应器放大也比较容易，放大效应小，已成功地从 $0.5\ L$ 放大至 $10\ L$，用于培养杂交瘤细胞生产单克隆抗体，体积产率基本一致。生产上采用的流化床反应器理想的床层深度为 $2\ m$ 左右，反应器放大可采用增大截面积的方法，最大可达 $1000\ L$ 规模。

填充床也用于贴壁依赖性细胞的微载体和大孔载体的培养，剪切小，可以无泡操作。同时，也已证实这种反应器适合于增殖悬浮细胞，如杂交瘤细胞。填充床反应器的特征是高的床层细胞密度，这可减少无血清培养时的蛋白用量。填充床反应器中的填充材料是惰性的玻璃、陶瓷或聚氨基甲酸乙酯等，通常是直径 $2\sim5\ mm$ 实体或多孔球。培养基循环通过填充床，充氧器连接在循环回路中。刚接种的细胞长在填充物的表面，随着细胞增殖，细胞开始充满颗粒间的孔隙。在长达几个月的培养过程中，反应器中易因此而形成沟流和梯度。这给反应器放大带来困难。在反应器放大中，需要保持填充物的均匀性，在无细胞和在实际培养条件下研究反应器的特性，根据线速度进行结构放大。填充床反应器有细胞培养所需的许多特征，如高细胞截留和灌注能力，无泡操作，放大简单，高细胞密度引起的培养基的简化等。但是，细胞密度和活性的测定方法有待开发。

10.4.2　细胞培养生物反应器的控制系统

在微生物发酵系统中，为达到一定的溶氧水平可以通过增加搅拌转速、增加通气量以及提高培养罐压力以提高氧分压来实现。由动物细胞的特性所决定，细胞培养不能沿用微生物发酵过程中常用的手段。安全而有效的方法是改变通入培养罐内气体中的氧气和氮气的比例来实现控制溶氧值的目的。同样，在微生物发酵系统中借助于加入酸或碱性物质来调节培养液 pH 值的方法，容易引起局部 pH 值过高或过低并造成培养液渗透压的增加而不能在动物细胞培养中使用。采用二氧化碳/碳酸氢钠缓冲液系统来控制培养液的 pH 值是一种较好的方法，它主要靠预先加入培养液中适量的碳酸氢钠和通过改变气体流量中的二氧化碳含量来实现。

在动物细胞培养中，对温度和搅拌转速的控制相对比较简单，一般采用 PID 控制。对溶解氧和 pH 值的控制可通过调节通入培养罐的氧气、氮气、二氧化碳和空气 4 种气体的比例来实现。但在溶解氧控制过程中，改变进入培养罐的氧气和氮气的量，也就改变了二氧化碳在气体流量中所占的比例，从而对培养液的 pH 值产生直接的影响；同样，增加二氧化碳通入量使培养液 pH 值下降，也改变了进入培养罐内气相中的氧的比例，而打乱培养系统溶解氧的平衡。这样的控制，无论对 pH 值还是溶解氧水平都不可能得到满意的结果。因此，必须采用匹配的方法，组成具有相互补偿作用的 pH 值和溶解氧关联控制系统，以减小培养系统中 pH 值和溶解氧水平的波动，达到所要求的控制精度，满足动物细胞生长的需要。关联控制单元是控制系统的核心，其框图见图 10-5。

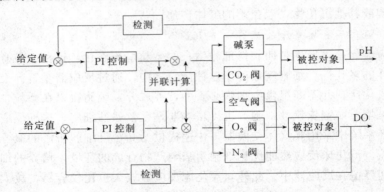

图 10-5　关联控制单元工作原理框图

华东理工大学的 CellCul-20 系统取 3 s 为一个控制周期，由 4 个电磁阀按一定规律定量而有序地在控制周期内连续操作[18]。四种气体通气波形如图 10-6 所示。采用 4 种气体的 pH 值和溶解氧关联控制系统，对微载体悬浮培养 Vero 细胞进行了考察，结果良好。

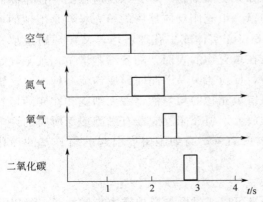

图 10-6　控制周期中四种气体通气波形图

10.4.3　生物反应器中的细胞培养模式

无论是贴壁细胞还是悬浮细胞，就操作方式而言，深层培养可分为分批、流加、半连续、连续和灌注五种方式[19]。不同的操作方式，具有不同的特征[20]。

10.4.3.1　分批培养

分批培养是指将细胞和培养液一次性装入反应器内，进行培养，细胞不断生长，产物也不断形成，经过一段时间反应后，将整个反应系取出。

对于分批操作，细胞所处的环境时刻都在

发生变化，不能使细胞自始至终处于最优条件下，在这个意义上它并不是一种好的操作方式。但由于其操作简便，容易掌握，因而又是最常用的操作方式。

10.4.3.2　流加培养

流加培养是指先将一定量的培养液装入反应器，在适宜条件下接种细胞，进行培养，细胞不断生长，产物也不断形成。随着细胞对营养物质的不断消耗，新的营养成分不断补充至反应器内，使细胞进一步生长代谢，到反应终止时取出整个反应系。

流加培养的特点就是能够调节培养环境中营养物质的浓度。一方面，它可以避免某种营养成分的初始浓度过高而出现底物抑制现象；另一方面，能防止某些限制性营养成分在培养过程中被耗尽而影响细胞的生长和产物的形成，这是流加培养与分批培养的明显不同。由于新鲜培养液的加入，整个过程中反应体积是变化的，这是它的一个重要特征。

根据不同情况，存在不同的流加方式。从控制角度可分为无反馈控制流加和有反馈控制流加两种。无反馈控制流加包括定流量流加和间断流加等。有反馈控制流加，一般是连续或间断地测定系统中限制性营养物质的浓度，并以此为控制指标，来调节流加速率或流加液中营养物质的浓度等。

最常见的流加物质是葡萄糖、谷氨酰胺等能源和碳源物质。

10.4.3.3　半连续培养

半连续培养又称为反复分批培养或换液培养，是指在分批培养的基础上不全部取出反应系，剩余部分重新补充新的营养成分，再按分批培养的方式进行操作。这是反应器内培养液的总体积保持不变的操作方式。

这种操作方式可以反复收获培养液，对于培养基因工程动物细胞分泌有用产物或病毒增殖过程比较实用，尤其是微载体培养系统更是如此。例如，采用微载体系统培养基因工程rCHO细胞，待细胞长满微载体后，可反复收获细胞分泌的乙肝表面抗原（HBsAg）制备乙肝疫苗。

10.4.3.4　连续培养

连续培养是指将细胞种子和培养液一起加入反应器内进行培养，一方面新鲜培养液不断加入反应器内，另一方面又将反应液连续不断地取出，反应条件处于一种恒定状态。与分批培养和半连续培养不同，连续培养可以控制细胞所处的环境条件长时间地稳定。因此，可以使细胞维持在优化状态下，促进细胞生长和产物形成。此外，对于细胞的生理或代谢规律的研究，连续培养是一种重要的手段。

连续培养过程可以连续不断地收获产物，并能提高细胞密度，在生产中被应用于培养非贴壁依赖性细胞。如英国Celltech公司采用连续培养杂交瘤细胞的方法，连续不断地生产单克隆抗体。

10.4.3.5　灌注培养

灌注培养是指细胞接种后进行培养，一方面新鲜培养基不断加入反应器，另一方面又将反应液连续不断地取出，但细胞留在反应器内，使细胞处于一种不断的营养状态。

当高密度培养动物细胞时，必须确保补充给细胞足够的营养以及去除有毒的代谢废物。在半连续培养中，可以采用取出部分用过的培养基和加入新鲜的培养基的办法来实现。这种分批部分换液办法的缺点在于当细胞密度达到一定量时，废代谢物的浓度可能在换液前就达到产生抑制作用的程度。降低废代谢产物的有效的方法就是用新鲜的培养基进行灌注，通过调节灌注速率可以把培养过程保持在稳定的、废代谢物低于抑制水平的状态下。一般在分批培养中细胞密度为$(2\sim4)\times10^6$ cells/mL，在灌注系统中可达到$(2\sim5)\times10^7$ cells/mL。灌注技术已经应用于许多不同的培养系统中，规模分别为几十升至几百升。

10.5　组织工程[21]

现在，当人体的某些组织和器官失效时，往往只能求助于氧发生仪、肾透析仪等体外治疗仪器来延长生命。这些根据机械或化学原理制成的仪器不具有全部生物功能，不能完全有效地用于治疗。一门体外重建人体组织的新兴生物技术正在迅速崛起，这门技术称为"组织工程"（tissue engineering）。组织工程的研究内涵是应用生命科学和工程学的原理来恢复、保持或改善组织功能。体外重建人体组织一直是基础研究、临床医学和生物工程领域的科学家们所梦寐以求的目标，然而这种梦想直到最近，随着哺乳动物细胞与组织体外大规模培养技术的发展，才成为可能。渴望体外重组人体组织的原因主要有三个方面。首先，成功的体外重建组织模型可以帮助科学家研究、认识细胞分化、组织发育的动力学及其机理；其次，基于组织体外培养的器官移植、细胞移植和基因治疗具有广阔的临床应用前景，并可产生巨大的经济收益；另外，它还可以替代活体动物进行药理、毒理实验，筛选药物、生长因子等。到目前为止，体外重建自体皮肤组织已经取得成功，可以应用于烧伤病人的皮肤移植治疗。其他组织如肝、胰、骨髓尚处于研究或临床试验阶段，从发展趋势来看，人造骨髓（造血组织）可望成为第二个体外重建组织应用于临床。在我国组织工程的研究还刚刚起步。

10.5.1　体外重建人体组织的培养

10.5.1.1　培养方式

（1）可生物降解聚合物骨架培养　细胞在可生物降解聚合物骨架表面生长，当细胞在骨架所有表面都长满后，可以将整个系统植入人体内。经过一段时间后，这种生物聚合物骨架逐渐被降解，这样就可以获得具有全部生物功能的组织。这种方法适用于所有人体组织的重建，如皮肤、神经、软骨、肝脏等，但它具有缺点，如必须寻找一种合适的可生物降解的聚合物材料，并且这种骨架结构必须与体内组织结构相似，使细胞群体具有朝着组织方向分化的功能。天然生物材料的优点在于它适合于细胞贴附，能保持细胞分化功能，其缺点是存在批间差异。合成聚合物可以精确控制相对分子质量、降解时间、疏水性及其他特性，但它们一般不利于细胞的贴附、生长。近年已有报道称合成了同时具有天然和合成材料的优点的新聚合物。

（2）微囊化培养　将离体细胞进行微囊化培养，单个悬浮细胞逐渐成团，在微囊内三维生长，表现出与动物体内相似的形态，这可能暗示微囊中的微环境与动物体内比较接近。离体细胞的微囊化培养在排除免疫反应方面有独特的作用，人们通常将某些器官的细胞微囊化后植入人体内以期望替代这些器官的功能。胰岛细胞的微囊化研究很多，把微囊化的大鼠兰氏胰岛细胞注入大鼠腹腔内可以用于治疗糖尿病。当密度为$(4\sim4.5)\times10^3$ cells/mL的细胞微囊化后植入大鼠体内，血糖浓度从（0.350 ± 0.029）g/L下降到（0.142 ± 0.012）g/L，并保持了一年，这是细胞微囊化在治疗上取得的第一个成功的例子。除此之外，微囊化肝细胞、造血细胞也常用于人工肝和造血组织的研究。

（3）中空纤维反应器培养　在中空纤维组成的生物反应器中接种离体细胞，中空纤维内灌注营养物质，通过中空纤维膜的孔隙向中空纤维外的细胞补充营养、氧气等物质，排除产生的废物，维持细胞的代谢和功能。该系统的主要优点是能支持细胞的高密度生长，同时免于剪切损伤。明尼苏达大学已将这种中空纤维反应器用于杂交型人工肝的培养。研究者把胶原和游离猪肝细胞的混合液充填于中空纤维之间，胶原凝胶化时体积减小50％，于是在中空纤维间形成通道，实验动物的血液可以由此通过。同时在中空纤维内灌注营养物质维持猪肝细胞的代谢和功能，这样就可以解除实验人体肝脏中有毒物质的毒害作用。

（4）微载体培养　离体细胞在微载体表面贴附后，细胞可以长期生长及维持其各种功能。微载体培养常在搅拌式反应器中进行。该反应器结构简单，整个系统理化条件均一，易于放大，并且细胞收获方便，细胞培养环境容易检测、控制和优化。利用连续灌注技术可使细胞培养环境保持长期稳定均一，有利于实现细胞高密度培养。Piret研究组把微载体系统应用于造血组织的培养，使造血祖细胞（CFU-GM）扩增了22倍，长期培养启动细胞（LTC-IC）扩增了7倍。

（5）单层式、平板式反应器培养　单层培养是指把离体细胞夹在两层胶原凝胶之间培养，这种系统已经用于肝细胞的离体培养。动物体内的肝细胞，除了存在肝细胞之间的相互作用外，细胞还与狄式腔及毛细胆管接触，这样才维持了肝细胞的各种功能。体内肝细胞胞外基质的主要成分是Ⅰ型胶原，离体肝细胞模拟体内环境，经24 h孵化后，再加上一层胶原凝胶，形成夹心培养体系。当细胞与细胞之间检测到肌动蛋白时，表明细胞具有良好的分泌功能。培养42天后，凝胶内的细胞依然表现出较好的功能。平板式反应器与单层式反应器十分接近，只是在平板式反应器中，细胞上不需再覆盖一层胶原。该系统培养造血组织已经取得成功，已进入Ⅱ期临床试验。

10.5.1.2　细胞分化

体外培养组织或器官的关键是如何维持细胞群体的特异分化功能。影响细胞分化的因素很多，而且这些因素是相互作用的。目前通过模拟体内环境和对这些因素进行综合优化来最佳细胞的分化功能。

细胞-细胞与细胞-基质的相互作用对决定细胞的功能是至关重要的。当原代细胞以团聚体的形式培养于光滑基质上时，将促进细胞的生长，而生长于在骨架/凝胶体系中，细胞将重新组合形成多细胞球体，这种结构与观察到的体内生长的细胞的结构十分相似，有利于发挥出分化细胞的功能。如聚集成球体的肝细胞比单层生长的肝细胞能更好地表现其特异功能。

10.5.1.3　细胞特性的检测

在培养过程中测定细胞活性及其功能是十分必要的，但离体细胞具有三维组织样结构使细胞生理特性的检测比较复杂，因此细胞特性的表征通常是根据其宏观表现和功能。最近发展的一些技术使人们能够对组织结构及细胞功能进行显微观察。如用原位荧光法测定组织存活率，用激光共聚焦显微镜观察三维培养体系中细胞存活率及细胞功能的空间分布等。

10.5.2　组织工程的研究进展

10.5.2.1　人工皮肤

皮肤组织的组织工程成果已能直接应用于烧伤病人的皮肤修复、移植治疗。最初，人们是在创伤表面覆盖一层高分子材料，促进皮肤组织的再生。后来，研究者通过体外培养皮肤细胞（表皮细胞和皮肤成纤维细胞），再移植到病人创伤部位，取得了良好的治疗效果。1994年以来，人工皮肤已经进入商业使用阶段。

10.5.2.2　造血组织

造血组织体外重建的研究始于1990年初，迄今为止已成功地开发了两种培养系统，即平板式反应器和流化床反应器系统。利用平板式反应器培养造血祖细胞，扩增了20～25倍，长期培养启动细胞（LTC-IC）扩增了 5～8 倍。该系统培养的造血干/祖细胞已应用于临床试验。

10.5.2.3　人工肝脏

人工肝脏一般分为非生物型、中间型、生物型等三类，用组织工程手段重建的生物型的人工肝脏是研究的主流，其中杂交型人工肝脏已进入临床试验阶段。肝脏十分复杂，它具有许多功能，有的至今仍不清楚，因此目前还不能使用正常人的肝细胞进行试验，只能利用异体肝细胞（如猪肝细胞）。研究的最大问题是免疫排斥反应，在微囊化和中空纤维型反应器中，灌注液与肝细胞间具有良好的免疫隔离效果，很好地解决了这一问题。但是，这种方法用于大量培养肝细胞还存在困难，肝细胞活性的维持及肝细胞内外的物质交换是今后研究的重点。

10.5.2.4　胰组织

用组织工程重建的胰岛主要有三种方法。①用管状膜以卷曲方式包裹胰岛，此膜与多聚移植物相连，然后再连于血管的装置。这种膜有 50 000 相对分子质量的通透限制，允许葡萄糖和胰岛素自由扩散，但阻止抗体和淋巴细胞进出。切除狗胰腺，应用此装置治疗，正常血糖可保持 150 天以上。②用中空纤维培养胰岛，把此装置植入糖尿病鼠的腹腔内，可连续60 天以上降低血糖水平，并可观察到良好的组织相容性。③用微囊化培养胰岛。

10.5.2.5　软骨组织

许多小组正在进行软骨组织体外重建的研究，其中麻省理工学院 Langer 小组的研究最为出色。他们分别考察了生物材料、生理生化因素和反应器等因素对体外软骨组织培养的影响。对于软骨组织而言，今后的研究重点是考察机械作用力对体外软骨组织重建的影响。另外，神经、角膜、软骨等组织体外重建也正处于不同研究阶段。

10.6　实例：杂交瘤细胞培养工艺

大量制备单克隆抗体的方法主要有两类。一类是动物体内诱生法，为国内外实验室所广泛采用，可以少量制备单克隆抗体；另一类是体外培养法，用于单克隆抗体的大量制备。本节以杂交瘤细胞 WuT3 为例对杂交瘤细胞的大量培养工艺做概略介绍，图 10-7 是杂交瘤细胞大量培养工艺。

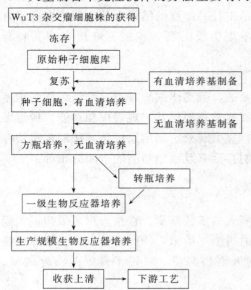

图 10-7　杂交瘤细胞大量培养工艺

10.6.1　细胞株

WuT3 杂交瘤细胞是由小鼠骨髓瘤细胞 NS1 和经免疫的 Balb/c 小鼠的脾细胞融合而成。分泌抗人 T 淋巴细胞 CD3 抗原的单克隆抗体，单抗类型为 IgG_{2a}，相对分子质量为 150 OOD。该细胞是由武汉生物制品研究所建株并提供，生产的 WuT3 单克隆抗体主要用于预防和治疗肾移植的排斥反应。

10.6.2　培养基制备

有血清培养基：RPMI 1640（GIBCO BRL）干粉培养基用纯水（电阻率 18 MΩ）溶解，用 0.22 μm 膜无菌过滤，－20 ℃保存。用时融化，添加 5% 新生小牛血清，主要用于细胞的冻存和复苏。

无血清培养基：在 RPMI 1640 基础上添加氨基酸、维生素、转铁蛋白、无机离子及其他成分[22]。用 0.22 μm 膜无菌过滤，置 4 ℃冰箱保存备用，但长期保存需低温。无血清培养基用于杂交瘤细胞悬浮培养生产体内治疗用蛋白。

10.6.3　细胞的冻存和复苏

10.6.3.1　冻存

① 细胞用移液管轻轻吹打分散后，在 1000 r/min 下离心 7 min，弃上清，用冷冻保护液稀释至（2~5）×10^6 cells/mL。应用的冷冻保护液为加入 7.5％二甲基亚砜（DMSO）的培养液，其中的 DMSO 用微孔过滤法除菌。

② 细胞悬液分装于安培瓶中，装量为 1 mL，封口胶封口。

③ 将细胞悬液置于 4 ℃冰箱 4 h 后，再于 -20 ℃冰箱过夜，次日悬于液氮瓶上方，缓慢下移直至液氮中，历时数小时。

通过细胞的冻存建立原始细胞种子库。

10.6.3.2　复苏

① 将保存细胞悬液的安培瓶置 37 ℃水浴，使其迅速融化。

② 细胞悬液转入培养瓶中，于 36.8 ℃培养数小时，使细胞贴附于瓶壁，然后换液，继续培养，传代 2~3 代后，逐步减小血清浓度，直至无血清培养。此细胞作为种子细胞，用于后面细胞的大量培养。

10.6.4　方瓶和转瓶分批培养

（1）方瓶静态分批培养　将复苏的种子细胞逐步适应到无血清培养基中后，以 1.3×10^5 cells/mL 的细胞接种密度接种到方瓶中进行培养，培养箱 CO_2 浓度为 5％，培养温度为 36.8 ℃，采用 100 mL、250 mL 和 500 mL 方瓶，装液量分别为 10 mL、20 mL 和 80 mL。

（2）转瓶动态分批培养　采用 250 mL 转瓶（Bellco，USA），装液至 150 mL，细胞以 2.0×10^5 cells/mL 的细胞接种密度接种到转瓶，补加 0.02％甲基纤维素和 0.01％ Pluronic F68（BASF）作为保护剂，搅拌转速为 30 r/min，培养箱 CO_2 浓度为 5％，培养温度为 36.8 ℃。

（3）杂交瘤细胞在动态和静态分批培养下的比较[23]　在动态（转瓶）和静态（方瓶）分批培养中，细胞生长情况如图 10-8 所示。在静态分批培养下，细胞生长有较为明显的延迟期，这可能是由于细胞接种密度较低造成的。在静态下，最大细胞密度为 10.7×10^5 cells/mL，而动态下仅为 8.0×10^5 cells/mL。在静态培养下，细胞的衰亡过程长达 84 h，较动态培养条件延长了近 48 h，整个细胞培养周期较动态培养延长了 60 h。一般来说，在单抗比生产速率一定的情况下，单克隆抗体的产量与细胞密度和培养周期有关。从培养结束时单抗的浓度（图 10-9）可以看出，方瓶中单抗浓度为 48 mg/L，而转瓶中仅为 32 mg/L。这是因为方瓶培养中达到的最大细胞密度较高，培养周期较长，所以单抗浓度较高。

10.6.5　生物反应器流加培养

流加悬浮培养采用 5 L CelliGen Plus 细胞反应器（NBS，USA），在搅拌轴底部增加螺旋桨叶，以加强混合效果。

10.6.5.1　反应器准备

CelliGen Plus 反应器培养系统所用的气体（空气、O_2、N_2 和 CO_2）经减压阀调至适当压力接入控制系统，经 0.22 μm 膜过滤除菌后进入反应器。将反应器及配件安装好后，用 pH 分别为 4.003、6.86 和 9.18（25 ℃）的标准 pH 溶液标定 pH 电极，然后在罐体中加入 PBS 至工作体积，连同 pH、DO 电极一起高压灭菌（121 ℃，60 min），冷却后，按照设备使用说明书校正 DO 电极后，将罐内 PBS 压出，接通气体，整个系统准备完毕，可接种细胞进行细胞培养。

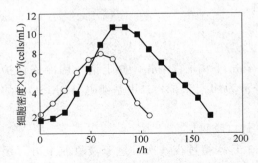

图 10-8　WuT3 杂交瘤细胞在方瓶（■）和
转瓶（○）分批培养下的活细胞密度

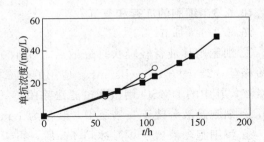

图 10-9　WuT3 杂交瘤细胞在方瓶（■）和
转瓶（○）分批培养下的单抗积累

10.6.5.2　细胞培养

反应器准备好后，将 PBS 从罐中压出后，分别将细胞种子（接种密度为 3.4×10^5 cells/mL）和新鲜培养基压入罐中，最终体积为 2.5 L，开始培养。在培养初期，通气以表面通气的形式进入反应器，当细胞密度较高时改为深层通气。在流加培养中，通过控制葡萄糖和谷氨酰胺的存在浓度来减少乳酸和氨的产生是培养过程中的主要手段。由于葡萄糖浓度较易测定，通常以葡萄糖浓度作为流加培养的一个基准。细胞接种后，每隔 12 h 取样，计数，测定葡萄糖浓度。当葡萄糖浓度降至 0.5 g/L 以下时，开始按照一定速率流加浓缩培养基。培养结束后，将收获液离心（10 000 r/min，4 ℃，10 min），弃细胞，上清供分离纯化。

在整个培养过程中，葡萄糖浓度基本维持在 0.2～0.5 g/L 之间，最大活细胞密度达到 6.1×10^5 cells/mL，经过 360 h 的培养，单克隆抗体浓度达到 350 mg/L[24]。

从图 10-10 可以看出，虽然接种密度较高，但由于培养环境的变化，细胞还是有近 24 h 的延迟期，之后细胞进入对数生长期，活细胞密度达 6.1×10^5 cells/mL，存活率在 90% 左右。经过 48～60 h 的平稳期后，细胞进入了缓慢的死亡期。在细胞死亡过程中，活细胞密度和细胞存活率逐渐下降，总细胞密度继续缓慢升高，最大总细胞密度达 9.6×10^6 cells/mL，整个死亡期长达 168 h，近整个培养周期的一半。这与动态分批培养有显著不同，在分批培养中，细胞达到最大活细胞密度后，快速死亡，这主要是由于限制性营养物质的耗尽或强抑制产物影响所致。在流加培养中，不存在很明显的营养物质限制和代谢产物抑制，因此细胞缓慢死亡。

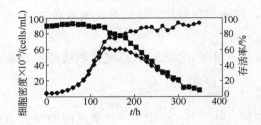

图 10-10　WuT3 杂交瘤细胞的流加培养中
细胞的活细胞密度（◆）、总细胞密度
（●）和存活率（■）的变化

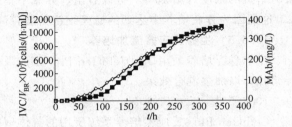

图 10-11　WuT3 杂交瘤细胞的流加培养中单克隆抗
体浓度（◇）和总活细胞积分指数（■）的变化
IVC—总细胞积分指数；V_{BR}—反应器体积；MAb—单克隆抗体

通过流加培养，最大活细胞密度大幅度提高，培养周期延长，因此细胞培养中活细胞密度曲线与时间坐标的区域面积（总活细胞积分指数，IVC）增加，单抗浓度大大提高，最终单抗浓度达到 350 mg/L（图 10-11）。从图中可见，在整个培养过程中，单抗浓度与总活细胞积分指数有很好的比例关系。

10.6.6　生物反应器灌注培养

对杂交瘤细胞，有多种灌注系统，如带旋转过滤器的悬浮培养反应器、带离心沉降器的悬浮培养反应器、膜反应器、中空纤维反应器以及固定化、微囊化、包埋式系统。下面以 1.5 L CelliGen 细胞培养反应器（NBS，USA）为例作简略介绍。

10.6.6.1　反应器准备

CelliGen 反应器培养系统的准备如 CelliGen Plus 反应器培养系统。反应器预留管路系统以备培养基的灌注和收获。反应器上接有管道式细胞沉降器，用于细胞截留（图 10-12）[25]。

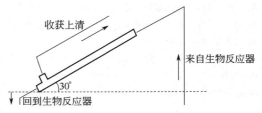

图 10-12　用于杂交瘤细胞培养的管道式细胞沉降器

10.6.6.2　细胞培养

反应器准备好后，将 PBS 从罐中压出后，分别将细胞种子（接种密度为 2.0×10^5 cells/mL）和新鲜培养基压入罐中，最终体积为 1.2 L，设定搅拌转速为 40～50 r/min，开始培养。当细胞密度达到 4.0×10^6 cells/mL 以上时，开始灌注培养，以一定的营养物比例和 1.0 d^{-1} 的速率不断的加入新鲜培养液和流出培养上清[26]。

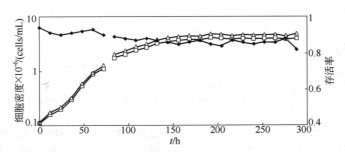

图 10-13　在灌注培养中活细胞密度（□）、总细胞密度（△）和存活率（◆）随时间的变化

由图 10-13 可知，随着灌注速率的增加，细胞密度持续升高，但是存活率却开始下降。

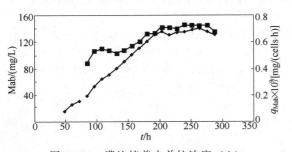

图 10-14　灌注培养中单抗浓度（◆）和其比生成速率（■）的变化

在 70 h 后，活细胞密度和总细胞密度分别稳定在 $(6.0 \sim 6.8) \times 10^6$ cells/mL 和 $(7.5 \sim 8.7) \times 10^6$ cells/mL。在灌注的后期，细胞密度不再升高，灌注速率并未改变，细胞活性下降到 70% 左右。尽管细胞密度在反应器中波动较大，葡萄糖浓度却基本稳定在 1.1～1.3 g/L。乳酸浓度逐渐下降，后来在 1.1～1.6 g/L 之间波动。氨的浓度在 2 mmol/L 附近变化。单抗的浓

度在 100 h 后基本稳定在 110 mg/L（图 10-14）。

参 考 文 献

1 Cotter TG, Al-Rubeai M. Cell death (apoptosis) in cell culture systems. TIBTECH. 1995, **13**: 150~155

2 张元兴, 方宏勋, 容秉培. Hybridoma cell culture in a nutrient-fortified medium supplemented with potassium acetate. 应用与环境生物学报, 1998, **4**: 185~191

3 胡雪梅, 张元兴. 氨基酸对中华仓鼠卵巢（CHO）细胞在无血清培养基中的作用. 华东理工大学学报, 1996, **22**: 283~288

4 徐殿胜, 吴铁平, 吴小蔚, 张元兴, 陈因良. Pluronic 和纤维素类对杂交瘤细胞培养的保护性质. 生物工程学报, 1995, **11**: 120~125

5 Bjare U. Serum-free cell culture. Pharmac Ther. 1992, **53**: 355~374

6 张元兴, 魏明旺, 董志峰. 杂交瘤细胞的无血清无蛋白培养. 细胞与分子免疫学杂志, 1997, **13**（增刊 2）: 71~73

7 张勤, 张元兴, 周燕, 谢幸珠. 无血清细胞培养基添加蛋白——白蛋白和转铁蛋白的制备和纯化. 华东理工大学学报, 1995, **21**: 696~701

8 刘芳, 张元兴, 张立, 陈志宏, 俞俊棠. 营养物质及代谢产物对杂交瘤细胞生长的影响. 华东化工学院学报, 1992, **18**: 286~290

9 Haggstorm L, Ljunggren J, Ohman L. Metabolic engineering of animal cells. Ann N Y Acad Sci. 1996, **782**: 40~52

10 Linz M, Zeng A-P, Wagner R, Deckwer W-D. Stoichiometry, kinetics, and regulation of glucose and amino acid metabolism of a recombinant BHK cell line in batch and continuous cultures. Biotechnol Prog. 1997, **13**: 453~463

11 李雨田, 陈因良, 丁健椿. 细胞培养专用微载体. 刘国诠（主编）. 生物工程下游技术. 北京: 化学工业出版社, 1993. 47~57

12 Ng Y-C, Berry JM, Bulter M. Optimization of physical parameter for cell attachment and growth on macroporous microcarriers. Biotechnol Bioeng. 1996, **50**: 627~635

13 张孝兵, 张元兴. 用大孔明胶微载体培养 Vero 细胞. 华东理工大学学报, 1997, **23**: 417~421

14 Spier RE, Kadouri A. The evolution of processes for the commercial exploitation of anchorage-dependent animal cells. Enzyme Microbial Technol. 1997, **21**: 2~8

15 Zhang L, Zhang Y, Yan C, Fan W, Yu J. The culture of chicken embryo fibroblast cells on microcarriers to produce infectious bursal disease virus. Appl Biochem Biotechnol. 1997, **62**: 291~302

16 张立, 严春, 范卫民, 张元兴, 俞俊棠. Vero 细胞的微载体培养-放大过程中的接种工艺. 华东理工大学学报, 1998, **24**: 659~663

17 张元兴, 陈因良. 动物细胞培养生物反应器的流体循环和氧传递规律. 华东化工学院学报, 1989, **15**: 504~509

18 陈因良, 张元兴, 顾小华, 俞俊棠. 动物细胞培养反应器的传递和控制模型. 王树青主编. 全国第二届生化过程模型化与控制学术报告会论文集. 杭州: 浙江大学出版社, 1990. 146~153

19 张元兴, 陈志宏, 陈因良. 动物细胞大量培养及其反应器. 刘国诠主编. 生物工程下游技术. 北京: 化学工业出版社, 1993. 31~46

20 Kadouri A, Spier RE. Some myths and messenges concerning the batch and continuous culture of animal cells. Cytotechnology. 1997, **24**: 89~98

21 应小飞, 谭文松, 张元兴. 组织工程——体外重建人体组织. 华东理工大学学报, 1997, **23**: 138~143

22 张元兴, 张立, 魏明旺. 杂交瘤细胞的无血清培养基. 中国发明专利. 公开号: CN1229851A. 1999

23 张立, 沈红, 张元兴. 在动态和静态培养条件下杂交瘤细胞的生长和代谢. 生物工程学报, 2000, **16**: 373~377

24 张立. WuT3 杂交瘤细胞的代谢研究及流加培养. 华东理工大学博士学位论文. 2000

25 Wangfun Fong, Yuanxing Zhang, Pingpui Yng. Optimization of monoclonal antibody production: Combined effects of potassium acetate and perfusion in a stirred tank bioreactor. Cytotechnology. 1997, **24**: 47~54

26 史亚玲. WuT3 杂交瘤细胞灌注培养的生长和代谢. 华东理工大学博士学位论文. 1999

11 植物细胞培养

11.1 植物细胞培养发展史

植物细胞培养的历史起源于本世纪初，自从 20 世纪 30 年代以来，该领域取得了许多巨大的进展。植物细胞培养包括植物器官、组织、细胞、原生质体、胚和植株的培养。它是在植物组织技术基础上发展起来的，是指在离体条件下培养植物细胞的方法。1902 年，Haberlandt 提出了植物细胞全能性的假说，成为植物细胞培养的依据。其后，到了 30 年代组织培养取得了飞跃发展。1939 年，Gautheret 和 Nobercourt 分别成功地培养了烟草、萝卜、杨等形成层组织。至此，植物组织培养才真正开始。50 年代，Taleche 和 Nickelll 确立了植物细胞能够成功地生长于悬浮培养物中。1956 年，Nickelll 和 Routin 首次申请用植物组织培养细胞生产化学物质的专利。从此以后，植物组织和细胞培养进入实质应用研究开发阶段。

从 1959 年在 20 L 玻璃瓶中建立的第一个植物细胞大量培养系统并放大到 30 L 和 134 L 的不锈钢发酵罐来培养植物细胞以来，至今植物细胞培养已着手研究的植物多达 100 余种，但进入中试开发或工业生产规模的还仅限于人参、紫草、红豆杉、毛地黄、烟草等为数不多的事例。

从当前的研究状况来看，植物细胞培养的应用领域主要涉及以下三个方面：①有用代谢物质的生产；②珍贵植物和名贵花卉等种苗的快速繁殖；③进行植物细胞遗传、生理、生化和病毒方面的研究。

11.2 植物细胞培养特性与基本培养技术

11.2.1 植物细胞培养特性

植物细胞培养与整株植物栽培相比有许多优点：可以不受气候、季节和地域的影响；细胞增殖速度快而且生产效率高；可通过对细胞的物理和化学环境、遗传环境进行一定程度的调节控制；选择性地生产所需的代谢产物等。这就使得其应用前景更为广阔。目前主要应用于生产植物特有的化合物，包括糖类、酚类、生物碱等代谢产物，它们在食品、医药、化工和农业等方面有极其重要的社会和经济价值，成为当代生物技术研究领域中的一个活跃的分支。

但是，与微生物细胞相比，植物细胞培养存在许多不利之处。目前存在的主要问题有：培养周期较长、生长缓慢、生产率低；所需有效成分含量不高；大量培养相对困难，往往不耐剪切、接种量大及放大后产量下降等一系列问题。由此制约了商业化生产规模的形成。其限制因素一方面来源于环境因素（培养条件），另一个方面取决于植物细胞自身的性质。这些需要通过诱导驯化等手段获得高产细胞株，优化培养条件，开发新型细胞反应器，采用新的培养技术等途径来解决。

尽管植物细胞培养存在一些不足之处，基于其独特的优势，世界各国不惜重金投资研究。据美国遗传公司预测，到 2000 年世界各国生物工程产品的销售额将达 200 多亿美元，其中 1/4 为植物细胞有关的代谢产物。由此可见，用植物细胞组织培养工业化生产有用化学物质的前景十分广阔。

11.2.2 基本培养技术

植物组织培养最基本的是要无菌操作。无菌培养的组织有植物细胞、生长点、叶、根、子房、胚珠、花丝、花柱、花瓣、花药和花粉等。有关这些组织培养的具体操作可参考有关实验书籍。组织培养使用的设备、器具和设施包括：①灭菌装置（如高温消毒锅）、无菌操作台、显微镜、天平、纯水制造装置、摇床、离心机、pH 计、分光光度计、其他一些常规分析测试仪器（如高压液相色谱）；②培养容器（如三角摇瓶）、塞子（如棉花塞）、解剖刀等；③恒温培养室（箱）、分析室和低温保藏室（箱）等。

组织细胞培养中一般使用事先调整好的合成培养基。其组成包括细胞生长必要的无机盐类（大量和少量元素）、维生素、植物生长激素和糖。自从植物组织培养作为一种方法用于植物学各方面的研究以来，一些学者针对不同植物组织细胞发明了各种培养基，并慢慢地形成了被人们所广泛采用的标准。常见的植物组织细胞培养基有 Gamborg's B5、LS（Linsmaier & Skoog）、MS（Murashige & Skoog）、NN（Nitsch & Nitsch）和 White 培养基等，这些培养基主要在无机盐的比例上有较大的差别。对于植物细胞培养来说，不同的培养基往往导致细胞和代谢物的生产率的差异，因此必须选择和设计一种适合于培养对象的培养基。LS 培养基成分作为一种典型例子列于表 11-1，供参考。

表 11-1　Linsmaier & Skoog（LS）培养基成分

无机盐浓度/(mg/L)		有机物浓度/(mg/L)	
KNO$_3$	1900	肌醇	100
NH$_4$NO$_3$	1650	维生素 B$_1$	0.4
CaCl$_2$ · 2H$_2$O	440		
MgSO$_4$ · 7H$_2$O	370	糖浓度	
KH$_2$PO$_4$	170	蔗糖	30(g/L)
Na$_2$-EDTA	37.3		
FeSO$_4$ · 7H$_2$O	27.8	激素浓度	
MnSO$_4$ · 4H$_2$O	22.3	2,4-二氯苯氧乙酸	1(μmol/L)
ZnSO$_4$ · 7H$_2$O	8.6	6-苄基腺嘌呤	1(μmol/L)
H$_3$BO$_3$	6.2		
KI	0.83		
Na$_2$MoO$_4$ · 2H$_2$O	0.25	pH	5.8～6.0（灭菌前）
CoCl$_2$ · 6H$_2$O	0.025		
CuSO$_4$ · 5H$_2$O	0.025		

在进行细胞大量培养时，其主要技术分为愈伤组织（callus）的固体培养（solid culture）和细胞或组织的液体悬浮培养（liquid suspension culture）。对于工业化生产有用植物代谢物来说，采用液体悬浮培养较为有利。

11.3　快速繁殖

植株再生可通过三种途径完成：胚培养、体细胞胚发生以及器官发生。通过悬浮细胞培养进行的体细胞胚发生被认为是一个有前途的开发途径。虽然这条途径当前商业规模没有进行，通过传统的快繁已获得了许多种植物再生株，包括水稻、玉米、番茄、马铃薯、甘蔗、草莓、兰花、香蕉、葡萄、苹果等等。但传统方法需要成百或成千上万个培养容器来生产大批植株，这一过程的劳动强度大、费用昂贵，通过悬浮培养进行快速繁殖有可能提供一个有效的工业化途径，因为其所用植物材料相对少得多、劳动强度也大大降低、比较经济。在这方面，目前也出现了少数从工程角度出发的一些研究，如胡萝卜（carrot）体细胞胚在补料分批培养中的动力学研究[1]，胡萝卜体细胞胚发生培养过程进行的前期探索研究[2]，提出了描述底物利用、培养过程增殖和胚发生的动力学模型。但这些报道还仅局限于作为模型细胞研究的阶段，与真正的实用化估计还有一定距离。

11.4　植物细胞遗传、生理、生化和病毒方面的研究

在此举二例来说明这方面的研究近况。

例一：花青素生物合成的生化研究

在胡萝卜悬浮细胞培养系统中，研究人员[3] 讨论了有关色素合成代谢和形态分化的关系，并对植物激素 2,4-D 调节下的苯丙氨酸氨裂合酶（phenylalanine ammonia-lyase，PAL）和查耳酮合酶（chalcone synthase，CHS）及它们的信使 RNA 的诱导与抑制进行了有意义的探讨。在紫草细胞培养生产紫草宁的研究中[4]，发现 PAL 和 3-羟基-3-甲基戊二酰基-辅酶 A-还原酶（3-hydroxymethylglutaryl-CoA-reductase，HMGR）这两个代谢主要酶的活性与紫草宁合成多少有关。

例二：利用细胞培养来研究紫杉醇的生物合成途径

高等植物次生代谢物的生物合成途径很复杂，牵涉到众多代谢支路和酶。从生源途径来看，通常可以把植物次生代谢物分成三类，即萜类、芳香化合物和生物碱。紫杉烷属于萜类化合物。一般认为，萜类化合物是从乙酰辅酶 A 出发，经过甲羟戊酸、异戊烯基焦磷酸后再分支生成各类化合物。目前人们认为紫杉醇的生物合成可能是按照如图 11-1 所示的途径。现已发现催化牦牛儿基牦牛儿基焦磷酸（GGPP）转化为紫杉-4(5),11(12)-二烯的紫杉二烯合成酶以及氧化后者生成紫杉-4(20),11(12)-二烯-5α-醇的羟基化酶。

现在一般认为紫杉醇骨架的四个异戊二烯结构是由甲羟戊酸脱羧形成的（图 11-1）。但同位素标记实验表明[5]，中国红豆杉（*Taxus chinensis*）细胞合成的紫杉烷 taxuyunnanine C 的环结构中的四个异戊二烯单元的生物合成应涉及一次分子内重排，而这与甲羟戊酸途径不相符。作者指出，虽然异戊二烯结构的前体目前还不明了，但在原则上一个二碳分子和另一个三碳分子的组合是可能的前体。Srinivasan 等探讨了紫杉烷骨架异戊二烯单元在细胞的哪个器官部位合成的问题[6]。他们指出异戊烯基焦磷酸的来源可能是质体，但它合成之后可以被转移到细胞质区域。巴克亭Ⅲ并不一定是紫杉醇的直接前体，它的结构单元既有质体生物合成部分，也有细胞质合成部分，而紫杉醇的合成主要发生在质体。

乙酰辅酶 A→乙酰基乙酰辅酶 A→3-羟基-3-甲基戊二酰基-辅酶 A（HMG-CoA）→甲羟戊酸→5-PP-甲羟戊酸→3-异戊烯基焦磷酸→牦牛儿基焦磷酸（GPP）→法呢基焦磷酸（FPP）→牦牛儿基牦牛儿基焦磷酸 GGPP→紫杉-4(5),11(12)-二烯→巴克亭Ⅲ→紫杉醇

图 11-1　推测的紫杉醇生物合成途径

11.5　有用代谢物的生产

11.5.1　为何要用细胞培养技术

与天然植物栽培相比，细胞培养因具有如下特点可能会成为能够解决有用代谢物长期供应问题的非常有希望的手段：①植物生产 2 万多种化学物质，包括医药品、色素和其他精细

化学品，远比微生物生产的种类多；②其中一些化学物质难以化学合成，或难以用基因工程手段来增加其生产；③细胞培养的全过程都能有效地得以控制，不受地理环境、病虫害和季节等因素的影响，可以保证产物持续生产；④可以在实验室较快地进行细胞株的筛选和培养条件的优化而获得超过原植株代谢物含量的细胞和培养条件，其增殖速度也比整个植物体栽培快得多；⑤易于在生物反应器中大规模培养，减少占用耕地面积，降低生产成本和提高生产率；⑥可以利用现有的或探索新的技术进行有关细胞的代谢途径和代谢规律的研究，使植物细胞合成次生代谢物朝着对人们有用的产物方向进行。

如表 11-2 所示，一些有用物质的含量用植物细胞培养进行生产比从整个植株栽培得到的要来得高。比如，迷迭香酸可从鞘芯花属细胞培养进行生产，得到以细胞干重计高达27％的含量，是从整个植株栽培中得到的 9 倍，这就为直接利用细胞培养技术进行商业化生产奠定了有力的基础。在 1983 年，由日本三井石油化学公司开发出来的世界上第一个植物细胞培养的工业化产品红色色素紫草宁的成功问世也正是出于这样的理由。

表 11-2　从植物细胞培养和从整个植株栽培得到的一些代谢物的含量的比较

代谢物	植　　物	产率/(％细胞干重)		含量比较/(％/％)
		细胞培养	植株栽培	(培养/栽培)
阿吗碱	长春花(Catharanthus roseus)	2.2	0.3	7
花色素	葡萄属(Vitis sp.)	16	10	1.6
	大戟(Euphorbia milli)	4	0.3	13.3
	紫苏(Perilla frutescens)	24	1.5	16
蒽醌	鸡眼藤(Morinda citrifolia)	18	2.2	8
	猪殃殃属(Galium verum)	5.4	1.2	4.2
	猪殃殃属(G. aparine)	3.8	0.2	19
苄基异喹啉	黄连(Coptis japonica)	11	10	1.1
小檗碱	黄连(C. japonica)	13	4	3.3
	唐松草(Thalictrum minor)	10	0.01	1000
长春质	长春花(C. roseus)	0.24	0.002	120
薯蓣皂苷	薯蓣(Dioscorea deltoidea)	3.5	2.0	1.8
迷迭香酸	鞘芯花(Coleus blumei)	27.0	3.0	9
蛇根碱	长春花(C. roseus)	1.8	0.5	3.6
紫草宁	紫草(Lithospermum erythrorhizon)	14	1.5	9.3
辅酶 Q	烟草(Nicotiana tabacum)	0.5	0.003	166.7

11.5.2　产品研究开发现状

因为植物细胞培养的生产率与通常微生物细胞培养相比往往较低，进行高附加值物质 (high-value metabolites) 的生产就意味着生产过程的相对经济可行性，例如，由红豆杉属 (Taxus spp.) 细胞培养来进行抗癌剂紫杉醇和紫杉烷类的生产被认为是很有潜力的。

目前，有几个植物细胞培养生产有用代谢物的大规模开发事例。日本日东电工公司生产人参（20 000 L 反应器）、日本三井石油公司生产紫草宁和小檗碱（berberine）（750 L 反应器）、美国 Bethesda 研究所生产磷酸二酯酶（phosphodiesterase）、德国 A. Nattermann & Cie. GmbH 公司生产迷迭香酸（rosmarinic acid）（75 000 L 反应器）。其他几个产品正待出台的有：英国的辣椒素（capsaicin）、美国的香子兰（vanilla）代谢物以及加拿大的血根碱（sanguinarine）等。某一个产品能否上市，依赖于其生产经济性，这在很大程度上受培养过程生产率的影响。培养过程开发中有一些必须解决的生物学上的和工程科学技术方面的难题。细胞株的选拔是一个关键，生物反应器的结构及其环境因子的优化又是极为重要的研究对象，这一点将在后面作进一步讨论。

产品举例一：

人参（五茄科人参属）是一种最有价值的贵重药用植物之一，从古时起在中国、日本和韩国等人参（主要是其干燥块根）就已用作治疗用药和保健补品。据报道，人参对人体健康有许多有益的作用，如抗肿瘤、抗衰老、消除紧张和增强人体免疫功能，但这些只是已被临床确证的一小部分。近年来，人参作为一种强身健体的补品被不断用于各种商业化保健品，包括人参胶囊、饮料、补酒和化妆品，覆盖许多国家。据统计，近年世界上光各种人参原材料的年销量已达到 10 亿美元之多。另外，人参的药用价值引起了全世界的广泛兴趣，现在人们仍在不断考察人参的药理作用和鉴别新的生物活性物质。到目前为止，已报道人参中含有皂苷、抗氧化剂、多肽、多糖、脂肪酸、醇类和维生素等，其中的皂苷是主要的活性成分。从前，人参是一种野生植物，只在韩国和中国东北的一些地区发现有人参生长。现在，野人参已很难获得，市场上的人参大多是人工栽培的人参。人工栽培既耗时又耗力，从播种到最终收获需 5～7 年时间，并且在此期间由于人参生长受土壤、气候、病菌和害虫的影响，需要经常照料[7,8]。植物细胞培养生产人参和其活性成分如人参皂苷是一种潜在的更有效的方法。用细胞培养的方法，产品的质量和产量宜于控制，不受季节性气候和地理环境等因素的限制，而且培养条件和操作变量更易优化。因为细胞株可从不同植株部位、通过不同手段筛选得到生产力高的菌株，细胞培养可获得更高的生物活性物产量并具有更好的选择性。事实上，日东电工公司已进行人参的商业化，生产规模达到了 20 t[9]。中国和韩国是人参的主要生产国和消费国，包括中国和韩国在内的一些国家虽然对有关人参培养过程进行了广泛考察[10~14]，但未见其大规模生物反应器培养的报道。

产品举例二：

紫杉醇（taxol）是 20 世纪 70 年代由 Wani 等人从短叶红豆杉（*Taxus brevifolia*）树皮中提取出来的具有独特抗癌作用的天然产物。由于它对卵巢癌及乳腺癌的良好效果，成为近年来抗癌药物的研究热点。1992 年 12 月被美国食品与药物管理局（FDA）批准用于治疗卵巢癌，目前已在加拿大、以色列、荷兰、英国、挪威、瑞士、瑞典等国获准上市，是非常有前途的抗癌新药。我国将紫杉醇作为二类新药审批，中国医学科学院药物研究所和海口制药厂于 1995 年 10 月已获得新药证书。

目前紫杉醇的商业获得主要靠从树皮等天然资源的采集和提取。由于紫杉醇在树皮中的含量极低，约为 0.01%～0.06%。每提取 1 kg 紫杉醇要砍伐 1000～2000 棵树以剥取足够的树皮。这样大量砍伐天然资源将造成对人类生存的生态环境以及生物多样性不可弥补的损失。因此，紫杉醇的原料保障是该药能否长期供应的一个关键因素。目前为了解决紫杉醇来源问题，人们主要进行了如下几个方面的研究：①全合成；②半合成；③栽培法；④植物细胞组织培养法；⑤真菌生产。这几种方法各有利弊，其中组织细胞培养法由于有如下优点而成为人们期望的商业化生产的优选方法：①确保产物连续不断地生产，不受病虫害和季节等因素的影响；②可以在生物反应器中大规模培养，并且通过控制培养条件高效生产出大量紫杉醇；③所得的产物直接从细胞中提取，可以大大简化分离和提取的步骤；④除提供紫杉醇外，还可以生产出进行紫杉醇半合成所需的前体以及其他可能有抗癌作用的原植物体内所没含有的紫杉烷类化合物。

11.5.3 育种

细胞株的选拔是提高代谢物生产的传统方法之一。虽然实验工作量往往较大，但不失为一种有效的途径。表 11-3 给出了对紫苏细胞株进行连续继代选拔后获得的高产花青素的一个例子。

表 11-3　经细胞株选拔后的紫苏细胞花青素的含量

选拔代数	第三代	第四代	第五代
色素含量/(mg/g 干细胞)	80.6	196.4	197.1

为了提高人参皂苷产量，筛选高产细胞株也是一个重要途径。对于用于大规模生产的人参属细胞株，除了要求皂苷含量高和稳定性好之外，还需具有较快生长速度、悬浮分散性好、对搅拌和混合剪切力有足够的抗性等特征。在细胞培养的工业化应用中，为了确保稳定的生产力和可靠的产品质量，细胞株的稳定性就显得最为重要。确实，Konstatinova[15] 的研究结果表明人参细胞的皂苷含量经长期传代虽没有显著的变化，但经每次传代它的确有轻微的波动。

又如，筛选生长速度快且紫杉醇积累高的红豆杉细胞株对紫杉醇的商业化生产是非常重要的。人们发现，采用不同的红豆杉属植物的外植体诱导出的愈伤组织其细胞生长和紫杉醇生产状况有所不同，通常认为应采用紫杉醇含量高的外植体来诱导愈伤组织以便获得高产的细胞株。但是，采用不同紫杉醇含量的短叶红豆杉树皮进行愈伤组织的诱导，发现外植体的紫杉醇含量不同不会影响它的诱导能力。但即便是在相同条件下诱导出来的愈伤组织，不同的愈伤组织团也会有不同的紫杉醇生产能力[16]。Kawamura[17] 应用磁或荧光标记的紫杉醇的多克隆抗体来挑选具有高紫杉醇含量的愈伤组织团块，通过这种方法他们获得了紫杉醇含量达 1 mg/g DW 的红豆杉悬浮细胞培养系。

基因工程和代谢操作是大幅度提高代谢物生产量的很有前景的途径。通过在颠茄（*Atropa belladonna*）毛状根中表达天仙子属（*Hyoscyamus niger*）的天仙子胺-6-β-羟化酶（hyoscyamine-6-beta-hydroxylase）的基因，增强了天仙子碱（scopolamine）的蓄积量[18]。另一个值得注意的研究方向是用植物细胞培养来表达外源蛋白质，如用烟草基因工程菌来进行 β-葡糖苷酸酶（β-glucuronidase）的生产[19]。

11.5.4 影响因子

代谢物生产的控制因子有化学因子、物理因子、生物学因子以及培养工程方面的因子。化学因子包括培养基种类、无机盐类、植物激素或其类似物、诱导子；物理因子包括光、温度、pH、氧；生物学因子有分化、遗传形质和细胞龄；培养工程方面的因子包括反应器型式、培养方式方法等。

11.5.4.1 培养基

培养基的选择或设计的原则有两条：一是尽可能缩短细胞生长所需的倍增时间；二是有利于目标产物的积累。这两条有时较难同时在某单一培养基中实现，这是由于对于一些植物细胞培养系统，适合于细胞生长的培养基不一定有利于次生代谢物的合成。这时，需要根据细胞生长和代谢物积累的关系考虑用独立的生长培养基和生产培养基。

人参细胞培养一般使用 MS 培养基。然而为了达到最佳的细胞量和皂苷产量，培养基组成常根据不同细胞株和培养环境做出调整。完整的植物细胞培养基含有 20 多种成分，一般很难调整所有成分。人们往往偏重研究培养基的一些主要成分，包括碳源、氮源、无机磷酸盐和植物生长调节因子。

Wickremesinhe 和 Arteca[20]在 B5(Gamborg's B5)、MS 和 WP（McCown's woody plant medium）三种培养基上进行了红豆杉（*Taxus media cv. Hicksii*）愈伤组织的培养，发现愈伤组织的生长情况在 B5 和 MS 培养基上较好。在 B5、MS、SH（Schenk & Hildebrandt）和 SHN（Schenk & Hildebrandt New）四种培养基中，东北红豆杉（*T. cuspidata*）愈伤组织在 B5 培养基中生长最好，但紫杉醇的生产在 MS 培养基中最高[21]。Ketchum 等[22]比较了短叶红豆杉（*T. brevifolia*）愈伤组织在 MS、NN（Nitsch & Nitsch）、KM（Kao-Michayluk）、B5 和 LM（Litvay Medium）等培养基上的生长情况，指出 B5 培养基对于生长是最有利的。改变这些培养基中主要无机盐的浓度实验表明：细胞生长随着 NH_4^+ 浓度的降低而改善，在氮源组成中，较低的 NH_4^+/NO_3^- 比例有利于细胞的快速生长，而其他无机盐浓度与细胞生长之间不存在这种关系。

11.5.4.2　碳源

碳源作为细胞生长的基质和能量来源对细胞生长和次生代谢物生产有很大影响。蔗糖是植物组织细胞培养的常见碳源。用 MS 培养基培养人参细胞一般添加 30 g/L 蔗糖，然而为了促进细胞生长和提高皂苷产量，许多研究者尝试了不同类型和不同浓度的糖作碳源。Choi 等[23,24]发现细胞生长的最适蔗糖浓度在 30～50 g/L 之间，70 g/L 蔗糖浓度抑制了细胞生长，同时随着蔗糖浓度提高到 60 g/L，皂苷含量随着稳步提高。Furuya 等[25]发现在批式培养中，初始供给 5 g/L 葡萄糖和 20 g/L 蔗糖并在接种后两个星期时添加 20 g/L 糖能提高人参细胞产量。在三七细胞悬浮培养中，Zhang 和 Zhong[26]发现连续或间断添加蔗糖比仅提高初始糖浓度更能提高细胞浓度和代谢产物产量，这可能部分由于消除了起始高糖浓度的抑制作用。

Kim 等[27]在短叶红豆杉（*T. brevifolia*）悬浮细胞培养中，比较考察了 20 g/L 的蔗糖、乳糖、半乳糖、葡萄糖和果糖等对细胞生长的影响，发现半乳糖和蔗糖最有利于细胞生长。在采用高起始糖浓度的生产培养基中，果糖最能刺激紫杉醇的合成。进一步用一系列蔗糖浓度的实验表明（20～100 g/L），当蔗糖浓度为 60 g/L 时，紫杉醇的产量最高。不同的起始糖浓度对三尖杉碱（cephalomannine）积累的影响与紫杉醇相似，但对于 10-去乙酰紫杉醇和 7-表-10-去乙酰紫杉醇的生产有不同的影响。在中国红豆杉（*Taxus chinensis*）细胞培养中考察了初始糖浓度和补糖对细胞生长和紫杉烷 Taxuyunnanine C 生产的影响（表11-4）。和高起始糖浓度下培养的细胞相比，采用补糖，紫杉烷在静止期的增加要显著得多。

表 11-4　在中国红豆杉细胞培养中起始糖浓度和补糖对细胞生长速率（GR）[①]，
细胞得率（$Y_{X/S}$），紫杉烷产量（Pr）和生产率（Pv）的影响

项　　目	起始糖浓度/(g/L)				第七天补糖量/(g/L)		
	20	30	40	50	10	20	30
GR/d^{-1}	0.11	0.11	0.10	0.10	0.10	0.11	0.13
$Y_{X/S}/(\mathrm{g \cdot g^{-1}})$	0.36	0.35	0.38	0.41	0.35	0.39	0.41
$Pr/(\mathrm{mg/L})$	168.3	206.7	147.4	209.0	195.1	274.4	263.1
$Pv/(\mathrm{mg \cdot L^{-1} \cdot d^{-1}})$	7.7	7.3	4.8	5.1	7.9	9.3	7.8

①　GR 定义为：（最大细胞量－起始细胞量）/（起始细胞量）/（时间）。

在补 10 g/L、20 g/L 和 30 g/L 糖的条件下，紫杉烷的最高产量分别为 195.1（第 17 天），

274.4（第 23 天）和 263.1（第 26 天）mg/L。和高起始糖浓度相比，采用 20 g/L 的初始糖并在生长后期补糖改善了细胞生长，细胞干重超过 27 g/L(23 天)。紫杉烷生产与细胞生长状况有关，其最高含量达 15 mg/g DW。补料培养提高了紫杉烷产率，最高可达 9.3 mg/(L·d)[28]。

11.5.4.3　氮源

一般来说，低 NH_4^+/NO_3^- 更适合植物细胞生长[29]。Ushiyama[9] 报道培养基中低 NH_4^+/NO_3^- 适合人参细胞生长。因此，在生物反应器中培养人参细胞，需除去培养基中的 NH_4NO_3。YH Zhang 等[30] 研究表明在只含铵而不含硝酸盐的培养基中，细胞几乎不生长，并且随着 NH_4^+/NO_3^- 降低，皂苷含量随着提高。

11.5.4.4　磷源

磷是植物细胞生长的另一重要营养成分。研究人员在三七细胞悬浮培养中发现，将初始磷浓度从 1.25 mmol/L 提高到 3.75 mmol/L 能同时增强细胞生长和皂苷生产[26]。但是，在静态愈伤组织培养中，Choi 等[23] 发现将磷酸盐浓度从 3.7 mmol/L 提高到 11 mmol/L，皂苷的含量随之降低。

11.5.4.5　激素及其类似物

在植物细胞培养中，生长素和分裂素对细胞生长和次生物质的合成有非常重要的影响。首先，生长素和分裂素有使细胞分裂保持一致的作用；其次，不同的激素种类和用量水平还影响细胞的分化。在短叶红豆杉（*T. brevifolia*）和浆果红豆杉（*T. baccata*）愈伤组织的诱导上，生长素 2,4-D 优于萘乙酸（NAA）和吲哚乙酸（IBA）；而对于东北红豆杉（*T. cuspidata*）来说，NAA 是最佳的选择[20]。Fett-Neto 等[21] 比较了不同 2,4-D 和激动素（kinetin）比例对东北红豆杉愈伤组织生长和紫杉醇生产的影响。发现较高浓度的激动素不利于细胞生长，而添加较多的 2,4-D 对生长有利，并能消除激动素的部分不利影响。当两者的比例在 2：0 和 8：0 之间时，细胞的生长状况较好(2,4-D 和激动素的绝对浓度分别为 1～8 mg/L 和 0～4 mg/L)。而紫杉醇的生产随细胞生长的改善有所下降。他们同时指出，在培养基中添加 0.5 mg/L 的赤霉素（GA3）能使细胞量的积累增加 1 倍。

激素作为植物的生长调节因子常对人参细胞生长和产物形成产生很大影响。在人参细胞生长和愈伤组织诱导中，2,4-D 通常用于常规培养中。Choi 等[23,24] 发现适合愈伤组织生长的 2,4-D 浓度为 1～5 mg/L；而用于皂苷合成则需较低的 2,4-D 浓度，比如 0.1 mg/L。在西洋参细胞悬浮培养中，研究发现不仅单个植物激素水平而且它们的组合对细胞生长和人参皂苷积累有显著影响[31]。在紫苏细胞培养中，植物激素对红色积累的影响如表 11-5 所示。另外，Shamakov 等[32] 报道了在大规模培养过程中用 NAA 和 KT 替代 2,4-D，这可能是出于健康和安全考虑，因 2,4-D 是一种可疑的致癌物[24]。通过驯化，也可能在缺乏植物生长因子的情况下培养植物组织和细胞[33]。

表 11-5　植物生长激素对紫苏细胞色素生产的影响

植物生长素/(mol/L)		细胞分裂素/(mol/L)		细胞湿重/(g/瓶)	色价	
					(CV/g)	(CV/瓶)
2,4-二氯苯氧乙酸	10^{-5}	苄基腺嘌呤	10^{-6}	3.80	0.66	2.51
吲哚-3-乙酸	10^{-5}	苄基腺嘌呤	10^{-6}	1.09	1.54	1.68
萘氧丙酸	10^{-5}	苄基腺嘌呤	10^{-6}	3.21	4.25	13.64
1-萘乙酸	10^{-4}	苄基腺嘌呤	10^{-6}	2.81	3.87	10.87

植物生长素/(mol/L)		细胞分裂素/(mol/L)		细胞湿重/(g/瓶)	色　价	
					(CV/g)	(CV/瓶)
1-萘乙酸	10^{-5}	苄基腺嘌呤	10^{-5}	3.52	6.12	21.54
1-萘乙酸	10^{-5}	苄基腺嘌呤	10^{-6}	3.21	6.84	21.96
1-萘乙酸	10^{-5}	苄基腺嘌呤	10^{-7}	1.85	4.84	8.95
1-萘乙酸	10^{-6}	苄基腺嘌呤	10^{-6}	1.99	3.15	6.27

注：色素效价$(CV)=[OD_{524}(样品重(g)+10)]/$样品重（g）。

11.5.4.6　金属离子

有关金属离子对植物细胞培养的影响还很有限，但是目前的信息表明这方面的研究十分必要。例如，在人参和三七悬浮细胞培养中，金属钾离子和铜离子的浓度会显著影响细胞生长和产物人参皂苷和多糖的积累[34,35]。表 11-6 给出了起始钾离子浓度对人参细胞摇瓶培养中皂苷和多糖的生产量、生产率等的具体影响[35]。

表 11-6　起始钾离子浓度对摇瓶中人参细胞皂苷和多糖的含量、产量、生产率和得率的影响

起始钾离子浓度/(mmol/L)	含量/(mg/g)		产量/(g/L)		生产率/[mg/(L·d)]		多糖得率/%	
	S	P	S	P	S	P	S	P
0	50	100	0.35	0.72	6.5	14.2	1.0	2.1
5	54	95	0.44	0.78	7.3	15.8	1.3	2.3
10	54	98	0.45	0.81	7.6	16.6	1.3	2.7
20	48	91	0.45	0.88	7.6	18.6	1.4	2.8
30	63	90	0.62	0.89	14	19	1.9	2.5
40	71	91	0.70	0.90	14.6	23	2.3	3.0
60	76	90	0.73	0.84	15.4	21	2.2	2.8

注：S 为人参皂苷；P 为人参多糖。

11.5.4.7　前体

有时细胞培养物不能理想地按所想像的得率来合成生产所需的代谢产物，其中可能的一个原因就是缺少合成该代谢物所必需的前体。因此，如果在培养基中加入外源前体也许可增加产物的最终积累。

例如，通过添加皂苷合成的前体，Furuya 等[36] 尝试代谢调节来提高人参组织培养的皂苷产量。他们测试了一些化学物质对正常和驯化愈伤组织培养的影响，这些化学物质被认为是皂苷生成的中间体。结果发现马瓦龙酸（MVA）和法呢醇能够提高皂苷含量，在正常愈伤组织培养中提高了 20%，在驯化愈伤组织培养中提高了 40%。Linsefors 等[37] 也报道了在培养基中添加 MVA 能显著提高人参组织的皂苷含量（约 40%）。氨基脲和氨基硫脲能抑制皂苷合成的副反应，Furuya 等[36] 在正常愈伤组织培养中发现，当它们与 MVA 一起使用时能显著增强皂苷生成。郑光植等[13] 报道了寡聚糖素（人参细胞壁的碳水化合物）是皂苷合成的有效诱导子。

同位素标记实验表明紫杉醇的骨架碳来自乙酸；第 13 位碳的支链从苯丙氨酸转化而来[38]。Fett-Neto 等系统地考察了紫杉醇 13 位碳上的支链的众多可能前体对紫杉醇合成的影响[39]。发现苯丙氨酸、苯甲酸、N-苯基甘氨酸、甘氨酸和色氨酸的添加大大提高了东北红豆杉愈伤组织和悬浮细胞对紫杉醇的积累。不同的前体添加量和添加时间对紫杉醇的合成有不同影响。在对中国红豆杉（T. chinensis）细胞紫杉醇合成代谢途径的研究中发现，当

在培养第 1 天添加 0.2 mmol/L 的苯丙氨酸和苯基甘氨酸时,在第 15 天紫杉醇产量比对照提高了 50%,但添加更高浓度的前体不能进一步提高紫杉醇的积累;当在培养第 7 天添加这两种前体时,紫杉醇的生产没有提高[6]。针对以上现象,作者分析指出,在紫杉醇合成途径中,有关支链合成酶在起着限速的关键作用。细胞中缺乏的不是氮的来源如苯丙氨酸等前体,而是将苯丙氨酸或苯基甘氨酸转化为苯基异色氨酸的酶活性。该酶活性的变化导致细胞无法接受更高浓度的前体和在某些时候不能将前体纳入正确的合成途径[6]。

11.5.4.8　诱导子(elicitor)

在植物细胞培养中常用的诱导子包括生物和非生物两类。前者一般是经高压灭活的真菌细胞壁提取物,还包括一些糖原高分子、糖蛋白和低分子有机酸等。非生物诱导子包括紫外辐射、重金属离子和一些化学物质。

采用诱导(elicitation)这一方法在一些场合可有效地提高代谢物的生产,如在万寿菊属(*Tagetes patula*)细胞培养生产噻吩(thiophene)和曼陀罗属(*Datura stramonium*)毛状根培养生产托烷类生物碱(tropane alkaloid)的场合。在此,找到一种合适的引发物或称诱导子(elicitor)是一个关键。

在 *T. media* 细胞培养中,发现培养基中加入微量的甲基茉莉酮酸酯能大幅度提高紫杉醇的产量,在 2 周的培养时间内,紫杉醇产量高达 110 mg/L[40]。在中国红豆杉(*T. chinensis*)细胞培养生产活性物质云南紫杉烷(Tc)的过程中,甲基茉莉酮酸酯的添加显著提高了关键酶紫杉二烯合成酶的活性和 Tc 的产量[41],并且反复诱导更为有效[42]。花生四烯酸(arachidonic acid)是另一个能显著提高紫杉醇积累的诱导子[43]。在中国红豆杉悬浮细胞培养中,在培养第 1 天每克接种量添加 5 μg 花生四烯酸使紫杉醇产量比对照提高了 9 倍多。一些重金属盐也被发现能提高紫杉醇的生产,如硫代硫酸银和硝酸银等[44]。元英进等报道在东北红豆杉(*T. cuspidata*)悬浮细胞培养中(B5 培养基),在细胞生长对数期加入硫酸铈铵等稀土化合物诱导子能使细胞的紫杉醇含量增加 1.5~5 倍,紫杉醇的胞外释放量提高 1~4 倍[45]。

Mirjalili 和 Linden(1996)利用茉莉酮酸甲酯对细胞培养物进行了诱导。东北红豆杉细胞先在早期得出的最佳气相组成下进行培养,在培养第 7 天加入 10 μmol/L 的茉莉酮酸甲酯。实验发现在诱导 51 h 以后,紫杉醇的产量提高了 19 倍。分别改变培养系统中的乙烯和茉莉酮酸甲酯的浓度,实验表明,两者的相互作用对于紫杉醇的合成很重要。当系统中乙烯浓度为 0 时,用茉莉酮酸甲酯诱导 51 h 后紫杉醇产量比对照提高 15 倍。有证据表明乙烯和茉莉酮酸甲酯的组合能对植物细胞 Osmotin 启动子的诱导和 Osmotin mRNA 的稳定产生影响[47]。茉莉酮酸甲酯既能促进也会抑制乙烯的生物合成。茉莉酮酸甲酯和乙烯共同调节 Osmotin 基因并不是因为前者对后者的生成产生了任何影响,因为只有当乙烯浓度达到饱和之后,茉莉酮酸甲酯才表现出能诱导 Osmotin 启动子的能力[47]。另外,当乙烯的浓度为 5×10^{-5} 时,紫杉醇的生产受到了抑制,但没有影响细胞对磷酸根的吸收,表明细胞的生理调节和紫杉醇合成是相对独立的。

11.5.4.9　光

植物的光合作用需要光。对于已去分化的植物细胞来说,虽然光照不是作为能源供给,但是光源(光质)、光强和光照时间也会在一定程度上影响细胞的生理代谢,这可能跟光作为一种信号或诱发氧自由基的产生有关。表 11-7~表 11-9 给出了光源、光照时期和光照强度对紫苏细胞生长及其花青素积累的影响。

表 11-7　光源对紫苏细胞生长和花青素含量的影响

光　源	湿细胞量/(g/100 mL)	花青素含量/(mg/g 干细胞)
普通日光灯	27.3	296.1
植物照明灯	29.8	239.7
紫外灯	16.6	187.2

注:在 500 mL 三角摇瓶中培养 12 天的细胞。普通日光灯的波长范围为 450～610 nm;植物照明灯的波长分布在 460 nm(蓝光)和 655 nm(红光)有二个高峰;紫外灯的波峰在 325 nm。在所有场合,光照强度设定在 1000～1100 勒克斯(lux)。

表 11-8　光照时期对紫苏细胞生长和花青素含量的影响[①]

项　目	光照时期[②]				
	L02	L04	L07	L27	L47
花青素含量/(mg/g 干细胞)[③]	360±4	395±28	401±28	336±31	319±33

① 细胞在 500 mL 三角摇瓶（含 100 mL 培养基）中培养 14 天。

②Lmn 表示光从第 m 天照射到第 n 天。

③表中数据以平均值±标准误差表示。

表 11-9　光照强度对紫苏细胞生长和花青素积累的影响[①]

项　目	光照强度/(W/m²)			
	0	1.4	5.4	27.2
花青素含量/(mg/g DW)	91	114	135	144
细胞量/(g DW/L)	15.6	15.0	15.5	15.2
总花青素产量/(g/L)	1.4	1.7	2.1	2.2

① 细胞在 roux 瓶中（光照面积 164 cm²、含 500 mL 培养基）培养 14 天。通气速率为 0.4 vvm。

通常人参愈伤组织和细胞悬浮液保持在暗处,细胞生长和皂苷生产都不需光照。但 Choi 等报道了在光照下生长的愈伤组织比在暗处生长的愈伤组织总皂苷含量要高,而生长速率相似[23]。Furuya 则声称愈伤组织生长在光照下比在暗处生长速率稍高,但两者的皂苷含量没有明显区别,且光的作用似乎依赖于培养基中的生长调节因子[33]。在大规模生产中,除非生产是较强依赖光照的,一般暗培养比较可取,因为其设备和操作均较为简单。

Fett-Neto 等研究了白光对东北红豆杉愈伤组织和悬浮细胞培养紫杉醇和巴克亭Ⅲ(baccatin Ⅲ) 积累的影响[48]。实验发现在暗培养时悬浮细胞的生长量是白光下培养的 2～3 倍,紫杉醇生产也是光照培养细胞的 3 倍。同时,在光照培养时,紫杉醇在胞外的分泌减少。巴克亭Ⅲ的积累在两种培养条件下相当。而对于愈伤组织培养,细胞在暗培养时紫杉醇和巴克亭Ⅲ的产量都是光照培养条件下的 3 倍。作者分析白光对紫杉醇和巴克亭Ⅲ合成的影响可能跟微粒体 3-羟基-3-甲基-戊二酸还原辅酶 A(HMGR)的活性和甲瓦龙酸的含量有关。因为在光照培养下,细胞的 HMGR 的活性比暗培养时大大降低。甲瓦龙酸被认为是包括紫杉醇在内的萜类化合物的远程前体。因此可能的情况是白光抑制了 HMGR 的表达,使甲瓦龙酸的合成减少,最终导致紫杉醇积累的降低。在光照和暗培养条件下,悬浮细胞生产相似水平的巴克亭Ⅲ这一现象并不能排除 HMG 还原酶参与了紫杉醇合成的可能性。因为实际情况可能是光照同时降低了巴克亭Ⅲ的合成和消耗速率,但消耗速率降低得更慢些。在光照培养下,甲瓦龙酸酯的量对于紫杉醇的合成可能是一个限制性因素。紫杉醇产量降低的另一个原因可能是在光照条件下紫杉醇的胞外分泌被抑制了,从而导致了紫杉醇胞内合成过程中的可能的反馈抑制。另外，细胞在白光照射下，其酚类化合物的合成增加。光照能够刺激苯丙氨酸氨裂解酶的活性，使苯丙氨酸失去氨基变成肉桂酸，而后者正是许多酚类化合物的前体[49]。在前面曾提到苯丙氨酸是紫杉醇第 13 位碳支链的前体，因此酚类化合物在光照条件下合成的增加也可能是导致紫杉醇产量降低的原因。

11.5.4.10 温度

与微生物发酵相似，温度也会影响植物细胞生长及其代谢物的生产。对大多数植物细胞株来说，最适温度一般在 22～30 ℃之间，低温下细胞往往生长缓慢，温度太高则会抑制细胞生长甚至导致细胞死亡。表 11-10 显示了培养温度的差异对紫苏细胞培养生产花青素会带来较大影响。

表 11-10　在不同温度下摇瓶紫苏细胞培养系统中各培养参数值的比较

温度 /℃	比生长速率 /d^{-1}	最大细胞量 /(g/L)	最大花青素含量 /(mg/g)	总花青素产量 /(g/L)	细胞对糖得率 /(g/g)	花青素对糖得率 /(g/g)	比生产率 /[mg/(L·d)]
22	0.21	21.6	185.1	3.67	0.70	0.115	211
25	0.32	19.9	176.9	3.52	0.66	0.112	268
28	0.37	19.2	67.6	1.25	0.62	0.032	68

11.5.4.11 pH

培养基 pH 值通常在灭菌前调至 5～6 之间，且一般在 4～7 之间对植物细胞培养影响不大。

11.5.4.12 氧

良好的氧供应能提高培养过程的效率。如表 11-11 所示，在紫苏细胞培养生产花色素过程中改善氧供应能有效提高花青素的生产量。但在有些场合也可能需要限制供氧的程度，比如在红甜菜毛状根的培养（red beet hairy root culture）系统中，据报道溶氧枯竭（oxygen starvation）反而有利于红色素的生产过程[50]。

表 11-11　不同摇床转速对紫苏培养细胞生长和花青素含量的影响①

摇床转速 /(r/min)	细胞量② /(g 湿细胞/100 mL 培养基)	花青素含量② /(mg/g 干细胞)
60	29.1±4.1	27±3
90	26.6±0.9	61±2
120	24.3±2.9	150±31

① 细胞在 500 mL 三角摇瓶（含 100 mL 培养基）中培养 12 天。
②表中数据以平均值±标准误差表示。

11.5.4.13 分化与形质

在植物组织细胞培养中，用分化的器官培养来生产某些特定代谢物有时具有优势。例如，用毛状根培养（hairy root culture）的有利因素是细胞具有比较稳定的生化和遗传特性以及较高的生长速率等。Bhadra 等[51]用长春花毛状根培养进行生产生物碱类的研究，为生产长春花碱（vinblastine）抗癌物提供了一定的基础。

在人参组织细胞培养中，除了愈伤组织和细胞培养，近年来也还考察了一些其他类型的组织培养，如胚胎组织培养和毛状根培养[52]。胚胎组织皂苷含量较愈伤组织和细胞中皂苷含量略低或相同。而毛状根培养中皂苷含量比愈伤组织和细胞培养皂苷含量高得（两倍或两倍以上），从这一点来看，比起愈伤组织细胞培养，毛状根培养也许是生产人参皂苷的一种好方法。但由于其总生物量较低，生产力还有待提高，另外大量培养技术也有待进一步开发成熟。

在植物细胞培养中，由于细胞一般不是单个悬浮在培养液中，而是往往几个、几十个甚至上百个细胞结团状态存在，有不少研究暗示细胞团集块大小对代谢物的合成可能带来一定影响。在紫苏细胞培养生产花青素的研究中，我们做了初步探索，其中典型结果如表 11-12 所示。

表 11-12　不同细胞团集块大小对紫苏培养细胞积累花青素的影响[①]

团块直径 /μm	花青素含量/(mg/g 干细胞)					
	继代次数	第一代	第二代	第三代	第四代	第五代
对照[②]		90	87.4	81.7	90.2	77.9
250～2000		67.6	56.2	66.2	54.5	42.1
149～250		76.3	50.3	81.8	79.7	81.4
37～149		105	71.9	88.7	85.5	64.9

① 细胞在摇瓶中连续继代培养。表中数据为 3 个以上样品的平均值。

② 在对照组中，细胞团块直径分布在 37～2000 μm，具体见文献[53]。

11.5.4.14　细胞龄

植物细胞保存方式往往是愈伤组织（固体）或摇瓶细胞（液体）继代培养。细胞继代周期（即接种细胞的细胞龄大小）对培养往往具有很大影响。在紫苏细胞培养生产花青素的过程中，获得的典型结果如图 11-2 所示。

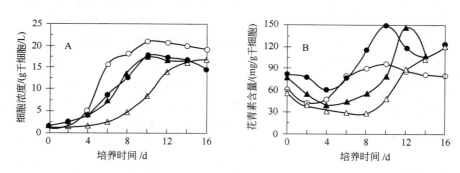

图 11-2　继代培养周期对摇瓶培养中紫苏细胞积累花青素的影响

继代培养周期符号：○—5 天；●—7 天；▲—10 天；△—14 天

A—细胞浓度/（g 干细胞/L）；B—花青素含量/（mg/g 干细胞）

11.6　大量培养技术

11.6.1　生物反应器的选型、设计与开发

植物细胞培养中的大多数反应器或多或少都由微生物发酵罐改装而来。植物细胞培养用反应器的选型和开发的依据可归纳为以下几个方面[54]：①供氧能力；②剪切力；③细胞在反应器壁上的附着状况；④细胞高浓度培养时的混合状况；⑤温度、pH 及营养物质浓度的控制；⑥细胞集团大小的控制；⑦放大的难易程度；⑧维持无菌状态的性能。

要用植物细胞培养进行生物反应器大规模生产，还存在许多工程上的问题，如生物反应器的设计和工艺策略[55～57]。在植物细胞培养中，机械搅拌式和气升式是两类常用的反应器。搅拌罐适用的类型很广，是微生物发酵的主要类型。气升式反应器设计简单，它没有可动部件，仅依靠鼓气来通气和搅拌，剪切力较低，尤其适合对剪切敏感的植物细胞，但用气升式反应器进行植物细胞培养的一个主要问题是在高细胞密度时混合效率往往下降。对于人参细胞培养，在研究和大规模生产中很多采用搅拌式反应器。

植物细胞个体大，易形成更大的集块且对剪切力敏感，这些是设计和操作植物细胞生物反应器的主要问题[57]。在利用搅拌罐进行人参细胞大规模培养中，Shamakov 等根据充分的混匀和氧传递及足够低的流动剪切力等限制因素决定了搅拌速度[32]。Furuya 等测试了在 30 L 搅拌罐中叶轮设计和搅拌转速对人参细胞培养的影响[25]。在他们所用的三类桨中（平叶涡轮桨、斜形涡轮桨和锚状桨），斜形涡轮桨（angled-blade disc turbine）发酵罐中细胞生长速率最高。固定其他操作变量，把转速从 100 r/min 提高到 150 r/min，细胞生长速率明显下降，这暗示细胞对机械搅拌较为敏感。然而，也有研究者发现有些细胞能够在较高转速下生长。Lipsky[58] 报道了一人参细胞株在 5 L 平叶涡轮搅拌罐和 50 L 螺旋桨搅拌罐中培养，搅拌桨转速分别达到了 350～650 r/min 和 150～420 r/min。因为平均剪切力大致与桨转速成正比，最大剪切力与桨末端速度成正比[59]，因此一细胞株能在高转速下生长就意味着它对剪切力有强抵抗力。上述结果表明，某些人参细胞株对剪切不像人们通常想像的那样敏感，耐高剪切力十分有利于大规模悬浮培养。

近年的一些生物反应器的研究开发实例有[60]：声称可用于较一般的植物细胞培养场合的两槽培养系统；成功用于长春花细胞高密度培养的双螺旋带形搅拌桨反应器；成功用于长春花细胞固定化培养以维持高细胞浓度和连续运转的双重中空纤维反应器（dual hollow fibre reactor）；在大豆和松树属细胞培养中获得良好应用的大平叶搅拌桨（flat-blade impeller）反应器；具有提升式搅拌桨和烧结不锈钢气体分布器的一种耦合型反应器，将它应用于唐松草（*Thalictrum rugosum*）细胞培养，灌流培养后细胞浓度可达 31 g/L，细胞活性与小檗碱的比生产活性同摇瓶培养结果相当；用于毛状根培养的滴流膜型（trickling film）反应器和喷雾式（mist）反应器；用于毛状根培养的带不锈钢笼子的改进型搅拌式反应器，它使曼陀罗毛状根在不锈钢笼子内生长，防止了根与搅拌桨的直接接触，避免了根受损害、生产活性下降的问题；一种用于植物细胞高浓度培养，称为 Max-blend Fermenter 的大尺寸搅拌桨反应器，在水稻和长春花细胞培养中证实了其有用性。图 11-3 则给出了一种新型离心式搅拌桨生物反应器的示意图[61~63]，在三七细胞培养场合，该反应器同传统搅拌桨反应器相比已被证明具有明显的优越性[64]。

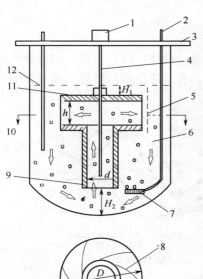
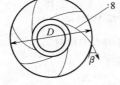

图 11-3　离心式搅拌桨生物
反应器示意图

D—搅拌桨直径；d—导流筒内径；H_1—离心转盘上盘片与液面间距；H_2—导流筒底端与反应器底部间距；h—离心搅拌桨叶轮（片）宽度

1—磁力转动装置；2—气体进口；3—反应器顶盖；4—搅拌轴；5—测定流体速率分布时的位置；6—混合时间测定实验中酸碱液的注入位置；7—烧结不锈钢气体分布器；8—离心桨叶轮（片）；9—导流筒；10—溶氧电极；11—离心转盘盘片；12—液面

11.6.2　反应器操作条件

反应器培养中的环境因子主要包括培养基成分、光照、剪切、供氧、气体成分、黏度和混合等。这里介绍最近的一部分热点研究内容。

11.6.2.1 光照

光照影响许多代谢物的生产。如通过对光照条件的优化，在紫苏细胞的生物反应器培养中使花色素的生产量获得很大提高[65]，见图11-4；在万寿菊属毛状根培养进行噻吩的生产过程中，也有报道表明光照的重要影响。在高光照强度时，光抑制现象有时也会发生。光照也可能促进代谢物的分泌作用。在马铃薯的芽分化中，调节光波长可对分化程度进行控制。

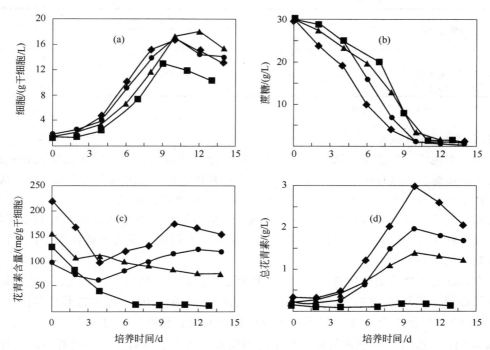

图 11-4　鼓泡式反应器中（工作体积为 2 L）光照对紫苏细胞培养生产花青素的影响

光照强度符号（W/cm²）：■—0；▲—13.6；●—27.2；◆—54.4

(a) 细胞/(g 干细胞/L)；(b) 蔗糖/(g/L)；

(c) 花青素含量/(mg/g 干细胞)；(d) 总花青素/(g/L)

11.6.2.2 剪切力

植物细胞个体比微生物细胞、甚至也比动物细胞要大。单个细胞的直径大约处于20～100 μm 之间。它们被一层刚性的纤维底物所包围，而且通常具有一个很大的液胞、它可占细胞体积的95％以上。这些性质表明植物细胞对剪切力会非常敏感。这就是说，它们在外界某一程度的剪切力的作用下会容易受到破坏。在植物细胞培养工程中，有关剪切对细胞的影响这一点非常重要。但到目前为止有关剪切对植物细胞的影响的研究报道还不多。通过针对剪切对紫苏细胞培养的影响的定量研究，结果说明剪切是影响紫苏植物细胞生长和次级代谢物（花色素）生产的一个重要的培养过程参数，在平均剪切速率为 20～30 m/s 或搅拌桨端速率为 5～8 dm/s 时，细胞的比生长速率、细胞量、色素的（比）生产性以及细胞和色素的收率等过程参数均达到最大值[59]。

11.6.2.3 氧供应

细胞呼吸需要氧，营养转化和代谢需要氧的参与，氧的重要性不言而喻。良好的氧供应能提高培养过程的效率，但在有些场合也可能需要限制氧供应在一较低水平或保持某一程度的氧供应更佳。在摇瓶毛状根培养中[66]，由于根内部的传质阻力该系统的临界溶氧水平较高，通过增强氧传递能力可有效提高毛状根的生长量[67]。在紫苏细胞培养中观察到，在带螺旋桨的植物细胞培养反应器中提高通气速率，虽然细胞生长没有显著变化，但次级代谢物花青素的积累获得有效提高（表 11-13）。在长春花细胞高密度培养中，考察了氧限制对生物碱积累和相关酶活性的影响[68]。

表 11-13　在带螺旋桨的植物细胞培养反应器中通气速率对花青素生产的影响①

项　　目	通气速率/vvm		
	0.05	0.1	0.2
细胞量/(g DW/L)	17.6	17.0	18.6
花青素含量/(mg/g DW)	59	82	105
花青素总产量/(g/L)	0.9	1.3	1.8

① 搅拌转速：130 r/min；培养时间：12 天。

11.6.2.4　气体成分

在植物细胞培养体系中，除氧气外另两种被广泛研究过的重要气体是二氧化碳和乙烯。二氧化碳是细胞生长过程中的主要代谢气体。乙烯被认为是植物细胞在受诸如损伤、病原体侵害和诱导子诱导等环境刺激下产生的一种气体，它是植物细胞的一种防卫性反应[69]。二氧化碳和乙烯这两种气体成分据报道对阿吗碱和小檗碱的积累以及幼芽培养等有重要影响。在中国红豆杉（T. chinensis）细胞培养过程放大中，乙烯被发现为关键性因子，对活性产物云南紫杉烷（Tc）的积累具有重要影响[70]。

在东北红豆杉悬浮细胞摇瓶培养中，对摇瓶上方空间的气体组成用氧气、二氧化碳、乙烯和氮气进行了配制和控制，发现比正常空气低的 O_2 浓度（10%）能促进紫杉醇提前合成，而 10% 的 CO_2 抑制了紫杉醇的积累，对紫杉醇合成最有利的气体组成为 10% O_2、0.5% CO_2 和 5×10^{-6} 乙烯[71]。在此气体组成下，当气液相达到平衡时，可根据有关理论计算出该三种气体在液相中的浓度分别为 0.1 mmol/L、0.19 mmol/L 和 0.033 μmol/L。作者指出，若要在反应器培养中达到相同水平的紫杉醇生产量，反应器培养体系中的这三种气体的浓度也应达到与此相当的水平。另外，作者还发现不同的气体组成会改变细胞对营养成分的吸收和消耗。在正常培养中，细胞对果糖和葡萄糖的消耗比在 10% 氧气浓度条件下慢。当乙烯浓度从 0 提高到 1×10^{-5} 时，细胞对钙离子的吸收放慢，而对磷酸根离子的吸收加快。统计分析表明 CO_2 和乙烯之间的相互作用对紫杉醇的生产有很大影响。在 10% 的氧气和 2×10^{-6} 的乙烯浓度下，0.5% 的 CO_2 有利于紫杉醇的合成，而当 CO_2 的浓度提高到 10% 时，紫杉醇的合成受到了抑制。这种 CO_2 和乙烯的相互作用对葡萄糖的消耗有跟紫杉醇合成相同的影响，但对果糖的作用则相反。在某些情况下，CO_2 曾被报道能抑制或延迟乙烯的作用[72]。

11.6.2.5　培养液黏度

培养液黏度是与供氧、混合、剪切和培养液特性等相互紧密关联的，特别在高密度细胞培养和大规模生物反应器的培养中该因子对培养效率会产生重要影响。在紫苏细胞培养的场合，据报道是单个细胞的大小而并非细胞集块的大小影响着培养液的流变特性[53]。

11.6.3　过程开发与反应器操作策略

在此介绍近年国际上生物反应器植物细胞培养过程研究的一些进展。

11.6.3.1 连续培养

Van Gulik 等[73] 进行了植物细胞培养的代谢、化学计量、动力学及其模型的研究。Westgate 等[74] 报道了可用补料分批培养进行连续培养的模拟接近方法。虽然连续培养方法在植物细胞培养中没有得到实际应用，但它是研究细胞代谢和动力学等的一种理想手段。

11.6.3.2 两段培养（two-stage culture）

最典型的两段培养要算是三井石油公司在用紫草细胞工业化生产紫草宁的例子。在用毛地黄属细胞进行将毛地黄毒苷生物转化为 $12-\beta$-羟基化产物的研究中，两段培养过程也得到了应用。另外，在草莓细胞培养生产花青素的研究中，将两段培养概念应用于培养温度的二阶段变迁，结果有效提高了目标次级代谢产物的生产率[75]。

11.6.3.3 细胞固定化

自从 1979 年第一篇有关植物细胞培养的固定化得到报道以来，至今已出现了许多有关论文。其潜在的有利因素包括连续过程的使用，产物、细胞及培养物分离容易，对剪切敏感性细胞的保护等等。其中潜在的问题是产物必须分泌、在固定化胶囊内很可能导入物质浓度梯度以及在许多场合细胞存活率的下降或长时期维持困难等。

固定化培养一般只适用于那些能大量把产物分泌到胞外的培养系统。为了提高次生代谢物的生产效率，固定化培养往往设计成连续培养系统。经固定的细胞就像是生物催化剂，新鲜培养基流进来，含有产物的培养基流出去，再收集起来进行产物的分离提纯。Seki 等用东北红豆杉固定化和悬浮细胞进行了灌注培养[76]。在悬浮细胞灌注培养中，细胞的生长量随着稀释率的提高而降低，他们分析这可能是由于培养基的灌注稀释了细胞生长过程中分泌出来的外源生长因子。但是，当稀释率从 0 提高到 0.9 每天时，紫杉醇的胞外分泌量增加了10 倍。当细胞进行固定化后，胞外紫杉醇的分泌模式与悬浮细胞相似。改变固定化细胞的接种量没有对紫杉醇的分泌产生影响。在 30 天的连续培养中，单位细胞紫杉醇的生产率达到约 0.3 mg/(g·d)。在固定化细胞连续培养中，改变稀释率不影响紫杉醇的生产，在 40 天的培养中其单位细胞生产率一直能保持在 0.3 mg/(g·d)左右。

11.6.3.4 两相培养（two-phase culture）与过程耦合（bioprocess integration）

采用反应器内萃取和固定化培养（in situ extraction and immobilization）的方式大大提高了紫草细胞培养生产紫草宁的生产率[77]。另外，还有采用二相（如溶剂相和水相）培养的反应器系统。这些方法主要是为了避免产物的抑制效应以提高培养效率。

在植物细胞两相培养中，一相是细胞生长相，另一相是胞外产物富集相。后者通常是非极性的。胞外产物原位萃取相的引入一方面显然利于产物的分离纯化，同时也可能对提高产量有帮助。次生代谢产物在培养基中的低水平积累可能是多种因素作用的结果，包括产物本身的水溶性、反馈抑制和产物的降解等。如果给胞外产物一个聚集点，那么就有可能通过不断地把分泌到细胞生长相的产物转移到聚集点，从而打破胞内胞外的平衡，达到提高产量的目的。

紫杉醇的水溶性较差，而且它在培养基中也不稳定，容易被转化或降解。因此，在红豆杉细胞培养体系中引入一个对紫杉醇有很好溶解性能的有机相应能够有效地收集分泌到培养基中的紫杉醇。Collins-Pavao 等在短叶红豆杉悬浮细胞培养体系中加入三辛酸甘油酯（tricaprylin）来萃取胞外紫杉醇[78]。三辛酸甘油酯的相对密度为 0.95，与培养基不相混溶，可以高温灭菌且无毒性，它能有效地萃取目标产物而最小限度地带走培养基中的营养成分。实验发现，当在培养第 21 天加入 10%的三辛酸甘油酯时，细胞生长所受影响较小，胞外紫杉醇产量增加最多。培养基中的紫杉醇基本上都分配在有机相中。当胞外紫杉醇不断地被富集到有机相时，胞内紫杉醇含量相对保持稳定，这说明该细胞可能在紫杉醇的分泌上存在有限制因素。紫杉醇在三辛酸甘油酯和培养基中的分配比例随培养基 pH 值变化较明显。pH 值越高，分配比例也越高，这说明培养基的碱性环境有利于紫杉醇从培养基中转移到有机相中，这可能是由于在高 pH 值条件下紫杉醇带电荷减少的缘故。

11.6.3.5 高密度培养

以往植物细胞培养研究大多采用分批培养。为了提高细胞量和代谢产物产量，可以采用其他操作方式，如 draw-fill 式[58]、补料式[26]、半连续式和连续式培养等。补料培养既简单又能有效提高产量[25,26]。在三七细胞补料培养中，最终细胞浓度可高达 35 g DW/L，有用代谢产物也有较大提高[26]，例如人参皂苷达到了 1.57 g/L，人参多糖达到了 5.22 g/L，分别是传统批式培养的 2.8 倍和 3.4 倍。细胞高密度培养尤其能提高代谢产物产量，其有效性也被其他细胞培养体系所证实，例如在紫苏细胞培养生产花青素的场合[79]。

另外，在鼓泡式和气升式反应器中进行三七细胞的高密度培养生产人参皂苷和多糖，采用自己开发的高密度培养基，细胞干重分别达到 21.0 g/L（15 天，鼓泡式反应器）和 24.1 g/L（15 天，气升式反应器）。在气升式反应器中，通过进一步补料操作使细胞干重增至 29.7 g/L（17 天），人参皂苷和人参多糖的产量分别达到 2.1 g/L 和 3.0 g/L（表 11-14），这两种代谢物的生产量和生产率为至今有关文献报道的最高值[80]。

表 11-14　三七细胞在不同培养系统中获得的最大细胞干重、人参皂苷和多糖的产量和生产率

培养方式与反应器类型		最大细胞干重/(g/L)	总产量/(g/L)		生产率/[mg/(L·d)]	
			皂苷	多糖	皂苷	多糖
BCNM	ALR	13.1±0.6 (15)①	0.9±0.1	1.3±0.1	47±5	69±10
	BCR	13.0±0.6 (15)	0.8±0.1	1.2±0.1	37±8	65±7
	摇瓶	10.7±1.1 (15)	0.9±0.1	1.0±0.1	44±7	49±6
BCMM	ALR	24.1±0.7 (15)	1.7±0.2	2.6±0.3	99±16	151±23
	BCR	21.0±1.3 (15)	1.7±0.3	2.1±0.4	96±21	119±26
	摇瓶	20.1±1.4 (17)	1.4±0.2	2.1±0.2	70±15	104±15
Fed-batch	ALR	29.7±1.3 (17)	2.1±0.2	3.0±0.3	106±14	158±19

① 括号内的数字表示达到最大值时的培养时间；所列每个数据为来自三个反应器的独立样品的平均值。

注：BCNM，普通培养基分批培养；BCMM，改良培养基分批培养；ALR，气升式反应器；BCR，鼓泡式反应器。

11.6.3.6 过程检测、模型与控制

植物细胞培养过程的检测参数除了常规的温度、溶氧及 pH 之类以外，有细胞浓度[81]、O_2/CO_2 浓度、NAD(P)H 浓度及体细胞胚等[60]。另外，目前也有一些关于细胞生长和代谢产物积累的结构模型[82,83]。但是，培养过程的高级、有效的控制方法还有待今后进一步研究探索和改进，以获得较大的发展[84]。

11.7　小结和展望

细胞培养研究已活跃了几十年，特别是近 20 年，人们考察了各种包括生理、环境和工程因子的影响。大多数因子对细胞生长和产物形成的影响因细胞株和培养环境的不同而有显著变化。从以往大量的细胞培养研究中，获知了一些带有普遍性的主要培养参数，这些变量决定着最佳细胞培养条件。然而，这些研究结果绝大部分是基于现象观察，而不是通过理性

分析而得到的。目前对各种因子和它们之间的相互作用还缺乏系统的评价方法，对它们的作用还没有足够的认识。例如，虽然营养补加能有效增强细胞生长和代谢物积累，但有关营养添加策略，尤其是基于营养成分消耗和细胞代谢变化基础上的添加策略，这方面的工作还很欠缺。这些研究对寻找合理有效的方法来提高代谢物产量很有帮助。其他一些令人感兴趣的研究领域还包括通过代谢调节的方法来调控特定产物的积累。

虽然植物细胞培养在世界上还仅取得了有限的商业应用，但进一步提高培养技术和增强培养过程生产率会变得更具吸引力[85]。在像我国这些发展中国家，随着土地和劳动力费用的急升，细胞培养的应用会显得更加诱人。在其他方面，细胞培养产品的商业化还需驱除人们的心理障碍。例如，需要获取大众对细胞培养人参制品的支持以进一步赢得市场。人参属细胞培养的商业化应用最终在我国如能够成功实现，这将为进一步利用植物细胞培养技术大量生产有价值的天然珍稀植物成分的研究和开发树立极好的示例。

总之，我们有理由相信，不久的未来在植物细胞培养过程的控制与优化这一领域会有很大的进展。目前主要有两方面的障碍，即缺乏理想的在线过程检测系统以及存在培养细胞的异质性和不稳定性。显然，今后植物细胞培养这一学科领域的重大发展要求生物学和工程技术领域两方面的科技工作者的紧密合作。

参 考 文 献

1 钟建江，梁世中，吉田敏臣. 植物细胞培养生产有用物质的技术（Ⅱ）. 工业微生物. 1991，21（6）：29～32

2 丁家宜. 人参细胞悬浮培养. 植物生理学报教育. 1988，1：76～78

3 米钰，熊朝晖，范代娣. 第六届全国生物化工学术会议论文集. 北京：化学工业出版社，1995. 430～433

4 王斯靖，张元兴，范卫民，俞俊棠. 离心式搅拌细胞培养反应器的流体循环及氧传递规律. 华东理工大学学报，1994，20：764～768

5 袁丽红，欧阳平凯. 南京化工学院学报，1994，16：72～77

6 元英进，胡国武，那平，王传贵，周永洽，申泮文. 提高红豆杉细胞中紫杉醇含量与释放的方法. 中国专利. CN 1158356A. 1997

7 郑光植，王世林，何静波. 三七、人参和西洋参细胞悬浮培养的比较研究，云南植物学报，1989，11：97～102

8 郑光植. 植物细胞培养及其次级代谢. 昆明：云南大学出版社，1992

9 Bhadra, R., Vani, S., Shanks, J. V. Production of indole alkaloids by selected hairy root lines of *Catharanthus roseus*. Biotechnology and Bioengineering. 1993，41：581～592

10 Cazzulino, D. L., Pedersen, H., Chin, C. -K., Styer, D. Kinetics of carrot somatic embryo development in suspension culture. Biotechnology and Bioengineering. 1990，35：781～786

11 Chang, C., Kwok, S., Bleecker, A., Meyerowita, E. Arabidopsis ethylene -response gene ERR1: similarity of product to two component regulators. Science. 1993，262：539～544

12 Choi, K-T., Ahn, I-O., Park, J-C. Production of ginseng saponin in tissue culture of ginseng (*Panax ginseng* C. A. Mayer). Russian Journal of Plant Physiology. 1994a，784～788

13 Choi, K. T., Lee, C. H., Ahn, I. O., Lee, J. H., Park, J. -C. (1994b) Characteristics of the growth and ginsenosides in the suspension-cultured cells of Korean ginseng (*Panax ginseng* C. A. Mayer). In: Bailey WG, Whitehead C, Proctor JTA and Kyle JT (eds.), Proc. Int. Ginseng Conf. -Vacouver. 1994. 259～268

14 Ciddi, V., Srinivasan, V., Shuler, M. L. Elicitation of *Taxus* sp. cell cultures for production of taxol. Biotechnology Letters. 1995，17：1343～1346

15 Collins-Pavao, M., Chin, C. -K., Pedersen H. Taxol partitioning in two-phase plant cell cultures of *Taxus brevifolia*. Journal of Biotechnology. 1996，49：95～100

16 Dong, H. D., Zhong, J. J. Significant improvement of taxane production in suspension cultures of *Taxus chinensis* by combining elicitation with sucrose feed. Biochemical Engineering Journal. 2001，8（2）：145～150

17 Eisenreich, W., Menhard, B., Hylands, P. J., Zenk, M. H., Bacher, A. Studies on the biosynthesis of taxol: the taxane carbon skeleton is not of mevalonoid origin. Proceedings of National Academy of Sciences. USA. 1996, 93: 6431~6436

18 Fett-Neto, A. G., Melanson, S. J., Nicholson, S. A., Pennington, J. J., Dicosmo, F. Improved taxol yield by aromatic carboxylic acid and amino acid feeding to cell cultures of *Taxus cuspidata*. Biotechnology and Bioengineering. 1993a, 44: 967~971

19 Fett-Neto, A. G., Melanson, S. J., Sakata, K., Dicosmo, F. Improved growth and taxol yield in developing calli of *Taxus cuspidata* by medium composition modification. Bio/Technology. 1993b, 11: 731~734

20 Fett-Neto, A. G., Pennington, J. J., DiCosmo, F. Effect of white light on taxol and baccatin Ⅲ accumulation in cell cultures of *Taxus cuspidata* Sieb and Zucc. Journal of Plant Physiology. 1995, 146: 584~590

21 Franklin, C. I., Dixon, R. A. Initiation and maintenance of callus and cell suspension cultures. In: Dixon RA and Gonzales RA (eds.) Plant Cell Culture—A Practical Approach, 2nd ed. IRL Press, Oxford: UK, 1994. 1~25

22 Furuya, T. Saponins (ginseng saponins). In: I. K. Vasil (ed), Cell Culture and Somatic Cell Genetics of Plants. vol. 5. Academic Press, Inc. San Diego: CA, 1988

23 Furuya, T., Yoshikawa, T., Ishii, T., Kajii, K. Regulation of saponin production in callus cultures of *Panax ginseng*. Planta Medica. 1983, 47: 200~204. 213~234

24 Furuya, T., Yoshikawa, T., Orihara, Y., Oda, H. Studies of the culture conditions for *Panax ginseng* cells in jar fermentors. Journal of Natural Products. 1984, 47: 70~75

25 Gibson, D. M., Ketchum, R. E. B., Vance, N. C., Christen, A. A. Initiation and growth of cell lines of *Taxus brevifolia* (Pacific yew). Plant Cell Reports. 1993, 12: 479~482

26 Gao, J., Lee, J. M. Effect of oxygen supply on the suspension culture of genetically modified tobacco cells. Biotechnology Progress. 1992, 8: 285~290

27 Hashimoto, T., Yun, D. J., Yamada, Y. Production of tropane alkaloids in genetically engineered root cultures. Phytochemistry. 1993, 32: 713~718

28 Hooker, B. S., Lee, J. M. Application of a new structured model to tobacco cell cultures. Biotechnology and Bioengineering. 1992, 39: 765~774

29 Hu, W. W., Yao, H., Zhong, J. J. Improvement of *Panax notoginseng* cell culture for production of ginseng saponin and polysaccharide by high density cultivation in pneumatically agitated bioreactors. Biotechnology Progress. 2001, 17 (5): 838~846

30 Huang, L. C., Chi, C. M., Vits, H., Staba, E. J., Cooke, T. J., Hu, W. S. Population and biomass kinetics in fed-batch cultures of Daucus carota L. somatic embryos. Biotechnology and Bioengineering. 1993, 41: 811~818

31 Kanokwaree, K., Doran, P. M. The extent to which external oxygen transfer limits growth in shake flask culture of hairy roots. Biotechnology and Bioengineering. 1997, 55: 520~526

32 Kawamura, M., Shigeoka, T., Tahara, M., Takami, M., Ohashi, H., Akita, M., Kobayashi, Y., Sakamoto, T. Efficient selection of cells with high taxol content from heterogeneous *Taxus* cell suspensions by magnetic or fluorescent antibodies. Seibutsu-kogaku Kaishi. 1998, 76: 3~7

33 Ketchum, R. E. B., Gibson, D. M., Gallo, L. G. Media optimization for maximum biomass production in cell cultures of pacific yew. Plant Cell, Tissue and Organ Culture. 1995, 42: 185~193

34 Kieran, P. M., MacLoughlin, P. F., Malone, D. M. Plant cell suspension cultures: some engineering considerations. Journal of Biotechnology. 1997, 59: 39~52

35 Kim, D. J., Chang, H. N. Enhanced shikonin production from *Lithospermum erythrorhizon* by in situ extraction and calcium alginate immobilization. Biotechnology and Bioengineering. 1990, 36: 460~466

36 Kim, J. H., Yun, J. H., Hwang, Y. S., Byun, S. Y., Kim, D. I. Production of taxol and related taxanes in *Taxus brevifolia* cell cultures: Effect of sugar. Biotechnology Letters. 1995, 17: 101~106

37 Kino-oka, M., Hongo, Y., Taya, M., Tone, S. Culture of red beet hairy root in bioreactor and recovery of pigment released from the cells by repeated treatment of oxygen starvation. Journal of Chemical Engineering of Japan. 1992, 25: 490~495

38 Konstatinova, N. A., Zaitseva, G. V., Fastov, V. S., Makhan'kov, V. V., Uvarova, N. I., Elyakov, G. B. Studies on the biosynthetic abilities of long-term passaged suspension cultures of ginseng. Biotekhnologiya. 1989, 5: 571~575

39 Linsefors, L., Bjork, L., Mobach, K. Influence of elicitors and mevalonic acid on the biosynthesis of ginsenosides in tissue culture of *Panax ginseng*. Biochem. Physiol. Pflanz. 1989, 184: 413~418

40 Lipsky, A. Kh. Problems of optimization of plant cell culture processes. Journal of Biotechnology. 1992, 26: 83~87

41 Liu, S., Zhong, J. J. Effects of potassium ion on cell growth and production of ginseng saponin and polysaccharide in suspension cultures of *Panax ginseng*. Journal of Biotechnology. 1996, 52: 121~126

42 Mirjalili, N., Linden, J. C. Gas phase composition effects on suspension cultures of *Taxus cuspidata*. Biotechnology and Bioengineering. 1995, 48: 123~132

43 Mirjalili, N. and Linden, J. C. Methyl jasmonate induced production of taxol in suspension cultures of *Taxus cuspidata*: Ethylene interaction and induction models. Biotechnology Progress. 1996, 12: 110~118

44 Ozeki, Y., Komamine, A., Tanaka, Y. Induction and repression of phenylalanine ammonia-lyase and chalcone synthase enzyme proteins and mRNAs in carrot cell suspension cultures regulated by 2,4-D. Physiologia Plantarum. 1990, 78: 400~408

45 Pan, Z. W., Wang, H. Q., Zhong, J. J. Scale-up study on suspension cultures of *Taxus chinensis* cells for production of taxane diterpene. Enzyme and Microbial Technology. 2000, 27 (9): 714~723

46 Proctor, J. T. A. Ginseng: old crop, new directions. In: J. Janick (ed.), Progress in new crops. ASHS Press, Arlington: VA, 1996. 565~577

47 Roberts, S. G., Shuler, M. L. Large-scale plant cell culture. Current Opinion in Biotechnology. 1997, 8: 154~159

48 Schlatmann, J. E., Moreno, P. R. H., Vinke, J. L., ten Hoopen, H. J. G., Verpoorte, R., Heijnen, J. J. Effect of oxygen and nutrient limitation on ajmalicine production and related enzyme activities in high density culture of *Catharanthus roseus*. Biotechnology and Bioengineering. 1994, 44: 461~468

49 Scragg, A. H. The problems associated with high biomass levels in plant cell suspensions. Plant Cell, Tissue and Organ Culture. 1995, 43: 163~170

50 Seibert, M., Kadkade, P. G. Environmental factors: A. Light. In: Staba, E. J. (ed.): Plant tissue as a source of biochemicals. CRC Press, Boca Raton, 1980

51 Seki, M., Ohzora, C., Takeda, M. and Furusaki, S. Taxol (Paclitaxel) production using free and immobilized cells of *Taxus cuspidata*. Biotechnology and Bioengineering. 1997, 53: 214~219

52 Shamakov, N. V., Zaitseva, G. V., Belousova, I. M., Strogov, S. V., Simonova, G. M., Butenko, R. G., Nosov, A. M. Large-scale ginseng cell cultivation in suspension. II. Elaboration of ginseng cell cultivation on a pilot plant. Biotechnologiya. 1991, 1: 32~34

53 Srinivasan, V., Ciddi, V., Bringi, V., Shuler, M. L. Metabolic inhibitors, elicitors, and precursors as tools for probing yield limitation in taxane production by *Taxus chinensis* cell cultures. Biotechnology Progress. 1996, 12: 457~465

54 Srinivasan, V., Ryu, D. D. Y. Enzyme activity and shikonin production in *Lithospermum erythrorhizon* cell cultures. Biotechnology and Bioengineering. 1992, 40: 69~74

55 Sticher, O. Getting to the root of ginseng. Chemtech. 1998, 28: 26~32

56 Ushiyama, K. Large-scale culture of ginseng. In: Komamine A, Misawa M and DiCosmo F (eds.) Plant cell culture in Japan: Progress in production of useful plant metabolites by Japanese enterprises using plant cell culture technology. CMC Co., Ltd., 1991. 92~98

57 Van Gulik, W. M., ten Hoopen, H. J. G., Heijnen, J. J. Kinetics and stoichiometry of growth of plant cell cultures of *Catharanthus roseus* and *Nicotiana tabacum* in batch and continuous fermentors. Biotechnology and Bioengineering. 1992, 40: 863~874

58 Van Gulik, W. M., ten Hoopen, H. J. G., Heijnen, J. J. A structured model describing carbon and phosphate limited growth of *Catharanthus roseus* plant cell suspensions in batch and chemostat culture. Biotechnology and Bioengineering. 1993, 41: 771~780

59 Wang, H. Q. , Yu, J. T. , Zhong, J. J. Significant improvement of taxane production in suspension cultures of *Taxus chinensis* by sucrose feeding strategy. Process Biochemistry. 2000, 35 (5): 479~483

60 Wang, S. J. , Zhong, J. J. : A novel centrifugal impeller bioreactor. I. Fluid circulation, mixing, and liquid velocity profiles. Biotechnology and Bioengineering. 1996a, 51 (5): 511~519

61 Wang, S. J. , Zhong, J. J. : A novel centrifugal impeller bioreactor. II. Oxygen transfer and power consumption. Biotechnology and Bioengineering. 1996b, 51 (5): 520~527

62 Wang, Z. Y. , Zhong, J. J. Repeated elicitation enhances taxane production in suspension cultures of *Taxus chinensis* in bioreactors. Biotechnology Letters. 2002, 24 (6): 445~448

63 Westgate, P. J. , Curtis, W. R. , Emery, A. H. , Hasegawa, P. M. , Heinstein, P. F. Approximation of continuous growth of *Cephalotaxus harringtonia* plant cell cultures using fed-batch operation. Biotechnology and Bioengineering. 1991, 38: 241~246

64 Wickremesinhe, E. R. M. , Arteca, R. N. *Taxus* callus cultures: Initiation, growth optimization, characterization and taxol production. Plant Cell, Tissue and Organ Culture. 1993, 35: 181~193

65 Wu, J. Y. , Zhong, J. J. Production of ginseng and its bioactive components in plant cell culture: current technological and applied aspects. Journal of Biotechnology. 1999, 68: 89~99

66 Xu, Y. , Chang, P. , Liu, D. , Narasimhan, M. , Raghothama, K. , Hasegawa, P. , Bressan, R. Plant defense genes are synergistically induced by ethylene and methyl jasmonate. The Plant Cell. 1994, 6: 1077~1085

67 Yang, S. F. Biosynthesis and action of ethylene. Hortscience. 1985, 20: 41~45

68 Yu, S. , Doran, P. M. Oxygen requirements and mass transfer in hairy-root culture. Biotechnology and Bioengineering. 1994, 44: 880~887

69 Yukimune, Y. , Tabata, H. , Higashi, Y. and Hara, Y. Methyl jasmonate-induced overproduction of paclitaxel and baccatin III in *Taxus* cell suspension cultures. Nature Biotechnology. 1996, 14: 1129~1132

70 Yukimune, Y. , Hara, Y. , Higashi, Y. , Ohnishi, N. , Tabata, H. , Suga, O, Matsubara, K. Process for producing taxane diterpene and method of harvesting cultured cell capable of producing taxane diterpene in high yield. Japan Patent, PCT /JP94/01880. 1994

71 Zamir, L. O. , Nedea, M. E. and Garneau, F. X. Biosynthetic building blocks of *Taxus canadensis* taxanes. Tetrahedron Letter. 1992, 33: 5235~5236

72 Zhang, W. , Seki, M. , Furusaki, S. Effect of temperature and its shift on growth and anthocyanin production in suspension cultures of strawberry cells. Plant Science. 1997, 127: 207~214

73 Zhang, Y. H. , Zhong, J. J. Hyper-production of ginseng saponin and polysaccharide by high density cultivation of *Panax notoginseng* cells. Enzyme and Microbial Technology. 1997, 21: 59~63

74 Zhang Y. H. , Zhong J. J. , Yu J. T. Effect of nitrogen source on cell growth and ginseng saponin and polysaccharide production by suspended cultures of *Panax notoginseng*. Biotechnology Progress. 1996, 12: 567~571

75 Zhong, J. J. Biochemical engineering of the production of plant-specific secondary metabolites by cell suspension cultures. Advances in Biochemical Engineering/Biotechnology. 2001, 72: 1~26

76 Zhong, J. J. , Bai, Y. , Wang, S. J. : Effects of plant growth regulators on cell growth and ginsenoside saponin production by suspension cultures of *Panax quinquefolium*. Journal of Biotechnology. 1996, 45 (3): 227~234

77 Zhong, J. J. , Chen, F. , Hu, W. W. : High density cultivation of *Panax notoginseng* cells in stirred bioreactors for the production of ginseng biomass and ginseng saponin. Process Biochemistry. 2000, 35 (5): 491~496

78 Zhong, J. J. , Seki, T. , Kinoshita, S. , Yoshida, T. Rheological characteristics of cell suspension and cell culture of *Perilla frutescens*. Biotechnology and Bioengineering. 1992, 40: 1256~1262

79 Zhong, J. J. , Fujiyama, K. , Seki, T. , Yoshida, T. On-line monitoring of cell concentration of *Perilla frutescens* in a bioreactor. Biotechnology and Bioengineering. 1993, 42: 542~546

80 Zhong, J. J. , Fujiyama, K. , Seki, T. , Yoshida, T. A quantitative analysis of shear effects on cell suspension and cell culture of *Perilla frutescens* in bioreactors. Biotechnology and Bioengineering . 1994a, 44: 649~654

81 Zhong, J. J. , Konstantinov, K. B. , Yoshida, T. Computer-aided on-line monitoring of physiological variables in suspended cell cultures of *Perilla frutescens* in a bioreactor. Journal of Fermentation and Bioengineering. 1994b, 77: 445~447

82 Zhong, J. J., Yu, J. T., Yoshida, T.: Recent advances in plant cell cultures in bioreactors. World Journal of Microbiology and Biotechnology. 1995, 11: 461~467

83 Zhong, J. J., Seki, T., Kinoshita, S., Yoshida, T. Effect of light irradiation on anthocyanin production by suspended culture of *Perilla frutescens*. Biotechnology and Bioengineering. 1991, 38: 653~658

84 Zhong J. J., Wang D. J. Improvement of cell growth and production of ginseng saponin and polysaccharide in suspension cultures of *Panax notoginseng*: Cu^{2+} effects. Journal of Biotechnology. 1996, 46: 69~72

85 Zhong, J. J., Yoshida, T. High-density cultivation of *Perilla frutescens* cell suspensions for anthocyanin production: effects of sucrose concentration and inoculum size. Enzyme and Microbial Technology. 1995, 17: 1073~1079

12 微藻培养技术

12.1 微藻的生物学特点

12.1.1 微藻定义及分类[1]

藻类是能够进行放氧光合作用的自养无胚植物，按照细胞大小可分为两类：大藻（如海带、紫菜、裙带等）和微藻（如小球藻、螺旋藻、盐藻、栅藻、紫球藻、雨生红球藻、鱼腥藻等）。微藻一般是指那些在显微镜下才能辨别形态的微小藻类。迄今已知的藻类约有30 000余种，其中微藻约占70％，即20 000余种。微藻细胞微小、形态多样、适应强、分布广泛。根据微藻生长的环境可分为水生微藻、陆生微藻和气生微藻三种生态类群。水生微藻又有淡水生和海水生之分。根据生活方式不同又可分为浮游微藻和底栖微藻。

微藻有原核微藻和真核微藻两大类，蓝藻和原绿藻属原核微藻，其他藻都属于真核微藻。虽然微藻在传统意义上是光合生物，其主要的营养方式是光自养，但有关微藻生理生化特性的研究表明，微藻也存在着其他的营养模式，并且在某些环境条件下，这些营养模式对微藻的生存和繁殖具有重要意义。现将微藻的营养模式总结于表 12-1。

表 12-1　微藻营养模式一览表

营养模式	能　源	碳　源	营养模式	能　源	碳　源
光能自养 Photoautotrophy	光照	CO_2	光能异养 Photoheterotrophy	光照	有机碳
混合营养 Mixotrophy	光照	有机碳和 CO_2	化能异养 Chemoheterotrophy	有机物	有机碳

由于微藻种类繁多，生长特性各异，本章所指的微藻只限于那些已工业化生产或有应用前景、能用生物技术大量培养的、能以藻体全部或其成分作为利用形式的种类。现在已在国内外大量培养的微藻见表 12-2，分别属于 4 个门：蓝藻门、绿藻门、金藻门和红藻门。

表 12-2　大量培养的微藻及其用途

门　类	属　名	用　途
蓝藻门（Cyanophyta）	组囊藻	分子遗传学实验材料
	集球藻	分子遗传学实验材料
	集胞藻	
	螺旋藻	保健食品
	节旋藻	
	鱼腥藻	生物肥料
绿藻门（Chlorophyta）	杜氏藻	生产 β-胡萝卜素、甘油
	衣藻	分子遗传学实验材料
	红球藻	生产虾青素
	小球藻	保健食品
	栅藻	保健食品

门 类	属 名	用 途
金藻门（Chrysophyta）	等鞭金藻	饵料
	角毛藻	饵料
	褐枝藻	饵料
	骨条藻	饵料
	菱形藻	饵料
红藻门（Rhodophyta）	紫球藻	胞外多糖及天然红色素来源
	蔷薇藻	

12.1.1.1　蓝藻门

蓝藻门又称蓝细菌（Cyanobacteria），有 1 个纲（蓝藻纲）和 3 个目，其中两个目：色球藻目和颤藻目有应用价值。蓝藻门在大约 34 亿年前就已在地球上出现。蓝藻和细菌在细胞结构与生物化学方面很类似，但与光合细菌不同的是它光合作用时能放出 O_2。蓝藻类的光合作用色素含有高等植物具有的叶绿素 a，光合作用系统同样也包括光系统 I 和光系统 II。细胞结构简单，无真正的细胞核和细胞器；繁殖方式包括营养繁殖和无性生殖，其中前者有细胞分裂、多细胞群体或丝状体的断裂两种方式。单细胞的蓝藻主要通过细胞分裂进行增殖。

12.1.1.2　绿藻门

绿藻下设 1 个纲（绿藻纲）和 16 个目，涉及微藻的有 2 个目：团藻目和绿球藻目。绿藻的光合作用色素系统与高等植物相似，含有叶绿素 a、叶绿素 b、叶黄素和胡萝卜素。藻体形态多样，包括单细胞、群体、丝状体等。绿藻细胞具有明显的细胞器，其中色素体是绿藻最显著的细胞器。绿藻的生殖方式有 3 种：营养繁殖、无性生殖、有性生殖。

12.1.1.3　金藻门

金藻门的微藻主要有 2 个纲：普林藻纲和硅藻纲。普林藻纲多数为运动单细胞，具有 2 条等长或不等长的尾鞭形鞭毛；少数为由残存的母细胞壁构成的分枝丝状体或胶状假丝状体。硅藻纲最显著的特征是细胞壁高度硅质化而成为坚硬的壳体，壳面有各种细致的花纹。硅藻细胞色素体呈黄绿色或黄褐色。硅藻的繁殖方式有 3 种：细胞分裂、复大孢子、休眠孢子。

12.1.1.4　红藻门

红藻门有 1 个纲（红藻纲）和 2 个亚纲：紫菜亚纲和红藻亚纲。红藻门光合色素系统中除叶绿素 a 外，还含有丰富的藻红素和藻蓝素，藻体常为紫红色，也有绿色、蓝绿色或浅褐色。藻体为单细胞、不规则群体，呈简单丝体、分枝丝状或垫状。红藻的繁殖有无性生殖和有性生殖。

12.1.2　微藻的应用价值

微藻是海洋生物资源的重要组成部分，它具有三个基本特性：①种类很多，生理学和生化特性范围很广，因此微藻能产生很多功能独特的脂肪、多糖、蛋白、类胡萝卜素等生物活性物质；②微藻能低成本地将用于标记的同位素 ^{13}C、^{15}N 和 ^{2}H 结合进入体内，因而这类标记元素可进入微藻产生的各种代谢产物中；③微藻包括了一个大而尚未开发的生物类群，因而提供了一个实质上未开发的资源宝库。微藻的特性，决定了微藻在医药、食品、水产养殖、化工、能源、环保、农业及航天等领域有着重要的开发价值。

微藻种类很多，是海洋生物资源的重要组成部分，能产生很多生物活性物质，在医药、食品、水产养殖等领域具有重要的开发价值。从微藻中获取生物活性物质已成为微藻资源开发利用的热点。目前国内外正在开发的微藻生物活性物质主要有多不饱和脂肪酸、β-胡萝卜素、多糖、藻胆蛋白、虾青素、稳定性同位素标记性化合物等；此外，随着藻类基因工程技术的快速发展，一些外源基因在微藻中得到了表达，这样就可通过大量培养转基因微藻生产一些高附加值的生物活性物质，如金属硫蛋白、人肿瘤坏死因子等[2,3]。微藻资源的开发利用，要解决微藻三大工程问题是大规模培养、大规模采收和微藻代谢产物的分离提取。

12.1.2.1 医药来源

微藻是海洋药物的重要来源。微藻中的生物活性物质具有抗肿瘤、抗病毒、抗真菌、防治心血管疾病、防治老年人痴呆症等功能[4]。如微藻中的多不饱和脂肪酸（EPA/DHA）具有以下功效：①预防和治疗动脉粥样硬化、血栓形成和高血压；②治疗气喘、关节炎、周期性偏头痛、牛皮癣和肾炎；③治疗乳腺癌、前列腺癌和结肠癌；④EPA 和 DHA 是人脑细胞的必需组成部分，对大脑发育和增强记忆有重要作用。盐藻 β-胡萝卜素具有防癌抗癌、预防心血管疾病、提高机体免疫力、抗衰老等作用。藻胆蛋白具有抑瘤作用。螺旋藻多糖具有减少辐射损伤、保护造血功能、增强免疫力、抗肿瘤等特性，蓝藻蛋白可作荧光探针。利用微藻可产生稳定性同位素标记性化合物，用于人体呼吸测试诊断（代替人体内部器官疾病传统的诊断方法）和蛋白质工程中大分子三维结构测定及确定蛋白质和配基之间的相互作用关系。

螺旋藻对于糖尿病、高血压、心脏病、胃病、贫血病、肝病、肾脏病、风湿病、骨质疏松症、肥胖症、营养不良、癌症、艾滋病等具有预防和辅助疗效。

12.1.2.2 保健食品

微藻中含有丰富的蛋白质、多不饱和脂肪酸、维生素、多糖、矿物质等，是极好的天然保健食品。螺旋藻和小球藻在食品行业中的广泛应用就是最好的例证。此外，微藻中含有大量的天然色素，如螺旋藻中的藻蓝蛋白，盐藻中的类胡萝卜素均是天然食品色素的丰富来源。

自古以来，在非洲的乍得湖和中美洲的墨西哥等国居民就把螺旋藻作为他们的主要食物，他们大多体魄强健，并长寿。螺旋藻蕴藏着各种有益于人类健康的物质，如蛋白质、藻蓝蛋白、γ-亚麻酸、多糖、β-胡萝卜素、微量元素等，而且极易被人消化（消化率达95%），是迄今为止发现的营养最丰富、最全面的绿色天然食物，具有极强的生理保健功能[5]。世界权威机构（如 FAO，FDA）称螺旋藻为"超级营养食品"、"明天最理想的食品"。

12.1.2.3 饵料

微藻是虾和蟹育苗过程中不可缺少的重要饵料。虾和蟹在长成过程中主要使用动物饵料（如轮虫、卤虫等），而培养这些动物本身所用的饵料全部是微藻。微藻中的不饱和脂肪酸是水产动物不可缺少的营养，一些微藻产生的虾青素等色素对人工养殖的虾和鱼具有很好的着色作用。

12.1.2.4 基因工程产品[6]

随着藻类基因工程的快速发展，一些外源基因在蓝藻中得到了表达，这样就可通过大量培养基因工程蓝藻生产一些高附加值产物，如金属硫蛋白（MT）、人肿瘤坏死因子、人表皮生长因子、磷酸酯酶、超氧化物歧化酶（SOD）、兔防御素及杀幼蚊毒素等。与微生物表达系统

（大肠杆菌、酵母菌、枯草杆菌）及昆虫表达系统相比，利用微藻作为表达系统生产基因工程产物具有两大优点：①无知识产权问题，因目前的基因工程产物主要是通过微生物及动物表达系统来生产；②产物的分离纯化较简单，因大部分微藻无毒可直接食用。产生金属硫蛋白、人肿瘤坏死因子、人表皮生长因子、磷酸酯酶、兔防御素及杀幼蚊毒素的基因工程蓝藻在我国均已构建成功。金属硫蛋白在医药、功能食品及化妆美容方面有着广泛的用处，具有很高的开发价值。此外，产生金属硫蛋白的基因工程微藻在环境保护方面具有重要的应用。

12.1.2.5 其他应用

微藻的多糖如紫球藻多糖可作为黏合剂、增稠剂和乳化剂等化工产品；利用微藻可产生液体燃料和生物洁净能源——氢气，这是微藻在能源工业中潜在的应用价值；微藻在环保中的应用主要表现在污水处理方面（包括除去重金属离子）。微藻具有固氮作用，因而可作生物肥料使用，微藻产生的一些分泌物可作植物生长的调节剂，这是微藻在农业上的应用。微藻大多数是光能自养型生物，它可和人形成一个生态系统，即人呼出的 CO_2 可供微藻生长，而微藻产生的 O_2 可供人体呼吸之用，这使得微藻在航天方面具有重要的开发价值。

12.1.3 微藻的国内外应用现状及存在的问题

微藻（如螺旋藻）的营养价值早被人类所认识，直至 20 世纪 50 年代，微藻才被作为蛋白质、液体燃料和精细化工的潜在资源而备受人们的关注。早期的研究工作主要集中在人类或动物的营养方面（即作饵料），侧重于生产蛋白质之类的物质；但从商业角度出发，最近人们研究微藻的目的已转向于获得生物活性物质以开发具有高附加值的医药产品。目前国外业已商业化或正在开发的微藻产品有：螺旋藻、盐藻 β-胡萝卜素、虾青素、EPA/DHA 等多不饱和脂肪酸、藻蓝蛋白、多糖、稳定性同位素标记化合物、各种保健食品、添加剂、动物饵料等。

我国目前正在开发利用的微藻产品有：螺旋藻、盐藻 β-胡萝卜素、微藻 EPA/DHA、硒多糖、虾青素、微藻饵料及基因工程藻产生的金属硫蛋白等。微藻产业已初见倪端，但尚未真正形成，现将其原因分析如下。

从目前情况来看，微藻产品可分为两大类：一类是微藻生物量（如螺旋藻）；一类是微藻胞内产物（如 β-胡萝卜素、EPA/DHA、硒多糖、虾青素、金属硫蛋白等）。微藻产品的产业化包括五个环节，即获得优质藻种（即微藻上游生物技术）、微藻的大规模培养、微藻的大规模采收（即从培养液中分离出微藻细胞）、微藻细胞内产物的分离提取、产品开发。目前我国在微藻生物上游技术方面具有较好的工作基础（尤其是在微藻基因工程方面处于国际先进水平），而在微藻的大规模培养、采收和胞内产物的分离提取方面基础薄弱，它是制约我国微藻产业形成的根本原因所在。

12.2 微藻培养用生物反应器

12.2.1 微藻光自养培养用光生物反应器

微藻大规模培养问题，涉及微藻培养技术及光生物反应器这两大基本问题。根据微藻自身的营养特点，可通过光能自养及化能异养（包括兼养培养）两种方式来培养微藻。我国在微藻大规模培养方面的基础研究较为薄弱，生产中主要采用光能自养方式，存在着藻体密度低、生产过程不稳定、成本高等缺点，这是制约我国微藻产业进一步发展的重要因素之一。微藻的异养培养研究在国外已取得了很大进展，但在国内才刚刚起步。微藻的光自养培养所用装置，从广义来说均可称为光生物反应器，但通常人们所说的光生物反应器是指封闭式光生物反应器（enclosed photobioreactor）。在国外，封闭式光生物反应器已有很大发展并已实现产业化[7,8]，而国内这方面的研究开发工作才刚刚起步，相对落后。

12.2.2　微藻大规模自养培养特点分析[9]

微藻大多为光能自养型生物，与我国生化工程领域过去所研究的异养型（一般为好氧）生物大规模培养相比，微藻大规模自养培养具有一些新的特点。

微藻培养用光生物反应器，必须要用光照。对于外部光源的反应器，就要求反应器的比表面积很大，培养液的深度必须尽可能的小，否则藻体就得不到充足的光照；此外，为了充分利用自然光，反应器必须放在户外，因而培养条件基本上无法控制。对于采用内部光源的反应器，则需要在反应器的内部加上一个复杂的光照系统，藻体易附着在光源上且光源产热会给温度控制带来困难。所有这些问题在常规生物反应器中均不存在。

从混合角度来看，在微藻培养过程中的混合除了具有促进气液传质、液固传递、温度与营养均匀分布、防止藻细胞沉降等作用外，还必须使藻细胞在与光反应器表面垂直的这个方向上要能充分混合，否则由于在藻液中存在着严重的光衰减现象，培养液中的藻细胞受光就不均匀。

从气液传质角度来看，在微藻自养培养过程中，必须供应大量的二氧化碳，即要强化二氧化碳吸收过程；同时又要将藻细胞产生的大量氧气从培养液中排出来，即要强化氧解析过程。而在好氧生物培养过程中，要向培养液中供应大量氧气，即要强化氧吸收过程；同时要将好氧生物产生的二氧化碳从培养液中排出，即要强化二氧化碳解析过程。由此可见，微藻培养过程中氧和二氧化碳的传递方向与常规的好氧生物培养过程正好相反。

从培养液性质来看，好氧生物培养基大多用淡水配制，而微藻（淡水藻例外）的培养基多用海水配制。由于 CO_2 和 O_2 在海水及淡水中的溶解度差别很大，且培养液中的藻细胞较低，因而微藻培养系统中的气液传质过程将出现许多新的问题；此外，海水对一般的材料具有腐蚀性，因而所用设备在材料选择上又会遇到新的问题。

尽管微藻自养培养过程会出现上述新的特点，但其中所涉及的基本问题仍和好氧生物培养过程相似，如传递问题、流体力学问题、在线检测与自动控制问题、培养动力学问题、过程优化放大问题等。在此需要说明的一点是，微藻自养培养过程一般对无菌操作要求较低，不像微生物或动、植物细胞培养那样严格。这一特点决定了用于微藻自养培养过程在线检测与控制的传感器更容易制造，传感器的成本会更低、使用寿命将更长；此外，空气净化系统也将更为简单。

由上可见，借鉴我国生化工程已有的知识和方法，来解决微藻大规模自养培养问题将是一条捷径。

12.2.3　敞开式和封闭式光生物反应器特点及国内外研究概况

微藻主要是光能自养生物，它是通过光合作用来生长的。微藻培养必须在光生物反应器中进行，该反应器要能提供以下条件：①合适的光照强度；②合适的温度；③合适的无机碳源及其他营养物质；④合适的 pH 值；⑤合适的混合；⑥合适的氧解析；⑦避免污染。微藻自养培养用的反应器有两大类：一类是敞开式反应器；另一类是封闭式光生物反应器。

12.2.3.1　敞开式反应器

在敞开式反应器中，典型且最常用的是敞开式跑道池，它是最古老的藻类培养反应器，且一直沿用至今。目前微藻的大规模培养主要使用这种反应器，如 Cyanotech 公司、Earth-rise Farms 公司等均使用这种反应器。这类反应器每个可大到几千平方米。

12.2.3.1.1 敞开式反应器的优点

敞开式跑道池反应器是国外于20世纪60年代设计出来的，至今变化较小。变化之处主要有两点：一是对其混合系统进行过一些改进[10]；二是利用传感器和计算机实现过程参数的在线检测和工艺优化。这类反应器的优点是成本低、建造容易、操作方便。

12.2.3.1.2 敞开式反应器的缺点

敞开式反应器缺点非常明显，已严重地制约了微藻生物技术产业的发展。主要缺点如下：①培养效率低。光径较长，光能利用率低。培养液中藻体浓度很低（一般约为0.1 g/L），使得培养液体积特别庞大，这不仅使培养基成本及操作费用增大，而且会给藻体采收带来很大的困难；此外，因藻液深度约为20～30 cm，因而反应器的占地面积大，而且对地形要求严格。②培养条件无法控制。易受外界环境的影响，这是导致培养效率低的主要原因之一；此外，因培养条件无法控制，使微藻的代谢产物无法大量积累，因代谢产物往往要靠外界条件的诱导才可大量积累。③易污染。污染源于杂藻、水生动物、昆虫、空气中的飘浮物等。这种污染不仅使得培养过程不稳定（甚至彻底失败），而且致使用这种反应器生产出来的产品也难以符合卫生和安全要求，因而不易被消费者接受。④雨水会使培养基稀释，甚至造成培养基溢出反应器，造成培养基浪费，导致环境污染。⑤反应器中水分蒸发量大，使培养基浓度逐渐增大，致使培养过程不稳定，生长缓慢。⑥生产期短，生产受地域及季节等自然条件限制（如北方的冬天不能生产）。

敞开式反应器的上述缺点，决定了这类反应器只能用于生长条件比较苛刻（如盐度、pH很高），且附加值较低的微藻产品的生产，而大多数微藻的生长条件较温和，因而培养微藻品种极为有限。

12.2.3.1.3 敞开式反应器在我国的应用概况

我国饵料微藻的培养大多数采用加有充气头的敞开式水泥池或土池，螺旋藻及盐藻培养时所使用的反应器均为敞开式跑道池。我国现有的敞开式跑道池是根据国外文献资料而设计的，对其基本未做任何研究工作。目前我国微藻大池培养过程的参数全为离线检测，培养过程未经系统优化，工艺落后。

由上可见，尽管敞开式跑道池存在着许多缺点，但它具有成本低、建造容易等优点。因而近期在我国，对于生长条件较苛刻的微藻的大规模培养，仍需使用敞开式跑道池，但需对这种反应器的结构及培养工艺进行优化。

12.2.3.2 封闭式光生物反应器

同敞开式反应器相比，封闭式光生物反应器具有其明显的优点，因此近年来在国外研制和开发利用较快。

12.2.3.2.1 封闭式光生物反应器的优点

封闭式光生物反应器的优点如下：①培养密度高。微藻细胞浓度每升可达几克（比敞开式跑道池中的细胞浓度高出1～2个数量级），这给采收带来了很大的方便。②培养条件易于控制。除了自然光强度无法控制外，其他条件均可自动控制，这对微藻代谢产物的大量积累非常有利。③无污染，可实现纯种培养。④生产期可延长，甚至可终年生产。⑤适合于所有微藻的光自养培养，尤其适合于微藻代谢产物的生产。对于转基因微藻及同位素标记性化合物产生藻，则必须用封闭式光生物反应器来培养。

12.2.3.2.2 封闭式光生物反应器的国外研究开发概况

封闭式光生物反应器的开发已有近20年的历史，但进展最快的还是近几年的事，20世纪 90 年代以来，涌现出了大量有关封闭式光生物反应器的专利。

目前国外开发的外部光源封闭式光生物反应器大部分处于中试规模，体积达 10 m³，面积达几百平方米，大多为管道式和板式。开展封闭式光生物反应器研究的国家有：意大利、法国、英国、美国、日本、德国、以色列、加拿大和俄罗斯等。近年来，德国 B. Braun 公司已开发了系列（20～6000 L）外部光源的封闭式光生物反应器，并商品化。最近意大利在 Florence 郊外建成了一个 20 000 m² 的封闭式光生物反应器，用来生产螺旋藻，其产量达 20 g/(m²·d)，比我国现有的螺旋藻生产水平提高了几倍。

关于内部光源的封闭式光生物反应器，目前国际上已有几家公司在销售这种产品。如 Doka 公司（俄罗斯）、Yamataka 公司（日本）、Apparate Und Behahtertechnik Harrislee 公司（德国）。这种反应器已全部实现计算机自动控制。

为了培养对剪切极为敏感的藻类（如 Dinoflagelates），近年来国外开发出了透析培养反应器。

由上可见，国外开发的封闭式光生物反应器种类繁多，人们不仅对封闭式光生物反应器进行了大量的基础研究，进行中试，而且已进入实用化阶段。过去人们一直认为封闭式光生物反应器成本较高，难以实用化，但近年来的实践表明，封闭式光生物反应器完全可用于工业生产，2 万 m² 的封闭式光生物反应器的成功建立，必将加快世界各国对封闭式光生物反应器的开发进程。

世界各国热衷于封闭式光生物反应器开发的另一个推动力是这种反应器可用于宇宙开发。用封闭式光生物反应器培养微藻，可以维持长期在空中的飞行人员的生命，藻可利用宇航员呼出的 CO_2 来生长；同时产生的 O_2 可供宇航员呼吸。最近，美国、俄罗斯和日本等发达国家对这方面研究特别重视。

12.2.3.2.3　封闭式光生物反应器在我国的研究开发现状

封闭式光生物反应器的研究工作，在我国刚刚起步。华南理工大学、中国科学院水生生物研究所、江西省科技情报研究所和烟台大学等单位，在封闭式光生物反应器方面均开展了初步的研究工作，但所研制的光生物反应器基本上无检测控制系统。此外，1000 L 的玻璃管道式光生物反应器已在户外应用于小球藻的大规模培养研究[11]。

近年来，华东理工大学在封闭式光生物反应器方面已成功地研制开发成四大系列产品（体积为 10～150 L）：有机玻璃制气升式封闭式光生物反应器、玻璃制气升式封闭式光生物反应器、可在位蒸汽灭菌的玻璃制气升式封闭式光生物反应器、有机玻璃制平板式光生物反应器。上述封闭式光生物反应器均为二级计算机控制的全自动封闭式光生物反应器，具有 pH、溶氧、光照强度、温度等参数的在线检测与控制功能，能实现二级计算机控制和数据的在线采集，反应器外表面的光照强度最大可达 80 000 Lux；光生物反应器的氧解析性能良好；可化学灭菌或高温灭菌，反应器可用于各种微藻（包括转基因微藻）的光自养、兼养营养及完全异养培养。已开发出可成功地用于敞开式跑道池螺旋藻大规模培养及水产动物养殖过程 DO、pH、温度的在线检测二级计算机系统的软件及硬件，具有在 1 km 内实现在线检测参数的传输、数据的在线采集与参数控制、离线测定数据的输入、在线及离线参数的二次计算、自动绘图、数据分析、存盘及打印等功能，温度、pH、DO 测量范围和精度分别为 0～(150±0.2)℃、0～(14±0.1) pH、0～(400±4)%。

基于封闭式光生物反应器在我国刚刚起步这一现状，近期在我国用封闭式光生物反应器来大规模培养微藻不太现实，但目前在我国开展封闭式光生物反应器的研究至少具有以下三点意义：①小型全自动封闭式光生物反应器，可用于微藻的生理学特性、细胞生长及产物形成动力学的研究，为微藻的大规模培养工艺优化奠定扎实的基础；②中型全自动封闭式光生物反应器，可用于优质微藻种子的培养及高附加值微藻生物活性物质的生产；③通过中型封闭式光生物反应器的开发和运转，可为大型封闭式光生物反应器的开发奠定基础。

12.2.4 微藻大规模异养培养用生物反应器

微藻异养培养用生物反应器同微生物培养用发酵罐一样，只是培养海产微藻的反应器材料需能耐受海水的腐蚀，而混合培养则可利用封闭式光生物反应器进行。目前还没有专门的用于微藻异养培养的生物反应器。

12.3 微藻光自养培养

微藻大多数是专性光合自养生物，以光作为能量还原 CO_2 同化为碳水化合物，而获得生物量。光合成反应如下

$$CO_2 + NO_3^- + PO_4^{3-} + H_2O + 太阳能 \longrightarrow [CH_2ONP] + O_2$$

当今世界上微藻的大规模工业化生产均属光自养生长类型，因此，本节重点对有关微藻光自养生物技术原理及其应用进行讨论。

12.3.1 微藻光自养生长的影响因子

12.3.1.1 光照

对于荧光合自养生活的微藻而言，光是微藻生长的重要限制因素。当温度和营养不限制其生长时，光就成为影响微藻光自养生长的主要因素，即微藻的生长率和生物量均是光照度的函数。

光不仅有光周期、光质和光强的不同，还有明显的时、空（纬度、水体深度）的变化。藻类的光合色素系统除叶绿素外，还有多种辅助色素，如藻蓝蛋白、别藻蓝蛋白、藻红蛋白、叶黄素、类胡萝卜素等，不同的辅助色素吸收不同波长的光，主要起协助叶绿素 a 捕捉光能的作用。不同微藻因所含的光合色素系统不同而吸收不同波长的光。一般来讲，微藻优先吸收的是红外线、紫外线和长波长的红光，短波长的青色和蓝色光最后被吸收。

微藻对光能的利用率取决于藻细胞吸收光的多少。光自养生长中，微藻每个细胞所能得到的光能是光照强度、光辐射持续时间与细胞密度的函数，并与微藻遗传特性（主要是光合色素系统）、培养温度、培养系统、混合情况以及细胞生长阶段（即菌龄）等有关。不同微藻对光照度的要求也有明显差别，即不同的微藻各自具有其最佳生长光强，但只有针对一定的具体条件时，微藻的最佳生长光强才有意义。

一般情况下，在一定光照度范围内，微藻的光合作用效率会随光照度的增加而增加，但当光照度达到一定值时，光合作用效率几乎保持在一定水平，不再增加，这种现象称为光饱和效应。如果光照度超过光饱和点一定限度后，微藻的光合作用效率将会下降，导致细胞生长减缓，甚至死亡，这就是通常所说的光抑制现象。在光饱和点以下的光照度是微藻生长的一个限制性因子，即在此范围内，藻细胞生长速度与光照度呈线性关系。当光径较长、细胞浓度较高时，由于细胞间的相互遮掩，光的衰减尤其明显时，光限制作用就显得尤为突出。

光强和光质除对微藻生长速度和生物量有影响外，还会影响微藻的化学组成。光照度还会影响微藻的色素含量、脂肪酸组成以及饱和与不饱和脂肪酸的比例。

12.3.1.2 温度

温度是影响微藻所有代谢活动的一个重要因子。尽管大多数微藻的最适温度范围较宽，

一般在 18～25 ℃，但因藻种的不同其最适温度有所差异，具有不同的温度忍受限，如某些蓝藻可在 93 ℃下正常生活，而另外一些绿藻则可在冰雪中生长。即使对于同一种微藻的不同藻株来讲，生长所需的最适温度也会不同，如根据小球藻生长需要的温度可将其分为两类：低温藻株，生长最适温度为 25～30 ℃；高温藻株，生长最适温度为 35～40 ℃。

一般情况下，在最适温度范围内，微藻生长随温度的增加而增加。当温度高于上限时，生长缓慢，甚至死亡。

温度除影响微藻的生长以外，还影响微藻代谢产物的形成。大多数情况下，提高培养温度，脂肪酸含量增加，多不饱和脂肪酸含量减少；降低培养温度，磷脂含量增加，但将抑制糖脂和叶绿素的积累。通常情况下，某些代谢产物积累的最适温度与微藻生长的最适温度并不一致。

温度还与其他因素如光强、营养等一起相互作用对微藻的生长和化学组成产生影响。如在高温、强光条件下培养的螺旋藻，其碳水化合物含量极高，而蛋白质、核酸、叶绿素 a、胡萝卜素和 C-藻蓝素的含量较低。

12.3.1.3 培养液 pH

它会影响光合作用中 CO_2 的可用性，在呼吸作用中影响微藻对有机碳源的利用效率，并影响藻细胞对培养基中离子的吸收和利用，以及代谢产物的再利用和毒性[12]。微藻生长的最适 pH 对于不同藻种而存在差异，由此便会影响不同藻种间的生存竞争。例如，降低pH 可使一个湖中本来蓝藻占优势的生态体系变成以绿藻占优势的生态体系。

改变培养液的 pH 对于微藻的生长会产生较大影响，但另一方面，微藻的生长代谢也会影响培养基的 pH，如培养基中硝酸根、碳酸盐等的消耗会使藻液 pH 增大。

培养基的 pH 是影响微藻有关生长代谢过程的另一个重要因子，因此，控制 pH 对于微藻纯种培养及培养过程非常重要。如螺旋藻生长的最适 pH 是 8.5～10.5，pH 过低，容易被其他藻污染；pH 过高，可利用的 CO_2 受到限制；当 pH 接近 11.5 时，螺旋藻会发生溶解现象。此外，pH 的突然改变对微藻的生长也极其有害，因此微藻培养基应有很好的缓冲效果。控制培养液 pH 的最好方法是利用 CO_2。

除 pH 对微藻生长的影响外，pH 还会影响微藻的化学组成，如酸性条件下（pH5.5～6.5）能强化绿球藻细胞中虾青素的积累；pH 为 9.0 时最利于杜氏藻产生 β-胡萝卜素。

12.3.1.4 营养盐

微藻生长所需要的营养元素有 15～20 种，天然水体或土壤里的大多数元素都能满足它的需要，不会成为限制性因子。淡水中常缺磷，而海水中常缺氮，氮和磷含量过低常会限制微藻的生长。C、N、P 是微藻生长的主要营养。

氮在自然界以无机和有机两种形式存在，微藻光自养生长可利用硝酸盐、亚硝酸盐、铵盐等氮源。微藻对铵盐和硝酸盐虽都能吸收利用，但吸收速度和利用情况受各种因素影响。在能量不足时，硝酸盐的利用率低于铵盐，即在低光强下细胞利用铵盐的速度比硝酸盐快。对于大多数微藻而言，培养基中铵态氮浓度较高时对藻细胞是有害的，如当铵态氮浓度超过 0.412 mol/L 时，就会对螺旋藻的生长产生毒害作用。不少微藻能利用有机态的氮，有些蓝藻还能利用分子态的氮。氮源对微藻生长的影响较显著，如提高氮水平，螺旋藻的生物量、蛋白质含量和叶绿素都有所增加，同时，氮浓度不同，对螺旋藻的脂肪酸和脂类的组成也有很大影响。

对于微藻光自养生长而言，主要利用无机态的碳源。微藻可直接利用空气中的 CO_2 进行生长，但 CO_2 必须先溶解于水中，且主要以 HCO_3^- 的形式被利用。在一定范围内，培养液 pH 越高，CO_2 的利用率也越高。HCO_3^- 盐也可直接作为微藻生长的碳源，如螺旋藻大规模培养常采用的是 $NaHCO_3$。维持一定浓度的 HCO_3^- 盐对于维持培养液的 pH 缓冲能力，防治杂藻污染具有良好效果。CO_3^{2-} 盐也可作为碳源使用。

各种磷酸盐如 K_2HPO_4、KH_2PO_4、K_3PO_4 是微藻光自养所需磷的来源，一般多采用 K_2HPO_4。在使用磷源时应注意 K^+/Na^+ 与 N/P 两个比值对微藻生长的影响（Na^+ 主要来自 $NaHCO_3$、$NaCl$，N 主要来自各种无机的氮源）。如当 $K^+/Na^+>5$ 时，将会抑制螺旋藻的生长；只要 $K^+/Na^+<5$，即使 Na^+ 很高，也不会抑制螺旋藻的生长。当 N/P>30 时，藻细胞的生长可能被 P 抑制，而 N/P<5 时，则可能被 N 抑制。

微量元素对微藻的生长也有一定的作用，培养基中添加一定浓度的硒（Se<410 mg/L）对螺旋藻的生长速度有显著的促进作用[13]。除微量元素外一些矿物质如 K、Na、Ca、Mg 等对微藻的生长也有一定的影响。

12.3.1.5 溶解氧

溶解氧浓度的高低可一定程度上反映出微藻光合作用的强弱，它与光照、培养温度及混合状态息息相关。对于培养液流速为 $10\sim20$ cm/s 的敞开式跑道池培养系统，溶解氧浓度有时可达饱和溶解氧浓度的 $400\%\sim500\%$，此时将会阻碍光合作用的进行，并导致生物量的减少。对于管道式光生物反应器系统，溶解氧的积聚是一个严重的问题，需要专门设计的脱气系统有效释放光合作用放出的氧气。敞开式跑道池生产中可采用增加搅拌维持一定的湍流来释放溶解氧。

12.3.2 微藻光自养生长动力学

12.3.2.1 细胞浓度增长模型

微藻细胞浓度的增加主要发生在指数生长期，当微藻细胞处于指数生长期阶段时，营养不是限制性因素，代谢抑制物也少，此时微藻的生长速度与细胞浓度成正比，即符合指数生长模型

$$\mathrm{d}X/\mathrm{d}t=\mu_e X \tag{12-1}$$

它的积分形式为

$$\ln(X/X_0)=\mu_e(t-t_0) \tag{12-2}$$

式中 X、X_0 分别是微藻细胞在时间 t、t_0 时的浓度；μ_e 是速度常数。

该指数生长模型只在特定时期适用，如保持最优生长条件的指数生长期。

12.3.2.2 基质限制模型

对于间歇培养，Monod 方程一般能很好地拟合微生物的生长，因此同样适用于微藻细胞的生长

$$\mu=\mu_m c/(K+c) \tag{12-3}$$

式中 $\mu=\mathrm{d}X/(X\mathrm{d}t)$，是比生长速率；$\mu_m$ 是最大比生长速率；c 是培养基中营养成分的浓度；K 为常数。

12.3.3 微藻光自养培养技术[14,15]

微藻培养的一般生产流程如图 12-1 所示

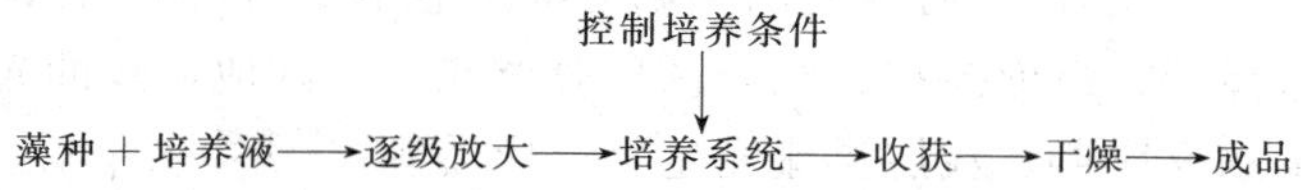

控制培养条件

藻种＋培养液 ⟶ 逐级放大 ⟶ 培养系统 ⟶ 收获 ⟶ 干燥 ⟶ 成品

图 12-1 微藻培养流程

大规模生产中一般采用半连续流加培养，定期向培养液中补加消耗较大的营养盐，收获后培养液再循环使用。

12.3.3.1　藻种

目前世界上大规模培养的经济型微藻主要有螺旋藻、小球藻和杜氏藻三种。它们最广泛的应用是作为健康食品，此外还可用于生产天然色素、藻蓝蛋白、β-胡萝卜素及其他一些精细化工产品。

12.3.3.2　培养基

微藻大规模培养的培养基一般采用淡水配制，添加微藻生长需要的营养盐，如碳酸氢钠、硝酸钠、磷酸盐、氯化钠及一些微量元素等。为降低生产成本，常采用工业级小苏打、尿素等作为营养。营养盐消耗是当今世界微藻养殖业的生产成本的一个主要决定因素。

12.3.3.3　培养系统

微藻培养有开放式、半封闭式与封闭式等几种方式，培养系统包括天然湖泊、敞开式跑道池、管道式或平板式等形式的光生物反应器。一般采用机械、鼓泡或气升循环等搅拌方式。

12.3.3.3.1　敞开式跑道池培养系统

目前，国际上微藻大规模养殖普遍采用敞开式跑道池培养系统。最佳地理位置位于南北纬35度之间；一般水道面积约 $1000 \sim 5000$ m^2，培养液一般深约 $15 \sim 18$ cm；培养池用水泥或黏土为底，或用塑料膜衬里覆盖；以自然光为光源和热源，借电力或风力带动桨叶轮搅拌培养液，桨轮直径从 $0.7 \sim 2$ m 不等；也可通入空气或 CO_2 气体进行鼓泡或气升式搅拌。敞开式跑道池培养系统具有投资少、操作简单、易于生产等优点；同时也具有：易受外界环境、条件变化的影响，易污染，培养效率低，收获费用高，占地面积大等不足。

基于这些原因，生产中常在池体上方覆盖一些透光薄膜类的材料，使之成为封闭池，这样水分蒸发及污染大大减少了，但长期使用会使光线透过率减少，覆盖材料也使单位面积的投资费用增加。

敞开式跑道池培养系统只能适用于附加值较低的微藻产品的生产，而且培养对象极为有限，现已无法满足微藻生物技术发展的需要，因此开发新型封闭式光生物反应器生产系统成为必然。

12.3.3.3.2　封闭式光生物反应器生产系统

与开放式生产系统相比，封闭式光生物反应器生产系统具有：培养条件易于控制；培养密度高，易收获；无污染，可实现高效灭菌，能实现单种、纯种培养；生产周期长，甚至可终年生产；适合多种微藻的培养，尤其适合藻类代谢产物的生产；有较高的光照面积与培养体积之比，光能和 CO_2 利用率较高等优点。

目前世界上许多国家都在进行新型光生物反应器方面的研制工作，现已开发出许多类型的光生物反应器。归纳起来，主要有下列几种[6~9,11,16~22]：①以反应器主体形状来划分，主要有：管道式（又分水平式和垂直式）、平板箱式、发酵罐式、圆筒式、鼓泡柱式等。②按光源性质划分，若以光源安放位置为标准，有外光源和内光源两种；若以光源种类来分，有太阳光、普通光源（如荧光灯）、特殊光源（如发光二极管、光导纤维等）等几种。③以搅拌形式来分，有机械搅拌、鼓泡搅拌、气升循环等形式。④其他形式的光生物反应器，如管道式循环磁处理光生物反应器、浅层溢流光生物反应器等。

当前，已实现小规模微藻生产的光生物反应器生产系统主要为管道式光生物反应器生产系统。如 G. Torzillo 于 1986 年首次在室外采用密闭管道式光生物反应器生产系统进行螺旋藻的户外养殖，产量达到了 33 000 kg/(10 000 m² · y)，而同等条件下，敞开式跑道池培养系统产量仅为 18 000 kg/(10 000 m² · y)[23]。

由于封闭式光生物反应器生产系统的投资较高，目前仅限于一些高附加值产品，如微藻代谢产物、医药、同位素示踪化学品、基因工程微藻等的生产，以及为敞开式跑道池培养系统大规模生产培养藻种，其高成本可由产品的高价值来补偿。尽管敞开式跑道池培养系统在以后几年仍将是微藻生产的主要方式，但是封闭式光生物反应器生产系统以其较容易的控制、较高的产出以及不受地域环境限制等特点显示了光明的应用前景，代替传统的敞开式跑道池微藻培养系统是必然的趋势。

12.3.3.4 生长条件控制

对于微藻培养而言，温度 T、光照、溶解氧 DO、藻液酸碱度 pH、生物量浓度 C 等都是重要的生长参数，培养过程中应经常检测。目前世界上这些参数的检测主要还采用离线方法。华东理工大学海洋生化工程研究所已成功开发出一套能实现温度 T、溶解氧 DO、藻液酸碱度 pH 的计算机在线检测与报警系统与相应软件包[24]，实现了微藻大规模敞开式跑道池养殖过程重要参数的在线检测，这为传统微藻养殖过程与系统的综合优化奠定了基础。

12.3.3.5 收获

商业性微藻生产的一个主要困难来自收获，这是除了营养消耗以外，造成微藻产品高成本的另一个主要因素。这是由于微藻一般个体很小（一般只有几微米），很难有效收集。目前采用的收获手段主要有过滤、离心、沉降、浮选等。由于离心收获的成本高，沉降又会引入一些影响微藻营养的化学物质，而浮选对设备和技术的要求较高，所有这些都限制了它们在生产中的应用，所以过滤成为通常采用的微藻收获手段。目前采用的过滤装置主要有倾斜筛和振动筛，一般为 200～300 目，可根据微藻种类和浓度进行选择，也可直接采用筛绢、布或微孔滤网过滤。根据藻生物量的浓度大小，可采用人工或机械手段进行过滤收获。过滤后所得的藻泥需用干净的水冲洗多次以除去藻体表面过多的盐。

12.3.3.6 干燥

收获、水洗后所得藻泥一般含有 90%～95% 的水分，需进一步干燥制成藻粉，再用于各种产品的加工。生产中通常采用喷雾干燥方法制备藻粉。其他方法还包括转鼓干燥、真空冷冻干燥、太阳晒干等，前两者虽然能很好地保持微藻自身的营养组成不受损失，但是成本较高，而后者只适用于低级产品如饵料等的生产。

12.3.4 经济型微藻的光自养大规模培养

目前世界上已实现大规模工业化生产的微藻主要有螺旋藻、小球藻与杜氏藻三种，下面分别对其进行介绍。

12.3.4.1 螺旋藻[5,12]

螺旋藻（Spirulina）属蓝藻门、蓝藻纲、段殖藻目、颤藻科的一个属，是一种多细胞、微型、不分枝、无异形胞的螺旋状体；藻丝长 50～500 μm，细胞直径 1～12 μm；其活体形似螺旋，故名。靠分裂增殖，光合自养生活。生长于热带高温的碱性湖水中，在地球上已有 35 亿年的历史，是现存最古老的生物之一。目前已知这个属有约 36 个种，而且多为淡水种。但当今世界上用于大规模生产的螺旋藻只有两种：钝顶螺旋藻（Spirulina platensis）和极大螺旋藻（Spirulina maxima）。一般来讲，室外培养极大螺旋藻的产量要较高于钝顶螺旋藻。

螺旋藻最早发现于非洲乍得湖，世界上第一个螺旋藻工厂于 1968 年在墨西哥的 Texco-co 湖畔建成。日本墨水化学公司（DIC）在泰国的曼谷成立 The Siam Alage 有限公司（SAC）于 1978 年投产。1983 年日本墨水化学公司在美国加州南部的 Calipatria 建立 Earthrise Farms 螺旋藻公司。台湾的四家公司分别在 80 年代建成年总产量达 300 吨的螺旋藻工厂。我国对螺旋藻的研究始于 80 年代初，1986 年国家正式立项开展了"螺旋藻优良藻种的筛选"、"螺旋藻培养技术"、"螺旋藻工业化中试研究"等多项"七五"重点攻关课题的研究。1989 年国家科委在云南和海南建成我国第一批螺旋藻工业化生产中试基地。迄今我国已建厂近百家，螺旋藻年产量已达 1000 吨，成为世界上螺旋藻的生产大国。

螺旋藻的生长具有高温度、高碱度、高光照、高盐度的特点，这决定了螺旋藻独特的生长条件。在土壤、沼泽、淡水、海水和温泉中都有发现。在一些不适合其他生物生长的极端环境，如高盐碱度的湖泊中都能正常生长。螺旋藻适于生长的温度为 28~37 ℃，最佳范围在 35~37 ℃，最高生长温度可达 40 ℃，最低生长温度为 15 ℃，所以能耐受较低的夜间温度。螺旋藻适于生长的 pH 范围为 8.5~10.5，最佳生长 pH 为 9.5~10.5。螺旋藻能很好地耐受 pH 的变化，当 pH 接近 12 时仍能生长。螺旋藻的最佳光照强度范围为 20~30 klx，但在 100 klx 的高光强下生长仍未受到限制，并有相当强的抗紫外线能力。钝顶螺旋藻在含盐 20~70 g/L 的水中生长最佳。

螺旋藻是一种光合自养生物，生长需要 C、H、N、O、P、S 等和其他微量元素。螺旋藻可利用 CO_2，在光照下固定 CO_2 形成糖原，并以糖原颗粒形式储存起来。法国石油研究所首先从分析乍得湖湖水的成分开始，于 1967 年调制成功螺旋藻培养用合成培养基配方。培养基主要以碳酸氢钠为碳源，浓度为 0.2 mol/L，这是培养基 pH 一直维持在 8.4 以上的主要原因。螺旋藻具有固氮能力，可通过固氮酶的催化反应固定和还原空气中的氮，但硝酸盐是螺旋藻培养基的主要氮源，其优点是比较稳定、不易挥发。当 NH_4^+ 浓度低于 100 mgN/L 时，螺旋藻也能利用铵盐。当硝酸盐和铵盐同时存在时，螺旋藻优先利用铵盐。在 pH＝8.4 时可以利用尿素，但其浓度要低于 1.5 g/L。螺旋藻还能利用蛋白胨生长。多聚精氨酸和藻蓝蛋白是氮源在螺旋藻体内的主要储存形式，当氮源缺乏时，藻蓝蛋白又可分解。螺旋藻在生长过程中能吸收大量的磷，在藻体内形成聚磷颗粒。Na^+ 和 K^+ 是螺旋藻生长的必需元素，在 $K^+ / Na^+ < 5$ 时螺旋藻生长最佳。室外大规模生产一般采用简单配制的培养液，只需向淡水中添加某些微藻生长必需、而水体中缺乏的营养盐，为降低生产成本可采用一些工业级的粗营养盐如农业用化肥等。培养液是循环使用的，每年只需完全更换 3~6 次。如能利用天然碱性湖泊进行养殖，也是降低生产成本的一条有效途径。

当今，世界上螺旋藻的大规模生产系统如下。

（1）利用天然湖沼和池塘养殖　利用天然湖沼养殖是最原始的生产方式，同时也是最经济的投资方式。但是，可生产螺旋藻的天然湖泊毕竟是有限的，因而这种生产方式存着很大的局限性。

（2）利用开放式培养池养殖　开放式培养池养殖是在天然湖泊养殖的基础上衍生而来的生产方式，可分为淡水制和海水制，前者可再分为干净水制和废水制。无论在国内还是在国外，淡水制开放式培养池都是当前最普通的培养方式。

（3）利用封闭式生物反应器生产　封闭式光生物反应主要是管道式。由于密闭的管道系统可以很容易与其他加工设备配套，因而整个生产过程可基本实现自动化。

与开放式培养池比较，管道式反应器受环境条件影响较小，产品的产量和质量基本上都有保障。在相同条件下，管道式反应器的年产量为 33 t/ha，而开放式培养池的年产量仅为 18 t/ha。

较之在沿海和气候条件更适宜的热带地区，在内陆的沙漠化地区和生长期较短、气候条件较为恶劣的地区，发展以管道式生物反应器为主的螺旋藻或其他微藻类的生产似更适宜。前苏联和某些东欧国家利用这类反应器进行栅藻和小球藻的生产已有十几年以上的成功经验。

目前，我国螺旋藻的生产主要是采用敞开式跑道池，利用天然湖泊养殖螺旋藻的情况在我国极少。我国螺旋藻产业中存在的一个主要问题是螺旋藻养殖效率低，这已成为我国螺旋藻行业发展的制约因素之一。

12.3.4.2　小球藻[1,12]

小球藻（*Chlorella*）是绿藻小球藻科的一个属，大约有 10 多个种。细胞形态为圆形或椭圆形，细胞直径 2～12 μm，通过形成自体孢子进行繁殖。

小球藻最早由荷兰微生物学家 Beijerinck 于 1890 年首先分离得到纯种。20 世纪 40 年代后期，为解决二战期间的能源问题和战后的饥饿问题，美国、日本、德国和以色列等国开始小球藻的培养研究工作，20 世纪 60 年代，美国和俄罗斯开始了以小球藻作为宇宙飞船的光合气体交换器方面的研究。首家小球藻公司于 1964 年在台湾建立。

小球藻能利用碳酸盐和 CO_2 光合自养生长，也能进行异养和混养培养。硝酸盐一直是小球藻培养的一种普通氮源。当采用硝酸铵作为氮源时，小球藻优先利用铵离子，这是因为藻类吸收铵离子所需的能量比吸收硝酸根离子要少。尽管如此，一般还是普遍选择硝酸盐而不是选择铵盐作为小球藻生长的氮源。这一方面可能是因为铵盐在高温灭菌时易损失，另一方面铵盐会引起培养 pH 急剧下降，从而引起细胞死亡。对于小球藻培养，尿素是一个很好的有机氮源，而且不会引起污染物的生长。

小球藻是重要的产业化微藻之一，其规模培养主要有开放式、封闭式跑道池培养系统、封闭式光生物反应器自养及异养培养系统。同螺旋藻一样，敞开式跑道池光自养培养仍是小球藻大规模生产的主要方式。在这种开放式系统中仍存在难以维持纯种培养、易污染、产品质量不稳定等问题。此外，因为小球藻的细胞直径仅为 2～10 μm，收集更困难，花费也较高，因此收获是整个生产过程的"瓶颈"环节，这些都是大规模生产急需要进一步解决的问题。

12.3.4.3　杜氏藻[1,12]

杜氏藻（*Dunaliella*）是为纪念 Dunal 于 1837 年首次报道高盐水库中的红色是由于一种微藻而产生的这一发现而命名。杜氏藻的细胞通常为卵形的单细胞，长约 5～15 μm，宽约 5～10 μm，依靠两根长鞭毛运动。杜氏藻没有细胞壁，当外界渗透压发生变化时，其形态可变成球形至纺锤形。

杜氏藻对盐、光照具有相当广泛的适应性，因而在自然界分布很广。它能在各种盐浓度的培养基中生长，从低盐浓度（0.1 mol/L）的海水至饱和盐溶液（5 mol/L）中都能生长，在 1～2 mol/L 的盐浓度时，杜氏藻生长最佳。杜氏藻因积累大量的类胡萝卜素：β-胡萝卜素而显橘红色；另外，杜氏藻在生长过程中还能产生大量甘油，因此杜氏藻可作为 β-胡萝卜素和甘油的丰富来源用于工业化生产。

杜氏藻严格的自养生长，可利用无机碳源，在黑暗中不能利用醋酸盐或葡萄糖。除碳源外，生长还需要提供氮和磷。其中磷的浓度一般维持在较低水平，因为过高时易产生磷酸钙沉淀。由于 β-胡萝卜素的积聚一般出现在高光照、生长速率受限制的时候，因此生产中常采用限制氮的供给来获得最大产量的 β-胡萝卜素，如对于 *Dunaliella bardawil*，当光照超过正常生长所需的光照，或因氮源缺乏而使生长受限制时，细胞中 β-胡萝卜素的含量可达细胞干重的 $8\%\sim9\%$。

杜氏藻能耐受从 $0\ ℃$ 到 $45\ ℃$ 的很宽的温度变化。温度变化对细胞内的甘油含量也有重大影响，同时甘油从细胞内的释放也与温度息息相关。如低于 $25\ ℃$ 时培养基中几乎没有甘油，而高于 $25\ ℃$ 时，甘油从细胞向培养基的释放随温度的增高而增加；当温度为 $50\ ℃$ 时，几乎所有的甘油均释放到培养基中。杜氏藻最适生长 pH 为 $7\sim9$，比螺旋藻的要求低。

目前杜氏藻的商业化生产多采用敞开式跑道池与天然咸水湖，细胞浓度一般可达 $200\sim600\ mg/L$。敞开式跑道池生产系统的培养液一般采用新鲜水、海水来配制，可通过添加盐以达到理想的盐浓度。杜氏藻微小的体积使收获过程成为高成本的主要因素。离心是目前应用最为广泛的杜氏藻收获方法。絮凝法与浮选法也可用于杜氏藻的收获，铝盐在 $150\ mg/L$ 时对杜氏藻的絮凝最为有效，但因絮凝剂的安全性问题而使絮凝法受到限制。由于 β-胡萝卜素对光降解和氧化比较敏感，在后期干燥、加工和储存过程中应注意尽量减少损失。

12.3.4.4 饵料微藻的生产[6]

12.3.4.4.1 单胞藻饵料在水产养殖中的应用

单胞藻是水产养殖中重要的植物性饵料。单胞藻含有丰富的不饱和脂肪酸等成分，营养丰富，是鱼、虾、蟹、贝类等水产动物的基本饲料，是水产动物育苗生产的基础。除此之外，它们还能净化育苗池的水质，同时鱼、虾、蟹、贝类等的育苗成本也取决于单胞藻饵料成本的高低。因此，单胞藻饵料是鱼、虾、蟹、贝类等名贵水产品育苗的重要物质基础，单胞藻饵料生产技术直接关系到水产养殖业的发展。

我国培养的单细胞藻类已达 20 多种，主要包括浮游类的金藻、小球藻、褐藻、隐藻、硅藻、绿藻以及底栖类的硅藻。目前，我国较优良的单细胞藻类饵料种有亚心形扁藻、三角褐指藻、新月菱形藻、角毛藻、湛江叉鞭藻、盐藻、小球藻、中肋骨条藻和异胶藻。但能进行大批量生产的只有亚心形扁藻、小球藻、三角褐指藻、新月菱形藻等几种。目前用的较多的是三角褐指藻，角毛藻和湛江叉鞭藻等一些种类正在试验生产中。此外，阔舟形藻、月形藻、东方弯杆藻等几种底栖硅藻的培养和应用，在鲍鱼人工育苗中也获得了良好效果。

目前，随着我国水产养殖业的不断发展，市场对单胞藻饵料的需求愈来愈大。高效、稳定的单胞藻饵料培养系统及配套建设具有广阔的市场前景。

12.3.4.4.2 国内外单胞藻饵料开发利用的历史与现状

国外有关微藻培养技术的研究约有 70 年的历史，即在二战前后开始单细胞藻类的大量培养研究，作为生物饵料的研究始于 70 年代。近十多年来，随着各国水产业的工业化，单细胞藻类的培养获得迅速发展。日本在这方面起步较早，技术相对成熟，至今已获得可用于水产养殖的单胞藻饵料大约有 30 多种，并已有浓缩的藻液销售，而且可根据鱼、虾、蟹、贝类等的不同需要进行生产。除此之外，国外还从天然水域中分离、筛选新型藻种，并从事高效养殖系统如封闭式光生物反应器及异养培养技术等方面的开发工作。

我国自 20 世纪 50 年代开始，中国科学院水生生物研究所、上海水产学院、中国科学院海洋所等单位对淡水、海水单细胞藻类开始采集、分离和培养方面的研究。1960 年前后为解决代饲料问题，开展了群众性的淡水小球藻、栅连藻的大面积养殖。80 年代引入螺旋藻以来，微藻养殖业发展迅速，目前已成为世界上的产量大国。微藻作为生物饵料的开发和利用也是在改革开放以后随着人工育苗生产的发展而日趋广泛。

12.3.4.4.3 存在问题

目前单胞藻饵料的培养在实验室一般以三角瓶培养为主，生产上则扩大到塑料袋、水泥池等培养。当今我国单胞藻饵料的开发利用存在以下一些问题：①对于饵料微藻的生理特性缺乏研究，从而对培养的最佳条件缺乏了解，造成培养效率低、质量不稳定。②培养设施及工艺落后，以致扩种周期长、培养过程不稳定、产量不能满足生产的需要。③粗放式的培养，易造成敌害生物的污染和危害，造成生产不稳定，质量难以保证，导致培养半途而废。④受环境因素：温度、光照、降雨、季节、地理位置等影响严重，不能全年、高质量生产。⑤占地面积大、生产分散、劳动强度大。⑥藻生物量浓度过低，一般为 0.1~0.2 g/L，以致收获、运输费用高，同时低效率的培养造成培养基等费用高。⑦大量培养用水的消毒处理还没有简单易行、效果显著的方法。⑧对于目前在水产养殖中广泛使用的饵料微藻没有进行营养价值的评定研究，以至于微藻在育苗中的应用效果带有机遇性，即缺乏科学的选种依据。

此外，尽管现有的单细胞饵料种为解决我国海产动物人工育苗的饵料起了非常重要作用，但这些种类还不能满足海产动物不同种类的幼体以及同种幼体不同发育阶段的需要。

因此，传统的微藻饵料培养方式已不能满足微藻饵料市场的需要及水产养殖业自身的发展要求，改革这一传统作坊式养殖方式、进行集约化生产技术的研究开发已势在必行。

12.3.4.4.4 今后的发展方向

①开发新型高效培养系统，如封闭式光生物反应器与敞开式跑道池培养相接合的培养系统。②开展单细胞藻类饵料的高密度、高质量培养技术的研究，如引入计算机在线检测与控制、混养/异养、连续高密度培养技术等。③对目前培养的优良单细胞藻类饵料藻种进行生长、生理、繁殖等基础理论的研究，研究生态条件对生长及营养的影响，从而为高效培养奠定依据。④加强对敌害生物污染和危害的控制与防治研究，保证生产的顺利进行与产品质量。⑤实现微藻饵料的集约化生产，开发易长期保存和运输的新型藻类饵料产品，如浓缩型或干粉，使微藻饵料商品化。⑥系统开展饵料微藻的营养价值评定工作，从而满足不同水产养殖动物及其不同发育阶段对营养的需求。⑦积极开展单细胞藻类新藻种的分离、培养研究，筛选出更多的优良单细胞藻类饵料品种来供应育苗的需要。⑧建立一个全国性的优良单细胞藻类饵料种的保种中心，将各地分离获得的纯藻种保藏好。⑨寻找简单、高效的培养用水消毒、杀菌手段，满足大规模生产的需要。

如果能充分利用现代生物高技术，筛选出更为优良的微藻饵料品种，在进行了充分的营养评价研究之后，采用生物反应器生产系统，引入计算机在线检测与控制技术，实现饵料微藻的高密度、集约化商业生产，那么将会克服传统作坊式、完全凭经验的生产方式的不足，无疑将会使我国微藻饵料培养产生一次飞跃，从而大大地促进水产养殖产业的发展，创造更为显著的经济效益和社会效益。

12.3.5　微藻光自养大规模培养过程的综合优化[9]

目前微藻大规模工业化生产的主要问题是高成本与低效率，这主要是因为培养过程易受温度、光照、降雨、季节、地理位置等环境因素的影响，不能保持最佳生长条件，以致于生产效率低；易受敌害生物的污染和危害，质量难以保证。藻生物量浓度过低，以致收获、运输费用高。因此，对当前微藻大规模工业化生产过程进行综合优化从而提高生产效率、降低生产成本便显得日益迫切和必要。基于当今微藻产业的现状，作者认为应主要从以下几方面来开展研究：①进行新藻种的筛选与现有藻种的改良。通过遗传工程手段获得具有高光饱和值、抗光抑制、耐高温与低温、抗污染等性能的优良藻株。②开发新型高效培养系统。如进行新型封闭式光生物反应器培养系统及相关技术的开发,从而提高光合生长效率,降低污染。③开展微藻高细胞密度、高质量培养技术的研究。对目前藻种进行生长、生理、繁殖等基础理论的研究,研究生态条件对生长及营养的影响;优化培养基,提高目的产物的生产效率。④引入计算机在线检测与控制等高新技术,使生产过程自动化。⑤开展新型收获设备与技术及干燥领域的研究,攻克收获这一微藻产业的"瓶颈"技术难题。

迄今,世界各国已在上述一些领域开展了探索性的工作。如:A. Vonshak 通过 12 年的研究从世界上许多类型的螺旋藻中筛选出了五种具有较高产量并可适应不同环境条件的藻种,有望得到实际生产的验证。许多国家都已开始新型封闭式光生物反应器培养系统及相关技术的研制与开发工作,有的已实现了小规模的生产。如 G. Torzillo 等采用双层交错的管道式光生物反应器培养螺旋藻收到了较好的效果。Lee Yuankun 与 Hu Qiang 则分别将管道式与平板式光生物反应器设计成可自由调节角度的形式,可更好地利用太阳能。与此同时,有的研究者则对现有敞开式跑道池生产系统结构进行了优化改造,如 E. A. Laws 将一排机翼状的箔片安装在敞开式跑道池内,借此产生涡流,并达到间歇光照效应[10]。尽管封闭式光生物反应器培养系统的一些关键技术仍需要进一步深入的研究,但可以预见,封闭式光生物反应器培养系统是未来微藻产业发展的必然趋势。90 年代初,H. Guterman 等采用在线优化方法对微藻产氧速率进行线性估计,并应用计算机对光强、光密度、pH 及温度等进行优化控制[25]。

此外,为了提高生产效率、降低生产成本,充分利用各种自然资源,科学家们提出了微藻集成式生产模式,如果能成功运行的话,有望使当今昂贵的微藻成为低成本的食物。

12.4 微藻异养培养

微藻的异养培养可定义为微藻在无光照的条件下,利用外源有机物包括糖类、蛋白水解物、有机酸等进行生长。而兼养培养则是微藻在有光照的条件下,既利用 CO_2 进行光合作用又利用外源有机物生长。

有关微藻利用有机物的研究早在 20 世纪 50、60 年代就已开始,70 年代的研究重点在兼性异养微藻的鉴别、有机物吸收、有机物分解代谢及相应的能量代谢等方面。进入 80 年代以后,由于微藻开发利用的需要,如何利用微藻的异养/混合营养特性进行微藻的高密度培养,即微藻高密度异养/兼养培养技术成为微藻研究领域的热点。90 年代,DHA/EPA、微藻饵料的异养培养已达到工业化规模,实现了商品化生产,如英国 Cell Systems 公司利用葡萄糖生产饵料微藻瑞典四片藻 *CSL 161* 的发酵罐规模达 50 t[26],美国 Martek Biosciences 公司异养培养提取 DHA 用硅藻的发酵罐规模达到了 150 t[27]。

与光自养培养相比,异养/兼养培养系统具有相当的优势。一是微藻生长速度快、细胞密度高。在异养培养时,微藻细胞密度可达到或接近大肠杆菌及酵母的浓度。如美国 Martek Biosciences 公司异养培养无色菱形藻 *Nitzschia alba* 以生产 EPA 时,64 h 藻细胞密度达 45~48 g/L,而富含 DHA 的硅藻 *Crythecodinium cohnii* 异养培养 60~90 h,藻细胞密度可达 40 g/L[28]。二是从工业化角度分析,异养培养系统更便于生产过程的控制以实现纯种培养及稳定的生产。对于食品、高附加值精细化工产品及一些属于医药授权范围内的产品(包括藻类基因工程产品),其生产必须是封闭式纯种培养。在封闭的生物反应器中进行微藻异养培养不但可实现纯种培养而且可保证生产的重复性和连续性。三是解除了光对微藻生长的限制，降低了微藻生产成本。在国外，光自养生产的微藻，在室外生产的成本约为 4～20 美元/kg 干藻，在室内生产的成本约为 160～200 美元/kg 干藻；而用发酵罐异养培养的微藻成本约为 20 美元/kg 干藻，最近在美国 Martek Biosciences 公司的试验中，异养培养微藻的成本最低可降至 2 美元/kg 干藻。四是微藻异养培养技术可借鉴微生物培养中的成熟技术及设备，已大大加快微藻及其产品的产业化进程。

12.4.1　可进行异养/兼养培养的微藻种类

现在一般称只能进行光自养的微藻为专性光自养微藻（obligate photoautotrophs），而将既具有光自养能力又具有化能异养代谢能力的微藻称为兼性异养微藻（facultative heterotrophs）。在微藻的八大门蓝藻门、红藻门、绿藻门、褐藻门、金藻门、甲藻门、隐藻门、裸藻门中都有兼性异养微藻存在，而以绿藻门和硅藻门中分布最为普遍。迄今为止已有数百种微藻被证实具有异养生长能力。表 12-3 列出了几乎所有的兼性化能异养蓝藻[29]，表 12-4 列出了部分兼性化能异养真核微藻[30]。值得注意的是，有些微藻虽然不能在完全无光照的条件下利用有机物生长，但在有光照的条件下却能利用有机物进行光异养生长，这些微藻称为兼性光异养微藻（facultative photoheterotrophs）。这种现象在蓝藻中尤其普遍[31]。虽然只有 30 种左右的蓝藻能进行异养培养，但兼性光异养蓝藻却占蓝藻总数的一半以上。

表 12-3　兼性化能异养蓝藻（Cyanophyta）

蓝藻种类	有机物	倍增时间
Synechocystis sp. 6703	G	
Synechocystis sp. 6805	G	
Synechocystis sp. 6714	G	50 h
Agemenellum quadruplicatum	urea, allantoic acid	
Ankistrodesmus braunii	G	
Microchaete uberrima	G, F, S	
Spirulina platensis	G	83 h
Oscillatoria sp.	G	
Anabaena sp.	S	
Anabaena variabilis	F, G, S, melizitose, raffinose	36 h (F)
Anabaenopsis circularis	G, F, S, maltose	
Aulosira prolifica	G, F, S	
Calothrix brevissima	S	
Calothrix membranacea	S	
Calothrix parietina	G, F, S	
Calothrix marchica	S	
Rivularia sp.	G, F, S	
Nostoc sp.	G, F, S	48～103 h
Nostoc commune	S	
Nostoc linckia	G, F, S	
Nostoc punctiforme	G	
Nostoc MAC	G, F, S	48 h (G)
Chlorogloeopsis fritschii	S, acetate, mannitol, G, maltose	
Chlorogloeopsis sp. 6912	G	80 h
Fremyella diplosiphon	G	
Phormidium luridum	S	
Plectonema boryamum	G, S, F, ribose, maltose	49 h～10 d
Plectonema calothrioides	S	
Scytonema schmidlet	S	
Tolypothrix tenuis	G, F, S	
Westelliopsis prolifica	S	

注：G 代表 glucose，F 代表 fructose，S 代表 sucrose。

表 12-4　兼性化能异养真核微藻

微藻种类	有　机　物	微藻种类	有　机　物
Bacillariophyta		*Chlorella pyrenoidosa*	acetate,G
Achnanthidium rostratum	acetate,G,casamino acid	*Chlorella kessleri*	G,F,galactose
Amphiprora kufferathii	leucine,glutamic acid,glycine	*Chlorella regularis*	G,galactose,acetic acid,ethanol,acetaldehyde,pyruvic acid
Amphora antarctica	leucine,glutamic acid,glycine		
Amphora coffaeiformis	G,lactate,acetate	*Chlorella sorokiniana*	G
Cocconeis diminute	G,lactate,acetate	*Chlorella vulgaris* UAM 101	G
Coscinodiscus sp.	G	*Chlorella vulgaris*	acetate,G
Cyclotella cryptica	G,arginine,glutamate,proline	*Chlorella protothecoides*	G
Cyclotella sp.	G	*Chlamydobotrys* sp.	G,S,F,maltose
Cylindrotheca fusiformis	lactate, succinate, fumarate, malate, tryptone, casamino acid, yeast extract	*Chlamydobotrys stellata*	Acetate
		Chlamydobotrys dysosmos	Acetate
		Chlamydobotrys reinhardtii	Acetate
Cymbella pusilla	G	*Dunaliella tertiolecta*	urea,allantoic acid,hypoxanthine
Melosira italica	Urea		
Melosira nummuloides	arginine,valine	*Friedmannia israelensis*	G,F
Navicula incerta	G	*Haematococcus pluvialis*	Acetate
Navicula pavillardi	G,tryptone,yeast extract	*Haematococcus lacustris*	Acetate
Navicula pelliculosa	G, glutamate, asoartate, lactate	*Scenedesmus obliquus*	G
		Tetraselmis suecica CSL 161	G
Nitzschia alba	G,acetate	*Tetraselmis*	G
Nitzschia angularis v. affinis	G	*Pediastrum duplex*	glycerol,leucine
Nitzschia closterium	G,lactate	**Chrysophycota**	
Nitzschia curvilineata	Lactate	*Ochromonas malhamensis*	acetate,glycerol,G,S,F,galactose
Nitzschia filiformis	G		
Nitzschia frustulum	G,lactate	*Olisthodiscus luteus*	Urea
Nitzschia laevis	glutamate,G	*Poterioochromonas malhamensis*	G,glycerol,ethanol
Nitzschia marginata	G		
Nitzschia obtusa v. undulata	G	*Prymnesium parvum*	Glycerol
Nitzschia ovalis	Arginine	**Xanthophyta**	
Nitzschia punctata	G	*Bumilleriopsis brevis*	acetate, glycerol, G, F, S, mannose
Nitzschia tenuissima	G,acetate,lactate		
Pleurosigma sp.	leucine,glutamic acid	*Tribonema aequale*	G,S
Porosira pseudodenticulata	leucine,glutamic acid,glycine	**Euglenophyta**	
Thalassiosira nordenskioldii	Urea	*Euglena gracilis*	Acetate
Thalassiosira pseudomonana	Urea	*Euglena gracilis* Z	G
Trachyneis aspera	glutamic acid,glycine	*Euglena gracilis v. bacillaris*	G
Chlorophyta		**Pyrrophyta**	
Ankistrodesmus braunii	G	*Gyrodinium cohnii*	glycerol,G,S,galactose
Brachiomonas submarins	G	**Cryptophyta**	
Chlorella sp. VJ79	glycine,acetate,alanine,G	*Chroomonas salina*	Glycerol

注：G 代表 glucose，F 代表 Fructose，S 代表 sucrose。

12.4.2　微藻异养代谢[30,32]

12.4.2.1　有机物的吸收

在 20 世纪 60 年代，一般认为微藻缺少吸收有机物的主动运输机制，因此在利用自然环境中存在的低浓度有机物方面竞争不过化能异养微生物。后来经有机物吸收动力学研究证实，真核藻类对有机物的亲和力与化能异养微生物相当，而蓝藻对有机物的亲和力则相对较弱。

对微藻吸收有机物机制的研究较其他微生物少得多，且研究主要集中在对糖类物质及氨基酸类物质的吸收机制上。从现有的研究结果来看，微藻吸收有机物主要是采取主动运输方式（active transport）。但与微生物不同，微藻所具有的主动运输特性多数是与生俱来的，且其调节机制也与微生物有较大差别而与高等植物类似。

微藻对糖类物质的吸收多采取主动运输，尚未发现微藻中存在基团转移（group trans-location）系统。微藻吸收糖类物质的系统绝大多数是组成型的，只有极少数是基质诱导型的。研究发现纤维藻和栅藻吸收葡萄糖系统是组成型的，而两种小球藻对葡萄糖的吸收则要经过一延迟期，是基质诱导型的，但诱导期非常短促，只有 15 min。光照能调节微藻对糖类物质的吸收，一般情况下，当光照强度达到微藻的饱和光照强度时，微藻吸收糖类物质的速率最慢，而在黑暗中最快。对硅藻的研究表明，光照会抑制其有机物运输系统，但不管有无葡萄糖存在，在无光条件下对有机物运输系统的抑制会得到解除。抑制主动运输系统的光谱范围与该微藻光合作用的光谱范围一致，因此推测这种抑制作用可能是由某些光合作用终极产物引起的。但是也有实验表明，有些微藻对糖类物质的吸收不受光的影响。不同种类的微藻优先吸收的糖类物质也不一样。例如织线藻 73110 及鱼腥藻 29413 对蔗糖的吸收会受到海藻糖、麦芽糖的抑制，但其他碳水化合物包括 D-葡萄糖、D-果糖不抑制这两种蓝藻吸收蔗糖。两种集胞藻对果糖的吸收受葡萄糖的抑制。

微藻可利用主动运输机制在体内积累氨基酸。一种微藻通常有几种氨基酸运输系统。这些系统是组成型的，且受培养基中存在的高浓度无机氮源的抑制。一旦无机氮源成为微藻生长的限制性因素，微藻吸收氨基酸系统所受的抑制也就完全解除了。例如菱形藻具有三种氨基酸运输系统。一种是非专一性的，另一种是对碱性氨基酸的吸收具有专一性，还有一种系统专一用于酸性氨基酸的吸收。

12.4.2.2　有机物的代谢

能被兼性异养微藻和兼性光异养微藻所代谢的有机物包括碳水化合物如丙酮酸、乳酸、乙醇、高级脂肪酸、乙醇酸、甘油和糖类，主要是己糖，还有氨基酸。可被微藻利用的有机物的种类和数量较其他微生物少得多，而且也无法预测何种微藻能代谢何种有机物，因为即使是属于同一门的微藻，其所能利用的有机物种类和数量往往相当不一致。即使如此，通过表 12-3、表 12-4 可以看出，蓝藻主要利用葡萄糖、果糖和蔗糖等糖类物质进行异养生长，其他真核藻类所能利用的有机物则相对较为广泛。

12.4.2.2.1　葡萄糖

葡萄糖能支持许多兼性异养微藻和兼性光异养微藻进行异养/混合营养型生长，其主要代谢途径为糖酵解途径或磷酸戊糖途径。原核微藻如蓝藻主要通过磷酸戊糖途径来代谢外源葡萄糖，其 TCA 循环是不完全的；而真核藻类则主要通过 EMP 途径代谢外源葡萄糖。这一结论是通过原子示踪及对 EMP、OPP 途径关键酶和中间代谢物的研究得出的。由于葡萄糖通过 EMP 途径代谢时，其第一位碳原子和第六位碳原子是同时脱落的，因此来源于葡萄糖 C-1 及 C-6 的 CO_2 的比例应为 1∶1。考虑中间代谢物存在，其比例应接近于 1。当微藻通过 OPP 途径代谢葡萄糖时，首先是第一位碳原子直接脱落变成二氧化碳，因此在刚开始代谢葡萄糖的一定时间内，来源于葡萄糖 C-1 及 C-6 的二氧化碳的比例大于 1。由此可通过生成的 CO_2 中来源于葡萄糖 C-1 及 C-6 的比例来推测微藻的葡萄糖代谢途径。例如通过同位素示踪发现加丙酮酸氧化抑制剂的马哈棕鞭藻代谢葡萄糖后形成大量丙酮酸，来源于葡萄糖 C-1 及 C-6 的二氧化碳的比例为 0.67～0.91。这说明该微藻代谢葡萄糖主要通过 EMP 代谢途径。而集胞藻 6714 代谢过程中来源于葡萄糖 C-1，C3＋C4，C-6 的 CO_2 的初始形成速度比例为 13∶5∶1。可变鱼腥藻代谢葡萄糖时，其来源于 C-1 及 C-6 的二氧化碳比例为 7∶1。对其他一些蓝藻如织线藻 73110、念珠藻 MAC 和拟绿胶藻 6912 代谢外源葡萄糖的研究得出了类似的结论。

EMP 及 OPP 途径所涉及的关键酶已在很多微藻中找到，甚至在一些专性光能自养微藻中也发现了这些酶。这些酶的合成通常无需诱导。到目前为止，这些酶的活性的调控机制还不清楚，只是发现光合作用主要中间产物 1,5-二磷酸核酮糖会阻遏 OPP 途径关键酶葡萄糖-6-磷酸脱氢酶的合成，而光本身对微藻 EMP 及 OPP 途径关键酶活性的影响很小。葡萄糖能使某些微藻 EMP 或 OPP 途径关键酶的活力增强，但对某些微藻又毫无影响。如可变鱼腥藻在光照或黑暗条件下培养，其来源于葡萄糖 C-1 及 C-6 的 CO_2 比例没有变化，在有/无葡萄糖存在条件下同样如此。而用葡萄糖培养集胞藻 6714 时，其细胞抽提液中 OPP 途径关键酶葡萄糖-6-磷酸脱氢酶及 6-磷酸葡萄糖酸脱氢酶活性与藻细胞的培养条件相关，在异养和光异养条件下培养的细胞比光自养条件下培养的细胞的关键酶活性明显增高。

12.4.2.2.2　乙酸（盐）

微藻代谢乙酸（盐）主要经由乙醛酸途径，这已为原子示踪及对乙醛酸循环的关键酶的研究所肯定。对普通小球藻的研究表明，来自于外源乙酸盐的 ^{14}C 被结合到饱和脂肪酸及单不饱和脂肪酸中。在乙醛酸循环的中间物柠檬酸及苹果酸中也含有 ^{14}C。对佛氏绿胶藻的研究发现 ^{14}C 除进入脂肪外，还进入了谷氨酸及天冬氨酸族氨基酸中。

通过乙醛酸循环代谢乙酸（盐）需要两种关键酶：异柠檬酸裂解酶和苹果酸合成酶。这两种酶通常是受乙酸（盐）的诱导而形成的。但在诸如普通小球藻等藻中也发现了组成型的异柠檬酸裂解酶。即使在这些微藻中，两种关键酶的活性也会因为乙酸盐的加入而增强。另外，普通小球藻在光照条件下，两种关键酶活性还与 CO_2 的存在有关。当 CO_2 存在时，在光照条件下异柠檬酸裂解酶活性只有在无光照条件下所培养的微藻细胞的 6%，而当没有 CO_2 时，即使有光照，该酶活性上升到无光条件下的 71%。在对衣藻的研究中也得出了类似的结论。在无光照条件下，普通小球藻异柠檬酸裂解酶的合成会受到葡萄糖的阻遏。

12.4.2.2.3　氨基酸

只有很少一些微藻能够利用氨基酸作为生长所需的碳源和能源。如纤细裸藻可通过细胞内的谷氨酸：草酰乙酸转氨酶、丙酮酸转氨酶、谷氨酸脱氢酶将谷氨酸转化为草酰乙酸、丙酮酸或 α-酮戊二酸，这样谷氨酸中的碳元素进入 EMP 途径并通过糖原异生作用合成淀粉，也可进入还原型磷酸戊糖途径（RPP）途径合成五碳糖。

12.4.3　微藻高密度异养培养技术

12.4.3.1　可异养的微藻种的甄别与选育

可异养培养的微藻种的获得有如下两个途径：①从已有的微藻株中甄别可异养培养的微藻种类。对能作为饵料的 13 属 121 种或品系绿藻的异养生长能力进行测试，结果发现有小球藻属 6 个、杜氏藻属 3 个、拟微绿藻属 4 个和四片藻属 44 个种或品系是异养生长阳性。螺旋藻在混合培养条件下能快速生长。对富含 DHA/EPA 的 9 种硅藻进行了异养生长研究，发现其中 4 种在葡萄糖存在条件下生长迅速，其余 5 种也能利用葡萄糖生长。研究发现雨生红球藻能在无光条件下利用乙酸盐进行生长，并合成虾青素。②通过诱变育种或细胞融合的手段改造微藻以期获得既能在异养条件下快速生长又能大量产生某一特定的有应用价值的生理活性物质的藻种。Bio-Technical Resources 公司的研究人员以蛋白核小球藻 UTEX 1663 为出发藻种，通过紫外及一系列诱变剂诱变后，筛选出 Vc 高产藻株，其胞内 Vc 浓度较出发藻株提高了 70 倍，而且在异养培养条件下微藻细胞密度最高可达 100 g/L[33]。

12.4.3.2 异养培养用培养基

在异养培养条件下，微藻主要从外源有机物中获能量和碳源。培养基重新设计的目的一是要促进藻细胞的快速生长，二是促进所需目的产物的合成。异养用培养基一般是在光能自养培养基的基础上添加如下几类物质：①碳水化合物，一般为葡萄糖、乙酸盐等较为简单的化合物；②蛋白水解物；③B族维生素，作为生长刺激因子。

此外，随着微藻细胞浓度的增加还应添加更多的磷源及氮源。表 12-5 列出了用于饵料绿藻异养培养的 3 个配方。

表 12-5　异养培养配方

项　　目	海水配方 1	海水配方 2	淡水配方
海水	60%	80%	—
$NaNO_3$	1.4 g	0.75 g	—
KNO_3	—	—	1.0 g
$NaH_2PO_4 \cdot H_2O$	120 mg	15 mg	—
K_2HPO_4	—	—	100 mg
KH_2PO_4	—	—	75 mg
$MgSO_4 \cdot 7H_2O$	—	—	500 mg
$Na_2SiO_3 \cdot 5H_2O$	200 mg	180 mg	—
H_3BO_3	30 mg	34 mg	2.86 mg
Na_2SeO_3	6 mg	0.17 mg	—
$Ca(NO_3) \cdot 4H_2O$	—	—	62.5 mg
NaF	10 mg	—	—
$SrCl_2 \cdot 6H_2O$	40 mg	—	—
KBr	150 mg	—	—
KCl	500 mg	—	—
$FeCl_2 \cdot 6H_2O$	12.6 mg	—	—
$Fe_2SO_4 \cdot 7H_2O$	—	20 mg	10 mg
$Na_2\text{-EDTA}$	17.44 mg	5 mg	—
$MnCl_2 \cdot 4H_2O$	720 μg	4.3 mg	1.81 mg
$ZnCl_2$	—	0.3 mg	—
$ZnSO_4 \cdot 7H_2O$	88 μg	—	222 μg
$CoCl_2 \cdot 6H_2O$	40 μg	0.13 mg	—
$Co(NO_3)_2 \cdot 6H_2O$	—	—	49 μg
$NaMoO_4 \cdot 2H_2O$	24 μg	25 μg	390 μg
$CuSO_4 \cdot 5H_2O$	40 μg	10 μg	79 μg
$NiSO_4 \cdot 6H_2O$	—	260 μg	—
生物素	2.5 μg	300 μg	—
维生素 B_{12}	2.5 μg	300 μg	—
维生素 B_1	0.5 mg	6 mg	—
葡萄糖	8 g	18 g	4 g
酵母浸膏	—	0.5 g	0.5 g
NH_4Cl	—	25 mg	—
尿素	—	0.3 g	—

12.4.3.3 异养培养系统及其优化

目前微藻异养培养的模式有分批培养、流加分批培养及灌注培养，其中分批培养和流加分批培养已在饵料微藻及 DHA/EPA 的工业规模异养培养中得到成功应用。现将三种模式的特点介绍如下。

分批培养是一种较为简单的培养方式，过程易于控制。但为了达到微藻细胞的高密度培养，培养基（包括有机物质）初始浓度较高，往往无法避免基质对微藻细胞生长的抑制。

流加分批培养是指在分批培养过程中，间歇或连续补加一些细胞生长及目的产物合成所需关键物质。该模式的最大特点是它可通过培养过程关键基质的流加来避免基质抑制，而其操作简易性又类同于分批培养模式。微藻对有机物质的耐受性较细菌等微生物小，因此流加分批培养模式对微藻高密度异养培养很合适。Hilary 等人对 *Spongiococcum exetriccium* 流加分批培养过程的葡萄糖流加速率进行了优化，结果培养 60 h 左右微藻细胞浓度达到了 50 g/L[34]。

灌注培养是指带有细胞在位分离装置，能使流出液中的细胞重新回流到反应器中的连续培养模式。该培养模式的特点是不但可控制基质浓度还可选择性地去除抑制细胞生长的物质及分离产物以实现高密度培养。但这种培养模式也有一个明显的缺点即系统复杂、过程易于波动导致放大困难。Chen 等人用膜生物反应器培养衣藻，最终细胞浓度达 9g/L，该细胞浓度是所有有关培养衣藻的文献报道中最高的[27]。

从目前三种培养模式的应用来看，流加分批培养既具有达到高密度培养的可能性，又具有系统及操作简单、过程控制及放大容易的特点，是最具应用前景的微藻高密度异养培养模式。

12.4.3.4 微藻组分或目的产物合成的调控

由于微藻组成尤其是叶绿素等光合作用色素的合成与培养时的光照条件有关，因此微藻从光自养转入化能异养后，其成分会发生很大的改变。一般的变化趋势是化能异养微藻细胞较光自养微藻细胞色素、蛋白质含量下降而碳水化合物含量上升。在光自养及化能异养条件下四片藻组成发生了变化：碳水化合物、蛋白质、脂肪含量从 20%、65%、4.7%，分别变化为 63%、12%、3%。多不饱和酸组成也发生了变化。异养培养后，16：3W3、18：3W3 及 20：5W3 含量减少，而 20：4W6 含量增加，而且出现了光自养培养条件下没有的 22：5W3。在不同培养条件下整齐小球藻的成分也会发生变化。光能自养及化能异养条件下，藻细胞的蛋白质、脂肪、叶绿素、胡萝卜素含量分别为 58.2%、16.1%、3.8%、0.5% 以及 54.2%、13.0%、1.8%、0.3%，而氨基酸组成则变化不大。

在化能异养条件下如何调控微藻细胞生化组成（包括光合作用色素含量）或目的产物合成是异养培养技术的关键。通过培养基的改进可促进蛋白质和色素的合成。通过在培养液中添加 0.1 mg/L～0.5 g/L 的蛋白质水解物，可使异养培养的栅藻细胞的叶绿素含量、蛋白质含量最高达到 2.7% 和 57%，即叶绿素含量达到自养细胞的 70% 以上，而蛋白质含量与自养细胞差不多。还有一个改善微藻生化组成的途径是利用混合培养方式。在混合培养条件下，微藻细胞光合作用色素含量与自养微藻细胞相当，但微藻生长对光的依赖减弱。例如在不同光照强度下混合培养钝顶螺旋藻，其微藻细胞色素含量与相应光强下光自养藻细胞的色素含量相当，而由于微藻细胞浓度大大超过光能自养微藻细胞浓度，因此其单位培养液中色素的含量为光自养条件下的 1.5～2.0 倍。另外，异养条件下微藻细胞生化成分与藻种本身特性也有关系。

12.4.4 异养培养实例——饵料微藻的异养培养

目前水产动物育苗场和养殖场所需的饵料微藻的培养主要是在各养殖场简陋的大池中进行的。饵料微藻的产量和质量都难以保证，饵料微藻的生产已成为水产动物育苗和养殖的瓶颈。大量的实验结果表明，异养/混合培养是大量、稳定生产高质量的饵料微藻的有效途径。

可异养培养的藻株的筛选是异养培养生产饵料微藻的前提。可用作饵料的微藻如金藻、绿藻、硅藻中都有可以异养培养的种类。筛选所用培养基一般应包括有机碳源和酵母浸膏。

异养培养培养基、工艺和系统的优化对微藻高密度培养有举足轻重的作用。Martek 公司通过改进培养基、控制 pH 和改变反应器搅拌形式使一种金藻马哈拟棕鞭藻的藻细胞密度提高了 6 倍，达到了 12 g/L。通过调整培养基渗透压、增加氮源及磷源可使一种饵料微藻 *Brachiomonas submarina* 的细胞密度较光自养培养条件下的细胞密浓度提高了 20 倍之多。

微藻生化组成的调控。饵料微藻的生化组成决定了异养培养的饵料微藻的实际应用效果。除了藻种本身的特性，能影响微藻生化组成的主要因素有培养基组成，特别是有机氮源和 C/N 比，光、培养过程 pH、溶氧 DO 等。在混合培养瑞典四片藻时，藻细胞的蛋白质含量以培养基中同时含有葡萄糖、酵母浸膏和蛋白胨时最高，碳水化合物含量以只加入葡萄糖时最高，脂肪的含量也随培养基的组成而明显变化。而 C/N 比和通气条件都能影响异养培养的群孢小球藻的脂肪含量及其组成。异养培养的栅藻的叶绿素含量受培养过程 pH 的影响，当 pH 为 6.5 时叶绿素含量最高。混合培养能明显提高藻细胞中的色素含量。例如异养培养和混合培养的四片藻细胞的叶绿素 a、叶绿素 b 和类胡萝卜素含量分别为 0.11 mg/g、0.09 mg/g、3.00 mg/g 干藻和 19.92 mg/g、6.16 mg/g、6.13 mg/g 干藻。

异养培养饵料微藻的应用效果。用异养培养的四片藻 CSL 161 替代 30% 的光自养培养饵料微藻喂养五种软体动物幼苗，其生长速度不受影响，当替代 70% 时，幼苗仍能维持正常生长。从现有的实验结果来看，异养培养的饵料微藻至少可替代 70% 的光自养饵料微藻。

12.5 展望[35]

12.5.1 海洋生化工程在微藻培养中的应用

微藻培养及光生物反应器技术和我国生化工程领域中的微生物培养及生物反应器技术之间有许多相似之处；利用海洋生化工程技术来研究微藻的大规模培养与光生物反应器问题，将是一个崭新的领域。

海洋生化工程是运用生化工程的原理和方法，结合海洋生物的特点，对实验室所取得的海洋生物技术成果加以开发、放大和工程化，使之成为可供产业化的工艺过程的一门工程技术学科。概括地说，海洋生化工程是为海洋生物技术产业化服务的生化工程，它是海洋生物技术和生化工程技术相结合而形成的一门新兴交叉学科。海洋生化工程研究范畴如下：①水产动物的大规模集约化育苗与养殖，以及海洋动物细胞大规模培养过程中的工程技术问题；②微藻及大型海藻细胞和组织大规模高密度培养过程中的工程技术问题；③海洋微生物大规模高密度培养过程中的工程技术问题；④海洋生物（包括天然海洋生物、人工培养的天然海洋生物和通过基因工程或细胞工程等技术改造后的海洋生物）的收获，以及海洋生物中生物活性物质的分离提取和综合利用过程中的工程技术问题。概括地说，海洋生化工程研究任务主要有三个：①海洋生物技术研究及产业化过程中所需的各类装置，即海洋生物技术发展的支撑技术，如各类传感器、反应器、分离提取设备等的研制和开发；②传统海洋生物技术产业的改造，提高其生产效率，保证其持续稳定地发展；③促进新型海洋生物技术产业的形成。开发新的海洋生物技术及产品，大规模培养天然海洋生物以及通过基因工程或细胞工程等技术改造后的海洋生物，以大规模地获得海洋生物活性物质。

12.5.2 我国微藻大规模培养技术的发展方向

根据前面的分析，作者认为，我国微藻大规模自养培养及异养培养技术应向以下三个方向发展。

对于产生高附加值生物活性物质的微藻（尤其是转基因微藻）的大规模培养，应采用封闭式光生物反应器培养技术。

对于低附加值微藻的大规模培养，应走封闭式光生物反应器和敞开式跑道池相结合的技术路线。即：①利用小型全自动封闭式光生物反应器，对微藻的生理特性、细胞生长及产物形成动力学进行系统深入的研究，以便为敞开式跑道池微藻大规模培养工艺的优化，以及中型封闭式光生物反应器高密度培养微藻种子奠定基础。②将生化工程领域中现有的各种传感器（如 pH、溶氧、温度、光照强度等，同时要开发溶解 CO_2 和细胞浓度在线检测传感器）用于敞开式跑道池中，这样就可实现参数的自动在线检测，以便进行敞开式跑道池微藻大规模培养工艺的优化。③将生化工程中的高效混合技术引入敞开式跑道池，优化其结构和操作性能，使这种反应器设计更合理、培养效率更高。敞开式跑道池中的混合除了要形成整体混合外，更主要的是要强化和地面垂直方向上的混合，以使培养液中的微藻受光尽可能地均匀。④利用生化工程中已有的生物反应器放大技术及生化反应过程优化技术，可对敞开式跑道池微藻大规模培养工艺进行系统优化；此项工作需在微藻生长及产物形成动力学、传感器技术及现代混合技术三方面工作基础上进行。⑤利用中型封闭式光生物反应器，为敞开式跑道池微藻大规模培养提供优质高密度的藻种。

对于能够进行异养培养的微藻，则应利用微生物培养中成熟的设备和技术开展以下几方面的研究工作：①异养微藻的筛选、分离、纯化；②异养培养条件下微藻的营养特性；③异养培养条件下微藻生长及产物形成动力学；④微藻高密度异养培养工艺优化，重要开展分批补料、流加补料、连续培养工艺的研究；⑤微藻异养培养过程放大技术。

参 考 文 献

1 陈峰，姜悦主编. 微藻生物技术. 北京：中国轻工业出版社，1999

2 孙军，金萍，徐旭东等. 小鼠金属硫蛋白-I cDNA 在蓝藻中的克隆和表达. 生物工程进展. 1994，14（6）：39～42

3 Liu F L, Zhang H B, Shi D J, *et al*. Construction of shuttle, expression vector of human tumor necrosis factor alpha (hTNF-α) gene and its expression in a cyanobacterium Anabaena SP. PCC 7120. Science in China (series C). 1998, 42 (1): 25～33

4 Borowitzka Michael A. Microalgae as source of pharmaceuticals and other biologically active compounds. J Appl Phyco. 1995, 7:3～15

5 李定梅编著. 21 世纪人类最理想的食品——螺旋藻. 北京：警官教育出版社，1997

6 李元广等. 海洋生物技术产业化的关键技术之一——海洋生化工程，《世纪之交的海洋高新技术发展探讨——'99 海洋高新技术发展研讨会论文集》（国家高新技术计划海洋领域办公室编）. 北京：海洋出版社，2000. 346～357

7 Tredici M R, Carlozzi P, Chini G et al. A vertical alveolar panel (VAP) for outdoor mass cultivation of microalgae and cyanobacteria. Bioresource Technology. 1991, 38: 153～159

8 Pulz O. Lamiar concept of closed photobioreactor designs for the production of microalgal biomass. Russian J Plant Physiol. 1994, 41 (2): 256～261

9 李元广，沈国敏等. 微藻大规模培养过程及光生物反应器的特点. 李光友等著. 海洋生物活性物质研究与开发技术. 青岛：青岛海洋大学出版社，2000. 98～106

10 Laws E. A., Taguchi S., Hirata J., Pang L. High algal production rates achieved in a shallow outdoor flume. Biotech Bioeng. 1986, XXVIII: 191～197

11 李师翁，李虎乾. 玻璃管道光合生物反应器中小球藻大规模培养的研究. 生物工程学报，1997，13（1）：93～97

12 Borowitzka M. A. et al. (eds). Microalgal Biotechnology. London: Cambridge University Press, 1988. 27～58

13 李志勇，郭祀远. 高附加值微藻的高细胞密度培养. 海湖盐与化工. 1999，28（3）：7～10

14 李志勇，郭祀远，李琳，蔡妙颜. 螺旋藻的大规模工业化生产. 海湖盐与化工. 1998，27（1）：38～44

15 Becker E. W. (eds). Microalgae Biotechnology and Microbiology. London: Cambridge University Press, 1994

16 Lee Yuan Kun, Sun Yeun Ding, Chin Seng Low et al. Design and performance of an α-type tubular photobioreactor for mass cultivation of microalgae, J Appl Phyco. 1995, 7: 47~51

17 Tredici M R, Materassi R. From open ponds to vertical alveolar panels: the Italian experience in the development of reactors for the mass cultivation of phototrophic microorganisms, J Appl Phyco. 1992, 4: 221~231

18 Richmond Amos, Sammy Boussiba, Avigad Vonshak, et al. A new tubular reactor for mass production of microalgae outdoors. J Appl Phyco. 1993, 5: 327~332

19 Qiang Hu, Hugo Guterman, Amos Richmond. A flat inclined modular photobioreactor for outdoor mass cultivation of photoautotrophs. Biotech Bioeng. 1996, 51: 51~60

20 Rebolloso Fuentes M M, Garcia Sanchez J L, Fernandez Sevilla J M, et al. Outdoor continuous culture of *Porphyridium cruentum* in a tubular photobioreactor: quantitative analysis of the daily cyclic variation of culture parameters. Journal of Biotechnology. 1999, 70: 271~288

21 岳振锋，高建华，覃德全，高孔荣，辛钢成. 螺旋藻溢流喷射光生物反应器及其放大设计. 食品工业科技. 1999, 20 (4): 71~73

22 李志勇，郭祀远，李琳，蔡妙颜. 微藻养殖中的新型光生物反应器系统. 生物技术. 1998, 8 (3): 1~4

23 Torzillo G. et al. A Two-Plane tubular photobioreactor for outdoor culture of spirulina. Biotech. Bioeng. 1993, 42: 891~898

24 沈国敏，李元广等. 海水养殖用溶氧、pH 和温度的计算机在线检测与自动报警系统. 无锡轻工业大学学报, 1999, 18 (6): 43~46

25 Guterman H. et al. On-line optimization of biotechnological processes: 1. applocation to open algal pond. Biotech Bioeng. 1990, 35: 417~426

26 Day J D, Edwards A P, Rogers G A. Development of an industrial-scale process for the heterotrophic production of a macro-algal mollusc feed, Bioresource Technology. 1991, 38: 245~249

27 Chen F. High cell density culture of microalgae in heterotrophic growth. Tibtech. 1996, 14: 421~426

28 Barclay W R, Meager K M, Abril J R. Heterotrophic production of long chain omega-3 fatty acids utilizing algae and algae-like microorganisms. J Appl Phycol. 1994, 6: 123

29 Stal LJ, Moezelaar R. Fermentation in cyanobacteria. FEMS Microbiology Reviews. 1997, 21: 179~211

30 Neilson AH, Lewin R. The uptake and utilization of organic carbon by algae: an essay in comparative biochemistry. Phycolgia. 1974, 13 (3): 227~264

31 Rippka R, Deruelles J, Waterbury JB, Herdman M, Stanier RY. Generic Assignments, stain Histories and properties of pure cultures of cyanobacteria, Journal of General Microbiology. 1979, 111: 1~61

32 Carrand N G, Whitton B A (eds). The biology of cyanobacteria. California: University of California Press, 1982. 47~85

33 Running J A, Huss R J, Olson P T. Heterotrophic production of ascorbic acid by microalgae. J Appl Phycol. 1994, 6: 99~104

34 Hilaly A K, Karim M N, Guyre D. Optimization of an industrial microalgae fermentation. Biotech Bioeng. 1994, 43: 314~320

35 李元广等. 海洋生物活性物质研究与开发技术. 山东：青岛海洋大学出版社，2000